盆地构造动力控储效应研究新进展

张荣虎　曾庆鲁　王　珂　王俊鹏　编

石油工业出版社

内 容 提 要

本文集精选了14篇国内外盆地构造动力控储效应的论文，介绍了构造成岩作用的基本概念、内涵，阐述了变形或变形构造与沉积物化学变化之间关系，开启沉积盆地低温环境下的科学认识，对深层油气及非常规油气资源研究具有重要的理论和实践意义。

本书可供地质人员、开发人员、油藏工程人员及相关院校师生参考阅读。

图书在版编目（CIP）数据

盆地构造动力控储效应研究新进展 / 张荣虎等编 .
—北京：石油工业出版社，2024. 3
ISBN 978-7-5183-5724-6

Ⅰ. ①盆… Ⅱ. ①张… Ⅲ. ①油气藏-成岩作用-研究 Ⅳ. ①P618. 130. 2

中国版本图书馆 CIP 数据核字（2022）第 200773 号

出版发行：石油工业出版社
（北京安定门外安华里 2 区 1 号　100011）
网　址：www. petropub. com
编辑部：（010）64523544
图书营销中心：（010）64523633
经　　销：全国新华书店
印　　刷：北京九州迅驰传媒文化有限公司

2024 年 3 月第 1 版　2024 年 3 月第 1 次印刷
889×1194 毫米　开本：1/16　印张：18
字数：600 千字

定价：160. 00 元
（如出现印装质量问题，我社图书营销中心负责调换）

目　　录

储层构造动力成岩作用理论技术新进展与超深层油气地质意义

张荣虎[1,2]，曾庆鲁[1,2]，王　珂[1,2]，余朝丰[1,2]

1. 中国石油勘探开发研究院，北京，100083；

2. 中国石油杭州地质研究院，浙江，杭州，310023

摘要：深层—超深层已经成为国内外油气资源发展的最重要领域之一，资源潜力巨大，以构造活动为驱动力的构造成岩作用，控制着储层成因机理、形成演化和空间分布。在前期研究基础上，简述近 10 年的主要研究成果，提出了储层构造动力成岩作用的系统化概念和研究内涵，总结了当前的主要进展，剖析了研究的关键点及其对超深层油气的地质意义。储层构造动力成岩作用研究的关键点在于厘清 3 个关系：构造成岩作用与储层致密化—裂缝化的量化关系、构造成岩作用与流体—岩石相互作用的耦合关系、构造成岩作用与储层断层带—裂缝带的时空关系。储层构造动力成岩作用在多学科交叉、多方法融合和多领域应用的基础上逐步形成了新的地质理论体系和技术方法系列。可为碳酸盐岩储层、低孔裂缝性砂岩储层、规模优质砂岩储层、非常规储层形成机理提供地质理论基础，还可为复杂储层质量评价预测、天然裂缝及其有效性评价提供有效的途径和技术方法。

关键词：构造作用；动力成岩；储层；超深层；评价预测；油气地质意义

0　引言

含油气盆地储层的形成演化与沉积作用、成岩作用和后期构造改造作用密切相关（于兴河等，1997；李忠等，2009b），其中沉积作用是储层形成的物质基础，而沉积以后的成岩作用和构造作用是储层形成演化的关键因素，它们共同控制了油气储层的形成及其结构演化。传统的储层研究主要侧重沉积作用和成岩作用，如沉积环境、岩石相、埋藏压实（包括机械压实和化学压溶）、胶结作用、溶蚀作用（包括准同生期、表生期和埋藏期）、交代作用和油气注入改造作用，而对构造改造作用对储层影响的研究相对比较欠缺。实际上，在沉积体（砂岩、碳酸盐岩和细粒岩）的成孔成储过程中，构造作用起着十分关键而又极其复杂的影响，主要表现在不同构造背景和不同性质的构造变形影响沉积速率及其随后的渐序成岩作用的发生（刘成林等，2005）；常规成岩作用又通过影响岩石力学性质而反映构造变形。因此，开展构造活动与成岩成孔成储的相互耦合关系研究，对揭示油气储层的形成机理、时空演化和空间展布具有重要意义。

前人对构造成岩作用相互关系的研究，过去主要在高温变质领域开展了较多的工作。例如，杨开庆（1986）、邱小平（1993）将构造作用引起岩石、矿物的物质调整而产生的岩相和建造过程称为构造动力成岩成矿作用，强调了在高温条件下岩石变形或者岩浆结晶时的地球化学作用，并将矿物中元素的调整与应力有机地结合起来，对指导金属矿藏的形成和勘探具有重要意义。而对沉积盆地低温、低压领域（<300℃、<300MPa）的构造成岩作用研究相对较晚、较薄弱，近十多年来才开始从不同的侧面开展一些探讨，例如，寿建峰等（2003；2005）、张荣虎等（2011）研究了构造侧向挤压作用对砂岩成岩作用和孔隙演化的影响，在此基础上提出了“砂岩动力成岩作用”的研究思路，认为构造作用通过构造应力和构

资助项目：国家科技重大专项（2016ZX05003001-002）。

造变形方式对成岩成孔成储作用产生重要的影响，从而影响储层性质变化（邱小平，1993；寿建峰等，2003；寿建峰等，2005；张荣虎等，2011）。Laubach 等（2010）认为构造成岩作用主要研究变形作用和变形构造与沉积物化学变化之间的相互关系，并用构造成岩作用的思路来研究和评价储层天然裂缝的孔隙度演化过程。天然裂缝是构造成岩作用的典型产物（Lander et al.，2015；巩磊等，2015；Eichhubl et al.，2010；Fossen et al.，2007），其孔隙演化及有效性主要取决于构造作用形成裂缝以后发生的成岩胶结及溶蚀作用。

近年来对中西部前陆盆地冲断带超深层、克拉通盆地超深层以及东部断陷盆地超深层储层的研究表明，在油气储层的形成演化过程中，构造作用和成岩作用的相互耦合关系非常重要且极其复杂，构造变形的差异性是导致一个地区成岩演化、储层物性和空间分布差异的关键因素（李忠等，2009a；Laubach et al.，2014；张荣虎等，2014；杨海军等，2018；王珂等，2016），常规的成岩作用或者单一的构造破裂作用研究都难以满足油气勘探开发研究需求。开展储层构造成岩作用的综合研究，可为不同类型沉积盆地、不同类型储层形成机理研究及其科学评价预测提供全新的技术思路和理论指导。

1 构造动力成岩作用的基本概念与研究内涵

1.1 基本概念

储层压实作用是松散沉积物受到机械力学导致孔隙水排出和孔隙度减少的一种物理作用。传统的压实作用主要是考虑了埋藏过程中上覆地层产生的静岩压力对沉积物的影响，而没有考虑其他因素，因而理论上称为埋藏压实作用。实际上，在沉积盆地地层中任何一个部位除了受到上覆地层垂直压力以外，还有水平构造挤压应力、热应力和孔隙流体压力的作用，其中水平构造挤压应力同样可以产生压实效应导致岩石孔隙减小，而热应力和孔隙流体压力可以产生抗压实效应，从而有利于岩石孔隙的保存。尤其在我国西部前陆盆地的地质历史时期，水平构造挤压应力可达 100MPa 以上（曾联波等，2008），其作用强度甚至超过了上覆地层静岩压力的强度，对沉积物的压实效应和储层成岩成孔演化的影响十分重要。

构造动力作用（包括构造变形时间、变形方式和变形强度）对沉积储层的成岩作用效应是多方面的和不均匀的。例如，同样是在前陆盆地，水平构造挤压应力在一些部位造成压实作用加强的同时，在另一些部位（如冲起构造或断层相关褶皱转折端等部位）由于岩石变形产生的局部拉张应力也可以减缓上覆静岩压力的压实影响，从而有利于储层孔隙体积的保存。在一些高孔隙砂岩储层中，高孔隙流体可以使岩石的韧性增强，当岩石受到水平构造挤压作用时，高孔隙砂岩并不一定以脆性破裂的方式产生破裂面，而可能是在一些部位产生局部化变形，形成一些变形条带，包括压缩条带、剪切条带和膨胀条带等，影响储层中流体活动及成岩作用的非均质性，从而影响储层的物性（Eichhubl et al.，2010；Fossen et al.，2007）。

断裂带的断层核及其破碎带的形成演化过程实际上也是一种构造成岩作用（即断层成岩作用）发生的过程。首先，在构造挤压（剪切或拉张）作用下形成断层及其相关裂缝发育带；然后，断裂带中的充填物发生压实作用和胶结作用等成岩作用。当深部（或地表）流体进入断裂破碎带以后，随着压力和温度的变化，含有矿物的热液流体发生结晶作用，逐渐胶结断层核及其破碎带中的裂缝和断层角砾（Laubach et al.，2014；Solum et al.，2010），之后的溶蚀作用还可以进一步改造被方解石或石英等矿物胶结的断裂带，从而影响断裂带的渗透性和封闭性。这种构造成岩作用研究可为断层的封闭性评价及其演变规律分析提供理论依据。

构造和成岩作用之间相互作用的认识在包括预测注入深部地层的流体行为和非常规深部储层中开发油气资源等在内的大范围的应用中越来越重要。化学和力学过程的相互作用在含有热反应流体和遭受溶解作用、胶结物沉淀和其他化学反应的沉积岩中并不罕见。在变质作用的高温条件下，这些相互作用十分重要。

在低温环境下的成岩作用（低于大约300℃），原始沉积物主导了岩石物理性质，且构造作用难以波及。根据定义，尽管成岩作用包括变质作用发生之前影响沉积物的化学作用和力学作用，多数关于沉积后沉积物变化的文献仅关注化学作用，而未考虑构造或力学作用。《Journal of Sedimentary Research》（JSR）、《Sedimentary Geology》上的综述文献以及一本教材表明除了压实作用和压力溶解作用以外，构造作用多数被忽略。尚未见裂缝或断层的成岩作用论文发表于JSG。力学作用既不是多数沉积岩石学家的重心，也不是他们世界观中不可分割的一部分。同样的，在构造地质学中，成岩作用也被忽视掉了。例如，在2010年，《Journal of Structural Geology》（JSG）中仅有21篇文章在题目、摘要或关键词中提到成岩作用。这些文章的三分之一才是真正关于低级变质作用的。在过去5年的所有文章中，仅有5篇覆盖了成岩作用、压实作用或裂缝作用（大约是JSG所有文章的0.1%）。断层岩石特征中成岩作用的角色已受到JSG和其他期刊的重视，因此大约一半的提及成岩作用的JSG文章都关注断层。该项工作和日渐增长的其他主题的跨学科研究表明，成岩作用越来越被意识到其重要性。

构造成岩作用聚焦于变质作用发生之前沉积岩中影响所有尺度构造的化学和力学过程；应用力学来研究成岩岩石组构，尤其是在小变形岩石中；认识化学过程对岩石力学性质演化和构造演化的影响；以及应用于化学和力学过程之间某些情况的成因联系的鉴别。岩石中的反应和相关的构造不一定需要耦合，在许多情况下可能也无法耦合。构造成岩作用是指沉积岩层从松散沉积物到固结形成沉积岩石及之后的过程中所发生的构造和成岩相互作用（曾联波等，2016）。

本文研究认为广义的储层构造动力成岩作用（Tectonic diagenesis）是指沉积岩层从松散沉积物到固结形成沉积岩石及其之后的过程中（浅变质前）所发生的构造活动和成岩作用的相互耦合作用。主要研究沉积物沉积以后构造变形与沉积物的物理、化学变化的相互作用关系，这种相互作用既可以发生在从松软沉积物到固结成岩过程中，又可以发生在沉积物固结形成沉积岩石以后，还可以发生在沉积岩遭受构造抬升暴露时期。例如，沉积岩层形成以后，在构造作用下产生的构造裂缝以及流体在构造裂缝中发生的成岩胶结和后期的溶蚀过程就是属于构造动力成岩作用的范畴（图1）。因此，构造动力成岩作用比传统的成岩作用的研究范围更广更宽泛，是沉积岩石学、储层地质学、构造地质学和地质力学的交叉融合与延伸拓展。

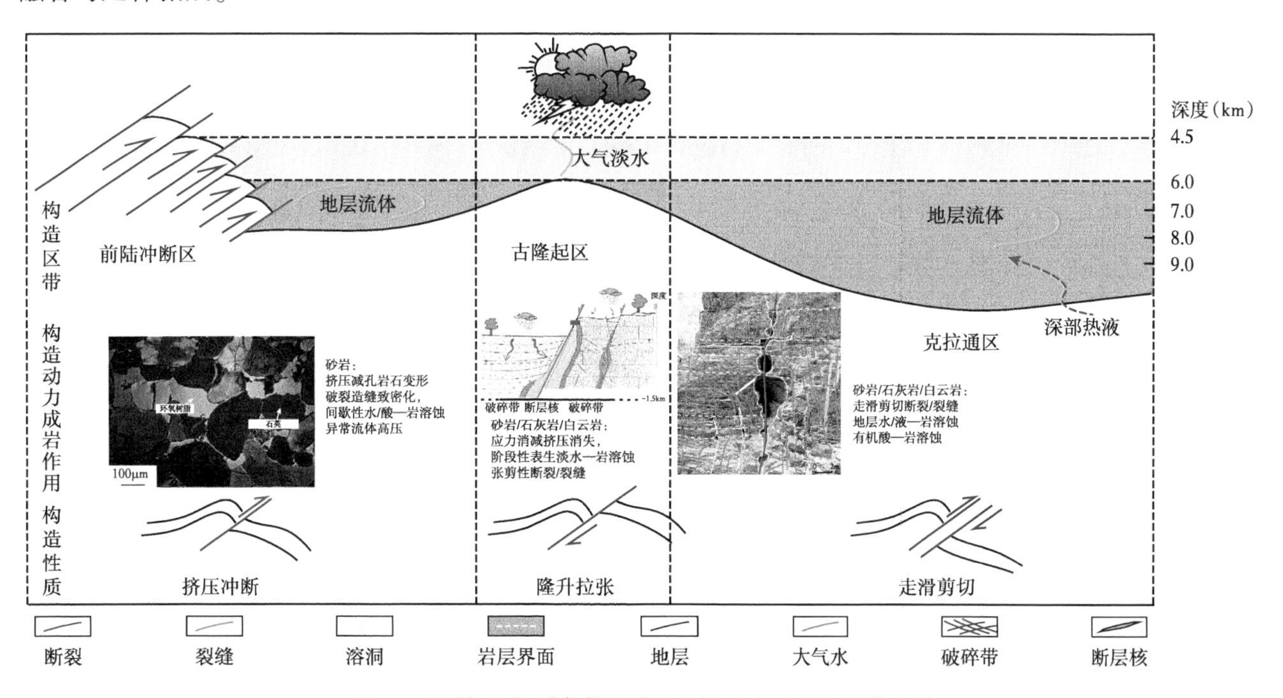

图1　不同构造性质条件下储层构造动力成岩作用模式图

狭义的储层构造动力成岩作用，也称构造成岩作用（Structural diagenesis），是指固结的沉积岩石在埋藏过程中所发生的构造活动和成岩作用的相互耦合作用。包括构造挤压减孔造缝作用、走滑断裂破碎作用、断裂—流体—岩石作用。

1.2 研究内涵

根据油气储层成岩演化的不同阶段性，储层构造动力成岩作用的研究内涵主要包括6个部分：（1）弱固结沉积物对构造活动（剪切及挤压型）的成岩响应，主要侧重于强变形带、强胶结带机制及分布规律；（2）构造作用性质（挤压、剪切或拉张）及其对固结砂岩的减孔增渗效应，主要侧重于构造地质学及力学对储层物理性质方面的影响，包括对储层的挤压变形结构（如压溶缝、缝合线、颗粒变形、滑移重排）、基质孔隙减孔效应以及断裂、裂缝化增渗效应，其中，裂缝化研究，包括裂缝密度、强度、开启度、延伸长度等；（3）构造作用（区域、局部）及其对固结地层流体或地表流体—岩石相关作用的成因联系与改造效应，主要侧重于储层岩石的力学和化学性质变化，包括抬升暴露表生溶蚀、埋藏流体溶蚀、埋藏欠压实流体超压、胶结交代作用；（4）挤压变形带、断裂带、破碎带或裂缝带结构模型建立及渗流效应，断层滑动及相关的裂缝可能增加或减小断层带的孔隙度和渗透率，可能集中或阻碍流体流动，扰乱热梯度，增强或限制化学组分的反应和运移，以及改变断层和宿主岩石的孔隙度、渗透率、矿物特征、结构和力学性质；（5）构造成岩演化过程恢复及其动态微观响应，成岩溶解/沉淀反应在裂缝形成和增生上的效应，裂缝多次开启和胶结的破裂—封闭机制；（6）构造动力成岩作用在成储效应的多尺度物理表征、微观结构实时监测和多元化数值模拟，尤其是非常规储层（致密砂岩、碳酸盐岩、细粒岩和复杂岩性）的地层条件下构造裂缝有效性评价及规模化预测、超高压超高温裂缝—孔隙—喉道网络体系连通机制。

2 构造动力成岩作用理论技术的新进展

储层构造动力成岩作用涉及6个方面理论技术发展，近10年来随着国内外深层—超深层、前陆冲断带和非常规复杂储层的基础理论技术与勘探生产实践的提高，取得了快速进步，概括下来主要体现在以下几个方面。

2.1 弱固结沉积物对构造活动（剪切及挤压型）的成岩响应

Schueller等（2013），Fossen等（2007，2010），贾茹等（2017），Benito等（2012），郄莹等（2014）指出弱固结砂岩中的变形带是指发育在高孔隙岩石中，在局部压实、膨胀或剪切的作用下，由颗粒滑动、旋转以及破碎形成的带状微构造，包括颗粒流—解聚带、碎裂作用—破碎带、压溶作用—压溶胶结变形带、碎裂流—碎裂带、混合和涂抹作用—硅酸盐带（图2）。Benito等（2012）描述了晚阿尔布期黑色复理石（西班牙北部比利牛斯山脉西部）中，薄层浊积岩和深海泥屑岩沉积物的构造成岩作用，分析并解释了脆性和塑性软沉积物变形构造的组合，其中有些是第一次被研究。文章重建了成岩史：从硅质碎屑浊积岩沉积后，普遍发生的菱铁矿胶结物沉淀开始，菱铁矿取代了浊积岩最上部细粒薄的部分，菱铁矿沉淀后，浊积岩中的方解石胶结，之后软沉积物发生脆性（逆冲面、剪切脉和微岩脉）和塑性（断层弯转褶皱以及形成与逆冲斜坡应变有关的褶隆区）变形构造，最后经过脱水和压实作用，泥屑岩发生岩化作用（Benito et al.，2012）（图3）。

2.2 构造作用性质（挤压、剪切或拉张）及其对固结砂岩的减孔增渗效应

张荣虎等（2011）构建了塔里木盆地库车坳陷白垩系砂岩沉积、成岩、构造一体化的综合储层孔隙度预测模型，分别建立了基于沉积原始组构、埋藏压实和构造挤压的减孔模型，指出白垩系砂岩储层每增加100 MPa的水平最大有效古构造应力，可使砂岩原生孔隙度降低约8.5%。张荣虎等（2011）研究认为库车坳陷克拉苏冲断带深层储层经历了两类典型成岩叠加效应，成因机制主要为早—中期、长期浅埋藏保存孔隙、中晚期膏盐岩顶篷构造抑制垂向压实、晚期构造侧向挤压形成缝网体系、多期溶蚀作用持续增

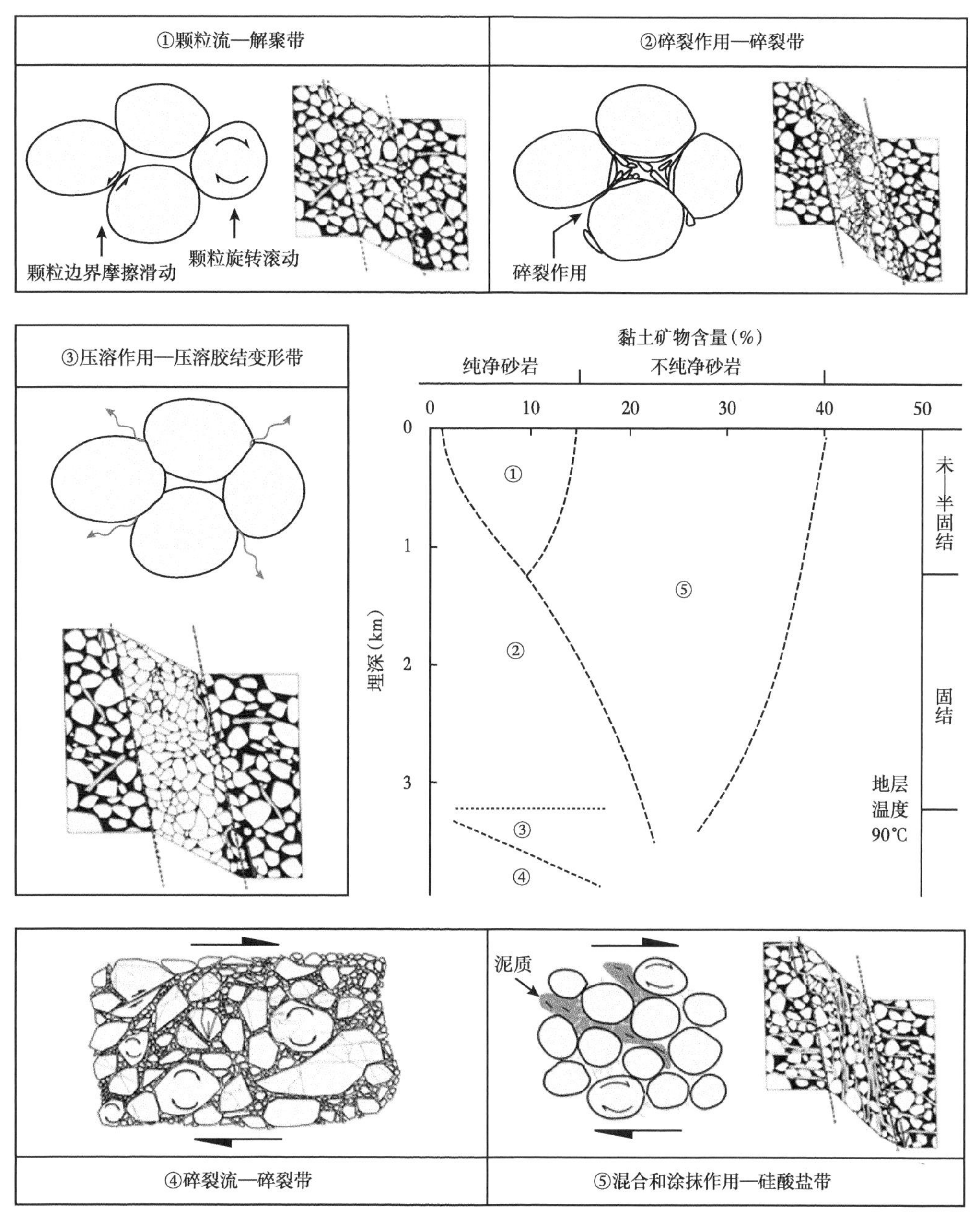

图2　不同泥质含量、埋深条件下变形带的类型及变形机制

孔。储层主要受岩相、构造挤压和表生溶蚀作用控制，埋深超过8000m，厚度一般为80~200m（张荣虎等，2014）（图4）。

巩磊等（2015）研究认为构造成岩作用是控制天然裂缝形成、分布及其有效性演化规律的主要因素，构造变形时间、后期构造抬升剥蚀作用、现今应力场方向、胶结作用以及溶蚀作用等是影响裂缝有效性的主要因素。杨宪彰等（2016）分析构造应力与成岩作用及储层物性关系表明，储层垂向差异分布受构造挤压显著控制，构造挤压对储层垂向分布的控制，对深入理解成岩控制因素及预测挤压型盆地有利储层发育层段均具有重要意义。毛亚昆等（2017）认为库车深层砂岩压实分异受构造挤压作用、胶结作用和粒度控制。压实作用在不同构造出现规律性变化以及在纵向上呈现反深度变化，而且随胶结程度降低，不同构造砂岩压实分异的幅度增大。

Francesco等（2019）对意大利Apennine中部以及南部出露的高角度伸展断层带的碳酸盐岩断层核进行野外及实验分析。断层带是在第四纪Apennine褶皱逆冲带下降过程中形成的，并从地壳浅层（<1.5km）暴露出来。碳酸盐岩断层核包括颗粒支撑、基质支撑以及胶结物支撑的断层岩、含注入岩脉的超碎裂岩流

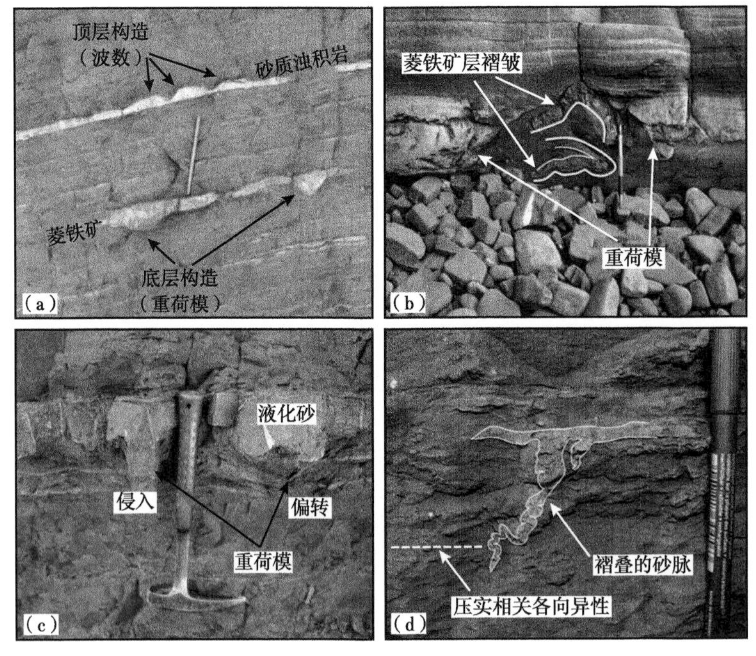

图 3　与流化浊积岩相关的软沉积物变形构造

（a）非平面的砂质浊积岩和菱铁矿界面的示例；（b）砂质浊积岩层，其底部显示负载铸模；（c）在胶结的浊积岩底部，由负载铸模构造过渡到砂岩墙；（d）砂岩墙形成于不连续浊积岩层的底部，并在沉积物压实过程中形成褶皱（呈肠状褶皱样式）

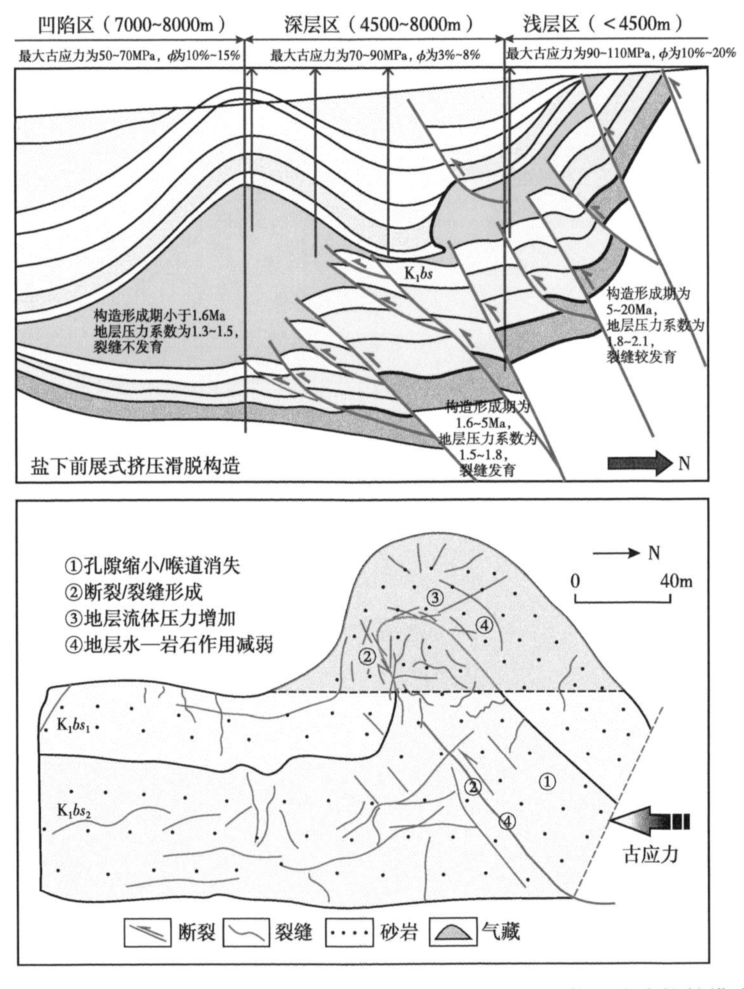

图 4　库车坳陷深层—超深层白垩系巴什基奇克组（K_1bs）构造成岩控储模式图

化层以及主滑脱面。在富白云石断层岩中，物理压实较为常见，而富方解石断层岩则具有化学压实与溶蚀作用的特征，此外，断层带中还包含了多代方解石胶结物。第一代由微晶方解石胶结物组成，其沿残存晶粒周围发育，并内衬晶间孔。第二代由光亮的纤维状方解石组成，沉淀于张开性裂缝内以及残存晶粒周围。第三代由自形方解石胶结物组成，发育在残存晶粒周围，并填充于张开裂缝以及晶间孔内（Francesco et al.，2019）。

汪虎等（2019）针对四川盆地涪陵页岩气田龙马溪组页岩岩心样品，探讨裂缝类型及其对储渗的影响，结果表明：龙马溪组页岩样品中发育层理缝、贴粒缝、溶蚀缝、成岩收缩缝、异常压力缝及构造缝6种微裂缝类型（图5）。在页岩储层中，微裂缝既可以增加储层孔隙度，更主要起增加储层导流能力的作用。微裂缝可以形成裂缝网络，连通页岩储层各个储集空间；贴粒缝是最主要纵向连通通道，层理缝是最主要横向连通通道，两者在空间上可以组合出最好的裂缝网络通道；有微裂缝页岩样品渗透率均值是无微裂缝页岩样品的62.9倍，微裂缝对页岩储层渗透率具有很大影响。地层条件下，页岩储层微裂缝在地下3500m以浅深度时，应为开启状态。考虑到页岩储层流体异常高压、沉积作用、构造作用及其他岩石矿物特征，页岩微裂缝开启状态的深度可以适当增大（汪虎等，2019）。

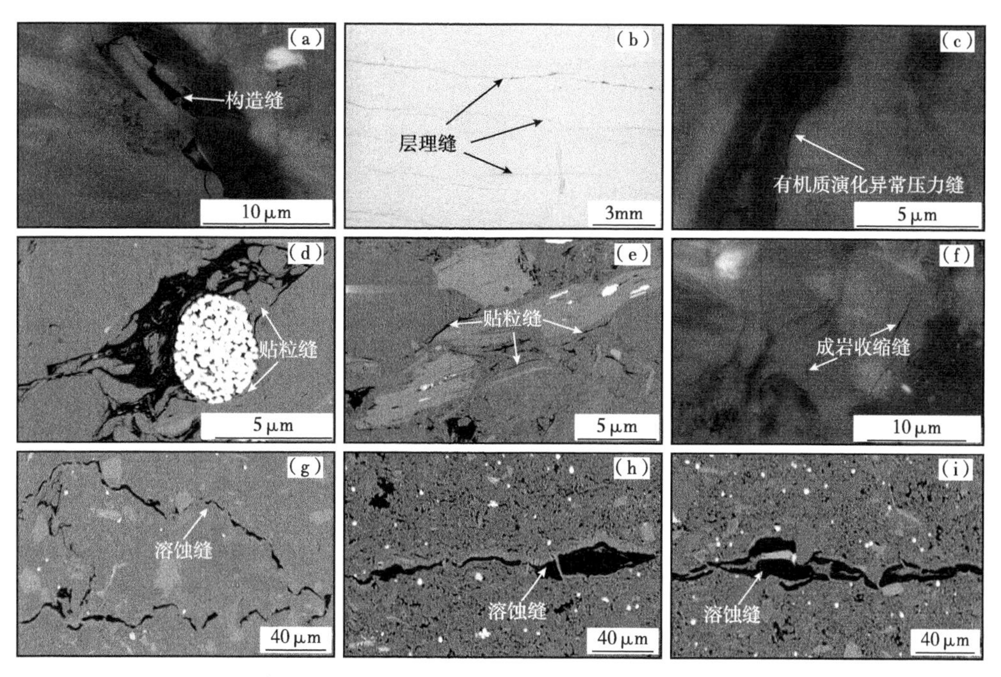

图5　四川盆地龙马溪组海相页岩储层微裂缝类型

2.3　构造作用（区域、局部）及其对固结地层流体或地表流体—岩石相关作用的成因联系与改造效应

顺北油田位于塔里木盆地中西部，油气田面积约$1.99\times10^4km^2$，奥陶系鹰山组储层平均深度为7500m，最深8600m，是世界上埋藏最深的油藏之一，资源量达到17×10^8t，其中石油12×10^8t、天然气$5000\times10^8m^3$。刘红光等（2018）认为顺北油田中—下奥陶统主要发育溶洞型、溶孔型、裂缝—溶蚀孔洞型、溶蚀孔洞—裂缝型与裂缝型5种储层类型。溶蚀作用、白云岩化作用以及构造活动为储层发育的主控因素。早—中奥陶世相对较低的海平面，导致微古地貌高部位在准同生期反复暴露地表遭受溶蚀，形成不受单一统一暴露界面控制的小尺度溶蚀孔洞、顺层溶蚀与示顶底充填等现象。主要发育于准同生阶段和浅埋藏阶段的白云岩化作用增强了岩石的抗压实压溶能力，有利于早期溶蚀孔洞的保存，对储层具有间接贡献。海西晚期及喜马拉雅期构造活动形成的裂缝经历较弱的成岩胶结改造后成为有效裂缝（刘红光等，2018）。

马永生等（2011）详细研究认为普光气田深层、超深层优质碳酸盐岩储层发育与保存受沉积、成岩、构造、流体复合作用控制。(1) 沉积—成岩环境控制早期孔隙发育。高能鲕滩、生物礁环境下淡水、混合水发育，是极易于发生白云岩化、易于暴露溶蚀的大气淡水作用的成岩环境。(2) 构造—压力耦合控制裂缝与溶蚀。后期构造—压力作用控制了岩石裂缝的形成与扩大，形成储渗空间，裂缝为早期有机酸、CO_2 以及晚期 H_2S 等酸性流体与岩石的相互作用提供渗流通道。(3) 流体—岩石相互作用控制溶蚀与孔隙的保存。有利沉积—成岩环境、断裂体系和流体—岩石相互作用“三元控储”。就深层优质储层而言，构造应力—地层流体压力耦合断裂体系是重要动力，烃类—岩石—流体相互作用是关键（赵向原等，2017；马永生等，2011）。

Kara 等（2017）针对阿尔及利亚伊利兹盆地奥陶系砂岩储层渗透率差异较大（0.0001~1000mD）的地质问题，研究发现质量最好的储层发育在含有不到 1% 的纤维状伊利石、原生粒间孔隙保存较好的细—粗粒石英砂岩中。这类岩性常见于上奥陶统高能水动力条件下受三角洲再次改造的后冰期继承性沉积的砂岩中。盆地南部和北部地区相似样品中石英胶结物含量、成分以及结构的差异，反映了在较大埋深条件下差异性的热演化过程。这种解释与砂岩成岩作用的实际数值模拟相一致。研究表明，地热演化历史中的细微变化会对储层渗透率的空间变化趋势产生重大影响。因此，地热演化历史是构造抬升剥蚀盆地储层质量研究中需要考虑的一个重要因素，现今埋藏深度的变化对于评价整个盆地或区块的储层质量风险的指导作用并不是很强。

2.4 挤压变形带、断裂带、破碎带或裂缝带结构模型建立及渗流效应

张荣虎等（2020）研究认为库车超深层冲断带典型逆冲箱状背斜的构造裂缝包括近 EW 向、高角度为主的张性裂缝和近 NS 向、直立为主的剪切裂缝两组，前者充填率相对较高，后者多数未被充填；构造裂缝在 FMI 成像测井图像上以平行式组合为主。平面上有效裂缝集中于背斜长轴方向的高部位和翼部，纵向上主要发育在中和面之上的张性裂缝带；调节裂缝带裂缝纵伸能力强、有效性高，近东西向纵张裂缝带次之，多倾角的网状裂缝带最差。裂缝有效性主要受控于裂缝开度及充填度；有效裂缝可提高储层渗透率 1~2 个数量级；背斜高部位是构造裂缝渗透率的高值区，控制了天然气的富集高产；网状及垂向开启缝与储层基质孔喉高效沟通，形成视均质—中等非均质体，可使天然气产量高产且长期稳产（图 6）。

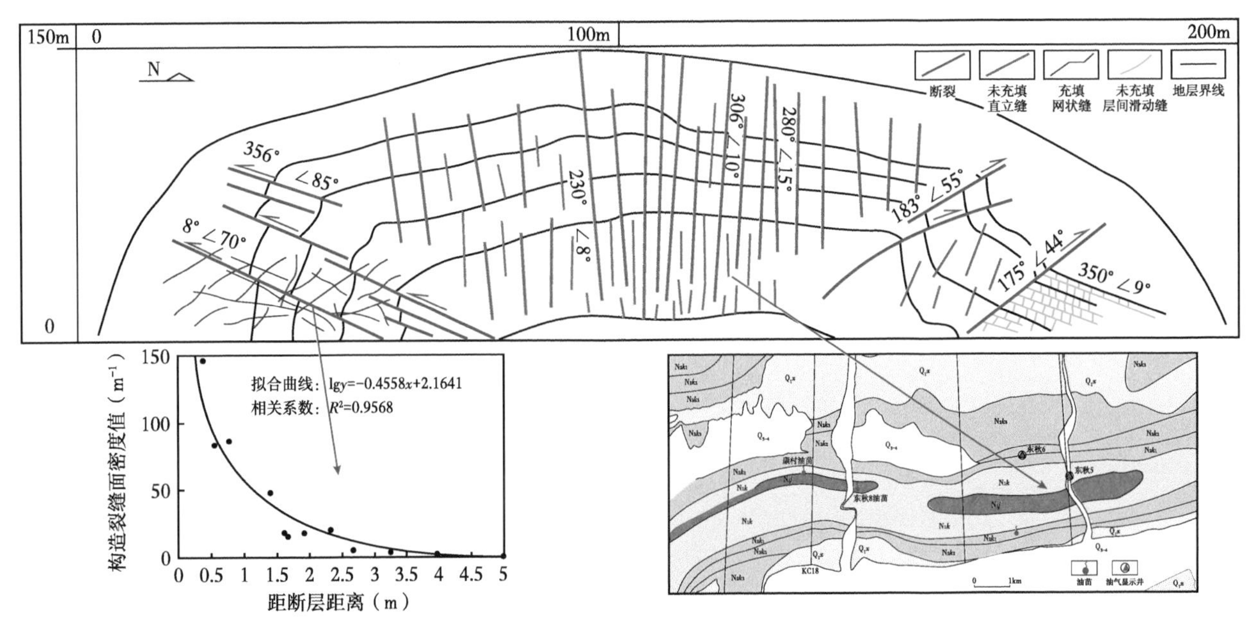

图 6　库车坳陷东秋里塔格构造带克孜勒努尔沟箱状背斜裂缝发育模型

N_1j—吉迪克组；N_1k—康村组；N_2k_1—库车组一段；N_2k_2—库车组二段；N_2k_3—库车组三段；Q_1x—西域组；Q_{3-4}—第四系

李阳等（2011）认为塔河南油田油藏储层主要储集空间为溶蚀孔洞、大型洞穴及裂缝。通过对碳酸盐岩出露区缝洞系统的研究以及地球物理技术的识别并结合多年的开发经验（图 7），认为塔河南油田缝洞储集体由表生岩溶作用形成，存在地下河系统、岩溶洞穴型和溶蚀孔缝型三大缝洞系统模式。地下河系

统和岩溶洞穴是最主要的储集体类型。断裂带附近是缝洞系统发育的密集带。古地貌控制了缝洞系统的平面分布，岩溶台地内的峰丛洼地区溶洞最发育，其次以岩溶缓坡内的丘峰洼地区和丘丛垄脊槽谷区古岩溶缝洞系统发育程度高；垂向上溶洞发育具有明显分带性，表层岩溶带是最重要的岩溶发育段。缝洞型储层是加里东中期—海西早期多次构造运动引起的多期岩溶作用叠加改造的结果。地质、地球物理和地球化学等分析方法确定发育加里东中期第一幕、第二幕、第三幕和海西早期 4 个岩溶发育阶段，海西早期及加里东中期第一、第二幕为主要岩溶时期（李阳等，2011）。

Orlando 等（2010）采用一维扫描线测量的归一化裂缝强度，比较了墨西哥东北部丘比多组和塔毛利帕斯州组碳酸盐岩不同沉积相、地层位置、层厚和白云岩化程度的裂缝强度。使用二元加权回归和多元回归的方法计算了单层、单层和复合层的裂缝强度及其统计规律。结果表明，白云岩化程度与裂缝强度呈正相关，且相关性最强，其次为地层旋回中底层位置和含泥量。地质观测表明，白云石沉淀和断裂至少部分的在这些岩石中同时发生，建立了层序、地层和成岩史相结合的裂缝强度分布模型（Orlando et al.，2010）。Estibalitz 等（2016）通过野外构造观测和褶皱—冲断带演化的运动学模拟，研究了加拿大落基山脉前陆区上白垩统 Cardium 地层褶皱与裂缝形成之间的关系。通过分析后翼、靠近脊的缓前翼和陡坡处的裂缝强度和裂缝开度，评估构造位置和应变对主要开启裂缝形成的影响。马鹿河背斜后翼靠近转折端，前翼远离转折端。由露头和显微扫描线所测得的断裂应变在褶皱的 3 个结构域内变化不大。运动学模型预测在马鹿河背斜早期发育过程中，前翼和后翼的水平伸展程度相似，前翼中上部的水平伸展程度略低。预测褶皱发育过程中，早期形成的裂缝与褶皱后期剪切活化的野外结构观测结果一致。变形褶皱—逆冲带可以在空间和时间上平行经历复杂的演过程化，导致在结构复杂的地下储层中形成多变的裂缝空间结构。

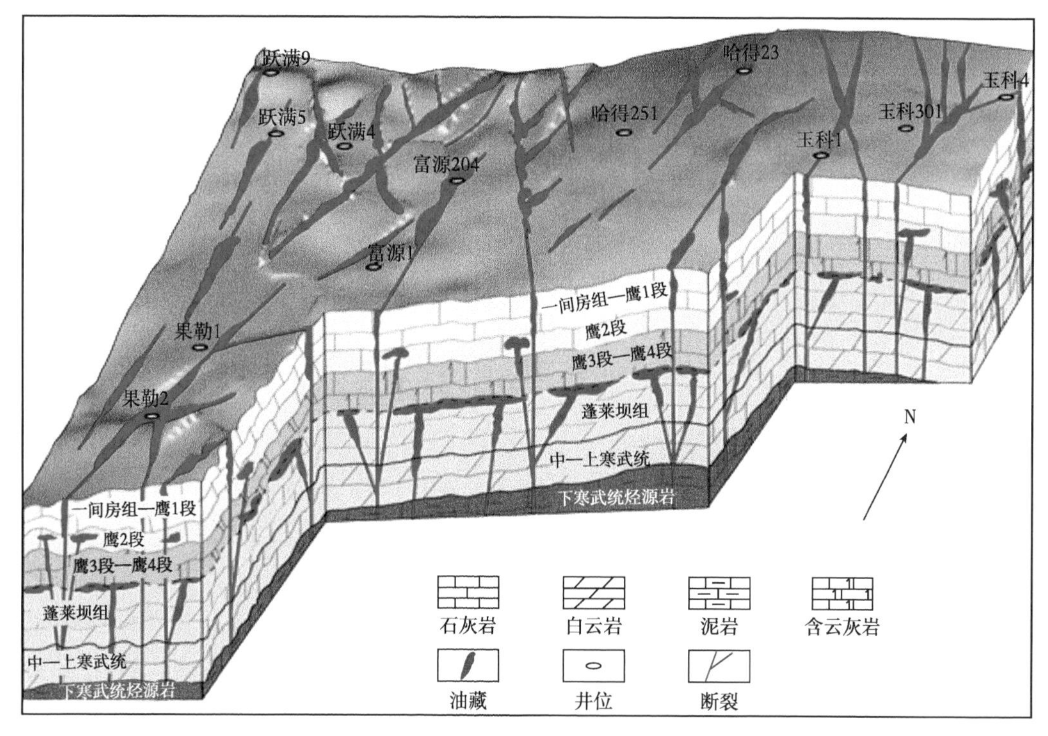

图 7　塔里木盆地塔河南油田奥陶系断裂控储控藏模式图

Laubach 等（2014）研究认为在苏格兰西北部，分米至米级位移的小型斜滑断层切割了最年轻的前寒武系岩屑长石—长石岩屑砂岩以及寒武系石英砂岩。在岩屑长石砂岩/长石岩屑砂岩中，断层核心带表现为狭窄（<1m）的低孔碎裂岩。在断层破碎带，相互平行的开放型裂缝延伸长（几米甚至更长），并且长度和开度的分布范围窄，这些裂缝绝大部分是孤立存在的，少有石英胶结物。石英砂岩断层破碎带裂缝的长度从米级到厘米级甚至更短，但整体分布偏向于短裂缝，并且裂缝开度呈幂函数分布，由于普遍含有石英胶结物，这些裂缝往往是密封的，反映在长石和岩屑颗粒上自生石英的沉淀受到抑制，它们是不利的沉

淀基质，而碎屑石英上有利于自生石英的沉淀。在低石英胶结物含量、高孔隙度的区域，现有的裂缝很容易重新活动、集中生长。在高石英胶结物含量区域，只有一些现存的、部分胶结的裂缝重新活动，并且分段生长的新裂缝表现出一定的变形。总体认为：沿裂缝走向渗透率、断层核心区和破碎带流体流动轨迹及断层强度存在差异。Hannah 等（2018）研究 Achnashellach Culmination（苏格兰西北部）野外露头，类似于一个逆冲断裂带上的褶皱致密砂岩储层。利用野外观察和层理数据构建了三维区域模型，并使用 Move 软件进行地质力学恢复，以确定褶皱和应变等因素如何影响裂缝的变化。Torridon 组发育的裂缝类型是一致的，并且在高应变的前翼部是可预测的，在低应变的后翼部是不一致的。低应变区裂缝的连通非均质性和方向性并不能反映应变和褶皱曲率的波动性，岩性等其他因素对裂缝的形成有较大的控制作用，裂缝属性是不可预测的，但是储层品质确是最好的，主要是因为在高应变区前翼部充填了石英。在褶皱后翼部裂缝属性的非均质性，意味着裂缝性储层的品质和潜力难以预测。

刘志达等（2017）建立了固结成岩砂岩（低—非孔隙性储层、高孔隙性储层）断裂带演化模式、断裂带结构和物性特征，提出断裂带包括断层核和破碎带，其中破碎带富含裂缝，是相对优质储层发育区，破裂变形带数量与距断层核距离呈负相关，储层平行渗透率和垂向渗透率具有规律性变化。邬光辉等（2012）、韩剑发等（2019）通过研究塔里木盆地皮羌断裂中段破碎带分带特征，建立了碳酸盐岩断裂带发育模式，包括以颗粒支撑、基质支撑、胶结支撑为主的 3 类断层核，碎裂带与裂缝带的两分破碎带特征；发现高渗透变形带可能与后期溶蚀、破裂、白云岩化作用有关；把变形带和断层相引入碳酸盐岩断层破碎带中；开展了基于原位 U-Pb 定年的多期构造—成岩作用序列的建立和破碎带开启—封闭旋回恢复；认为碳酸盐岩走滑断层破碎带宽度生长的多阶段多方式，破碎带宽度与位移关系整体符合幂律关系，每个地区仍有较大分散性，塔里木盆地同一地区同一条断层也有差异（图 8）。

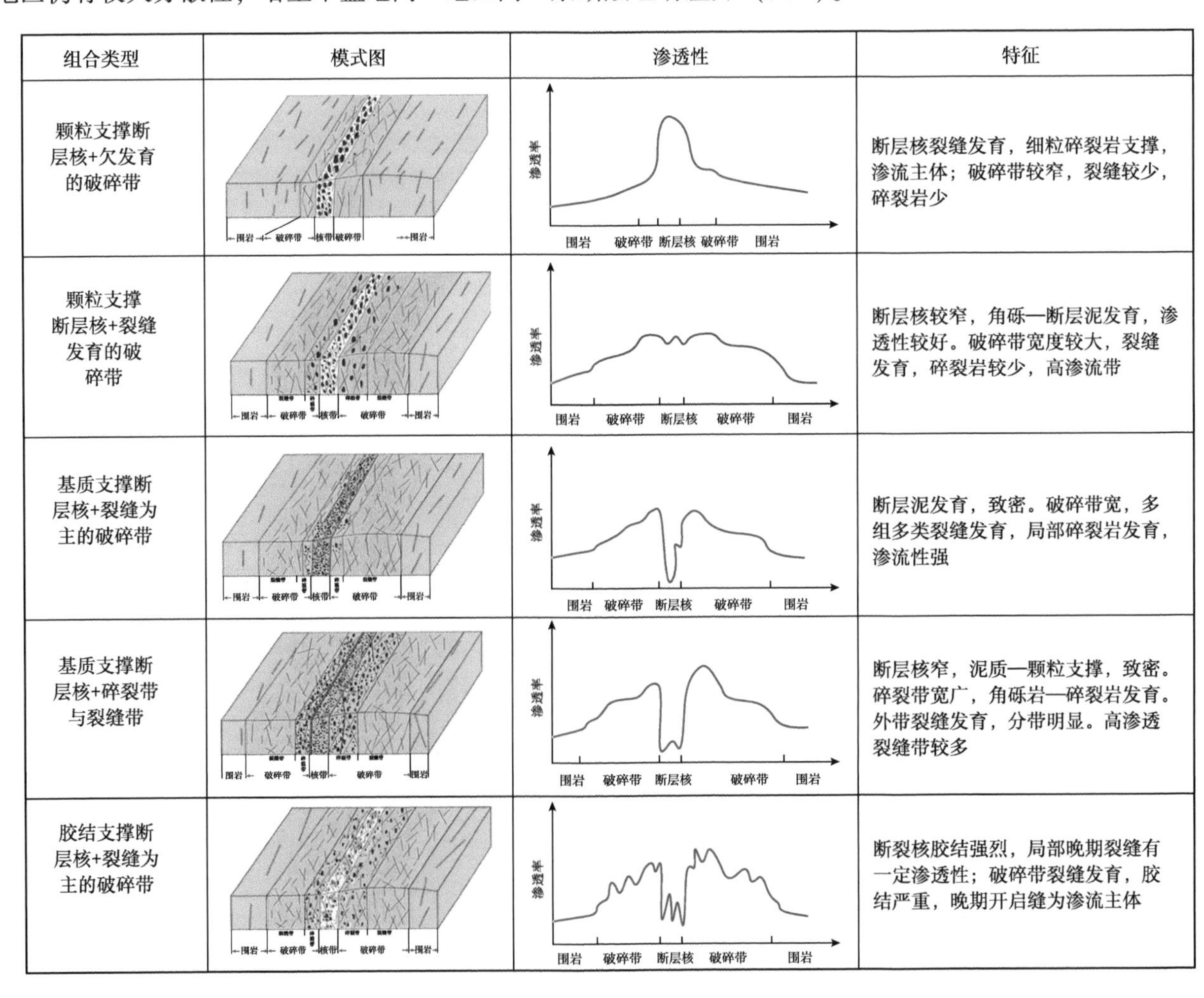

图 8　碳酸盐岩断裂带结构组合模式图

2.5 构造成岩演化过程恢复及其动态微观响应

Hooker 等（2017）利用基于扫描电子显微镜的阴极发光成像技术（SEM-CL）对砂岩中天然裂缝的发育模式进行了取样研究。所有裂缝初始状态下均是开启的，后被石英胶结物全部或部分充填，且大多数样品中的裂缝因长度太短而位于沉积界面以内。在应变非常低时（≤0.001），裂缝在空间中的分布是随机的；但在较高应变下，裂缝组系通常具有统计规律，更符合对数正态分布特征，表明天然裂缝的分布不是随机的。裂缝的成簇增长是一个自组织过程，其中小规模的、初始孤立的裂缝不断增长并逐渐相互作用，优先增长的一部分裂缝以牺牲其余部分的增长为代价。簇系内裂缝的封闭性与规模有关，表明同期的胶结作用可能有助于裂缝的成簇发育（Hooker et al.，2017）。

Eichhubl 等（2010）运用裂缝胶结物岩石学、流体包裹体、稳定同位素以及水化学分析研究得克萨斯州西部 Delaware 盆地 Wolfcamp 组页岩油藏，研究认为裂缝胶结物的锶、氧同位素反映了水岩相互作用增强对地层水化学组成的影响；同位素和流体包裹体观测表明，一些不同组成的局部断层控制的水流入，但没有大规模混合或水驱的证据；碳同位素和古孔隙压力记录表明，断裂控制着幕式烃类泄漏。Weisenberger 等（2019）研究认为美国皮扬斯盆地白垩系 Mesaverde 群砂岩中存在以石英为内衬或充填的开放式裂缝，局部为方解石胶结物。石英对裂缝的充填主要受裂缝大小、年龄和热历史的影响。裂缝方解石充填是非均质性很强的，在相邻深度存在开放性和方解石封闭性裂缝。通过对孔隙和裂缝的胶结物岩石学、流体包裹体、同位素和元素分析发现，方解石分布和迁移控制了孔隙度的变化和裂缝的充填。在宿主岩石中，钠长石和方解石的含量均随深度的增加而降低，岩体方解石胶结物含量与裂缝退化和封合有关，可以用来准确预测宽裂缝的封闭或张开位置（Weisenberger et al.，2019）。

2.6 构造动力成岩作用的成储效应表征方法和微观结构实时监测

除了裂缝的强度、密度和开度在以往的研究中受到高度关注之外，Laubach 等（2019）系统探讨了构造成岩作用对构造裂缝长度（length）影响的前期研究成果、裂缝尺度概念（长、宽、高、导通性、拓展结构由力学定义和成岩作用修改）、裂缝长度的重要性、当前对开启性裂缝长度的观点、裂缝长度及其当前露头成像演化、如何测量裂缝长度、面临的挑战等（图 9）。同时认为裂缝长度测量必须依赖于露头观测，通过建立裂缝长度与开度的大量实测数据相关性模型，间接计算裂缝长度。但由于诸多原因，露头裂缝长度的测量具有一定的挑战性，原因为露头规模是有限的，长或宽裂缝可能优先考虑（因此随机抽样是一个糟糕的假设），地下裂缝的代表可能会少（因为矿物填充），而近地表可见裂缝可能轻易见到。在没有显微镜的情况下（在很多情况下），矿物胶结物的长度校正是很难识别的，而且在从无人机图像、激光雷达、卫星等收集长度信息方面也存在技术挑战（可能很容易克服）。

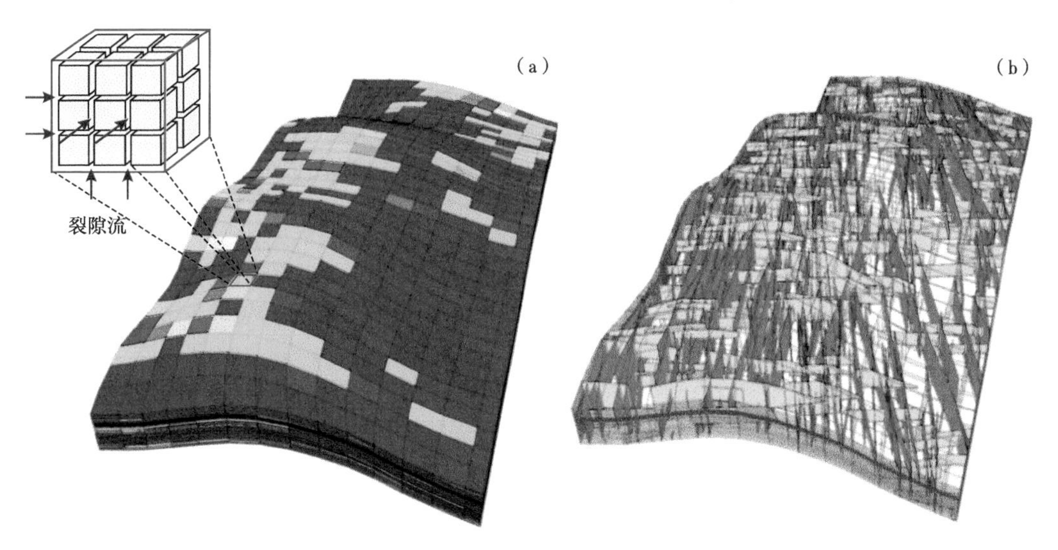

图 9　储层裂缝长度数值模拟图（a）与物理模拟模式图（b）

Marrett 等（2018）根据裂缝空间分布的随机性、谐波性、簇状性和分形性，采用归一化相关计数（Normalized Correlation Count，简称 NCC）方法对一维扫描线裂缝空间组织进行了分析，开发了构造裂缝标准化定量统计分析软件 CorrCount（图 10），数据库主要有页岩组合、碳酸盐岩储层、砂岩、钻井响应数据及其他。Laubach（2019）重点论述了天然和人工合成材料中记录的断裂模式可以通过断裂尺寸分布和空间排列来表征。其他因素包括断裂连通性、岩矿含量和强度。最重要的断裂属性可能是长度，为了讨论这个问题，把长度看作层理平面上的断裂维数，在岩层面上描出长度。邬光辉等（2012）、韩剑发等（2019）在塔里木盆地塔中—塔北中下奥陶统碳酸盐岩 10 年的高效勘探生产储层研究中，建立了 4 项地质—地球物理的创新技术，包括走滑断裂构造解析“三学五分”的方法技术、断层破碎带识别与描述的方法技术、断层破碎带相关储层表征与评价的方法技术、断层破碎带相关储层预测与烃类检测的地震方法技术，推动了塔河南油田、果勒—跃满—富源油田的 10×10^8t 石油储量发现。

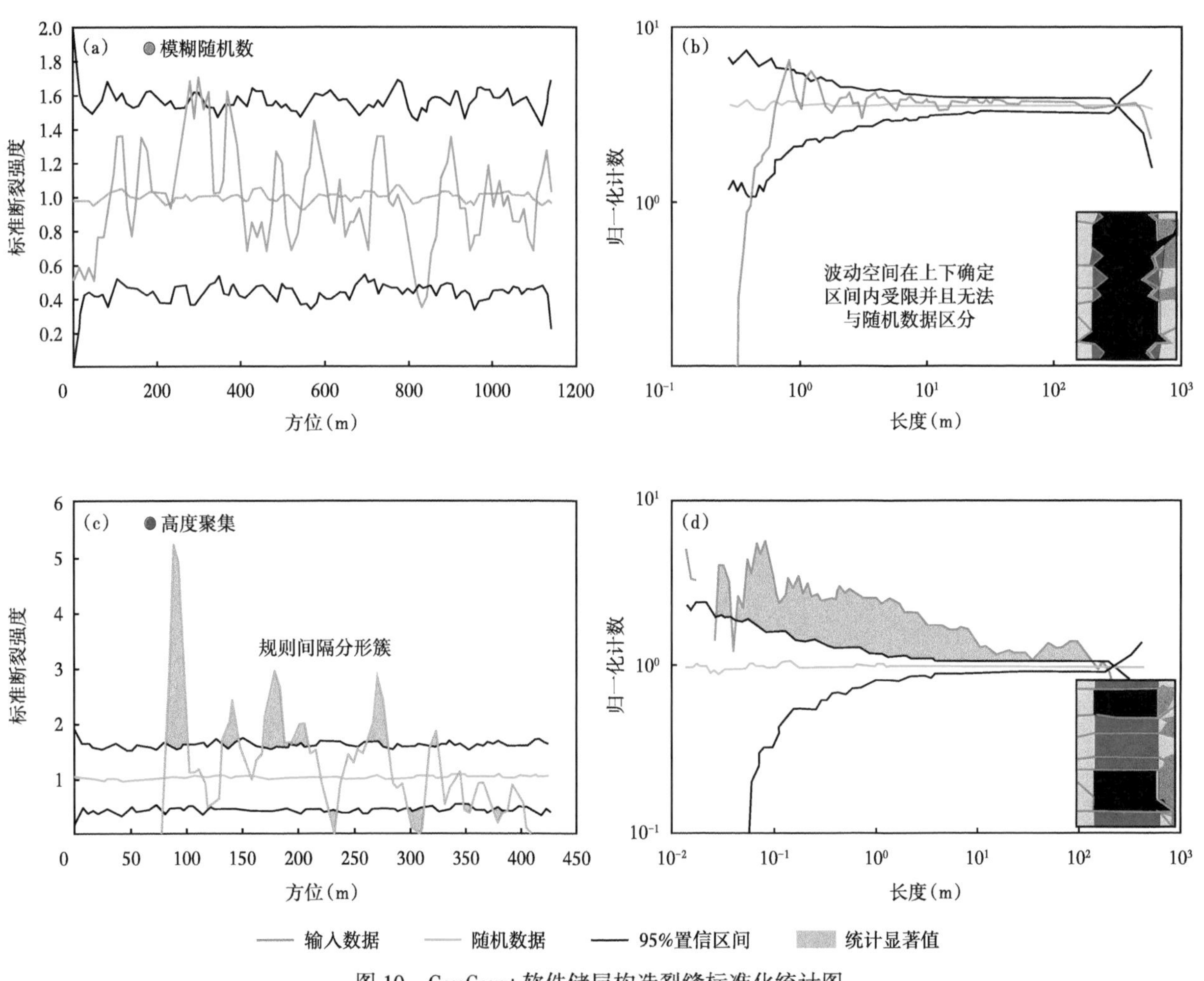

图 10　CorrCount 软件储层构造裂缝标准化统计图

（a）不同位置的裂缝分布统计特征（模糊随机）；（b）不同长度的裂缝分布统计特征（模糊随机）；（c）不同位置的裂缝分布特征（高度集中）；（d）不同长度的裂缝分布特征（高度集中）

3　构造动力成岩作用的研究关键点

3.1　构造动力成岩作用与储层致密化—裂缝化的量化关系

构造活动性质（挤压、剪切或拉张）及其对固结砂岩储层的减孔增渗效应，是当前时期油气勘探研究人员密切关注的重点，尤其是构造应力与不同成岩阶段（起始孔隙度）砂岩储层的减孔定量关系模型、在不同构造样式下的减孔物理模型；构造挤压应力与构造裂缝关键参数（密度、强度、开启度、延伸长度）的定量关系模型；储层裂缝化的物性界限和微观结构特征序列；构造裂缝关键参数与储层孔隙度、渗透率的关系模型，特别是深埋地层条件下（高温高压）裂缝的增渗机制、增渗效应和有效性评价（与现今地应力方向的关系、与流体异常高压的关系、与岩石物理性质的关系）。

3.2 构造动力成岩作用与流体—岩石相互作用的耦合关系

沉积盆地中的构造史、热史、地球化学和流体特征控制了沉积地层的埋藏构造成岩作用。Heydari（1997）提出了3种基本的水文地质—构造埋藏域：被动大陆边缘埋藏成岩域、碰撞或活动大陆边缘埋藏成岩域及构造后埋藏成岩域。在被动大陆边缘埋藏成岩域下，烃类向上运移进入储层时，包括热化学硫酸盐还原作用在内的与生烃岩作用相关的侵蚀性孔隙流体，是次生孔隙形成的主要动力；而在碰撞或活动大陆边缘埋藏成岩域，次生孔隙形成的主要因素是构造应力和抬升所导致的热液溶蚀作用，如塔里木盆地台盆区奥陶系碳酸盐岩埋藏热液溶蚀作用；构造后埋藏成岩域下，受地形控制的大气淡水补给进入深埋藏地层中，直接导致地层流体的不饱和，使溶蚀作用发生，如大型不整合面附近喀斯特岩溶作用和表生溶蚀作用。构造作用控制了储层埋藏后成岩流体性质变化，制约了流体的流动方式和相应的成岩自生矿物的沉淀机制。直接现象之一就是构造作用的抬升、沉降，走滑活动是碳酸盐溶解、沉淀以及次生孔洞缝发育的重要驱动因素，它们之间往往具有同时性和因果性。

3.3 构造动力成岩作用与储层断层带—裂缝带的时空关系

断层和断层岩的研究是构造动力成岩作用深入认识的一个重要领域。断层具有反馈变形、流体流动、化学反应、岩石性质变化和热梯度的潜力。断层滑动及相关的裂缝可能增加或减小断层带的孔隙度和渗透率，集中或阻碍流体流动，扰乱热梯度，增强或限制化学组分的反应和运移，以及改变断层和宿主岩石的孔隙度、渗透率、矿物特征、结构和力学性质。近期的断层—成岩作用研究表明可以利用石英和黏土矿物自生作用模型来改进断层和变形条带性质的预测。应用到构造上，这些成岩作用概念可以提供获得构造形成时间信息（不仅仅是相对时间）的方法。确定褶皱、断层和裂缝生长时间及速率是构造地质学的核心内容之一。对于石英、某些黏土矿物和某些碳酸盐矿物，沉淀速率行为可用Arrhenius动力学来很好地描述。未变形宿主岩石中胶结模式的模型预测和经验确定表明，在许多不同的构造背景下，重建热史以及层序证据和断层内胶结物沉积的相对时间，可以准确地估计胶结物聚集速率和聚集时间，以便应用于相关的构造定年，这种模型解释了断层带岩石孔隙度和渗透率对热暴露的敏感性。不同类型宿主岩石在不同的构造活动性质下的断裂带分区、分带性和裂缝带连通性结构模型需要进一步的深化研究和多尺度表征。

4 构造动力成岩作用的超深层油气地质意义

4.1 评价预测断裂—岩溶型碳酸盐岩储层的质量性能

构造动力成岩作用对碳酸盐岩孔隙的改造，实际上就是地层水—岩石作用的过程，也是导致原有碳酸盐矿物颗粒溶解与新的碳酸盐矿物颗粒形成的复合过程。碳酸盐岩孔隙流体的化学性质、在孔隙中的流动速度和温压条件决定了流体对碳酸盐矿物相的饱和度。当流体欠饱和时，原有矿物颗粒溶解，孔隙增加；流体过饱和时，新的矿物颗粒发生结晶，则孔隙减少。碳酸盐岩的溶蚀作用通常是由于岩石孔隙中的流体化学性质发生了明显的变化，如盐度、温度、压力的改变，导致流体处于欠饱和状态，溶蚀作用发生。碳酸盐岩地层在埋藏早期矿物稳定化之前，溶解作用受单个颗粒的矿物相控制，导致次生溶孔的形成具有明显组构选择性。例如，埋藏早期受大气淡水作用，孔隙中的原始海水流体被大气淡水取代，使生物、鲕粒等含文石成分颗粒被溶蚀，形成铸模孔。而发生在碳酸盐岩地层深埋藏晚期矿物稳定化后的溶解作用通常是非组构性的。在这种情况下，形成的孔隙可以切割颗粒、胶结物、基质等所有结构组分。在埋藏成岩环境下，国外学者（Lucia，2007）认为，大部分碳酸盐矿物相中绝大多数埋藏成岩流体被认为是过饱和的。然而高温、高压、烃成熟、热降解、造山后期大气淡水的补给均可能导致侵蚀性埋藏流体的形成，导致碳酸盐岩被溶蚀形成大量次生孔隙。

在储层微观结构上，由于碳酸盐岩的易碎性，在构造作用下碳酸盐岩易产生裂隙，这在碳酸盐岩储层中是常见的。碳酸盐岩沉积物固化较早，导致岩石裂缝的形成可以发生在碳酸盐岩埋藏后的任何时间段，断层活动、褶皱等作用均可以形成裂缝。已发现的深层、超深层油气田均受到强烈的裂缝作用影响，形成大量以裂缝和裂缝伴生孔为主要储集空间的油气藏。在以基质孔隙为主要储集空间的深层、超深层油气田，裂缝对孔隙的形成与改造有重要的作用。裂缝对储集空间形成有两个重要贡献，(1) 裂缝本身可以作为少量储集空间；(2) 裂缝沟通了储层内部部分空间，有利于地下流体特别是不饱和流体的循环，使得地层中流体（如早期有机酸、中晚期热液）能够进入储层中发生白云岩化、埋藏酸性水溶蚀和热液溶蚀等成岩作用，进一步扩大储集空间。

4.2 评价预测裂缝性致密砂岩储层的分布和有效性

随着沉积岩层的成岩作用加强，物性变差，储层的脆性程度增加，岩石脆性破裂的发生和裂缝的形成变得更加有利。根据地质成因，沉积储层中主要以构造裂缝和成岩裂缝为主（丁文龙等，2015）。构造成岩作用主要是通过影响岩石的力学性质来影响构造裂缝的发育程度，成岩作用越强，物性越差，岩石脆性程度越高，构造裂缝密度越大。因而，在超深层领域，一般是强压实强胶结型成岩相的岩石脆性程度高，在相同构造应力作用下构造裂缝的发育程度明显大于弱胶结强溶蚀型成岩相。成岩裂缝是指岩石在成岩过程中由于压实压溶、黏土矿物脱水等地质作用形成的裂缝，顺微层理面分布的层理缝就是一种典型的成岩裂缝，成岩作用越强，成岩裂缝的发育程度越高，粗粒砂岩不均衡压实作用形成的颗粒压碎缝也是一种典型的成岩裂缝。裂缝的形成主要与强烈的机械压实和构造挤压联合作用有关，是构造成岩作用的产物（昌伦杰等，2014）。根据裂缝的地质成因，可以利用构造成岩作用有效地评价储层裂缝的分布。

储层中天然裂缝在张开扩展过程中或形成以后，常被石英、方解石等矿物胶结成岩充填而变成无效裂缝，之后的溶蚀作用还可以使这些无效裂缝再变成有效裂缝，使得裂缝的有效性评价变得复杂和困难。裂缝的开启程度可以看成是裂缝张开速率与同生胶结物沉积速率之间的竞争（李军等，2011）。胶结物竞争的胜利结果可能导致裂缝的完全充填而无效，也可能仅仅在裂缝壁之间形成一薄层，或者在裂缝壁之间搭起矿物桥（Laubach et al.，2010）。因此，超深层储层中裂缝的有效性主要取决于成岩作用阶段、裂缝力学机制和成岩历史的相互作用。张开裂缝的持续时间、连通性和流体活动是影响裂缝有效孔隙度的决定因素。根据裂缝中石英或方解石胶结物增长过程中的结构切割关系和流体包裹体分析，可以有效地确定胶结物生长期次，重建裂缝张开过程中流体温度和孔隙流体压力演化史，结合盆地埋藏史和流体的运移史，可以判断成藏过程中裂缝在输导和储存油气中的有效性。并通过对裂缝张开—愈合史分析，建立裂缝孔隙度的演化模型，评价地下裂缝的有效性，为超深层裂缝性油气藏和致密油气藏的勘探开发提供依据。

4.3 评价预测基质孔隙型规模砂岩储层性质和分布

常规储层的形成与分布主要受沉积微相和埋藏压实作用的控制。超深层规模优质砂岩储层的形成演化受沉积作用、常规成岩作用和构造成岩作用等多种因素控制，其中，沉积作用是基础，而常规成岩作用和构造成岩作用是决定储层质量的关键。构造作用对储层储集性能的影响好坏皆有。在沉积物固结成岩之前，水平构造挤压作用使岩石的压实作用增强，造成孔隙体积的减少和物性的快速降低，水平构造挤压强度越大，岩石的构造压实造成的减孔量越大，储层的物性变得越差，例如，在塔里木盆地库车和塔西南地区，水平构造挤压应力每增加 1.0 MPa，会导致砂岩孔隙度的减小量增加 0.11%左右。在沉积物固结成岩以后，水平构造作用除了降低基质颗粒原生孔隙，还可以形成大量的天然裂缝，既大大提高了储层的基质渗透率，也可成为有效储集空间和流体流动的重要通道，促进地层水溶蚀作用的发生和次生孔隙的发育。因此，根据构造成岩作用对储层物性的影响，在储层孔隙度的原始沉积组构模型的基础上，通过孔隙度的压实模型和构造应力模型两个核心模型的建立，结合区域钻井和地球物理资料，可以有效地评价和预测有利储层的分布，综合地反映沉积作用、常规成岩作用、构造成岩作用等地质因素对储层质量的控制作用。从而实现在超深层强构造挤压带内优选规模高渗致密裂缝—孔隙型储层，在超深层弱构造挤压带内优选规模优质孔隙型储层的研究思路和技术方法。

5 结论与展望

（1）储层构造动力成岩作用是指沉积岩层从松散沉积物到固结形成沉积岩石及其之后的过程（包括抬升暴露）中所发生的构造活动和成岩作用相互的耦合作用。

（2）储层构造动力成岩作用研究关键在于厘清 3 个关系：构造成岩作用与储层致密化—裂缝化的关系、构造成岩作用与流体—岩石相互作用的耦合关系、构造成岩作用与储层断层带—裂缝带的关系。

（3）研究含油气盆地储层形成演化过程中构造作用和成岩作用及其相互关系，阐明构造动力成岩作用对储层形成演化的控制作用，不仅可为有利碳酸盐岩储层、低孔高渗砂岩储层、规模优质砂岩储层形成机理提供地质理论基础，还可为储层质量评价、天然裂缝及其有效性评价提供有效的途径和技术方法。

（4）深层—超深层已经成为油气资源发展的重要新领域，多项成果显示该领域资源潜力大，是今后重点研究、勘探探索发现的关键领域之一，大量科学研究与勘探成果表明储层构造动力成岩作用将对规模优质储层发育机理、评价预测起到重要推动作用。

参考文献

昌伦杰，赵力彬，杨学君，等，2014. 应用 ICT 技术研究致密砂岩气藏储集层裂缝特征．新疆石油地质，35（4）：471-475.

丁文龙，尹帅，王兴华，等，2015. 致密砂岩气储层裂缝评价方法与表征．地学前缘，22（4）：173-187.

巩磊，曾联波，杜宜静，等，2015. 构造成岩作用对裂缝有效性的影响——以库车前陆盆地白垩系致密砂岩储层为例．中国矿业大学学报，44（3）：514-519.

韩剑发，苏洲，陈利新，等，2019. 塔里木盆地台盆区走滑断裂控储控藏作用及勘探潜力．石油学报，40（11）：1296-1310.

贾茹，付晓飞，孟令东，等，2017. 断裂及其伴生微构造对不同类型储层的改造机理．石油学报，38（3）：286-295.

李军，张超谟，李进福，等，2011. 库车前陆盆地构造压实作用及其对储集层的影响．石油勘探与开发，38（1）：47-51.

李阳，范智慧，2011. 塔河奥陶系碳酸盐岩油藏缝洞系统发育模式与分布规律．石油学报，32（1）：101-106.

李忠，刘嘉庆，2009a. 沉积盆地成岩作用的动力机制与时空分布研究若干问题及趋向．沉积学报，27（5）：837-848.

李忠，张丽娟，寿建峰，等，2009b，构造应变与砂岩成岩的构造非均质性——以塔里木盆地库车坳陷研究为例．岩石学报，25（10）：2320-2330.

刘成林，朱筱敏，朱玉新，等，2005. 不同构造背景天然气储层成岩作用及孔隙演化特点．石油与天然气地质，26（6）：746-753.

刘红光，刘波，曹鉴华，等，2018. 塔里木盆地玉北地区中—下奥陶统储层发育特征及控制因素．石油与天然气地质，39（1）：107-118.

刘志达，付晓飞，孟令东，2017. 高孔隙性砂岩中变形带类型、特征及成因机制．中国矿业大学学报，46（6）：1267-1281.

马永生，蔡勋育，赵培荣，2011. 深层、超深层碳酸盐岩油气储层形成机理研究综述．地学前缘，18（4）：181-192.

毛亚昆，钟大康，李勇，等，2017. 构造挤压背景下深层砂岩压实分异特征——以塔里木盆地库车前陆冲断带白垩系储层为例．石油与天然气地质，38（6）：1113-1122.

邱小平，1993. 构造动力成岩成矿模拟实验成果分析及其地质意义．地球化学，22（3）：237-240.

寿建峰，张惠良，斯春松，等，2005. 砂岩动力成岩作用．北京：石油工业出版社．

寿建峰，朱国华，张惠良，等，2003. 构造侧向挤压与砂岩成岩作用——以塔里木盆地为例．沉积学报，21（1）：90-96.

汪虎，何治亮，张永贵，等，2019. 四川盆地海相页岩储层微裂缝类型及其对储层物性影响．石油与天然气地质，40（1）：41-49.

王珂，张惠良，张荣虎，等，2016. 超深层致密砂岩储层构造裂缝特征及影响因素——以塔里木盆地克深 2 气田为例．石油学报，37（6）：715-727，742.
邬光辉，杨海军，屈泰来，等，2012. 塔里木盆地塔中隆起断裂系统特征及其对海相碳酸盐岩油气的控制作用．岩石学报，28（3）：793-805.
郄莹，付晓飞，孟令东，等，2014. 碳酸盐岩内断裂带结构及其与油气成藏．吉林大学学报（地球科学版），44（3）：749-761.
杨海军，张荣虎，杨宪彰，等，2018. 超深层致密砂岩构造裂缝特征及其对储层的改造作用——以塔里木盆地库车坳陷克深气田白垩系为例．天然气地球科学，29（7）：942-950.
杨开庆，1986. 动力成岩成矿理论的研究内容和方向．中国地质科学院地质力学研究所所刊，7：1-14.
杨宪彰，毛亚昆，钟大康，等，2016. 构造挤压对砂岩储层垂向分布差异的控制——以库车前陆冲断带白垩系巴什基奇克组为例．天然气地球科学，27（4）：591-599.
于兴河，郑浚茂，宋立衡，等，1997. 构造、沉积与成岩综合一体化模式的建立——以松南梨树地区后五家户气田为例．沉积学报，15（3）：8-13.
曾联波，朱如凯，高志勇，等，2016. 构造成岩作用及其油气地质意义．石油科学通报，1（2）：191-197.
曾联波，漆家福，王成刚，等，2008. 构造应力对裂缝形成与流体流动的影响．地学前缘，15（3）：292-298.
张荣虎，杨海军，王俊鹏，等，2014. 库车坳陷超深层低孔致密砂岩储层形成机制与油气勘探意义．石油学报，35（6）：1057-1069.
张荣虎，姚根顺，寿建峰，等，2011. 沉积、成岩、构造一体化孔隙度预测模型．石油勘探与开发，38（2）：145-151.
张荣虎，王珂，李君，等，2020. 库车前陆冲断带超深层构造裂缝有效性及油气地质意义——以克深气田巴什基奇克组为例．石油与天然气地质，41（1）：41-49.
赵向原，胡向阳，曾联波，等，2017. 四川盆地元坝地区长兴组礁滩相储层天然裂缝有效性评价．天然气工业，37（2）：52-61.
Benito Á, Javier E, 2012. Structural diagenesis of late Albian siderite layers of the Black Flysch (Armintza Bay, Basque Cantabrian Basin, N Spain). The Journal of Geology, 120 (4): 405-429.
Eichhubl P, Hooker J N, Laubach S E, 2010. Pure and shear-enhanced compaction bands in aztec sandstone. Journal of Structural Geology, 32 (12): 1873-1886.
Estibalitz U, Canalp O, Peter E, 2016. Fracture abundance and strain in folded Cardium Formation, Red Deer River anticline, Alberta Foothills, Canada. Marine and Petroleum Geology, 76: 210-230.
Fossen H, Schultz R A, Shipton Z K, et al., 2007. Deformation bands in sandstone: a review. Journal of the Geological Society, 164 (4): 755-769.
Fossen H, 2010. Deformation bands formed duraing soft-sediment deformation: observations from SE Utah. Marine and Petroleum Geology, 27 (1): 215-222.
Francesco F, Fabrizio A, Estibalitz U, et al., 2019. Structural diagenesis of carbonate fault rocks exhumed from shallow crustal depths: an example from the central-southern Apennines, Italy. Journal of Structural Geology (122): 58-80.
Hannah W, David H, Clare E B, et al., 2018. Implications of heterogeneous fracture distribution on reservoir quality; an analogue from the Torridon Group sandstone, Moine Thrust Belt, NW Scotland. Journal of Structural Geology (108): 180-197.
Heydari E, 1997. Hydro tectonic models of burial diagenesis in platform carbonates based on formation water geochemistry in north American sedimentary basins. SEPM Special Publication, 52: 53-79.
Hooker J N, Laubach S E, Marrett R, 2017. Microfracture spacing distributions and the evolution of fracture patterns in sandstones. Journal of Structural Geology, 1-14.
Kara L E, Joseph M E, Linda M B, et al., 2017. Controls on reservoir quality in exhumed basins—an example from the Ordovician sandstone, Illizi Basin, Algeria. Marine and Petroleum Geology (80): 203-227.
Lander R H, Laubach S E, 2015. Insights into rates of fracture growth and sealing from a model for quartz cementation in fractured sandstones. Geological Society of America Bulletin, 127 (3-4): 516-538.
Laubach S E, Eichhubl P, Hargrove P, et al., 2014. Fault core and damage zone fracture attributes vary along strike owing to interaction of fracture growth, quartz accumulation, and differing sandstone composition. Journal of Structural Geology, 68, Part A: 207-226.
Laubach S E, Eichhubl P, Hilgers C, et al., 2010. Structural diagenesis. Journal of Structural Geology, 32 (12): 1866-1872.
Lucia F J, 2007. Carbonate reservoir characterization: an integrated approach. New York: Springer.
Orlando J O, Julia F W G, Randall M, 2010. Quantifying diagenetic and stratigraphic controls on fracture intensity in platform carbonates: an example from the Sierra Madre Oriental, northeast Mexico. Journal of Structural Geology (32): 1943-1959.

Schueller S, Braatgen A, Fossen H, et al., 2013. Spatial distribution of deformation bands in damage zones of extensional faults in porous sandstone: statistical analysis of field data. Journal of Structural Geology, 52: 148-162.

Solum J G, Davatzes N C, Lockner D A, 2010. Fault-related clay authigenesis along the moab fault: implications for calculations of fault rock composition and mechanical and hydrologic fault zone properties. Journal of Structural Geology, 32 (12): 1899-1911.

Weisenberger T B, Eichhubl P, Laubach S E, et al., 2019. Degradation of fracture porosity in sandstone by carbonate cement, Piceance Basin, Colorado, USA. Petroleum Geoscience, 10.

前陆区砂岩构造成岩作用效应与有效储层分布
——以库车坳陷东部中—下侏罗统为例

张荣虎[1,2]，杨宪彰[3]，王　珂[1,2]，魏红兴[3]，杨　钊[1,2]，余朝丰[1,2]，智凤琴[1,2]

1. 中国石油勘探开发研究院，北京，100086；
2. 中国石油杭州地质研究院，浙江，杭州，310023；
3. 中国石油塔里木油田公司，新疆，库尔勒，841000

摘要： 砂岩构造成岩作用一直是控制深层—超深层、前陆盆地冲断带储层性质的关键因素，尤其是构造逆冲推覆变形及其对储层的挤压减孔、破裂造缝和流体改造等作用，成为勘探生产和研究人员关注的核心。为了明确库车坳陷东部中—下侏罗统的构造演化、储层构造成岩效应和有利储层展布，开展了基于大量露头实测分析、钻井、地震和测井资料的构造—储层响应和有利区带评价研究。结果表明：喜马拉雅期运动晚期南天山隆起强烈的逆冲推覆活动产生巨大的侧向构造挤压，库车河地区最大有效古应力为60～120MPa，迪北地区为90～120MPa，吐格尔明地区为60～90MPa。储层构造挤压成岩效应有4种典型特征：急剧降低基质孔隙度，构造减孔量为8.8%/100MPa；破裂造缝大大增加渗透率，网状裂缝大大提高了储层的渗透率10～100倍；快速提高地层流体压力值，形成异常高压；加速水—岩相互作用强度，沿缝网系统溶蚀作用增强，局部有利于胶结物发育和富集。构造挤压致使储层微观结构、宏观非均质性增强，吐格尔明地区中—下侏罗统发育两类规模有利储层，阿合组储层累计厚度超过200m，一般孔隙度为6%～10%，吐格尔明背斜南翼储层孔隙度可达15%～20%；克孜勒努尔组—阳霞组发育中—厚层相对优质储层，累计厚度大于150m，孔隙度一般为9%～15%，为库车坳陷东部中—下侏罗统多种类型油气藏高效勘探提供重要依据。

关键词： 库车坳陷；中—下侏罗统；构造演化；构造成岩；有效储层

0　引言

库车坳陷北部构造带位于塔里木盆地北部南天山山前带，西从克拉苏河开始，东至阳霞凹陷北缘野云2井，北始于南天山前，南至克拉苏构造带，勘探面积为5900km^2，东西长280km，南北宽约30km，自东向西可划分为东段（吐格尔明构造带）、中段（迪北构造带）、西段（巴什构造带）（贾承造等，2002；王招明，2014；汪新等，2010），库车东部包括迪北构造带、吐格尔明构造带、迪那构造带和阳霞凹陷及周缘地区。全国四次资源评价表明北部构造带（含巴什构造带）天然气资源量为1.73×10^{12}m^3，石油资源量为1.74×10^{8}t，截至目前三级储量天然气为1472×10^{8}m^3、石油为1259×10^{4}t，其中天然气探明率为8.5%，石油探明率为7.2%。早在1951—1983年，围绕地表油苗及浅层构造进行勘探，1958年发现了依奇克里克油田，为受构造控制的岩性油藏；随着1998年依南2井的钻探成功［中途测试：4578～4783m（J_1y+J_1a），4.76mm油嘴，折日产气108612m^3］，库车坳陷迪北斜坡带勘探程度不断提高，发现了依南2号构造下侏罗统气藏及中侏罗统阿合组巨厚层砂岩储集体；2012年距离依南2井800m的迪西1井氮气钻获高产（4708.5～4811.38m，10mm油嘴，油压45.2MPa，折日产气589861m^3，折日产油69.6m^3；4880.1～5000m，8mm油嘴，油压26.452MPa，折日产气228368m^3，折日产油31.7m^3），解放了该区致密气藏的勘探；2017年吐格尔明背斜东翼吐东2井获近20年预探重大发现，阳霞组和克孜勒努尔组发现油气层厚度120.2m，阳霞组折日产油33.7m^3、日产气12.7×10^{4}m^3，克孜勒努尔组折日产油127m^3、日产气44×10^{4}m^3，证实了砂体类型、储层性质及成藏模式，凸显了构造—岩性油气藏勘探的巨大潜力（张荣虎

资助项目：国家科技重大专项（2016ZX05003001-002）。

等，2019）。持续的勘探发现使得侏罗系成为“西气东输”的储备层系、库车天然气勘探的战略接替领域。前人对这一领域研究认为：北部构造带构造样式具有东西分段特征，总体构造单一，以斜坡背景下的断背斜、断鼻及断块圈闭为主（魏红兴等，2016）；中—下侏罗统阿合组发育宽缓湖盆辫状河三角洲平原—前缘巨厚河道砂体（顾家裕等，2004；王海根等，2001；何宏等，2002；黄克难等，2003；张惠良等，2002）；山前带中浅层、深层—超深层砂岩储层非均质性强，即受沉积微相岩相控制（高志勇等，2013；张荣虎等，2008），特别是构造应力挤压控储特征明显（李忠等，2009；Eichhvbl et al.，2009；寿建峰等，2003；寿建峰等，2005；寿建峰等，2004；李军等，2004；杨宪彰等，2016；韩登林等，2015），常规储层及致密储层均存在（张妮妮等，2015；杨帆等，2002；陈子炓等，2001；寿建峰等，2007；寿建峰等，2001）；储层构造挤压主要受控于构造样式和最大古应力（李军等，2011；张惠良等，2012）。为了明确在库车坳陷东部中—下侏罗统构造演化、逆冲推覆挤压古应力与储层非均质性的关系，明确规模有效储层成因及其空间展布，需要开展基于露头、钻井、测井和实验分析资料的综合研究，为优选有利方向和目标评价提供重要依据。

1 地质概况

库车坳陷位于塔里木盆地北部，是在晚二叠世之前的古生代褶皱基底上历经晚二叠世—三叠纪前陆盆地、侏罗纪—古近纪伸展坳陷盆地和新近纪—第四纪再生前陆盆地演化而形成的。库车坳陷中东部经历多期构造运动，尤其是喜马拉雅运动晚期以来的构造运动导致构造变形强烈，逆冲断裂发育。中—下侏罗统包括阿合组（J_1a）、阳霞组（J_1y）和克孜勒努尔组（J_2kz），其中阿合组自上而下为第一段（砂砾岩夹泥岩段）、第二段（上砂砾岩段）、第三段（下砂砾岩段）；阳霞组自上而下为第一段（碳质泥岩段）、第二段（上泥岩煤层段）、第三段（砂砾岩段）和第四段（下泥岩煤层段）；克孜勒努尔组自上而下为第一段（上泥岩段）、第二段（砂泥岩互层段）、第三段（下泥岩段）和第四段（煤层砂泥岩段）。阿合组主要为辫状河三角洲上平原沉积，阳霞组主要为辫状河三角洲下平原—前缘沉积，克孜勒努尔组主要为辫状河三角洲前缘沉积。烃源岩主要为三叠系塔里奇克组、侏罗系克孜勒努尔组—阳霞组煤系烃源岩，具有分布广、厚度大、有机质丰度高，现今成熟度普遍较高（R_o>1.0%，处于成熟—高成熟阶段），以生气为主的特征，为多种类型油气藏发育提供了充足物质基础。储层累计厚度巨大，其中阿合组厚度为250~430m，储层厚150~200m，巨厚砂岩叠置连片分布，埋深为1200~8500m，储层非均质性强；阳霞组厚度为380~450m，巨厚—中薄层砂岩储层厚100~150m；克孜勒努尔组厚度为500~550m，中—薄层砂岩储层厚度为80~100m（杨宪彰等，2016）。新近系吉迪克组巨厚膏泥岩和膏盐岩可作为良好区域盖层，中上侏罗统厚层泥岩可作为直接盖层，天然气保存条件好（图1）。

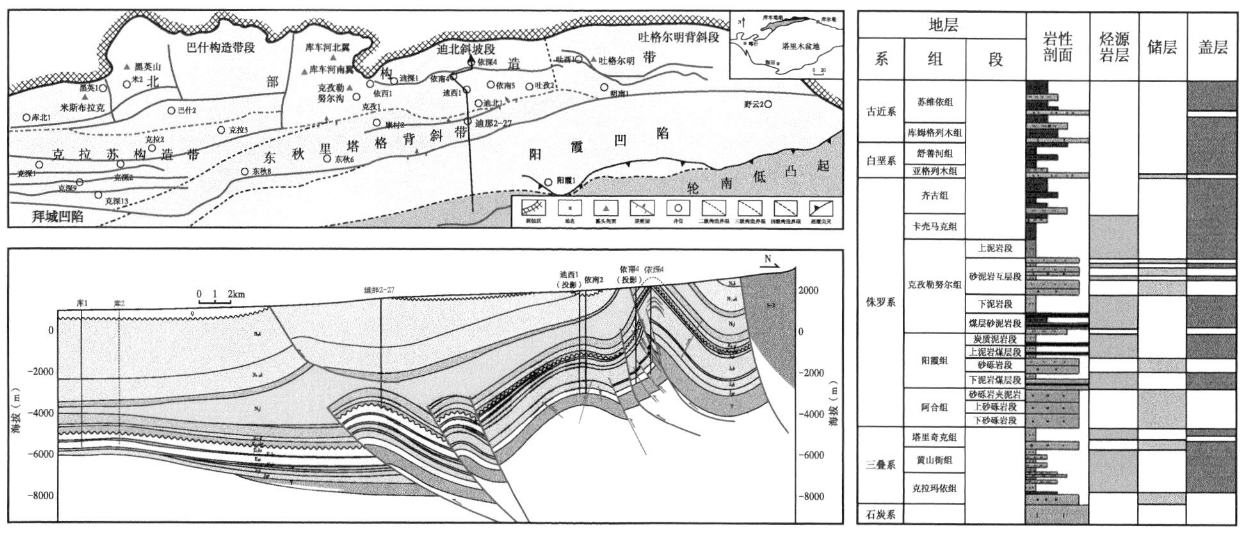

图1　库车坳陷东部中—下侏罗统地质特征综合图

2 构造演化及逆冲挤压古应力特征

2.1 中—下侏罗统构造演化特征

库车坳陷东部吐格尔明背斜新生代构造活动主要经历 3 期构造演化：第一期构造活动是古新世，吐格尔明背斜核部发育古隆起，下白垩统和中侏罗统克孜勒努尔组（J_2kz）遭受剥蚀，构造高部位缺失，古新统库姆格列木群（$E_{1-2}km$）在背斜南北两翼超覆沉积，背斜北翼苏维依组（$E_{2-3}s$）直接超覆于下白垩统之上，吐格尔明背斜中部靠近当时古隆起的构造高点，较晚接受沉积。第二期构造活动是渐新世末，吐格尔明背斜局部断裂重新活动；中新统吉迪克组（N_1j）与下伏古近系的局部角度不整合接触；中新统吉迪克组（N_1j）与康村组（N_1k）的沉积连续，厚度均匀。第三期为上新世库车组（N_2k）沉积晚期，南天山隆起，对盆地强烈逆冲推覆挤压产生斜向剪切作用，古老基底断裂发生活化，派生出数条次级断裂，与主断裂共同控制了吐格尔明背斜现今的形态特征，构造高点相对北移。古隆起构造演化总体呈早期北西—南东向，中期持续隆升，晚期最终定型（图 2）。迪北地区经历两期构造变形，分别为古新世、上新世，表现为区域性的古近系与下伏下白垩统之间不整合接触。中新统吉迪克组（N_1j）发育膏盐岩塑性流动形成的低幅盐构造，造成迪那背斜带顶部的吉迪克组厚度变化大，同时由于膏盐地层的存在，导致上下构造滑脱，形成两套不同的褶皱和冲断构造；迪北背斜与其南侧的单斜带从成因上是一个大型基底冲断褶皱，迪那背斜属于该冲断带南侧的伴生小型滑脱褶皱，膏盐的赋存导致深—浅层变形的差异，将该区的构造样式复杂化（图 3）。

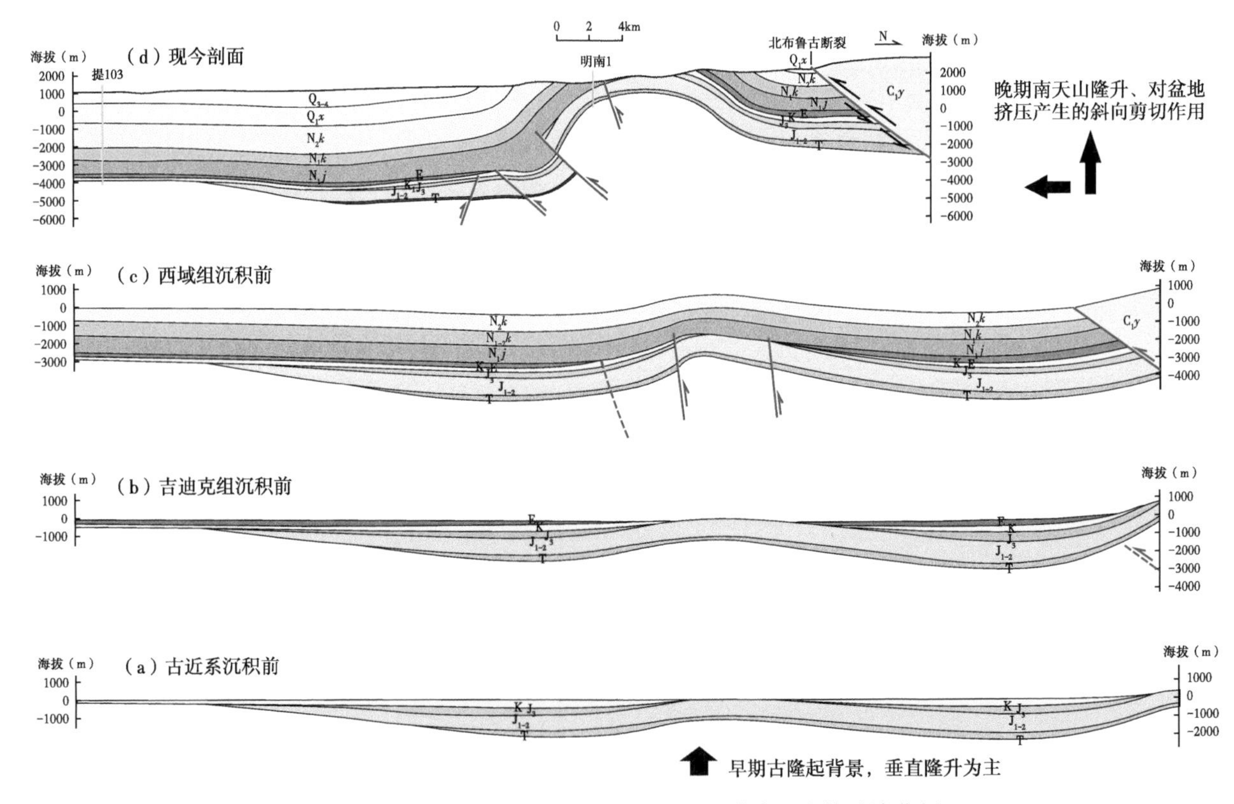

图 2 库车坳陷东部吐格尔明地区过明南 1 井南北向构造演化剖面

2.2 逆冲挤压推覆古应力特征

库车坳陷南天山隆起造山期，强烈的逆冲推覆活动产生巨大的侧向构造挤压，其最大古应力值通常由声发射法 Kaiser 效应获取，其与储层性质和裂缝密度等相关性良好（鲍洪志等，2009；郑荣才，1998；孙宝珊等，1996；张荣虎等，2011；季宗镇等，2010）。本次研究通过南天山露头定向大样品（岩样 30cm×30cm×30cm）和钻井大样品（岩心 10cm×10cm）共 12 块声发射法古应力分析，结合测井定量最大有效古应力计算

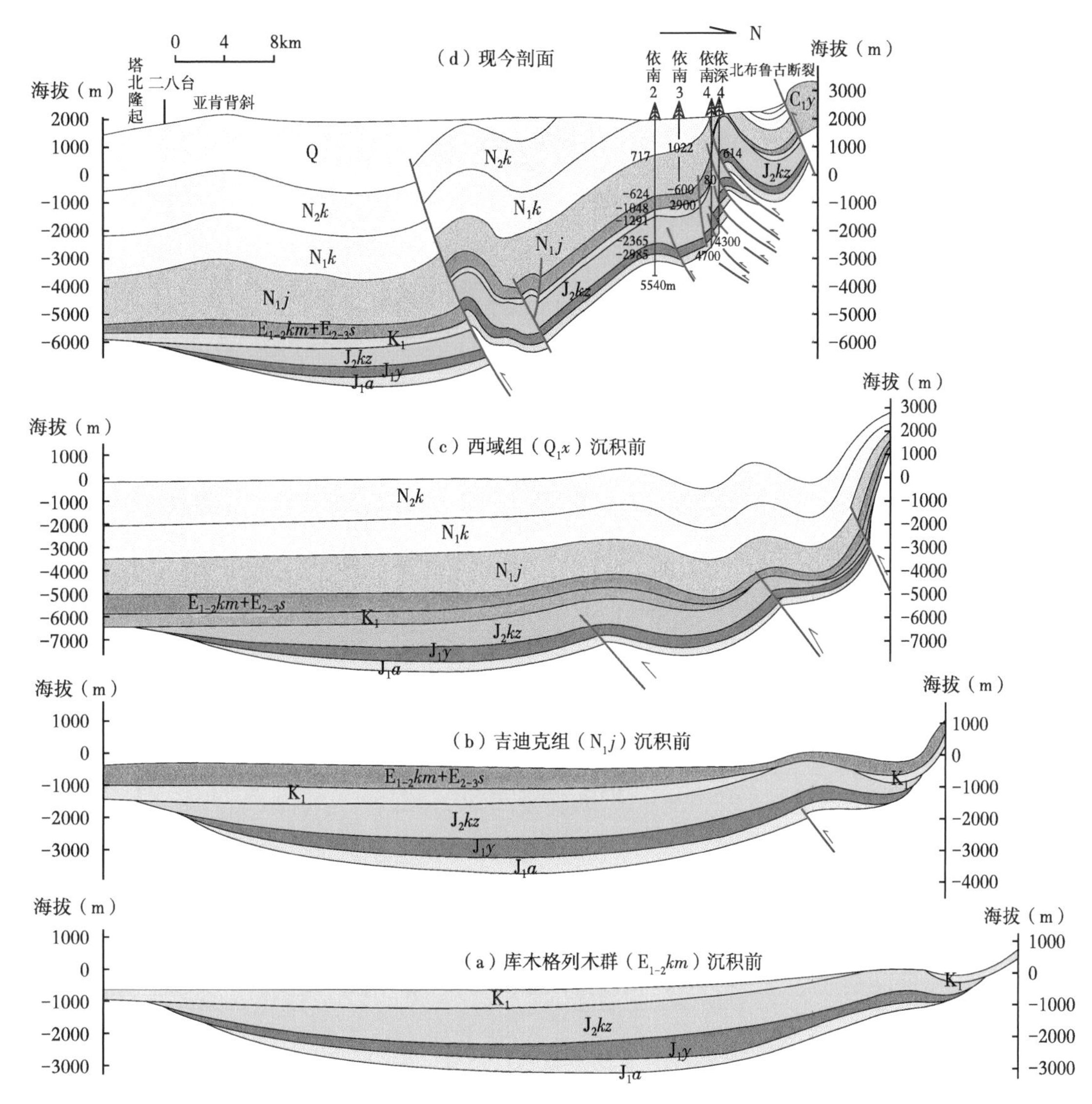

图3 库车坳陷东部迪北地区过依南2井南北向构造演化剖面

表明(表1),库车河地区侏罗系阿合组所受最大有效古应力主要为60~120MPa,最大可达142.42MPa;迪北地区侏罗系阿合组所受最大有效古应力为90~120MPa;吐格尔明地区侏罗系阿合组所受最大有效古应力为60~90MPa。最大有效古应力值总体呈东西带状展布,自北向南减弱降低趋势明显,其中吐格尔明地区受基底卷入古隆起遮挡,背斜北翼侏罗系最大有效古应力值明显比南翼高,二者相差约30~70MPa(图4)。

表1 侏罗系储层构造挤压古应力与储层微观特征鉴定表

分组编号	剖面点	岩性	层位	最大有效古应力(MPa)	原始孔隙度(%)	现今孔隙度(%)	增减孔量(%)				
							压实减孔	胶结减孔	构造挤压减孔	裂缝增孔	溶蚀增孔
1	克孜勒努尔沟	中砂岩	J_1a 底部	125.67	40	5.83	21	5	9.1	0.7	0.23
2	克孜勒努尔沟	中粗砂岩	J_1a 底部	55.21	39	5.10	21	6	7.9	0.2	0.79
3	库东2沟	粗砂岩	J_1a 底部	60.82	39	6.20	21	4	8.8	0.3	0.71
4	库东2沟	含砾粗砂岩	J_1a 顶部	51.07	38	8.10	21	4.4	5.3	0.2	0.61
5	青松水泥厂	中细砂岩	J_1y	66.42	39	8.50	21	3	7.6	0.2	0.92
6	鹰山嘴	中砂岩	J_1a 中部	58.60	40	9.20	21	3	7.7	0.2	0.7
7	鹰山嘴	含砾粗砂岩	J_1a 顶部	64.10	38	8.63	21	4	5.4	0.2	0.8

续表

分组编号	剖面点	岩性	层位	最大有效古应力（MPa）	原始孔隙度（%）	现今孔隙度（%）	增减孔量（%）				
							压实减孔	胶结减孔	构造挤压减孔	裂缝增孔	溶蚀增孔
8	吐格尔明北翼	中砂岩	J_2kz	90.15	40	12.90	15	5	8.3	0.3	0.88
9	吐格尔明南翼	细砂岩	T_3t	63.23	38	9.30	15	7	7.3	0	0.6
10	吐格尔明南翼	粗砂岩	J_1a	29.57	39	17.90	15	3.5	3.3	0	0.7
11	吐格尔明南翼	粗砂岩	J_1y	22.13	39	16.80	15	4	4.0	0	0.8
12	库车河西岸北翼	中砂岩	J_1a	142.42	40	6.44	21	5	10.4	0.8	2
13	库车河西岸南翼	粗砂岩	J_1a	91.23	39	8.97	21	4	6.8	0.3	1.51
14	依深 4	中砂岩	J_1a	112.24	40	9.30	21	4	9.1	0.4	3
15	依南 2	粗砂岩	J_1a	99.25	39	6.30	23	3	9.0	0.3	2
16	克孜 1	粗砂岩	J_1a	96.80	39	2.66	21	7	9.6	0.3	1

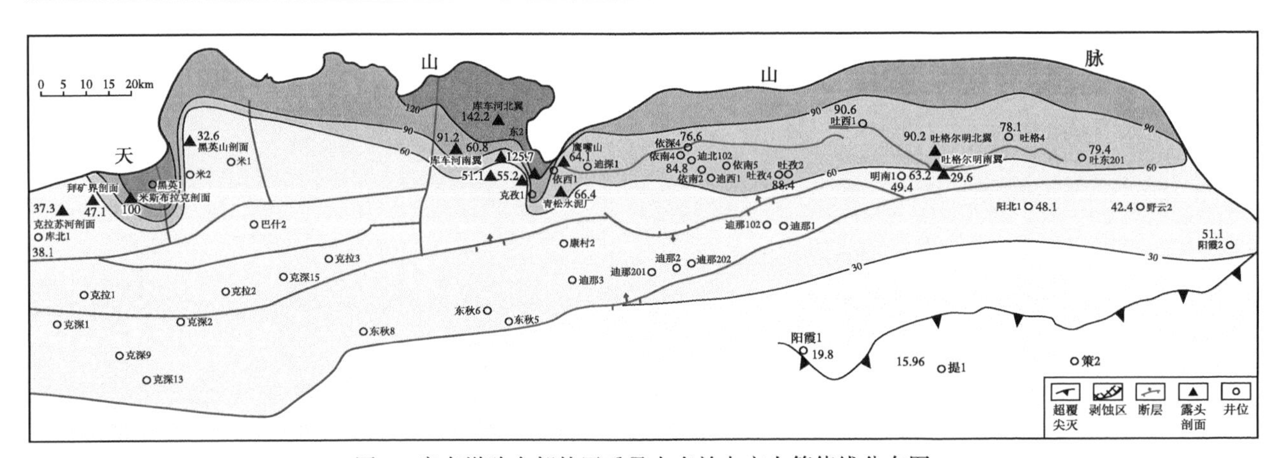

图 4　库车坳陷东部侏罗系最大有效古应力等值线分布图

3　储层构造成岩作用效应特征

3.1　构造挤压减孔急剧降低基质孔隙度

构造挤压造成山前带侏罗系储层基质孔隙快速降低，残余粒间孔大量消失，通过构造古应力、压实减孔模拟、储层物性测试、微观结构鉴定渐进式实验分析表明，侏罗系阿合组的构造挤压减孔量为 8.8%/100MPa（表 1、图 5）。自北向南随着多级次逆冲断裂的滑脱释压、古隆起基底岩层的遮挡削弱等因素，

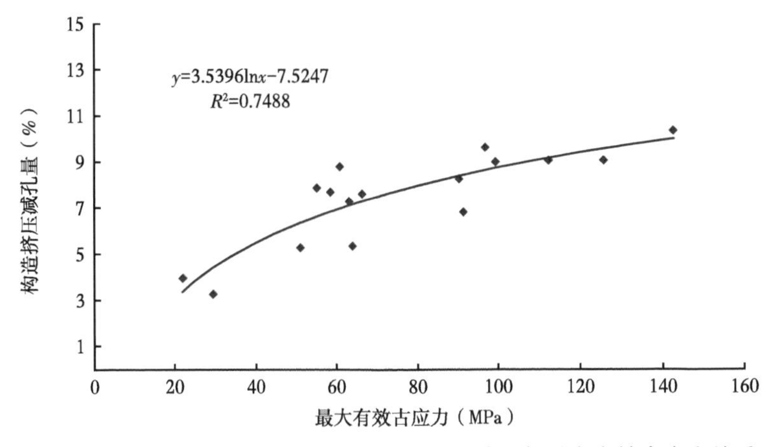

图 5　库车坳陷东部侏罗系储层构造挤压减孔量与最大有效古应力关系

构造挤压应力逐渐减弱，储层基质孔隙逐渐得到保存（图6）。以迪北地区DQ06-268剖面为例，主体部分为挤压推覆背景下形成的南倾斜坡带，发育由逆冲断层和反冲断层控制的一系列断鼻和断背斜；构造挤压的最大有效古应力由北向南从112MPa减小为30MPa左右，而储层孔隙度与最大有效古应力分布相反，由北向南有逐渐增加趋势，物性趋于升高。同时由于砂泥岩薄互层中泥岩和煤层的顺层和斜向塑性滑脱泄压作用，构造挤压在煤系地层中的中—薄层砂体遭受构造挤压减孔作用明显减弱，储层基质孔隙度相对较高，如吐格尔明背斜周缘北翼构造挤压最大有效古应力明显高于南翼，纵向上克孜勒努尔组、阳霞组砂岩的构造挤压古应力弱于阿合组，其储层物性也相对好于阿合组（图7、图8）。

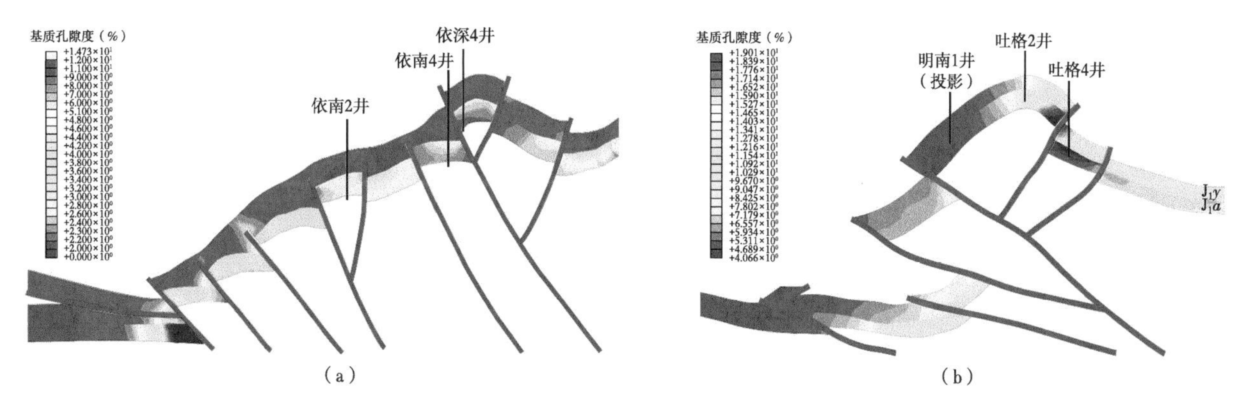

图6 库车坳陷不同构造样式下侏罗统阿合组构造挤压与储层性质模拟图

（a）逆冲背斜—单斜断裂滑脱释压模式；（b）逆冲背斜基底卷入遮挡和断裂滑脱释压模式

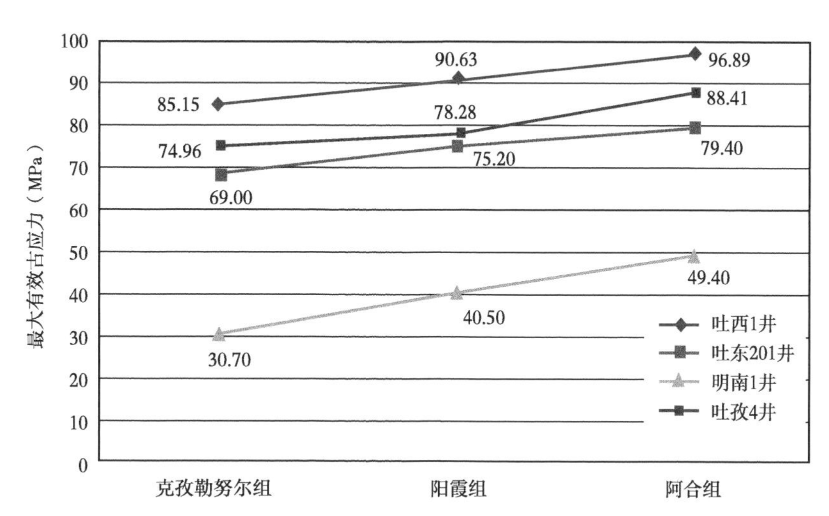

图7 库车坳陷吐格尔明地区侏罗系不同层段构造挤压最大有效古应力变化图

3.2 构造挤压破裂造缝大大增加渗透率

逆冲推覆构造挤压致使中—下侏罗统储层形成大量颗粒贯穿缝、线性排列缝、颗粒破碎缝，库车河地区裂缝线密度一般为6~8条/m，面密度一般为4~11m/m^2；吐格尔明地区阳霞煤矿阿合组构造裂缝线密度约3.3条/m，面密度约0.7m/m^2；迪北地区阿合组构造裂缝线密度一般低于0.7条/m，平均约0.2条/m，面密度低于9.0m/m^2，平均约2.9m/m^2。根据迪北地区890块储层样品物性分析、微观结构鉴定资料表明：储层裂缝连通呈网状，大大提高了储层的渗透率10~100倍，储层基质孔隙度、渗透率主要分别为5%~8%、0.1~1mD，含裂缝储层孔隙度为7%~8%，渗透率主要为1~100mD，最高可达2667.28mD（图9、图10）。

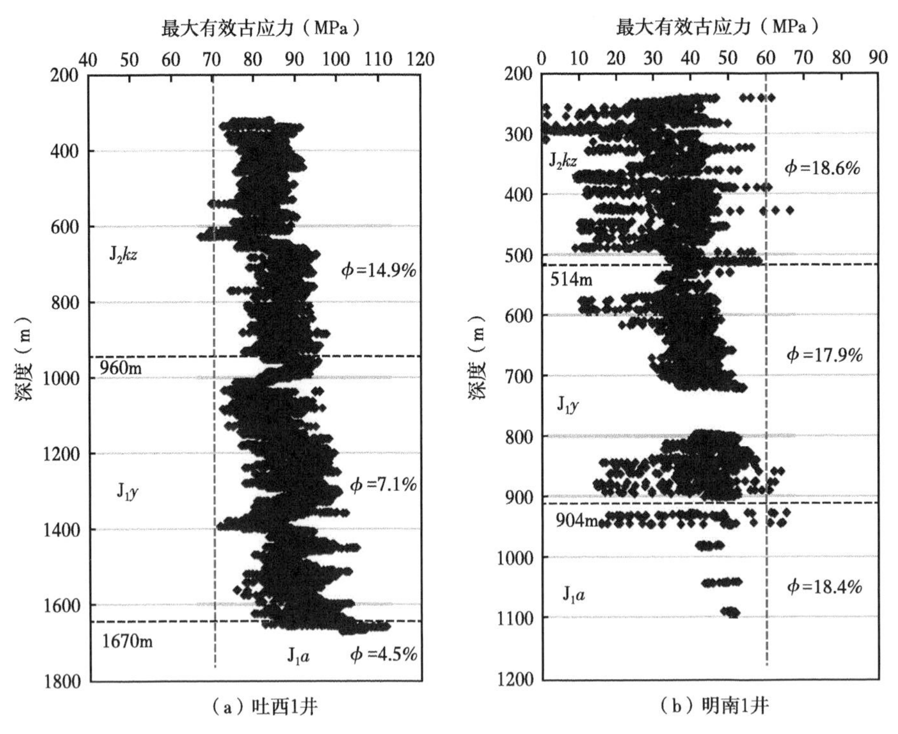

图 8　吐格尔明地区吐西 1 井、明南 1 井侏罗系不同层段最大有效古应力随深度变化曲线

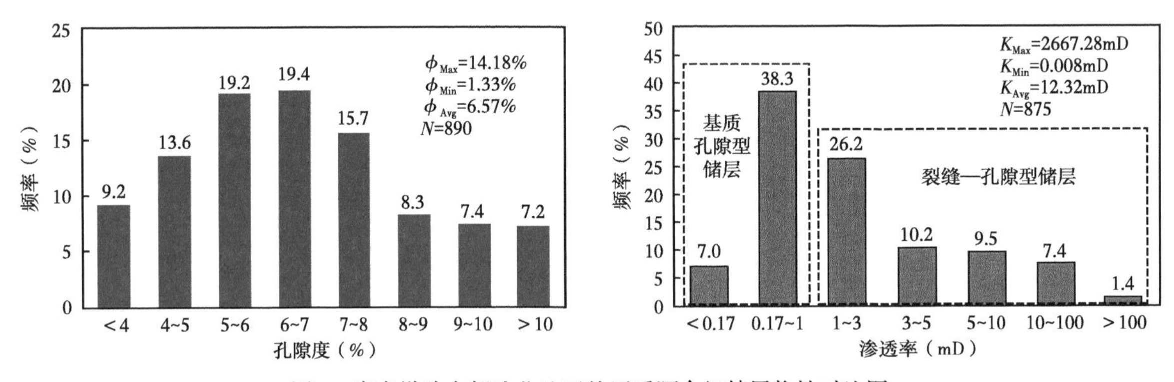

图 9　库车坳陷东部迪北地区侏罗系阿合组储层物性对比图

3.3　构造挤压快速提高地层流体压力值

喜马拉雅期运动晚期南天山隆升而产生的侧向构造挤压持续时间短（5Ma 以来）、构造变形强烈，致使储层形变特征明显、快速致密化，地层流体承受构造应力，难以快速流动而趋于保持平衡，在构造背斜、断背斜和斜坡背景上形成压力封存箱，造成异常地层流体超压。实测数据表明迪北地区侏罗系阿合组储层地层压力为 68.59～83.47MPa，压力系数为 1.18～2.30；吐格尔明地区背斜低部位阿合组储层地层压力为 1.0～32MPa，压力系数为 0.50～1.58，背斜高部位因地层暴露地表油气藏泄压而压力系数降低，一般为 0.4～1.0（图 11）。

3.4　构造挤压加速水—岩相互作用强度

储层在构造挤压作用下变得致密化、裂缝化、地层流体异常高压，在此背景下富含碳酸盐的地层流体、煤系地层演化过程中的酸性流体和有机质沿裂缝网络形成高效地层水—岩石作用体系。根据迪北地区 800 余块储层薄片鉴定和微观结构扫描资料表明：主要表现在高温高压条件碳酸盐类溶解度提高，趋于欠饱和，基质孔隙中沉淀胶结作用减弱，酸性地层水溶蚀作用增强，缝网系统连通性更好，沿裂缝网络系统的溶蚀作用和伴生胶结作用更加活跃，显微镜下见大量溶蚀缝、溶扩缝和缝孔溶蚀带，局部见裂缝中充填碳酸盐胶结物或交代产物（图 12）。

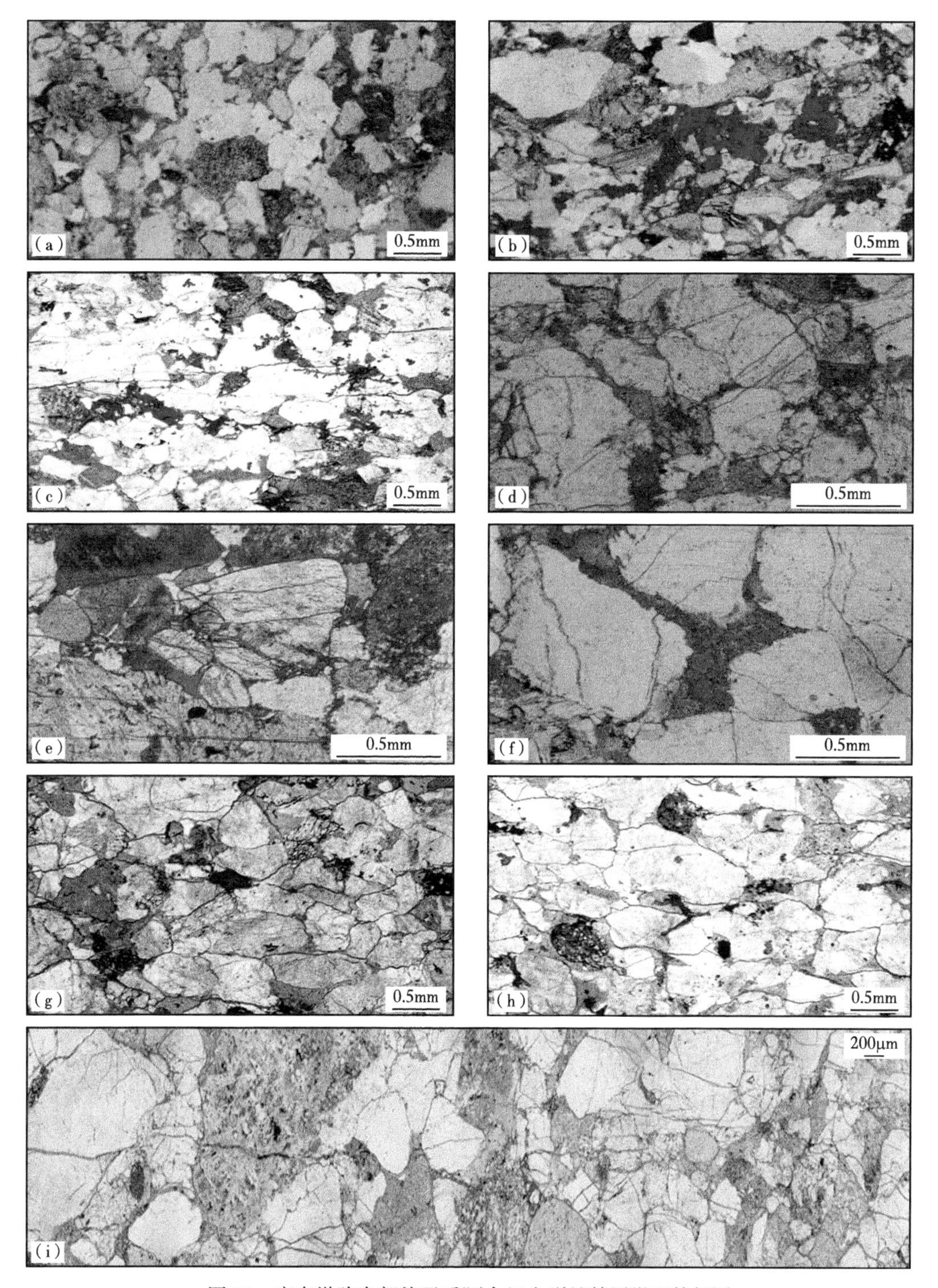

图 10　库车坳陷东部侏罗系阿合组含裂缝储层微观特征图

(a) 依南 4 井，4475.79m，细—中砂岩，微孔隙分布在伊利石中；粒内溶孔较少，分布在钾长石和个别喷出岩岩屑中。未见裂缝。ϕ=6.12%，K=0.193mD。(b) 依南 4 井，4378.01m，含砾中细砂岩，孔隙以粒间溶孔、微孔隙为主，次为粒内溶孔。偶见泥质收缩缝，延伸短。ϕ=6.89%，K=0.395mD。(c) 迪北 105X 井，4764.18m，未充填微裂缝平行层面分布。粒间孔、粒内溶孔与缝相连通。ϕ=9.43%，K=5.42mD。(d) 依南 5 井，4896.35m，孔隙以粒间溶孔、微孔隙为主，次为粒内溶孔，成岩缝、构造缝发育。ϕ=6.5%，K=1.35mD。(e) 依南 5 井，4938.34m，砂砾岩，定向构造微缝发育，孔隙为粒间孔、粒内溶孔和微孔隙。ϕ=8.5%，K=32.1mD。(f) 依南 2C 井，4754.32m，含砾粗砂岩，网状构造缝，宽一般小于 0.01mm，延伸长短不一。钾长石溶孔发育，粒间溶孔孔径大小不等。ϕ=11.12%，K=42.2mD。(g) 库车河东 2 沟，压实致密，微裂缝沿粒缘呈网状分布，相互连通。ϕ=7.88%，K=34.4mD。(h) 青松水泥厂，长石粒内溶孔，微裂缝呈网状交织，相互连通。ϕ=9.88%，K=16.5mD。(i) 迪北 102 井，5145.21m，微裂缝呈网状分布，沟通孔隙。ϕ=5.1%，K=5.99mD

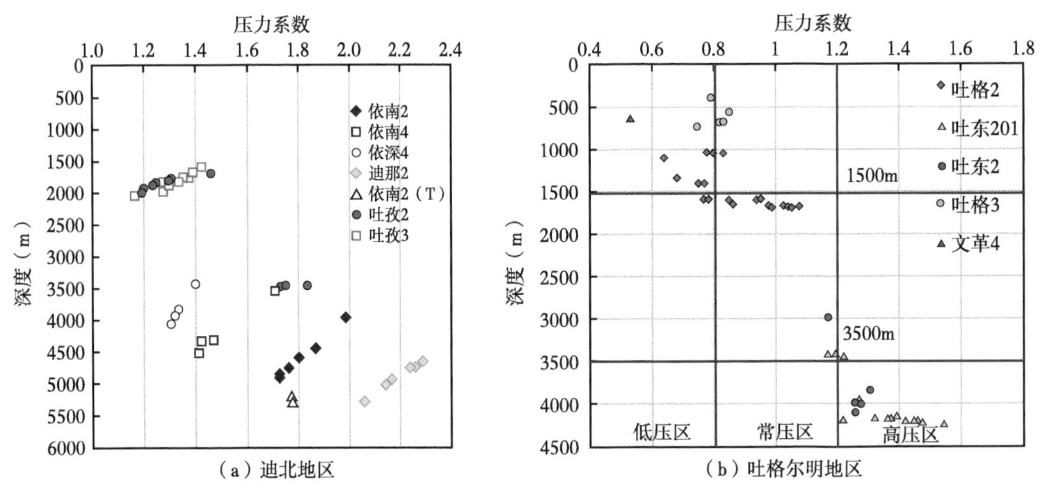

图 11　库车坳陷东部侏罗系阿合组地层压力系数图

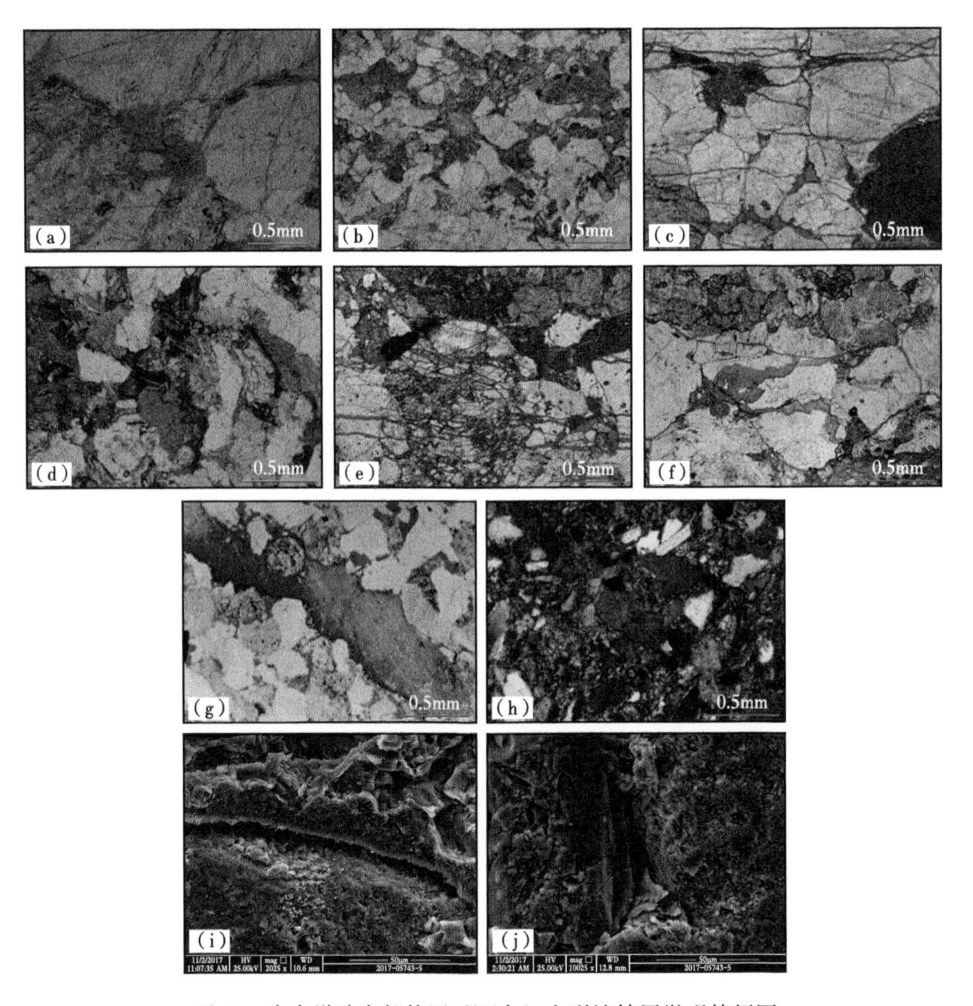

图 12　库车坳陷东部侏罗系阿合组含裂缝储层微观特征图

（a）依南 2 井，4785.05m，长石粒内溶孔、微裂缝溶蚀扩大；（b）依南 2 井，4843m，粒间溶蚀孔沿裂缝呈线性分布；（c）依南 2 井，4548.26m，定向构造缝、粒间孔，裂缝沟通粒间孔促进溶蚀扩大；（d）依南 2 井，4702.2m，铁泥质充填裂缝，沿裂缝有选择性溶蚀，溶孔呈串珠状；（e）依南 5 井，4938.34m，微裂缝极其发育，沿裂缝形成溶蚀扩大孔；（f）迪北 102-167 井，5146.35m，发育斜交的构造微裂缝；（g）依南 4 井，4496.52m，中砂岩，为方解石充填缝（宽 1.2mm）；（h）依西 1 井，3529.47m，铁白云石充填裂缝并具交代现象；（i）吐西 1 井，1735.78m，细砂岩，溶蚀缝；（j）依南 5 井，4851.4m，灰色细砂岩，溶蚀缝

4 规模有效储层空间分布

4.1 巨厚砂体低渗致密储层

侏罗系阿合组沉积巨厚砂体，主要为辫状河三角洲上平原辫状河道沉积，复合砂体镶嵌叠置连片，累计厚度一般为 280～350m（杨宪彰等，2016）。根据对吐格尔明地区侏罗系阿合组储层大量微观特征及物性分析表明，储层主要受控于构造挤压和古隆起抬升表生溶蚀作用，自北向南发育裂缝—溶孔型、溶孔型、残余原生孔型 3 种类型储层（图 13）。背斜北翼以Ⅳ类储层为主，孔隙度主要为 4%～6%，背斜鼻状构造带以Ⅰ—Ⅱ类储层为主，孔隙度主要为 9%～20%，背斜南翼至阳霞凹陷区以Ⅲ类储层为主，孔隙度主要为 6%～9%（图 14）。构造挤压致使阿合组储层演化晚期快速致密化，非均质性急剧增强，东西向上主要受不同强度应力挤压带控制，在库车河—克孜勒努尔沟 20km 内，阿合组储层性质由弱构造挤压区（库东Ⅳ剖面、库东Ⅲ剖面）的平均孔隙度 9%～14%，降至强构造挤压区（库东Ⅱ剖面、库东Ⅰ剖面）的 6%～9%（图 15）。

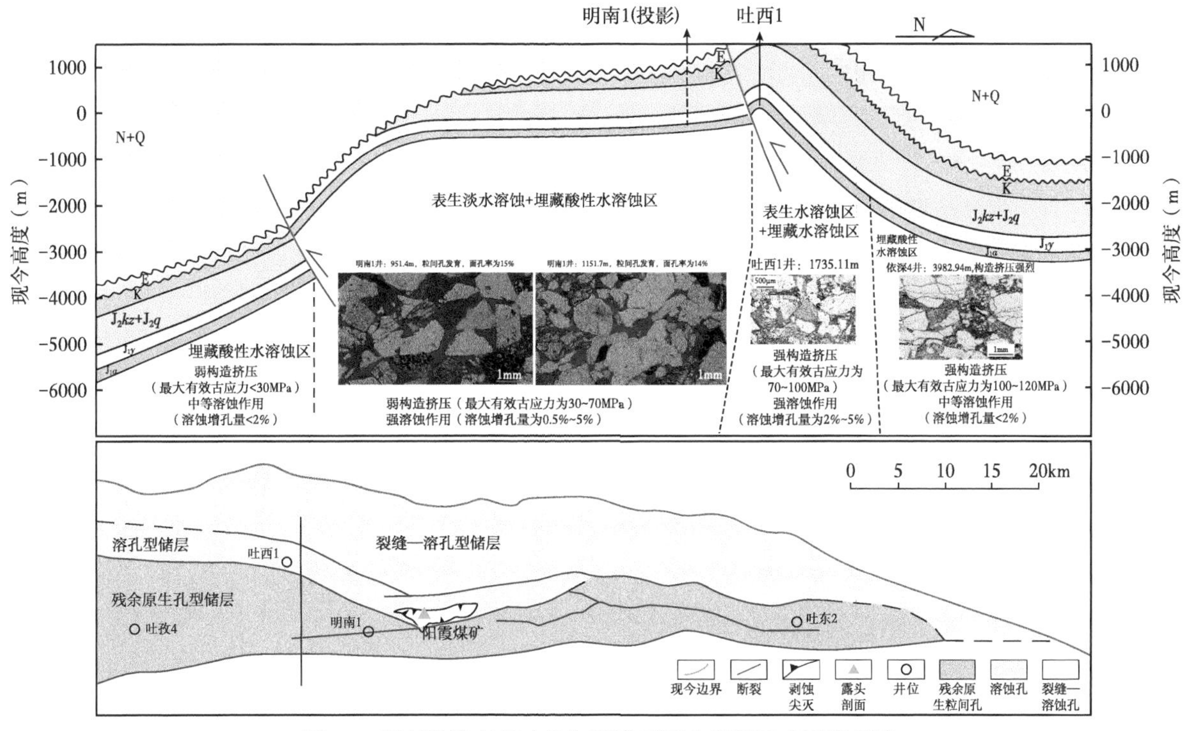

图 13 库车坳陷东部吐格尔明地区阿合组储层成因模式图

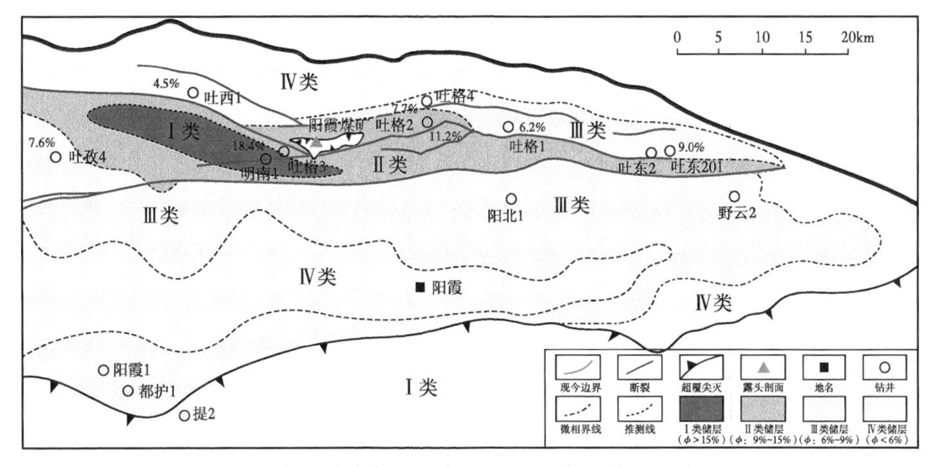

图 14 库车坳陷东部吐格尔明地区阿合组储层评价预测图

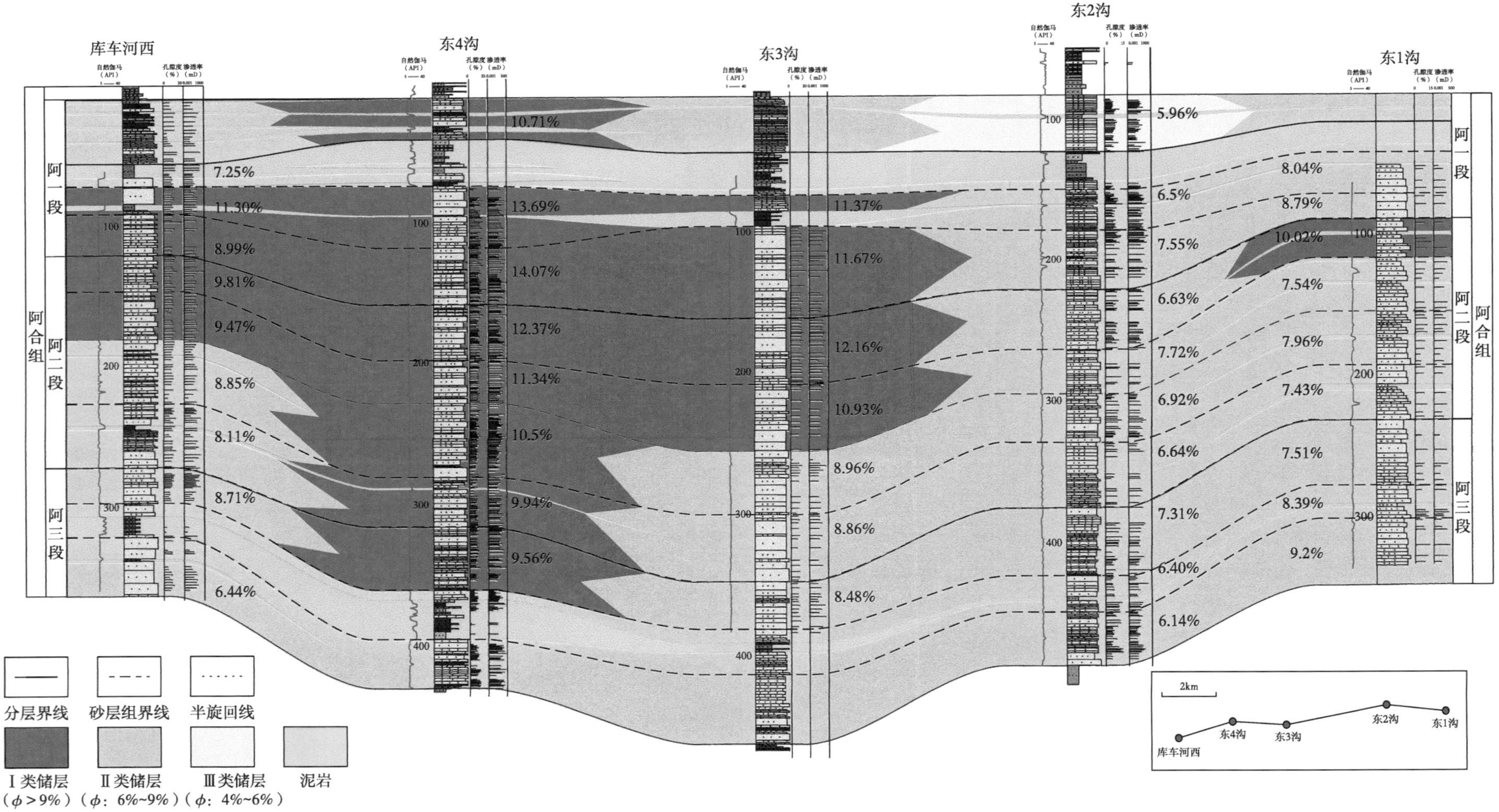

图 15 库车坳陷东部库车河—克孜勒努尔沟侏罗系阿合组储层物性对比图

4.2 阳霞组—克孜勒努尔组中—薄层砂体相对优质储层

侏罗系阳霞组阳二段、四段沉积中薄层砂体，垂向不连续加积，横向呈透镜状延伸较远，累计厚度一般为100~120m，复合砂体横向延伸一般超过1.5km；阳三段巨厚复合砂体分布稳定，累计厚度100~130m，横向延伸超过4km。吐格尔明背斜北翼阳霞组三段（主要目的层）以Ⅲ类储层为主，孔隙度主要为6%~9%，背斜鼻状构造带以Ⅱ类储层为主，孔隙度主要为9%~20%，背斜南翼至阳霞凹陷区以Ⅲ类储层为主，孔隙度主要为6%~9%（图16）。克孜勒努尔组砂泥岩互层段沉积8个旋回，8套复合薄层砂体，主要为辫状河三角洲前缘沉积，砂体垂向上不连续发育，最厚为30~35m，一般为5~20m，横向上呈透镜状分布且延伸较近，一般小于1.8km，主要为500~1000m（杨宪彰等，2016）；背斜主体部位克孜勒努尔组二段（主要目的层）以Ⅰ—Ⅱ类储层为主，孔隙度主要为9%~20%，背斜北翼、南翼至阳霞凹陷区以Ⅲ类储层为主，孔隙度主要为6%~9%，自东向西储层性质变差趋势明显（图17）。

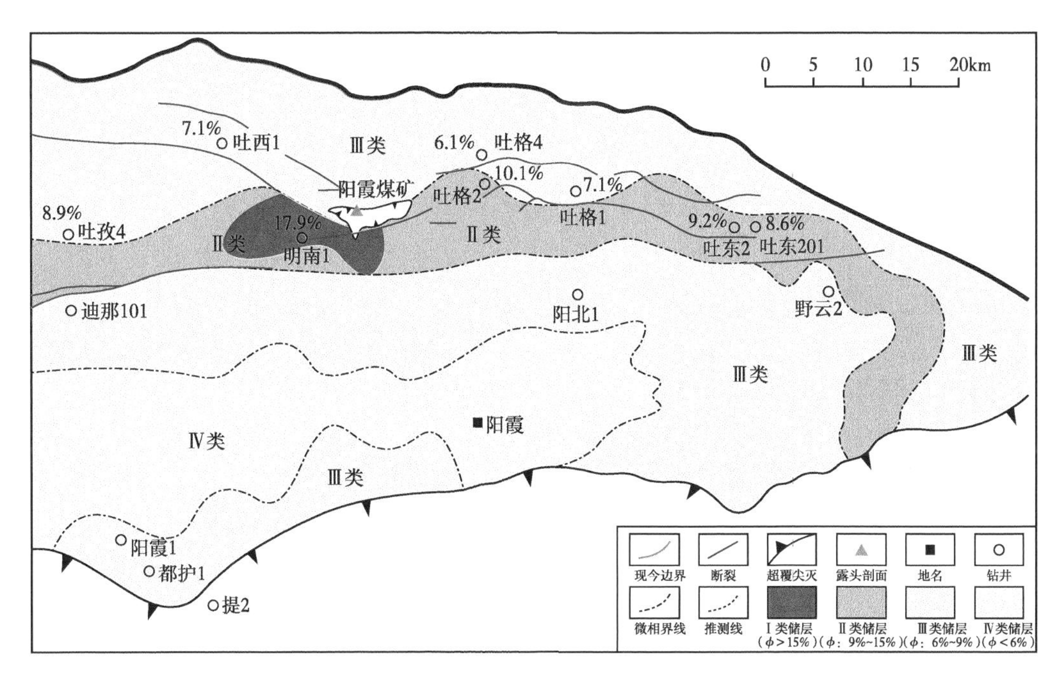

图16　库车坳陷东部下侏罗统阳霞组储层对比图

5 结论

（1）喜马拉雅期（运动）晚期南天山隆起强烈逆冲构造挤压，库车河地区侏罗系阿合组所受最大有效古应力为60~120MPa，迪北地区为90~120MPa，吐格尔明地区为60~90MPa。

（2）储层构造挤压产生4种效应：急剧降低基质孔隙度；破裂造缝大大增加渗透率10~100倍；形成异常高压；沿缝网系统溶蚀增强，局部胶结物富集。

（3）构造挤压致使储层非均质性增强，吐格尔明地区阿合组储层累计厚度超过200m，背斜北翼储层孔隙度为6%~10%，背斜南翼储层孔隙度为15%~20%；克孜勒努尔组—阳霞组中—厚层储层累计厚度大于150m，孔隙度一般为9%~15%。

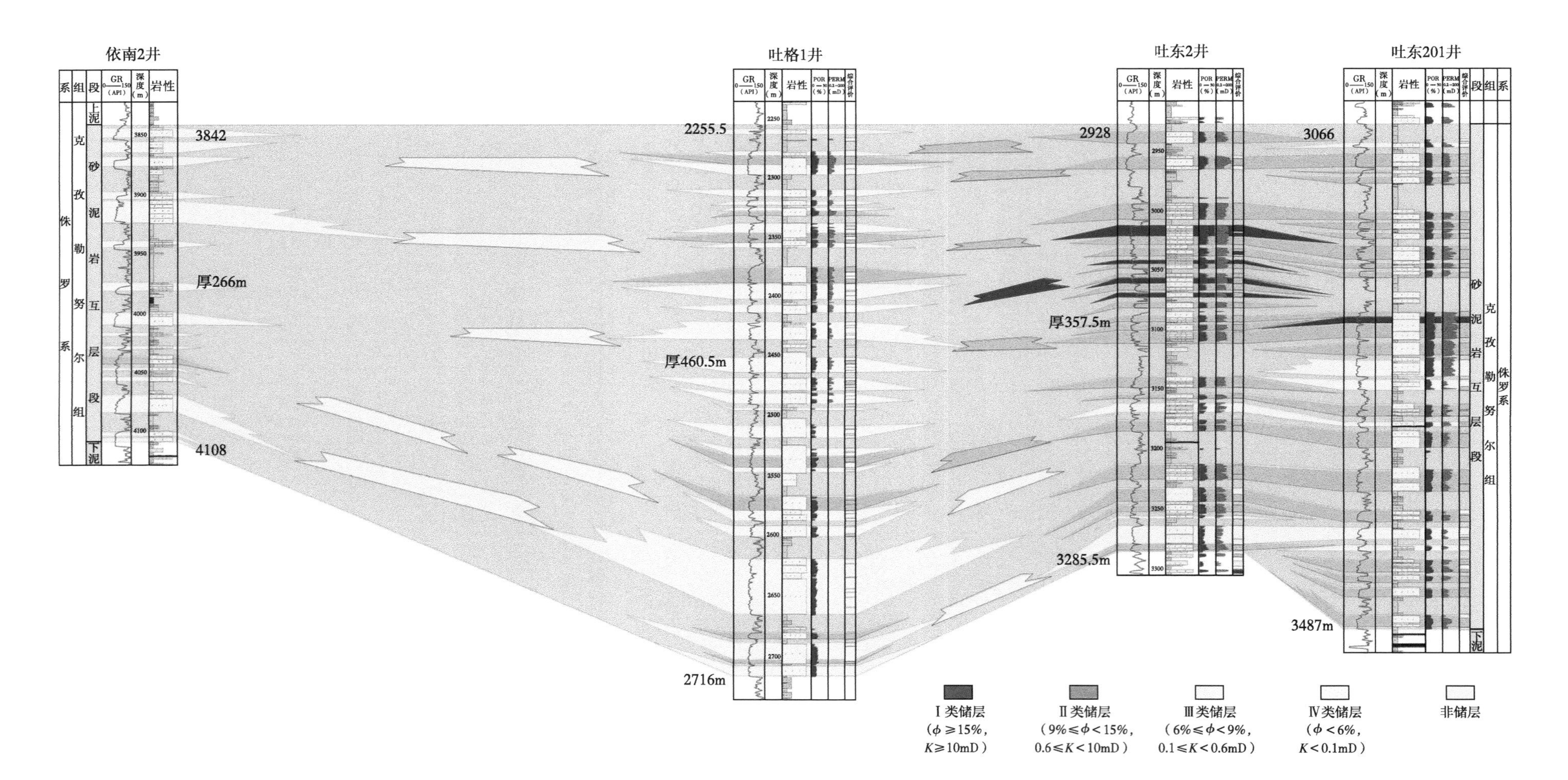

图 17 库车坳陷东部中侏罗统克孜勒努尔组储层对比图

参考文献

鲍洪志，孙连环，于玲玲，等，2009. 利用岩石声发射 Kaiser 效应求取地应力．断块油气田，16（6）：94-96.

陈子炓，寿建峰，张惠良，2001. 库车坳陷吐格尔明下侏罗统阿合组储层沉积非均质性．石油与天然气地质，22（1）：60-63.

高志勇，崔京钢，冯佳睿，等，2013. 埋藏压实作用对前陆盆地深部储层的作用过程与改造机制．石油学报，34（5）：867-876.

顾家裕，朱筱敏，贾进华，等，2004. 塔里木盆地沉积与储层．北京：石油工业出版社．

韩登林，赵睿哲，李忠，等，2015. 不同动力学机制共同制约下的储层压实效应特征——以塔里木盆地库车坳陷白垩系储层研究为例．地质科学，50（1）：241-248.

何宏，郭建华，高云峰，2002. 塔里木盆地库车坳陷侏罗系层序地层与沉积相．江汉石油学院学报，24（4）：1-3.

黄克难，詹家镇，邹义声，等，2003. 新疆库车河地区三叠系和侏罗系沉积环境及古气候．古地理学报，5（2）：197-206.

季宗镇，戴俊生，汪必峰，2010. 地应力与构造裂缝参数间的定量关系．石油学报，31（1）：68-72.

贾承造，顾家裕，张光亚，2002. 库车坳陷大中型气田形成的地质条件．科学通报，47（增刊 1）：49-55.

李军，张超谟，李进福，等，2011. 库车前陆盆地构造压实作用及其对储集层的影响．石油勘探与开发，38（1）：47-51.

李军，张超谟，王贵文，等，2004. 前陆盆地山前构造带地应力响应特征及其对储层的影响．石油学报，25（3）：23-27.

李忠，张丽娟，寿建峰，等，2009. 构造应变与砂岩成岩的构造非均质性——以塔里木盆地库车坳陷研究为例．岩石学报，25（10）：2320-2330.

寿建峰，斯春松，张达，2004. 库车坳陷下侏罗统岩石古应力场与砂岩储层性质．地球学报，25（4）：447-452.

寿建峰，斯春松，朱国华，等，2001. 塔里木盆地库车坳陷下侏罗统砂岩储层性质的控制因素．地质论评，47（3）：272-277.

寿建峰，张惠良，沈扬，2007. 库车前陆地区吐格尔明背斜下侏罗统砂岩成岩作用及孔隙发育的控制因素分析．沉积学报，25（6）：869-875.

寿建峰，张惠良，斯春松，等，2005. 砂岩动力成岩作用．北京：石油工业出版社：1-153.

寿建峰，朱国华，张惠良，2003. 构造侧向挤压与砂岩成岩压实作用——以塔里木盆地为例．沉积学报，21（1）：90-95.

孙宝珊，丁原辰，邵兆刚，等，1996. 声发射法测量古今应力在油田的应用．地质力学学报，2（2）：11-17.

汪新，王招明，谢会文，等，2010. 塔里木库车坳陷新生代盐构造解析及其变形模拟．中国科学：地球科学，40（12）：1655-1668.

王根海，寿建峰，2001. 库车坳陷东部下侏罗统砂体特征与储集层性质的关系．石油勘探与开发，28（4）：33-35.

王招明，2014. 塔里木盆地库车坳陷克拉苏盐下深层大气田形成机制与富集规律．天然气地球科学，25（2）：153-166.

魏红兴，黄梧桓，罗海宁，等，2016. 库车坳陷东部断裂特征与构造演化．地球科学，41（6）：1074-1080.

杨帆，邸宏利，王少依，2002. 塔里木盆地库车坳陷依奇克里克构造带侏罗系储层特征及成因．古地理学报，4（2）：46-55.

杨宪彰，毛亚昆，钟大康，等，2016. 构造挤压对砂岩储层垂向分布差异的控制——以库车前陆冲断带白垩系巴什基奇克组为例．天然气地球科学，27（4）：591-599.

张惠良，寿建峰，陈子炓，等，2002. 库车坳陷下侏罗统沉积特征及砂体展布．古地理学报，4（3）：47-58.

张惠良，张荣虎，杨海军，等，2012. 构造裂缝发育型砂岩储层定量评价方法及应用——以库车前陆盆地白垩系为例．岩石学报，28（3）：827-835.

张妮妮，刘洛夫，苏天喜，等，2015. 库车坳陷东部下侏罗统致密砂岩储层特征及主控因素．沉积学报，33（1）：160-169.

张荣虎，杨海军，魏红兴，等，2019. 塔里木盆地库车坳陷北部构造带中东段中下侏罗统砂体特征及其油气勘探意义．天然气地球科学，30（9）：1243-1252.

张荣虎，姚根顺，寿建峰，等，2011. 沉积、成岩、构造一体化孔隙度预测模型．石油勘探与开发，38（2）：145-151.

张荣虎，张惠良，寿建峰，等，2008. 库车坳陷大北地区下白垩统巴什基奇克组储层成因地质分析．地质科学，43（3）：507-517.

郑荣才，1998. 储层裂缝研究的新方法声发射实验．石油与天然气地质，19（3）：16-19.

Eichhubl P, Davatzes N C, Becker S P, 2009. Structural and diagenetic control of fluid migration and cementation along the Moab fault, Utah. AAPG Bulletin, 93（5）：653-681.

剥蚀盆地储层质量控制因素研究
——以阿尔及利亚伊利兹盆地奥陶系砂岩储层为例

Kara L English[1], Joseph M English[2], Linda M Bonnell[3]

1. 英国石油凯奇国际公司，都柏林，爱尔兰；

2. 《美国地理杂质》，美国；

3. 曼彻斯特大学地球与环境科学学院，曼彻斯特，英国

摘要：在北非许多克拉通内盆地油气资源勘探都将早古生代砂岩作为主要的储层勘探目标。这些砂岩储层通常以储层质量差异较大为特征（0.0001~1000 mD），因此预测和选择高孔隙度、高渗透率目标区域的能力对释放区域油气资源勘探潜力至关重要。本研究目的在于通过详细的岩心和岩相研究，分析阿尔及利亚伊利兹盆地奥陶系砂岩储层质量的主控因素，并确定整个油田地热演化历史差异对储层质量所造成的实质性的影响。质量最好的储层发育在含有不到1%的纤维状伊利石、原生粒间孔隙保存较好的细粒到粗粒石英砂岩岩相中。这类岩性通常见于上奥陶统高能水动力条件下受三角洲再次改造的后冰期继承性沉积的砂岩岩相中。来自油田南部和北部地区相似样品中石英胶结物含量、成分以及结构的差异反映了在较大埋深条件下差异性的热演化过程。这种解释得到了砂岩成岩作用的现场数值模拟的支持。这项研究表明，地热演化历史中的细微变化会对储层渗透率的空间变化趋势产生重大影响。因此，地热演化历史是剥蚀盆地储层质量研究中需要考虑的一个重要因素，现今埋藏深度的变化对于评价整个盆地或区块的储层质量风险指导作用并不是很强。

关键词：储层质量；奥陶系；伊利兹；成岩作用；石英胶结物；地热演化历史；试金石；阿尔及利亚

1 概述

早古生代碎屑岩储层是许多北非克拉通内盆地的主要油气储层勘探目标，但由于储层质量差的风险较大，这些储层可能难以得到开发。这些古老的碎屑岩系统有充足的时间通过压实和胶结作用使储层质量变差，因此预测具有较高生产效率的储层“甜点”往往是储层成功开发的关键。上奥陶统（Ashgillian）冰川到海相沉积物就是这种碎屑岩系统的一个例子，并且已经在从毛里塔尼亚（Ghienne et al.，1998）、摩洛哥（Destombes et al.，1985；Le Heron，2007）贯穿阿尔及利亚（Beuf et al.，1971；Ghienne et al.，2007a），尼日尔（Denis et al.，2007）和利比亚（Le Heron et al.，2004，2006，2007，2010；Moreau et al.，2005；Ghienne et al.，2007b，2013；Moreau，2011）最终到约旦（Powell et al.，1994；Turner et al.，2005）和沙特阿拉伯（Vaslet，1990）的整个冈瓦纳大陆北缘进行了研究。在阿尔及利亚伊利兹盆地（图1），奥陶系砂岩是含有大量油气资源的重要储层（Boote et al.，1998；Le Heron et al.，2009），主要油田包括 Tin Fouy Tabankort 油田（Askri et al.，1995；Le Maux et al.，2006）、Ohanet 油田（Philippe et al.，2003），以及 Amenas 地区（Dixon et al.，2008b；Rousse et al.，2009；Hirst，2012）。

伊利兹盆地上奥陶统Ⅳ号砂体（图2）储层质量差异性很大（Hirst et al.，2002；Hirst，2012，2016；Wells et al.，2015）。在 Amenas 地区储层质量最好的砂体为后冰川期浅海相砂岩（相当于Ⅳ-3 号砂体）以及近端和中部的冰川海相扇体砂岩（相当于Ⅳ-1 号砂体）（Lang et al.，2012）。在冰川继承性沉积时期（Ⅳ-1 号砂体和Ⅳ-2 号砂体），储层质量最好的砂体被认为是粗粒溢流沉积物和横向分布广泛、低泥质含量的高密度浊流沉积物，储层质量最差的储层分布于泥石流沉积砂体中（Hirst et al.，2002）。在 Tin Fouye Tabankort 油田，储层质量最好的储层分布在后冰期的Ⅳ-3 号砂体中（Askri et al.，1995；Le Maux et al.，2006）。先前阿尔及利亚研究者认为奥陶系储层质量受控于机械和化学压实胶结程度、纤维状伊利石和石英胶结程度、岩石颗粒大小（Kaced，2003；Ahnet 盆地）、黏土矿物薄层发育情况（Tournier et al.，2010；Sbaa 盆地）、硅质碎屑颗粒来源以及沥青和石油的存在对石英胶结速度降低的程度（Haddad et al.，

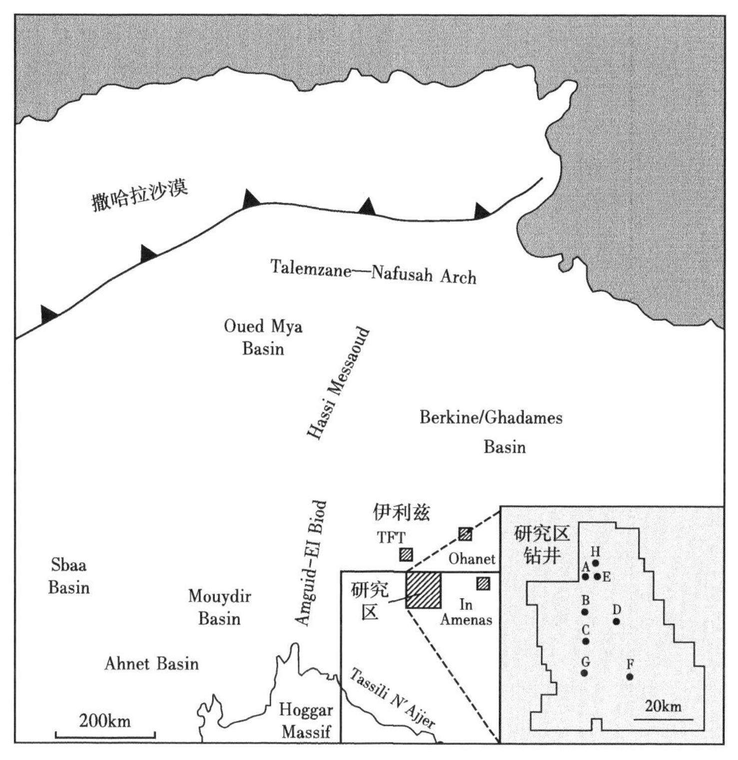

图 1　阿尔及利亚伊利兹盆地及研究区域地理位置图

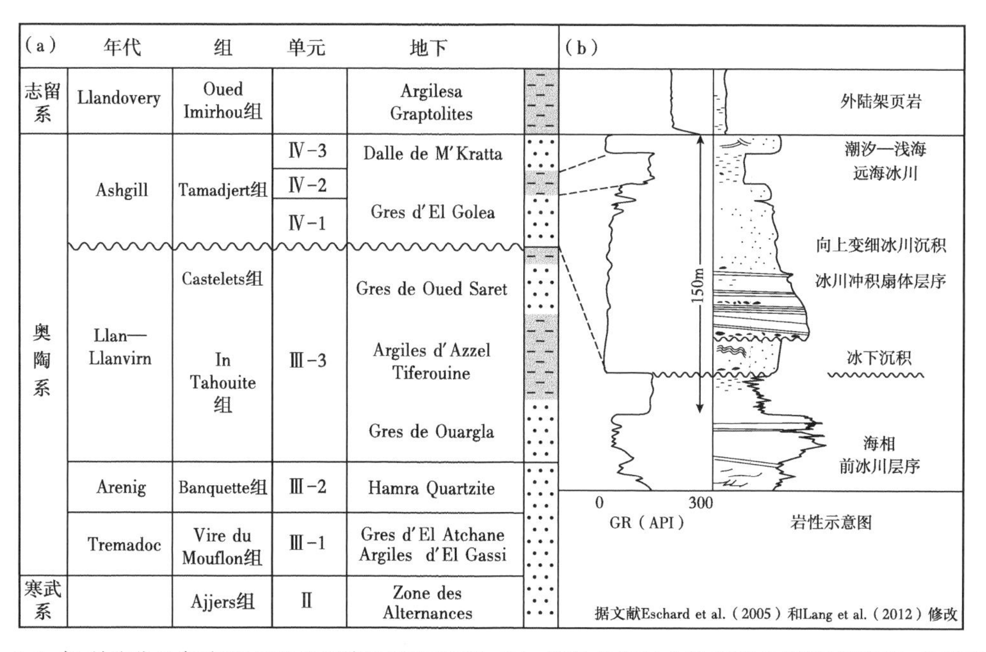

图 2　(a) 伊利兹盆地寒武系至下志留统地层柱状图 (b) 简化的伽马曲线和测井原理显示了与奥陶系Ⅳ号砂体相关的典型沉积相类型，这里所示的同冰川期沉积序列代表了一个单一的冰川期沉积循环——侵蚀和冰川亚相被继承性沉积的冰川海相扇体沉积物退积所覆盖，这些沉积序列被志留系富有机质的烃源岩所覆盖。图中标注的Ⅳ-3、Ⅳ-2和Ⅳ-1砂体，是本次研究所关注的砂体

2005；Wells et al.，2015；伊利兹盆地）。然而，前人的这些研究并没有直接强调地热演化历史在空间上的变化对奥陶系储层质量产生的影响。

本次研究重点关注的是位于伊利兹盆地南部的一个上奥陶统储层中凝析气藏气田（图 1）。埋藏史的重建表明最大的埋藏深度最可能发生在始新世早期，在始新世—中新世剥蚀期和伊利兹盆地向北倾斜之前（English et al.，2016b）。基于一维（1D）地热演化历史模拟，上奥陶统储层的最大埋藏深度和最高温度在气田北部地区要比气田南部地区相对较低，尽管现在这些地区储层的埋藏深度相近（English et al.，2016c）。本研究目的如下：

（1）通过详细的岩心和岩相分析对储层进行表征，确定储层质量的主控因素；

（2）根据研究区的岩石特征和地热演化历史重建，通过成岩模拟来约束孔隙度和渗透率随时间演化规律，明确研究区整个油田地热演化历史的变化是否会对储层质量产生重大影响，并讨论地热演化历史的变化对其他剥蚀盆地的广泛影响。

2 区域地质背景

2.1 伊利兹盆地和研究区地质概况

Berkine盆地和伊利兹盆地位于北非台地之上，发育有6000多米的古生代—中生代地层（Echikh，1998；Dixon et al.，2010；Galeazzi et al.，2010）。北非台地是整个古生代冈瓦纳大陆北缘碎屑岩沉积最广泛的地区（Beuf et al.，1971；Stampfli et al.，2002；Guiraud et al.，2005；Konate et al.，2006；Dixon et al.，2010）。晚石炭世海西（Variscan）造山运动的抬升与剥蚀作用，导致该台地被南北向隆起的地层分割成单独的盆地（Aliev et al.，1971；Beuf et al.，1971；Fabre，1976；Boudjema，1987；Van de Weerd et al.，1994；Guiraud et al.，2005）。中生代—新生代地层再次沉积发生在冈瓦纳大陆分裂之后以及特提斯海道向北开放之后（Boote et al.，1998；Galeazzi et al.，2010）。Berkine盆地和伊利兹盆地的沉积一直持续到始新世中晚期，导致Atlas范围向北扩大并且重新激活了一些原有的断层系统的“比利牛斯”反转造山运动（Echikh，1998）。在始新世中后期Hoggar地块发生了板内隆升和早期的岩浆活动作用（Li egeois et al.，2005；Rougier et al.，2013）导致Hoggar以北的伊利兹盆地大面积剥蚀（English et al.，2016b）。

研究区包括伊利兹盆地南部地区一个规模为万亿立方英尺的凝析气藏气田（图1），其以大规模（80km×50km）低幅度四面倾斜圈闭为特征，油气柱高度超过100m。储层序列包括上奥陶统冰川期海相冰后期海相砂岩（图2），这些储层被厚度为250~300m的下志留统笔石页岩所覆盖封闭（图2），该页岩是一套广泛发育的区域盖层。这套区域性页岩沉积于与冰川最终消亡期有关的海平面上升过程中（Lüning et al.，2000；Legrand，2003；Grabowski，2005；Le Heron et al.，2008；Moreau，2011；Galeazzi et al.，2010）。这些泥岩底部通常发育有富有机质的放射性隔层段，该隔层段是整个北非和中东地区重要的古生代烃源岩（Boote et al.，1998；Lüning et al.，2000）。志留系烃源岩成熟度指标 R_o 变化范围为0.9%~1.3%，在整个研究区由于最大埋深的增加，有机质成熟度向南和向侧翼逐渐增大。

研究区目前油藏温度为95~100℃，但包含热成熟度，磷灰石裂变径迹和声速数据的一维（1D）埋藏史和热演化历史重建结果表明，过去曾经出现过更大的埋深和更高的温度（图3；English et al.，2016c）。

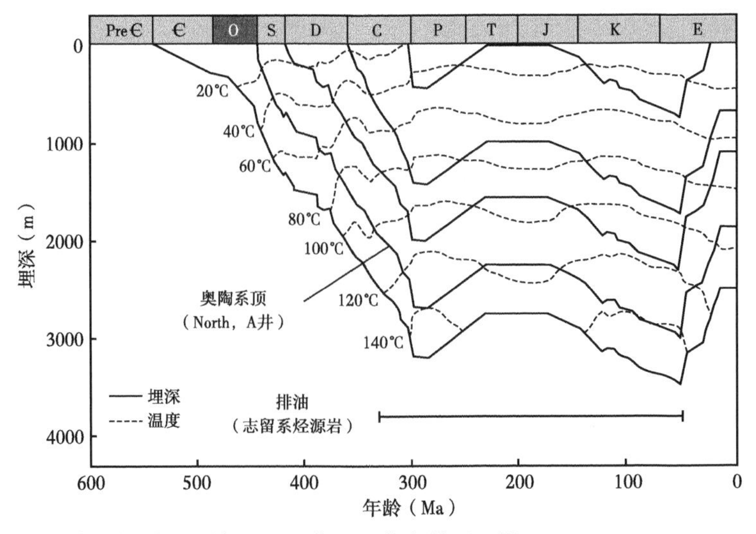

图3 伊利兹盆地研究区（A井）埋藏史模型（据English et al.，2016c）

储层最大埋深最有可能出现在始新世早期，气田奥陶系顶部估算的最大埋深和最高温度从北部 A 井的 3km 和 140℃到南部 G 井的 3.4km 和 156℃之间变化（English et al.，2016c）。上覆的志留系烃源岩在石炭纪时期油气开始生成，但在与海西造山运动有关的地层倒转时期油气生成停止。在中生代和新生代早期重新埋藏之后，在新生代剥蚀作用过程中烃源岩最终停止生烃之前出现了少量的油气生成（English et al.，2016c）。由于盆地向北倾斜，在随后的新生代时期估计的地层剥蚀量在整个油田范围内是不同的，剥蚀厚度从北部 1km（A 井）到南部 1.4km（G 井）之间变化。

2.2 奥陶系地层发育情况

在沿着伊利兹盆地南部边缘的 Tassili N' Ajjer 地区，奥陶系层序已经在野外露头（Bennacef et al.，1971；Beuf et al.，1971；Hirst et al.，2002；Eschard et al.，2005；Girard et al.，2012；Deschamps et al.，2013）和井下（Hirst et al.，2002；Galeazzi et al.，2010；Rousse et al.，2009；Hirst，2012，2016；Lang et al.，2012）进行了深入研究。上寒武统—下奥陶统（Ⅱ号砂体单元通过井下研究地层，Ajjers 组是通过野外露头研究地层，图 2）以侵蚀泛非洲大陆基底的混合砂质河流沉积物为特征。随后Ⅲ号砂体单元的浅海相沉积砂体为奥陶纪特雷马多克沉积期到兰维尔恩沉积时期的一套海侵沉积物（图 2，Bennacef et al.，1971；Beuf et al.，1971；Eschard et al.，2005）。

当时北非位于南极附近（Hambrey，1985；Stampfli et al.，2002），海平面下降和冰川冲刷与短暂存在 Ashgillian 冰川有关(Brenchley et al.，1994；Armstrong et al.，1997；Sutcliffe et al.，2000；Moreau et al.，2005；Le Heron et al.，2008)。Ashgillian 冰川(当地称 Taconic 冰川)不整合是这一时期冰川侵蚀作用发育的证据。冰下峡谷水道或冰川水道对下伏的前冰川期地层的深度侵蚀所形成的冰川期河流侧向沉积建造作用，沉积了 Tamadjert 组底部地层或者Ⅳ号砂体单元，后来的沉积物可能覆盖在峡谷水道充填物之上或峡谷水道之间(图 4)。冰川沉积物主要包括混积岩和冰川—海相扇沉积物，混积岩是冰川期最主要的沉积物类型，冰

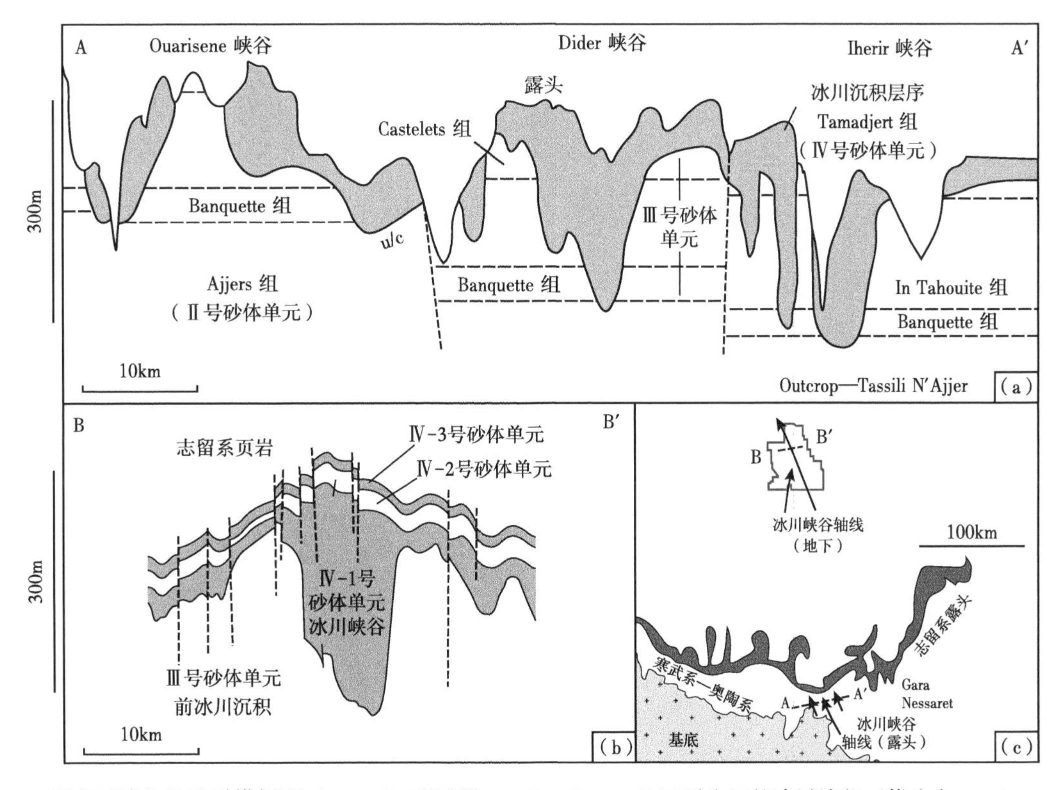

图 4 (a) 研究区简化的地质横剖面（A—A′）展示了 Tassili N' Ajjer 地区露头区的冰川峡谷（修改自 Deschamps et al.，2013）。NNW 向冰川峡谷深度可超过 400m，宽度为 2~10km（Beuf et al.，1971；Galeazzi et al.，2010）。(b) 研究区简化的地质横剖面（B—B′）展示了一个大型冰川下切谷以及Ⅳ号砂体在地下的细分单元。(c) 展示了 A、B 横剖面的剖面线位置（灰色虚线）

川—海相扇退积沉积物发生在冰川消退期（Lang et al.，2012）。在伊利兹盆地，Ⅳ号砂体单元主要的沉积相为位于退积冰层前面的冰川—海相与冰川接触的扇体（图5a）。从伊利兹盆地近端粗粒砂体相变为Berkine盆地北部的远端细粒砂体相（Galeazzi et al.，2010）。这些冰川的沉积岩具有复杂的横向和纵向相变特征，这是由于在冰川进退的多个阶段，冰川构造变形和同期冰川构造活动的结果（Hirst et al.，2002；Rousse et al.，2009；Lang et al.，2012）。

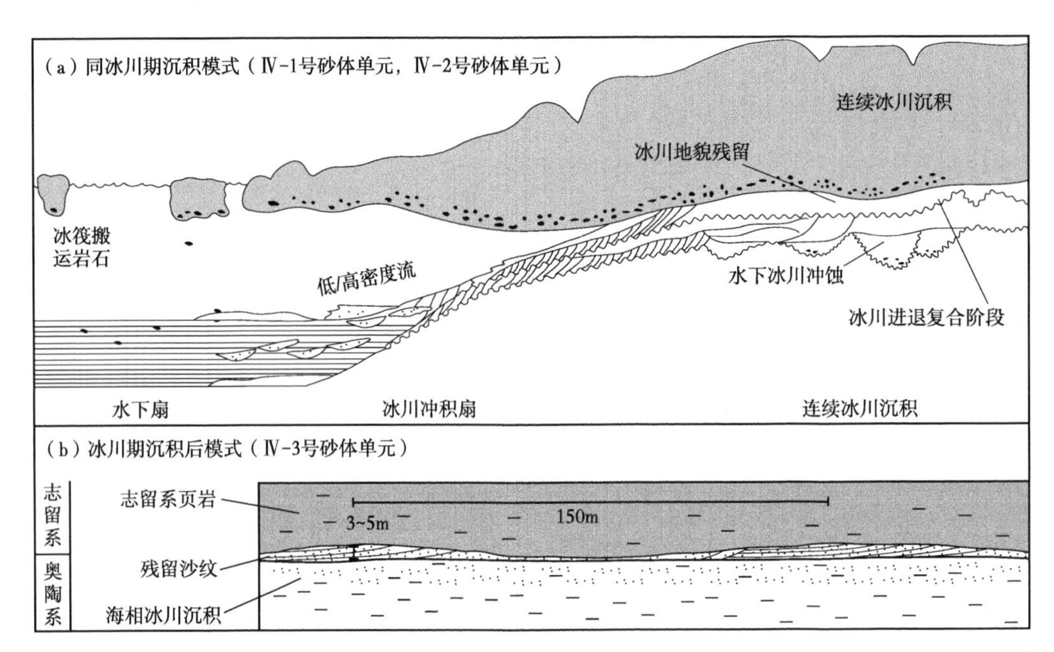

图5 (a) 奥陶纪冰川期连续性沉积模型示意图；(b) Gara Nessaret地区Tassili N'Ajjer油田奥陶系顶部潮汐沙脊内部结构简要示意图（据Beuf et al.，1971）

在研究区，冰川期下部Ⅳ号砂体的单元砂体地层层序可以进一步划分为Ⅳ-1号和Ⅳ-2号砂体单元(图2)。Ⅳ-1号砂体单元发育富砂质近端高能沉积物，其上覆于发育远端低能浊流和半深海沉积物夹层的Ⅳ-2号砂体单元之上。Ⅳ-2号砂体单元漂浮冰川沉积物的消失代表了冰川—海相沉积环境的结束。Dalle de M'Kratt是一套典型的区域性广泛分布的冰后砂岩（Galeazzi et al.，2010），伊利兹盆地井下Ⅳ-3号砂体单元上覆于冰川沉积物之上（图2、图4）。这套重要的冰后浅海沉积砂体单元主要发育粒度由细到粗、分选中等偏好交错层理砂岩，该砂岩含有鲕粒和针管化石，指示了海相沉积作用（Hirst et al.，2002)。这些砂体是研究区储层质量最好的砂体，表征其对油田开发意义重大。

Tin Fouye Tabankort油田Ⅳ-3砂体单元厚度小于40m（Galeazzi et al.，2010），平均厚度为20m（图1，Askri et al.，1995；Le Maux et al.，2006），但是研究认为其在野外露头和Tiguentourin油田横向展布范围在100多米到1000多米之间。在Gara Nessaret地区Tassili N'Ajjer油田（图4）野外露头上，这些沉积物形成了细长的沙滩（Beuf et al.，1971，图5），被认为是形成于受潮汐作用控制的浅海沉积环境（Dixon et al.，2008a；Hirst，2016）。这些潮汐沙波长度较大（至少4km），沙脊呈N—S展布，沙脊高度可达4m，宽度为90~160m，通常波峰到波峰之间的距离约为150m（图5，Dixon et al.，2008a）。尽管这些粗粒的砂岩沉积物从波峰到波谷沉积厚度很小，但其在波谷的位置依然是连续的，因此整个砂体形成了一个广泛分布的席状砂体（Hirst，2016）。

总体上，Ⅳ-3号砂体单元反映了受剩余冰川地形影响的侵蚀性早期后冰川期沉积特征，其可能受到了后冰川期地层均衡反转的影响。在Tiguentourine油田，Rousse等（2009）观察到了进入后冰川期洼地泥岩厚度增大，然而同时期的残余古隆起高地被侵蚀和改造，导致浅海砂质沉积物沉积在更高的区域。一个针对利比亚Murzuq盆地最新的奥陶系混积岩层序的类似模型已经被提了出来（Moreau，2011）。由于在地层均衡反转期间形成了新的古隆起高地，导致在整个后冰川期海侵过程中先前存在冰川期沉积物被侵蚀和再次改造。伊利兹盆地内研究区一个主要的后冰川期古隆起高地先前已经进行了解释（Isarene高点；English et al., 2016c)。这个古隆起高地特点是在奥陶纪时期受到了改造，导致该地区沉积了更多的广泛分布的潮汐改造后的Ⅳ-3号单元砂体。

3 研究方法

3.1 岩心岩相分析

研究区孔隙度和渗透率分析基于来自8口井的417块岩心样品。实验分析采用的是一套CMS™300（岩心样品测量系统，型号300版本4.0）自动渗透率孔隙度测量仪，通常情况下该系统用氦进行测量，但是对于低渗透率样品则改用氮来进行测量，以期获得渗透率低于0.00005mD的样品的精确测量值。这里所有基准渗透率值使用的基准围岩压力为800psi，并且通过克林肯堡效应来修正平衡高压和低压条件下气测差异。岩石渗透率可能对围岩压力大小非常敏感，尤其低渗透岩石更是这样。为了评价高围岩压力的影响，69块样品孔隙度和渗透率测量围岩压力从基准压力800psi逐渐增大到1900psi、3300psi、4500psi和6000psi。

储层岩石实验所测得的毛细管压力可以用来表征孔隙结构、孔喉大小以及分布情况，也可以用来预测给定岩石类型的自由水平面之上的垂向油气饱和度剖面（Vavra et al., 1992; Hartmann et al., 1999）。对29块奥陶系砂岩样品实施进汞毛细管压力测试表明，随着岩心柱塞汞（非润湿相）饱和度的增加，进汞压力逐渐增大。孔喉大小来源于每一块样品的分析，并且根据Hartmann等（1999）简表将孔喉大小划分为纳米孔喉、微米孔喉、中小孔喉、大孔喉和巨喉。

对选自砂岩岩心柱塞薄片的70块分析样品，都进行了岩心相分析。最初的岩心项目研究关注的是Ⅳ-3号砂体单元，因此所有的样品都来自奥陶系顶部50m范围内，49号样品、11号样品和10号样品分别来自Ⅳ-3、Ⅳ-2和Ⅳ-1号砂体单元（图2）。每一块薄片都充填了蓝色铸体来帮助确定孔隙度，然后对钾长石（使用硝酸钠钴）和碳酸盐（使用茜素红砂铁氰化钾）进行染色。研究者对每一块薄片都进行了肉眼观察与描述，并通过莱卡显微镜放大300倍对矿物元素和共生孔隙度进行了量化。对每一块薄片都进行了拍照（放大倍数5倍、10倍、20倍与50倍），并通过JMicroVision™图像分析系统软件对颗粒大小、颗粒覆盖物、粒间孔隙大小进行了数字化测量（Roduit, 2006; 版本1.2.7）。所有颗粒的长轴都在每个薄片中进行测量，并且通过面积加权来计算颗粒平均大小和进行Trask分类（方均根值P75/P25）。环境扫描电子显微镜（ESEM）图像、X-射线衍射（XRD）以及阴极发光都用来支撑岩相分析。通过来自7口井的流体包裹体数据对均一化温度进行分析，包裹体盐度/API测量结果用于恢复石英和重晶石胶结温度（English et al., 2016a, 2016c）。

3.2 砂岩成岩作用的数值模拟

数值正演模型现在可以通过模拟压实、石英胶结和其他成岩过程作为地热和有效应力变化的历史函数来模拟砂岩孔隙度和渗透率随地质时间变化的演化过程（Pittman et al., 1991; Walderhaug, 1994, 1996, 2000; Lander et al., 1997, 2008, 2009; Bjørkum et al., 1998; Bonnell et al., 1998, 1999, 2000; Lander et al., 1999; Perez et al., 1999; Bloch et al., 2002; Helset et al., 2002; Paxton et al., 2002; Morantes, 2003; Taylor et al., 2004, 2010, 2015; Makowitz et al., 2006, 2010; Lewis et al., 2007; Perez et al., 2006; Ajdukiewicz et al., 2010; Lander et al., 2010; Tobin et al., 2010; Hyodo et al., 2014; Tobin et al., 2014; Lander et al., 2015）。在本次研究中，针对20块具有较高渗透率的样品的成岩模拟是用Touchstone™软件（版本7.4.2）来实现的。这些样品的选择基于主要沉积特征在物质成分和结构上的相似性，因此，它们提供了一套可靠的数据来模拟整个研究区域的热史变化对储层质量的影响。本研究根据目前的岩相学和储层特征对模型参数进行了优化，并针对研究区的油井使用已发表的埋藏和热历史模型（English et al., 2016c）。

岩石颗粒接触模拟机械压实作用包括了原始颗粒大小分布、粒间孔隙体积大小、骨架颗粒的机械特征、胶结相的强化效果以及有效压力演化历史。在观察到化学压实的选定样品中，新增的粒间孔隙体积损失量被用来匹配实测的粒间孔隙体积。化学压实作用的开始假设发生在80℃，表示指数变化率随温度增加，Arrhenius表达式被用来模拟石英胶结作用（Walderhaug，2000；Lander et al.，2008）。石英胶结物体积的大小是地热演化的函数（例如，温度和时间），晶体结核表面积同样可以作为石英胶结物和颗粒大小的函数。晶体结核表面积作为石英胶结物函数受控于砂岩的成分和结构，但是也可以因为颗粒涂层存在（Heald et al.，1974）和压实过程中逐渐降低（Lander et al.，1999；Lander et al.，2008）。由于与较大的颗粒（或单晶）相比（Lander et al.，2008），较小的颗粒（或单晶）逐渐增大速度更快，因此最终净石英胶结率受颗粒大小影响较大。

石英胶结物并不受硅质碎屑供应的限制，并且在建模期间对石英胶结物的活化能进行优化，以实现每个样品石英胶结物丰度的测量和计算结果之间的良好匹配。其他（非石英）自生阶段在高渗透岩相中相对较小，并且使用基于岩相学观察的共生规则和丰度来建模。粒间孔隙度随着时间推移的减少被模拟成了一个压实和胶结作用的函数，渗透率的软件模拟采用的是Panda等（1994，1995）工作的延伸。不同的渗透率模型参数通过优化来匹配岩心实测数据，这些参数包括孔隙充填胶结物的比表面积、泥质碎屑含量、粒间孔隙和次生孔隙迂曲度之间的差异以及次生孔隙的有效性。然而，在所关注的高渗透性的样品中，次生孔隙和微孔隙的孔隙度在该建模工作中作用相对较小。

该模型通常使用基因算法优化输入和适应度函数来对输入参数进行优化，适应度函数确定了模型模拟结果与4类测量数据之间的误差的大小，这4类测量数据分别是：（1）实测粒间孔隙体积；（2）石英胶结物体积；（3）岩心孔隙度；（4）岩心渗透率。每一类数据都进行了优化，直到100%的测量数据同时落在了粒间孔隙体积在±4%的误差范围内，石英胶结物含量和孔隙度以及渗透率在一个数量级内。

完成参数优化步骤之后，下一步的建模过程包括描述具有高渗透率数据样品的成分和结构特征的差异性来获取对储层质量差异性更接近实际的描述。这包括选择适合实测样品数据的概率分布模型。我们同样也用描述这些特征中任意主要特征的协方差的统计copula函数。通过这种方式生成了5000多种实验结果来描述目标砂体类型成分和结构差异性。反过来，这些实验结果作为下一个模型的输入，并且在整个油田范围内通过储层埋藏史而非现有井的控制来模拟，从而对储层质量分布进行预测。我们在有井的地方对储层隔层参数实施优化以确保预测的分布模型与现有的数据吻合。

我们下一步使用T>Map™软件（版本3.2）来预测整个研究区不同砂体类型的储层质量分布，通过埋藏史重建研究储层隔层质量分布。T>Map软件与颗粒接触模拟使用的是相同的数据引擎，但是对孔隙体积和比表面积参数进行了模拟。为了在研究区获取储层埋藏史数据，根据现存的地层、井数据和其他参数，通过Genesis软件系统（Zetaware）构建了6个（包括A井和G井）一维埋藏史模型（English et al.，2016c）。然后将这些一维模型与计算出的等厚图和最大埋深图（English et al.，2016c）进行整合，生成一套整个研究区沉积过程与现今15个不同的地质时间阶段内的埋藏深度、温度以及有效应力图。

4 岩心分析成果

4.1 岩心孔隙度与渗透率

研究区奥陶系砂岩储层质量具有一定的差异性，从油田岩心孔隙度—渗透率交会图体现出了两大主要的变化趋势（图6a；表1）。在这所提到的高渗透率和低渗透率样品分别称为A组和B组（图6b），其渗透率截止值为0.1mD。值得注意的是油田提供的岩心数据对Ⅳ-3号砂体单元和Ⅳ-2号砂体单元覆盖率较高，对于深度更大的Ⅳ-1号砂体单元覆盖率相对较低，出现这种现象的原因是在盆地的这一区域经济可采储量更多关注的是Ⅳ-3号砂体单元。

高渗透率样品（A组）主要为后冰川期海相，细粒到粗粒砂岩，Ⅳ-3号砂体单元内砂岩分选由差变好，但是在Ⅳ-1号砂体单元内同样发育有粒度中等，分选中等的冰川期砂岩（图6a）。基于少量的Ⅳ-1号砂体单元数据基础，该砂体单元中高渗透率砂岩相对于储层质量更好的Ⅳ-3号砂体单元高渗透率砂体相可能发育有不同的孔隙度—渗透率变化趋势（图6a）。渗透率较低的B组样品在所有的地层单元中均有发育（Ⅳ-1、Ⅳ-2 和 Ⅳ-3 号砂体单元；图 6a）。在低渗透率样品中，相对于Ⅳ-2 号砂体单元，Ⅳ-1 号砂体单元砂体渗透率表现出了少量的改善（图 6，表 1）。这种改善反映了可能从Ⅳ-1 号砂体单元扇体中部高密度浊流向上变为远端的Ⅳ-2 号砂体单元粒度更细的低密度浊流垂向地层层序。

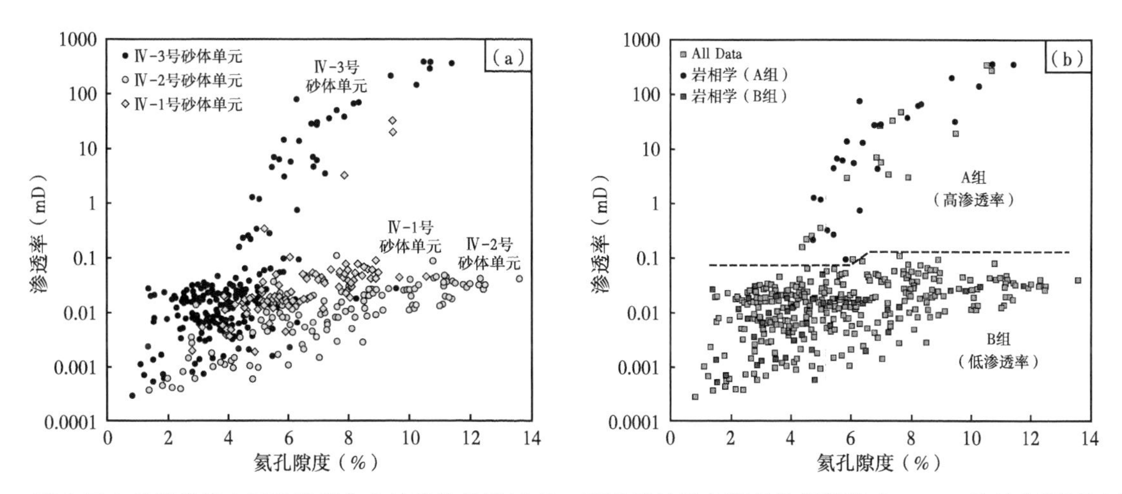

图 6　研究区上奥陶统岩心氦孔隙度和克林肯伯格渗透率，所展示的岩心测量数据都是在 800psi 的基准限制压力下进行的（a）所有的数据（417 个样品）按地层单元编码，储层质量最好的砂体通常见于Ⅳ-3 号砂体单元，偶尔在Ⅳ-1 号砂体单元中也有发育；（b）选取了 70 个样品进行岩相分析，来确定储层内部孔隙度和渗透率的主控因素。高渗透率（>0.1mD）和低渗透率（<0.1mD）样品在这分别被称为 A 组和 B 组。两组样品之间的分界线中的扭结是由于 A 组模型中的“边界”样本造成的

表 1　上奥陶统岩石性质总结表

		A 组（高渗透率）[a]	B 组（Ⅳ-3 号砂体单元）	B 组（Ⅳ-2 号砂体单元）	B 组（Ⅳ-1 号砂体单元）
岩心数据（800psi）	样品数	41	169	126	81
	氦孔隙度（%）	4.4~11.4（平均 7.0±1.9）	0.8~9.6（平均 3.7±1.4）	1.4~13.6（平均 7.4±2.9）	2.8~10.6（平均 6.4±1.7）
	空气渗透率（mD）	0.16~385.96（平均 58.50；几何平均 8.43）	0.0007~0.1594（平均 0.0294；几何平均 0.0213）	0.0011~0.1718（平均 0.0322；几何平均 0.0211）	0.0046~0.1704（平均 0.0565；几何平均 0.0429）
	克林肯伯格渗透率（mD）	0.10~377.89（平均 56.90；几何平均 7.21）	0.0002~0.0905（平均 0.0159；几何平均 0.0100）	0.0004~0.1076（平均 0.0155；几何平均 0.0084）	0.0019~0.0927（平均 0.0300；几何平均 0.0223）
	K/ϕ	1.6~3589.6（平均 596.1；几何平均 106.8）	0.02~2.01（平均 0.45；几何平均 0.30）	0.01~1.42（平均 0.18；几何平均 0.12）	0.04~1.04（平均 0.44；几何平均 0.36）
毛细管压力[b]	样品数	9	5[c]	15	5
	孔喉半径（μm）	4.35~15.58（平均 9.60±3.81）	0.28~0.61（平均 0.38±0.14）	0.05~0.33（平均 0.16±0.08）	0.14~0.43（平均 0.29±0.11）
	孔喉描述	宏孔—大孔	微孔—中孔	纳米—微孔	微孔
	毛细管进入压力（psi）	4~9（平均 6±2）	115~228（平均 147±46）	129~793（平均 396±239）	148~322（平均 225±66）

a. A 组主要包括Ⅳ-3 号砂体单元样品，同时也包括一些Ⅳ-1 号砂体单元样品（图 6a）；

b. 包括 6 个没有包含在主要文档中的其他样品（图 7、图 8），只能进行常规的孔隙度和渗透率测量；

c. 一块异常的分选较差的 Ⅳ-3 号砂体单元样品（图 12d），其毛细管排驱压力为 1717psi。

4.2 围岩压力对储层孔隙度的影响

通常能观察到孔隙度和渗透率测量值在围岩压力（800~1900psi）开始增加的时候明显减小，在随后的过程中减少量相对较少（1900~3300psi，4500psi 和 6000psi，图 7）。对于 A 组砂岩来说增加围岩压力对孔隙度的影响相对较小，即使围岩压力到了 6000psi，孔隙体积减小部分都低于 10%。大多数孔隙度大于 5%的 B 组砂岩同样具有孔隙体积减小量低于 10%的特征（从 800psi 到 6000psi）。然而，B 组样品中孔隙度小于 5%的样品似乎变化最大，对压力最敏感，孔隙体积减少量可以从 5%到 50%（从 800psi 到 6000psi）。通常情况下孔隙体积的绝对减少量平均为 0.7%，但是这对于低孔隙度样品来说至关重要。

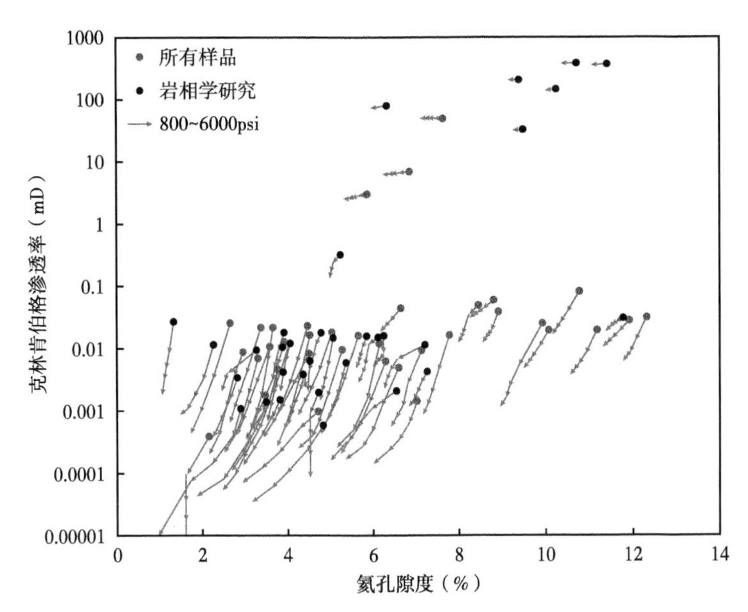

图 7 在不同净围岩压力条件下的 69 块奥陶系砂岩样品的孔隙度和渗透率

对于每一块岩心样品，5 个围岩压力分别为 800psi（基准压力），1900psi，3300psi，4500psi 和 6000psi。渗透率较高的 A 组样品对围岩压力并不敏感，然而通常情况下，对于孔隙度和渗透率较低的样品，压力敏感性逐渐增强

4.3 围岩压力对渗透率的影响

由于围岩压力增加限制了控制流体渗流的孔隙喉道，因此相对于孔隙度来说，围岩压力对渗透率的影响作用更强，对于渗透率较低的岩石来说更是如此。针对孔隙度，当围岩压力范围为 800~6000psi 时，对高渗透率的 A 组样品，增加围岩压力导致的储层渗透率减少量较小（小于 10%）。渗透率较低的 B 组样品，对围岩压力的敏感性相对较强，当围岩压力范围在 800~6000psi 之间变化时，渗透率大于 0.03mD 的样品渗透率减少量在 40%~80%之间变化。相对而言，对于渗透率小于 0.03mD 的 B 组样品，渗透率减少量所占比例更高，变化范围为 60%~99%，渗透率的绝对降低量通常在 1 至 2 个数量级之间。

4.4 毛细管压力数据以及孔喉大小分布

尽管进汞毛细管压力与岩心分析样品数据之间只有一小部分重叠，A 组样品和 B 组样品之间相似的分类方案同样可以用于基于渗透率的进汞毛细管压力预测。这里强调的针对进汞毛细管压力样品的渗透率值是在围岩压力为 400psi 条件下所实测的毛细管压力，并且使用 0.5mD 的渗透率截止值来区分 A 组样品与 B 组样品。应该被强调的是在进汞毛细管压力测试过程中并没有直接使用围岩压力，在地表条件下增加围岩压力容易导致低渗透率和高毛细管压力（Shanley et al.，2004）。高渗透的 A 组砂岩以微孔喉和大孔喉为特征（图 8a，表 1），其较高的渗透率与较大的孔喉半径相关（图 8b）。相反，与预期一样，渗透率较低的 B 组砂岩主要以微孔喉为特征，渗透率特别低的样品甚至是纳米孔喉（图 8a）。总体上看，孔喉半径和渗透率之间的正相关性特别强（图 8b），双峰异常值与宽孔喉分布情况有关（图 8a）。在 B 组样品内，尽管Ⅳ-1 号砂体单元和Ⅳ-3 号砂体单元样品孔隙度低于 6%，数据表明，它们具有相对于Ⅳ-2 号砂体单元样品更大的孔喉半径（图 8b，表 1）。发育有巨型孔喉半径的两块Ⅳ-2 号砂体单元样品具有较高的孔隙度（>10%）。

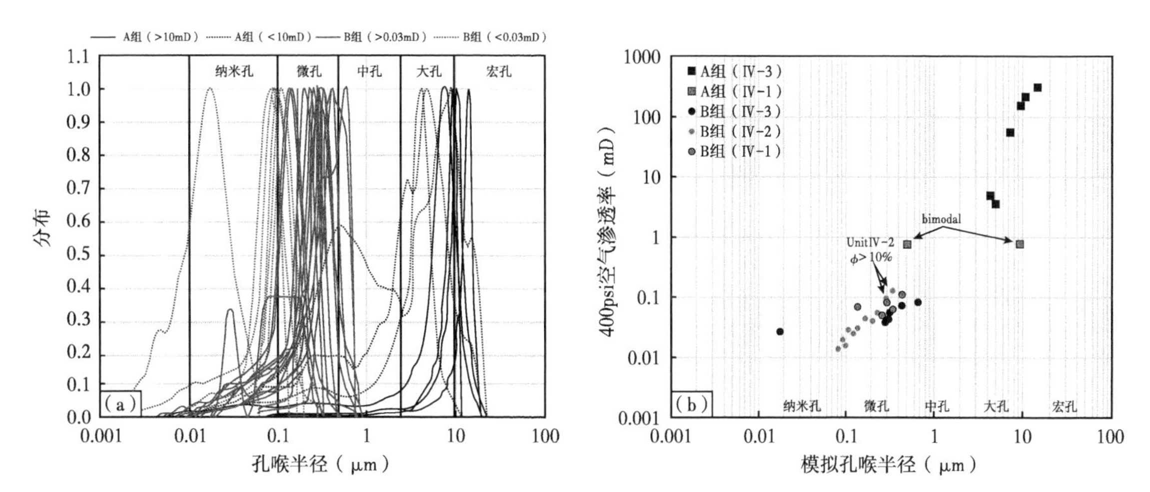

图 8 （a）来自进汞毛细管压力测试的孔喉半径分布，孔喉分类方案来源于 Hartmann 等（1999）；（b）微孔喉半径与渗透率之间明显的正相关性。渗透率较低的 B 组样品中，Ⅳ-2 砂体单元样品通常发育有较小的孔喉

4.5 垂向饱和度剖面应用

在主要为油气充注的水湿型储层中，毛细管压力决定了非润湿相（油或气）驱替润湿相（盐水）的难易程度。为了将进汞毛细管压力数据应用到地下，需要将实验室的空气/汞系统转换成储层的地下盐水/碳氢化合物系统（Vavra et al.，1992）。在这种转换之后，使用假定的盐水和碳氢化合物密度数据可以为石油和天然气构建理论上的垂向饱和度分布剖面（高于自由水位）（图 9）。这种方法的一个注意事项是，假设油气饱和度是靠排水驱动的（即非润湿相的碳氢化合物对润湿相的盐水驱替），并且用实验室测得的储层当前的毛细管压力特征代表那些油气为主导时期，在本次研究中为石炭系及其以前时间段（English et al.，2016c）的毛细管压力特征（Shanley et al.，2004；Shanley et al.，2015）。

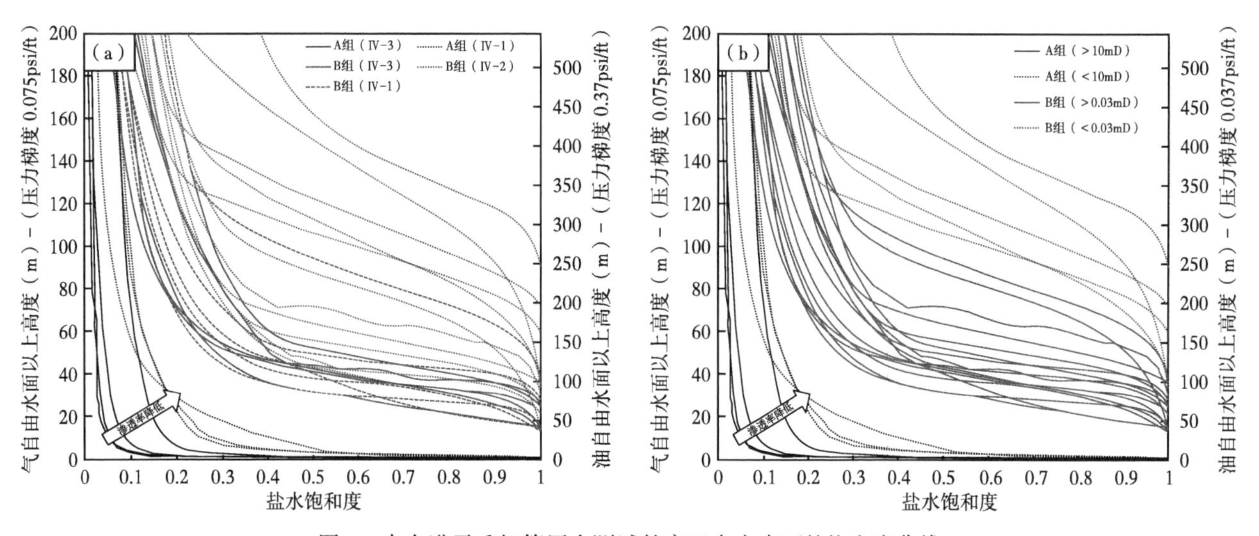

图 9 来自进汞毛细管压力测试的高于自由水面的饱和度曲线

（a）地层单元和（b）渗透率 A 组样品（黑线）B 组样品（灰线）曲线交会图。来自Ⅳ-2 砂体单元的 B 组样品倾向于具有最低的渗透率和最高的进汞毛细管压力以及最长的转换带

具有较高渗透率的 A 组砂岩以低进汞毛细管压力（<15psi；表 1）为特征，并且自由水位以上的（HAFWL）饱和度曲线表现出从水腿到水饱和度小于 10%的油柱的急剧过渡区（图 9b）。渗透率低于 10mD 的 A 组砂岩样品同样也展现出了一个相对突兀的转换带，束缚水饱和度略高，但仍低于 10%（图 9b）。相反，渗透率较低的 B 组砂岩样品以毛细管进汞压力超过 100psi 为特征，并且渗透率最低的样品毛细管进汞压力倾向于最高（图 9b）。根据先前所讨论的孔喉半径，来自Ⅳ-3 号砂体单元和Ⅳ-1 号砂体单元的 B 组样品相对于Ⅳ-2 号砂体单元同类型的样品有略好的储层质量和略低的毛细管进汞压力。

从石油工程的角度来说，高于自由水平面的饱和度曲线表明，B 组砂岩自由水平面和油水界面之间呈现出了较大的垂向分离以及更长更大的过渡带（图 9）。相对于气来说，该效应在油里面更加明显，当然更符合来自Ⅳ-2 号砂体单元的低孔低渗样品特征（图 9a）。一个重要的含义在于要使 B 组储层砂岩含水饱和度低于 40%，类似奥陶系砂岩储层的油气圈闭将要求气和油的垂向闭合度分别超过 80m 和 200m。另一个含义在于，由于储层质量的垂向和横向差异，就奥陶系砂岩变化较大的毛细管压力特征而言，可能会导致垂向饱和剖面变得复杂，从而存在不同的油水界面。

5 岩相学分析结果

在本研究中，对 70 块岩心柱塞进行了岩相学分析，来评价上奥陶统砂岩储层孔隙度和渗透率主控因素（图 6b）。A 组样品岩心孔隙度在 4.7%～11.4%（平均为 7%），渗透率分布范围在 0.1～377.9mD，B 组样品岩心孔隙度分布在 1.3%～11.8%（平均为 4.8%），渗透率变化范围为 0.0005～0.0496mD。关于岩相细分的更多详细信息见表 2。

表 2 上奥陶统砂岩岩相特征总结表

特征		A 组 ($K \geq 0.1$mD)	B 组 ($K<0.1$mD)
样品数		25	45
岩心资料 （800psi）	氦孔隙度（%）	4.7～11.4 （平均 7.0±1.9）	1.3～11.8 （平均 4.8±2.4）
	渗透率（mD）	0.10～377.89 （平均 60.21；几何平均 9.58）	0.0005～0.0496 （平均 0.0124；几何平均 0.0073）
	密度（g/cm^3）	2.63～2.67 （平均 2.65±0.01）	2.63～2.79 （平均 2.65±0.02）
结构	平均颗粒大小（mm）	细砂—粗砂 （0.14～0.51；平均 0.25±0.09）	极细砂—中砂 （0.06～0.31；平均 0.18±0.07）
	分选 （特拉斯克系数）	差至中等—好 （1.40～2.20；平均 1.70±0.21）	差—好 （1.37～2.51；平均 1.71±0.25）
	压实 （晶间体积（%））	轻度—重度 （15～28；平均 24±3）	轻度—重度 （16～42；平均 26±6）
碎屑组分	石英（Q） （%）	97.2～100 （平均 99.6±0.7）	90.3～100 （平均 98.6±2.0）
	长石（F） （%）	0.5（1 个样品）	0.4～9.2（11 个样品） （平均 2.8±3.2）
	岩屑（RF） （%）	0.4～2.8（9 个样品） （平均 1.1±0.8）	0.4～2.3（34 个样品） （平均 0.9±0.5）
	原生基质黏土 （%）	0.7～4.0（18 个样品） （平均 1.7±0.9）	0.3～14.7（18 个样品） （平均 2.1±3.4）

续表

特　征		A 组 （K≥0.1mD）	B 组 （K<0.1mD）
颗粒	平均颗粒表面占比（%）	15~42 （平均 30±8）	8~79 （平均 37±16）
自生矿物	石英（%）	8.7~22.3 （平均 14.2±3.9）	5.3~31.3 （平均 20.1±5.3）
	伊利石（%）	0.7~3.0（5 个样品） （平均 1.3±1.0）	0.3~12.3（41 个样品） （平均 3.1±2.8）
	高岭石（%）	0.3~1.3（2 个样品） （平均 0.8±0.7）	0.3~7.3（7 个样品） （平均 1.8±2.5）
	沥青/重烃（%）	0.3~2.3（16 个样品） （平均 0.8±0.7）	0.3~4.3（15 个样品） （平均 1.4±1.3）
可见孔隙	晶间孔（%）	4.6~11.3（25 个样品） （平均 6.9±1.9）	0.3~3.0（30 个样品） （平均 1.2±0.7）
	铸模孔（%）	0.3~5.7（12 个样品） （平均 1.6±1.5）	0.3~7.0（41 个样品） （平均 1.9±1.4）

5.1 沉积构造与压实作用

5.1.1 A 组样品

高渗透率的 A 组样品（图 6b，25 块样品）由粒度为细粒到粗粒、差到中等分选的砂岩组成（图 10a、表 2）。在这组中，颗粒之间的溶蚀非常常见，颗粒边界通常是直线或凹凸接触，缝合接触较少。定义粒间孔隙体积为所有孔隙空间之和，胶结物和杂基是主要充填粒间孔隙的物质，机械压实强度取决于最大有效压力（Lander et al.，1999）。基于岩相学的粒间孔隙体积估计在 15%~28%（平均为 24%，表 2）。上限与缺乏颗粒间溶蚀作用的富含刚性颗粒的砂岩一致（Paxton et al.，2002），然而下限反映了逐渐增加的颗粒溶蚀以及微晶花纹纹理构造（3 块样品）。

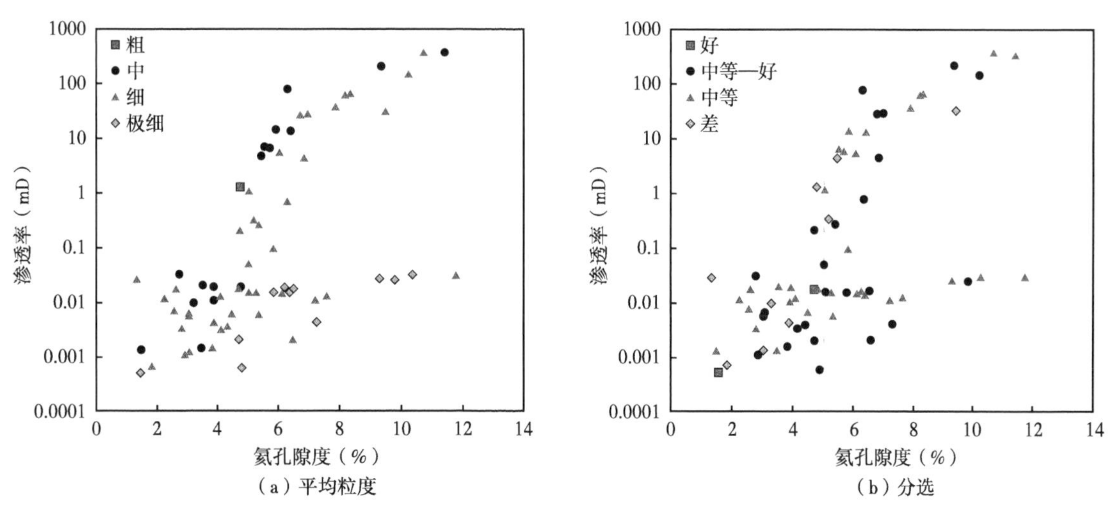

图 10　岩相学样品的孔隙度—渗透率特征

5.1.2 B 组样品

低渗透率的 B 组样品（图 6b，45 块样品）为分选中等到中等偏好、粒度极细到细砂岩（图 10a、b），粒度相对于 A 组样品较细（表 2，图 11）。粒间孔隙体积数值变化范围为 16%~42%（平均 26%±6%，表 2），粒间孔隙体积最大的样品通常含有最高的胶结物含量。颗粒边缘通常为直线、凹凸以及缝合接触，在许多样品中观察到了颗粒之间的化学压实作用。在 A 组的 20 块样品中，沿着黏土矿物聚集区的缝合构造非常普遍。在样品集中强化学压实的构造证据与较低的粒间孔隙体积吻合较好，表明在这些样品中，颗粒接触溶蚀作用非常强。

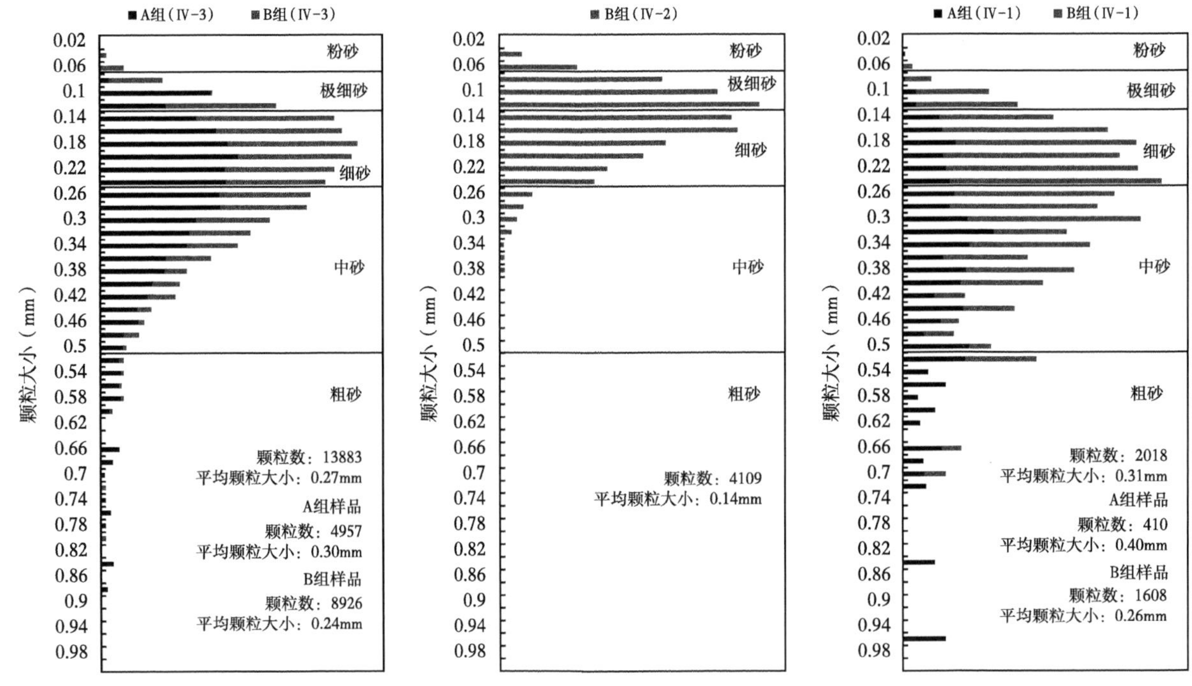

图11 奥陶系单一地层单元粒度直方图

5.1.3 平均粒度的地层控制因素

后冰川期的Ⅳ-3号砂体单元和冰川期的Ⅳ-1号砂体单元的奥陶系砂岩是典型的粒度由细到中等的砂岩，然而Ⅳ-2号砂体单元粒度为极细砂岩到细砂岩（图11）。冰川期连续沉积的地层岩石粒度差异反映了从近端（Ⅳ-1砂体单元）到远端（Ⅳ-2砂体单元）沉积环境的垂向转变，Ⅳ-1砂体单元相对于Ⅳ-2砂体单元渗透率—孔隙度有少许改善（图6a，表1）。

在一个地层单元内部，高渗透率的A组砂岩样品粒度比B组砂岩更粗（对比图11和图12中的Ⅳ-1砂体单元和Ⅳ-3砂体单元）。然而，中粒的B组样品（8个样品）相对于同样粒度的A组样品表现出更低的渗透率，这是由于：(1) 石英胶结物堵塞了缝合线附近的孔隙；(2) 高泥质含量（15%）在粒度测量过程中，并没有将其计算在内（仅仅1个样品），或者是孔隙充填了纤维状伊利石和/或黄铁矿和高岭石。B组样品中Ⅳ-3号砂体单元内细粒到中粒砂岩发育有可见的粒间孔隙度（1.5%~5.0%），并且不含长石（16块样品），可能代表了A组样品沉积相中低渗透率地层的延伸。

5.2 碎屑矿物学特征

5.2.1 A组样品

A组样品碎屑矿物组成主要包括石英（97.2%~100%），不含长石，含少量碎屑岩岩屑（表2），因此所有的岩石都被定义为石英砂岩（图13）。根据石英颗粒在尼克斯棱镜交叉区域内的数量，可以分为单晶石英（65%~83%）和多晶石英（0.3%~7%）。在Ⅳ-3号砂体单元内部，中粒到粗粒的A组砂岩中多晶石英含量通常大于4%。单晶石英可能指示其来源为变质火成岩，而多晶石英颗粒结构则指示了变质程度较低的石英来源（Pettijohn et al.，1987），该石英可能来源于元古代的盆地基底。

9块样品中存在岩屑碎片（0.3%~2%），颜色从灰色到黄褐色，刚性变形；7块样品中存在泥质砂岩碎片；2块样品中存在变形的变质岩碎片。现存的长石很少，并且仅仅存在A组的一个样品（图14a）中，并且含量很少（0.3%）。非双折射基质黏土矿物含量在0.7%~4.0%（18块样品），黏土矿物含量的增加通常会降低渗透率和石英胶结物的体积。重矿物有磷灰石，以及微量的电气石和锆石。少量的鲕粒表现出径向纤维消光，少量被伊利石氧化铁交代或部分溶解形成次生孔隙。

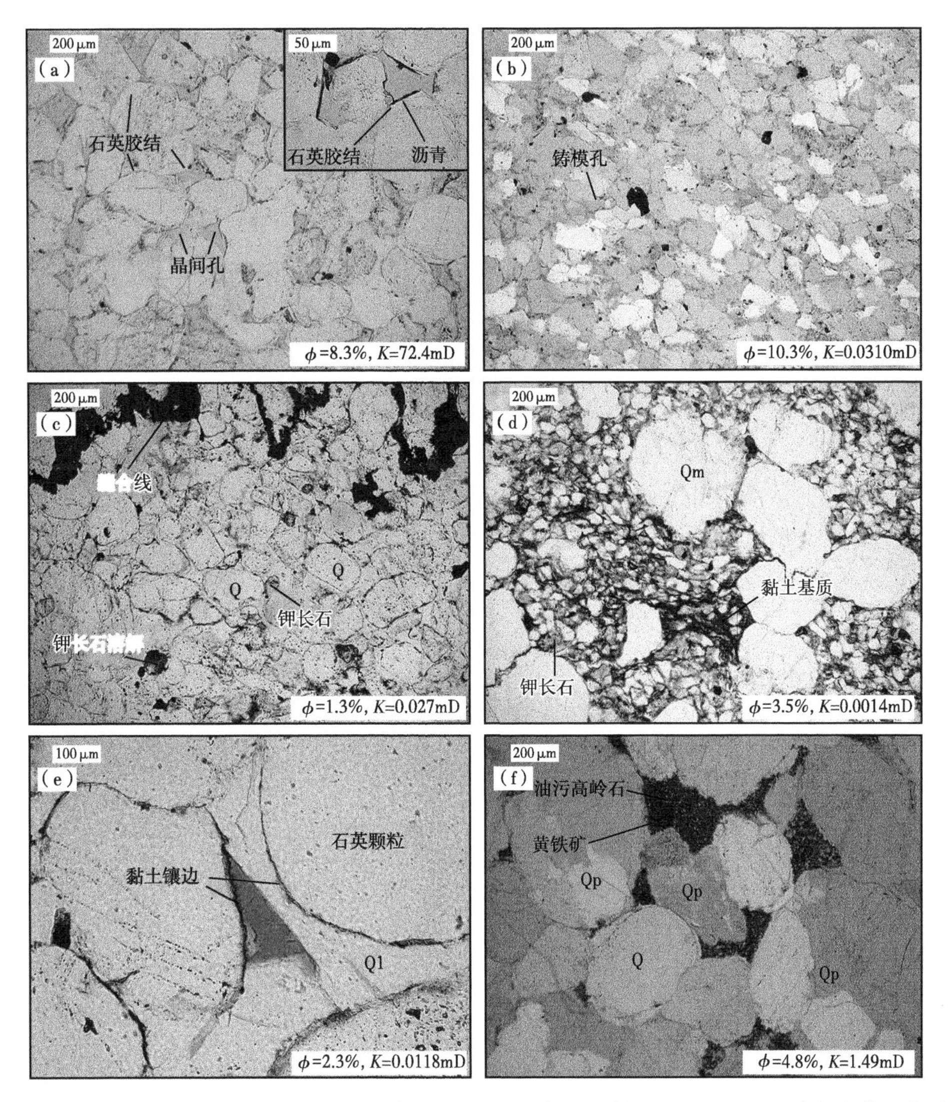

图 12 （a）Ⅳ-3 号砂体单元内部纯净细粒砂岩所保存的粒间孔隙（H 井：1961.97m），并未充满整个孔隙的石英表面的非连续的沥青薄层。（b）Ⅳ-1 号砂体单元具有高孔隙度但由于孔隙之间连通性较差而导致的低渗透率砂岩（F 井：1970.75m）。（c）缝合状的Ⅳ-3 号砂体单元砂体，发育有残余钾长石和黏土碎屑被黄铁矿替代的证据（A 井：1918.97m）。（d）分选较差的Ⅳ-3 号砂体单元钾长石集中分布在细粒部分，注意由于化学压实形成的石英颗粒之间的缝合边界（C 井：1897.13m）。（e）颗粒边界的黏土碎片阻止石英胶结成核的证据，石英胶结物在黏土矿物和相邻颗粒之间的孔隙内可以形成胶结核（A 井：1922.88m）。（f）含多晶石英（6%）的粗粒砂岩，能观察到被油污染的高岭石（G 井：1943.71m）

5.2.2 B 组样品

B 组砂岩组成由含长石石英砂岩到石英砂岩，碎屑石英含量为 90%～100%，通常大于 98%（图 13）。石英以单晶石英颗粒为主（50%～79%，所有样品），多晶石英次之（0.3%～8.7%；42 块样品）。在该砂体单元内多晶石英含量最高的样品发育在Ⅳ-3 号砂体单元中。现存的长石（微量为-6.3%；15 件样品）主要为钾长石和少量的斜长石。

B 组Ⅳ-3 号砂体单元长石含量通常较低（<0.3%；4 块样品），除富含原生黏土矿物的一个异常样本外，该样本含原生黏土矿物（14.7%）和长石（6.3%）（图 12d 和图 14a）。砂岩沉积的长石含量在成岩模型中，通过假设的化学封闭系统进行了估计，并且自生伊利石和高岭石中的铝（Al）含量都来自最初的长石。对比 A 组砂岩（图 13）和储层质量更差的 B 组砂岩，结果表明，B 组砂岩长石和岩屑含量相对更大，因此把许多 B 组石英砂岩在沉积时期重新分类为含长石石英砂岩。

现存的岩屑碎片包括变形和未变形的沉积岩碎片（0.3%～1.3%，29 块样品），以及少量的云母变质岩屑碎片（0.3%～1.3%；10 块样品）。可见的原始岩屑含量预计在 0.3%～4.7%（39 块样品）。白云母含量（0.3%~2.7%；20 块样品）随原始长石含量的增加而增加，表明花岗岩、片麻岩或是细粒沉积物中低密度颗粒的优先聚集。淡棕黄色非—低双折射基质泥质含量范围在 0.3%~14.7%（18 块样品）。泥质少量被黄铁矿、丝状伊利石以及铁氧化物交代，有时也沿压力溶蚀边界或者缝合线集中分布。

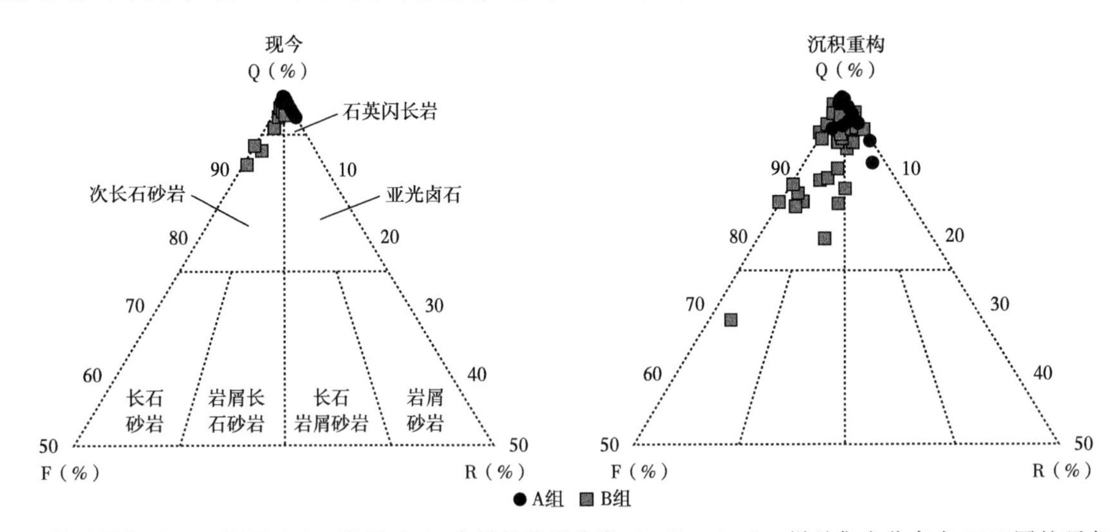

图 13　基于石英（Q）、长石（F）、岩屑（R）含量的砂岩分类（Folk，1974）。样品集中分布在 QRF 图的顶点，大多数样品为石英砂岩。Ⅳ-2 号砂体单元和Ⅳ-1 号砂体单元样品中，长石含量通常随着泥质和细粒组分的增加而增加。通过假设的封闭化学系统估计砂岩长石含量，并且自生伊利石和高岭石中的铝（Al）含量与初期的长石含量相关。沉积组分重构表明，B 组的一些样品属于划分类型中的亚类。与目前的骨架颗粒组成相比，A 组和 B 组在沉积时差异性更明显

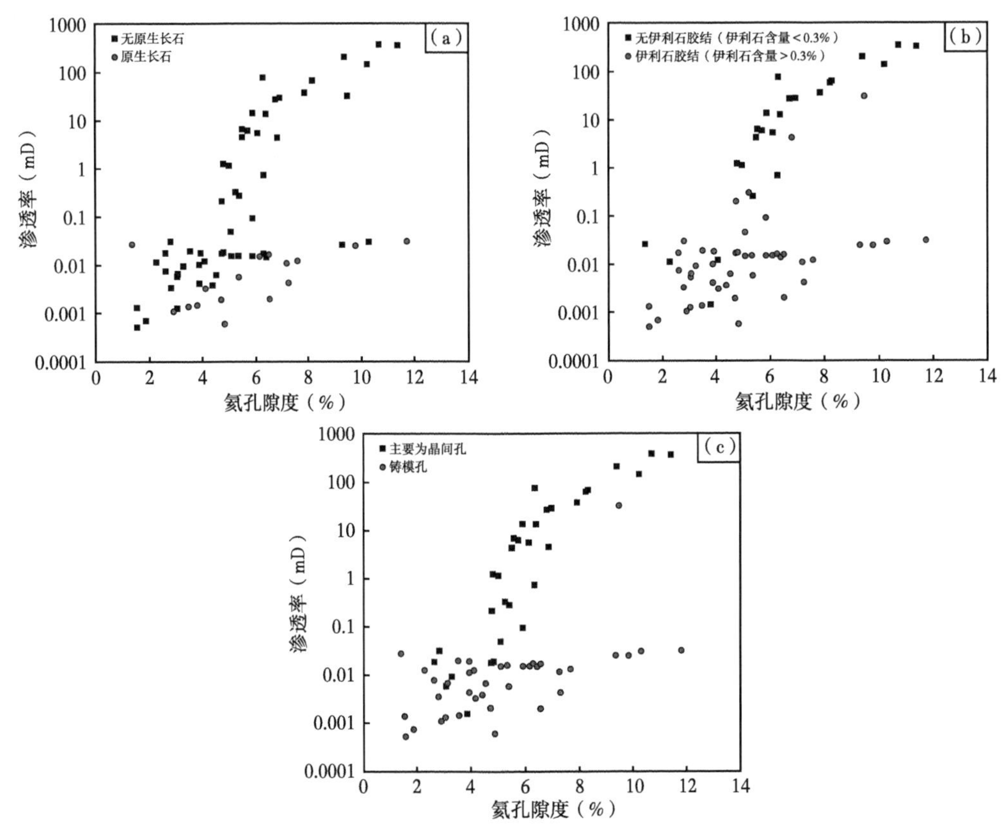

图 14　岩相学样品孔隙度—渗透率特征

（a）存在或缺失原生长石碎屑；（b）存在或缺失孔隙充填伊利石胶结物相；（c）以可视原生粒间孔隙为主砂岩对比次生孔隙砂岩。以原生粒间孔隙为主的 A 组砂岩通常缺少原生长石碎屑和伊利石胶结物，相反，原生长石碎屑和伊利石胶结物在以次生孔隙为主的细粒的 B 组砂岩中相对更加普遍。对于渗透率最高（>0.1mD）的Ⅳ-3 号砂体单元砂岩来说，孔隙充填伊利石完全缺失

5.3 自生岩石矿物特征

5.3.1 颗粒包裹相

由于随后的诸如石英的胶结相缺少成核位点，因此颗粒包裹相是常见的，埋藏过程中对储层质量起保护作用（Heald et al.，1974；Bloch et al.，2002）。颗粒包裹泥岩覆盖率是通过每一个厚层单元内的100个颗粒来进行测量，以评价石英胶结核的影响。A组样品平均泥岩覆盖率为15%~42%，而B组样品变化范围更大（8%~79%）（表2）。在这个样本子集中，非低至双折射黏土以薄层不连续的形态出现在杂石英颗粒周围边缘，并且部分被长方体黄铁矿（P1）、圆形银—橙色铁或钛氧化物或早伊利石（I1）交代。在每一个颗粒边缘黏土矿物大多是不连续分布的，但是可以观察到胶结核表面的薄膜，以及最终停止生长了的石英胶结物（图12e）。尽管有这些颗粒表面膜的存在，来自附近未包裹颗粒的石英胶结核逐渐生长加大进入孔隙空间，并且逐渐封闭被包裹的颗粒以及其他先前存在的自生矿物（例如，早期黄铁矿、早期伊利石），表明颗粒包裹物覆盖不足以有效保护储层质量。

5.3.2 石英胶结物

自生石英（Q1）是主要的孔隙充填胶结物，自形形态较好，主要充填孔隙空间（图12，图15a、b）。高渗透率的A组砂岩石英胶结物的含量在9%~22%（平均14%），低渗透率的B组砂岩样品石英胶结物含量为5%~31%（平均20%；表2）。与多晶石英相比，单晶石英成核在洁净颗粒表面的石英胶结物更

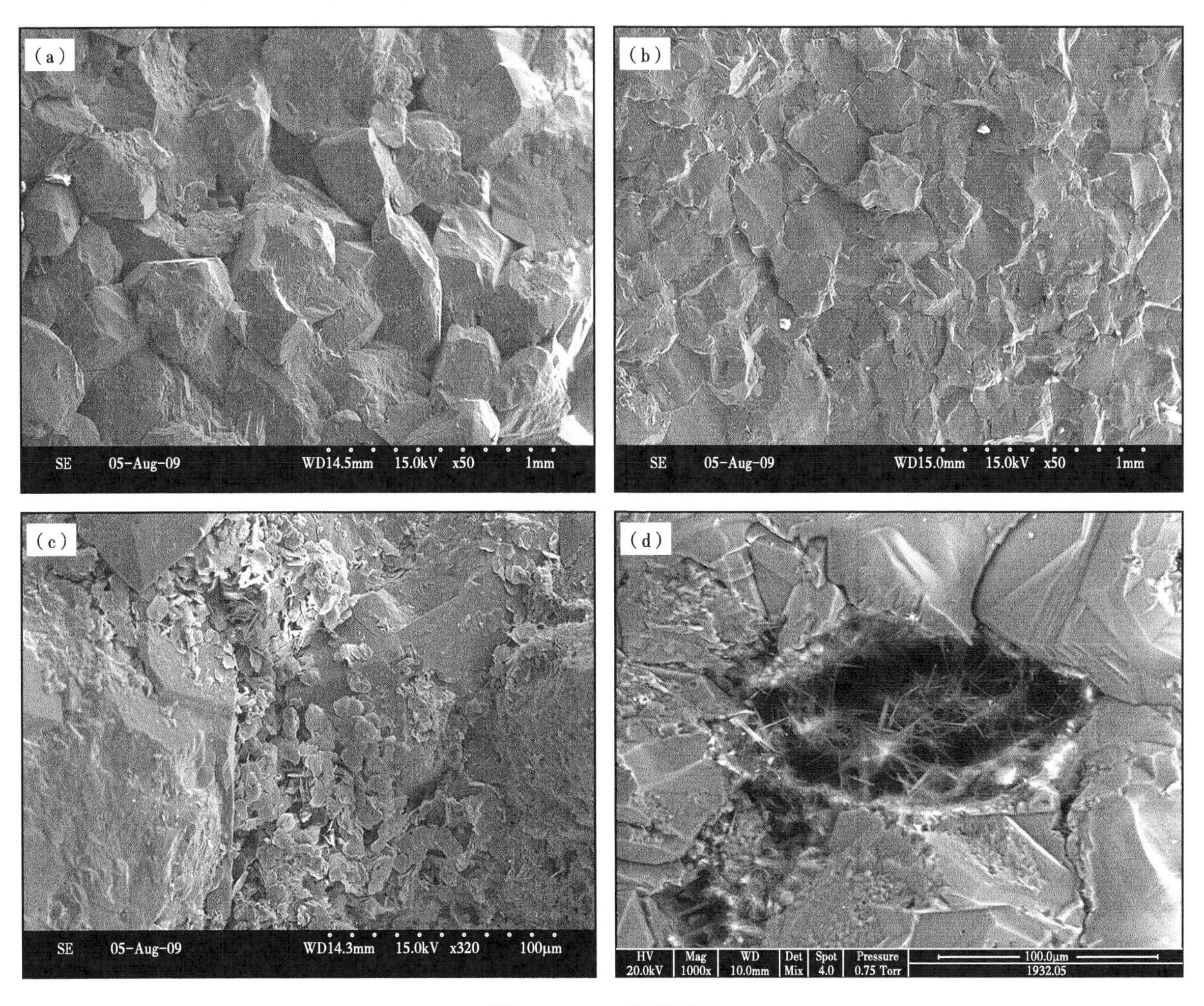

图15 ESEM显微照片

（a）高渗透率的A组砂岩，颗粒间点接触，相互连通的粒间孔隙保存较好（A井：1918m）；（b）在低渗透的B组样品中，广泛发育的自形石英胶结物在很大程度上降低了储层质量（A井：1923.5m）；（c）可能为碎屑来源的孔隙内片状伊利石（I1）（A井：1914m）；（d）孔隙充填的丝状伊利石（I2）占据了次生孔隙（A井：1934.05m）

多。可以观察到石英胶结物在随后溶蚀的圆形相邻颗粒的边界处停止了生长，表明溶蚀作用（像长石溶蚀和岩屑溶蚀）发生在石英胶结过程中或者胶结之后。偶尔在颗粒溶解之后可能在黏土矿物边缘残留碎屑，这会抑制石英进入孔隙的生长。同样可以看到石英胶结物生长进入毛细管孔隙，胶结物含量较低，A组样品变化范围为0.3%~1.7%（4块样品），B组样品变化范围为0.3%~1.7%（19块样品）。另一个比较不重要的石英胶结物（Q2）似乎出现在早期石英胶结物后，并且在尼科耳棱镜下呈现出不同的阴影。该石英在A组样品中的含量变化范围为0.3%~1.0%（4块样品），B组样品变化范围为0.3%~2.7%（21块样品）。

5.3.3 伊利石

样品中颗粒表面非连续性的碎屑泥岩薄膜伊利石含量为1%。ESEM照片显示其表面形态平直（图15c），这可能对应了XRD确定的伊—蒙混层。早期的伊利石（I1）通常被过度生长的石英胶结物（Q1）包围。晚期伊利石胶结物（I2）交代泥质杂基、长石、泥质岩屑以及少量的高岭石，并且在ESEM照片下呈现出纤维状形态（图15d）。孔隙充填伊利石通常生长在次生孔隙内，在粒间孔隙内并没有观察到，当次生孔隙与粒间孔隙连通时，偶尔可以观察到伊利石被石油浸染。相反，孤立的次生孔隙中并不含重油，表明原油并没有浸润这些连通性较差的孔隙。A组孔隙充填伊利石胶结物（I2）含量很低（1.0%~1.7%；3块样品）。在渗透率较低的B组样品中，伊利石胶结物（I2）的含量相对较高，含量变化范围为0.3%~12%（平均2.9%；30块样品），并且在B组样品中，伊利石含量较高的样品通常具有较高的微孔隙度（图14b）。总伊利石含量如表2所示。

5.3.4 高岭石

样品中观察到了两种少量的高岭石相。第一种相（k1）形成时间相对较早，被过度生长的石英胶结物（Q1）限制和包围，然而第二种相（k2）发育在细小的分散滞留孔隙和次生孔隙中。高岭石中的铝元素可能来源于长石的溶蚀，该长石溶蚀可能发生在继承性石英胶结物（Q1）形成之时或形成之后（如5.3.2阐述）。因此k2被认为是形成于Q1形成之后。在高渗透率的A组砂岩内，高岭石胶结物含量较少，分布范围为0.3%~1.3%（平均为0.8%；2块样品；表2）。在低渗透率的B组样品中，高岭石含量只是比A组略高，含量为0.3%~7.3%（平均1.8%，7块样品，表2），所有的这些样品都来自油田南部的同一口井。

5.3.5 次要自生矿物相

另一个含量相对较少，但是对当地来说特别重要的自生矿物相包括：黄铁矿、铁和钛氧化物、菱铁矿、方解石、铁白云石与重晶石。尽管黄铁矿在Ⅳ-3号砂体单元中集中程度最高，但是在所有的样品中通常都能见到。早期黄铁矿（P1）为极细到中等粒度的长方体晶体，交代了碎屑黏土矿物边缘，以1~5mm大小的颗粒漂浮分布在过度生长的石英颗粒之内。次生黄铁矿（P2）相对于孔隙充填黄铁矿来说略微普遍，其可以交代主要的泥质和岩屑，并且偶尔沿着波浪形的富黏土矿物缝合线聚集分布。

铁和钛氧化物可以交代任何黏土矿物边缘，在先期石英胶结（Q1）相内漂浮分布，或者出现在后期的成岩序列之中，并且交代了次生孔隙内的溶蚀剩余颗粒（F2）。

所有的自生碳酸盐岩胶结物（铁白云石，方解石和菱铁矿）在成岩序列中出现的时间相对较晚。这些胶结物倾向于填满早期石英胶结物（Q1）形成以后而产生的次生孔隙。碳酸盐岩胶结物（含量1%~3%，5块样品）在研究区B组样品中非常重要。然而在A组样品中通常并不发育碳酸盐岩胶结物。

重晶石胶结物通常为细晶到粗晶，也形成嵌晶胶结物，可以分布在次生孔隙和粒间孔隙之中，或者分布在交代后期的基质泥质和长石中。通常主要在Ⅳ-3号砂体单元砂岩中可以观察到重晶石，包括所有的石英胶结相以及与沥青相邻的石英胶结物。

5.3.6 固态沥青

残留的重烃或固体沥青被识别为少量（0.3%~4.3%；表2）不透明的不连续薄层或孔喉堵塞相。在A组一些高渗透率的样品中可以观察到沥青（25个样品中的16个），在B组样品中能观察到沥青的样品数量相对较少（45个样品中的15个；表2）。残留的重烃浸染粒间孔隙空间内的早期的高岭石和伊利石相与早期石英胶结物（Q1）薄层相。沥青包裹相薄层厚度通常为1~5μm，可能出现在整个石英（Q1）

胶结物包裹相形成过程中，并且通常在整个孔隙内部是不连续的（图 12a）。沥青薄膜也可能被来自相邻未发育薄膜的石英表面胶结成核的过度生长的石英胶结物所包裹，这种现象可见于油田南部的样品之中。来自油田南部的样品，在反光情况下沥青表面通常呈现出明亮的橘黄色，这里存在的一些焦沥青，表明油田南部最大埋藏温度有所增加（English et al.，2016c）。

5.4 可视孔隙度

孔隙发育系统可以从岩相学上表征为原生粒间孔隙和次生孔隙。高渗透率的 A 组砂岩以原生粒间孔隙为主（原生孔隙度上限为 11.3%），然而低渗透率的 B 组样品通常以次生孔隙为主（次生孔隙度上限为 7.0%）（图 14c；表 2）。以原生粒间孔隙为主的样品（图 14c）为细粒到粗粒的纯净砂岩，在Ⅳ-3 号砂体单元中很常见。在极细砂岩中可视粒间孔隙度保存非常差，并且在粉砂岩中不存在可视粒间孔隙度。较高的渗透率与原始粒间孔隙度相关，这些样品通常石英胶结不完全，并且孔隙充填的伊利石含量非常低（<5%）。在粒间孔隙主导的渗流系统中，不稳定组分的完全溶蚀形成了巨大的次生孔隙。

在细粒（长石含量较高的）砂岩中，粒间孔隙通常被自生石英和伊利石所充填。这些砂岩通常以存在孤立的次生孔隙为特征，这些孔隙通常被认为是由于钾长石和岩屑的溶蚀作用形成的。这些次生孔隙连通性较差，然而它们也可以造成样品孔隙度的提升（可达到 11%，图 14c），这些砂岩的渗透率通常较低。微孔隙主要发育在黏土矿物、富泥质颗粒以及伊利石和高岭石中，在岩相学分析的可视孔隙度和实验室岩心测量之间数量可能存在一定差异。

6 砂岩成岩作用数字模型

岩相学分析观察结果表明，南部井区（G 井）的样品相对于北部井区成分和结构相似的样品具有较高的石英胶结物含量和较低的孔隙度和渗透率。利用 Touchstone™ 系统所构建的数字模型主要分析了热演化历史对高渗透率岩相样品（A 组）的影响，并明确了更高的地热是否可以解释南部地区石英胶结物含量的增加。

由于 A 组样品都被过滤掉了，因此只有具有相似特征的Ⅳ-3 号砂体单元的样品可以被使用（表 3）。异常值（除了黄铁矿、主要的次生孔隙）已经在样品集中进行了剔除，剩下 20 块样品。最后的Ⅳ-3 号砂体单元样品子集，用于刻度来自 3 口不同井（A 井、G 井、H 井；图 1）的模型。根据油田北部地区（A 井和 H 井）和南部地区（G 井）各自的埋藏史、地热演化史以及有效应力史（English et al.，2016c），以及来自所有样品的一套单一的优化模型参数，该数字模型能够实现模拟数据和粒间孔隙体积、石英胶结物、总孔隙度以及渗透率实测数据之间的良好匹配（图 16）。本研究中所使用的具体模型配置见表 3。该模型有效地预测了来自南部（G 井）的样品相对于来自北部（图 16b—d）对应的样品，具有较高的石英胶结物含量和较低的孔隙度与渗透率。该结果与岩相学分析观察结果是一致的（图 17）。因此南部地区经历了更高温度的地热演化，被认为是造成石英胶结物含量增加的原因，然而北部两口井（H 井对比 A 井，图 16c 与图 16d）孔隙度和渗透率之间的差异，被认为主要是由于粒度的差异造成的（图 17）。

表 3 Touchstone 模型参数（A 组砂岩）

井名	A 井、G 井、H 井
选择样品	A 组：Ⅳ-3 号砂体单元；颗粒大小>0.17mm；渗透率>0.1mD
埋藏史	“北部”和“南部”一维成因模型，用成熟度、流体包裹体模拟温度数据校准
对比	沉积 IGV 基于储层质量联合实验 晶粒硬度（IGVf）0.4~25 之间的七级 孔隙填充刚度=0.12~5.33；黏土基质=0.12 β 指数压缩率=0.6/MPa 测量 IGV 低于 26%的样品调整为化学压实

续表

石英胶结	活化能和形核表面取决于测量的晶粒尺寸、黏土边缘、多晶石英中的畴数 0.35mm 颗粒 Ea =67.9kJ/mol；$A_0=9\times10^{-12}$mol/(cm^2·s) 粒度效应斜率=2.8；石英生长的最低温度=25℃
共生	根据岩相观察
交代	根据岩相观察确定的母粒
微孔	6 级微孔（0.11%~20.6%）
烃抑制	不用于抑制胶结
渗透率	根据颗粒表面和胶结类型确定七级渗透率 使用详细的粒度测量，最大弯曲度=2168.4 次生孔隙弯曲度=2；微孔效应=0.69 相关系数=5
优化	类别受岩相学约束，适合所有类别 自动收敛 最小迭代次数 =4250
预测	手动分配测量数据的分布；迭代次数=5000

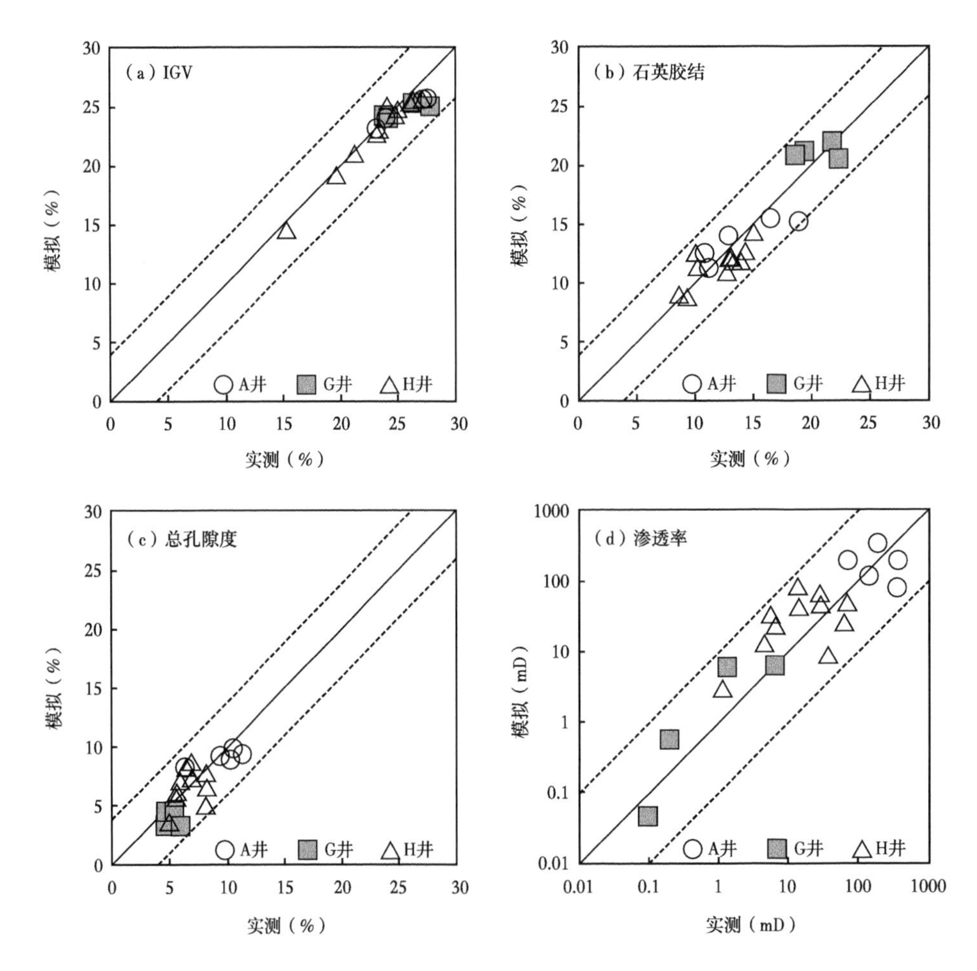

图 16　使用单一系列优化模型参数的 Touchstone 模型标定结果

孔隙度、石英胶结物以及粒间孔隙度的误差极限在±4%，渗透率的误差极限在同一个数量级

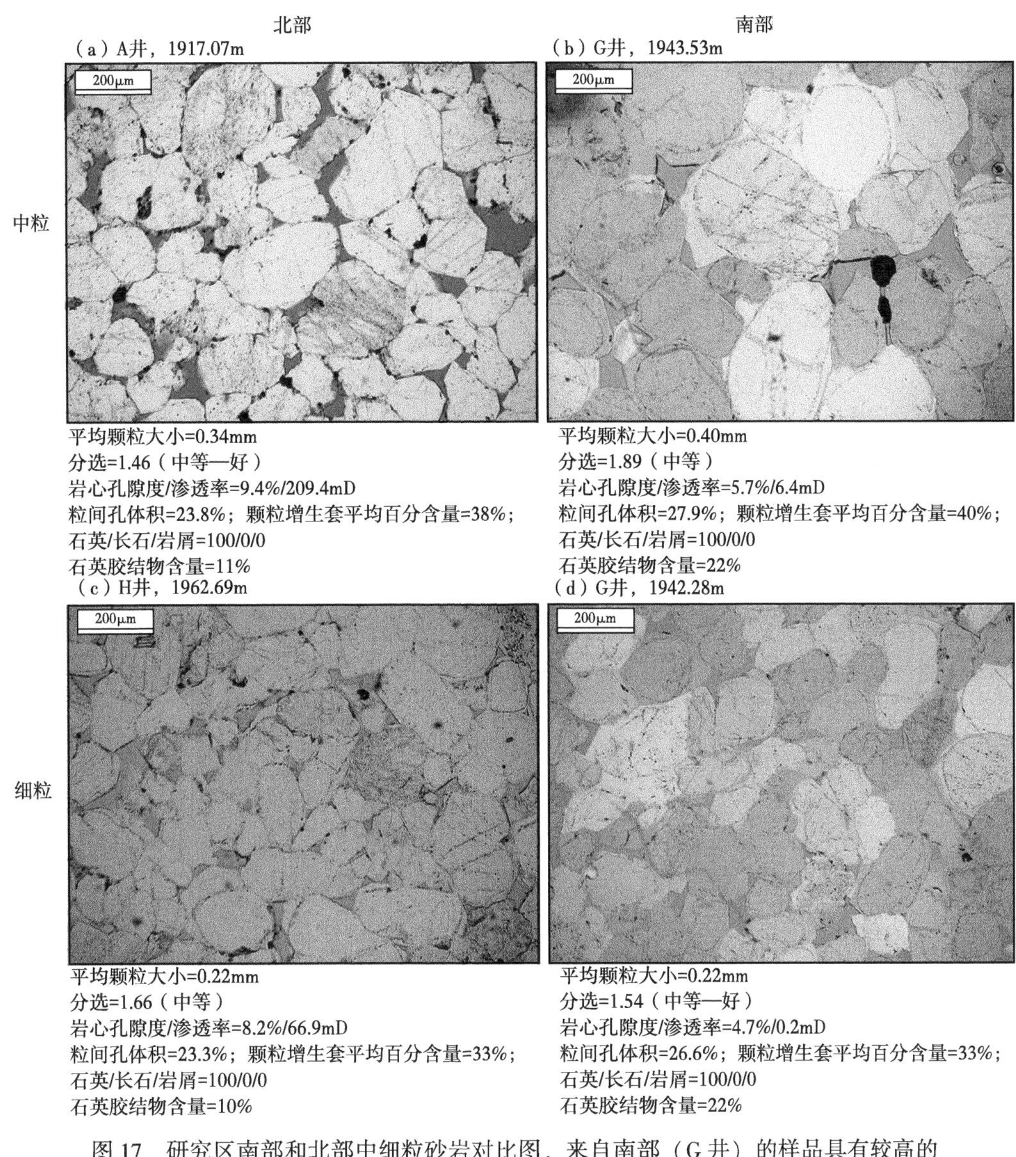

图 17　研究区南部和北部中细粒砂岩对比图，来自南部（G 井）的样品具有较高的石英胶结物含量，相对于细粒砂岩样品来说，中粒砂岩所观察到的储层质量相对较好

成岩序列主要由图 18 的岩相学观察序列和模型序列组成。在早期的前海西期阶段，强度最大的挤压、溶蚀以及胶结物的再沉淀，对低渗透的 B 组砂岩样品储层质量造成了很大程度的破坏。石炭纪和中生代埋藏过程中大量发育的石英胶结物，能持续降低储层质量。晚期诸如重晶石胶结物胶结相，在模拟过程中出现在新生代的一期剥蚀作用之后，这个解释同样得到了流体包裹体数据的支持（English et al.，2016a，2016c）。预测的 A 组样品成岩相储层总孔隙度和渗透率的现今频率分布与样品实测分布吻合很好(图 19)，表明整个油田热演化历史的空间差异性是储层质量的主控因素。孔隙度和渗透率的演化史以及地热演化历史见图 20，推测的现今平均孔隙度和几何渗透率范围从油田北部的 9.2%和 131mD 到油田南部的 4.1%和 1.1mD。P10 到 P90 压力封存箱表明储层参数的变化范围与特定的热演化史相关。对于Ⅳ-3 号砂体单元来说，这些平均值都在油田范围的孔隙度—渗透率变化范围内（图 16c、d，图 17a）。

最终，在整个研究区通过 T>Map™ 软件的成岩作用模型预测的孔隙度和渗透率结果大于岩相学井控模型所预测的现今孔隙度和渗透率。该建模步骤综合了每一输入岩石样品标定后的物性参数频率分布，这些参数具有整个研究区包括沉积时期和现今 15 个不同地质历史时期的配套的深度、温度以及有效应力。所有井的最大古地温温度变化范围为 137～163℃，A 井和 G 井的峰值温度与剥蚀期的模型模拟时间相同

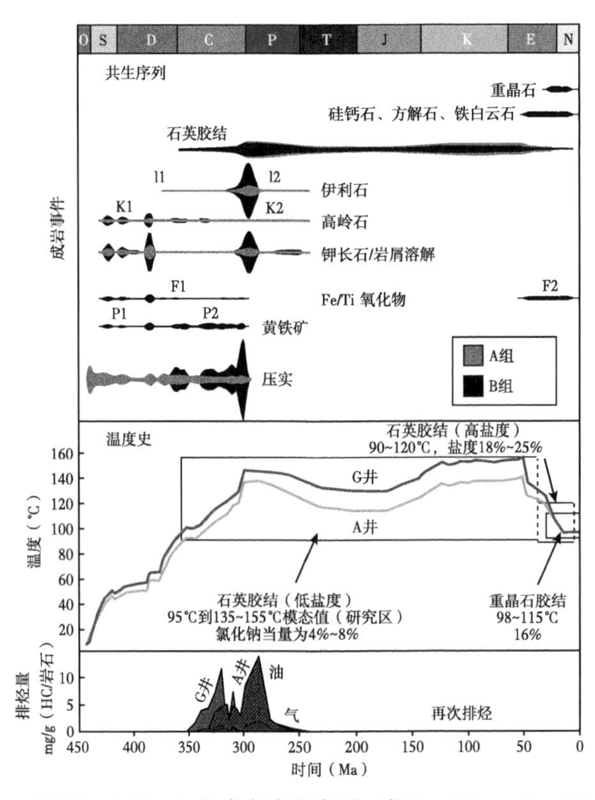

图 18　A 组、B 组成岩演化序列（据 English et al.，2016c）

油田南部和北部代表性样品的埋藏史体现了成岩演化程度。石英胶结物的大小，压实作用的强弱，伊利石、高岭石以及钾长石/岩屑溶蚀阴影是根据体积变化率进行了缩小；为了使重晶石、碳酸盐岩胶结物、铁/钛氧化物、黄铁矿阴影容易看见，对它们进行了相对放大。高岭石、钾长石/岩屑溶蚀程度与 Al 最大平衡直接相关，因此它们在成因上是相关的。来自流体包裹体数据对胶结时间的限制表明石英和重晶石胶结相与 A 井和 G 井的温度史相关。排烃开始时间在石炭纪，再次排烃时间在白垩纪—始新世

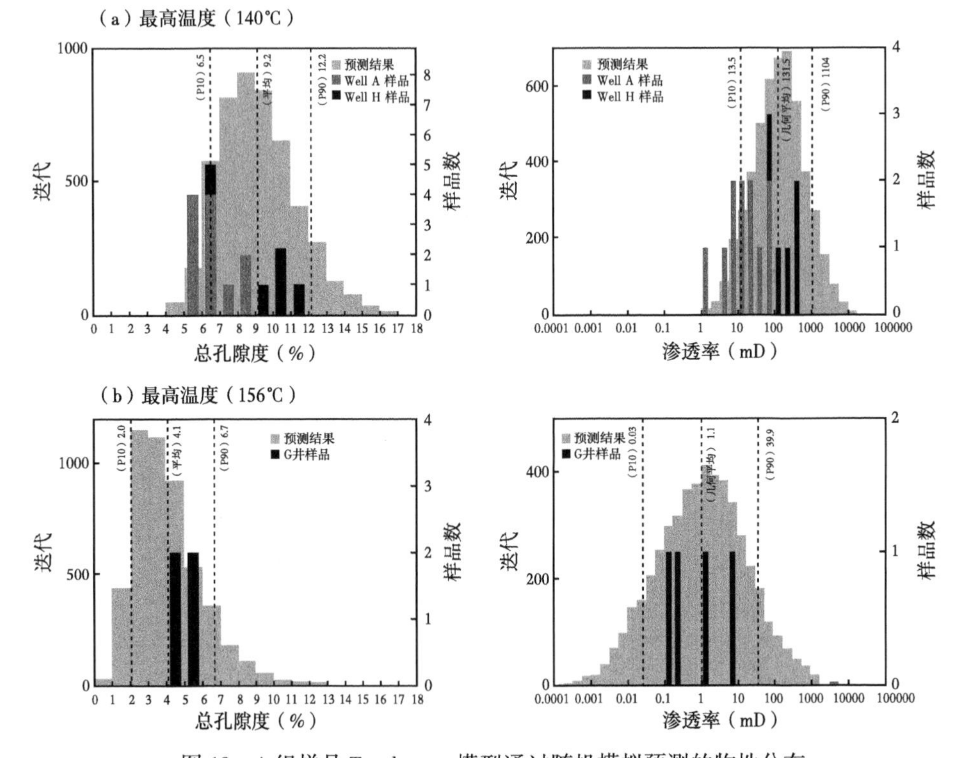

图 19　A 组样品 Touchstone 模型通过随机模拟预测的物性分布

表明在油田南部和北部地区随机预测数据与实测样品数据之间吻合很好。A 组所有标定的样品渗透率都超过 0.1mD，并不能完全代表如模型预测的南部地区最差的储层质量

(图 3)。现今构造图（图 21，0Ma，左侧图）与预测的孔隙度—渗透率趋势图（图 21，0Ma，中部图和右侧图）之间的对比非常明显。最终生成的平均孔隙度和几何平均渗透率图，表明相对于具有峰值古地温埋藏较深的油田南部样品来说，油田北部的 A 组样品由于最大埋深较小，因此具有相对较好的储层质量(图 21)。

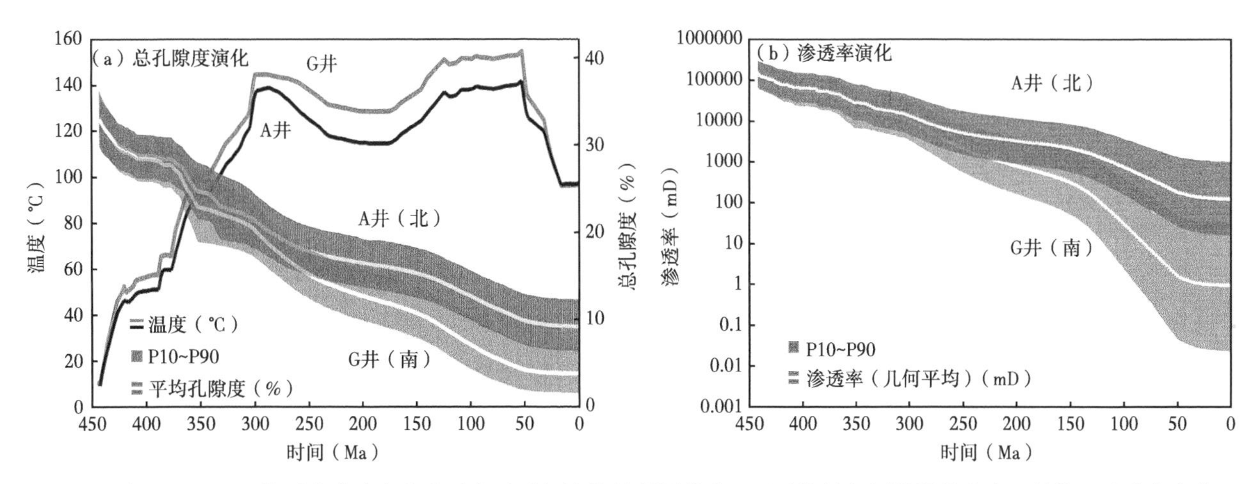

图 20　在 Touchstone 模型中孔隙度和渗透率随时间演化的预测分布。通过统计与原始颗粒大小、结构以及成分变化相关的 P10 和 P90 的变化范围，沉积平均孔隙度开始时为 35%，最终在油田北部减少到了 9.2%（几何平均渗透率为 131mD），在油田南部减少到了 4.1%（几何平均渗透率为 1.1mD）

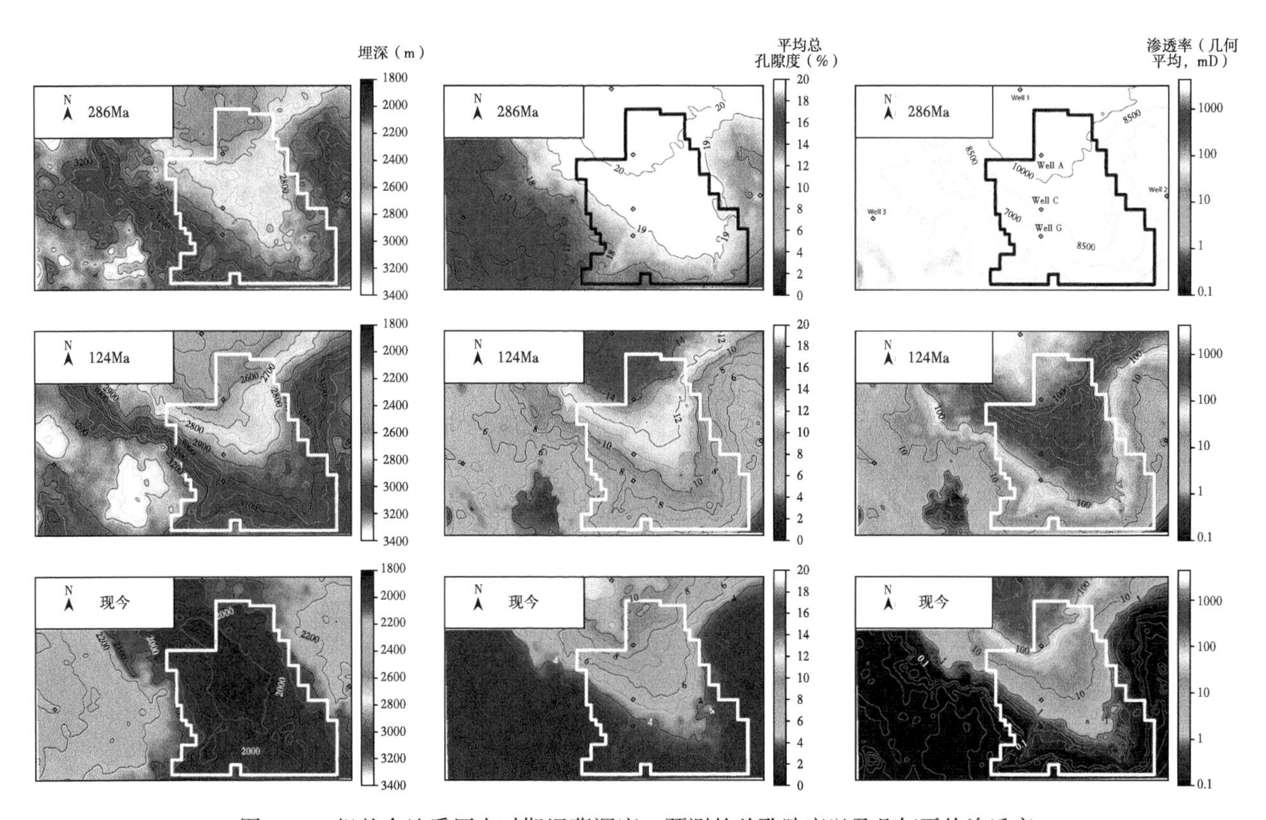

图 21　A 组整个地质历史时期埋藏深度、预测的总孔隙度以及几何平均渗透率

286Ma 代表了主生烃阶段在海西期开始时结束，124Ma 为整个演化阶段的中期，现今的构造图表明，北部地区储层质量较好是由于埋藏深度较浅和较低的古地温导致的。表明储层现今埋藏深度与预测的孔隙度和渗透率之间存在不一致。图 20 中 P90 和 P10 曲线描述了平均值的变化范围，并且取决于原始沉积颗粒大小、构造以及沉积组分。黑色圆圈为基于研究区井的一维模型位置

7 讨论

7.1 奥陶系砂岩储层质量的沉积主控因素

上奥陶统砂岩表现出了明显的储层质量差异性（Hirst et al.，2002；Hirst，2012；Wells et al.，2015），储层从常规储层逐渐转变为渗透率极低的致密气砂岩储层（图 6）。本研究展示了沉积构造、沉积组分和地热演化史为这些砂岩储层质量的主控因素。渗透率最高的相发育在Ⅳ-3 号砂体单元后冰川期海相地层层序和Ⅳ-1 号砂体单元冰川期近端沉积相中，该砂体单元机制渗透率变化范围可以在 0.1mD 到 1D 之间（A 组，图 6）。这种相由细粒到粗粒砂岩构成（图 10），以粒间孔隙为主，含少量或不含岩屑长石或自生伊利石胶结物（图 14）。

相反地，渗透率较低的砂岩（B 组，<0.1mD）通常组成岩石颗粒粒度极细，长石组分较多，以石英胶结物发育、粒间孔隙保存较差为特征，主要孔隙为连通较差的次生孔隙和微孔隙（图 14c）。有效的次生孔隙是由于长石和岩屑的溶蚀形成，并且这些次生孔隙内通常发育有孔隙充填伊利石胶结物。在所有的地层单元内都发育有 B 组样品，但是通常保存在粒度较细的远端沉积相的Ⅳ-2 号砂体单元中（图 12）。

在诸如 Tiguentourine 油田（Lang et al.，2012；Hirst，2016）和 Tin Fouye Tabankort 油田等其他奥陶系砂岩储层油田中，通常储层质量最好的砂体也发育在Ⅳ-3 号砂体单元中。最近一项沉积学研究表明，伊利兹盆地上奥陶统砂岩形成于高能、潮控浅海相沉积环境，随后经历了一段时期的静压反弹期（Hirst，2016）。在这些相对粗粒纯净的石英砂岩中，中等—高能的沉积环境可能是其沉积过程中的关键因素。尽管这些砂岩在 Tiguentourine 油田（Amenas 地区）和露头区（Hirst et al.，2002；Hirst，2016）已经被描述为侧向连续，然而其在 Tin Fouye Tabankort 油田（Askri et al.，1995；Le Maux et al.，2006）和当前研究区表现出更好的侧向连续性。在 Amenas 地区近端和冰川海相扇中部（相对于Ⅳ-1 号砂体单元）储层质量较高（Lang et al.，2012；Wells et al.，2015），但在本次研究中该单元的样品相对欠缺。

7.2 沥青在储层质量保存中的作用

沥青薄膜的存在可能会局部减慢石英增长，标志包括：（1）有时会观察到沥青包裹主要石英胶结相（Q1），同时观察到石英胶结物在涂层表面再也没有形成胶结核；（2）沥青常常出现在石英胶结物和粒间孔隙之间；（3）大多数沥青，但并不是唯一的沥青出现在高渗透岩石当中。然而，在高渗透的 A 组样品之中沥青仅以非常少的量（0~2.3%）出现，并且在描述的 25 块样品中仅有 16 块样品中出现了沥青（表 2）。在孔隙内，沥青并没有包裹每一个石英颗粒（图 12a），并且在纯净的石英胶结相中石英胶结物持续生长。在油田南部具有较高温度的地热演化史的样品中，沥青可以被来自相邻未包裹的石英颗粒或表面生长形成的石英胶结物完全包裹，这表明当前存在的沥青对储层质量可能并没有实质性的影响。沥青并不会经常出现在孤立的次生孔隙中，这表明原油更多浸入和饱和是主要的粒间孔隙系统。因此在这个数据集内，沥青在储层孔隙度和渗透率的保存过程中所起的作用并不是很大，但是其表明了过去存在于储层内部的油气主要运移通道以及当地古油气柱的存在。

7.3 在剥蚀盆地内重建地热演化历史的重要性

在这些奥陶系石英砂岩中，自生石英是主要的孔隙充填胶结物。先前的研究表明，石英胶结物的多少取决于石英基质的沉淀速率和可用性，诸如颗粒表面（Lander et al.，2008）。基于本研究中的数字模型，较高的地热温度被认为是导致研究区南部地区（A 井对比 G 井，图 16）石英胶结物水平增加的原因，然而北部两口井间（H 井对比 A 井，图 17c、d）孔隙度和渗透率的差异性被认为主要是由于岩石粒度的差异性造成的（图 16）。对于给定的地热演化史，粗粒样品孔隙度和渗透率值可能高于平均值，然而细粒样品可能有较低的孔隙度和渗透率值。油田南部区域的粗粒砂岩相预测正如模型分布范围所显示的一样，仍然具有足够的储层特征（>1mD）（图 20）。

本精细分析的关键应用在于在纯净石英砂岩中储层质量与埋藏温度升高有着内在的联系。北部和南部井目前都处于相同的温度和深度，并且从当前的构造图可以看出，古地温峰值并未呈现出明显的差异。然而，整个研究区在相当长的一段时间之内（约250Ma；图18）古地温峰温仅仅16℃的差异，却造成了储层质量实质上的差异。因此，为了预测区域储层质量较好的储层和产能，鉴定和评价整个盆地，不管因为不同埋深或是不同的热流等导致的热演化史的细微差异，都是至关重要的。现今埋深对评价整个盆地（剥蚀并不是很强的盆地）或区域储层质量风险差异性的指导作用更是至关重要（现今埋深和预测渗透率之间的不一致见图21）。未来对本研究中储层模型的细化将需要更多的井资料和更细致的沉积模型来预测整个盆地主要沉积相和厚度之间的差异性。此外，自然裂缝同样可以提升砂岩整体渗透率，这对于比较致密的砂岩储层来说尤为重要。

8 结论

本研究通过上奥陶统砂岩层序包括详细构造演化、热演化历史和岩相学特征的综合研究来分析决定储层质量的主控因素，预测产能较高的砂岩甜点。本研究综合了前人的分析和建模技术，这些建模技术包括热成熟度、磷灰石裂变追踪、声波压实分析、流体包裹体以及包括新数据和基于岩相、岩心分析、沉积相表征的一维盆地模型来实现储层质量预测模拟。本研究中所展示的这种综合研究流程可以推广到其他盆地和储层，来提升储层热演化历史和储层质量的细微辨识能力，但是更具有商业意义的是储层热演化历史和储层质量在空间和纵向上的变化趋势。

本研究主要成果如下：

（1）沉积构造与沉积组分是重要的储层质量控制因素。储层质量最好的是后冰川期海相地层层序中的Ⅳ-3号砂体单元，其岩性主要为细粒到粗粒石英砂岩，以粒间孔隙为主，含有少量或不含原生长石碎屑或自生伊利石胶结物。

（2）储层质量较差的砂岩通常为细粒砂岩，长石组分含量较多，原生粒间孔隙保存较差，因此储层渗透率较低。

（3）油田南部和北部井现今埋藏深度和地温相似，然而来自油田南部Ⅳ-3号砂体单元中较高的石英胶结物含量被认为是由于在深埋过程中地层温度升高所造成的。

（4）地热演化历史对储层渗透率的空间差异性具有实质性的影响，本研究表明地热演化历史上相对较小的差异都会造成储层质量明显的差异。由于在剥蚀盆地中现今埋藏深度的差异性对评价整个盆地或区块的储层质量风险指导作用不强，因此在剥蚀盆地中地热演化历史是储层质量研究中需要考虑的重要因素。

致谢

感谢Petroceltic国际协会、Sonatrach公司、意大利国家电力公司、北非研究组（曼彻斯特大学）对本研究的资助，以及Sonatrach公司对出版的引导与出版的许可。我们非常感谢Genesis和Touchstone软件对本研究的慷慨捐赠。本研究同时还得到了Kevin Isaac, Jonathan Hunter, John Naismith, Ciaran Nolan, Dermot Corcoran, Brian O'Cathain, Geoff Probert, Andy Lever, Balz Kamber, Neil Kearney, Rick Tobin, Djamila Daoudi, Toyoki Nishibayashi以及3位匿名审稿人的帮助与支持，在此一并表示感谢。

参考文献

Ajdukiewicz J M, Lander R H, 2010. Sandstone reservoir quality prediction: the state of the art. Am. Assoc. Petroleum Geol. Bull., 94: 1083-1091. http://dx.doi.org/10.1306/intro060110.

Aliev M, Aït Laoussine N, Avrov V, et al., 1971. Geological structures and estimation of oil and gas in the Sahara in Algeria: Spain. Altamira-Rotopress, S. A., 265.

Armstrong H A, Coe A, 1997. Deep-sea sediments record the geophysiology of the late Ordovician glaciation. J. Geol. Soc. Lond., 154: 929-934. http://dx.doi.org/10.1144/gsjgs.154.6.0929.

Askri H, Belmecheri A, Benrabah B, et al., 1995. Geólogie de l'Algérie (Geology of Algeria): Bath, UK, Schlumb. Well Eval.

Conf. 1995, 93.

Bennacef A, Beuf S, Biju-Duval B, et al., 1971. Example of cratonic sedimentation: lower paleozoic of Algerian Sahara. Am. Assoc. Petroleum Geol. Bull., 55: 2225-2245.

Beuf S, Biju-Duval B, de Chapal O, et al., 1971. Les grès du Paléozoïque inférieur au Sahara: Paris, 18. Publications de l'Institut Français du Pétrole, Coll. Science et Technique du Pétrole, 464.

Bjørkum P A, Oelkers E H, Nadeau P H, et al., 1998. Porosity prediction in quartzose sandstones as a function of time, temperature, depth, stylolite frequency, and hydrocarbon saturation. Am. Assoc. Petroleum Geol. Bull., 82: 637-648.

Bloch S, Lander R H, Bonnell L, 2002. Anomalously high porosity and permeability in deeply buried sandstone reservoirs: origin and predictability. Am. Assoc. Petroleum Geol. Bull., 86: 301-328. http://dx.doi.org/10.1306/61EEDABC-173E-11D7-8645000102C1865D.

Boote D R D, Clark-Lowes D D, Traut M W, 1998. Palaeozoic petroleum systems of North Africa. In: MacGregor D S, Moody R T J, Clark-Lowes D D (Eds.), Petroleum Geology of North Africa. London: Geological Society, 7-68. http://dx.doi.org/10.1144/GSL.SP.1998.132.01.02. Special Publication 132.

Bonnell L M, Warren E H, Lander R H, 1998. Reservoir quality prediction through simulation of sandstone diagenesis: Cusiana field, eastern Columbia: Abstract. International AAPG Conference and Exhibition, Rio de Janeiro, Brazil, AAPG Bulletin.

Bonnell L M, Lowrey C J, Bray A A, 1999. The timing of illitization, Haltenbanken, mid-Norway: Abstract. Am. Assoc. Petroleum Geol. Annu. Meet. Program, 8: A14.

Bonnell L M, Lander R H, Matthews J C, 2000. Probabilistic prediction of reservoir quality in deep water prospects using an empirically calibrated process model: Abstract. Am. Assoc. Petroleum Geol. Annu. Meet. Program, 9: A15.

Boudjema A, 1987. Evolution structural du basin petrolier Triasique du Sahara Nord Oriental (Algérie). Ph D thesis. Université de Paris-Sud, Centre d' Orsay, 290.

Brenchley P J, Marshall J D, Carden G A F, et al., 1994. Bathymetric and isotopic evidence for a short-lived late Ordovician glaciation in a greenhouse period. Geology, 22: 295-298. http://dx.doi.org/10.1130/0091-7613(1994)022<0295:BAIEFA>2.3.CO;2.

Denis M, Buoncristiani J-F, Konaté M Ghienne, et al., 2007. Hirnantian glacial and deglacial record in SW Djado Basin (NE Niger). Geodinámica Acta, 20: 177-195. http://dx.doi.org/10.3166/ga.20.177-195.

Deschamps R, Eschard R, Rousse' S, 2013. Architecture of late Ordovician glacial valleys in the Tassili N'Ajjer area (Algeria). Sediment. Geol., 289: 124-147. http://dx.doi.org/10.1016/j.sedgeo.2013.02.012.

Destombes J, Holland H, Willefert S, 1985. Lower palaeozoic rocks of Morocco. In: Holland C H (Ed.), Lower Palaeozoic Rocks of the World. London: Wiley, 91-336.

Dixon R J, Patton T L, Hirst J P P, 2008a. Giant sandwaves from the late Ordovician of the Tassili N'Ager, Algeria. Ext. Abstr. Mar. River Dune Dyn., 75-78, 1-3 April 2008, Leeds, UK.

Dixon R J, Patton T L, Hirst J P P, et al., 2008b. Travnsition from subglacial to proglacial depositional systems: implications for reservoir architecture, Illizi Basin, Algeria. AAPG Search Discov., 50095. http://www.searchanddiscovery.com/documents/2008/08180dixon/dixon-50095.pdf (accessed December 10th, 2014).

Dixon R J, Moore J K S, Bourne M, et al., 2010. Integrated petroleum systems and play fairway analysis in a complex Palaeozoic basin: Ghadames-Illizi Basin, North Africa: Geological Society, London, Petroleum Geology Conference series, 7: 735-760.

Echikh K, 1998. Geology and hydrocarbon occurrences in the Ghadames Basin, Algeria, Tunisia, Libya. In: MacGregor D S, Moody R T J, Clark-Lowes D D (Eds.), Petroleum Geology of North Africa. London: Geological Society, 109-129. http://dx.doi.org/10.1144/GSL.SP.1998.132.01.06. Special Publication 132.

English K L, English J M, Redfern J, et al., 2016a. Remobilization of deep basin brine during exhumation of the Illizi Basin, Algeria. Mar. Petroleum Geol., 78: 679-689. http://dx.doi.org/10.1016/j.marpetgeo.2016.08.016.

English K L, Redfern J, Bertotti G, et al., 2016b. Intraplate uplift: new constraints on the Hoggar dome from the Illizi basin (Algeria). Basin Res. http://dx.doi.org/10.1111/bre.12182.

English K L, Redfern J, Corcoran D V, et al., 2016c. Constraining burial history and petroleum charge in exhumed basins: new insights from the Illizi Basin. Am. Assoc. Petroleum Geol. Bull., 100: 623-655. http://dx.doi.org/10.1306/12171515067.

Eschard R, Abdallah H, Braik F, et al., 2005. The Lower Paleozoic succession in the Tassili outcrops, Algeria: sedimentology and sequence stratigraphy. First Break, 23: 27-36.

Fabre J, 1976. Introduction à la géologie du Sahara algérien et des régions voisines: Algiers, Algeria. Societe Nationale d'Edition et de

Diffusion, 422.

Folk R L, 1974. Petrology of sedimentary rocks: texas. Hemphill Publication Company, 170.

Galeazzi S, Point O, Haddadi N, et al., 2010. Regional geology and petroleum systems of the Illizi-Berkine area of the Algerian Saharan platform: an overview. Mar. Petroleum Geol., 27: 143-178. http://dx. doi. org/10. 1016/j. marpetgeo. 2008. 10. 002.

Ghienne J-F, Deynoux M, 1998. Large-scale channel fill structures in Late Ordovician glacial deposits in Mauritania, Western Sahara. Sediment. Geol., 119: 141-159. http://dx. doi. org/10. 1016/S0037-0738 (98) 00045-1.

Ghienne J-F, Boumendjel K, Paris F, et al., 2007a. The Cambrian-Ordovician succession in the Ougarta range (western Algeria, North Africa) and interference of the late Ordovician glaciation on the development of the lower palaeozoic transgression on northern Gondwana. Bull. Geosciences, 82: 183-214. http://dx. doi. org/10. 3140/bull. geosci. 2007. 03. 183.

Ghienne J-F, Le Heron D P, Moreau J, et al., 2007b. The late Ordovician glacial sedimentary system of the north Gondwana platform. In: Hambrey M J, Christoffersen P, Glasser N F, et al. (Eds.), Glacial Sedimentary Processes and Products. Blackwell Publishing Ltd., Oxford, 295-319. http://dx. doi. org/10. 1002/9781444304435. ch17.

Ghienne J-F, Moreau J, Degermann L, et al., 2013. Lower Palaeozoic unconformities in an intracratonic platform setting: glacial erosion versus tectonics in the eastern Murzuq Basin (southern Libya). Int. J. Earth Sci., 102: 455-482. http://dx. doi. org/10. 1007/s00531-012-0815-y.

Girard F, Ghienne J-F, Rubino J-L, 2012. Channelized sandstone bodies ('Cordons') in the Tassili N'Ajjer (Algeria and Libya): snapshots of a Late Ordovician proglacial outwash plain. In: Huuse M, Redfern J, Le Heron D P, et al. (Eds.), Glaciogenic Reservoir and Hydrocarbon Systems: An Introduction, 368. Geological Society of London, London, 355-379. http://dx. doi. org/10. 1144/SP368. 3. Special Publications.

Grabowski Jr G J, 2005. Sequence stratigraphy and distribution of Silurian organicrich "hot shales" of Arabia and north Africa: International petroleum Technology Conference, IPTC-10388-ABSTRACT, 10. 2523/10388-ABSTRACT.

Guiraud R, Bosworth W, Thierry J, et al., 2005. Phanerozoic geological evolution of northern and central Africa: an overview. J. Afr. Earth Sci., 43: 83-143. http://dx. doi. org/10. 1016/j. jafrearsci. 2005. 07. 017.

Haddad S, Smalley C, Hutchison A, 2005. Reservoir quality modelling in Cambro-Ordovician sands of the Tiguentourine gas field, Illizi Basin, Algeria (abs.): EAGE 2nd north African/Mediterranean petroleum & geosciences Conference & exhibition, Algiers, 10-13 April 2005.

Hambrey M J, 1985. The late Ordovician-early Silurian glacial period. Palaeogeogr. Palaeoclimatol. Palaeoecol., 51: 273-289. http://dx. doi. org/10. 1016/0031-0182 (85) 90089-6.

Hartmann D J, Beaumont E A, 1999. Predicting reservoir system quality and performance. In: Beaumont E A, Foster N H (Eds.), Exploring for Oil and Gas Traps-Treatise of Petroleum Geology: American Association of Petroleum Geologists Treatise of Petroleum Geology, Chapter 9, 9-54.

Heald M T, Larese R E, 1974. Influence of coatings on quartz cementation. J. Sediment. Petrology, 44: 1269-1274. http://dx. doi. org/10. 1306/212F6C94-2B24-11D7-8648000102C1865D.

Helset H M, Lander R H, Matthews J C, et al., 2002, The role of diagenesis in the formation of fluid overpressures in clastic rocks. In Koestlerand A G, Hunsdale R, eds., Hydrocarbon Seal Quantification: Norwegian Petroleum Society Conference, Special Publication, 11: 37-50, 10. 1016/S0928-8937 (02) 80005-4.

Hirst J P, 2012. Ordovician proglacial sediments in Algeria: insights into controls on hydrocarbon reservoirs in the in Amenas field, Illizi Basin. In: Huuse M, Redfern J, Le Heron D P, et al. (Eds.), Glaciogenic Reservoir and Hydrocarbon Systems: An Introduction, 368. London: Geological Society of London, 319-353. http://dx. doi. org/10. 1144/SP368. 17. Special Publications.

Hirst J P P, 2016. Ordovician shallow-marine tidal sandwaves in Algeria-the application of coeval outcrops to constrain the geometry and facies of a discontinuous, high-quality gas reservoir. In: Bowman M, Smyth H R, Good T R, et al. (Eds.), The Value of Outcrop Studies in Reducing Subsurface Uncertainty and Risk in Hydrocarbon Exploration and Production, 436. Geological Society of London. http://dx. doi. org/10. 1144/SP436. 11. Special Publication.

Hirst J P P, Benbakir A, Payne D F, et al., 2002. Tunnel valleys and density flow processes in the Upper Ordovician glacial succession, Illizi Basin, Algeria: influence on reservoir quality. J. Petroleum Geol., 25: 297-324. http://dx. doi. org/10. 1111/j. 1747-5457. 2002. tb00011. x.

Hyodo A, Kozdon R, Pollington A D, et al., 2014. Evolution of quartz cementation and burial history of the Eau Claire Formation based on in situ oxygen isotope analysis of quartz overgrowths. Chem. Geol., 384: 168-180. http://dx. doi. org/10. 1016/j. chemgeo. 2014. 06. 021.

Kaced M, 2003. Diagenesis of Ordovician Sandstones from the Ahnet Basin, Algeria (abs.). American Association of Petroleum Geologists Search and Discovery, 90016. http: //www. searchanddiscovery. com/abstracts/pdf/2003/hedberg_ algeria/allabstracts/ndx _Kaced01. pdf (accessed December 29th, 2015).

Konaté M, Lang J, Guiraud M, et al., 2006. Un bassin extens if formé pendant la fonte de la calotte glaciaire hirnantienne: le bassin ordovico-silurien de Kandi (Nord Benin, Sud Niger). Afr. Geosci. Rev., 13: 157-183.

Lander R H, Bonnell L M, 2010. A model for fibrous illite nucleation and growth in sandstones. Am. Assoc. Petroleum Geol. Bull., 94: 1161-1187. http: //dx. doi. org/10. 1306/04211009121.

Lander R H, Laubach S E, 2015. Insights into rates of fracture growth and sealing from a model for quartz cementation in fractured sandstones. Geol. Soc. Am. Bull., 127: 516-538. http: //dx. doi. org/10. 1130/B31092. 1.

Lander R H, Walderhaug O, 1999. Predicting porosity through simulating sandstone compaction and quartz cementation. Am. Assoc. Petroleum Geol. Bull., 83: 433-449.

Lander R H, Larese R E, Bonnell L M, 2008. Toward more accurate quartz cement models: the importance of euhedral versus noneuhedral growth rates. Am. Assoc. Petroleum Geol. Bull., 92: 1537-1563. http: //dx. doi. org/10. 1306/07160808037.

Lander R H, Solano-Acosta W, Thomas A R, et al., 2009. Simulation of Fault Sealing from Quartz Cementation within Cataclastic Deformation Zones: AAPG Search and Discovery, 90091, AAPG Hedberg research Conference, May 3-7, 2009, Napa, California, U. S. A.

Lander R H, Walderhaug O, Bonnell L M, 1997. Application of sandstone diagenetic modeling to reservoir quality prediction and basin history assessment. Memorias del I Congreso Latinoamericano de Sedimentología, Venezolana de Geólogos Tomo I, 373-386.

Lang J, Dixon R J, Le Heron D, et al., 2012. Depositional architecture and sequence stratigraphic correlation of Upper Ordovician glaciogenic deposits, Illizi Basin, Algeria. In: Huuse M, Redfern J, Le Heron D P, et al. (Eds.), Glaciogenic Reservoir and Hydrocarbon Systems: An Introduction, 368. London: Geological Society of London, 293-317. http: //dx. doi. org/10. 1144/SP368. 1. Special Publications.

Legrand P, 2003. Paleogeographie du Sahara algerien à l' Ordovicien terminal et au Silurien inférieur. Bulletin Société Géologique de France, 174: 19-32.

Le Heron D P, 2007. Late Ordovician glacial record of the Anti-Atlas, Morocco. Sediment. Geol., 201: 93-110. http: //dx. doi. org/10. 1016/j. sedgeo. 2007. 05. 004.

Le Heron D P, Craig J, 2008. First order reconstructions of a Late Ordovician Saharan ice sheet. J. Geol. Soc., 165: 19-29. http: //dx. doi. org/10. 1144/0016-76492007-002.

Le Heron D P, Sutcliffe O E, Bourgig K, et al., 2004. Sedimentary architecture of Upper Ordovician tunnel valleys, Gargaf Arch, Libya: implications for the genesis of a hydrocarbon reservoir. GeoArabia, 9: 137-160.

Le Heron D P, Craig J, Sutcliffe O E, et al., 2006. Late Ordovician glaciogenic reservoir heterogeneity: an example from the Murzuq Basin, Libya. Mar. Petroleum Geol., 23: 655-677. http: //dx. doi. org/10. 1016/j. marpetgeo. 2006. 05. 006.

Le Heron D P, Ghienne J-F, El Houicha M, et al., 2007. Maximum extent of ice sheets in Morocco during the Late Ordovician glaciation. Palaeogeogr. Palaeoclimatol. Palaeoecol., 245: 200-226. http: //dx. doi. org/10. 1016/j. palaeo. 2006. 02. 031.

Le Heron D P, Craig J, Etienne J L, 2009. Ancient glaciations and hydrocarbon accumulations in North Africa and the Middle East. Earth-Science Rev., 93: 47-76. http: //dx. doi. org/10. 1016/j. earscirev. 2009. 02. 001.

Le Heron D P, Armstrong H A, Wilson C, et al., 2010. Glaciation and deglaciation of the Libyan desert: the late Ordovician record. Sediment. Geol., 223: 100-125. http: //dx. doi. org/10. 1016/j. sedgeo. 2009. 11. 002.

Le Maux T, Murat B, Chauveau A, et al., 2006. The challenges of building up a geological and reservoir model of a late Ordovician glaciomarine gas reservoir characterised by the presence of natural fractures. Society of Petroleum Engineers. http: //dx. doi. org/ 10. 2118/101208-MS. SPE-101208-MS.

Lewis J, Clinch S, Meyer D, et al., 2007, Exploration and appraisal challenges in the Gulf of Mexico deep-water Wilcox: Part 1-Exploration overview, reservoir quality, and seismic imaging. In Kennan L, Pindell J, Rosen N, eds., The Paleogene of the Gulf of Mexico and Caribbean Basins: Processes, Events, and Petroleum Systems: 27th Annual GCSSEPM Foundation Bob. F. Perkins Research Conference, December 2-5, Houston, Texas, 398-414.

Liégeois J P, Benhallou A, Azzouni-Sekkal A, et al., 2005. The Hoggar swell and volcanism: reactivation of the precambrian Tuareg shield during Alpine convergence and west African Cenozoic volcanism. In: Foulger G R, Natland J H, Presnall D C, et al. (Eds.), Plates, Plumes and Paradigms. Geological Society of America Special Paper 388, 379-400. http: //dx. doi. org/10. 1130/0-8137-2388-4. 379.

Lüning S, Craig J, Loydell D K, et al., 2000. Lower Silurian 'hot shales' in North Africa and Arabia: regional distribution and depositional model. Earth Sci. Rev., 49: 121-200. http://dx.doi.org/10.1016/S0012-8252(99)00060-4.

Makowitz A, Lander R H, Milliken K L, 2006. Diagenetic modelling to assess the relative timing of quartz cementation and brittle grain processes during compaction. Am. Assoc. Petroleum Geol. Bull., 90: 873-885. http://dx.doi.org/10.1306/12190505044.

Makowitz A, Lander R H, Milliken K L, 2010. Chemical diagenetic constraints on the timing of cataclasis in deformed sandstone along the Pine Mountain overthrust, eastern Kentucky. J. Struct. Geol., 32: 1923-1932. http://dx.doi.org/10.1016/j.jsg.2010.04.014.

Morantes J M, 2003. Quartz cementation modeling and reservoir quality of the upper cretaceous sandstones in carito field, north Monagas, Venezuela. M. Sc. thesis. University of Texas at Austin, 183.

Moreau J, Ghienne J-F, Le Heron D, et al., 2005. 440 ma old ice stream in North Africa. Geology, 33: 753-756. http://dx.doi.org/10.1130/G21782.1.

Moreau J, 2011. The late Ordovician deglaciation sequence of the SW Murzuq Basin (Libya). Basin Res., 23: 449-477. http://dx.doi.org/10.1111/j.1365-2117.2010.00499.x.

Panda M N, Lake L W, 1994. Estimation of single phase permeability from parameters of particle-size distribution. Am. Assoc. Petroleum Geol. Bull., 78: 1028-1039.

Panda M N, Lake L W, 1995. A physical model of cementation and its effects on single-phase permeability. Am. Assoc. Petroleum Geol. Bull., 79: 431-443.

Paxton S T, Szabo J O, Ajdukiewicz J M, et al., 2002. Construction of an intergranular compaction curve for evaluating and predicting compaction and porosity loss in rigid grained sandstone reservoirs. Am. Assoc. Petroleum Geol. Bull., 86: 2047-2067.

Perez R J, Boles J R, 2006. An empirically derived kinetic model for albitization of detrital plagioclase. Am. J. Sci., 305: 312-343. http://dx.doi.org/10.2475/ajs.305.4.312.

Perez R J, Chatellier J I, Lander R H, 1999. Use of quartz cementation kinetic modeling to constrain burial histories; examples from the Maracaibo Basin, Venezuela, 5. Revista Latino-Americana de Geoquimica Organica, 39-46.

Pettijohn F J, Potter P E, Siever R, 1987. Sand and sandstone, second ed. Springerscience and Business Media, New York, USA, 553.

Philippe G, Cave A, Khemissa H, et al., 2003. Late Ordovician (unit IV interval) reservoir characterization from the Ohanet/in Adaoui fields, Algeria (abs.). American Association of Petroleum Geologists Search and Discovery, 90016. http://www.searchanddiscovery.com/abstracts/pdf/2003/hedberg_algeria/allabstracts/ndx_Philippe01.pdf (accessed December 10th, 2014).

Pittman E D, Larese R E, 1991. Compaction of lithic sands: experimental results and applications. Am. Assoc. Petroleum Geol. Bull., 75: 1279-1299.

Powell J H, Khalil M B, Masri A, 1994. Late Ordovician-early Silurian glaciofluvial deposits preserved in palaeovalleys in south Jordan. Sediment. Geol., 89: 303-314. http://dx.doi.org/10.1016/0037-0738(94)90099-X.

Roduit N, 2006. JMicroVision: image analysis toolbox for measuring and quantifying components of high-definition images. version 1.2.7. http://www.jmicrovision.com (accessed 5 June 2014).

Rougier S, Missenard Y, Gautheron C, et al., 2013. Eocene exhumation of the Tuareg shield (Sahara desert, Africa). Geology, 41: 615-618. http://dx.doi.org/10.1130/G33731.1.

Roussé S, Sandvik S E, Murat B, et al., 2009. Depositional model and allostratigraphic architecture of late Ordovician syn-glacial strata from the Tiguentourine field (Illizi Basin, Algeria): extended Abstract, 8th PESGB/HGS Conference on African E&P, London, Sept.

Shanley K W, Cluff R M, Robinson J W, 2004. Factors controlling prolific gas production from low-permeability sandstone reservoirs: implications for resource assessment, prospect development, and risk analysis. Am. Assoc. Petroleum Geol. Bull., 88: 1083-1121. http://dx.doi.org/10.1306/03250403051.

Shanley K W, Cluff R M, 2015. The evolution of pore-scale fluid-saturation in lowpermeability sandstone reservoirs. Am. Assoc. Petroleum Geol. Bull., 99: 1957-1990. http://dx.doi.org/10.1306/03041411168.

Stampfli G M, Borel G D, 2002. A plate tectonic model for the Paleozoic and Mesozoic constrained by dynamic plate boundaries and restored synthetic oceanic isochrons. Earth Planet. Sci. Lett., 196: 17-33. http://dx.doi.org/10.1016/S0012-821X(01)00588-X.

Sutcliffe O E, Dowdeswell J A, Whittington R J, et al., 2000. Calibrating the Late Ordovician glaciation and mass extinction by the eccentricity cycles of Earth ' s orbit. Geology, 28: 967 - 970. http: //dx. doi. org/10. 1130/0091 - 7613 (2000), 28 <967: CTLOGA>2. 0. CO; 2.

Taylor T R, Giles M R, Hathon L A, et al., 2010. Sandstone diagenesis and reservoir quality prediction: models, myths, and reality. Am. Assoc. Petroleum Geol. Bull., 94: 1093-1132. http: //dx. doi. org/10. 1306/04211009123.

Taylor T R, Kittridge M G, Winefield P, et al., 2015. Reservoir quality and rock properties modeling-Triassic and Jurassic sandstones, greater Shearwater area, UK Central North Sea. Mar. Petroleum Geol., 65: 1-21. http: //dx. doi. org/10. 1016/j. marpetgeo. 2015. 03. 020.

Taylor T R, Stancliffe R, Macaulay C, et al., 2004. High temperature quartz cementation and the timing of hydrocarbon accumulation in the Jurassic Norphlet sandstone, offshore Gulf of Mexico, USA. Special Publication 237. In: Cubitt J M, England W A, Larter S (Eds.), Understanding Petroleum Reservoirs: towards and Integrated Reservoir Engineering and Geochemical Approach. Geological Society of London, 257-278. http: //dx. doi. org/10. 1144/GSL. SP, 237. 01. 15.

Tobin R C, Schwarzer D, 2014. Effects of sandstone provenance on reservoir quality preservation in the deep subsurface: experimental modelling of deepwater sand in the Gulf of Mexico. Special Publication 386. In: Scott R A, Smyth H R, Morton A C, et al. (Eds.), Sediment Provenance Studies in Hydrocarbon Exploration and Production. Geological Society of London, 27-47. http: // dx. doi. org/10. 1144/SP386. 17.

Tobin R C, McClain T, Lieber R B, et al., 2010. Reservoir quality modeling of tight-gas sands in Wamsutter field: integration of diagenesis, petroleum systems, and production data. Am. Assoc. Petroleum Geol. Bull., 94: 1229-1266. http: //dx. doi. org/10. 1306/04211009140.

Tournier F, Pagel M, Portier E, et al., 2010. Relationship between deep diagenetic quartz cementation and sedimentary facies in a late Ordovician glacial environment (Sbaa Basin, Algeria). J. Sediment. Res., 80: 1068-1084. http: //dx. doi. org/10. 2110/jsr. 2010. 094.

Turner B R, Makhlouf I M, Armstrong H A, 2005. Late Ordovician (Ashgillian) glacial deposits in southern Jordan. Sediment. Geol., 181: 73-91. http: //dx. doi. org/10. 1016/j. sedgeo. 2005. 08. 004.

Van de Weerd A A, Ware P L G, 1994. A review of the East Algerian Sahara oil and gas province (Triassic, Ghadames and Illizi Basins). First Break, 12: 363-373. http: //dx. doi. org/10. 3997/1365-2397. 1994023.

Vaslet D, 1990. Upper Ordovician glacial deposits in Saudi Arabia. Episodes, 13: 147-161.

Vavra C I, Kaldi J G, Sneider R M, 1992. Geological applications of capillary pressure: a review. Am. Assoc. Petroleum Geol. Bull., 76: 840-850.

Walderhaug O, 1994. Precipitation rates for quartz cement in sandstones determined by fluid-inclusion microthermometry and temperature-history modeling. J. Sediment. Res., 64A: 324-333.

Walderhaug O, 1996. Kinetic modeling of quartz cementation and porosity loss in deeply buried sandstone reservoirs. Am. Assoc. Petroleum Geol. Bull. , 80: 731-745.

Walderhaug O, 2000. Modeling quartz cementation and porosity in Middle Jurassic Brent group sandstones of the Kvitebjorn field, northern north sea. Am. Assoc. Petroleum Geol. Bull., 84: 1325-1339. http: //dx. doi. org/10. 1306/A9673E96-1738-11D7-8645000102C1865D.

Wells M, Hirst P, Bouch J, et al. , 2015. Deciphering multiple controls on reservoir quality and inhibition of quartz cement in a complex reservoir: Ordovician glacial sandstones, Illizi Basin, Algeria. Geol. Soc. Lond. 435. http: //dx. doi. org/10. 1144/SP435. 6.

本文由张荣虎教授编译

浅层地壳暴露出的碳酸盐岩断裂带构造成岩作用

——以意大利中南部亚平宁山脉为例

Francesco Ferraro[1], Fabrizio Agosta[1], Estibalitz Ukar[2], Donato S Grieco[1], Francesco Cavalcante[3], Claudia Belviso[3], Giacomo Prosser[1]

1. 巴西利卡塔大学科学系，意大利；
2. 经济地质局，杰克逊地球科学学院，得克萨斯大学奥斯汀分校，奥斯汀，得克萨斯州，美国；
3. 国家研究委员会—环境分析方法研究所，意大利

摘要：本次研究的重点是对目前意大利亚平宁中部以及南部出露的大角度伸展断层带相关的碳酸盐岩断层核心进行野外及实验分析。所研究的断层带横切了与中生界台地相关的碳酸盐岩，走向大致为NW—SE，并向SW陡倾。它们是在第四纪亚平宁褶皱逆冲带下降过程中形成的，并从地壳浅层（<1.5km）剥露出来。碳酸盐岩断层核心包括颗粒支撑、基质支撑以及胶结物支撑的断层岩、含注入岩脉的超碎裂岩流化层以及主滑动面。微观构造、岩石学以及阴极射线分析结果凸显了富方解石与白云石断层岩的明显成岩演化过程。在富白云石断层岩中，物理压实较为常见，而富方解石断层岩则具有化学压实与溶蚀作用的特征。此外，断层带中还包含了多代方解石胶结物。第一代由微晶方解石胶结物组成，其沿残存晶粒周围发育，并内衬晶间孔。第二代由光亮的纤维状方解石晶体组成，其沉淀于张开性裂缝内以及残存晶粒周围。第三代由自形方解石胶结物组成，其发育在残存晶粒周围，并填充于张开裂缝以及晶间孔内。

关键词：石灰岩；白云岩；碎裂作用；构造成岩作用；意大利半岛

1 概述

断层带使得剪切变形局部化，并且由断裂断层破坏带内强烈变形的断层核心组成（Sibson，1977；Caine et al.，1996；Shipton et al.，2003；Crider et al.，2004；Agosta et al.，2006；De Joussineau et al.，2007；Wibberley et al.，2008；Faulkner et al.，2010）。断层核心包括主滑动面、断层岩、同构造脉以及矿床。该处主岩的原生构造已经无法分辨出。相反，通常被小断层横切的断层损伤带则是由破裂及破碎的主岩构成，其保留了原生构造。在脆性状态下，碎裂作用通常与断层岩形成及发育相关。碎裂作用通过两种主要的微观机制来确定晶粒尺寸、晶粒形状演变以及粉末状基质的产生，这两种机制在相关文献中分别称为粒内张性破裂（IEF）与削蚀（Gallagher et al.，1974；Allegré et al.，1982；Hadizadeh et al.，1982；Sammis et al.，1987；Biegel et al.，1989；Marone et al.，1989；Blenkinsop，1991；Sammis et al.，2007；Billi，2010）。在碎裂作用早期阶段，粒内张性破裂会产生彼此接触的粗粒至微小的棱角状岩屑。相比之下，在碎裂作用晚期阶段，削蚀会导致残存晶粒的边缘与拐角处更为光滑，这些残存晶粒在磨损状态下会发生平移和/或旋转（Heilbronner et al.，2006；Keulen et al.，2007；Storti et al.，2007；Billi，2010；Mair et al.，2011）。在遭受高滑动率（>0.1m/s）以及增压作用的碳酸盐断层岩内，碳酸盐矿物同样有可能发生局部剪切以及与地震相关的热分解，从而形成皮质晶粒、富基质带、注入岩脉以及火焰状构造（Sibson，2003；Han et al.，2007，2010；Billi，2010；Di Toro et al.，2011；Smith et al.，2011，2013a，2013b；De Paola et al.，2011，2014；Collettini et al.，2013，2014；Fondriest et al.，2013；Rowe et al.，2015）。

以碳酸盐断层岩为重点研究对象，上述一种或多种微观机制的主导作用决定了残存晶粒的尺寸分布与

形状，进而影响了其孔隙度与渗透率值（Billi et al.，2003；Storti et al.，2003，2007；Agosta et al.，2007；Bastesen et al.，2009；Bauer et al.，2016；Haines et al.，2016）。除了它们的变形机制外（Willemse et al.，1997；Kelly et al.，1998；Mollema et al.，1999；Salvini et al.，1999；Billi et al.，2003；Graham et al.，2003；Micarelli et al.，2006；Cilona et al.，2012，2014；Tondi et al.，2012；Dell Piane et al.，2016），其他因素［包括孔隙类型，例如溶孔、铸模、裂缝以及通道（Wang，1997；Lucia，1999；Lønøy，2006）］，同样也影响了碳酸盐断层岩的岩石物性。由于主岩的亚稳态矿物学组分，因而这些孔隙往往会发生明显的成岩作用（Gale et al.，2004，2010；Micarelli et al.，2006；Kim et al.，2009；Michie et al.，2014；Haines et al.，2015，2016）。因此，将构造与变形方法结合起来（Laubach et al.，2010），并通过岩石学与矿物学分析来解决碳酸盐断层岩随时间发生的成岩演化具有重要意义。

本次研究旨在阐明目前野外出露的碳酸盐断层岩的构造成岩作用。目的是评估主岩岩性对沿意大利亚平宁中南部活动正断层带取样的断层岩成岩作用过程的相对作用，这些断层岩剥露于地壳浅部（Vezzani et al.，2010；Ferraro et al.，2018）。首先根据现有文献对结果进行讨论，然后将其总结为正在进行的伸展断裂、隆起以及剥露过程中碳酸盐断层岩的成岩作用概念模型。具体而言，通过综合光学与 SEM 显微镜观察、XRD 以及阴极射线分析结果，来解释产生物理压实、化学压实以及胶结物沉淀的主要作用过程。利用 Lander 和 Laubach（2015）提出的石英胶结物模型，通过考虑不同的胶结物形态来评估胶结物增长与裂缝张开度的比率。第二位作者记录了砂岩中 3 种主要的石英胶结物形态类型，包括块状封闭沉淀物、沿张开裂缝面的薄壳或薄片以及贯穿其他张开裂缝的连接面。他们得出的结论是，当裂缝张开速率超过胶结物增长最快速率的两倍时就会形成薄壳形态，而当裂缝张开速率慢于胶结物增长最慢速率的两倍时就会形成块状胶结物沉淀。在两种张开速率之间的情形即形成连接面形态。因此，将同样的标准应用于碳酸盐断层岩研究中。

本次研究结果对一系列应用都具有借鉴意义，包括预测注入地下深部的流体（Stephansson et al.，1996；Tsang，1999；Dockrill et al.，2010），致密碳酸盐岩储层中的油气资源开采（Knipe，1993；Philip et al.，2005；Lander et al.，2008；Olson et al.，2009）以及管理碳酸盐岩含水层中的地下水（Andreo et al.，2008；Petrella et al.，2015；Norman et al.，2009；Kavouri et al.，2017；Corniello et al.，2018）。对构造成岩作用的了解对于更好地解释碳酸盐断层岩的岩石物理性质（Micarelli et al.，2006；Agosta et al.，2007；Mavko et al.，2009；Delle Piane et al.，2016；Trippetta et al.，2017）以及提供沿活动正断层带上流体—岩石相互作用的指示（Miller et al.，2004；Chiaraluce，2012；Malagnini et al.，2012；Walters et al.，2018）可能具有至关重要的意义。

2 地质环境

2.1 亚平宁中部与南部

亚平宁褶皱逆冲带是环地中海造山带的一部分，其中保留了渐新世至上新世碰撞构造作用以及随后断层下降作用的构造与地层学证据（Royden et al.，1987；Patacca et al.，1990；Doglioni，1991；Cavazza et al.，2004；Dilek，2006）。亚平宁带通常分为 3 个主要部分，分别称为北部、中部以及南部。它们以相对该区域西北—东南主走向呈高角度的岩石圈不连续带为界（Locardi，1988；Ghisetti et al.，1999；Vai et al.，2001；Patacca et al.，2007；Vezzani et al.，2010）。亚平宁中部区域的特征是 N—ENE 走向的逆冲断层以及隆起的高抬升速率。与此不同的是，亚平宁南部的典型特征是 E—ENE 走向的逆冲作用与复式形态（Vezzani et al.，2010）。在这两种情形中，尽管都发生了多次不连续的逆冲作用，但由于背驮式逆冲作用占主导，因而使得约 4~5km 厚的 Lazio-Abruzzi 与 Campania-Lucania 碳酸盐台地与过渡单元并置于同造山期沉积物上（Parotto et al.，1975；Damiani et al.，1991；Vezzani et al.，1998；Patacca et al.，2007；Cosentino et al.，2010；Vezzani et al.，2010；Carminati et al.，2013）。相比之下，同造山期沉积物由中新世至上新世的半深海泥灰岩、深海硅质碎屑砂岩以及夹层黏土层组成（Patacca et al.，2007；Cosentino et al.，2010；Santontonio et al. , 2011)。

自中新世晚期以来，尽管沿东部地带仍发生收缩变形作用，但 Apennines 内部仍发生了伸展与剥蚀作用（Ghisetti et al. , 1999；以及其中的参考文献；Ghisetti et al. , 2001）。现今内陆由西到东存在以下构造单元：（1）由 25~30km 厚地壳组成的变薄的围绕 Tyrrhenian 的内部带；（2）由约 35km 厚地壳组成的强烈缩短的围绕 Adriatic 的外部带，其目前受伸展变形影响；（3）目前受收缩变形作用影响的 Adriatic 前渊带。内部带典型的伸展机制（Cavinato et al. , 1999；Morewood et al. , 2000；Cavinato et al. , 2002）是由于 Tyrrhenian 弧后盆地的形成（Doglioni，1991）或造山带的重力崩塌（Ghisetti et al. , 1999）所产生的。本次研究的重点是产生活动构造以及强地震活动（即 1857 年发生于 Val D' Agri，震级为 $M_w=7.0$；1915 年发生于 Avezzano，震级为 $M_w=7.0$；1933 年发生于 Sulmona，震级为 $M_w=5.7$；1998 年发生于 Mercure，震级为 $M_w=5.6$）的大型 NW—SE 走向与 SW 倾向断层带，正如文献中广泛记录的那样（Boschi et al. , 1997；Galadini et al. , 2000，2003；Pondrelli et al. , 2004；Fracassi et al. , 2007；Rovida et al. , 2011）。

2.2 正断层带

所研究的断层在第四纪经历了大幅度的区域隆起与剥蚀。在亚平宁中部，Morrone 与 Maiella 构造单元均表现出最大隆起与剥蚀速率，自上新世以来所记录的总隆起约 5km，剥蚀速率约 3mm/a（Ghisetti et al. ,1999）。不同的是，在第四纪期间，整个 Apennines 都经历了一次明显的隆起过程，平均速率为 0.2~1.3mm/a（Westaway，1993；Schiattarella et al. , 2003）。具体而言，隆起速率为 0.6~0.7mm/a，最高达到 1.2~1.3mm/a，这也代表了 Agri Valley 与 Pollino Ridge 地区的特征（Schiattarella et al. , 2017），而在上新世晚期—早更新世与早更新世后期，Monte Alpi 地区出现两个主剥蚀周期，其速率分别为大约 0.4mm/a 以及 4mm/a（Corrado et al. , 2002；Mazzoli et al. , 2006）。

本文将这 5 个正断层命名为（1）Marsicovetere 断层；（2）Venere-Gioia dei Marsi 断层；（3）Madonna del Soccorso 断层；（4）Vetrice 断层；（5）Roccacasale 断层。它们的规模特征都非常相似，并横切类似古地理区域内形成的中生代碳酸盐岩（Vezzani et al. , 2010），这些断层发育于上新世—第四纪亚平宁断层下降期间。石灰岩型正断层沿 Fucino 与 Agri Valley 盆地出露（图 1a、b），而白云岩型正断层则沿 Mercure 盆地以及 Vietri di Potenza 村庄附近出露（图 1c、d）。石灰岩—白云岩混合型正断层位于 Sulmona 盆地东部边缘侧翼处（图 1e）。

Marsicovetere 断层为大约 5km 长、断距为 10m 的断层带，其与 Agri 谷北缘接壤（图 1a），并使得中生界石灰岩与第四系角砾岩并置排列（Di Niro et al. , 1992；Giano et al. , 2000）。具体而言，该部分断层带横切由鲕粒与岩屑颗粒灰岩至浮石、岩屑以及钙质砾岩组成的侏罗系—下白垩统浅灰色石灰岩（Bucci et al. , 2012）。石灰岩被平行层状缝合线以及与层理呈高角度的方解石岩脉组所横切（图 2a—c）。Marsicovetere 断层显示第四纪垂向滑动速率与水平滑动速率分别为 0.7~1.3mm/a、0.6mm/a（Papanikolaou et al. , 2007）。

Venere-Gioia dei Marsi 断层为大约 10km 长、断距为 100m 的断层带，其边界位于 Fucino 盆地东南边缘（图 1b），并使得中生界石灰岩与第四系河流相—湖相沉积物叠置（Bosi et al. , 1995；Cavinato et al. , 2002；Agosta et al. , 2006）。该断层带形成了大型地震活跃性复合源的南段，其平均滑动速率为 0.4~1.0mm/a（DISS 工作组，2015）。该部分断层带横切层理良好的下白垩统石灰岩，该石灰岩由球粒状泥岩递变为钙质砾岩的颗粒泥晶灰岩组成（Vezzani et al. , 2010），其中包括平行层状缝合线以及与层理呈高、低角度的方解石岩脉（图 2d—f）。

Madonna del Soccorso 断层为大约 1.5km 长、断距为 10m 的断层带（图 1c），与 Mercure 盆地东侧接壤（Vezzani，1967；Cavalcante et al. , 2009；Giaccio et al. , 2014；Robustelli et al. , 2014）。该部分断层使得第四系碳酸盐岩、角砾岩与三叠系白云岩并置排列（Cavalcante et al. , 2009），并且该断层在晚上新世（Papanikolaou et al. , 2007）、早更新世（Schiattarella et al. , 1994）和/或更新世早期至中期（Monaco, 1993；Marra，1998）是活跃性断层，滑动速率约为 0.9mm/a（Serpelloni et al. , 2002）。三叠系岩石由灰白色层理良好的白云岩组成，并包含分布广泛的薄状叠层石以及罕见的核形层（向上递变为含有伟齿蛤

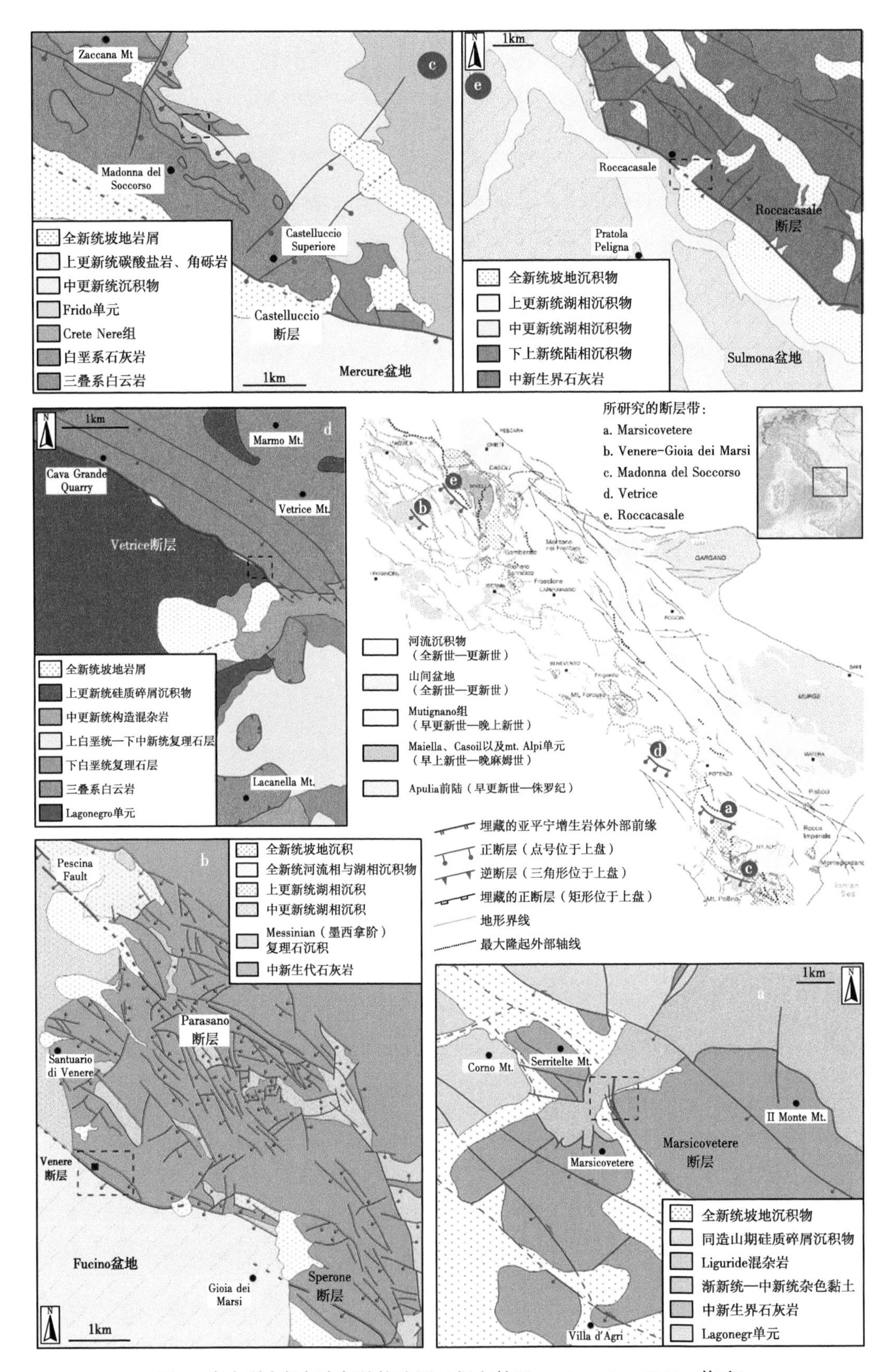

图1 意大利中部与南部的构造图（据文献 Vezzani et al.，2010，修改）

显示了所研究的5个正断层带的位置：（a）Marsicovetere 断层（据文献 Bucci et al.，2012，修改）；（b）Venere-Gioia dei Marsi 断层（引自 Agosta et al.，2006）；（c）Madonna del Soccorso 断层（据文献 Cavalcante et al.，2009，修改）；（d）Vetrice 断层（据文献 Giano et al.，2018，修改）；（e）Roccacasale 断层（据文献 Vezzani et al.，1998，修改）

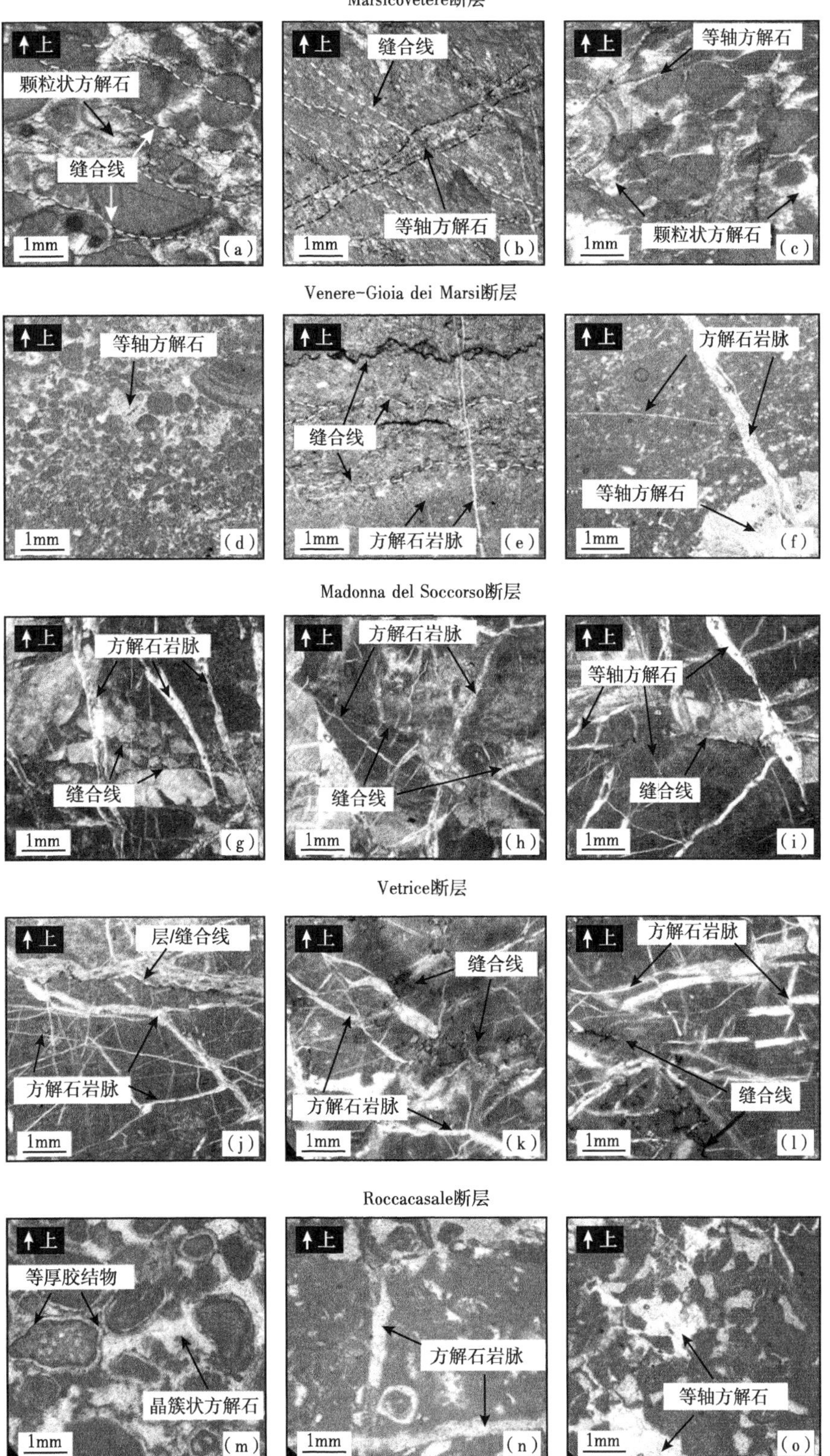

图2　平面光显微照片，显示了碳酸盐岩的微观构造，所切割的薄片正交于层理

(a)、(b) 及 (c)，Marsicovetere 断层由灰色石灰岩组成，其中包含被高角度层状方解石脉横切的平行层状缝合线，方解石晶粒胶结物填充了孔隙。(d)、(e) 及 (f)，Venere-Gioia dei Marsi 断层是由具有大量平行层状缝合线的球粒状石灰岩组成的，多代方解石脉岩横切缝合线。孔隙内完全填充等轴方解石胶结物。(g)、(h) 及 (i)，Madonna del Soccorso 断层由灰色白云岩组成，其中包含多代方解石脉与缝合线。(j)、(k) 及 (l)，Vetrice 断层由三叠系白云岩组成，其中包含受压力溶蚀作用影响的多套方解石脉。(m)、(n) 及 (o)，Roccacasale 断层是由球粒状石灰岩以及黄灰色白云岩组成，它们被平行层状以及与层理呈高角度的方解石脉所横切

类化石的白云质灰岩）（Patacca et al.，2007；Cavalcante et al.，2009）。白云岩被缝合线构造横切，这种缝合线构造往往发育于多套方解石岩脉内（图 2g—i）。

Vetrice 断层为大约 5km 长、断距为 10~100m 的断层带（图 1d），其使得 Monte Serio 组下中新统—上中新统碎屑岩与三叠系白云岩叠置（Castellano et al.，1996；Giano et al.，2018）。Vetrice 断层形成于 Vietri di Potenza 下伏带中（DISS 工作组，2015），并在最近的 18ka 中较为活跃，滑动速率为 0.3~0.6mm/a（Giano et al.，2018），这与附近 San Gregorio Magno 断层研究的文献所记载的类似（D'Addezio et al.，1991；Galli et al.，2014）。Vetrice 断层横切具有叠层石层的白灰至灰白色、高角度断裂的白云岩（Patacca et al.，2007）。该部分的缝合线构造位于多套方解石脉内（图 2j—l）。

Roccacasale 断层为 10km 长、断距为 100m 的断层带（图 1e），其与 Sulmona 盆地东缘接壤，并使得中生界石灰岩、白云岩与第四系河流相、湖相以及冲积沉积物叠置（Vezzani et al.，1998）。该断层带形成了复合震源的南部单元，其累计断距约 400m（Cavinato et al.，1995；Galadini et al.，2004），平均滑动速率为 0.1~1.0mm/a（DISS 工作组，2015）。特别是 Roccacasale 断层第四纪滑动速率为 0.4±0.07mm/a（Vittori et al.，1995；Miccadei et al.，1998；Galadini et al.，2000；Gori et al.，2007，2011）。该部分断层带横切上白垩统浅灰色白云岩与淡黄色石灰岩，它们由递变为富生物碎屑泥岩与颗粒泥晶灰岩的球粒状泥晶颗粒灰岩与颗粒灰岩组成（Vezzani et al.，2010）。在微观尺度上，可以看到丰富的等厚、等轴及晶簇状方解石胶结物与多套方解石岩脉（图 2m—o）。

3 碳酸盐断层岩组构

尽管原岩性质、继承的构造组构以及断层总断距各不相同，但所有断层核心均表现出相似的碎裂组构分布（图 3）。最常见的断层岩包括颗粒支撑（Gs 型）和/或基质支撑（Ms 型）组构（Ferraro et al.，2018）。Gs 型断层岩由厘米级至毫米级大小、棱角分明、分选较差的晶粒组成，这些晶粒之间大多相互接触。这些晶粒被碳酸盐基质（体积百分比小于 50%~55%）包围，并显示 D_0 值（与粒度分布相关的计盒分形维数）（Mandelbrot，1985；Falconer，2003）低至约 1.8（Ferraro et al.，2018）。这种类型的组构主要位于断层核心外部，并解释为由广泛的粒内张性破裂与初期削蚀作用所产生（Allegré et al.，1982；Sammis et al.，1987；Blenkinsop，1991；Sammis et al.，2007；Storti et al.，2007；Billi，2010）。相比之下，Ms 型断层岩由毫米级大小的残存晶粒组成，具有较低至中等的角度、中等到较高的球形度，D_0 值范围大约为 1.6~1.8。残存晶粒嵌入碳酸盐基质中，体积百分比高达 75%~80%（Ferraro et al.，2018）。该类型组构主要位于断层核心内部，并解释为由主要的削蚀作用以及轻微的粒内张性破裂所引起（Heilbronner et al.，2006；Keulen et al.，2007；Storti et al.，2007；Billi，2010；Mair et al.，2011）。在主滑动面附近存在更多的粉碎状断层岩（Fg 型），它们由一些磨圆度较好、分选良好的残存晶粒组成（D_0<1.6），这些晶粒嵌入至体积百分比超过 75%~80%的碳酸盐基质与胶结物中（Ferraro et al.，2018）。Fg 型断层岩被解释为由于碳酸盐岩的削蚀、局部剪切以及同震热分解作用所引起（Sibson，2003；Han et al.，2007，2010；Smith et al.，2011；De Paola et al.，2011，2014；Rowe et al.，2015）。

根据意大利中部与南部地震正断层带的大规模构造背景，将断距 10m 以上的断层带解释为地震活跃性断层带的二级断层，并且形成了断距为 100m 的一级断层带（Boschi et al.，1997；Galadini et al.，2003；Pondrelli et al.，2004；Agosta et al.，2006；Fracassi et al.，2007；Rovida et al.，2011；Storti et al.，2013；Pischiutta et al.，2017）。尽管上述组构类型分布于整个断层核心上，但它们的相对厚度在一级断层带与二级断层带之间有所不同。后者包括约 40cm 厚的断层核心，主要由 Gs 型与 Ms 型断层岩组成，厚度比约为 3:1（图 3）。Fg 型断层岩（如果存在）沿主滑动面形成孤立且不连续的斑块。相比之下，一级断层带由 1m 厚的断层核心组成，主要包括 Ms 型与 Gs 型断层岩，厚度比约为 2:1（图 3）。该部分 Fg 型断层岩在上、下盘接触处，沿主滑动面在垂向与横向上持续存在。

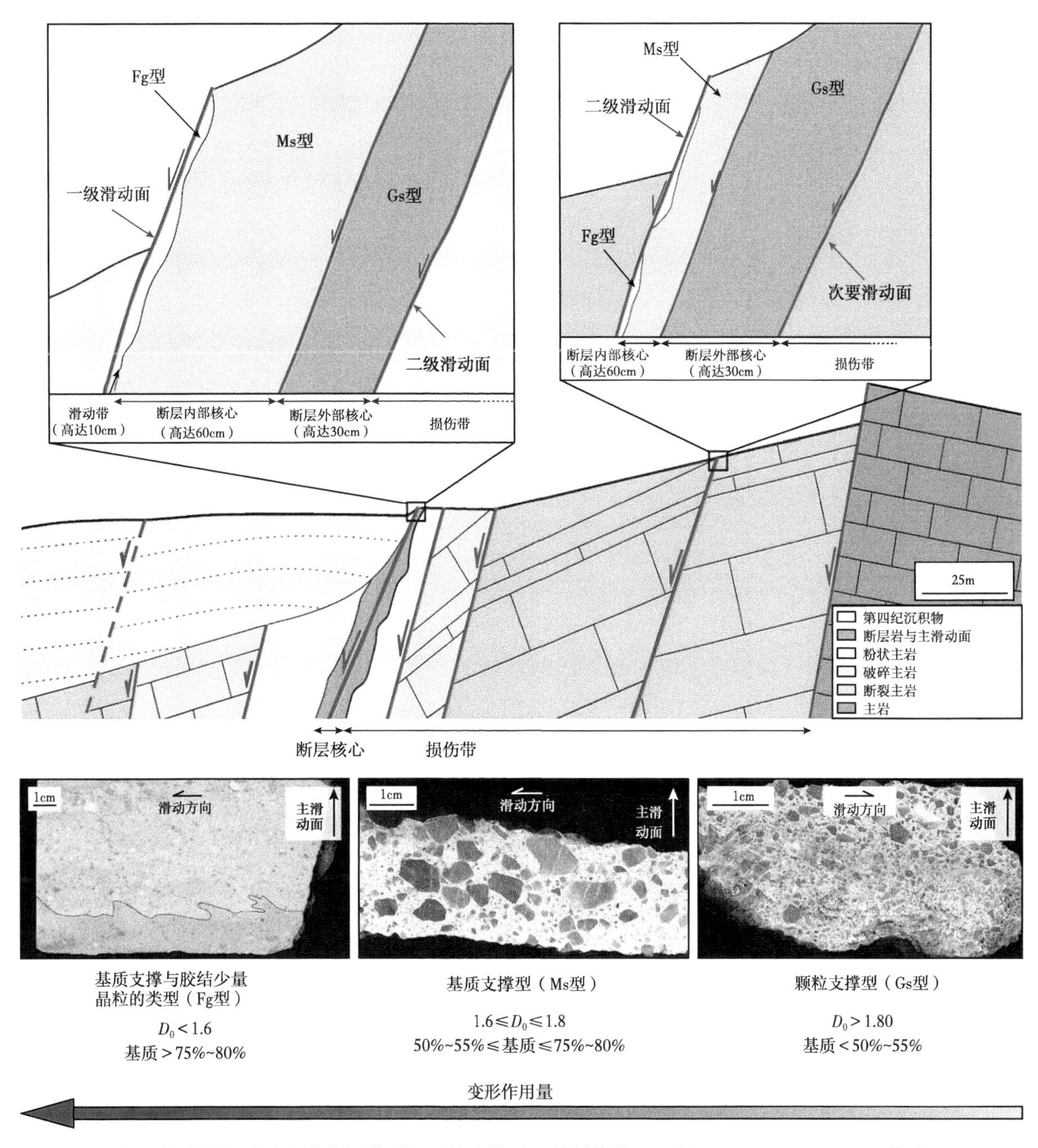

图3　沿着研究碳酸盐岩断层带所记录的主构造区域的横截面（据 Agosta et al.，2006，修改）

插图显示了10m级断距以及100m级断距碳酸盐岩断层核心的示意横截面，包括主断层岩组构的横向分布

4　方法

从研究的碳酸盐岩断层核心处共采集了56个手工样本。沿断面以半规则间隔进行采样，由主滑动面移至碳酸盐岩断层下盘。所收集的样本代表了 Ferraro 等（2018）记录的断层组构。在除去10~15cm的露头风化物之后进行样品采集，将所有样品切割为平行以及垂直于主滑动方向。选择了其中36个岩石样品进行矿物学、岩石学分析。该样品集包括5种主岩样品，每个断层带各有一种，有来自 Marsicovetere 断层的4个断层岩样品、Roccacasale 断层的8个断层岩样品、Venere-Gioia dei Marsi 断层的6个断层岩样品、Madonna del Soccorso 断层的7个断层岩样品以及 Vetrice 断层的6个断层岩样品。

所有样品的全岩矿物学都是通过按侧向加载法在随机取向的粉末上进行的X-射线粉末衍射分析

（XRD）来确定的（Środoń et al.，2001）。XRD 分析是在意大利国家理事会研究所（CNR-IMAA）采用 Rigaku Miniflex 粉末衍射仪完成的，该仪器配备了以 30kV 电压、15mA 电流运行且具有 Cu-Kα 辐射的样品旋转器。数据收集是在 2θ 范围 2°~63°内进行的，步长为 0.02°，步速为 5s。按照 RIR 方法（Chung，1974），采用刚玉（20%）作为内标进行定量分析。通过 WINFIT 计算机程序（Krumm，1994）测定每种矿物的峰值面积。本文中给出的数据代表了根据内断层核心或外断层核心区或周围碳酸盐岩中所采集的粉末样品测定得出的强度平均值（每秒计数，cps）。

利用配备 Nikon E4500 相机的 Nikon Eclipse E600 光学显微镜，在透射光下对 51 个薄片（16 个富方解石、18 个富白云石，17 个富混合白云石/方解石的断层岩薄片）进行透射光分析。将手工样品获得的定向薄片准备为标准尺寸（2.48cm×4.8cm）与厚度（30μm），并用蓝染环氧树脂浸渍。在光学显微镜分析的基础上，通过扫描电子显微镜（SEM）进一步研究了内、外断层核心区的 9 个代表性薄片，以便更好地评估微晶胶结物的组构及矿物学组成。SEM 分析是在意大利巴斯利卡塔大学科学系，利用配备背向散射（BSE）与能量色散光谱（EDS）检测仪的 Philips XL30 ESEM 在 20kV 下完成的。

通过光学与电子显微镜分析选取了岩性为石灰岩、白云岩/石灰岩的断层带上的 7 个薄片，用于 SEM 阴极射线发光（CL）分析。SEM-CL 图像可以得到常规透射光显微镜无法分辨出的组构信息（Milliken et al.,2000）。此外，由于具有较高的空间分辨率与放大率以及关联不同 SEM 场发射的能力，因此 SEM-CL 分析要优于光学 CL。在光薄片上涂敷碳层（20nm），然后利用连接到美国得克萨斯大学奥斯汀分校经济地质局 Zeiss Sigma 场发射（FE）SEM 的 Gatan MonoCL4 阴极射线发光系统进行成像。在 5kV、120μm 孔径、高电流以及 130ms 驻留时间下获得碳酸盐断层岩的全色图像，进而生成 3.5nA 量级的样品以及空间分辨率低至每像素几纳米的常规 SEM-CL 图像。在这些操作条件下，碳酸盐岩中的磷光污迹几乎不是问题（Ukar et al.，2016）。采用 Digiscan 与 Adobe Photoshop 获得并缝合 SEM-CL 自动马赛克图像。在本次研究中，SEM-CL 全色图像是根据灰度级相对发光亮度（亮、中、暗或不发光）描述的。对于颜色信息，采用 CL 发射光谱校准 SEM-CL 全色图像，以获得有关真实发光颜色（可见光谱内的发射波长）的信息。

5 结果

5.1 富方解石断层岩

5.1.1 Marsicovetere 断层带

断层岩出露于横向不连续的、达 20cm 厚的断层核心区，断层核心区侧翼是破裂的、略微断裂的、深灰至浅灰色白垩系石灰岩所组成的下盘损伤带（图 4a）。外断层核心包含围绕 Ms 型断层岩透镜体的 Gs 型断层岩，而内断层核心则由主滑动面（MSS）Ms 型断层岩与薄状不连续的微黄/棕褐色胶结断层岩组成（Ferraro et al.，2018）。对一个主岩、两个外断层核心以及两个内断层核心手工样品得到的粉末进行了 XRD 分析，结果表明方解石是主要矿物学组分，石英与菱铁矿都只是微量（图 4b）。事实上，方解石平均含量约为 94.6%，外断层核心中约为 94.5%，内断层核心中约为 94.3%。SEM 分析结果突出了富黏土（伊利石）基质（图 5a），并证实了存在少量碎屑石英（图 5b）。黏土矿物与碎屑石英很可能来自中新世碎屑沉积（Bucci et al.，2012），如意大利中部其他碳酸盐岩断层带（Smeraglia et al.，2016a）和/或中生代碳酸盐岩顶部的富黏土 Sicilide 单元（Bucci et al.，2012）。

在外断层核心中，记录了一种由相互接触的棱角状、残存晶粒组成的凝结组构（sensu Logan et al.，1976）（图 4c）。接触点处出现的晶粒互穿以及某些较短的、随机取向的微缝合线构造非常常见(图 4d)。SEM-CL 分析结果与残存晶粒周围出现少量发光的、局部纤维状方解石胶结物相一致（图 5a）。这些结果还表明存在具有自形末端的带状方解石晶体，该晶体在发光胶结物上过度生长并填充最大孔隙（图 5c）。

与内断层核心有关的 Ms 型断层岩包含凝结组构以及广泛分布的方解石胶结物（图 4e、f）。在凝结组

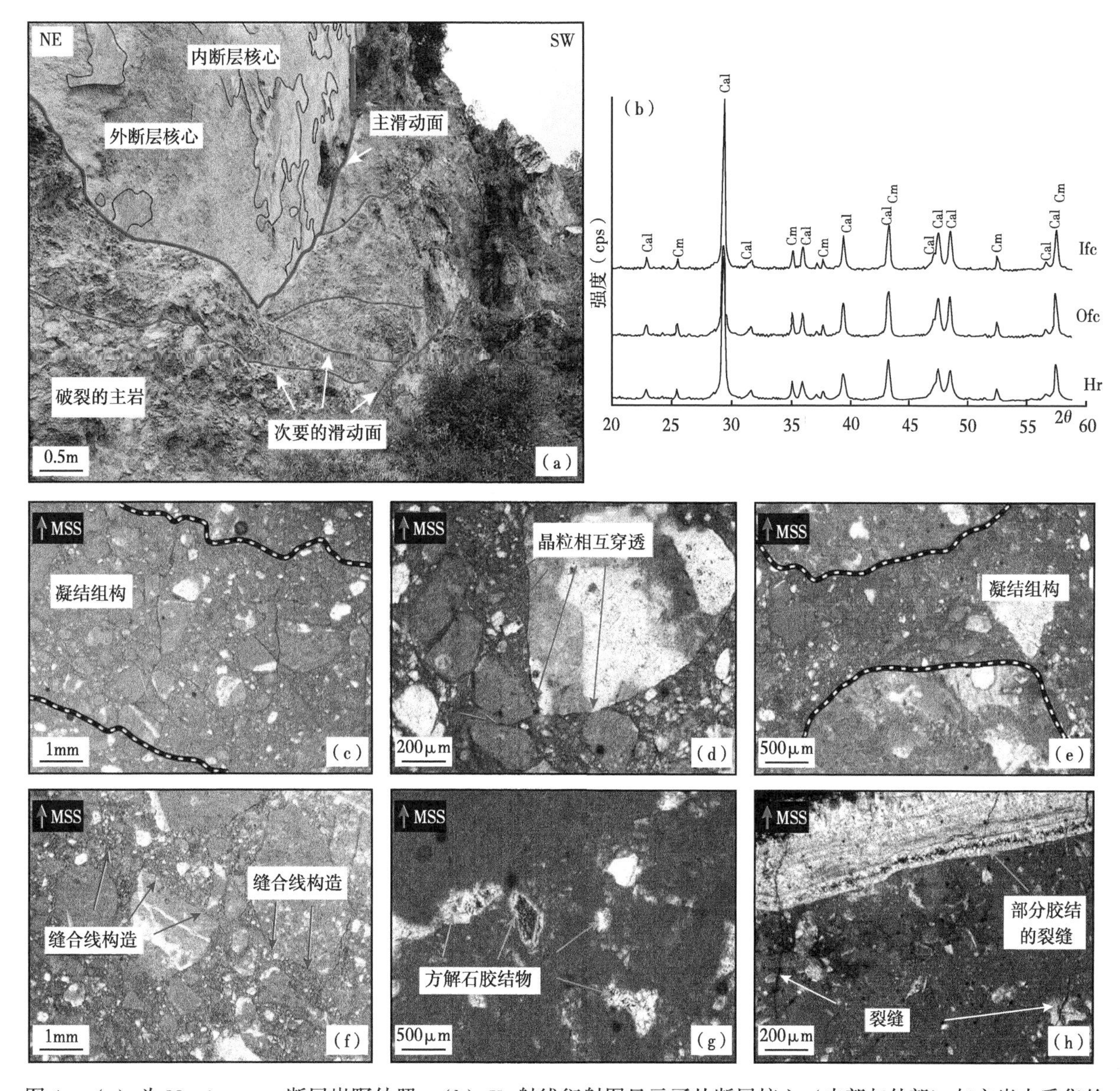

图4 (a) 为 Marsicovetere 断层崖野外照。(b) X-射线衍射图显示了从断层核心（内部与外部）与主岩中采集的粉末样品的平均强度（每秒计数，cps）。(c) 与 (d) 表示由外断层核心采集的手工样本获得的薄片。平面光显微照显示了 Gs 型断层岩中残存晶粒之间的凝结组构以及晶粒互穿现象（粉红色箭头）。红色箭头指示主滑动面（MSS）的位置。(e) 与 (f) 表示由内断层核心采集的手工样本获得的薄片。平面光显微照显示了 Ms 型断层岩中的凝结组构以及与主滑动面近似平行的微缝合线构造。(g) 内断层核心，完全填充微晶方解石胶结物的孔隙的正交偏振显微照。(h) 内断层核心，沿裂缝排列（有时横跨裂缝）形成孤立胶结物柱形体的自形方解石胶结物的正交偏振显微照。部分胶结方解石的裂缝走向垂直于主滑动面

构中，微缝合线构造横切两个重新改造的残存晶粒（包括其边缘处的方解石胶结物）以及细粒碳酸盐基质，晶粒互穿很少见。胶结断层岩包括微晶方解石胶结物，它们沿孔隙排列并包围残存晶粒（图 4g）。胶结断层岩被高角度裂缝横切，这些裂缝的走向要么平行，要么垂直于主滑动面，并部分为尖锐的方解石晶体所填充，某些情况下还填充有横跨单个裂缝的孤立胶结物柱形体（图 4h、图 5d）。SEM-CL 分析结果表明，当缝隙尺寸（相邻晶粒或裂缝壁之间的距离）较小时，存在一种以面法向生长为特征的发光纤维状方解石胶结物（图 5e、f）。此外，这些结果还显示出含有自形末端的发光带状方解石胶结物，其在发光纤维状胶结物上过度生长，并沿小裂缝排列（图 5e、f）。

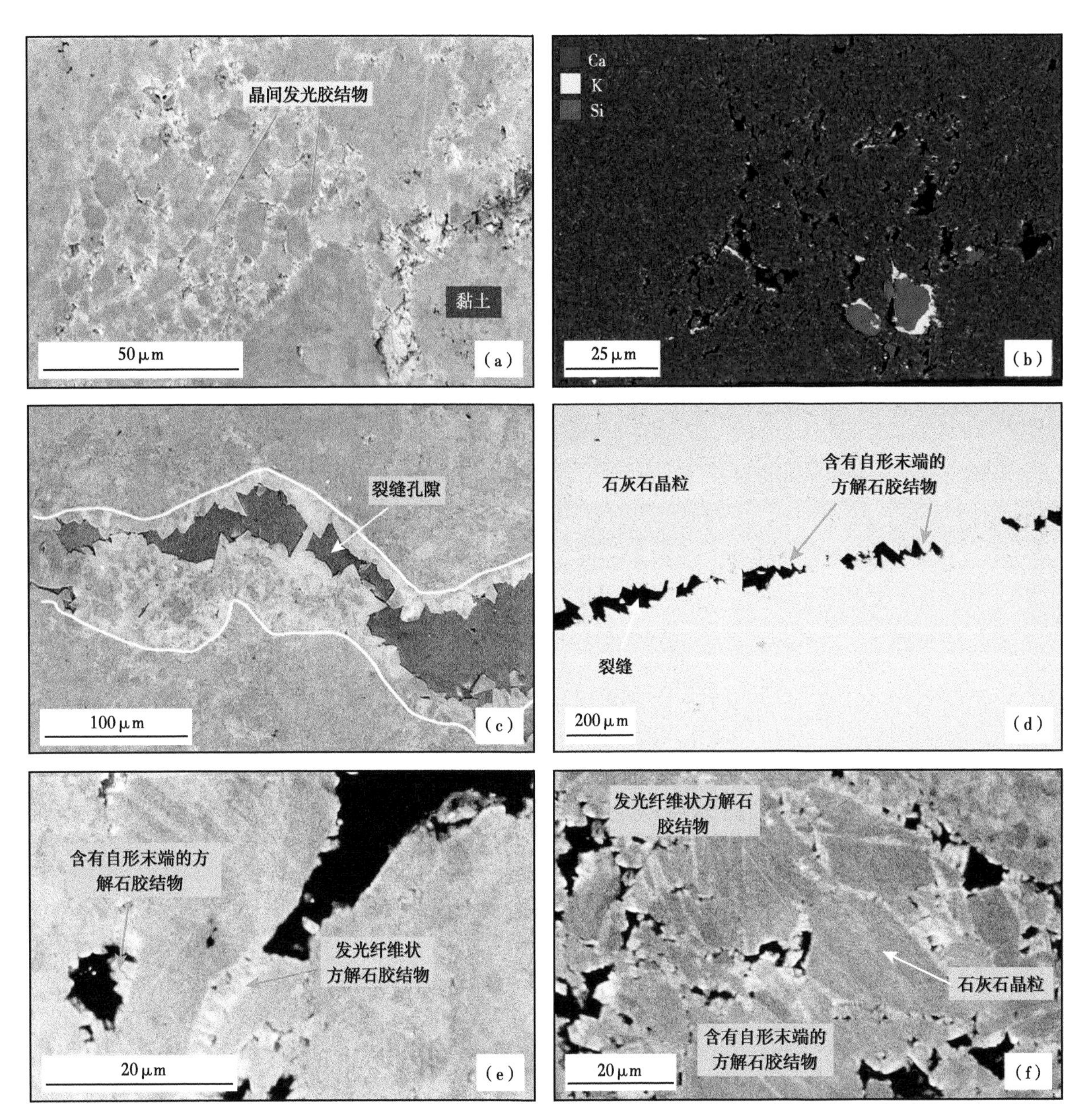

图 5　Marsicovetere 断层带内部与外部断层岩的 SEM 图像

(a) 外断层核心内圆形石灰石残存晶粒周围发光纤维状方解石胶结物的 SEM-CL 全色图像。局部存在晶间黏土矿物胶结物。(b) Ca、K 以及 Si 元素的 X 射线 EDS 元素图，显示了黏土物质（红色与黄色）以及石灰石晶粒（深蓝色）的分布；孔隙用黑色表示。(c) 外断层核心内裂缝SEM-CL 全色图像，其中包含具有自形末端的方解石胶结物晶体以及残留裂缝孔隙。(d) 部分填充的裂缝 BSE 图像。在某些情形下，方解石胶结物横跨裂缝形成孤立的胶结物柱形体。(e) 与 (f) 内断层核心中横跨狭长的晶间孔（间隙尺寸）的发光纤维状胶结物的 SEM-CL 全色图像。注意在孔隙较宽的地方，方解石胶结物具有自形末端

5.1.2　Venere-Gioia dei Marsi 断层带

该断层岩是横向连续的、达 1m 厚的碳酸盐岩断层核心的一部分，其侧翼为下盘浅灰色层理良好的破裂、破碎以及严重粉碎的白垩系石灰岩（sensu Agosta et al.，2006）（图 6a）。对一个主岩、3 个外断层核心以及 3 个内断层核心手工样品得到的粉末进行了 XRD 分析，结果表明方解石是最常见的矿物，石英与菱铁矿都只是微量（图 6b）。方解石含量约为 93.8%，外断层核心中约为 94.2%，内断层核心中约为 94.1%。菱铁矿以半自形至自形末端为特征，并覆盖碳酸盐颗粒与方解石胶结物（图 7b）。

外断层核心包括发白色黏性 Ms 型断层岩以及罕见的 Gs 型断层岩囊（Agosta et al.，2006；Ferraro et al.，2018）。Gs 型断层岩包含凝结组构，其中记录了残存晶粒中的晶粒互穿现象，以及微晶胶结物残留

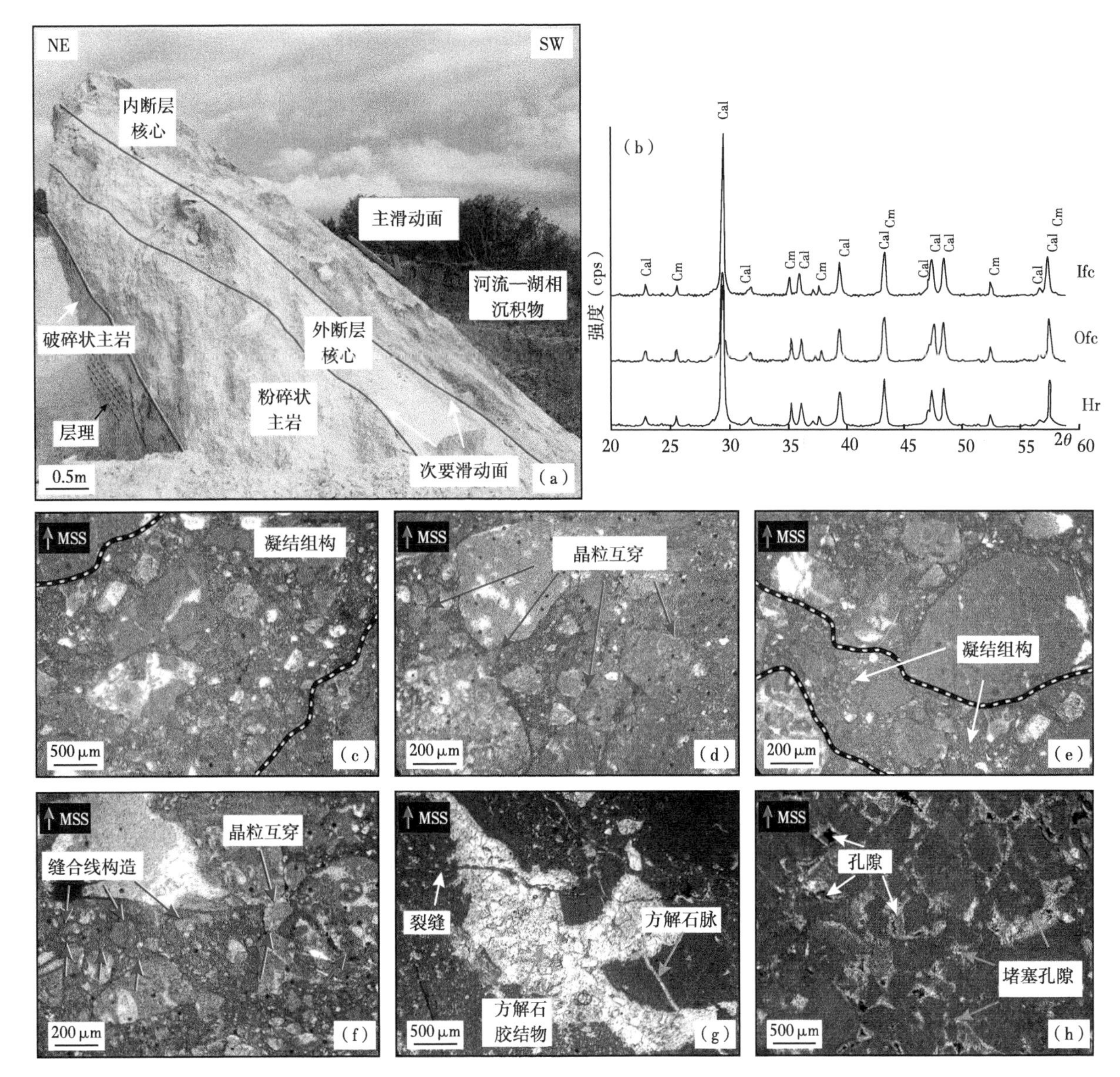

图 6 (a) Venere-Gioia dei Marsi 断层崖的剖视图。(b) X-射线衍射图显示了从断层核心区(内部与外部)以及周围碳酸盐岩主岩中获得的粉末样品的平均强度(每秒计数,cps)。(c) 与 (d) 表示由外断层核心采集的手工样本获得的薄片;Gs 型断层岩显示出凝结组构,以及相邻残存晶粒之间接触点处存在晶粒互穿与溶蚀作用的证据。红色箭头指示主滑动面(MSS)的位置。(e) 与 (f) 表示由内断层核心采集的手工样本获得的薄片。Ms 型断层岩中存在凝结组构以及微缝合线构造。(g) 与 (h) 为内断层核心。孔隙被基质支撑型断层岩中的微晶胶结物部分或完全堵塞

(图 6c、d)。SEM-CL 分析表明,残存晶粒具有暗光方解石胶结物的微米级环边和/或薄层,并且孔隙空间中填充具有自形末端的带状方解石胶结物(图 7a、b)。研究发现胶结良好区域与胶结不良区域相邻,并且这种分布概况与晶粒大小无关(图 7c)。

不同的是,内断层核心包含 Ms 型断层岩、淡黄色至粉红色胶结断层岩(Fg 型)以及主滑动面(Agosta et al., 2003; Agosta et al., 2006; Ferraro et al., 2018)。在局部位置处,最显著的滑动面横切了狭长的斜坡碎屑与非黏性断层角砾岩带。此外,还记录了一种凝结组构阴影,其中微缝合线构造横切较大残存晶粒、方解石脉以及微晶胶结物残留(图 6e、f)。Fg 型断层岩组构由完全填充孔隙的微晶方解石胶结物以及一套主要近似平行于主滑动面的方解石脉与张开裂缝组成(图 6g)。张开裂缝与孔隙往往会部分填充具有自形末端的尖锐的方解石晶体(图 6h)。SEM-CL 图像显示 Ms 型断层岩中的某些残存晶粒具有不规则的边缘特征,包括少数微米级厚暗光方解石胶结物的同心环边,这些方解石胶结物上过度生长着具有

自形末端的带状方解石（图7e、f）。自形晶体的最内部区域为暗光状、类似于围绕残存晶粒的胶结物环边（图7f）。

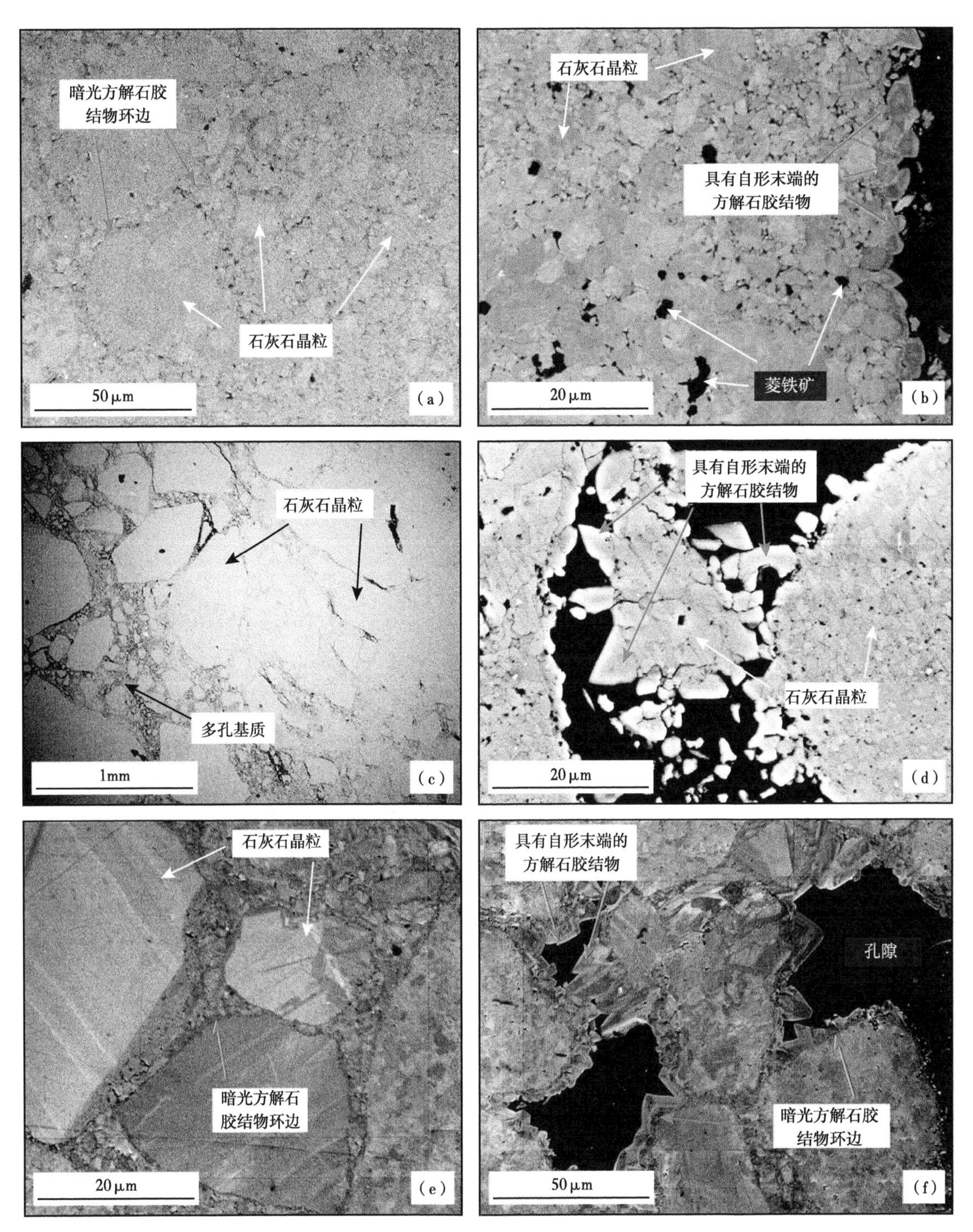

图7　Venere-Gioia dei Marsi断层带内部与外部断层的SEM图像

(a) 外断层核心中较大的残存石灰石晶粒以及非常细粒的基质晶粒周围存在的暗光胶结物环边的全色SEM-CL图像。(b) 潜在具有自形末端以及同心带的方解石胶结物的全色SEM-CL图像，这种自形末端以及同心带在SEM-CL图像中逐渐生长为外核心样品中的裂缝孔隙空间。碎裂岩内的暗光自形晶体为菱铁矿。(c) 被初始多孔基质包围的方解石残存晶粒的BSE图像。(d) 石灰石残存晶粒周围具有自形末端的方解石胶结物。(e) 具有不规则边缘以及暗光方解石胶结物同心环边的石灰石残存晶粒的全色SEM-CL图像。较大的残存晶粒嵌入至非常细粒的方解石基质中。(f) 内断层核心石灰石残存晶粒的全色SEM-CL图像，其具有不规则边缘、暗光环边以及含自形末端的过度生长的带状胶结物（锯齿状）（部分填充残存晶粒之间的孔隙）

5.2 富白云石断层岩

5.2.1 Madonna del Soccorso 断层带

该断层岩是横向连续的、达 40cm 厚的碳酸盐岩断层核心的一部分，其侧翼为下盘部位深灰至浅灰色、层理良好的破裂且略微断裂的三叠系白云岩（图 8a）。外断层核心由白色至灰色黏性 Gs 型断层岩组成，其中包含不连续的 Ms 型断层透镜体，而内断层核心则由 Ms 型断层岩与主滑动面组成（Ferraro et al.，2018）。在局部位置处，主滑动面被斑块状孤立的厘米级白色胶结断层岩所覆盖。对一个主岩、3 个外断层核心以及 4 个内断层核心手工样品得到的粉末进行了 XRD 分析，结果表明该主岩几乎由纯白云石组成（约 99.7%），而较高含量的方解石则存在于外断层核心（约 5.4%）与内断层核心中（约 10%）（图 8b）。

在内断层核心与外断层核心中均记录有凝结组构（图 8c、e；图 9b）。Ms 型断层岩中存在晶粒重组、

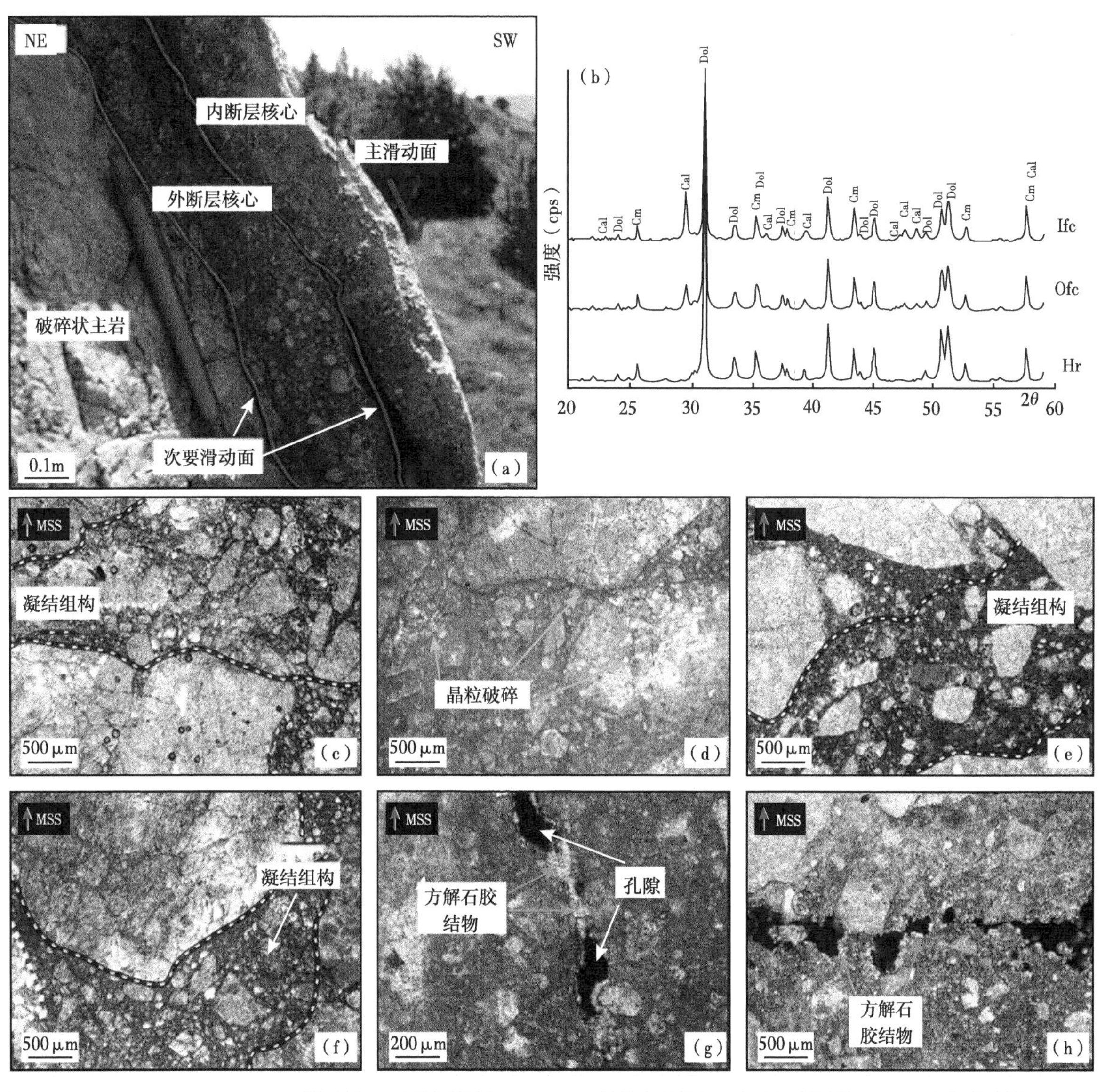

图 8 （a）Madonna del Soccorso 断层核心区的剖视图。（b）X-射线衍射图显示了从断层核心区（内部与外部）以及周围碳酸盐岩中所测定的粉末样品的平均强度（每秒计数，cps）。（c）与（d）表示由外断层核心采集的手工样本获得的薄片，其中显示了残存晶粒大多彼此接触的凝结组构。注意相邻残存晶粒之间接触点处发育晶内裂缝。红色箭头指示主滑动面（MSS）的位置。（c）与（f）表示由内断层核心采集的手工样本获得的薄片。凝结组构与晶粒重组可以通过孔隙坍塌来证实。（g）与（h）表示内断层核心。张开裂缝部分填充少量横跨裂缝壁的方解石胶结物

孔隙坍塌以及少量的晶粒破碎（图 8f），而 Gs 型断层岩中则以晶粒破碎为主（图 8d）。内断层核心被张开裂缝横切，这些裂缝的走向与主滑动面正交或平行。在局部区域，少量方解石胶结物横跨裂缝壁（图 8g、h），并部分填充白云质基质的微孔隙（图 9a—d）。

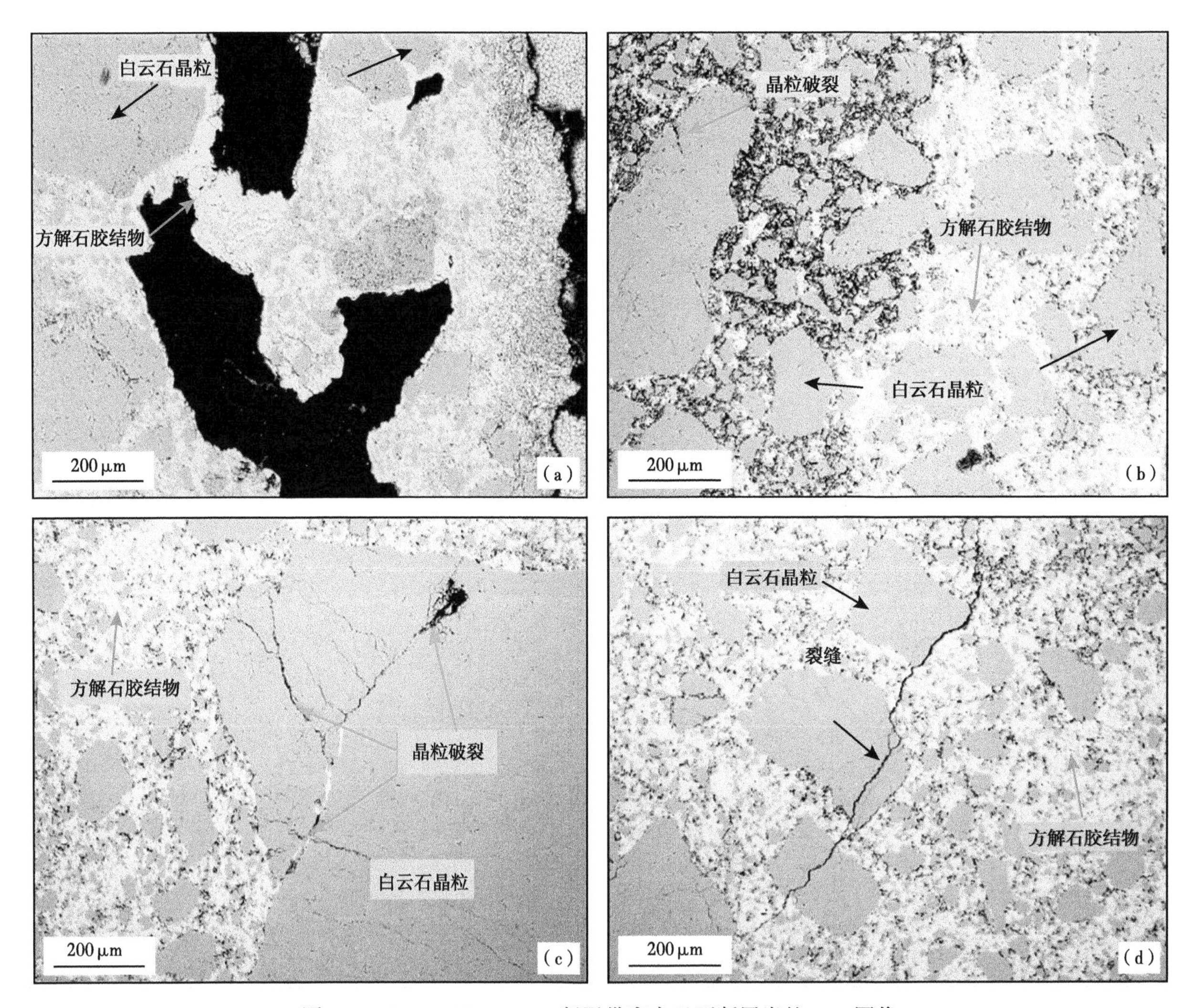

图 9　Madonna del Soccorso 断层带富白云石断层岩的 BSE 图像

外断层核心显微照（a）与（b）显示在白云石残存晶粒中存在少量方解石胶结物。内断层核心显微照（c）与（d）显示在白云石基质中普遍存在少量方解石胶结物。某些残存晶粒以相邻晶粒之间接触点处的晶内裂缝（蓝色箭头）为特征

5.2.2　Vetrice 断层带

所研究的断层核心包含形成约 1m 厚岩体的 Gs 型、Ms 型黏结性断层岩，其侧翼为深灰色、层理良好的、破裂且略微断裂的三叠系白云岩（图 10a）。外断层核心由包含 Ms 型断层岩的灰色至白色 Gs 型断层岩构成，而内断层核心则包含 Ms 型断层岩、Fg 型断层岩以及主滑动面（Ferraro et al.，2018；Giano et al.，2018）。对一个主岩、3 个外断层核心以及 3 个内断层核心手工样品得到的粉末进行了 XRD 分析，结果表明该主岩由大约 98.7%的白云石以及少量的钠长石与方解石组成。方解石存在于外断层核心与内断层核心中，分别在岩石总体积中约占 0.4%以及 1%（图 10b）。

内断层核心与外断层核心中均存在凝结组构。在 Gs 型断层岩的凝结组构中，晶粒破碎非常普遍（图 10c、d），而在 Ms 型断层岩的凝结组构中，主要为孔隙坍塌、晶粒重组以及少量晶粒破裂（图 10e—h）。SEM 分析结果证实了先前的评估结果，并表明许多粒内与晶间裂缝的走向具有很大变化（图 11a—d）。

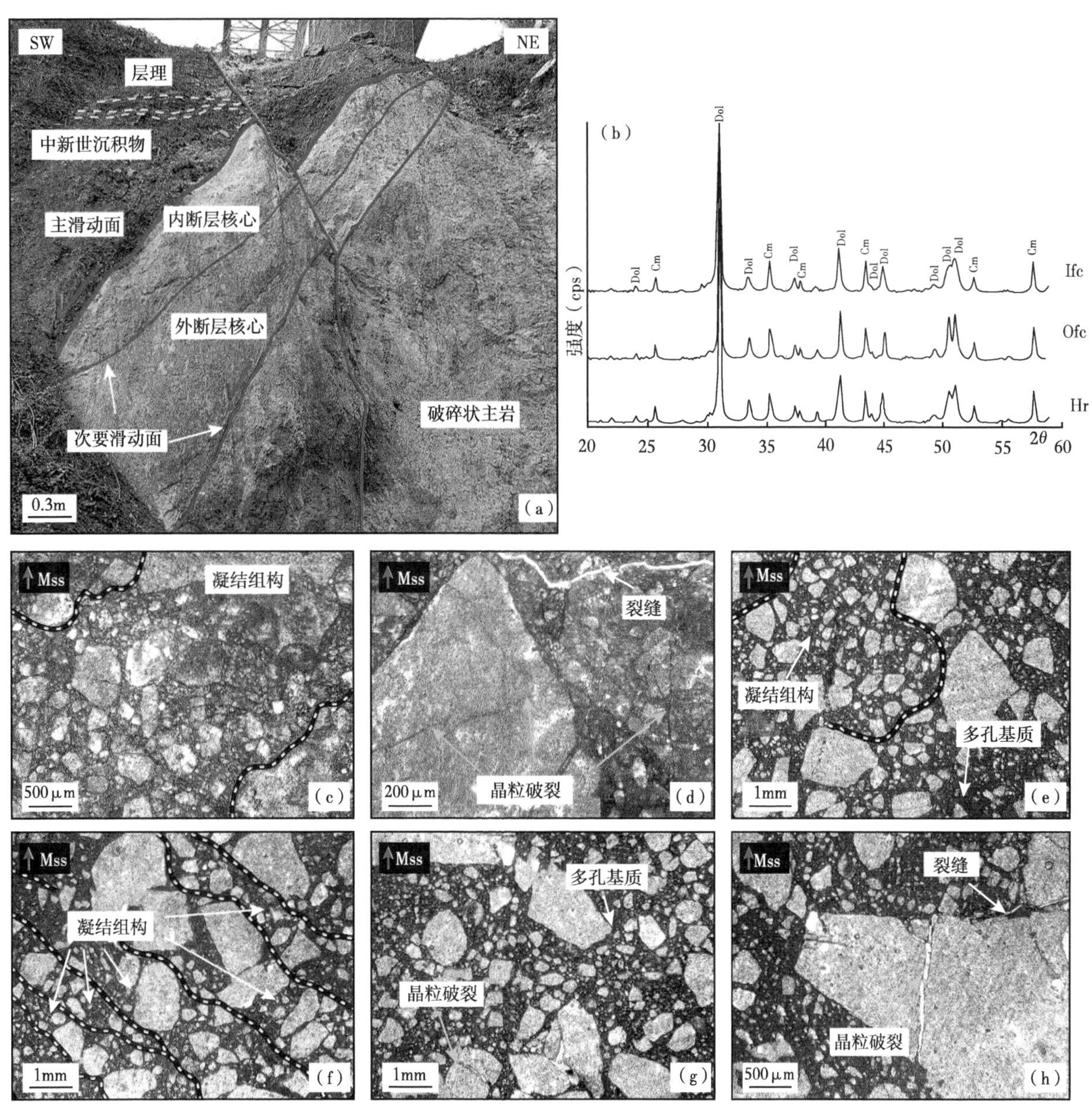

图 10 （a）Vetrice 断层崖的剖视图。（b）XRD 数据显示了从断层核心区（内部与外部）以及周围碳酸盐中获得的粉末样品的平均强度（每秒计数，cps）。（c）与（d）表示由外断层核心采集的手工样本获得的薄片。凝结组构由棱角状且分选性较差的白云石残存晶粒组成，并嵌入至少量多孔白云石基质中，这些残存晶粒以残存晶粒之间接触点处发育的晶内破裂作用（蓝色箭头）为特征。红色箭头指示主滑动面（MSS）的位置。（e）与（f）表示由内断层核心采集的手工样本获得的薄片。凝结组构与晶粒重组可以通过孔隙坍塌来证实。（g）与（h）表示内断层核心，显示了张开裂缝以及较小的晶内裂缝

5.3 富方解石/白云石断层岩

Roccacasale 断层带是横向连续的、达 1m 厚的碳酸盐岩断层核心的一部分，其侧翼为下盘浅灰色、层理良好的破裂、破碎以及粉碎的白垩系石灰岩（sensu Agosta et al.，2006）（图 12a）。外断层核心包含淡黄色黏结性 Ms 型断层岩，其中含有黏结性 Gs 型断层岩囊。相比之下，内断层核心由淡黄色、粉红色黏结性胶结断层岩以及主滑动面组成（Agosta et al.，2003；Ferraro et al.，2018）。局部存在厘米级厚的斜坡碎屑物以及不连续的非黏性断层角砾岩。对一个主岩、4 个外断层核心以及 4 个内断层核心手工样品得到的粉末样品进行了 XRD 分析，结果表明白云石比方解石含量更高。主岩中的相对比例分别为 69.5%、

27.5%；内断层核心中分别为 89.8%、8.6%；外断层核心中分别为 54.8%、42.4%。此外还存在微量的钠长石与菱铁矿（图 12b）。

Gs 型断层岩的特征是普遍存在晶粒破碎的凝结组构（图 12c、d）。SEM-CL 图像显示某些白云石残留晶粒具有不规则的边缘与弯陷，这可能表明在粒状方解石胶结物沉淀之前就发生了溶蚀作用（图 13c）。这种方解石胶结物为斑状分布，呈带状，包含白云石与石灰石残存晶粒，且完全填充微米级晶间孔隙空间（图 13c）。与所有先前描述的断层带不同，具有自形末端以及残留晶间大孔隙的方解石胶结物晶体很少见。

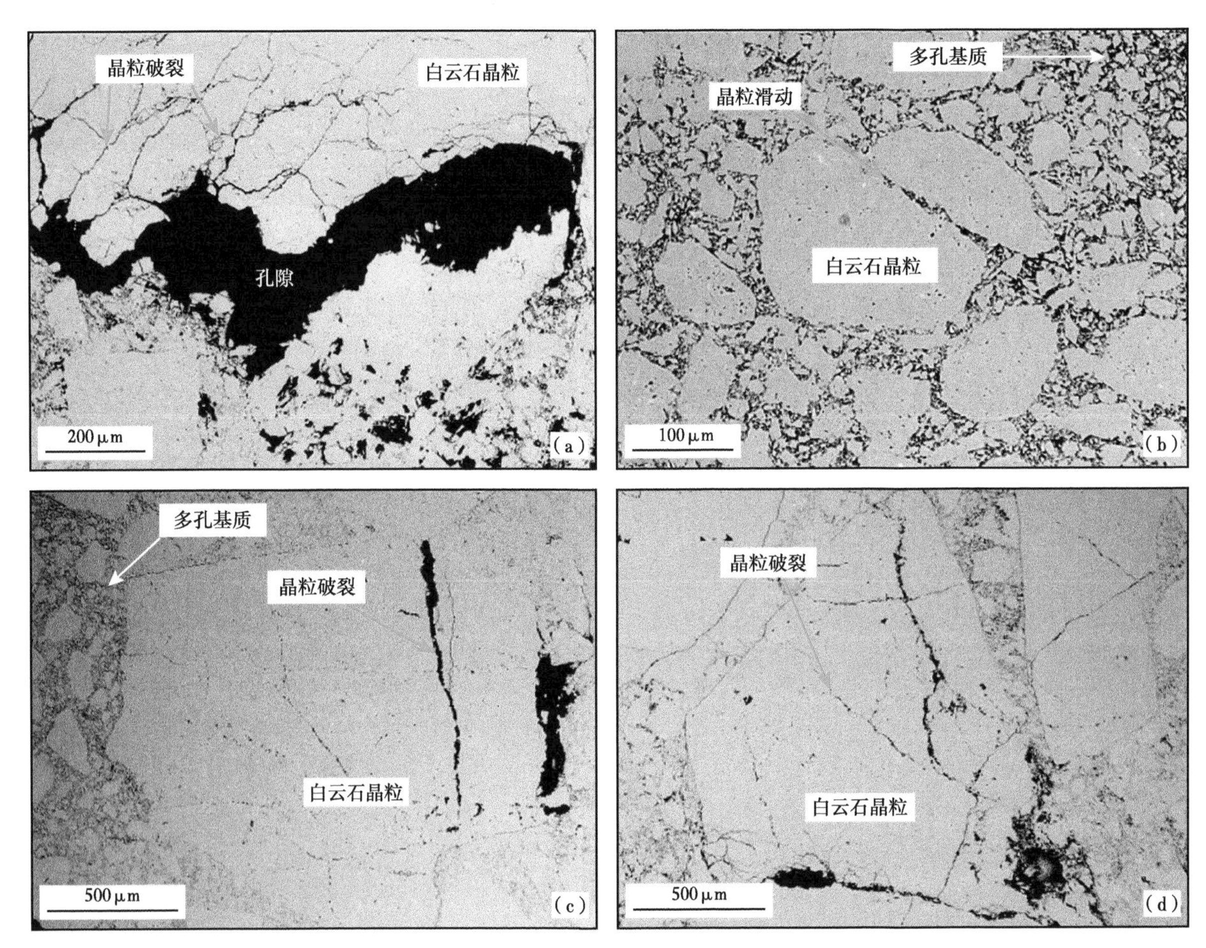

图 11 Vetrice 断层带富白云石断层岩的 BSE 图像

内断层核心显微照（a）—（d）显示缺乏方解石胶结物，并表明存在晶内与晶间孔以及张开裂缝

在 Ms 型断层岩中，晶粒互穿以及微缝合线构造在与最大白云石残存晶粒相邻的细粒方解石基质中很常见（图 12e）。SEM-CL 图像显示存在微晶方解石与自形方解石。前一种胶结物类型填充孔隙，而具有自形末端的方解石则填充裂缝，并且它存在于某些重新改造的残存晶粒内（图 12f、g）。在内断层核心中，某些白云石残存晶粒的不规则边缘上存在过度生长的晶间方解石胶结物（图 13d）。观察到褐色与淡黄色厘米级厚的条带交替出现，这些条带与主滑动面近似平行。这些条带以指示溶蚀作用的尖而弯曲状的不规则边缘，以及类似于沉积火焰构造的流化组构为特征（图 12h，图 13a、b）。在这些条带内观察到 10μm 大小的角状白云石残存晶粒，这些晶粒嵌入至由微米级微晶、重新改造的方解石胶结物以及石灰石残存晶粒组成的非常细粒的方解石基质中（图 13a、b、e）。此处几乎没有碳酸盐胶结物。事实上，SEM 图像表明窄带中存在的微孔被非常细粒的方解石基质完全填充（图 13e）。

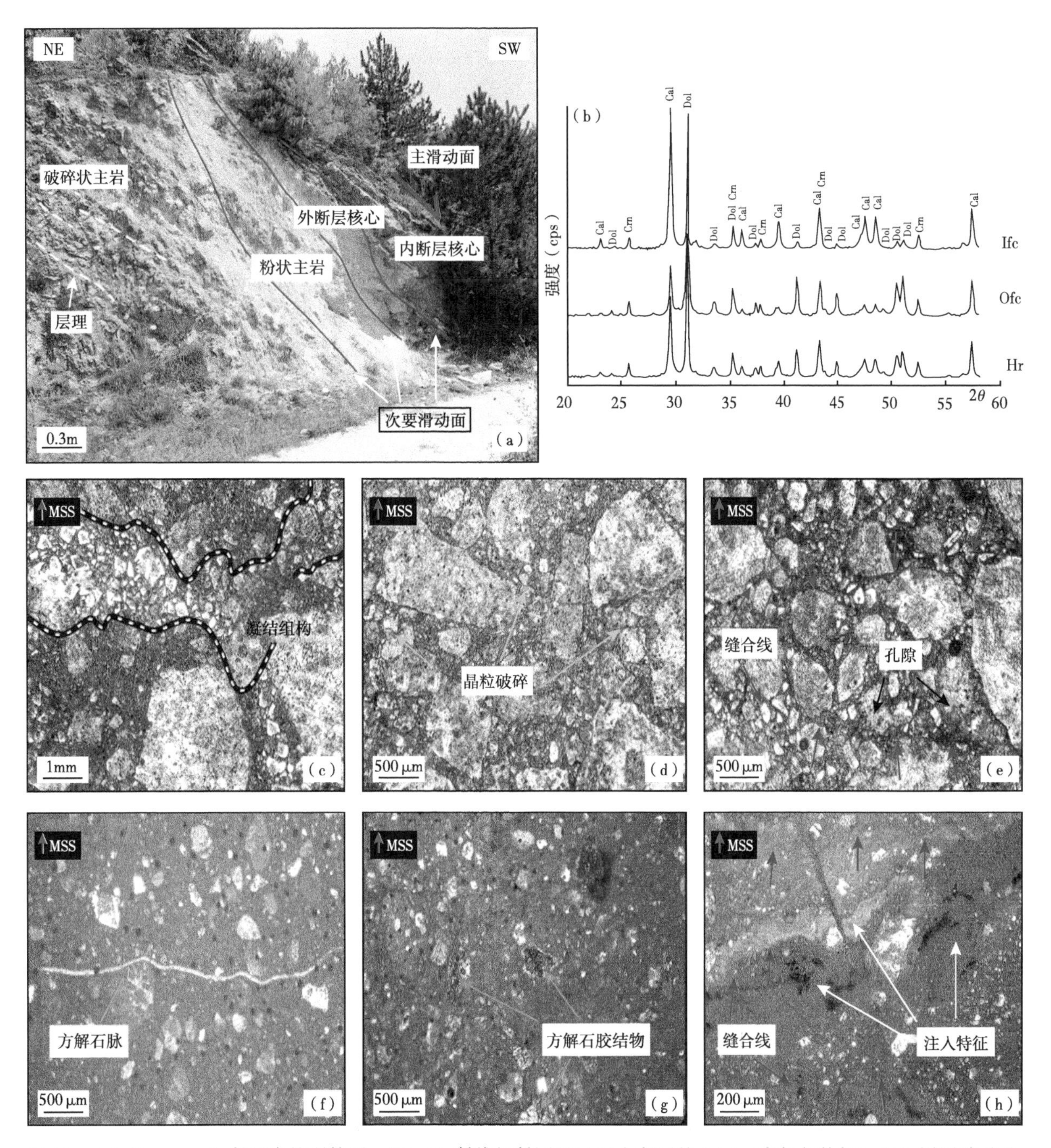

图 12 （a）Roccacasale 断层崖的野外照。（b）X-射线衍射图显示了由断层核心区（内部与外部）以及周围碳酸盐主岩所测定的粉末样品平均强度（每秒计数，cps）。（c）与（d）表示由外部断层核心采集的手工样本获得的薄片。凝结组构由棱角状、分选性较差的白云石残存晶粒组成，并嵌入至少量多孔白云石基质中，这些残存晶粒以晶内破裂作用（蓝色箭头）为特征。红色箭头指示主滑动面（MSS）的位置。（e）、（f）以及（g）表示由内断层核心采集的手工样本获得的薄片。微缝合线构造的走向平行于主滑动面。微晶以及粒状至块状胶结物填充了孔隙。（h）内断层核心。褐色与淡黄色相间的条带类似于流化组构。这些条带具有尖锐的边界，并且近似平行于主滑动面。溶蚀作用往往会发生在不同条带之间的边界处（粉红色箭头）

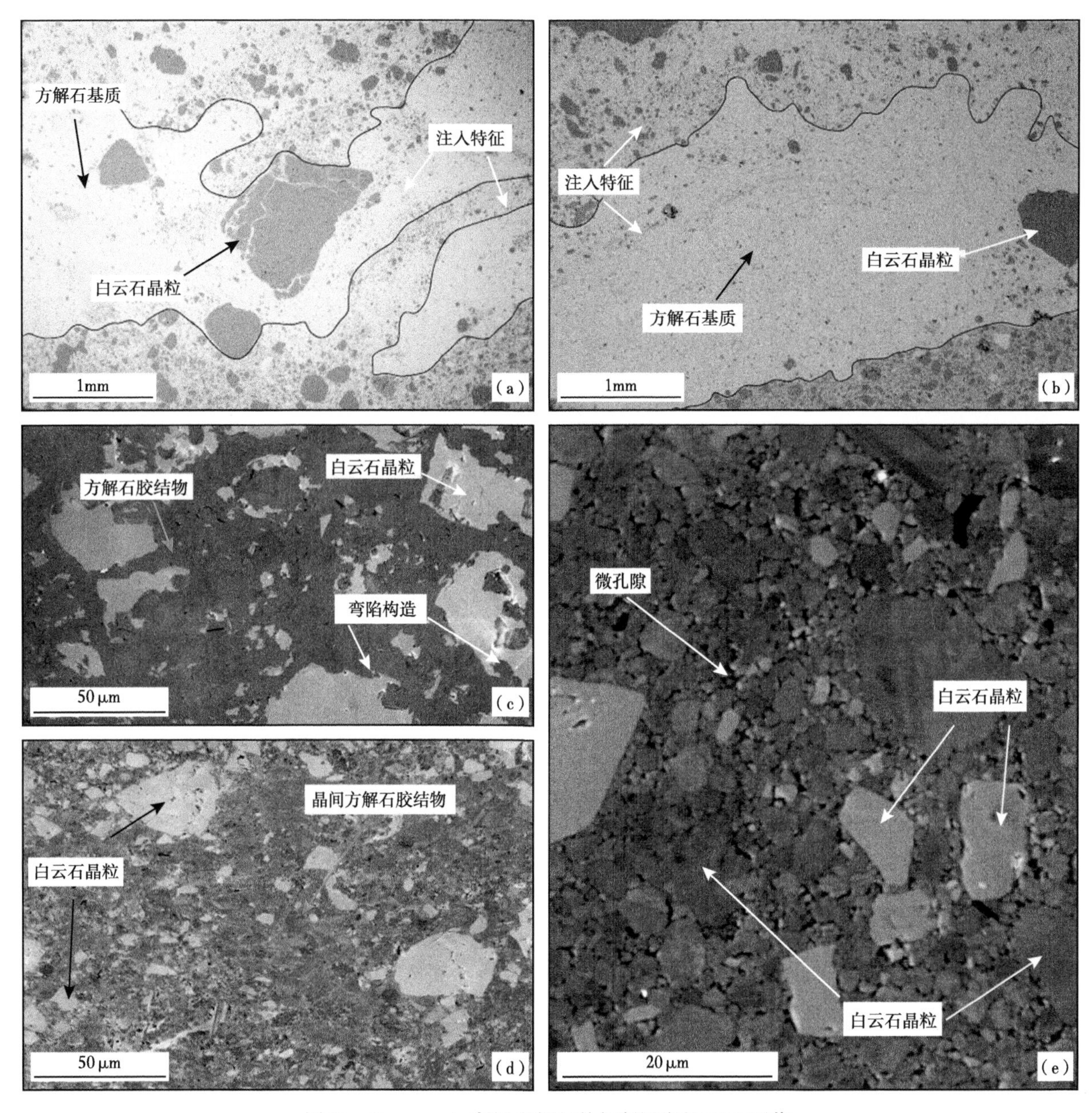

图 13　Roccacasale 断层内部与外部断层岩的 SEM 图像

(a) 与 (b) 表示以方解石同震热分解为特征的多次注入特征的 BSE 图像。通常而言，石灰石残存晶粒比白云石残存晶粒更小、更圆。(c) 外断层核心白云石残存晶粒（具有不规则边缘及弯陷构造）的全色 SEM-CL 图像，表明存在溶蚀作用。(d) 嵌入至方解石胶结物中的白云石残存晶粒的全色 SEM-CL 图像，显示了内断层核心中的斑状分带。(e) 内断层核心中 Fg 型组构的全色 SEM-CL 图像，主要由非常细的钙质晶粒（基质）以及少量较大的钙质与白云质残存晶粒组成。晶粒之间的胶结物含量可以忽略不计

6　讨论

本次研究综合描述了碳酸盐岩断裂岩样品中存在的成岩阶段概况。这些断层岩样品是从目前出露于意大利中部、南部的伸展断层带上采集的，而这些伸展断层带是在上新世—第四纪 Apennine 带断层下降期间，形成于类似地壳浅层。首先，根据现有文献数据评估伴随性变形、隆起以及剥露过程中发生的主要成岩作用，然后将主要结果汇总至碳酸盐断层岩成岩概念模型中，该模型涉及断层岩剥露过程中发生的 5 个主要阶段。

6.1 地壳浅层剥露的碳酸盐断层岩的成岩作用

在埋藏过程中，颗粒状与黏性物质的压实作用发生在压力与温度升高的情形下，进而导致体积与孔隙度同时降低（Meyers et al.，1983；Rutter，1983；Scholle et al.，1985）。在压实过程中，物理作用过程主要受有效应力控制，因此在沉积盆地普遍存在的低温条件下，物理作用过程在很大程度上与时间无关，而化学作用过程则与时间有关，因为它们受到与矿物溶蚀与/或沉淀相关的流体—岩石相互作用的限制（Rutter，1983；Bjørlykke et al.，1989；Passchier et al.，1996）。裂缝对应力腐蚀等相关化学机械作用过程较为敏感（Atkinson，1982），这种作用过程在化学反应性石灰岩中可能更为普遍。由于白云岩通常比石灰岩具有更好的化学与机械稳定性（Glover，1968；Bathurst，1971；Hugman et al.，1979），因此在下文中将分别讨论物理与化学作用过程。

胶结物的沉淀形式通过考虑主岩矿物学来评估。在所研究的断层岩中，方解石胶结物过度生长体发生巨大变化，其模式类似于砂岩裂缝中石英（Laubach，2003；Lander et al.，2015）以及某些白云岩裂缝中白云石的突变模式（Gale et al.，2010）。因此，尽管碳酸盐矿物的沉淀与成核动力学仍然受限较差，但在下面的讨论中将采用类似于 Lander 等（2015）提出的模型，该模型将不同胶结物形态的出现视作取决于胶结物生长与裂缝张开速率的比值。根据研究的断层岩中碳酸盐岩与胶结物的丰度，研究认为胶结物供给可能不是限制因素。

阴极射线发光分析结果同样根据现有文献进行讨论，这些文献表明，碳酸盐晶体结构中的 Mn^{2+} 与 Fe^{2+} 均可取代 Ca^{2+}，并且它们的相对丰度可以分别激活或抑制晶体发光（Hiatt et al.，2014）。碳酸盐矿物中的 Mn 与 Fe 浓度都受氧化还原条件的影响，因此它们的相对含量将用于解释矿物沉淀的成岩环境（Meyers，1974，1978；Frank et al.，1982；Amieux，1982；Cander et al.，1988；Cander，1994；Vahrenkamp et al.，1994；Kyser et al.，2002）。当氧浓度由近大气层下降至地表时，Mn 被还原为 Mn^{2+}，并易于掺入成岩胶结物中。埋藏过程中氧浓度的进一步下降会导致 Fe 还原，Mn^{2+} 和 Fe^{2+} 均可替代晶格中的 Ca^{2+}。因此，氧化还原变化可以反映在晶体 CL 图像模式中。特别是橙色波长主要由 Mn^{2+} 激活（Calderòn et al.，1984），而 Fe^{2+} 似乎是碳酸盐矿物中最重要的发光抑制物。因此，明亮发光的胶结物过度生长体可能表明 Mn^{2+} 含量丰富，而黑暗、不发光可能是由于存在 Fe^{2+} 所导致的。当然，由于 Fe^{2+} 浓度与发光之间的关系是非线性的，因此必须小心进行阴极射线发光分析（Machel et al.，1991；Habermann et al.，1998；Reed et al.，2003）。

6.1.1 物理压实

物理压实作用过程是通过不同的机制发生的，例如晶粒滑动、晶粒破碎、微裂纹扩展以及孔隙坍塌（Coogan et al.，1975；Ricken，1987；Renard et al.，2001；Chuhan et al.，2003；Flügel，2009）。在碳酸盐岩中，这些机制主要受晶粒大小、晶粒分选性、胶结作用过程以及黏土含量控制（Flügel，2009）。由于孔隙坍塌主要发生在因伸长孔隙与微裂缝闭合而导致的围压升高的首次增量过程中（Anselmetti et al.，1997；Baud et al.，2000；Vajdova et al.，2004；Jouniaux et al.，2006；Agosta et al.，2007），因此碳酸盐岩的整体物理压实作用在应力—应变场中被认为是非线性的（Renner et al.，1996；Baud et al.，2000；Couvreur et al.，2001；Palchik et al.，2002；Eberli et al.，2003；Vajdova et al.，2004；Jouniaux et al.，2006；Vanorio et al.，2008）。

在研究的碳酸盐断层岩中，物理压实导致形成一种特殊组构，即凝结组构（sensu Logan et al.，1976），其特征在于晶粒重新排列以及更紧密的堆积，进而导致岩石体积的减小。在整个白云岩断层核心区以及白云岩/石灰岩混合断层带的外断层核心区内记录到更为发育的凝结组构。这些结果与 Gs 型断层岩中的晶粒破碎、破裂、重组以及少数孔隙坍塌现象相一致（图 8c、d，图 9b，图 10c、d，图 11a—d，图 12c、d），其中保留其微孔隙的碳酸盐基质很少见（Coogan et al.，1975；Logan et al.，1976）。不同的是，由于存在大量细粒碳酸盐基质，阻止了相邻残存晶粒之间的接触，进而阻碍了破裂作用，所以 Ms 型断层岩中的晶粒破裂与破碎现象很少见（Sammis et al.，1987；Sammis et al.，2007）。因此认为大部分富白云石 Ms 型断层岩中发生的物理压实作用是通过孔隙坍塌与晶粒重组进行的（图 8e、f，图 10e、f）。

6.1.2 化学压实

压溶作用（PS）是碳酸盐岩化学压实作用过程的主要机制（Weyl，1959；Bathurst，1971；Tada et al.，1989；Railsback et al.，1995；Amrouch et al.，2010；Tavani et al.，2015）。PS是一种物理/化学的水辅助作用过程，受矿物应力相关性溶解度控制，其可以导致溶质物质在低应力区域发生溶蚀、扩散以及再沉淀（Weyl，1959；Raj，1982；Rutter，1983；Tada Siever，1989；Lehner，1990；Gratier et al.，2013，2015；Croizé et al.，2013；Toussaint et al.，2018）。沉淀作用发生在通常位于溶蚀区附近的孔隙以及张开裂缝内（Bathurst，1971；Rutter，1983；Carrio－Schaffhauser et al.，1990；Renard et al.，1997；Agosta et al.，2003；Agosta et al.，2009，2012；Croizé et al.，2013）。溶蚀、扩散以及再沉淀作用中最慢的作用过程控制整体变形速率（Rutter，1983；Croizé et al.，2013）。压溶作用还通过确定由微米级厚、毫米级长的微缝合线构造（从轻微缝合到弯曲再到平面）（Tucker et al.，1990）产生的晶粒互穿现象在凝结组构发育中发挥一定作用（sensu Logan et al.，1976）。研究中观察到所有富石灰石断层核心区以及富混合白云石/方解石断层带的内断层核心区中都具有广泛分布的晶粒互穿现象，而富白云石断层核心区中却几乎没有这种现象。晶粒互穿在Gs型断层岩中最为常见（图4c、d，图6c、d）。不同的是，横穿晶粒与细粒碳酸盐基质的微缝合线构造广泛分布于Ms型断层岩以及Fg型断层岩中（图4e、f，图6e、f，图12e）。

上述溶蚀特征的出现可能受残存晶粒形状、大小以及分选性的控制（Rutter，1976；Raj，1982；Niemeijer et al.，2002，2009；Gratier et al.，2009，2013）。事实上，所有这些因素都会影响溶蚀作用反应的动力学以及沿晶粒边界的扩散速率。由于压力溶液的驱动力是高应力晶粒接触点与晶粒自由面之间的化学势梯度（Weyl，1959；Raj，1982；Rutter，1983；Tada et al.，1989；Lehner，1990；Gundersen et al.，2002），因此Gs型断层岩中大量的接触点可能导致了广泛分布的晶粒互穿现象。另一方面，为了解释位于小晶粒周围以及细粒碳酸盐基质内的微缝合线构造，将晶粒大小作为主要控制因素（Weyl，1959；Rutter，1983；Tada et al.，1989；Lehner，1990），因为化学压实作用受扩散速率（与$1/r^3$成正比）（r：晶粒半径；Rutter，1976；Tada et al.，1986）或溶蚀/沉淀作用过程（与$1/r$成正比）的控制（Raj，1982；Tada et al.，1989）。

6.1.3 胶结作用

胶结物是化学沉淀物，其组分受矿化液化学特征、流速以及温度控制（Flügel，2009）。所研究的碳酸盐断层岩中存在纤维状胶结物、胶结物环边以及自形胶结物等多种组构。纤维状胶结物存在于Marsicovetere断层中，其数量与间隙尺寸成反比，这表明小间隙相比大间隙会发生更普遍的胶结作用（图5e、f）。考虑到上述模型（Lander et al.，2015），这种逆相关与变形作用过程中纤维状胶结物的沉淀作用相一致，其沉淀速率与最慢张开速率相似（Bons，2001；Hilgers et al.，2001；Hilgers et al.，2002；Gale et al.，2010；Ukar et al.，2016）。此外，方解石晶体的取向很可能沿着位移矢量的方向（图5e），这在各种岩性中都有广泛记录（Durney et al.，1973；Ramsay，1980；Cox et al.，1983；Cox，1987；Passchier et al.，1996；Bons，2001；Zhang et al.，2002；Hilgers et al.，2002；Bons et al.，2003；Hilgers et al.，2004；Nollet et al.，2005；Okamoto et al.，2011；Ukar et al.，2017）。由于这些纤维状胶结物具有发光特性，因此还可以推断它们是在氧含量不太低的浅层潜水环境下沉淀的，从而使得晶格中替代Ca的Mn要比Fe更多（Longman，1980；Moore et al.，1981；Adams et al.，1984；Tucker et al.，1990；Flügel，2009）。

Venere－Gioia dei Marsi断层中存在微米级胶结物环边，其相对单个晶粒边界的不规则边缘而言是同心且等厚的（图7a、b、e、f）。将这些胶结物环边解释为碳酸盐岩中非常普遍的泥晶套（Tucker et al.，1990；Flügel，2009）或者解释为深层滞水潜水环境下沉淀的暗光胶结物（Longman，1980；Moore et al.，1981；Adams et al.，1984；Tucker et al.，1990；Flügel，2009），这种深层停滞潜水环境具有极低的氧含量，从而使得Fe替代Ca（Hiatt et al.，2014）。根据在整个Venere－Gioia dei Marsi断层核心区的分布（图5a、e、f），这种微晶方解石被评为第一代沉淀胶结物的残余。

Venere－Gioia dei Marsi断层带与Marsicovetere断层带的胶结物环边以及纤维状胶结物都分别过度生长着锯齿状方解石晶体，从而表明它们生长于张开孔隙和/或张开裂缝内（图4g、h；图5c—f；图6g、h；

图7d—f)。在SEM-CL图像中，如由浅至深的发光带（图5c、图7f）所示，这些自形胶结物呈分带状。因此，它们的沉淀作用发生在孔隙流体组分与氧含量存在波动的开放水力系统中（Hiatt et al.，2014）。因此推断以尖锐状晶体为特征的胶结物可能沉淀于渗流成岩环境中（Longman，1980；Moore et al.，1981；Adams et al.，1984；Tucker et al.，1990；Flügel，2009）。暗色区域可能是在以高氧含量为特征的干旱期形成的，而亮晶区是在以低氧含量为特征的潮湿期形成的。对于Roccacasale断层中记录的块状方解石，同样也提出了类似的结论，即沉淀作用要么发生在变形作用期间（方解石胶结作用速率超过裂缝张开或晶粒分离速率），要么发生在存在波动流体的震间期（胶结物沉淀相对缓慢）。

由于白云石的化学稳定性较高，不会发生浅层地壳的溶蚀作用，因此白云岩断层带中几乎没有胶结物（Bathurst，1971）。但是，沿Madonna del Soccorso断裂核心主滑动面以及周围基质支撑的断层岩上存在少量方解石胶结物（图8g、h；图9a—d）。这些胶结物的沉淀是由于三叠系白云岩与第四系碳酸盐角砾岩的叠置所引起的（Cavalcante et al.，2009），这可能会影响断层流体的化学组分。

6.2 构造成岩作用的概念模型

基于变形机制（Ferraro et al.，2018）以及矿物学与$\delta^{13}C$、$\delta^{18}O$组分（Ghisetti et al.，2001；Agosta et al.，2003；Agosta et al.，2008；Smeraglia et al.，2016b），将研究的断层岩划分出5个主要的成岩阶段（图14）。构造成岩作用始于深度小于或等于1.5km（阶段A）的剥露初期（Vezzani et al.，2010），处于碎裂作用开始前（Ferraro et al.，2018）。在这些深度处，广泛分布的岩石破裂作用很可能在早期断层带内占主导，从而形成破碎的主岩（图14a），其中来自地下水型断层流体（Agosta et al.，2003；Agosta et al.，2008）或海水型断层流体（Smeraglia et al.，2016b）的方解石胶结物沉淀于单个裂缝内。

在相似深度处（图14），变形作用逐渐局部化，形成了早期碳酸盐断层核心区（阶段B）。Gs型断层岩的构造成岩作用决定了与溶蚀作用相关的晶界（图7a—f；图13c）以及等厚的深色胶结物环边的沉淀（图7a）。胶结物沉淀可能发生在沉淀速率相当缓慢的停滞潜水环境中（Tucker et al.，1990；Flügel，2009）。狭窄的等厚胶结物薄层沉淀于残存晶粒以及孔隙附近，并且没有完全填充晶间孔隙（图7a、b）。在伸展的上陆壳内，物理压实作用在震间期可能是富白云石断层岩内的主导性作用过程（图8c、d；图9b；图10c、d；图11a、b）（Sibson，2000），而由于晶粒互穿所产生的化学压实作用则主要发生在富方解石断层岩中（图4c、d；图6c、d）。

随着自浅层开始逐渐增加的应变以及剥露作用（图14），削蚀作用成为形成Ms型断层岩的主要微观机制（阶段C）。等厚深色胶结物环边与互穿晶粒的再改造作用与纤维状发光胶结物的沉淀作用是同时发生的（图5e、f）。这种沉淀作用发生在变形作用期间的浅层潜水带（Tucker et al.，1990；Flügel，2009），而富方解石断层岩的化学压实作用（图4e、f；图6e、f；图12e）与富白云石的物理压实作用（图8e、f；图9c、d；图10e、f；图11c、d）则发生在震间期（Sibson，2000）。对于富混合白云石/方解石的断层岩而言，可以设想存在明显差异的成岩演化过程。事实上，尽管在Gs型断层岩中发生了物理压实作用（图12c、d），但Ms型断层岩中只存在局部化学压实作用（图12e）。

阶段D的特征是内断层核心中的局部化滑动（图14），这种滑动是由碳酸盐矿物的削蚀、剪切破裂以及热分解产生的（Ferraro et al.，2018）。后一种机制形成了垂向延续的厘米级厚Fg型断层岩，其中同时发生的物理与化学作用过程导致了碳酸盐残存晶粒与原有成岩相的溶蚀与磨碎作用（图13e）。小岩脉与微裂缝横切同震扩容瞬变过程中形成的Fg型断层岩（图12h），其很可能使得超压超细流化粒状物质（图13a、b）在同震破裂后立即重新分布（Sibson，1985，1986）。富白云石断层岩的物理压实作用发生在震间期（图12f、g），而自形与块状方解石胶结物的沉淀作用则发生在变形作用期间或震间期的富方解石断层岩中（图4g、h；图5d；图6g、h；图7d；图13c、d）。CL分析结果表明，方解石沉淀作用源于大气降水型断层流体（Agosta et al.，2003；Agosta et al.，2008；Smeraglia et al.，2016b），其特征在于渗流环境中典型的氧含量波动（Longman，1980；Moore et al.，1981；Flügel，2009）。

阶段E与地表研究的断层岩的出露相关（图14）。角砾岩化作用与岩石粉碎作用是在较低的围压条件下发生于同震滑动过程中（Agosta et al.，2006；Dor et al.，2006；Doan et al.，2009；Mitchell et al.，

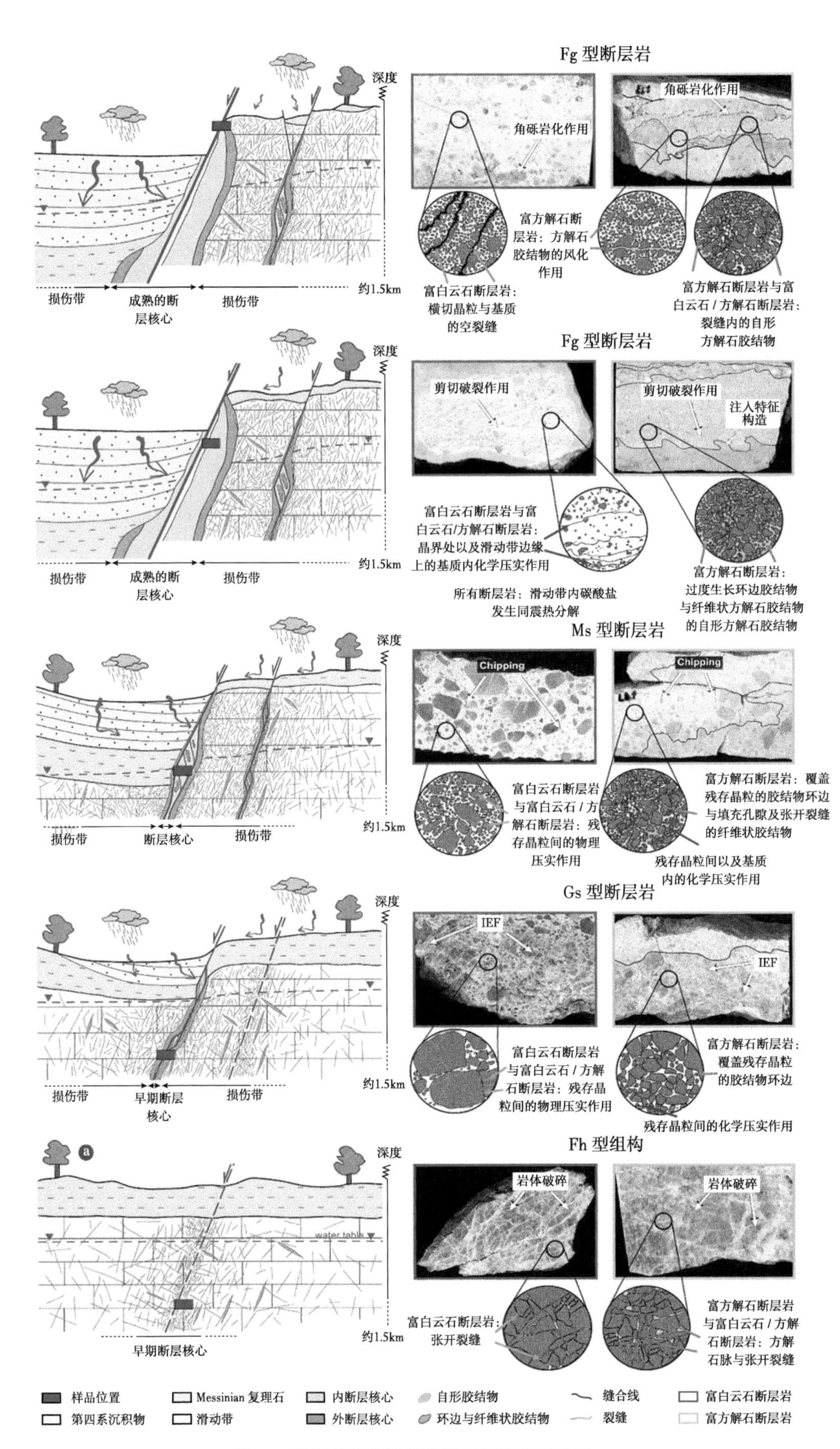

图 14 碳酸盐正断层带浅部成岩演化示意图

2011；Doan et al.，2012；Fondriest et al.，2015；Aben et al.，2016；Demurtas et al.，2016）。张开裂缝主要平行于主滑动面形成（Agosta et al.，2006；Aydin et al.，2010），从而导致断层带明显扩容。由于风化作用，富方解石与富白云石/方解石的断层岩都受到震间期发生的选择性溶蚀作用的影响（图 12g）（Wang，1997；Lucia，1999；Renard et al.，2000；Gratier et al.，2003；Lønøy，2006；Zhang et al.，2010；Smith et al.，2011；Bauer et al.，2016）。震间期还可能会发生进一步的自形方解石胶结物沉淀作用（Longman，1980；Moore et al.，1981；Adams et al.，1984；Flügel，2009）。

7 结论

本次研究对意大利 Apennines 中南部西北—东南走向的高角度伸展断层带相关的碳酸盐断层岩进行了野外与实验室联合构造研究。本次研究工作旨在解释富方解石断层岩与富白云石断层岩在成岩演化方面可能存在的差异。所研究的 5 个断层带的断距范围在几十米至几百米之间，并且在上新世—第四纪 Apennines 断层沉降期间由浅层地壳（<1. 5km）处剥露出来。这些断层带都横切中生代台地碳酸盐岩。尽管这些断层带在断层断距、岩性以及原岩内在构造组构方面都有所不同，但所有研究的碳酸盐断层核心均由具有类似组构以及多尺度残存晶粒特性的碎裂断层岩组成。然而本次研究的结果表明，这些断层岩的成岩演化主要是由原岩性质，以及它们所处的潜水/渗流水文地质环境所控制的。

物理压实作用在富白云石断层岩与富白云石/方解石的外断层核心内占主导。在这些地方，孔隙坍塌、晶粒重组、晶粒破碎以及晶粒破裂产生了凝结组构。相比之下，在富方解石断层岩与富白云石/方解石断层带的内断层核心中，化学压实作用占主导。晶粒互穿与横切残存晶粒以及细粒碳酸盐基质的微缝合线构造在 Gs 型断层岩与 Ms 型断层岩中较为普遍。胶结作用广泛分布于石灰岩断层核心，以及富混合白云石/方解石断层的内断层核心中。相比之下，白云岩断层带中几乎没有胶结作用。在 Marsicovetere 断层带中，第一代保存的胶结物由发光纤维状方解石晶体组成，当间隙尺寸较小时，这些晶体呈现为面法向生长。微观构造证据与浅潜水环境中纤维状胶结物的沉淀作用相一致。不同的是，Venere-Gioia dei Marsi 断裂带中首次保存的胶结物由覆盖残存晶粒的薄状等厚暗光方解石环边组成。微观构造证据与深层停滞潜水带等厚胶结物的沉淀作用相一致，这种深层停滞潜水带的特征是氧含量极低。在这两种情形下，这些早期胶结物都过度生长具有自形末端的完整带状方解石晶体。这种形态表明，在渗流成岩环境中，晶体生长至开放孔隙空间中以及/或张开裂缝内。在 Roccacasale 断层中，块状方解石胶结物很可能形成于变形作用期间（这与方解石沉淀速率超过裂缝张开速率或晶粒分离速率相一致），或者形成于存在波动流体的震间期（胶结物沉淀作用相对缓慢）。

参 考 文 献

Aben F M，Doan M L，Mitchell T M，et al.，2016. Dynamic fracturing by successive coseismic loadings leads to pulverization in active fault zones. J. Geophys. Res.，121：2338-2360.

Adams A E，MacKenzie W S，Guilford C，1984. Atlas of sedimentary rocks under the microscope. Longman：Wiley，110.

Agosta F，Kirschner D L，2003. Fluid conduits in carbonate-hosted seismogenic normal faults of central Italy. J. Geophys. Res.，108（B4）：2221.

Agosta F，Aydin A，2006. Architecture and deformation mechanism of a basinbounding normal fault in Mesozoic platform carbonates，central Italy. J. Struct. Geol.，28：1445-1467.

Agosta F，Prasad M，Aydin A，2007. Physical properties of carbonate fault rocks，Fucino basin（Central Italy）：implications for fault seal in platform carbonates. Geofluids，7：19-32.

Agosta F，Mulch A，Chamberlain P，et al.，2008. Geochemical traces of CO_2-richfluid flow along normal faults of central Italy. Geophys. J. Int.，174：758-770.

Agosta F，Alessandroni M，Tondi E，et al.，2009. Oblique normal faulting along the northern edge of the Majella anticline，central Italy：inferences on hydrocarbon migration and accumulation. J. Struct. Geol.，32：1317-1333.

Agosta F，Ruano P，Rustichelli A，et al.，2012. Inner structure and deformation mechanisms of normal faults in conglomerates and carbonate grainstones（Granada Basin，Betic Cordillera，Spain）：inferences on fault permeability. J. Struct. Geol.，45：4-20.

Allegré C J, Le Mouel J L, Provost A, 1982. Scaling rules in rock fracture and possible implications for earthquake predictions. Nature, 297: 47-49.

Amieux P, 1982. La cathodoluminescence: méthode d' étude sédimentologique des carbonates. Bull. Cent. Rech. Explor. -Prod. Elf-Aquitaine, 6: 437-483.

Amrouch K, Robion P, Callot J P, et al., 2010. Constraints on deformation mechanisms during folding provided by rock physical properties: a case study at Sheep Mountain anticline (Wyoming, USA). Geophys. J. Int, 182: 1105-1123.

Andreo B, Vías J, Durán J J, et al., 2008. Methodology for groundwater recharge assessment in carbonate aquifers: application to pilot sites in southern Spain. Hydrogeol. J., 16: 911-925.

Anselmetti F S, von Salk G A, Cunningham K J, et al., 1997. Acoustic properties of Neogene carbonates and siliciclastics from the subsurface of the Florida Keys: implications for seismic reflectivity. Mar. Geol. , 144: 9-31.

Atkinson B K, 1982. Subcritical crack propagation in rocks: theory, experimental results and applications. J. Struct. Geol., 4: 41-56.

Aydin A, Antonellini M, Tondi E, et al., 2010. Deformation along the leading edge of the Maiella thrust sheet in central Italy. J. Struct. Geol., 32: 1291-1304.

Bastesen E, Braathen A, Nøttveit H, et al., 2009. Extensional fault cores in micritic carbonates, a case study from Gulf of Corinth, Greece. J. Struct. Geol., 31: 403-420.

Bathurst R G C, 1971. Carbonate sediments and their diagenesis. Amsterdam-Oxford-New York: Elsevier, 657.

Baud P, Schubnel A, Wong T F, 2000. Dilatancy, compaction, and failure mode in Solnhofen limestone. J. Geophys. Res. B Solid Earth Planets, 105: 19289-19303.

Bauer H, Schröckenfuchs T C, Decker K, 2016. Hydrogeological properties of fault zones in a karstified carbonate aquifer (Northern Calcareous Alps, Austria). Hydrogeol. J., 24: 1147-1170.

Biegel R L, Sammis C G, Dieterich J H, 1989. The frictional properties of a simulated gouge having a fractal particle distribution. J. Struct. Geol., 11: 827-846.

Billi A, Salvini F, Storti F, 2003. The damage zone-fault core transition in carbonate rocks: implications for fault growth, structure and permeability. J. Struct. Geol., 25: 1779-1794.

Billi A, 2010. Microtectonics of low-P low-T carbonate fault rocks. J. Struct. Geol., 32: 1392-1402.

Bjørlykke K, Ramm M, Saigal G, 1989. Sandstone diagenesis and porosity modification during basin evolution. Geol. Rundsch., 78: 243-268.

Blenkinsop T G, 1991. Cataclasis and processes of particle size reduction. Pure Appl. Geophys., 136: 59-86.

Bons P D, 2001. Development of crystal morphology during unitaxial growth in a progressively widening vein: I. The numerical model. J. Struct. Geol., 23: 865-872.

Bons A J, Bons P D, 2003. The development of oblique preferred orientations in zeolite films and membranes. Microporous Mesoporous Mater., 62: 9-16.

Boschi E, Guidoboni E, Ferrari G, et al., 1997. In: ING-, S. G. A. (Eds.), Catalogo dei forti terremoti in Italia dal 461 A. C. al 1990, 644.

Bosi C, Galadini F, Messina P, 1995. Stratigrafia Plio-Pleistocenica della conca del Fucino. Il Quat., 8: 89-93.

Bucci F, Novellino R, Guglielmi P, et al., 2012. Geological map of the northeastern sector of the high Agri Valley, southern Apennines (Basilicata, Italy). J. Maps, 1-11.

Caine J S, Evans J P, Forster C B, 1996. Fault zone architecture and permeability structure. Geology, 24: 1025-1028.

Calderòn T, Aguilar M, Jaque F, et al., 1984. Thermoluminescence from natural calcite. J. Phys, 17: 2077-2038.

Cander H S, Kaufman J, Daniels L D, et al., 1988. Regional dolomitization of shelf carbonates in the Burlington-Keokuk Formation (Mississippian), Illinois and Missouri: constraints of cathodoluminescent zonal stratigraphy. In: Shukla V J, Baker P A (Eds.), Sedimentology and Geochemistry of Dolostones, 43, SEPM Special Publication, 129-144.

Cander H S, 1994. An example of mixing-zone, middle Eocene Avon park formation, Florida aquifer system. J. Sediment. Res. A64: 615-629.

Carminati E, Corda L, Mariotti G, et al., 2013. Mesozoic syn-and postrifting evolution of the central Apennines, Italy: the role of Triassic evaporites. J. Struct. Geol., 121: 327-354.

Carrio-Schaffhauser E, Raynaud S, Latière H J, et al., 1990. Propagation and localization of stylolites in limestones. In: Knipe R J, Rutter E H (Eds.), Deformation Mechanisms, Rheology and Tectonics, 54, Geological Society London Special Publications,

193-199.

Castellano M C, Sgrosso I, 1996. Età e significato dei depositi miocenici della Formazione di Monte Sierio e possibile evoluzione dell' Unità della Maddalena nell' Appennino campano-lucano. Memor. Soc. Geol. Ital., 51: 239-249.

Cavalcante F, Belviso C, Finizio F, et al., 2009. Carta Geologica delle Unitò Liguridi dell' Area del Pollino: nuovi dati geologici, mineralogici e petrografici. Vanzi industria grafica, Colle Val d' Elsa, Siena.

Cavazza W, Roure F, Ziegler P, 2004. The Mediterranean area and the surrounding regions: active processes, remnants of former Tethyan oceans and related thrust belts. In: Cavazza W, Roure F, Spakman W, et al., (Eds.), The Transmed Atlas, 1-29.

Cavinato G P, Miccadei E, 1995. Sintesi preliminare delle caratteristiche tettoniche e sedimentarie dei depositi quaternari della Conca di Sulmona (L' Aquila). Il Quat. 8: 129-140.

Cavinato G P, De Celles P G, 1999. Extensional basins in the tectonically bimodal central Apennines fold-thrust belt, Italy: response to corner flow above a subducting slab in retrograde motion. Geology, 27: 955-958.

Cavinato G P, Carusi C, Dall' asta M, et al., 2002. Sedimentary and tectonic evolution of Plio-Pleistocene alluvial and lacustrine deposits of Fucino Basin (central Italy). Sediment. Geol., 148: 29-59.

Chiaraluce L, 2012. Unravelling the complexity of Apenninic extensional fault systems: a review of the 2009 L' Aquila earthquake (Central Apennines, Italy). J. Struct. Geol., 42: 2-18.

Chuhan F A, Kjeldstad A, Bjørlykke K, et al., 2003. Experimental compression of loose sands; relevance to porosity reduction during burial in sedimentary basins. Can. Geotech. J., 40: 995-1011.

Chung F H, 1974. Quantitative interpretation of X-ray diffraction patterns of mixtures. I. Matrix-flushing method for quantitative multi-component analysis. J. Appl. Crystallogr., 7: 519-525.

Cilona A, Baud P, Tondi E, et al., 2012. Deformation bands in porous carbonate grainstones: field and laboratory observations. J. Struct. Geol., 45: 137-157.

Cilona A, Faulkner D R, Tondi E, et al., 2014. The effects of rock heterogeneity on compaction localization in porous carbonates. J. Struct. Geol., 67: 75-93.

Collettini C, Viti C, Tesei T, et al., 2013. Thermal decomposition along natural carbonate faults during earthquakes. Geology, 41: 927-930.

Collettini C, Carpenter B M, Viti C, et al., 2014. Fault structure and slip localization in carbonatebearing normal faults: an example from the Northern Apennines of Italy. J. Struct. Geol., 67: 154-166.

Coogan A H, Manus R W, 1975. Compaction and diagenesis of carbonate sands. In: Compaction of Coarse-Grained Sediments I. Developments in Sedimentology, 18: 79-166.

Corniello A, Ducci D, Ruggieri G, et al., 2018. Complex groundwater flow circulation in a carbonate aquifer: Mount Massico (Campania Region, Southern Italy). Synergistic hydrogeological understanding. J. Geochem. Explor., 190: 253-264.

Corrado S, Invernizzi C, Mazzoli S, 2002. Tectonic burial and exhumation in a foreland fold and thrust belt: the Monte Alpi case history (Southern Apennines, Italy). Geodin. Acta, 15: 159-177.

Cosentino D, Cipollari P, Marsili P, et al., 2010. Geology of the central Apennines; a regional review. In: Beltrando M, Peccerillo A, Mattei M, et al. (Eds.), Journal of the Virtual Explorer, 36.

Couvreur J F, Vervoort A, King M S, et al., 2001. Successive cracking steps of a limestone highlighted by ultrasonic wave propagation. Geophys. Prospect., 49: 71-78.

Cox S F, Etheridge M A, 1983. Crack-seal fibre growth mechanisms and their significance in the development of oriented layer silicate microstructures. Tectonophysics, 92: 779-787.

Cox S F, 1987. Antitaxial crack-seal vein microtextures and their relationship to displacement paths. J. Struct. Geol., 9: 779-787.

Crider J G, Peacock D C P, 2004. Initiation of brittle faults in the upper crust: a review of field observation. J. Struct. Geol., 26: 691-707.

Croizé D, Renard F, Gratier J P, 2013. Compaction and porosity reduction in carbonates: a review of observations, theory, and experiments. Adv. Geophys., 54: 181-238.

Damiani A V, Chiocchini M, Colacicchi R, et al., 1991. Elementi litostratigrafici per una sintesi delle facies carbonatiche meso-cenozoiche dell'Appennino centrale. In: Tozzi M, Cavinato G P, Parotto M (Eds.), Studi preliminari all' acquisizione dati del profilo CROP 11 Civitavecchia-Vasto. Studi Geologici Camerti, 187-213.

D' Addezio G, Pantosti D, Valensise G, 1991. Paleoearthquakes along the Irpin ia fault at Pantano di S. Gregorio Magno, Southern Italy. Alp. Mediterr. Quat., 4: 121-136.

De Joussineau J, Aydin A, 2007. The evolution of the damage zone with fault growth in sandstone and its multiscale characteristics. J. Geophys. Res., 112: B12401.

Delle Piane C, Giweli A, Clennell M, et al., 2016. Frictional and hydraulic behavior of carbonate fault gouge during fault reactivation-an experimental study. Tectonophysics, 690: 21-34.

Demurtas M, Fondriest M, Balsamo F, et al., 2016. Structure of a normal seismogenic fault zone in carbonates: the Vado di Corno fault, Campo Imperatore, central Apennines (Italy). J. Struct. Geol., 90: 185-206.

De Paola N, Hirose T, Mitchell T, et al., 2011. Fault lubrication and earthquake propagation in thermally unstable rocks. Geology, 39: 35-38.

De Paola N, Holdsworth R E, Viti C, et al., 2014. Superplastic flow lubricates carbonate faults during earthquake slip. EGU Geophys. Res. Abstr. 16 EGU, 2014-15340.

Dilek Y, 2006. Collision tectonics of the Mediterranean region: causes and consequences. In: Dilek Y, Pavlides S (Eds.), Postcollisional Tectonics and Magmatism in the Mediterranean Region and Asia, 409. Geological Society of America Special Paper, 1-13.

Di Niro A, Giano S I, Santangelo N, 1992. Primi dati sull'evoluzione geomorfologica e sedimentaria del bacino dell' Alta Val d' Agri (Basilicata). Studi Geol. Camerti, 257-263.

DISS Working Group, 2015. Database of individual seismogenic sources (DISS), Version 3. 2. 0: A compilation of potential sources for earthquakes larger than M 5. 5 in Italy and surrounding areas. http: //diss. rm. ingv. it/diss/ (Istituto Nazionale di Geofisica e Vulcanologia).

Di Toro G, Han R, Hirose T, et al., 2011. Fault lubrication during earthquakes. Nature, 471: 494-498.

Doan M L, Gary G, 2009. Rock pulverization at high strain rate near the San Andreas Fault. Nat. Geosci., 2: 709-712.

Doan M L, d' Hour V, 2012. Effect of initial damage on rock pulverization along faults. J. Struct. Geol., 45: 113-124.

Dockrill B, Shipton Z K, 2010. Structural controls on leakage from a natural CO_2 geologic storage site: central Utah, U. S. A. J. Struct. Geol., 32: 1768-1782.

Doglioni C, 1991. A proposal of kinematic modelling for W-dipping subductions-possible applications to the Tyrrhenian-Apennines system. Terra. Nova, 4: 423-434.

Dor O, Ben-Zion Y, Rockwell T K, et al., 2006. Pulverized rocks in the Mojave section of the San Andreas fault zone. Earth Planet. Sci. Lett., 245: 642-654.

Durney D W, Ramsay J G, 1973. Incremental strains measured by syntectonic crystal growths. In: De Jong K A, Scholten R (Eds.), Gravity and Tectonics. New York: Wiley, 67-96.

Eberli G P, Baechle G T, Anselmetti F S, et al., 2003. Factors controlling elastic properties in carbonate sediments and rocks. Lead. Edge, 22: 654-660.

Falconer K, 2003. Fractal geometry: mathematical foundations and applications. London: John Wiley and Sons, 400.

Faulkner D R, Jackson C A L, Lunn R J, et al. , 2010. A review of recent developments concerning the structure, mechanics and fluid flow properties of fault zones. J. Struct. Geol., 32: 1557-1575.

Ferraro F, Grieco D S, Agosta F, et al., 2018. Space-time evolution of cataclasis in carbonate fault zones. J. Struct. Geol., 110: 45-64.

Flügel E, 2009. Microfacies of carbonate rocks: analysis, interpretation and application. Springer Verlag, 984.

Fondriest M, Smith S A F, Candela T, et al., 2013. Mirrorlike faults and power dissipation during earthquakes. Geology 41: 1175-1178.

Fondriest M, Aretusini S, Di Toro G, et al., 2015. Fracturing and rock pulverization along an exhumed seismogenic fault zone in dolostones: the Foiana Fault Zone (Southern Alps, Italy). Tectonophysics, 654: 56-74.

Fracassi U, Valensise G, 2007. Unveiling the sources of the catastrophic 1456 multiple earthquake: hints to an unexplored tectonic mechanism in southern Italy. Bull. Seismol. Soc. Am., 97: 725-748.

Frank J R, Carpenter A B, Oglesby T W, 1982. Cathodoluminescence and composition of calcite cement in the Taum Sauk limestone (upper Cambrian), southeastern Missouri. J. Sediment. Petrol., 52: 631-638.

Galadini F, Galli P, 2000. Active tectonics in the central Apennines (Italy) -input data for seismic hazard assessment. Nat. Hazards, 22: 225-270.

Galadini F, Galli P, 2003. Paleoseismology of silent faults in the central Apennines (Italy): the Mt. Vettore and Laga Mts. Faults. Ann. Geophys., 46: 815-836.

Galadini F, Messina P, 2004. Early-middle Pleistocene eastward migration of the Abruzzi Apennine (central Italy) extensional domain. J. Geodyn., 37: 57-81.

Gale J F W, Laubach S E, Marrett R A, et al., 2004. Predicting and characterizing fractures in dolostone reservoirs: using the link between diagenesis and fracturing. In: Braithwaite C J R, Rizzi G, Darke G (Eds.), The Geometry and Petrogenesis of Dolomite Hydrocarbon Reservoirs, 235. London: Geological Society, Special Publications, 177-192.

Gale J F W, Lander R H, Reed R M, et al., 2010. Modeling fracture porosity evolution in dolostone. J. Struct. Geol. 32: 1201-1211.

Galli P A C, Peronace E, Quadrio B, et al., 2014. Earthquake fingerprints along fault scarps: a case study of the Irpinia 1980 earthquake fault (southern Apennines). Geomorphology, 206: 97-106.

Gallagher J J, Friedman M, Handin J, et al., 1974. Experimental studies relating to microfractures in sandstone. Tectonophysics, 21: 203-247.

Ghisetti F, Vezzani L, 1999. Depth and modes of pliocene-pleistocene crustal extension of the Apennines (Italy). Terra. Nova, 11: 67-72.

Ghisetti F, Kirschner D L, Vezzani L, et al., 2001. Stable isotope evidence for contrasting paleofluid circulation in thrust faults and normal faults of the central Apennines, Italy. J. Geophys. Res., 106: 8811-8825.

Giaccio B, Galli P, Peronace E, et al., 2014. A 560-440 ka tephra record from the Mercure Basin, southern Italy: volcanological and tephrostratigraphic implications. J. Quat. Sci., 29: 232-248.

Giano I S, Maschio L, Alessio M, et al., 2000. Radiocarbon dating of active faulting in the Agri high valley, southern Italy. J. Geodyn., 29: 371-386.

Giano I S, Pescatore E, Agosta F, et al., 2018. Geomorphic evidence of Quaternary tectonics in an underlap fault zone of southern Apennines, Italy. Geomorphology, 303: 172-190.

Glover J E, 1968. Significance of stylolites in dolomitic limestones. Nature, 217: 835-836.

Gori S, Dramis F, Galadini F, et al., 2007. The use of geomorphological markers in the footwall of active faults for kinematic evaluations: examples from the central Apennines. Ital. J. Geosci., 126: 365-374.

Gori S, Giaccio B, Galadini F, et al., 2011. Active normal faulting along the Mt. Morrone south-western slopes (central Apennines, Italy). Int. J. Earth Sci., 100: 157-171.

Graham B, Antonellini M, Aydin A, 2003. Formation and growth of normal faults in carbonates within a compressive environment. Geology, 31: 11-14.

Gratier J P, Favreau P, Renard F, 2003. Modeling fluid transfer along California faults when integrating pressure solution crack sealing and compaction processes. J. Geophys. Res., 108: B2-B2104.

Gratier J P, Guiguet R, Renard F, et al., 2009. A pressure solution creep law for quartz from indentation experiments. J. Geophys. Res. Solid Earth, 114: 124-141.

Gratier J P, Dysthe D, Renard F, 2013. The role of pressure solution creep in the ductility of the Earth's upper crust. Adv. Geophys., 54: 47-179.

Gratier J P, Noiriel C, Renard F, 2015. Experimental evidence for rock layering development by pressure solution. Geology, 43: 871-874.

Gundersen E, Renard F, Dysthe D K, et al., 2002. Coupling between pressure solution creep and diffusive mass transport in porous rocks. J. Geophys. Res. B Solid Earth Planets, 107.

Habermann D, Neuser R D, Richter D K, 1998. Low limit of Mn^{2+}-activated cathodoluminescence of calcite: state of the art. Sediment. Geol., 116: 13-24.

Hadizadeh J, Rutter E H, 1982. Experimental study of cataclastic deformation of a quartzite. In: Goodman R E, Heuze F E (Eds), Proceedings of the 23rd Symposium on Rock Mechanics. Berkeley: University of California, 372-379.

Haines T J, Neilson J E, Healy D, et al., 2015. The impact of carbonate texture on the quantification of total porosity by image analysis. Comput. Geosci., 85: 112-125.

Haines T J, Michie E A H, Neilson J E, et al., 2016. Permeability evolution across carbonate hosted normal fault zones. Mar. Petrol. Geol., 72: 62-82.

Han R, Shimamoto T, Hirose T, et al., 2007. Ultralow friction of carbonate faults caused by thermal decomposition. Science, 316: 878-881.

Han R, Hirose T, Shimamoto T, 2010. Strong velocity weakening and powder lubrication of simulated carbonate faults at seismic slip rates. J. Geophys. Res., 115: B03412.

Heilbronner R, Keulen N, 2006. Grain size and grain shape analysis of fault rocks. Tectonophysics, 427: 199-216.

Hiatt E E, Pufahl P K, 2014. Cathodoluminescence petrography of carbonate rocks: a review of applications for understanding diagenesis, reservoir quality, and pore system evolution. In: Mineralogical Association of Canada Short Course 45, Fredericton, NB, 75-96.

Hilgers C, Köhn D, Bons P D, et al., 2001. Development of crystal morphology during unitaxial growth in a progressively widening vein: II. Numerical simulations of the evolution of antitaxial fibrous veins. J. Struct. Geol., 23: 873-885.

Hilgers C, Urai J L, 2002. Experimental study of syntaxial vein growth during lateral fluid flow in transmitted light: first results. J. Struct. Geol., 24: 1029-1043.

Hilgers C, Dilg-Gruschinski K, Urai J L, 2004. Microstructural evolution of syntaxial veins formed by advective flow. Geology, 32: 261-264.

Hugman R H H, Friedman M, 1979. Effects of texture and composition on mechanical behavior of experimentally deformed carbonate rocks. Am. Assoc. Petrol. Geol. Bull., 63: 1478-1489.

Jouniaux L, Zamora M, Reuschle T, 2006. Electrical conductivity evolution of nonsaturated carbonate rocks during deformation up to failure. Geophys. J. Int., 167: 1017-1026.

Kavouri K P, Karatzas G P, Plagnes V, 2017. A coupled groundwater-flow-modelling and vulnerability-mapping methodology for karstic terrain management. Hydrogeol. J., 25: 1301-1317.

Kelly Y S, Peacock D C P, Sanderson D J, 1998. Linkage and evolution of conjugate strike-slip fault zones in limestones of Somerset and Northumbria. J. Struct. Geol., 20: 1477-1493.

Keulen N, Heilbronner R, Stuenitz H A, et al., 2007. Grain size distributions of fault rocks: a comparison between experimentally and naturally deformed granitoids. J. Struct. Geol., 29: 1282-1300.

Kim Y S, Sanderson D, 2009. Inferred fluid flow through fault damage zones based on the observation of stalactites in carbonate caves. J. Struct. Geol., 32: 1305-1316.

Knipe R, 1993. The influence of fault zone processes and diagenesis on fluid flow. In: Horbury A D, Robinson A G (Eds.), Diagenesis and Basin Development. Studies in Geology, vol. 36. American Association of Petroleum Geologists, 135-154.

Krumm S, 1994. WINFIT 1. 0 - a computer program for X-ray diffraction line profile analysis. Acta Univ. Carol., 2: 253-262.

Kyser T K, James N P, Bone Y, 2002. Shallow burial dolomitization and dedolomitization of Cenozoic cool-water limestones, southern Australia: geochemistry and origin. J. Sediment. Res., 72: 146-157.

Lander R H, Larese R E, Bonnell L M, 2008. Toward more accurate quartz cement models—the importance of euhedral vs. non-euhedral growth rates. Am. Assoc. Petrol. Geol. Bull., 92: 1537-1564.

Lander R H, Laubach S E, 2015. Insights into rates of fracture growth and sealing from a model for quartz cementation in fractured sandstones. Geol. Soc. Am. Bull., 127: 516-538.

Laubach S E, 2003. Practical approaches to identifying sealed and open fractures. Am. Assoc. Petrol. Geol. Bull., 87: 561-579.

Laubach S E, Eichhubl P, Hilgers C, et al., 2010. Structural diagenesis. J. Struct. Geol., 32: 1866-1872.

Lehner F K, 1990. Thermodynamics of rock deformation by pressure solution. In: Barber D J, Meredith P G (Eds.), Deformation Processes in Minerals, Ceramics and Rocks. London: Unwin Hyman Ltd, 423.

Locardi E, 1988. Geodinamica attuale dell'Appennino. In: L'Appennino Campano Lucano nel Quadro Geologico dell'Italia Meridionale. Atti 74° Congresso Nazionale della Società Geoogica Italiana, 93-100.

Logan B W, Semeniuk V, 1976. Dynamic metamorphism; process and products in devonian carbonate rocks; Canning Basin, Western Australia, 6. Geological Society of Australia, Special Publication, 38.

Longman M W, 1980. Carbonate diagenetic textures from near surface diagenetic environments. Am. Assoc. Petrol. Geol. Bull., 64: 461-487.

Lønøy A, 2006. Making sense of carbonate pore systems. Am. Assoc. Petrol. Geol. Bull., 90: 1381-1405.

Lucia F J, 1999. Carbonate reservoir characterization. New York: Springer, 226.

Machel H G, Mason R A, Mariano A N, et al., 1991. Causes and emission of luminescence in calcite and dolomite. In: Barker C E, Kopp O C (Eds.), Luminescence Microscopy and Spectroscopy: Qualitative and Quantitative Applications, 25. Tulsa: SEPM Short Course, 9-25.

Mair K, Abe S, 2011. Breaking up: Comminution mechanisms in sheared simulated fault gouge. Pure Appl. Geophys., 168: 2277-2288.

Malagnini L, Lucente F P, De Gori P, et al., 2012. Control of pore fluid pressure diffusion on fault failure mode: insights from the 2009 L'Aquila seismic sequence. J. Geophys. Res., 117: B05302.

Mandelbrot B B, 1985. Self-affine fractals and fractal dimension. Phys. Scripta, 32: 257-260.

Marone C, Scholz C H, 1989. Particle-size distribution and microstructures within simulated fault gouge. J. Struct. Geol., 11: 799-814.

Marra F, 1998. Evidenze di tettonica trascorrente alto-Pleistocenica al confine Calabro-Lucano: analisi morfostratigrafica e strutturale del bacino del Mercure. Ital. J. Quat. Sci., 11: 201-215.

Mazzoli S, Aldega L, Corrado S, et al., 2006. Pliocene-Quaternary thrusting, syn-orogenic extension and tectonic exhumation in the southern Apennines (Italy): Insights from the Alpi Mt. area. In: Mazzoli S, Butler R W H (Eds.), Styles of Continental Contraction, 414. Geological Society of America, 55-77.

Mavko G, Mukerji T, Dvorkin J, 2009. The rock physics handbook: tools for seismic analysis of porous media. Cambridge University Press, 524.

Meyers W J, 1974. Carbonate cement stratigraphy of the lake valley formation (Mississippian), Sacramento Mountains, New Mexico. J. Sediment. Petrol., 44: 837-861.

Meyers W J, 1978. Carbonate cements-their regional distribution and interpretation in Mississippian limestones of southeastern New Mexico. Sedimentology, 25: 371-400.

Meyers W J, Hill B E, 1983. Quantitative studies of compaction in Mississippian skeletal limestones, New Mexico. J. Sediment. Petrol., 53: 231-242.

Micarelli L, Benedicto A, Wibberley C A J, 2006. Structural evolution and permeability of normal fault zones in highly porous carbonate rocks. J. Struct. Geol., 28: 1214-1227.

Miccadei E, Barberi R, Cavinato G P, 1998. La geologia quaternaria della conca di Sulmona (Abruzzo, Italia centrale). Geol. Rom., 34: 59-86.

Michie E A H, Haines T J, Healy D, et al., 2014. Influence of carbonate facies on fault zone architecture. J. Struct. Geol., 65: 82-99.

Miller S A, Collettini C, Chiaraluce L, et al., 2004. Aftershocks driven by a high-pressure CO_2 source at depth. Nature, 427: 724-727.

Milliken K L, Laubach S E, 2000. Brittle deformation in sandstone diagenesis revealed by scanned cathodoluminescence imaging with application to characterization of fractured reservoirs. In: Pagel M, Barbin V, Blanc P, et al. (Eds.), Cathodoluminescence in Geosciences. Berlin: Springer Verlag, 225-243.

Mitchell T M, Ben-Zion Y, Shimamoto T, 2011. Pulverized fault rocks and damage asymmetry along the Arima-Takatsuki Tectonic Line, Japan. Earth Planet. Sci. Lett, 308: 284-297.

Mollema P N, Antonellini M, 1999. Development of strike-slip faults in the dolomites of the Sella Group, northern Italy. J. Struct. Geol., 21: 273-292.

Monaco C, 1993. Pleistocene strike-slip tectonics in the Pollino mountain range (southern Italy). Ann. Tect., 7: 100-112.

Moore C H, Druckman Y, 1981. Burial diagenesis and porosity evolution, upper Jurassic Smackover, Arkansas and Louisiana. Am. Assoc. Petrol. Geol. Bull., 65: 597-628.

Morewood N C, Roberts G P, 2000. The geometry, kinematics and rates of deformation within an en echelon normal fault segment boundary, central Italy. J. Struct. Geol., 22: 1027-1047.

Niemeijer A R, Spiers C J, Bos B, 2002. Compaction creep of quartz sand at 400-600℃: experimental evidence for dissolution-controlled pressure solution. Earth Planet. Sci. Lett., 195: 261-275.

Niemeijer A, Elsworth D, Marone C, 2009. Significant effect of grain size distribution on compaction rates in granular aggregates. Earth Planet. Sci. Lett., 284: 386-391.

Nollet S, Urai J L, Bons P D, et al., 2005. Numerical simulations of polycrystal growth in veins. J. Struct. Geol., 27: 217-230.

Okamoto A, Sekine K, 2011. Textures of syntaxial quartz veins synthesized by hydrothermal experiments. J. Struct. Geol., 33: 1764-1775.

Olson J E, Laubach S E, Lander R H, 2009. Natural fracture characterization in tight gas sandstones: integrating mechanics and diagenesis. Am. Assoc. Petrol. Geol. Bull., 93: 1535-1549.

Palchik V, Hatzor Y H, 2002. Crack damage stress as a composite function of porosity and elastic matrix stiffness in dolomites and limestones. Eng. Geol., 63: 233-245.

Papanikolaou I D, Roberts G P, 2007. Geometry, kinematics and deformation rates along the active normal fault system in the southern Apennines: implications for fault growth. J. Struct. Geol., 29: 166-188.

Parotto M, Praturlon A, 1975. Geological summary of the central Apennines. In: structural model of Italy. Quaderni di Ricerca Scientifica, 90: 256-311.

Passchier C W, Trouw R A J, 1996. Microtectonics. Berlin: Springer-Verlag, 289.

Patacca E, Sartori R, Scandone P, 1990. Tyrrhenian basin and Apenninic arcs; kinematic relations since late Tortonian times. Memor. Soc. Geol. Ital., 45: 425-451.

Patacca E, Scandone P, 2007. Geology of southern Apennines. Results of the CROP Project. Sub-project CROP-04. In: Mazzotti A, Patacca E, Scandone P (Eds.), Bollettino Della Società Geologica Italiana, 7: 75-119.

Petrella E, Aquino D, Fiorillo F, et al., 2015. The effect of low-permeability fault zones on groundwater flow in a compartmentalized system. Experimental evidence from a carbonate aquifer (Southern Italy). Hydrol. Process., 29: 1577-1587.

Philip Z G, Jennings Jr, J W, Olson J E, et al., 2005. Modeling coupled fracture-matrix fluid flow in geomechanically simulated fracture networks. SPE Reservoir Eval. Eng., 8: 300-309.

Pischiutta M, Fondriest M, Demurtas M, et al., 2017. Structural control on the directional amplification of seismic noise (Campo Imperatore, central Italy). Earth Planet. Sci. Lett., 471: 10-18.

Pondrelli S, Morelli A, Ekstrom G, 2004. European-Mediterranean regional centroid moment tensor catalog: solutions for years 2001 and 2002. Phys. Earth Planet. In., 145: 127-147.

Railsback L B, Andrews L M, 1995. Tectonic stylolites in the 'undeformed' Cumberland Plateau of southern Tennessee. J. Struct. Geol., 17: 911-915.

Raj R, 1982. Creep in polycrystalline aggregates by matter transport through a liquidphase. J. Geophys. Res., 87: 4731-4739.

Ramsay J G, 1980. The crack-seal mechanism of rock deformation. Nature, 284: 135-139.

Reed R M, Milliken K L, 2003. How to overcome imaging problems associated with carbonate minerals on SEM-based cathodoluminescence systems. J. Sediment. Res., 73: 328-332.

Renard F, Ortoleva P J, 1997. Water films at grain-grain contacts: Debye-Hückel osmotic model of stress, salinity, and mineralogy dependence. Geochem. Cosmochim. Acta, 61: 1963-1970.

Renard F, Gratier J P, Jamtveit B, 2000. Kinetics of crack sealing, intergranularpressure solution, and compaction around active faults. J. Struct. Geol., 22: 1395-1407.

Renard F, Dysthe D, Feder J, et al., 2001. Enhanced pressure solution creep rates induced by clay particles; experimental evidence in salt aggregates. Geophys. Res. Lett., 28: 1295-1298.

Renner J, Rummel F, 1996. The effect of experimental and microstructural parameters on the transition from brittle failure to cataclastic flow of carbonate rocks. Tectonophysics, 258: 151-169.

Ricken W, 1987. The carbonate compaction law: a new tool. Sedimentology, 34: 571-584.

Robustelli G, Russo Ermolli E, Petrosino P, et al., 2014. Tectonic and climatic control on geomorphological and sedimentary evolution of the Mercure basin, southern Apennines, Italy. Geomorphology, 214: 423-435.

Rovida A, Camassi R, Gasperini P, et al. (Eds.), 2011. CPTI11, La versione 2011 del Catalogo Parametrico dei Terremoti Italiani. Milano, Bologna. http: //emidius. mi. ingv. it/CPTI.

Royden L H, Patacca E, Scandone P, 1987. Segmentation and configuration of subducted lithosphere in Italy: an important control on thrust belt and foredeep-basin evolution. Geology, 15: 714-717.

Rowe C D, Griffith A W, 2015. Do faults preserve a record of seismic slip: a second opinion. J. Struct. Geol., 78: 1-26.

Rutter E H, 1976. The kinetics of rock deformation by pressure solution. Phil. Trans. Roy. Soc. Lond. Math. Phys. Sci., 283: 203-219.

Rutter E H, 1983. Pressure solution in nature, theory and experiment. J. Geol. Soc. Lond., 140: 725-740.

Salvini F, Billi A, Wise D U, 1999. Strike-slip fault-propagation cleavage in carbonate rocks: the Mattinata fault zone. J. Struct. Geol., 21: 1731-1749.

Sammis C G, King G, Biegel R, 1987. The kinematics of gouge deformation. Pure Appl. Geophys, 125: 777-812.

Sammis C G, King G, 2007. Mechanical origin of power law scaling in fault zone rock. Geophys. Res. Lett., 34: L04312.

Santantonio M, Carminati E, 2011. Jurassic rifting evolution of the Apennines and southern Alps (Italy): parallels and differences. Bull. Geol. Soc. Am., 123: 468-484.

Schiattarella M, Torrente M, Russo F, 1994. Analisi strutturale ed osservazioni morfostratigrafiche nel bacino del Mercure (Confine Calabro-Lucano). Il Quat., 7: 613-626.

Schiattarella M, Di Leo P, Beneduce P, et al., 2003. Quaternary uplift vs tectonic loading: a case-study from the Lucanian Apennine, southern Italy. Quat. Int., 14: 101-102.

Schiattarella M, Giano S I, Gioia D, 2017. Long-term geomorphological evolution of the axial zone of the Campania-Lucania Apennine, southern Italy: a review. Geol. Carpathica, 68: 57-67.

Scholle P A, Halley R B, 1985. Burial diagenesis: out of sight, out of mind. In: Carbonate Cements, 36. Society of Economic Paleontologists and Mineralogists, 309-334.

Serpelloni E, Anzidei M, Baldi P, et al., 2002. Combination of permanent and non-permanent GPS networks for the evaluation of the strain-rate field in the central Mediterranean area. Boll. Geofis. Teor. Appl., 43: 195-219.

Shipton Z K, Cowie P A, 2003. A conceptual model for the origin of fault damage zone structures in high-porosity sandstone. J. Struct. Geol., 25: 333-345.

Sibson R H, 1977. Fault rocks and fault mechanisms. J. Geol. Soc. Lond., 133: 191-213.

Sibson R H, 1985. Stopping of earthquake ruptures at dilational fault jogs. Nature, 316: 248-251.

Sibson R H, 1986. Brecciation processes in fault zones: inferences from earthquake rupturing. Pure Appl. Geophys., 124: 159-175.

Sibson R H, 2000. Fluid involvement in normal faulting. J. Geodyn., 29: 469-499.

Sibson R H, 2003. Thickness of the seismic slip zone. Bull. Seismol. Soc. Am., 93: 1169-1178.

Smeraglia L, Berra F, Billi A, et al., 2016a. Origin and role of fluids involved in the seismic cycle of extensional faults in carbonate rocks. Earth Planet. Sci. Lett., 450: 292-305.

Smeraglia L, Aldega L, Billi A, et al., 2016b. Phyllosilicate injection along extensional carbonate-hosted faults and implications for co-seismic slip propagation: case studies from the central Apennines, Italy. J. Struct. Geol., 93: 29-50.

Smith S A F, Billi A, Di Toro G, et al., 2011. Principal slip zones in limestone: microstructural characterization and implications for the seismic cycle (Tre Monti fault, Central Apennines, Italy). Pure Appl. Geophys., 168: 2365-2393.

Smith M M, Sholokhova Y, Hao Y, et al., 2013a. CO_2-induced dissolution of low permeability carbonates, part I: characterization and experiments. Adv. Water Resour., 62: 370-387.

Smith S A F, Di Toro G, Kim S, et al., 2013b. Coseismic recrystallization during shallow earthquake slip. Geology, 41: 63-66.

Środoń J, Drist V A, McCarty D K, et al., 2001. Quantitative X-ray diffraction analysis of clay-bearing rocks from random preparations. Clay Clay Miner., 49: 514-528.

Stephansson O, Jing L, Tsang C F, 1996. Coupled thermo-hydro-mechanical processes of fractured media. Elsevier Science B. V., Amsterdam, 574.

Storti F, Billi A, Salvini F, 2003. Particle size distributions in natural carbonate fault rocks: insights for non-self-similar cataclasis. Earth Planet. Sci. Lett., 206: 173-186.

Storti F, Balsamo F, Salvini F, 2007. Particle shape evolution in natural carbonate granular wear material. Terra. Nova, 19: 344-352.

Storti F, Aldega L, Balsamo F, et al., 2013. Evidence for strong middle Pleistocene earthquakes in the epicentral area of the 6 April 2009 L'Aquila seismic event from sediment paleofluidization and overconsolidation. J. Geophys. Res.: Solid Earth, 118: 3767-3784.

Tada R, Siever S, 1986. Experimental knife-edge pressure solution of halite. Geochem. Cosmochim. Acta, 50: 29-36.

Tada R, Siever R, 1989. Pressure solution during diagenesis. Annu. Rev. Earth Planet Sci., 17: 89-118.

Tavani S, Storti F, Lacombe O, et al., 2015. A review of deformation pattern templates in foreland basin systems and fold-and-thrust belts: implications for the state of stress in the frontal regions of thrust wedges. Earth Sci. Rev., 141: 82-104.

Tondi E, Cilona A, Agosta F, et al., 2012. Growth processes, dimensional parameters and scaling relationships of two conjugate sets of compactive shear bands in porous carbonate grainstones, Favignana Island, Italy. J. Struct. Geol., 37: 53-64.

Trippetta F, Carpenter B M, Mollo S, et al., 2017. Physical and transport property variations within carbonate - bearing fault zones: insights from the Monte Maggio Fault (Central Italy). Geochem. Geophys. Geosyst., 18: 4027-4042.

Tsang C F, 1999. Linking thermal, hydrological, and mechanical processes in fractured rocks. Annu. Rev. Earth Planet Sci., 27: 359-384.

Toussaint R, Aharonov E, Koehn D, et al., 2018. Stylolites: a review. J. Struct. Geol., 114: 163-195.

Tucker M E, Wright P V, 1990. Carbonate Sedimentology. Blackwell Science Ltd, 496.

Ukar E, Laubach S E, 2016. Syn- and postkinematic cement textures in fractured carbonate rocks: insights from advanced cathodoluminescence imaging. Tectonophysics, 690: 190-205.

Ukar E, Lopez R G, Laubach S E, et al., 2017. New type of kinematic indicator in bed-parallel veins, late Jurassic-early Cretaceous Vaca Muerta formation, Argentina: E-W shortening during late Cretaceous vein opening. J. Struct. Geol., 104: 31-47.

Vahrenkamp V C, Swart P K, 1994. Late Cenozoic dolomites of the Bahamas: metastable analogues for the genesis of ancient platform dolomites. In: Purser B H, Tucker M E, Zenger D H (Eds.), Dolomites - a Volume in Honour of Dolomieu, 21. International As-

sociation of Sedimentologists, Special Publication, 133–154.
Vai G B, Martini I P, 2001. Geomorphologic setting. In: Vai G B, Martini I P (Eds.), Anatomy of an Orogen: the Apennines and Adjacent Mediterranean Basins. Kluwer Academic Publishers, 1–4.
Vajdova V, Baud P, Wong T F, 2004. Compaction, dilatancy, and failure in porous carbonate rocks. J. Geophys. Res., 109: B05.
Vanorio T, Scotellaro C, Mavko G, 2008. The effect of chemical and physical processes on the acoustic properties of carbonate rocks. Lead. Edge, 27: 1040–1048.
Vezzani L, 1967. Osservazioni sul bacino lacustre del Fiume Mercure. Atti della Accademia Gioenia di Scienze Naturali in Catania, 18: 229–235.
Vezzani L, Ghisetti F, 1998. Carta Geologica dell'Abruzzo. S. E. L. C. A., Firenze, Scale 1:100000, 2 Sheets.
Vezzani L, Festa A, Ghisetti F C, 2010. Geology and tectonic evolution of the central–southern apennines, Italy. Geological Society of America Special Paper 469, 58.
Vittori E, Cavinato G P, Miccadei E, 1995. Active faulting along the northeastern edge of the Sulmona basin, central Apennines, Italy. In: Serva L, Slemmons D B (Eds.), Perspective in Paleoseismology, 6. Special Publication, Association of Engineering Geologists, 115–126.
Walters R J, Gregory L C, Wedmore L N J, et al., 2018. Dual control of fault intersections on stop–start rupture in the 2016 Central Italy seismic sequence. Earth Planet. Sci. Lett., 500: 1–14.
Wang Z, 1997. Seismic properties of carbonate rocks. Geophys. Dev. Ser., 6: 29–52.
Westaway R, 1993. Quaternary uplift of southern Italy. J. Geophys. Res., 98: 21741–21772.
Weyl P K, 1959. Pressure solution and the force of crystallization—a phenomenological theory. J. Geophys. Res., 64: 2001–2025.
Wibberley C A J, Yielding G, Di Toro G, 2008. Recent advances in the understanding of fault zone internal structure; a review. In: Wibberley C A J, Kurz, W, Imber J, et al. (Eds.), Structure of Fault Zones: Implications for Mechanical and Fluid–Flow Properties, vol. 299. Geological Society of London Special Publication, 5–33.
Willemse E J, Peacock D C P, Aydin A, 1997. Nucleation and growth of strike–slip faults in platform carbonates from Somerset, U. K. J. Struct. Geol., 19: 1461–1477.
Zhang X, Spiers C J, Peach C J, 2010. Compaction creep of wet granular calcite by pressure solution at 28℃ to 150℃. J. Geophys. Res., 115: B09217.
Zhang J, Adams J B, 2002. A novel model of simulation and visualization of polycrystalline thin film growth. Model. Simulat. Mater. Sci. Eng., 10: 381–401.

本文由张荣虎教授编译

基于裂缝砂岩石英胶结模型的裂缝生长和封闭速率研究

Lander R H[1], Laubach S E[2]

1. Geocosm，杜兰戈，科罗拉多州，美国；
2. 经济地质局，得克萨斯大学奥斯汀分析，奥斯汀，得克萨斯州，美国

摘要：本文提出了一种新的模型来解释砂岩裂缝中石英胶结物的晶体生长模式和内部结构，这些内部结构包括大量的密封沉积物、沿着裂缝面呈线性排列的薄状外壳或薄片，以及横跨裂缝的桥接结构。高分辨率阴极发光成像所得到的桥接结构和大量的密封沉积物表明，它们的形成过程与不断增长的石英晶体的重复断裂（微米级）过程有关，而薄状外壳则与其不同。模型研究结果表明，这3种形态的形成与石英生长速率与裂缝张开速率的比值以及在一定的结晶方位下，非自形晶面上的生长速率明显加快（相比于自形晶面）有关。当裂缝张开速度超过石英生长速率的两倍时（沿非自形晶面的c轴），就会形成外壳形态，因为生长中的晶体会形成生长缓慢的自形晶面。另一方面，由于沿裂缝壁生长的所有石英表面都对断裂事件之间的裂缝进行密封，因此在裂缝净张开速率小于石英在自形晶面上的生长速率的两倍时，大量的裂缝将会被密封。桥接结构是在裂缝张开速率介于大规模密封和形成外壳结构之间时形成的，并且这些桥接结构与结晶方位有关，这使得裂缝在断裂事件之间能够不断生长。随后形成的裂缝破坏了横跨在裂缝间的晶体结构，并引入了新的快速生长的非自形生长面，与不横跨裂缝的晶体的自形晶面相比，非自形石英的生长速率更快。随着裂缝张开速率与石英生长速率比值的不断增大，横跨裂缝的过度生长所占的比例不断减小，这些晶体的c轴方向范围逐渐接近垂直于裂缝壁的方向，直至达到最大桥接极限。模拟结果还重现了变质石英脉中的“拉伸型晶体”“辐射体结构”和“细长块状”结构。该模型利用了相同的动力学参数，模拟了白垩系Travis Peak组地层中的一个具有典型特征的石英桥接结构，以及砂岩母岩和断裂带中石英胶结物的丰度、内部结构和外部形态，同时考虑了流体包裹体和热历史的约束。同样的基本驱动力在母岩和裂缝系统中主要负责石英的胶结，在断裂带中唯一明显的区别在于，它会产生新的孔隙空间和非自形晶面（在不同断裂事件之间发生横跨裂缝的过度生长）。利用模型研究结果，可以从裂缝胶结物结构中推断裂缝的生长速率和密封速度。

1 概述

裂缝的发育深刻地影响着诸如渗透性、强度和地震响应等地壳属性的演化过程（美国国家科学院，1996），但我们对地壳中的裂缝生长速率却知之甚少。对于深部的张开型（延伸型）裂缝，裂缝的形成时间通常是不确定的，并且通常无法探测到裂缝的生长。同样，通过岩心或露头中的裂缝几何形状和形态也不能判断出裂缝的形成时间或生长速率。工程经验表明，岩石中的裂缝可以突然形成并迅速生长（在人类的时间尺度上），但裂缝力学模型预测得到的裂缝生长持续时间可达数百万年乃至数千万年（Olson，1993；Renshaw et al.，1994；Olson et al.，2009），这些裂缝是在亚临界裂缝扩展过程中形成的（Atkinson et al.，1987），它们具有典型的地壳应变速率和岩石力学性能。由于没有独立的方法来解释或预测裂缝的形成时间或生长速率，因此这些地质力学模型的预测结果缺乏关键的约束条件，导致在许多实际应用的过程中存在不可接受的不确定性。限制形成时间和张开速率的最大希望来自裂缝内沉淀的胶结物的特性。裂缝胶结物中的同位素或流体包裹体数据与热历史模型的相关性有助于了解裂缝的形成时间（Laubach，1988；Evans，1995；Parris et al.，2003；Lavenu et al.，2014）。最近对与埋藏历史相关的裂缝性石英沉积物中流体包裹体组合的温度序列的研究表明，一些裂缝反映了发生在数百万年甚至数千万年间的数百次

微米级断裂事件（Becker et al.，2010；Fall et al.，2012）。

石英胶结物是深埋在砂岩地层中的大多数裂缝体系中普遍存在的成分，迄今为止，由于其流体包裹体的特性、裂缝密封结构以及同位素和化学成分，石英胶结物已被证实是裂缝张开历史限制条件的最有用的来源（Laubach，1988；Parris et al.，2003；Laubach et al.，2006；Becker et al.，2010；Fall et al.，2012）。此外，同构造期石英的生长似乎会影响裂缝体系中的粒度分布（Clark et al.，1995；Laubach et al.，2010；Hooker et al.，2012，2013），而裂缝体系中的粒度分布在沉积岩和变质岩中的差异较大（Marrett et al.，1999；Bonnet et al.，2001；Renard et al.，2005；Hooker et al.，2014）。

与裂缝体积通常被胶结物所填充的变质岩脉不同（Hilgers et al.，2001；Bons et al.，2012），在沉积岩中，裂缝壁上的胶结物通常以薄片或外壳的形式出现，裂缝壁上还点缀着高度局域化的厚得多的沉积物，我们称之为桥接结构。现有的岩脉胶结模型（Ramsay，1980；Bons，2001；Hilgers et al.，2001；Zhang et al.，2002；Nollet et al.，2005；Okamoto et al.，2011；Yang，2012；Ankit et al.，2013）没有考虑这些特征，而局部胶结物沉积模式在砂岩（Laubach et al.，2004a）、白云岩（Gale et al.，2010）和泥岩（Gale et al.，2014）中的分布却很广泛。虽然在实验室研究（Hilgers et al.，2002）和数值模拟研究（Hilgers et al.，2004）中已经得到了几种局部胶结模式，但这种局部胶结结构与石英桥接结构不同，它主要出现在裂缝的流体入口附近。

砂岩裂缝中石英的胶结类型和胶结模式存在两点疑问：（1）胶结物的数量显示出的胶结模式与流经裂缝网络的流体控制的胶结模式正好相反；（2）相邻晶体上的过度生长现象有时候表明，其生长各向异性远远超过其他地质背景（如变质岩脉和砂岩母岩）下的生长各向异性。较高的生长各向异性表明，目前的概念中缺少对裂缝胶结物堆积过程中的一个基本方面的认识。本文的目的是描述一个试图解释这些谜团的模型，同时提供独立的、可测试的假设，从而将胶结物的结构和体积含量与裂缝张开速率、裂缝活跃的时间和裂缝孔隙空间的持久性联系起来。

接下来，我们将对石英胶结物在天然砂岩裂缝中的重要特征进行描述，以便能够对任何过程模型进行解释。然后，我们将简要描述对石英胶结物生长过程的控制、胶结物溶质的可能来源、地层破裂对裂缝生长机制的影响，以及石英胶结物横跨裂缝（微断裂事件之间）的能力的限制条件。接下来，我们将描述一个对未破裂砂岩中的石英胶结作用进行正向建模的方法是如何在对模型进行修正后（考虑破裂过程对非自形生长面、孔隙的几何形状和尺寸的影响）再现砂岩裂缝带中石英胶结物的丰度、形态和内部结构的。随后，我们再将模型预测结果与一个自然案例进行比较，并讨论如何使用这种建模方法来约束裂缝的张开历史。最后，我们将对该模型在变质环境中再现石英脉中已知结构的能力进行研究。

2 砂岩裂缝中石英胶结物的存在形式

在温度超过90℃的条件下暴露了数百万年，或者在温度低于90℃的条件下暴露了数千万年到数亿年，这些砂岩通常含有大量的石英胶结物（McBride，1989；Bjørklykke et al.，1993；Lander et al.，1999）。这种胶结物通常以过度生长的形式形成，生长过程发生在已存在的石英表面，如碎屑颗粒（Sorby，1880）和较早形成的胶结物。在地质时间尺度上暴露在高温条件下的砂岩裂缝中，通常含有过度生长的石英胶结物及其他成岩相，如碳酸盐和黏土矿物。在其他成岩相存在的地方，重叠纹理往往表明石英是最先形成的，尽管在一些裂缝中，竞争性的生长纹理表明石英和其他成岩相（如碳酸盐矿物）是同时生长的（Kirschner et al.，1995；Laubach et al.，2010）。

裂缝中的石英胶结物展现了与裂缝尺寸、裂缝形成时间相关的系统模式，而裂缝尺寸和裂缝形成时间则对应于岩石的埋藏历史。例如，较窄的裂缝通常比同一裂缝组中较宽的裂缝更有可能被石英所充填（Laubach et al.，2004a）。与同一地层中较浅的裂缝相比，在较深、温度较高的岩石中，相同裂缝组具有相同尺寸的裂缝，通常更有可能被石英所充填（Laubach et al.，1988）。在同一岩石中存在多个裂缝集的情况下，与较年轻的裂缝相比，各种尺寸的较老的裂缝通常具有更完整的石英充填（Laubach et al.，2006；Laubach et al.，2009）。形成于同一时代并具有同一热历史的裂缝，存在于不同组成的相邻砂岩中，与长石、岩屑含量较高的砂岩裂缝相比，石英砂岩裂缝中含有较多的石英胶结物（Ellis et al.，2012）。

与特定裂缝组同时期形成的裂缝，其石英胶结物的结构随着不断累积的运动学裂缝开度（即现在的开口位移和裂缝宽度）的变化而变化。微裂缝（累积运动学裂缝宽度约为0.5mm或更小）经常被石英所充填（Laubach，1997），并可能显示出与变质岩脉相类似的结构（Fall et al.，2014）。这些较薄裂缝的密封现象是如此普遍，以至于Laubach（2003）提出了“突现阈值”这个术语来描述所有裂缝被石英填充时的累积运动学裂缝开度（低于该裂缝开度时）。突现阈值通常在0.1mm到1mm之间（Laubach，2003）。在包括大多数商业致密气砂岩在内的许多砂岩裂缝组中，都存在着从大多数闭合的窄裂缝向更宽的多孔裂缝（或者至少被更少的石英所充填）过渡的现象（Laubach，2003）。对于给定的裂缝组，这种转变发生在有限的累积运动学裂缝开度范围内（大约一个数量级的范围内）。如下所述，与保存下来的裂缝孔隙空间（突现阈值）相关的累积运动学孔径（净开口位移）预计是裂缝张开速度、张开过程中的温度、砂岩的组成和结构的函数。

在累积运动学裂缝开度超过突现阈值的部分裂缝中，石英胶结物往往以不显眼的微米级薄层或外壳的形式出现，要么就是在张开型裂缝中呈线性排列。令人惊讶的是，相比于同一裂缝组中累积运动学裂缝开度接近突现阈值时的裂缝，同一裂缝组中较宽的裂缝通常含有较少的石英胶结物（图1a）。事实上，与裂缝中心位置相比，累积运动学裂缝开度超过突现阈值的裂缝尖端中含有更多的石英胶结物（图1a）。

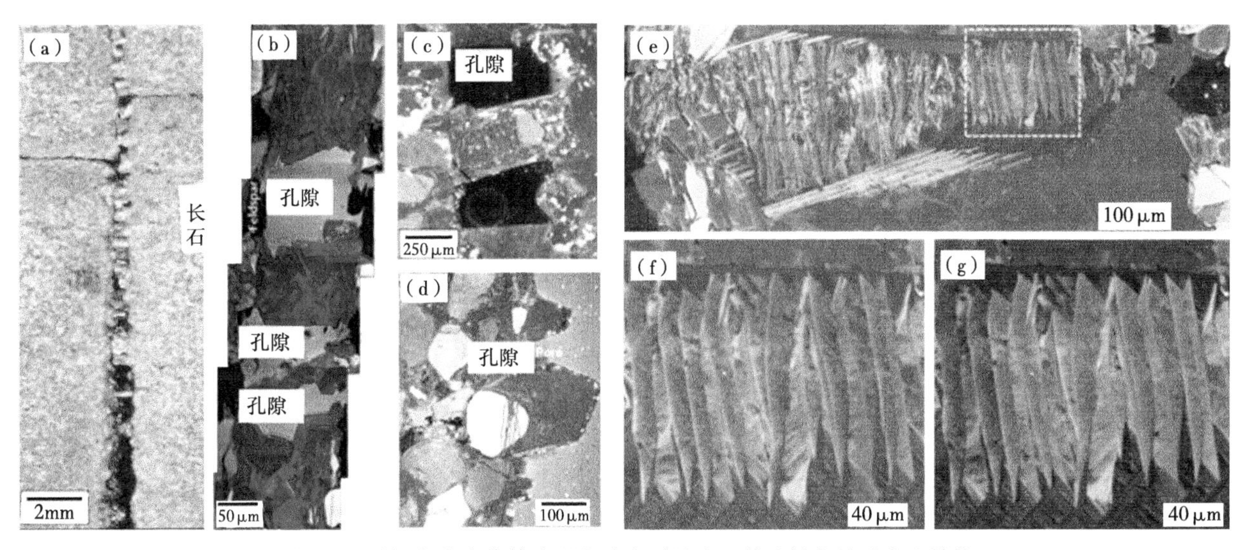

图1　用阴极发光成像技术研究砂岩裂缝中石英胶结物的形态和结构

（a）得克萨斯州东部盆地白垩系砂岩地层中向顶部逐渐变窄的裂缝（虚线表示裂缝边界的大致位置）。应该注意的是，较低、较宽的部分不含石英（横跨裂缝壁），而上部区域几乎完全被石英所充填。（b）大量石英胶结物密封了一个运动学开度较小的裂缝（约为200μm）。石英胶结物普遍填充了断裂带，在裂缝壁以石英颗粒为界处表现出裂缝密封结构。断裂带内的孔隙仅限于以石英以外的晶粒类型为界的区域，这些晶粒类型不适合作为石英过度生长的基质。（c）单个石英晶体所形成的桥接结构，它横跨了一个中等尺寸的裂缝（累积运动学裂缝开度约为550μm）。石英桥接结构是一种柱状结构，它与裂缝壁之间通常接近垂直。包裹在裂缝周围的石英颗粒具有比较薄的外壳，很少或几乎不含裂缝密封结构。与桥接结构相比，这些晶体的生长范围要小得多。（d）石英外壳在一个比较大（运动学裂缝开度大于750μm）的多孔裂缝中过度生长，该裂缝内缺少桥接结构。这些过度生长过程与裂缝密封结构的早期生长阶段有关，但大部分生长过程似乎不受晶体破碎的影响。（e）得克萨斯州东部盆地Travis Peak组SFE3-9246样品的高分辨率阴极发光成像结果显示了桥接结构中的内部石英结构。（f）e图黄色部分的放大图。（g）颜色编码显示了f图中各个裂缝密封沉积物的解释结果

石英胶结物的桥接结构在裂缝中比较常见，其累积运动学裂缝开度接近突现阈值。桥接结构是高度局部化的胶结物聚集，该结构横跨整个裂缝壁，并被比石英胶结物薄得多的裂缝壁区域所包围（Laubach，1988；Laubach et al.，2004b）。这种桥接结构分布广泛，并普遍存在于许多的裂缝性砂岩中（Laubach et al.，2004），虽然对于某一特定区域或裂缝组而言，它们仅存在于部分裂缝中。一般而言，桥接结构与裂缝壁之间的夹角通常较大，并且这些桥接结构往往十分神秘，因为相比于其他地质环境中所观察到的结果，桥接结构所表现出来的生长速率远超过相邻外壳的过度生长速率。例如，来自得克萨斯盆地东部的白

垩系砂岩中的桥接结构比相邻的非桥接颗粒上的过度生长层要厚5~20倍。这些明显的生长各向异性大大超过了现有的变质岩脉晶体生长模型的结果（Bons，2001；Hilgers et al.，2001；Zhang et al.，2002；Nollet et al.，2005；Ankit et al.，2013）。

石英胶结物的高分辨率阴极发光成像结果记录了密封结构（图1b）和桥接形貌（图1c），这些结构揭示了晶体内部微裂缝的重复开裂和胶结过程（图1e—g；Laubach et al.，2004a，2004b）。另外，在其他张开型裂缝中，石英胶结层通常缺乏裂缝密封结构，或含有重叠的块状或带状石英矿床，这表明裂缝密封结构的生长仅限于裂缝发育的早期阶段（图1d）。

裂缝密封结构的重建结果表明，桥接—张开历史涉及几次到几百次（大多为1~10μm）的开度增加过程（图1e—g）。在给定的裂缝密封带内，流体包裹体组合往往具有紧密聚集的圈闭温度［在Becker等人（2010）和Fall等人（2012）的研究中，通常小于1℃，很少超过2~3℃］。与变质岩脉中描述的裂缝封闭结构不同，整个裂缝通常被胶结物所充填（Ramsay，1980；Bons et al.，2012），如前所述，带有裂缝密封结构的桥接结构在多孔裂缝中较为常见。在具有极端热暴露条件的砂岩地层中，裂缝密封桥接结构可能被缺乏裂缝密封结构的大量石英沉积物所吞没（Laubach et al.，2009）。

然而，重叠关系表明，这些块状矿床在桥接结构形成之后向开阔的孔隙空间不断拓展。

3 硅质来源

随着石英在砂岩中的过度生长而发生沉淀的硅质有许多潜在的本地来源。与颗粒—颗粒接触和颗粒—缝合面接触相关联的石英的溶解过程是由与岩相（如白云母和伊利石）相关的表面腐蚀作用和不断增加的接触面应力（与孔隙表面）所驱动的（Kristiansen et al.，2011）。此外，硅质还可以以许多硅酸盐反应的副产品的形式产生，如蒙皂石转化为伊利石，高岭石与钾长石发生反应生成伊利石，斜长石转化为钠长石。McBride（1989）和Worden等（2000）的文章对石英过度生长过程中的二氧化硅的潜在来源进行了总结。

流体流动和溶质运移在一些天然裂缝体系中是非常重要的（Evans，1995；Eichhubl et al.，2004；Fischer et al.，2009；Bell et al.，2014）。然而，石英胶结物在裂缝中的空间分布似乎与溶质不一致，溶质主要是通过裂缝网络中大规模的水平对流来进行运移的。如前所述，在裂缝开度小于1mm的砂岩裂缝中，石英的胶结作用普遍存在（Laubach，2003）。然而，考虑到这些裂缝的渗透率较低（由于裂缝开度较小），因此我们估计，与相关的大型裂缝相比，这些裂缝的净流体通量可能要低得多。此外，岩心和露头的观测结果表明，闭合裂缝通常很少与裂缝网络相联系，而裂缝网络仅能通过裂缝系统来输送大量的层外流体（Olson et al.，2007）。

关于硅质来源的另一个证据，来自于裂缝内部的石英胶结物的分布，这些裂缝的运动学开度大于突现阈值（约等于1mm）。在这种裂缝中，相比于裂缝中心，裂缝尖端位置上单位裂缝壁面积上的石英胶结物的绝对含量更高（图1a）。然而，与裂缝中心相比，裂缝尖端的整体流体通量较低，这是由于其形成时间较晚、渗透率较低（由于孔隙的尺寸较小），并且与其他裂缝交点的距离较远。迄今为止，在石英桥接结构中，从一个裂缝密封带到下一个裂缝密封带之间流体包裹体组合的温度没有太大的波动，考虑到与热平流相关的温度波动在这种情况下是可以预测的，因此人们已经对其进行了详细的研究（Becker et al.，2010；Fall et al.，2012）。

裂缝内石英胶结物的体积仅占岩石中总的石英胶结物丰度的一小部分。例如，在Piceance盆地白垩系Williams Fork组地层中（Ozkan，2010），裂缝拓展分析结果表明，石英胶结物的含量为0.0001~0.0069，平均值为0.0028（Hooker et al.，2014）。即使所有的裂缝体积都被石英胶结物所充填（实际上并不是），考虑到母岩中石英胶结物的平均含量为12%，位于裂缝中的石英胶结物的体积也不到总石英胶结物丰度的2.5%。因此，母岩中的硅质来源应该能够提供裂缝体系中胶结物生长所需的溶质。

4 模拟裂缝中石英的胶结作用

笔者认为，在砂岩未变形部分中主导石英胶结的过程，同样也适用于在相关裂缝中所形成胶结物的过程。有4个证据能够支持这一假设：（1）石英胶结物在许多砂岩裂缝体系中的分布，似乎并不像我们之前已经讨论过的那样，受裂缝网络中大规模平流的控制。（2）流动模型表明，岩体内部的流体温度和流体通量可能与裂缝内部比较相似（Taylor et al.，1999；Rossen et al.，2000；Philip et al.，2005；Olson et al.，2009）。（3）石英桥接结构的详细研究结果（Becker et al.，2010；Fall et al.，2012）表明，石英胶结物的生长和裂缝张开过程可能在数千万年的时间尺度内发生，为母岩和裂缝带内的分子扩散过程（使流体组分变得更为均匀）提供了充足的时间。（4）残存在裂缝中的所有石英胶结物（体积）所占的比例，与母岩（砂岩）中未破碎部分的体积相比，是非常小的。因此，我们认为，与岩石的未破碎部分相比，裂缝带中石英形态的独特性完全是由于重复的晶体破裂过程所造成的，晶体破裂过程会对孔隙空间和非自形生长基质的形成产生较大的影响。

在本节中，我们回顾了石英胶结物在未破裂砂岩中的生长模型，以及考虑破裂作用影响的裂缝拓展方法。Walderhaug（1994，1996，2000）假设在大多数砂岩的未破碎部位，石英过度生长胶结作用的限速控制因素为晶体沉淀速率。而晶体生长速率对石英沉淀过程的限制没有明确地限制石英溶质的来源或传输模式，流量和质量平衡计算则主要考虑了本地资源（Bjørklykke et al.，1993；Giles et al.，2000；Harwood et al.，2013）。石英过饱和状态的变化可能是生长动力学的次要考虑因素，因为大多数地层流体的pH均接近中性，且等于或略高于石英的饱和度（Livingstone，1963）。因此，控制大多数深埋砂岩中石英生长速率在时间和空间上的变化的主要因素是温度和合适生长基质的面积（Walderhaug，1994，1996，2000）。Δt（s）的时间内在恒定的温度 T（K）下所形成的石英体积 q（cm^3），可以使用以下函数来进行估算，该公式假设在所有表面 S（cm^2）上的生长速率是统一的：

$$q = S(A_0 e^{\frac{-Ea}{RT}})\left(\frac{M}{\rho}\right)\Delta t \tag{1}$$

式中，A_0 代表阿伦乌尼斯指前因子，$mol/(cm^2 \cdot s)$，它隐式地包含一个过饱和项；Ea 表示石英沉淀过程的活化能，J/mol；R 代表真实气体常数，8.314 $J/(mol \cdot K)$；M 为石英的摩尔质量，60.09g/mol；ρ 表示石英的密度，2.65g/cm^3（Walderhaug，2000）。

虽然公式1表明所有晶体表面上的生长速率都是一致的，但实际上石英在过度生长过程中的生长速率的重要变化主要取决于生长基质的性质（Heald et al.，1966）。例如，石英棱柱沿c轴的特征伸长形式反映出其生长速率比棱柱面上的生长速率更快（图2）。天然热液石英晶体的生长速率各向异性是这些自形晶面的3~5倍（Lander et al.，2008）。当过度生长过程发生在非自形基质而不是自形基质中时，其生长速率的变化甚至更大（图2）。例如，实验研究表明，相比于锥形晶面，石英沿非自形（0001）晶面c轴的生长速率快了20倍左右（Lander et al.，2008）。

Lander等（2008）指出了以下关于平行于非自形晶面c轴方向生长时的生长速率比：沿非自形晶面a轴生长时的生长速率比为0.31，沿着垂直于锥形表面方向的自形生长速率比为0.063，沿着垂直于棱柱面方向的自形生长速率比为0.015（图2）。因此，生长速率的各向异性程度最高可达两个数量级。为了得到绝对生长速率，我们应用这些比值和利用公式1所确定的沿c轴的非自形生长速率来进行推导，而公式1中的动力学参数将严格地根据这种晶面类型上的生长过程进行确定。

砂岩未破碎部分的石英胶结模型（考虑了不同基质类型下生长速率的差异）表明，在其他因素不变的情况下，单位表面积平均的石英沉淀速率在胶结物的生长过程中下降了近一个数量级。这种沉淀速率的降低表明，随着孔隙度下降，由缓慢生长的自形晶面所组成的表面积所占的比例逐渐增加（Lander et al.，2008）。此外，随着孔隙空间的减小，整体晶体表面积随着石英的生长而系统地减小（Merino et al.，1983；Lichtner，1988；Canals et al.，1995；Lander et al.，1999；Lander et al.，2008）。在没有温度变化的情况下，这些因素会导致净石英生长速率随着胶结程度的增加而不断下降。

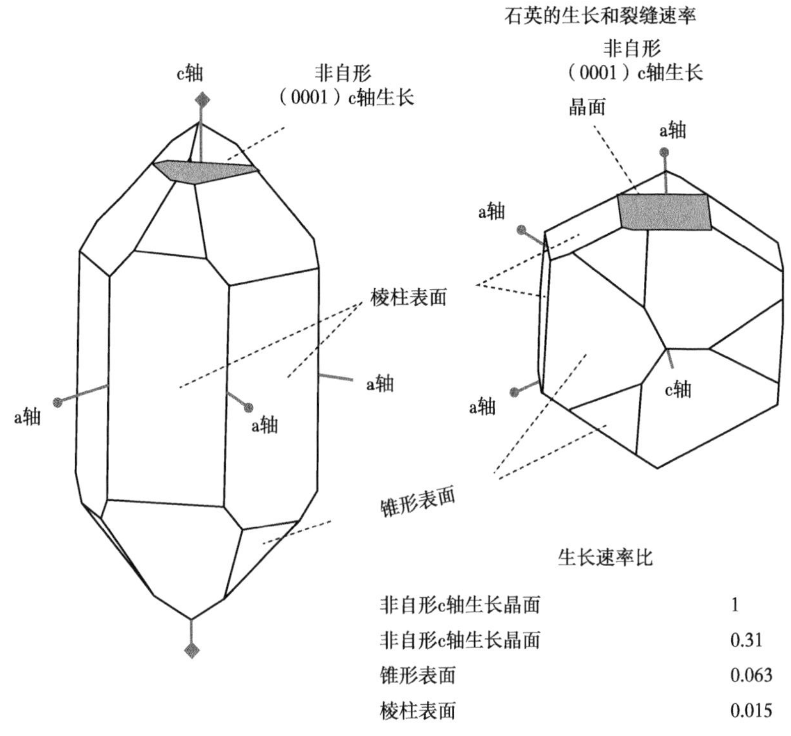

图 2　原始石英的晶体轴和 4 种晶面类型

不同晶体生长表面类型的相对生长速率是 Lander 等（2008）提出的

这种石英生长速率的下降与活跃的裂缝带中的情况形成了鲜明的对比，在活跃的裂缝带中，石英胶结物迅速生长，足以横跨微裂缝中的缝隙。在这种情况下，微裂缝通过破坏生长中的晶体的方式而引入新的非自形晶面，同时也增加了可被石英填充的孔隙体积。此外，由于成核不连续性密度较低，新形成的裂缝表面可能比母岩（砂岩）中的碎屑颗粒表面具有更快的平均表面积归一化生长速率（Lander et al.，2008）。

虽然动力学实验研究对于生长过程的理解是必不可少的，但是如果将室内实验所得到的动力学参数应用于硅酸盐反应模型往往会高估（高出几个数量级）成岩作用的反应程度（Blum et al.，1995；Brosse et al.，2000；White et al.，2003；Ajdukiewicz et al.，2010；Lander et al.，2010）。因此，不同于以往的一些模拟裂缝中石英生长过程的方法（Fisher et al.，1992；Hilgers et al.，2004；Wangen et al.，2004），本文的模型中没有使用从室内实验中所获得的动力学参数。相反，本文将根据测量得到的母岩石英胶结物丰度、结构和成分特征以及热力学重构的结果来约束这些动力学参数。将这种动力学方法与沉淀速率限制条件的假设结合起来的模型，在从广泛的地质环境中重现砂岩的石英胶结物丰度方面取得了较大的成功（Lander et al.，1999；Walderhaug et al.，2000；Bloch et al.，2002；Taylor et al.，2004；Lander et al.，2008；Tobin et al.，2010；Taylor et al.，2010）。使用这种动力学方法所得到的预测结果与石英过度生长过程中的高分辨率同位素数据有着较好的一致性（Harwood et al.，2013）。

利用指前因子（A_0）值为 9×10^{-12}mol/（$cm^2\cdot s$）的 Prism 二维模型，我们得到了在得克萨斯州东部白垩系砂岩未破裂部分的（0001）非正面 c 轴表面（图 2）进行生长的最优活化能（约为 50kJ/mol）。这些数值对石英生长速率随温度的变化关系的影响如图 3 所示，分别对应于本研究中所考虑的 4 种晶体表面类型。当温度分别从 100℃上升到 150℃和 200℃时，最大的潜在生长速率相应地也从 5μm/Ma 左右上升到 30μm /Ma 和 200μm /Ma。

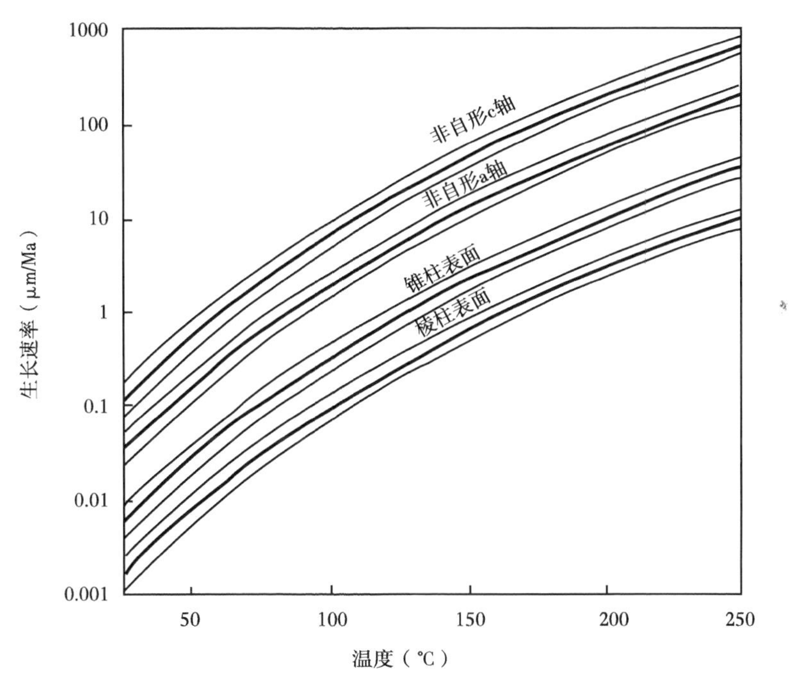

图 3　使用公式 1（用于非自形晶面 c 轴方向的生长过程）和 Lander 等（2008）提出的其他表面类型的生长速率比（图 2）所计算得到的各种石英过度生长基质类型的生长速率与温度的关系曲线。黑线表示活化能（*Ea*）值为 50 kJ/mol 时，非自形晶面沿 c 轴生长的结果。颜色较浅的曲线表示结果范围（±1kJ/mol）。所有的计算都假设指前因子（A_0）值为 9×10^{-12}mol/(cm^2·s)

5　裂缝跨接极限

净裂缝张开速率与晶体生长速率之比是胶结物生成（横跨裂缝壁）潜力的基本控制因素。由于石英的过度生长需要碎屑颗粒基质才能成核，所以其生成潜力也受到基质颗粒相对于裂缝壁的结晶取向关系以及是否被裂缝一分为二等因素的影响。

与未破碎的晶粒相比，被裂缝一分为二的晶粒上的过度生长更有可能横跨裂缝间隙，因为过度生长的晶体从两边的裂缝壁一直延伸到裂缝中。在被一分为二的晶粒中，那些最有可能跨越裂缝间隙的晶粒都是沿纵向切割的，并且具有沿着垂直于裂缝壁的方向进行非自形生长的结晶方向。沿晶粒 c 轴方向（垂直于裂缝壁）的过度生长过程横跨裂缝壁的可能性最大（Fisher et al.，1992），因为正如前面所讨论到的，这是生长速度最快的石英晶面，并且与沿着 a 轴的非自形生长过程相比，晶体在达到自形终点之前能够更快地生长（图 4）。晶体在到达自形终点之前能够生长的距离 t 可以近似表示为：

$$t=\frac{g}{2}\tan\beta \tag{2}$$

在这种情况下，β 指的是锥体自形晶面和 c 轴之间的夹角（51.8°）（图 2），g 代表生长基质的直径。计算结果表明，在到达自形终点之前，晶体在裂缝内的可生长长度为基质直径（g）的 64%。由于生长过程是从劈分为两半的晶粒的两侧进入到裂缝中的，因此用于密封微裂缝的非自形生长极限是该值的两倍（即约为纵向一分为二的晶粒直径的 1.3 倍）。通过将 β 值假定为 30°（裂缝壁垂直于其中一条 a 轴，但平行于 c 轴），公式 2 还可以用来近似估算沿着 a 轴平面的最大非自形生长（沿 a 轴平面进入裂缝）范围（图 4）。因此，对于非自形 a 轴平行生长过程，在达到自形终点之前，晶体在裂缝中可以生长到生长表面直径的 29%左右。通过这些近似，对于纵向一分为二的细粒石英颗粒（直径为 100μm），微裂缝开口的密封极限为 130μm 左右（沿平行于 c 轴的方向生长）和 58μm 左右（沿平行于 a 轴方向生长）。

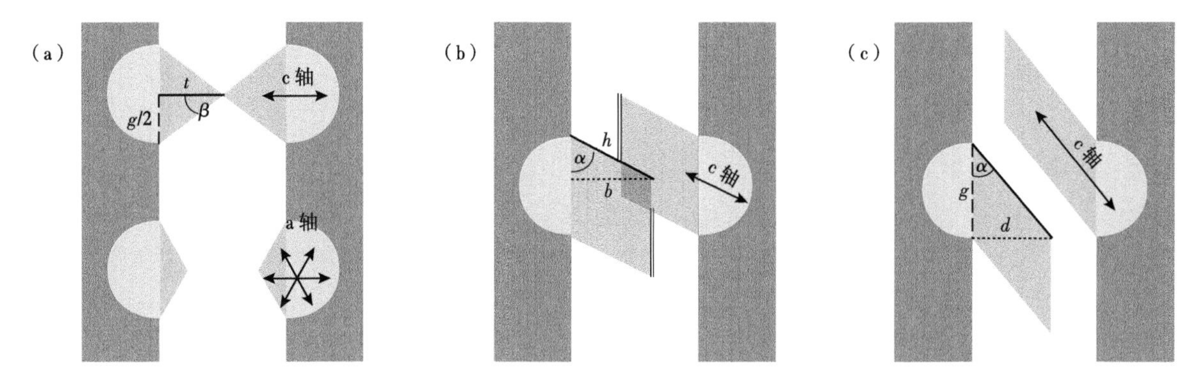

图4　石英在一分为二的晶粒上过度生长并跨接裂缝的能力的影响因素示意图

(a) 当非自形晶面消失并被自形晶面取代时，石英的生长速率急剧下降。上面的晶粒说明了 c 轴垂直于裂缝壁的情况下的自形终点，而下面的晶粒中则存在一条垂直于裂缝壁的 a 轴。在达到自形终点前晶体可能达到的距离 t 是基质直径 g 与结晶轴和最近的自形晶面之间的夹角 β 的函数，可以用公式 2 来进行近似。(b) 石英过度生长（向裂缝带生长）的投影 b，在给定 c 轴与裂缝壁的夹角 α 时，沿 c 轴的生长距离 h 可通过公式 3 来进行确定。过度生长晶体两端的双线段表示在裂缝中没有发生接触的部分。(c) 当裂缝间隙越宽时，过度生长的石英之间的重叠就越少，石英沿着跨接裂缝的方向生长，但 c 轴偏离 90°。最大跨接距离 d 是 c 轴方向 α 和颗粒直径 g 的函数，或许可以用公式 4 来进行近似

这些计算结果代表了结晶方位最适合跨接裂缝的情况，非最优 c 轴方向的影响如图 4b 所示。在这种情况下，垂直于裂缝壁的非自形 c 轴生长量 b（μm/m. y）可近似为：

$$b = h\sin\alpha \tag{3}$$

式中，h 为沿 c 轴方向的生长量，μm/m. y；α 表示 c 轴和裂缝壁之间的夹角，(°)。

b 对 α 的依赖关系如图 5a 所示。图中的 y 轴定义为裂缝纵向平分石英颗粒的生长跨接极限（因此该值为 2×b）。这一极限定义为石英在生长最快的晶面类型（沿 c 轴的非自形晶面）上的生长速率与裂缝张开速率之比。最大的跨接极限条件是裂缝张开速率等于该生长速度的两倍，并且 c 轴垂直于裂缝壁。图中还显示了沿（1）非自形晶面（沿 a 轴方向）、（2）锥体面和（3）棱柱面生长时的跨接极限（均归一化为沿 c 轴的非自形生长速率）。非自形晶面上沿 c 轴生长的裂缝跨接潜力远大于其他表面，但 c 轴与裂缝

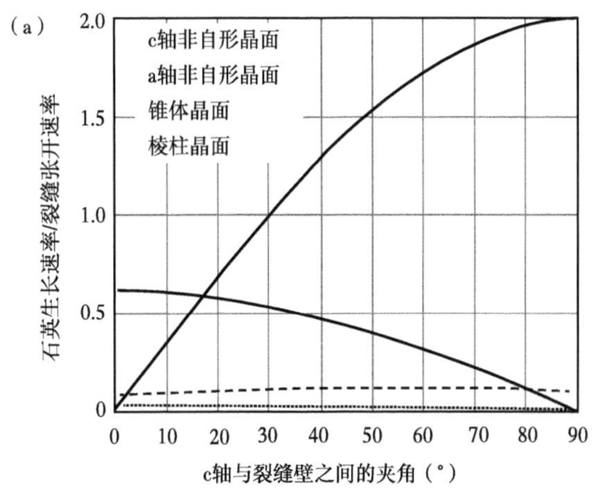

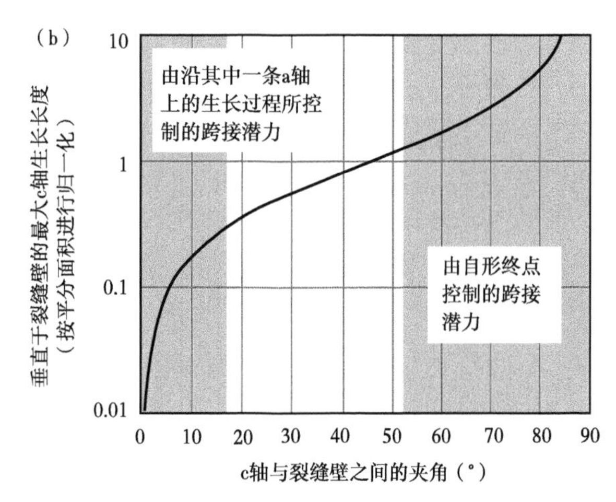

图5　(a) 不同生长晶面类型和 c 轴与裂缝壁之间的夹角与最大跨接潜力的关系曲线。沿 y 轴方向上的跨接潜力与平均裂缝张开速率与（0001）非自形晶面（c 轴非自形）上石英的生长速率之比有关。这种跨接潜力只适用于裂缝间隙足够小，以至于晶体碎片上的生长过程能够在晶体到达自形终点前穿过间隙并发生接触的情况。(b) 跨接潜力的极限。它与一分为二的晶体在穿过裂缝间隙时发生彼此接触的能力有关，而这是 c 轴与裂缝壁之间夹角的函数（图 4c）。当 c 轴与裂缝壁之间的夹角大于 52°时，跨接潜力可能由晶体的自形终点来控制（图 4a）。当 c 轴与裂缝壁之间的夹角小于 17°时，跨接潜力更有可能被沿其中一条 a 轴的生长过程所控制（图 4a）

壁之间的夹角小于17°时除外，此时沿其中一条a轴的非自形生长过程具有更高的裂缝跨接潜力。非自形晶面的跨接潜力远高于自形晶面的跨接潜力。

跨接潜力的最后一个考虑因素是，随着裂缝间隙的不断扩大，远离裂缝壁垂直方向的c轴方向上的二等分晶粒（两半）上的过度生长过程将降低与裂缝接触的可能性（图4c）。在给定c轴方向α和沿裂缝壁的基质表面直径g的情况下，跨接极限d（两个过度生长过程会横跨裂缝间隙互相接触）或许可以根据下式来进行近似：

$$d=g\tan\alpha \tag{4}$$

d对α的依赖关系如图5b所示。图中的y轴显示了d值的大小（用基质直径g进行归一化处理）。两个过度生长过程横跨裂缝间隙发生接触的极限，在c轴与裂缝壁的夹角为45°时，约等于晶粒直径（晶粒在纵向上被一分为二），在c轴与裂缝壁的夹角为27°时，约等于颗粒直径的一半。图4a右侧的阴影部分表明，在c轴角度大于52°时，两半晶体横跨裂缝间隙发生接触的能力更有可能受到自形终点的控制，而不是受位移间隙的控制。另一方面，当晶体的c轴与裂缝壁之间的夹角小于17°时（如图5b的左侧阴影区域所示），晶体向裂缝中的生长速率则倾向于受到沿其中一条a轴上的非自形生长过程控制，如前所述。当c轴与裂缝壁之间的夹角为17°~52°时，跨接极限从近似等于纵向断裂晶粒的直径到晶粒直径的30%左右不等。因此，对于纵向切片的100μm石英颗粒而言，晶体重新密封微裂缝间隙的预期阈值为30~100μm。这些桥接阈值相对于自然裂缝开度而言是比较大的，自然裂缝开度的量级通常在1~10μm。因此，公式3为裂缝间隙跨接极限的初次近似提供了一个十分有用的基础（图5a）。利用这一近似方法，我们可以估算晶轴随机定向情况下密封潜力极限的累积分布情况（图6a）。如图所示，当裂缝平均张开速率与非自形c轴晶面上的石英生长速率之比约为1.4时，约有一半的劈分晶粒能够跨越微米级的微裂缝。在速率比小于0.6时，分布曲线的弯曲反映了晶体c轴与裂缝壁接近平行时的情况，跨接潜力主要由沿a轴的非自形生长过程所控制（图5b中小于17°的情况）。

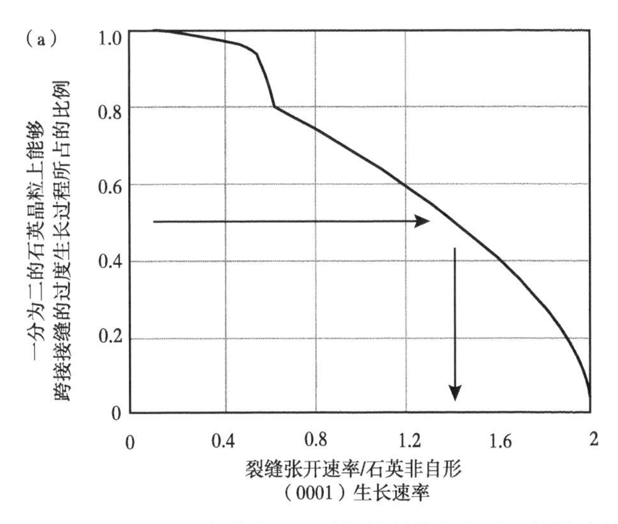

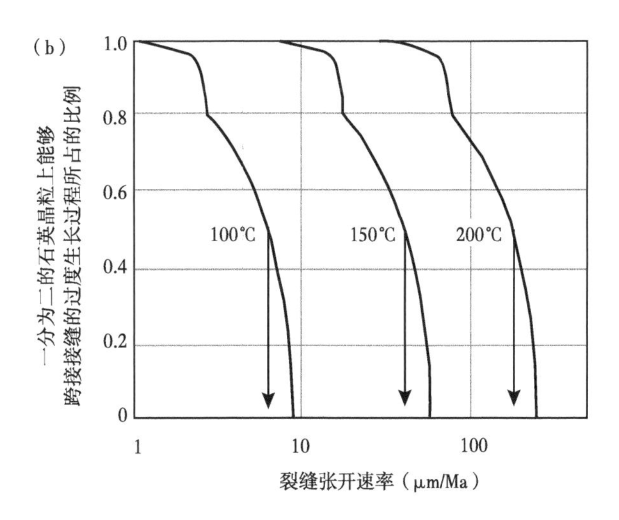

图6 在给定一组随机的晶体方向时，能够跨接较小裂缝间隙的等分晶体所占比例的累计分布图

这些近似方法适用于裂缝间隙足够小，以至于晶体碎片上的生长过程能够穿过裂缝间隙从而互相接触，而这些晶体都没有达到自形终点的情况。（a）以平均裂缝张开速率与非自形（0001）晶面上石英的生长速率之比来定义生长速率的情况。（b）裂缝张开速率以μm/Ma的形式来定义的情况。给定了100℃、150℃和200℃下的动力学参数，它与文中所讨论的以及图3中所示的参数相同。在这些温度条件下，约有一半的等分石英晶体（沿着裂缝壁方向）能够跨接张开速率分别为6μm/Ma、40μm/Ma和175μm/Ma的裂缝

利用公式1可以将跨接潜力与绝对裂缝张开速率联系起来。我们已经在图6b中进行了这项处理，处理过程中我们使用了与图3中相同的动力学参数。这些结果表明，在温度分别为100℃、150℃和200℃时，约有一半的等分石英晶体能够跨接张开速率分别为6μm/Ma、40μm/Ma和175μm/Ma的裂缝。

6　模拟裂缝张开过程和石英生长过程之间的相互作用

本文采用 Lander 等人（2008）文章中所讨论的 Prism 二维模型来对裂缝带中石英的生长过程进行模拟。该模型考虑了温度、自形晶面和非自形晶面上的生长过程，以及晶体破裂产生的非自形生长晶面对晶体跨接特性的影响。该模型已被用于研究未破裂砂岩中的石英生长过程（Lander et al.，2008）和白云岩裂缝中白云岩的生长过程（Gale et al.，2010）。

Prism 二维模型是一种连续值的细胞自动机模型，它在二维正交网格中通过离散时间步长来模拟生长过程。在每个时间步长内，单元格的性质可能会随着环境条件（即前一步长的温度和运行时间），当前时间步长开始时单元格的属性以及相邻单元格的属性而发生变化。对于石英晶体单元，结晶方向是由石英 c 轴在正交网格平面上的投影（方位角）和轴线相对于所建平面（方位）的角度来进行定义的。方位角被限制在 0°、45°、90°和 135°，但是轴线与平面的夹角可以在 0°（c 轴与模型平面平行）到 90°（c 轴与模型平面垂直）之间连续变化。该模型不考虑从模型平面以外的基质面生长到二维（2D）模拟平面内的石英。

如果石英晶体单元中保留了未填充的孔隙或者它们被完全填充，但相邻晶体单元中缺乏任何固体材料，则石英晶体单元可以生长。石英的生长速率取决于生长晶面的性质和环境条件。除了锥形晶面和棱柱晶面上的生长过程外，该系统目前还能识别沿着 c 轴和 a 轴的非自形生长过程（图 2）。晶面类型由生长晶面的斜率决定，生长晶面的斜率则由相邻晶体单元的性质以及晶体单元的 c 轴方向决定。生长的数量是基于所述晶面类型相对于晶体单元的非自形 c 轴晶面和 c 轴轴向的生长速度得到的。非自形 c 轴晶面上的生长速率在每一时间步长上可能为常数，也可以利用公式 1 将其确定为当前温度的函数。在这两种情况下，都需要选择合适的时间步长，以便石英在生长速度最快的晶面类型上最多只能发育一个晶体单元。

裂缝作为不连续面被引入模型参考框架中，从网格的顶部一直延伸到网格的底部。裂缝轨迹相对于正交网格可具有任意角度，我们可以定义裂缝轨迹右侧网格部分的位移矢量，从而允许单纯的扩展过程或一定量的侧向位移。当引入微裂缝时，裂缝带内的固体材料只有当它们从一个裂缝壁不断延伸到另一个裂缝壁时才会发生断裂。因此，在沿着裂缝长度上存在连续孔隙的情况下，不会出现固体材料的断裂。在裂缝带内或在指定的位置上，我们可以随意地引入具有特定裂缝张开速率的微裂缝。

在接下来的章节中，我们将先对单个等分晶粒进行简单的模拟，以评估该模型在再现天然裂缝中石英胶结物的形貌和内部结构方面的能力。然后，我们将使用更真实的砂岩（母岩）描述结果，综合考虑裂缝和晶体的形态，这些形态是通过胶结过程和微裂缝形成过程之间的相互作用所形成的。接下来，我们将该模型应用于得克萨斯州东部白垩系砂岩中的一个被完整记录的石英桥接结构，并证明该模型真实地再现了这个自然案例的显著特征。通过对模拟得到的生长结构与变质成因石英脉中所发现的生长结构进行比较的方式，对我们的分析结果进行总结。

7　单晶裂缝和胶结模型

在这组二维模型中，我们通过模拟石英在单个晶粒上的生长过程来研究其裂缝密封能力。这些模型比前面所讨论的近似方法更为严格，因为它们同时考虑了所有跨接极限的机理，也考虑了同一时间段在所有暴露的晶体表面上发生的生长过程。正如后面所讨论的，这些模型预测得到的晶体形态和内部结构与自然案例中的情况形成了良好的对比，支持了这些模型假设的有效性。

图 7 显示了石英桥接结构顶部放大后的图像，该图像显示的是一个二等分的晶粒，其 c 轴方向垂直于裂缝壁，且位于该图像的平面内。这些图像显示了裂缝带和在裂缝带内生长的胶结物在不同时间步长的几何形状，其中，一个时间步长代表在非自形（0001）表面形成一个晶体单元所需的时间。在模拟过程中，我们分别在第 50 步、100 步和 150 步引入了运动学裂缝开度为 50 个晶体单元的垂直微裂缝，其净生长速率与裂缝张开速率之比为 1（即微裂缝的张开速率等于沿非自形［0001］晶面的生长速率）。

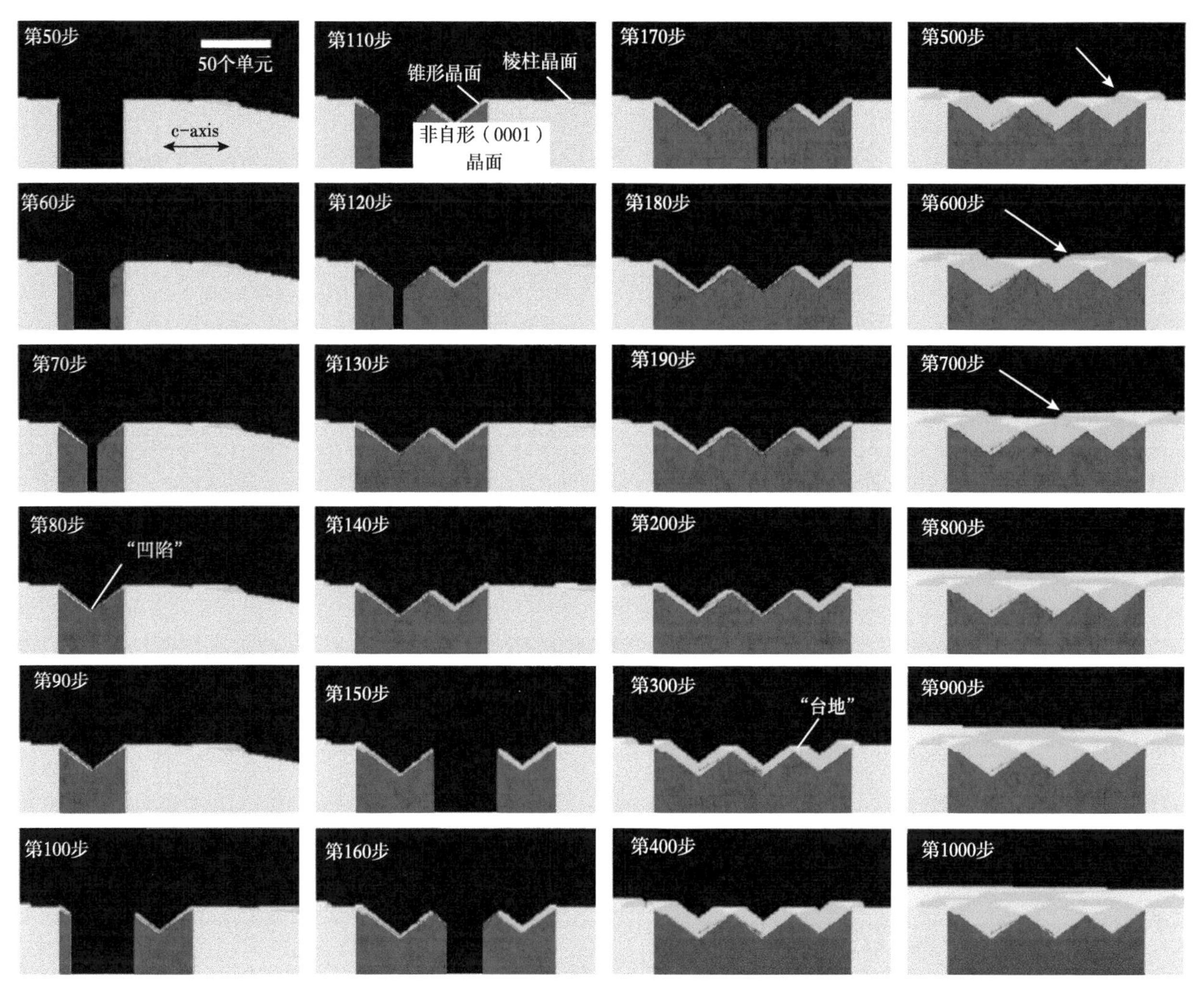

图 7　模拟石英生长结构的演化过程的放大图

该演化过程沿着发育中的石英桥接结构顶部进行，晶体的 c 轴方向直交于垂直裂缝。图像中的步数值表明了模拟步骤（石英从第 1 步开始生长，到第 1000 步结束）。在第 50 步、第 100 步和第 150 步时分别引入了运动学开度为 50 个网格的微裂缝。红色表示在快速生长的非自形（0001）晶面成核的胶结物，绿色表示生长较慢的胶结物，它们在锥形晶面上不断生长，蓝绿色表示生长速率最慢的棱柱晶面上的生长过程。灰色代表碎屑石英颗粒，黑色表示孔隙。在步长增加到 100 步（用黄色标注表示）之前时，模拟结果以 10 步的步长一直递增到第 200 步（用白色标注表示）。应该注意的是，尽管锥形晶面和棱柱晶面上的生长过程是连续的，但非自形（0001）晶面上的生长过程在时间上被限制在第 50~75 步、第 100~125 步和第 150~175 步，一旦胶结物跨接了微裂缝间隙（第 75~99 步、第 125~149 步、第 175~1000 步），生长过程就会停止。随着微裂缝的不断扩展（第 50~180 步），一种“锯齿状”的结构开始形成。“锯齿状”凹陷（例如，第 80 步）逐渐被锥形生长过程（绿色晶体单元）所充填，而上面的“台地”（例如，第 300 步）在棱柱晶面（蓝绿色晶体单元）上的生长速度较慢。第 500 步、第 600 步和第 700 步中的箭头表示了一个“台地”向左横向迁移的例子

在新生成的（0001）裂缝表面生长的石英胶结物（红色所示）能够在微裂缝形成后跨接 25 步（图 7)。一旦裂缝间隙被跨越（例如，第 80 步、第 130 步和第 180 步），就没有剩余的非自形（0001）表面积。在破裂晶体的垂直边界上，当这些过度生长的石英填充了裂缝间隙的剩余部分时，它们就会形成自形锥形晶面（绿色所示）。这些表面（相对于裂缝壁）上较慢的生长速度和倾斜的角度导致了“锯齿状”结构的形成，其中“凹陷”的底部代表了二等分晶体穿过裂缝间隙发生接触的点位（即，第 80 步）。这些凹陷结构逐渐被锥形生长胶结物所充填，而上部的“台地”在棱柱晶面上的生长速度则较慢（蓝绿色晶体单元；例如，第 300 步）。台地结构在不同的高度上形成，这取决于与邻近凹陷结构有关的微裂缝的相对形成时间和碎屑颗粒表面的邻近程度。台地结构沿着锥形晶面上的生长过程（决定它们的下部结构）所形成的桥接结构横向扩展。台地结构发生横向迁移的一个典型案例如第 500 步、第 600 步和第 700 步中的箭头所示。随着时间的推移，在没有新的微断裂事件干扰的情况下，活跃的台地顶部逐渐变大，而由于

较长的台地结构会覆盖较短的台地结构，因此侧面的坡度会逐渐减小。例如，第500步中所示的台地边缘在第600步结束时刚好覆盖在其左侧的蓝绿色区域上。

当c轴方向与裂缝壁不垂直时，会出现不同的纹理和形貌。(我们使用具有相应正交位移矢量的倾斜裂缝轨迹，模拟任意c轴与裂缝壁之间夹角的情况）当c轴与裂缝壁的夹角大于90°时，这种差异的驱动力如图4b所示。注意，并不是所有沿c轴生长的晶面在裂缝间隙被跨接后都会重叠（未重叠部分用双线段表示)。该晶面区域位于生长缓慢的棱柱面上方，而该棱柱晶面则位于从左侧开始生长的晶体顶部。随着时间的推移，这种几何形状允许晶体桥接结构右半部分中快速生长的石英在从裂缝左壁生长的石英顶部不断向左生长。相反的模式发生在桥接结构的底部，从裂缝左侧开始生长的晶体将在右侧晶体的外表面形成一个薄层。c轴与裂缝壁夹角小于90°的桥接结构将呈现与这种模式相反的情况（镜像)。

对于c轴与裂缝壁成80°的情况，这种倾斜的几何结构对模拟结果的影响如图8所示。石英桥接结构下部外表面的“台地”结构呈规则的阶梯状，右侧的台地向左侧不断生长，直到超过左侧的台地结构(图8b)。用于确定台地侧翼的棱柱面位置用黄色箭头来表示（图8e提供了整个模拟区域的概览)。这种形态与天然桥接结构中黄色箭头所示的部分相似（图8a)。

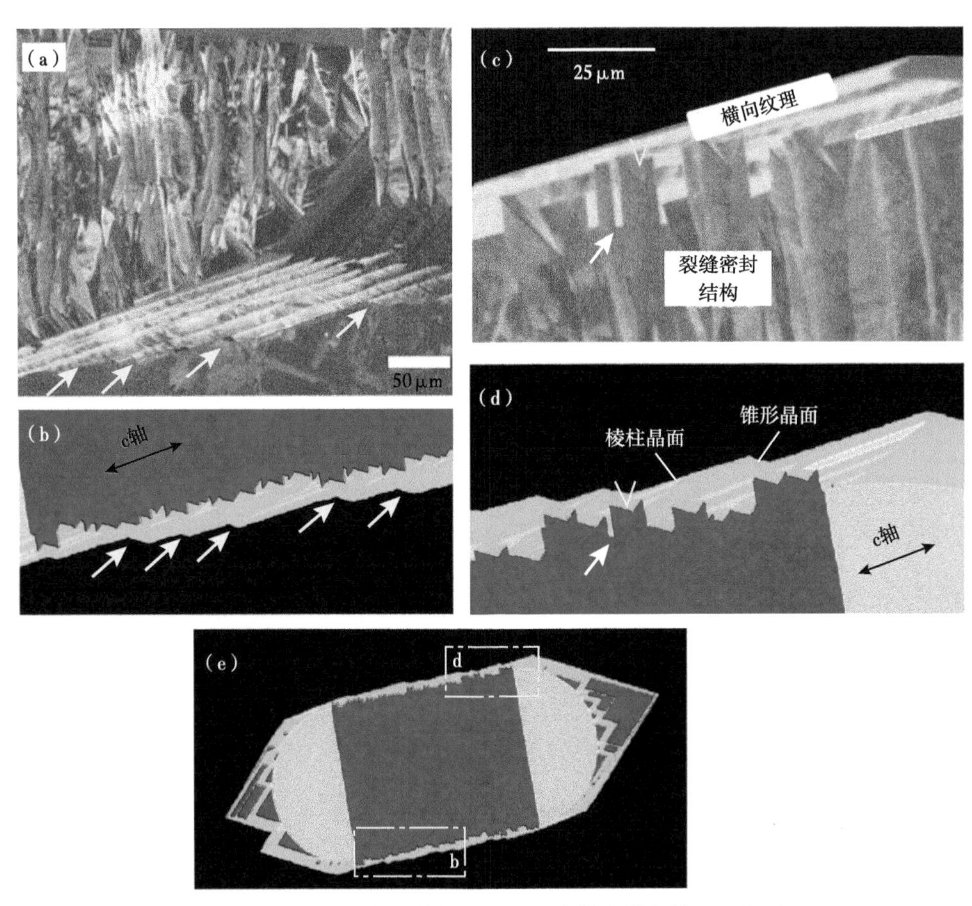

图8　将天然石英桥接结构的形貌和结构与模拟结果进行对比

模拟结果中c轴与裂缝壁的夹角为80°，石英桥接结构的生长速度足以跨越微裂缝间隙。图7中的颜色标记适用于模拟结果。(a）得克萨斯东部盆地Travis Peak组SFE3-9246样品中石英桥接结构的阴极发光扫描图像。桥接结构的下部显示出明显的拐点，这些拐点由箭头表示，箭头与带状石英相关联，这些石英与裂缝密封结构重叠。(b）e图中方框部分的模拟结果放大图。箭头表示沿模拟桥接结构长度移动的锥形晶面，它与图a中箭头所示部位的形态相似。(c）天然石英桥的高倍率阴极发光图像，对不同纹理进行颜色编码，以表示解释的裂缝密封结构（红色阴影）和“侧向部分”（绿色阴影）。“V”标记表示充填微裂缝间隙的胶结物跨接位置。在许多情况下，侧向区域似乎起源于裂缝密封结构的顶部，并沿桥接结构向右延伸。黄色虚线区域就显示了这样一个侧向区域。(d）图e中模拟结果的放大图。裂缝密封结构的顶部呈现出与c图中相类似的非对称形式，比如“V”标记所示的区域。黄色虚线区域从裂缝密封结构的顶部向右延伸，显示出了与图c中相类似的延伸形式和几何形状。(e）虚线所示模拟区域的放大图，图中显示了图b和图d中所展示的区域在 c 轴与裂缝壁的夹角小于 90°的桥接结构中，模拟的裂缝密封结构呈现出不对称的“凹陷”形态，凹陷部位中坡度较陡的一侧位于桥接结构顶部的右翼。这种结构的一个典型示例如图 8d 中的“V”标记所示。这种几何形状模拟了图 8c 中相同符号所示的裂缝密封结构（观察到的）。图 8c 和图 8d 中所示的白色箭头显示了类似的槽状结构。在模拟过程中，早期裂缝密封结构的横向生长被随后的微裂缝一分为二，然后这些微裂缝被裂缝密封生长过程所填充，从而形成了这种结构。这种沿着天然桥接结构延伸的“侧向”层如图 8c 所示，它们往往是从桥接结构顶部裂缝密封结构的右侧开始生长的，并继续向右延伸，直到后续的裂缝密封事件将其打断，或者与晶体的外边界相交。图 8c 的右上角用黄色虚线标记出来的区域就显示了一个这样的层状结构。在生长模拟过程中，具有大量棱柱晶面生长过程的区域（蓝绿色所示）在相似的位置形成，并且具有相似的几何形状，如图 8d 的右上角用黄色虚线勾画出来的区域所示。

考虑到模型所显示的外部形态和内部纹理成功再现了天然石英桥接结构的主要结构属性，更严格地评估 c 轴方向和裂缝张开速率的控制是值得的。图 9 显示了一组模拟实验的结果，在 2500 步的前 2000 步重复发生压裂，如上所述，每一步都对应着石英在非自形（0001）晶面沿 c 轴生长出一个晶体单元的能力。引入裂缝使其纵向平分一个直径为 1200 个单元的圆形颗粒，微裂缝的运动学开度则为 50 个晶体单元，这些微裂缝在裂缝带内的随机位置上以恒定的速率引入。然而，该模型不会在新的微裂缝张开之前打破没有跨越裂缝间隙的过度生长晶体。在 35%以上的碎屑颗粒表面随机引入小的成核不连续性，以模拟发育不良的颗粒涂层、输运损伤区以及抑制过度生长晶体发育的其他特征的影响。相比之下，微破裂作用所得到的晶体表面没有表现出成核不连续性。本组模拟实验均假设 c 轴在模拟区域的二维平面内（后面几节描述的模拟情况并非如此）。

图 9 显示了最终模拟步骤中石英胶结物的分布和裂缝的几何形状，该模拟步骤是在几种不同裂缝张开速率和结晶方向下进行的。裂缝带中的胶结物丰度随着裂缝张开速率的增大而增大，直至达到裂缝的跨接极限，此时胶结物含量急剧下降，如图 10a 所示为 c 轴垂直于裂缝轨迹的二等分晶体。当裂缝张开速率低于跨接极限时，石英的生长速率会有所降低，因为裂缝间隙在下一次张开事件之前就被胶结物所跨接了。正如前面所描述的那样，一旦裂缝间隙被充填，非自形生长晶面通常就会消失（例如，图 7 中的第 80 步）。

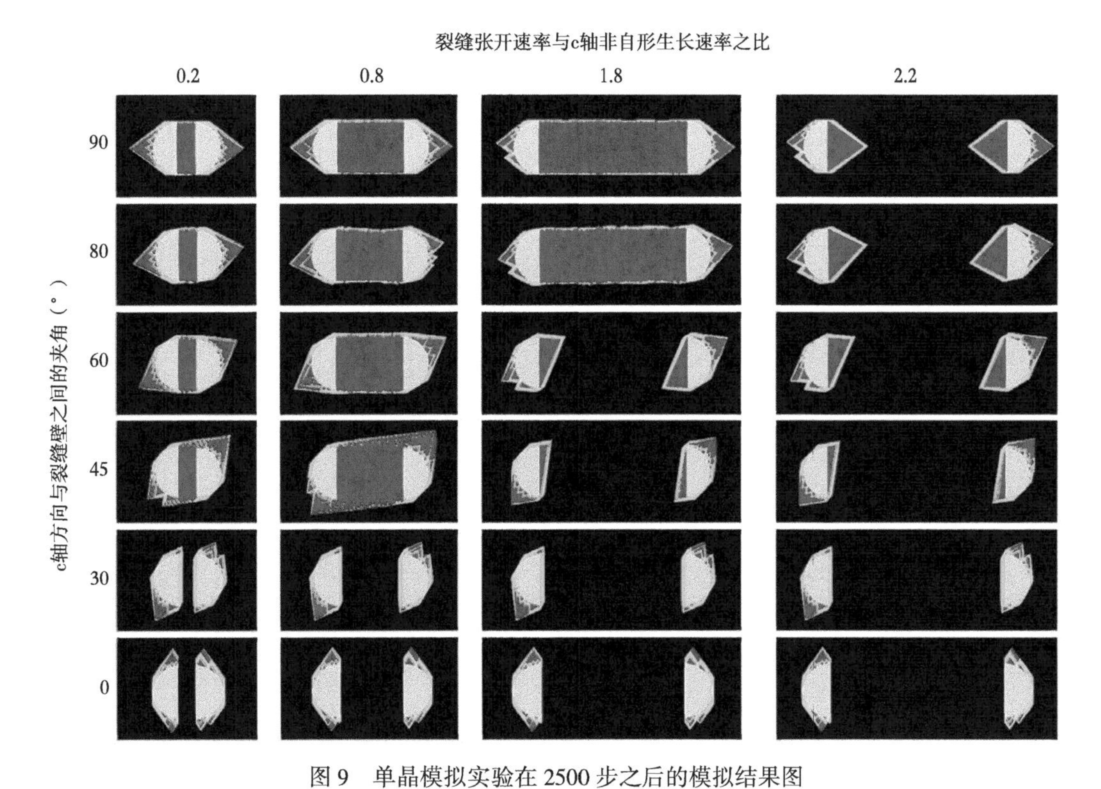

图 9　单晶模拟实验在 2500 步之后的模拟结果图

c 轴在剖面内，但与裂缝壁呈不同的夹角（见左侧标记），同时，裂缝张开速率也各不相同。张开速率用裂缝的平均张开速率与 c 轴非自形（0001）晶面上的生长速率之比表示。颜色约定见图 7

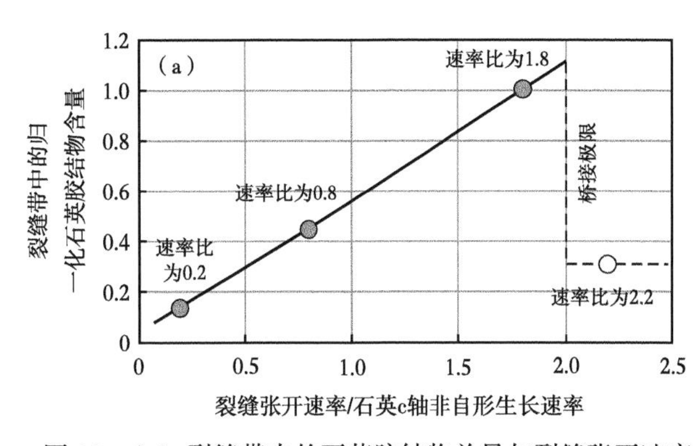

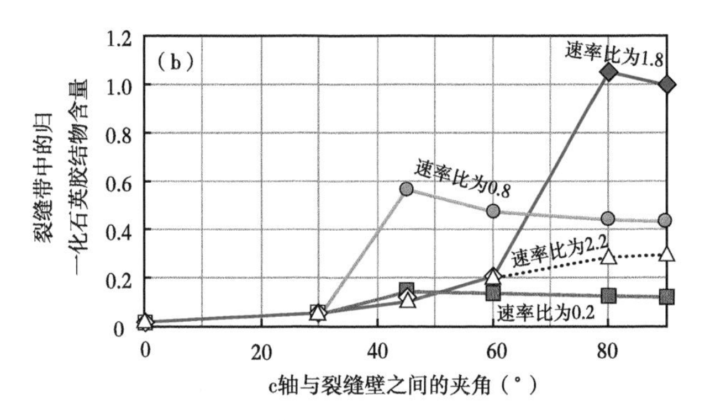

图 10 （a）裂缝带内的石英胶结物总量与裂缝张开速率（晶粒的 c 轴与裂缝壁垂直）的函数关系。y 轴所示的胶结物含量是利用模拟胶结物含量（模拟条件为：c 轴方向与裂缝壁之间的夹角为 90°，裂缝张开速率与非自形（0001）晶面生长速率之比为 1.8）进行归一化的结果。x 轴表示裂缝张开速率与非自形（0001）晶面生长速率之比。圆圈表示图 9 中的模拟结果。实心圆圈表示晶体的生长跨越裂缝间隙时的结果，而空心圆圈则表示晶体的生长没有跨越裂缝间隙时的结果。在速率比小于 2（实线所示）的情况下，石英的过度生长跨越了微断裂事件之间的裂缝，而石英的生长量受裂缝张开所产生的新孔隙的限制。在速率比大于 2（虚线所示）时，石英的过度生长不能跨越裂缝间隙，当晶体达到自形终点之后，其生长速率急剧下降。当速率比在跨接阈值以上时，裂缝中石英胶结物的丰度是恒定的。（b）单晶模拟实验中裂缝带内的石英胶结物总量与裂缝张开速率和 c 轴与裂缝壁之间夹角的关系曲线。胶结物总量是利用模拟得到的胶结物总量（模拟条件为：c 轴与裂缝壁的夹角为 90°，裂缝张开速率与非自形（0001）晶面生长速率之比为 1.8）进行归一化处理所得到的。实心符号表示二等分晶体的过度生长过程足以跨接微裂缝时的模拟结果，而空心符号则表示它们没有跨接微裂缝时的结果

在一定的裂缝张开速率下，随着 c 轴不断偏离垂直于裂缝壁的方向，直至达到跨接极限，裂缝带中生长的胶结物含量也随之增加。举个例子，当生长速率比为 0.8 时，相比于 c 轴方向与裂缝壁成 90°夹角的情况，c 轴与裂缝壁成 45°夹角时，裂缝中石英胶结物的含量增加了约 30%（图 10b）。如图 4b 中的双线段所示，这种石英丰度增加的驱动力是，对于偏离垂直于裂缝轨迹方向的晶体，沿着 c 轴和锥体面的生长潜力更大。

一旦裂缝间隙被生长的晶体所跨越，剩余的表面积在很大程度上被局限于沿边缘（侧向）生长缓慢的自形晶面。在大规模密封的裂缝中，当裂缝间隙被跨接后，与其他石英的过度生长（也朝着裂缝中生长）相邻的过度生长过程可能只有很少或没有剩余的生长空间。然而，沿裂缝的横向生长过程可能还会继续，过度生长的石英也会侵入与沿着裂缝延伸位置相关的孔隙中，而这些孔隙通常被石英以外的物质所包围（如图 1b 所示，裂缝与非石英颗粒相连）。

8 晶粒填充裂缝和胶结模型

单晶模拟实验再现了裂缝中单个石英过度生长过程的形态和内部结构，但没有考虑更广泛的裂缝带或母岩中的孔隙和胶结物的几何形状。在本节中，我们扩展了模型的参考框架，结合了更大部分的裂缝带以及未破碎砂岩。在这些模拟实验中，我们随机指定石英颗粒的结晶方向。c 轴可以从剖面所在平面向外凸出（不在该平面内），导致模型平面内的表观生长速率较慢。在模型平面内，c 轴投影与裂缝轨迹之间的夹角被限制在以下角度范围：0°、45°、90°和 135°。与前一组模拟实验一样，这组模拟实验也假定裂缝张开速率和石英胶结速率是恒定的。

图 11 为 3 种破裂速度下的多时间步长（T1～T4）模拟结果。图中石英胶结物的颜色是由生长速率来确定的，蓝色表示在自形晶面上的缓慢生长过程，绿色和红色表示在非自形晶面上较快的生长过程。石英颗粒为浅灰色，非石英颗粒为深灰色，孔隙为黑色。图中最左边的一列图像显示了棱柱晶面（生长速率最慢的晶面类型）上的生长速度超过裂缝张开速率的情况下的模拟结果。在这些模拟实验中，裂缝被石英胶结物大规模密封，密封位置为裂缝将石英颗粒一分为二的所有位置。这些结果正确地再现了孔隙对

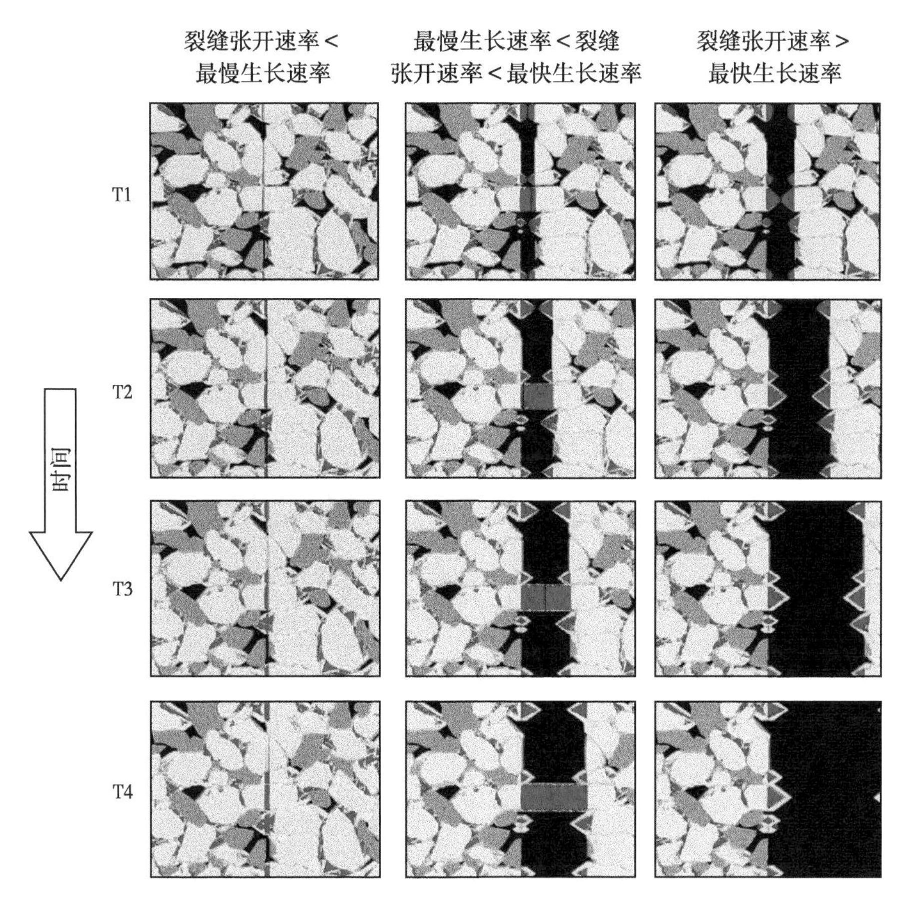

图 11 用 Prism 二维软件模拟的三种不同的裂缝张开速率比对晶体生长的影响

红色和绿色表示沿非自形（0001）晶面的快速生长过程，而蓝绿色则表示在自形晶面上的生长过程。黑色表示孔隙，浅灰色表示石英颗粒，深灰色表示非石英颗粒。最左边的一列显示了裂缝张开速率小于自形晶面生长速率时的模拟结果。中间的一列显示了部分（但不是所有）过度生长晶体能够跨接微断裂事件之间的裂缝的情况。右边的一列显示了裂缝张开速率大于最快生长速率时的结果。图中的各行对应于模拟 T1～ T4 不同时间步长下的裂缝几何形态和胶结物丰度

被非石英颗粒所包裹的部分裂缝轨迹的限制，以及裂缝带内所有石英胶结物中出现的裂缝密封结构（图 12a、b）。

最右边的一列显示了另一种极端情况的模拟结果：裂缝张开速率大于最快生长速率（非自形 c 轴晶面）的两倍。在裂缝张开的初始阶段（T1），c 轴与裂缝轨迹近似垂直的晶粒上的非自形生长过程几乎能够与裂缝宽度的增大过程保持同步。然而，一旦过度生长过程达到自形终点（T2），石英的生长速率就会急剧下降，远远低于裂缝的张开速率。所得到的薄状外壳可与缺乏后期裂缝密封结构的天然样品（图 12e、f）进行比较。

中间的模拟结果显示了裂缝张开速率处于两个极端值中间的情况。在本次模拟实验中，晶粒的 c 轴与裂缝壁之间的角度较大，使其能够跨接微断裂事件之间的裂缝，最终形成石英桥的形态（图 12c、d）。然而，剩余晶粒的结晶方位不太理想，并发展出与薄状外壳形貌一致的自形晶体。

这些模拟结果与图 13 所示的石英胶结物沿天然裂缝的形态和丰度的变化相比较，具有良好的对比效果。在裂缝尖端附近（图像顶部），裂缝的大部分孔隙被石英胶结物所充填，正如我们所预料到的，与石英生长速率相比，局部的裂缝张开速率较慢。另一方面，在裂缝的中间部位（图像底部），裂缝未被石英胶结物跨越，胶结物的绝对含量最少。模拟结果表明，中间位置上发现了石英桥接结构，而裂缝尖端的石英桥接结构数量越来越多。

图 14 所示的模拟结果强调，裂缝内胶结物生长量的决定因素是裂缝张开速率与生长速率的比值，而不是累积运动学开度。这些模拟实验具有相同的累积运动学开度、时间步长和裂缝张开起始时间，但在张

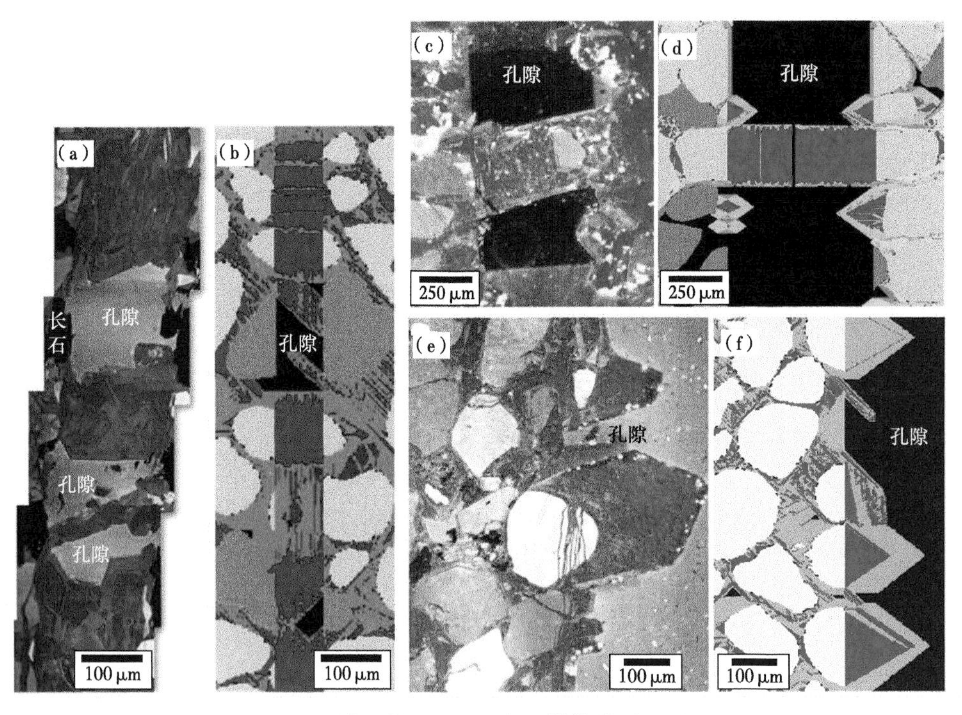

图 12 模拟结果与阴极发光结构的对比图

在模拟结果图中，蓝色表示自形晶面上的石英生长过程，而红色则表示非自形面上的石英生长过程（较快）。浅灰色颗粒为单晶石英，深灰色颗粒为其他颗粒类型，黑色代表孔隙。(a) 大规模密封结构的阴极发光图像；(b) 大规模密封结构的模拟结果，在这种情况下，所有被一分为二的过度生长晶体都能够跨接断裂事件之间的微裂缝；(c) 石英晶体桥接结构的阴极发光图像；(d) 一种模拟结果，其中桥接结构与具有薄状外壳形态的过度生长晶体一起形成；(e) 石英薄状外壳的阴极发光图像；(f) 自形晶体的模拟结果，这些自形晶体沿着未被胶结物跨接的裂缝形成了薄状晶体外壳

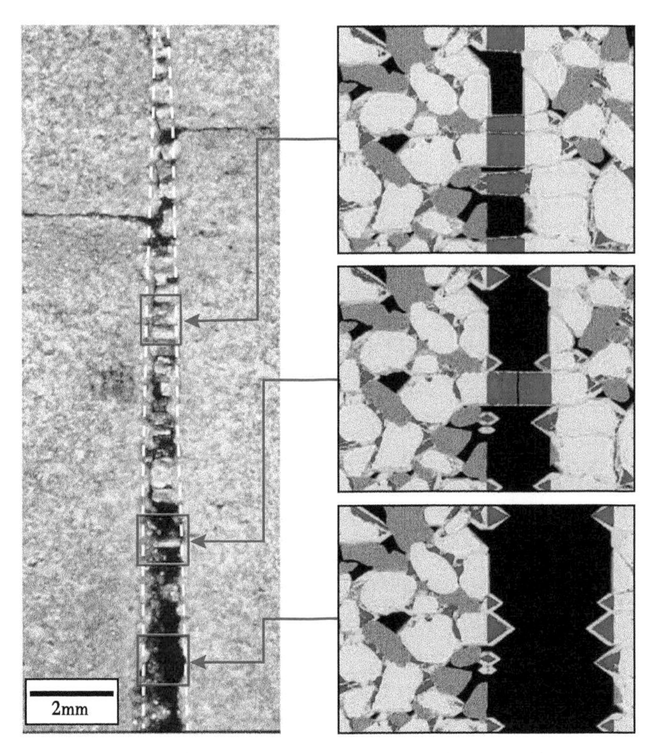

图 13 得克萨斯州东部盆地白垩系砂岩中的一条裂缝

该裂缝不断变窄，顶部有更多的石英密封结构。右图为模拟结果，除了上部的裂缝张开速率（在顶部最慢，在底部最快）以外，各模拟实验均采用了相同的模拟条件。红线表示石英的形态，它们与天然裂缝中的形态相一致。使用了与图 11 中相同的颜色约定

开速率较快的情况下，裂缝停止移动的时间较早，石英进入静态裂缝孔洞的时间较长。裂缝张开速率与非自形（0001）生长速率之比大于2的两组模拟实验中的胶结物含量是相同的，因为过度生长的晶体从未跨越裂缝张开事件之间的微裂缝间隙。对于较慢的裂缝张开速率，裂缝带内的石英胶结物总量与裂缝张开速率成反比。增加的胶结物体积是在较慢的裂缝张开速率下形成的，因为具有更大范围晶体方位的二等分颗粒能够跨越裂缝张开事件之间的微裂缝间隙。

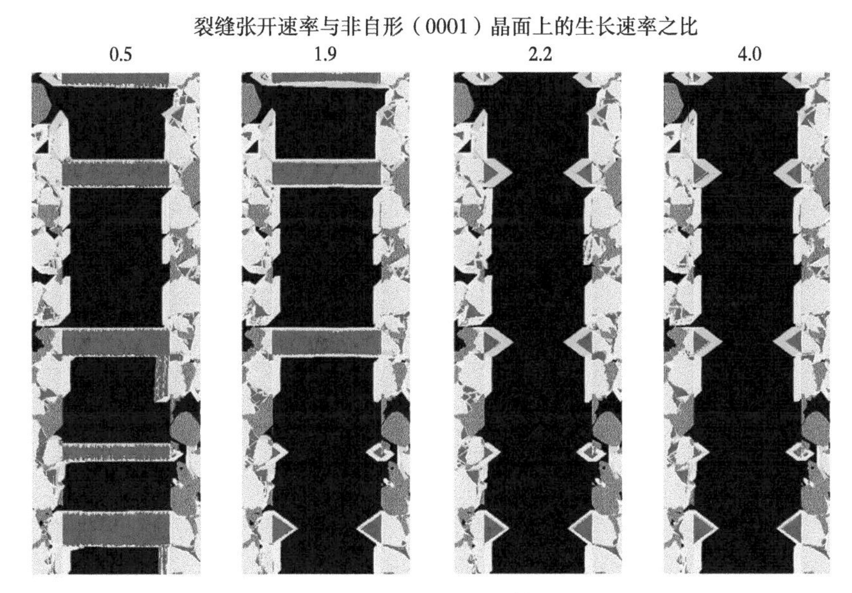

图14 砂岩的 Prism 二维模拟结果

图中的裂缝具有相同的最终运动学开度和相同的模拟步骤，但各图的裂缝张开速率不同。这些裂缝在同一时间开启，但由于其张开速率不同，因此它们的停止时间不同。图中的数值代表裂缝张开速率与非自形（0001）晶面生长速率之比。速率比为2.2和4.0时的模拟结果是相同的，因为它们都超过了所有晶体的跨接阈值。对于速率比低于2的裂缝，裂缝带中胶结物总量的模拟结果与裂缝张开速率成反比。红色表示沿非自形（0001）晶面的快速生长过程，绿色表示锥形晶面上的生长过程，蓝绿色表示棱柱晶面上的生长过程。黑色为孔隙，浅灰色为石英颗粒，深灰色为非石英颗粒

9 模拟得到的桥接结构与自然实例的对比结果

作为对沉积盆地模型性能的最终评价，我们对得克萨斯东部盆地的白垩系 Travis Peak 组中的一个石英桥接结构（已经进行了彻底的特征描述）的演化过程进行了模拟。该石英桥接结构是一项详细的流体包裹体研究的主要研究对象，该研究与高分辨率扫描阴极发光成像研究同时进行（Becker et al.，2010）。利用这些数据，再加上取样井的热重构结果（Dutton，1987），使得证明这一桥接结构在过去48Ma的时间里经历了多次裂缝密封事件成为可能。这段时间内的平均裂缝张开速率约为23μm/Ma。温度从130°C到154°C不等（Becker et al.，2010）。研究区内含有大量的缝合线，这些缝合线可能是石英胶结物的本地来源。

我们对该桥接结构进行了额外的小尺度分析，在高分辨率彩色阴极发光图像中识别出了375个裂缝密封结构，并确定了它们的运动学开度和位置。解释结果表明，相关微裂缝的运动学裂缝开度范围从1μm左右到18μm不等，平均裂缝开度为3μm左右。我们根据横切关系和侧向沉积物的厚度建立了这些裂缝密封事件的时间序列（Laubach et al.，2004a，2004b；Laubach et al.，2006）。虽然对于单个裂缝而言，该序列存在明显的不确定性，但其总体顺序却相对比较容易辨别，并且它显示出了在桥接结构右侧形成微裂缝的整体趋势（Becker et al.，2010）。唯一的例外是最近在桥接结构的左侧也形成了一些微裂缝。

模拟桥接结构发展的第一步是确定合理的数值以用于石英沉淀动力学研究。如前所述，我们通过调整

非自形（0001）生长过程的活化能（Ea）值（如公式 1 所示）来达到这一目的，从而使模拟出的母岩（非常细粒度、中等分选的石英砂岩）中石英胶结物的丰度与 9840p5 桥接结构附近的实测值相一致。使用如图 15a 中所示的温度历史（情形 1），我们发现，当活化能（Ea）值为 50 kJ/mol 时，模拟结果与建模区域内的实测石英胶结物丰度的体积差异在 2%以内（我们采用的指前因子 A_0 为 9×10^{-12}mol/(cm^2 · s)，其他晶面上的生长速率如图 2 所示）。裂缝模拟实验的模型参考框架的网格分辨率为 0.4μm/晶体单元，并且它是用于约束样品中未破碎部分的动力学参数的区域的一部分。基线模型中的裂缝为垂直裂缝，位于模拟区域的中心位置。除了两个被裂缝轨迹一分为二的晶粒外，我们随机为单晶石英颗粒指定了 c 轴方向：我们改变了裂缝轨迹中心位置的晶体 c 轴方向，以便晶体颗粒能跨接微裂缝间隙，我们还改变了另一个位于模拟区域边缘的晶体 c 轴方向，使其不利于跨接微裂缝间隙。

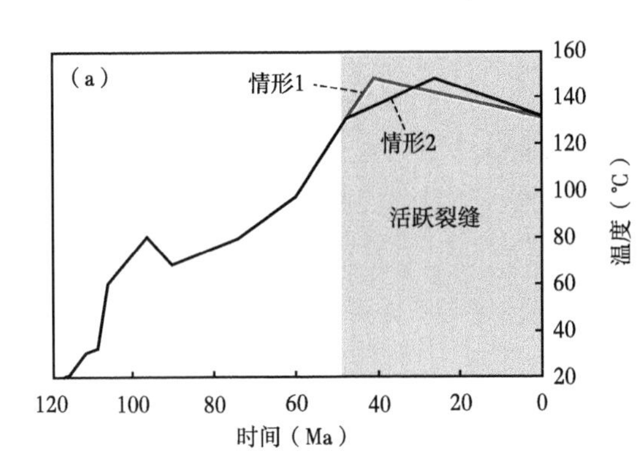

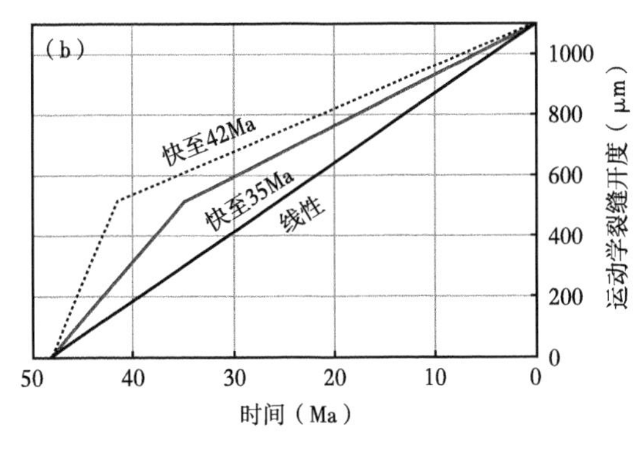

图 15 （a）SFE2 井两个备选的温度历史，其中“情形 1”是基于 Dutton（1987）的研究得到的，而“情形 2”则部分基于 Dooley 等（2013）的修改，推迟了侵蚀作用的发生。阴影区域表示 Becker 等（2010）解释的裂缝活跃生长的时间。（b）Becker 等（2010）所研究的石英桥接结构“9840p5”的累积运动学开度随时间变化的 3 种情况

在优化后的动力学参数的基础上，综合考虑温度历史对石英生长速率的影响，在沉积（128Ma）时开始模拟。除了一些形成于桥接结构左侧的晚期微裂缝外，随着生长过程的进行，在桥接结构右边界 75μm 范围内，也产生了新的微裂缝。在基线模拟实验中，我们假设裂缝张开速率为常数（图 15b 中的“线性”曲线所示），温度历史由 Dutton（1987）的埋藏历史重建结果得到（图 15a 中的“情形 1”）。

这个基线模拟实验为中心晶粒生成了一个石英桥接结构，中心晶粒的两侧是具有薄状外壳结构的裂缝壁（图 16b）。与实际的石英桥接结构一样，模拟实验的预测结果显示，较薄的横向沉积物（蓝色表示）夹杂在桥接结构右侧的红色裂缝密封区域中。然而，与实际的石英桥接结构不同（图 16a），基线模拟既不能预测桥接结构中心位置处较厚的横向沉积物，也不能预测桥接结构上下边界部分与水平方向的轻微偏差。正如下文更详细讨论的那样，这些桥接结构形态上的差异可能是由于桥接结构的 c 轴方向与裂缝轨迹的垂直方向存在偏差所造成的。

通过对图 17a 所示的流体包裹体温度进行对比可以发现，模拟结果与观测结果之间的额外差异与预测的沿桥接结构轴线的石英沉淀温度模式有关。该模拟实验对流体包裹体温度范围以及桥接结构两端所观测到的温度值进行了近似。然而，它偏离了峰值温度的观测值。在模拟过程中，温度峰值出现在桥接结构的左端附近，而流体包裹体的圈闭温度峰值则出现在桥接结构的中心位置附近。由于模拟的裂缝张开速率是恒定的，模拟的石英沉淀温度模式反映了情形 1 的温度历史，其峰值出现在活动裂缝张开时间的 12.5%之后（图 15a）。对于峰值流体包裹体温度出现在桥接结构中心位置附近而不是桥接结构左侧附近，有两种可能的解释：（1）裂缝并没有以恒定的速度张开，而是在生长的初始阶段以更快的速度张开，然后逐渐变慢；（2）模型试样的峰值温度出现的时间晚于 Dutton（1987）所提出的埋藏历史（情形 1）中假设的时间。

然而这两种可能性并不相互排斥，因此我们通过一次模拟实验单独对第一种可能进行了评价，实验中的裂缝开度约为如今的动力学裂缝开度的一半（图 15b 中的“快至 42Ma”），达到峰值温度的时间在情形 1 的埋藏历史内。然而，在本次模拟过程中（图 16c），并没有形成桥接结构，这是因为刚开始裂缝张

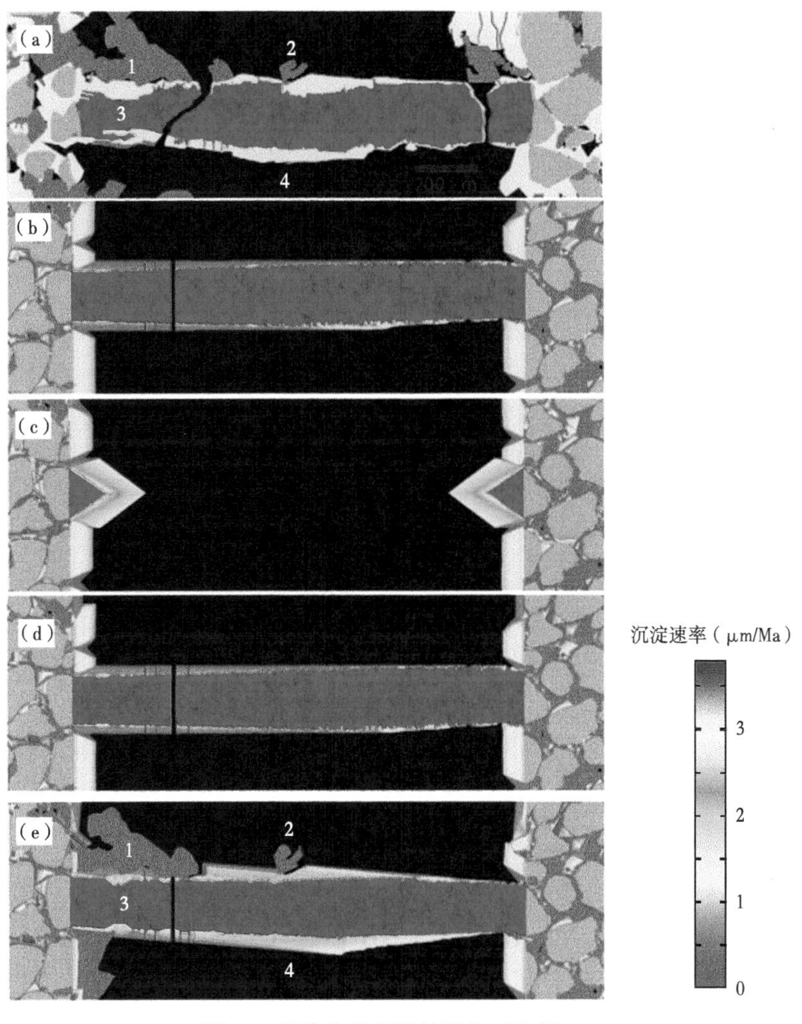

图16　图像分析解释结果的对比图

(a) Becker等（2010）和（b—e）所研究的"9840p5"桥接结构的各种Prism二维模拟结果；（b）利用第一种情形下的埋藏历史（图15a）、"线性"的裂缝张开历史（图15b）以及垂直于裂缝的桥接晶体c轴方向进行模拟的结果；（c）利用第一种情形下的埋藏历史（图15a）、"快到42Ma"的裂缝张开历史（图15b）以及垂直于裂缝的桥接晶体c轴方向进行模拟的结果；（d）利用第二种情形下的埋藏历史（图15a）、"线性"的裂缝张开历史（图15b）以及垂直于裂缝的桥接晶体c轴方向进行模拟的结果；（e）利用第二种情形下的埋藏历史（图15a）、"快到35Ma"的裂缝张开历史（图15b）并假设桥接晶体c轴方向与裂缝成95°夹角进行模拟的结果。在模拟过程中，标号"1"和"2"指示了图a中富铁白云石沉积物在实际裂缝中所处的位置。标号"3"表示模拟裂缝密封区域"缩窄"的位置，并且该位置显示出与实际桥接结构（图a）中标号"3"的区域相类似的几何形状。标号"4"表示模拟实验中预测得到的较厚的横向胶结带所在的位置，它与实际桥接结构（图a）中标号"4"的位置比较接近

开的速率较高，是石英在非自形c轴晶面生长速率的两倍多。虽然有可能将石英的生长动力学条件提高到裂缝可以在这种裂缝张开速率下发生桥接的程度，但这样做会在砂岩的未破碎部分产生大量的石英胶结物。

另一种替代方案是使用恒定的裂缝张开速率，将达到峰值温度的时间从42 Ma推迟到26 Ma（图15a中的"情形2"）。这个情况更接近于流体包裹体的圈闭温度模式（图17b），同时生成与基线模型（图16b）类似的桥接形态（图16d）。遗憾的是，我们没有可用的数据来评价这些热历史中哪一个在地质学上更为合理。Dutton（1987）的热重构过程是根据Sabine Arch地层中早始新世（Wilcox）沉积岩侵蚀程度的估算值来确定最大埋藏深度的（Laubach et al.，1990；Jackson et al.，1991）。由于没有更好的约束条件，Dutton（1987）假设从侵蚀层段在4200万年前沉积结束一直到今天，其侵蚀速率都是线性的。然而，情形2的热历史在地质学上是可信的，因为它假设侵蚀过程开始于中新世，这与现有的几条证据相吻合，这些证据表明墨西哥湾沿岸地区的区域抬升过程开始于渐新世，并在中新世加速抬升（Jackson et al. , 2011；Dooley et al. , 2013）。

在最后的模拟场景中，我们考虑两种可能的组合，达到峰值温度的时间在 26Ma 而不是 42Ma（图 15a中的“情形 2”），并且裂缝张开过程的初始阶段比后半段的裂缝张开过程更快（图 15b 中的“快至 35Ma”）。此外，在本方案中，桥接颗粒的 c 轴方向与裂缝轨迹之间的夹角为 95°，而不是 90°，我们根据石英桥接结构在实际裂缝中的存在情况，在石英桥接结构附近引入了富铁白云石胶结物（图 16a和图 16e，标号“1”和“2”）。在所有的模拟实验中，提高初始裂缝张开速率和延迟达到峰值温度的时间都能够较好地匹配流体包裹体数据（图 17c）。此外，这种情况下，裂缝密封区域沿桥接结构的左侧部分存在厚度变化，这与观察到的模式更为一致（图 16a、e 中的标号“3”）。模拟得到的裂缝密封层的厚度变化发生在桥接历史的早期，此时的石英密封速率几乎跟不上裂缝的张开速率，导致桥接结构在该发展阶段内发生缩颈（图 18，40Ma）。桥接颗粒的 c 轴方向偏离了 5°（相比于垂直于裂缝壁的方向），导致桥接结构中部形成较厚的横向沉积物，这与观察到的厚度比较一致（图 16a、e，标号“4”）。

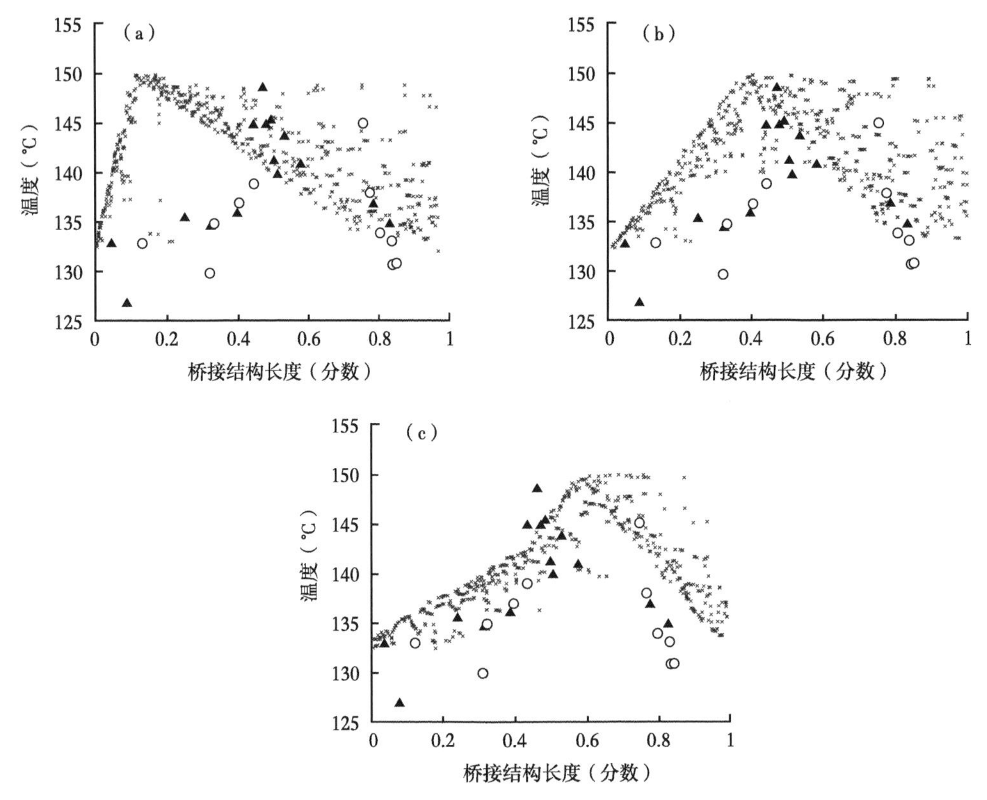

图 17　Becker 等（2010）所报道的流体包裹体圈闭温度与桥接结构长轴模拟结果的对比图

黑色三角形表示流体包裹体组合的数据，白色圆圈表示单个流体包裹体的数据，灰色的“×”符号表示模拟结果。（a）图 16b 所示的桥接结构的模拟结果，包括“情形 1”埋藏历史（图 15a）和“线性”裂缝张开历史（图 15b）。（b）图 16d 所示的桥接结构的模拟结果，包括“情形 2”埋藏历史（图 15a）和“线性”裂缝张开历史（图 15b）。（c）图 16e 所示的桥接结构的模拟结果，包括“情形 2”埋藏历史（图 15a）和“快至 35Ma”裂缝张开历史（图 15b）

我们引入了富铁白云石晶体，其形态学特征来自实际桥接结构在 35Ma 时的左侧区域，此时模拟得到的横向沉积物厚度与实际桥接结构中所观察到的横向沉积物厚度相当（图 16a、e，标号“1”）。我们在 28Ma 时（此时形成类似的横向厚度）沿着桥接结构的顶部中间部分（图 16e，标号“2”）额外引入了一个富铁白云石菱面体。与这些横向晶面的外侧边界的左侧和西—西北/东—东南方向相比，此次模拟正确地再现了该菱面体右侧较厚的横向沉积物。对于选定的地质点位，桥接结构和砂岩（母岩）的模拟演化过程如图 18 所示，GSA 数据资源库（GSA Data Repository）提供了从 50 Ma 年前到现在的模拟动画。

模拟研究的一个重要方面是，尽管对母岩和裂缝带使用相同的石英沉淀动力学参数，但在岩石的这两个部分中，与石英胶结物相关的净生长速率、温度和形貌显示出明显的差异。在模拟过程中，裂缝带与母岩唯一的不同之处在于石英晶体的破碎和微断裂事件引起的新孔隙空间的形成。这种差异对平均表面积归一化生长速率的影响如图 19 所示。在母岩中，尽管温度同时升高，但岩石破裂开始后的平均表面积归一化生长速率却有所下降，导致某一类型的基质表面生长速度加快。造成这种下降的原因是，随着过度生长过程的不断发育，石英生长晶面逐渐被生长较慢的晶面类型所控制（Lander et al., 2008）。然而，在裂缝带内，平均表面积归一化生长速率却比母岩中的生长速率高出了一个数量级（图 19）。之所以其生长速率较快，是由于当桥接晶体被微断裂事件破坏时，桥接晶体上不断产生快速生长的非自形（0001）表面。裂缝带生长速率包络线的上边界反映了在胶结物成功桥接微裂缝之前裂缝密封结构的快速生长过程。在此期间，桥接结构的两侧也同时生长，尽管其生长速度较慢。包络线的下边界表示桥接结构跨越裂缝的位置，并且该生长过程只发生在桥接结构的两侧。上边界和下边界随时间的变化反映了温度历史和裂缝张开速率的变化规律，温度越高，裂缝张开速率越快，平均表面积归一化生长速率就越快，说明石英能够跨接微断裂事件之间的微裂缝。

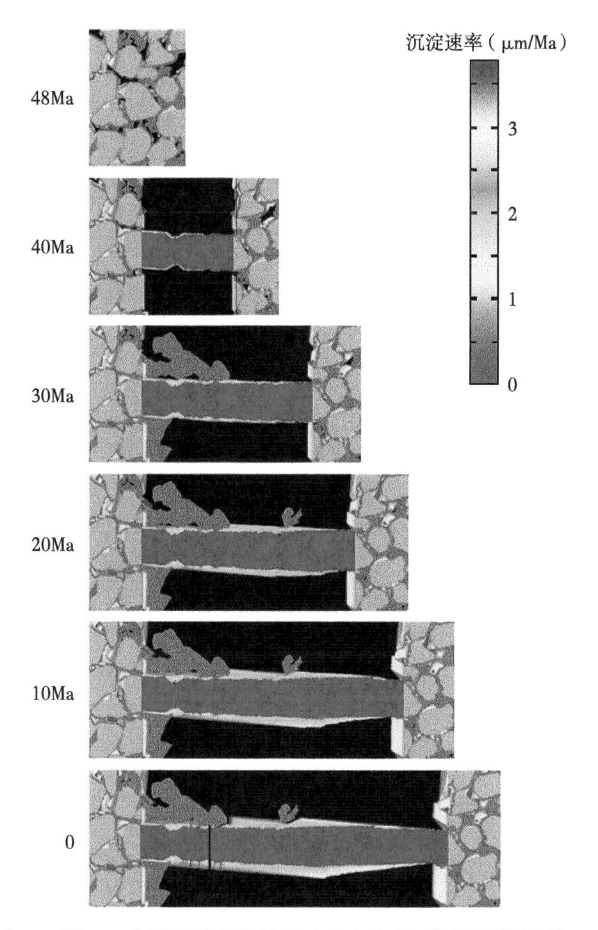

图 18　图 16e 中所示的桥接结构在选定地质时期的模拟结果
该模拟实验结合了“情形 2”中的埋藏历史（图 15a）和“快至 35Ma”的裂缝张开历史（图 15b）。模拟动画可以从 GSA 数据资源库中获得

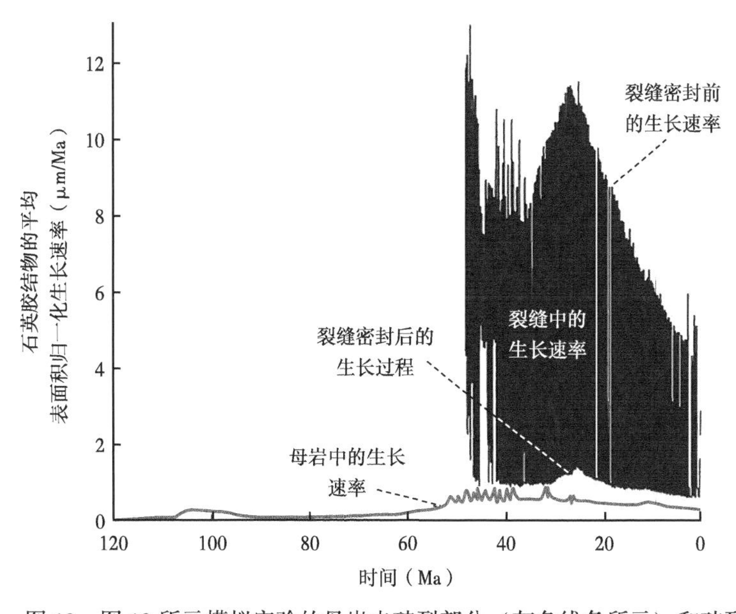

图 19　图 18 所示模拟实验的母岩未破裂部分（灰色线条所示）和破裂带（黑色线条所示）的平均表面积归一化石英生长速率与地质时间的对比结果图

10 裂缝的生长速率和密封速率

裂缝很难作为结构和构造的标志，因为张开型裂缝的形状和张开位移（裂缝开度）没有为裂缝发育的时间和速度提供明确的证据，多种替代性的加载路径也有可能产生相同的裂缝生长模式（Engelder, 1985）。然而，通过对胶结物的结构进行分析，我们或许可以获得裂缝的相对形成时间。本文中的石英胶结物模型解释了砂岩裂缝中局部石英胶结物沉积层中的复杂纹理，并将这些纹理视为裂缝生长和密封的时间和速率的详细记录。当温度历史和动力学参数与母岩中石英胶结物的丰度相匹配时，该模型就可以预测出绝对裂缝张开速率和形成时间等相关信息。这些模拟结果可以用流体包裹体或裂缝胶结物的同位素数据进行测试。模拟结果通过对考虑裂缝张开速率和温度变化的裂缝生长过程进行连续重建，大大扩充了这种稀疏数据点的个数。

11 该模型对石英脉的适用性

本文的模型解释了砂岩中的裂缝孔隙是如何在反应性流体存在的情况下持续数百万年，而母岩的岩石孔隙是如何被胶结作用破坏的。虽然前面所讨论的实例应用考虑了被动边缘环境下极慢的生长速率，但该模型同样也适用于沉积盆地中的其他裂缝类型，以及变质岩脉形成过程的某些方面。例如，该模型再现了存在于变质岩脉中的“延伸型”和“细长块状”纹理。

变质岩中的“延伸型岩脉”或“延伸晶体”（Bons，2000；Bons et al.，2012）是通过裂缝密封过程形成的。拉伸后的晶体具有较大的纵横比，且与裂缝壁之间的夹角较大，与此同时，在整个岩脉上的晶体宽度没有发生明显的变化。这些晶体的 c 轴方向也不会随着与裂缝壁之间距离的增大而发生太大的变化。另一方面，“细长块状”岩脉纹理的特征是从裂缝壁到裂缝中心的晶体不断粗化（Fisher et al.，1992；Bons，2000）。此外，与裂缝边缘附近较小的晶体不同，细长块状岩脉中心部位尺寸较大的晶体具有优先垂直于裂缝轨迹的 c 轴（Cox et al.，1983；Bons，2001；Nuchter et al.，2007；Okamoto et al.，2011）。

本文采用与砂岩中石英胶结作用相同的方法模拟了这些岩脉纹理的发育过程。拉伸型岩脉的模拟结果与砂岩中微裂缝的大规模密封过程的模拟结果（图 11 中左边的一列）相似，因为它们代表了生长缓慢的自形生长过程（足以密封微裂缝）的情况。唯一明显的区别就是，岩脉模拟实验中的累积运动学裂缝开度是晶畴（作为过度生长晶体的初始生长基质）尺寸的很多倍，而砂岩中已被晶体密封的微裂缝往往具有与晶粒直径相当的裂缝开度。

本文对两种拉伸型岩脉的情况进行了模拟：在其中一种情况下，我们只考虑了单纯的裂缝开度（图 20a），而在另一种情况下，我们规定右旋位移恒定为 15°（图 20b）。在微断裂事件之间的裂缝带内随机引入微裂缝，在破裂过程开始时，母岩为纯石英，不含任何孔隙。为了简单起见，模拟过程中假定温度恒定，并且岩石处于过饱和状态。

模拟结果与“拉伸型晶体”结构的对比结果较为理想（Bons et al.，2012），如图 20a、b 所示（相应的模拟动画，请参阅 GSA 数据资源库）。晶体呈细长的平行形态，与裂缝壁之间的夹角较大，垂直于伸长轴方向上的厚度范围较窄。此外，这些模拟实验重现了锯齿状的晶体边界或“辐射体结构”，这是自然界中这种共轴岩脉类型的典型特征（Bons et al.，2012）。在模拟过程中，这些结构的产生是因为一些晶体能够在完全密封之前向邻近的裂缝中扩展一小段距离。当入侵晶体的 c 轴与裂缝壁平行并指向相邻晶体的 a 轴表面时，这种侵入现象最为明显。在图 21 中，我们使用单个裂缝密封循环的模拟实验结果（两个晶畴之间的边界放大图）来说明这种情况。顶部晶体的 c 轴方向在剖面图中是垂直的，其中一条 a 轴垂直于裂缝壁，而底部晶体的 c 轴垂直于这个二维切片平面，并且其中一条 a 轴的方向导致其棱柱晶面平行于裂缝轨迹。在这种情况下，与底部晶体棱柱晶面上较慢的生长速度相比，顶部晶体在非自形 a 轴晶面上的生长速度更快，因此顶部晶体能够比底部晶体更快地生长到裂缝中（第 20 步）。一旦顶部晶体跨接了裂缝，它在非自形 c 轴晶面上将生长得更快，并开始侵入底部晶体（第 100 步和第 200 步）。一旦晶体达到自形终点（第 200 步），侵入速度就会减慢，但会一直持续到裂缝闭合（第 1500 步），最终形成一个高角度的“V”形侵入区域。

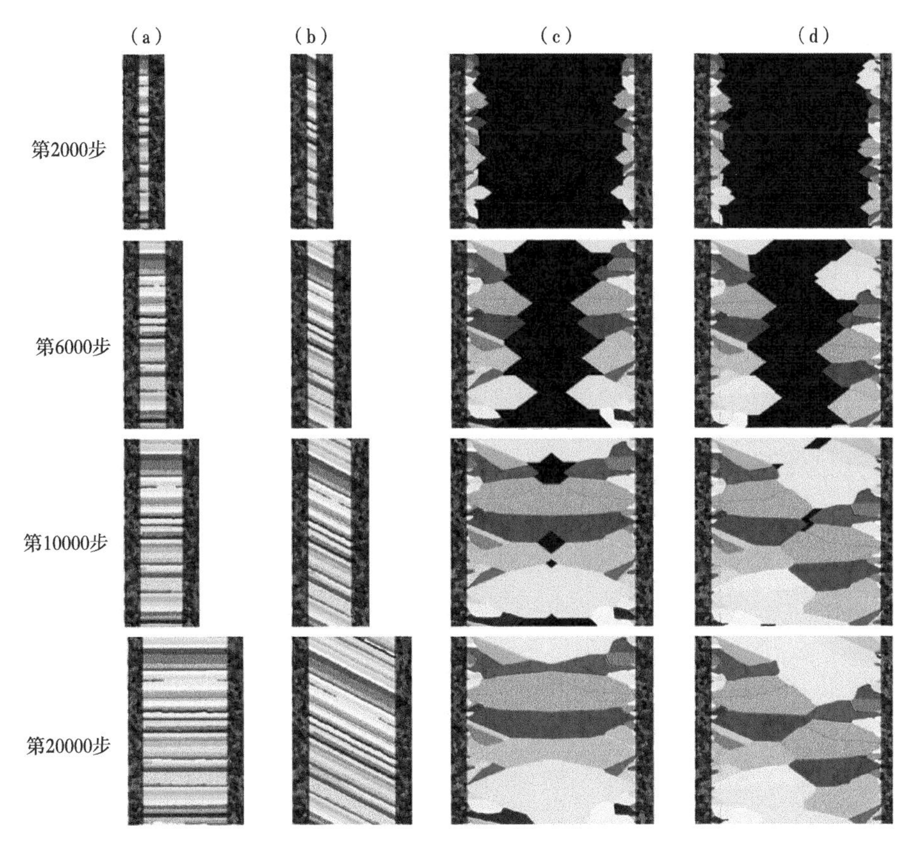

图 20　利用相同的母岩性质和初始裂缝位置来模拟变质岩脉的纹理

颜色是根据晶畴随机分配的，过度生长晶体的颜色更亮。黑色表示孔隙，步数值表示模拟步骤，其中，在非自形生长基质上，每一步最大的石英生长量用沿着 c 轴方向的一个网格单元来表示。(a) 张开型裂缝中，与裂缝密封结构的生长过程相关的“拉伸型晶体”，所有晶面类型的生长过程都足以跨接裂缝张开事件之间的微裂缝。注意晶体边界处的锯齿状“辐射型”纹理。(b) 除了沿裂缝方向存在 15°的右旋平移之外，其他模拟条件与图 a 中相同。(c) 在这种张开型裂缝中发育的“细长块状”岩脉结构。它是通过石英的被动生长过程进入裂缝孔隙空间而形成的。(d) 除了沿裂缝方向存在 15°的右旋平移之外，其他模拟条件与图 c 中相同。所有模拟实验的模拟动画都可以从 GSA 数据资源库中获得

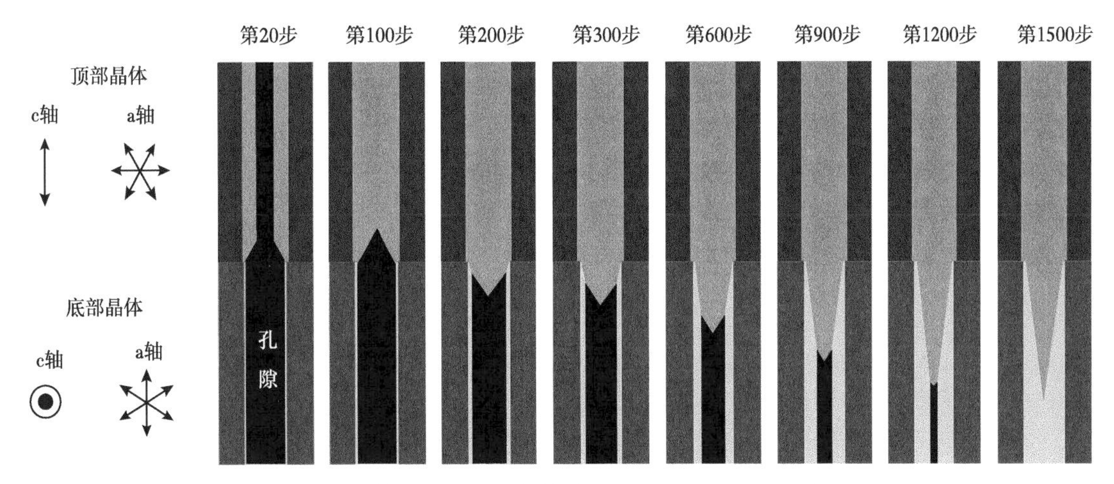

图 21　晶体边界处“辐射体结构”形成过程的模拟结果

模拟结果与拉伸晶体类型的石英岩脉相关。该模拟实验将一对相邻晶体在单个裂缝密封周期内的形态进行了放大，其中顶部晶体以更有利的结晶方向侵入到底部晶体的裂缝中。图中的颜色根据晶畴来进行确定：较亮的阴影部分表示当前裂缝密封周期内的石英过度生长过程，较暗的阴影部分表示先前已经存在的晶体。黑色代表孔隙，步数值表示模拟步骤，其中，在非自形生长基质上，每一步最大的石英生长量用沿着 c 轴方向的一个网格单元来进行表示。此模拟实验的动画可以从 GSA 数据资源库中获得

该模型的其中一个预测结果是，当相邻的晶体都具有垂直于裂缝壁的 c 轴方向，同时也具有相似的 a 轴方向时，辐射体结构将发育不良。在这种几何结构下，两种晶体沿裂缝轨迹的横向生长速率是相等的，这就限制了发生裂缝侵入的可能性。同样地，我们预计 c 轴相互指向对方，且具有相似的 a 轴方向的相邻晶体也会显示出比较有限的裂缝侵入程度。

细长块状岩脉的模拟结果比较类似于砂岩中的张开型“外壳”的模拟结果（图 11 右边的一列图所示），这是因为裂缝的张开速率超过了所有石英过度生长过程的跨接能力。模拟结果的差异只与石英在裂缝孔隙中的被动生长程度有关。与拉伸岩脉的模拟实验一样，我们考虑了单纯的裂缝张开的情况和右侧偏移 15°的情况（图 20c、d；相应的模拟动画，请参考 GSA 数据资源库）。正如预期的那样，模拟结果表明，c 轴方向更接近垂直于裂缝壁的晶体生长速度更快，因此比那些生长方向较差的晶体更容易“存活”下来。对于单纯的裂缝张开的情况，“存活”下来的晶体在裂缝中心部位重新接合，并在裂缝中表现出较高的连续性。即使在模拟过程中没有考虑裂缝密封，这些晶体也会生长成具有较大的纵横比的形态。然而，在右旋 15°的模拟实验中，被一分为二的晶体无法与裂缝发生接触，导致晶体的最大尺寸和纵横比都比较小。

这些模拟结果表明，成岩条件下的裂缝胶结作用与变质条件下的裂缝胶结作用之间唯一的根本区别在于石英的绝对生长速率。在成岩地层中，胶结物的生长速度非常缓慢，这使得裂缝张开速率较快的裂缝中的孔隙能够维持数百万年之久。然而，在与变质环境相关的高温条件下，石英的生长速度要快得多，因此孔隙的存在时间较短——即使在裂缝张开速率超过胶结物生成速率的情况下也是如此。

虽然利用该模型预测得到的结构和形态可与实际的变质石英脉相媲美，但本文中所描述的生长动力学方法可能并不适用于变质条件，因为（1）限制石英生长速率的可能是运输或供应过程（Fisher et al.，1992），而不是像沉积盆地中那样受到沉淀速率的影响；（2）与大多数成岩体系相比，某些变质岩体系中的石英过饱和程度可能要高得多（Bons et al.，2012）。与目前的动力学方法相比，前者往往会降低石英的生长速率，而后者则会产生相反的效果。

12 结论

本文所描述的石英胶结模型再现了砂岩裂缝体系中石英胶结物的重要特征，包括桥接结构和大规模密封裂缝中的裂缝密封结构和横向纹理、桥接结构，以及“外壳”的形态。模拟结果表明，当裂缝张开速率接近生长速度最快的晶面类型上的生长速率时，与桥接结构的形成过程相关的石英过度生长胶结物的体积会发生巨大的变化。在这种情况下，当二等分晶体的 c 轴方向与裂缝壁之间的夹角较大时，过度生长的晶体更有可能跨接微断裂事件之间的裂缝。跨接晶体的破裂使得快速生长过程得以持续，因为破裂过程创造了新的非自形生长晶面，在这些非自形晶面上，过度生长晶体的生长速度比自形生长晶面上要快得多。相反，那些不能跨接微裂缝的晶体会演变为自形终点，并以慢得多的速度生长。

值得一提的是，具有裂缝密封结构的桥状结构可能是由过度生长的晶体形成的，这些晶体的 c 轴方向与裂缝轨迹之间的夹角并不大。然而，这些结构与石英过度生长所需的基质表面积不足有关。例如，含有较少的单晶石英颗粒的砂岩，以及除石英外，碳酸盐岩或硫酸盐岩等其他岩相在裂缝张开的同时不断生长，从而大大限制了石英胶结物可以侵入的孔隙空间。本文的模拟结果与上述情况一致，前提是裂缝张开速率不超过石英在自形晶面上的生长速率的两倍（即通常导致大规模裂缝密封的条件）。

该模型利用相同的基本生长假设和动力学参数，对母岩和裂缝带中石英胶结物的丰度进行了拟合。在 Travis Peak 组实例中，它正确地预测了许多紧密胶结型砂岩地层中比较常见的观测结果，即与裂缝带中发现的胶结物相比，母岩中的大部分石英胶结物的形成时间较早，形成温度较低。模拟结果表明，在母岩中，仅有少量的石英胶结物是在埋藏历史的晚期形成的，因为此时剩余的基质表面积非常小，并且该区域（余下的基质表面）内占主导地位的仍是生长速度最慢的晶面类型。与此相反，石英在裂缝带中则以较快的速度不断生长，直到它能够成功跨接裂缝带，这是因为裂缝带中的孔隙体积较大，并且正如前面所提到的，随着晶体的破裂，将不断地产生新的非自形晶面。

由于硅质在地层水中的溶解度较低，并且含石英胶结物的裂缝体系无法通过大规模的平流作用提供足够的溶质，因此在砂岩裂缝带中可能存在石英胶结物的本地来源。如前所述，石英的胶结作用在裂缝网络中开度较小的部分更为普遍，但这些裂缝连通到大规模裂缝网络的可能性非常低。此外，由于较小的运动学裂缝开度和较高的胶结物密封程度，因此这些小型裂缝的渗透率往往是裂缝体系的所有裂缝中最低的。尽管裂缝带内石英的生长速率远远超过了母岩中的石英生长速率，但裂缝中的胶结物仅仅是岩石中石英胶结物的一小部分，在大多数砂岩地层中，其含量远低于2%。因此，我们可以合理地预测：母岩中胶结物的硅质来源能够很好地提供给裂缝带。

本文中的模拟实验还重现了变质岩中"延伸型岩脉"和"拉长块状"石英脉的纹理。本文的研究结果表明，与裂缝中石英的生长过程相关的成岩区域与变质区域的主要区别在于，在变质条件下，石英大范围生长的能力要强得多。这种生长能力的增加会造成一个有趣的结果，那就是与沉积盆地中的桥接裂缝相比，非自形晶面上的快速生长过程对变质石英脉的形态和内部结构的影响有所降低。

考虑到该模型成功地再现了砂岩（母岩）和裂缝带中石英胶结物的重要特征，因此它可以作为流体包裹体、同位素、示踪元素和盆地建模研究的一个有用的替代和补充，用于约束裂缝张开速率和热力学条件。该模型还可以为今后的地质力学模型提供更好的约束条件（地质演化方面），以及孔隙度、胶结物含量（体积）和微观结构等裂缝带物理性质。这种方法也可以用来模拟几何形状和动力学参数不同于本次研究所模拟的裂缝组，如断层岩石。

虽然本研究的重点一直是砂岩裂缝中石英的生长过程，但经过证实，这种方法对于破碎白云岩中白云石胶结物的几何形状的模拟也是十分有用的，并且还有可能适用于其他体系，如裂缝中（包含各种岩性）方解石的生长过程。然而，在碳酸盐岩矿物没有形成过度生长的情况下，如何确定合适的沉淀动力学条件和成核动力学条件是此类应用中的一个挑战。此外，碳酸盐胶结物体积的准确预测可能还需要将裂缝胶结模型与溶质运移模型进行有机的结合。

参考文献

Ajdukiewicz J M, Lander R H, 2010. Sandstone reservoir quality prediction: The state of the art. American Association of Petroleum Geologists Bulletin, 94: 1083-1091.

Ankit K, Nestler B, Selzer M, et al., 2013. Phase-field study of grain boundary tracking behavior in crack-seal microstructures. Contributions to Mineralogy and Petrology, 166: 1709-1723, doi: 10. 1007/s00410-013-0950-x.

Atkinson B K, Meredith P G, 1987. The theory of subcritical crack growth with applications to minerals and rocks. In Atkinson B K, ed., Fracture Mechanics of Rock, 2, London: Academic Press: 111-166.

Becker S P, Eichhubl P, Laubach S E, et al., 2010. A 48-m. y. history of fracture opening, temperature, and fluid pressure: Cretaceous Travis Peak Formation, East Texas Basin. Geological Society of America Bulletin, 122: 1081-1093, doi: 10. 1130/B30067. 1.

Bell J H, Bowen B B, 2014. Fracture-focused fluid flow in an acid and redox infl uenced system: Diagenetic controls on cement mineralogy and geomorphology in the Navajo Sandstone. Geofluids, 14: 251-265, doi: 10. 1111 /gfl. 12075.

Bjørklykke K, Egeberg P K, 1993. Quartz cementation in sedimentary basins. American Association of Petroleum Geologists Bulletin, 77: 1538-1548.

Bloch S, Lander R H, Bonnell L M, 2002. Anomalously high porosity and permeability in deeply buried sandstone reservoirs: origin and predictability. American Association of Petroleum Geologists Bulletin, 86: 301-328.

Blum A E, Stillings L L, 1995. Feldspar dissolution kinetics. In White A F, Brantley S L, eds., Chemical Weathering Rates of Silicate Minerals. Mineralogical Society of America, Reviews in Mineralogy, 31: 291-346.

Bonnet E, Bour O, Odling N E, et al., 2001. Scaling of fracture systems in geological media. Reviews of Geophysics, 39: 347-383, doi: 10. 1029 /1999RG000074.

Bons P D, 2000. The formation of veins and their microstructures. In Jessell M W, Urai J L, eds., Stress, Strain and Structure, A Volume in Honour of W. D. Means. Journal of the Virtual Explorer, 2 (online).

Bons P D, 2001. Development of crystal morphology during unitaxial growth in a progressively widening vein: I. The numerical model. Journal of Structural Geology, 23: 865-872, doi: 10. 1016 /S0191-8141 (00) 00159-0.

Bons P D, Elburg M A, Gomez-Rivas E, 2012. A review of the formation of tectonic veins and their microstructures. Journal of Structural Geology, 43: 33-62, doi: 10. 1016 /j. jsg. 2012. 07. 005.

Brosse E, Matthews J, Baxin B, et al., 2000. Related quartz and illite cementation in the Brent sandstones: a modeling approach. In Worden R H, Morad S, eds., Quartz Cementation in Sandstones. International Association of Sedimentologists Special Publication, 29: 51-66.

Canals M, Meunier J D, 1995. A model for porosity reduction in quartzite reservoirs by quartz cementation. Geochimica et Cosmochimica Acta, 59: 699-709, doi: 10. 1016 /0016 -7037 (94) 00355 -P.

Clark M B, Brantley S L, Fisher D M, 1995. Powerlaw vein-thickness distributions and positive feedback in vein growth. Geology, 23: 975-978, doi: 10. 1130 /0091 -7613 (1995) 023 <0975: PLVTDA>2. 3. CO; 2.

Cox S F, Etheridge M A, 1983. Crack-seal fi bre growth mechanism and their signifi cance in the development of oriented layer silicate microstructures. Journal of Structural Geology, 92: 147-170.

Dooley T P, Jackson M P A, Hudec M R, 2013. Coeval extension and shortening above and below salt canopies on an uplifted, continental margin: Application to the northern Gulf of Mexico. American Association of Petroleum Geologists Bulletin, 97: 1737-1764, doi: 10. 1306 /03271312072.

Dutton S P, 1987. Diagenesis and Burial History of the Lower Cretaceous Travis Peak Formation, East Texas. Bureau of Economic Geology Report of Investigations, 164: 58.

Eichhubl P, Taylor W L, Pollard D D, et al., 2004. Paleo-fluid flow and deformation in the Aztec Sandstone at the Valley of Fire, Nevada: Evidence for the coupling of hydrogeologic, diagenetic, and tectonic processes. Geological Society of America Bulletin, 116: 1120-1136, doi: 10. 1130 /B25446. 1.

Ellis M A, Laubach S E, Eichhubl P, et al., 2012. Fracture development and diagenesis of Torridon Group Applecross Formation, near An Teallach, NW Scotland: Millennia of brittle deformation resilience? Journal of the Geological Society of London, 169 (3): 297-310, doi: 10. 1144 /0016-76492011-086.

Engelder T, 1985. Loading paths to joint propagation during a tectonic cycle: An example from the Appalachian Plateau, USA. Journal of Structural Geology, 7 (3): 459-476, doi: 10. 1016/0191-8141 (85) 90049-5.

Evans M A, 1995. Fluid inclusions in veins from the Middle Devonian shales: A record of deformation conditions and fluid evolution in the Appalachian Plateau. Geological Society of America Bulletin, 107: 327-339, doi: 10. 1130 /0016 -7606 (1995) 107 < 0327: FIIVFT>2. 3. CO; 2.

Fall A, Eichhubl P, Cumella S P, et al., 2012. Testing the basin-centered gas accumulation model using fluid inclusion observations: Southern Piceance Basin, Colorado. American Association of Petroleum Geologists Bulletin, 96: 2297-2318, doi: 10. 1306 / 05171211149.

Fall A, Eichhubl P, Bodnar R J, et al., 2014. Natural hydraulic fracturing of tightgas sandstone reservoirs, Piceance Basin, Colorado. Geological Society of America Bulletin, doi: 10. 1130/B31021. 1 (in press).

Fischer M P, Higuera-Diaz I C, Evans M E, et al., 2009. Fracture-controlled paleohydrology in a map-scale detachment fold: Insights from the analysis of fluid inclusions in calcite and quartz veins. Journal of Structural Geology, 31 (12): 1490-1510, doi: 10. 1016 /j. jsg. 2009. 09. 004.

Fisher D M, Brantley S L, 1992. Models of quartz overgrowth and vein formation: Deformation and episodic fluid flow in an ancient subduction zone. Journal of Geophysical Research, 97: 20, 043-20, 061.

Gale J F W, Lander R H, Reed R M, et al., 2010. Modeling fracture porosity evolution in dolostone. Journal of Structural Geology, 32: 1201-1211, doi: 10. 1016 /j. jsg. 2009. 04. 018.

Gale J F W, Laubach S E, Olson J E, et al., 2014. Natural fractures in shale: A review and new observations. American Association of Petroleum Geologists Bulletin, 98, 11, doi: 10. 1306/08121413151.

Giles M R, Indrelid S L, Beynon G V, et al., 2000. The origin of large-scale quartz cementation: Evidence from large data sets and coupled heat-fluid mass transport modeling. In Worden R H, Morad S, eds., Quartz Cementation in Sandstones. International Association of Sedimentologists Special Publication, 29: 21-38.

Harwood J, Aplin A C, Fialips C I, et al., 2013. Quartz cementation history of sandstones revealed by highresolution SIMS oxygen isotope analysis. Journal of Sedimentary Research, 83: 522-530, doi: 10. 2110/jsr. 2013. 29.

Heald M T, Renton J J, 1966. Experimental study of sandstone cementation. Journal of Sedimentary Petrology, 36: 977-991.

Hilgers C, Urai J L, 2002. Experimental study of syntaxial vein growth during lateral fluid flow in transmitted light: First results. Journal of Structural Geology, 24: 1029-1043, doi: 10. 1016/S0191 -8141 (01) 00089-X.

Hilgers C, Köhn D, Bons P D, et al., 2001. Development of crystal morphology during unitaxial growth in a progressively widening vein: II. Numerical simulations of the evolution of antitaxial fibrous veins. Journal of Structural Geology, 23: 873-885, doi: 10.

1016 /S0191 -8141 (00) 00160-7.

Hilgers C, Dilg-Gruschinski K, Urai J L, 2004. Microstructural evolution of syntaxial veins formed by advective flow. Geology, 32: 261-264, doi: 10. 1130 /G20024. 1.

Hooker J N, Gomez L A, Laubach S E, et al., 2012. Effects of diagenesis (cement precipitation) during fracture opening on fracture aperture size scaling in carbonate rocks. In Garland J, Neilson J E, Laubach S E, et al., eds., Advances in Carbonate Exploration and Reservoir Analysis. Geological Society of London Special Publication, 370: 187e206.

Hooker J N, Laubach S E, Marrett R, 2013. Fracture-aperture size-frequency, spatial distribution, and growth processes in strata-bounded and non-stratabounded fractures, Cambrian Mesón Group, NW Argentina. Journal of Structural Geology, 54: 54-71, doi: 10. 1016 /j. jsg. 2013. 06. 011.

Hooker J N, Laubach S E, Marrett R, 2014. A universal power-law scaling exponent for fracture apertures in sandstones. Geological Society of America Bulletin, 126: 1340-1362, doi: 10. 1130 /B30945. 1.

Jackson M L W, Laubach S E, 1991. Structural history and origin of the sabine arch, east Texas and northeast Louisiana. The University of Texas at Austin Bureau of Economic Geology Geological Circular, 91-3, 47.

Jackson M P A, Dooley T P, Hudec M R, et al., 2011. The pillow fold belt: a key subsalt structural province in the northern Gulf of Mexico. American Association of Petroleum Geologists, Search and Discovery article, 10329, 23.

Kirschner D L, Sharp Z D, Masson H, 1995. Oxygen isotope thermometry of quartz-calcite veins: unraveling the thermal-tectonic history of the subgreenschist facies Morcles nappe (Swiss Alps). Geological Society of America Bulletin, 107: 1145-1156, doi: 10. 1130 /0016 -7606 (1995) 107 <1145: OITOQC>2. 3. CO; 2.

Kristiansen K, Valtiner M, Greene G W, et al., 2011. Pressure solution—The importance of the electrochemical surface potentials. Geochimica et Cosmochimica Acta, 75: 6882-6892, doi: 10. 1016 /j. gca. 2011. 09. 019.

Lander R H, Bonnell L M, 2010. A model for fibrous illite nucleation and growth in sandstones. American Association of Petroleum Geologists Bulletin, 94: 1161-1187, doi: 10. 1306 /04211009121.

Lander R H, Walderhaug O, 1999. Porosity prediction through simulation of sandstone compaction and quartz cementation. American Association of Petroleum Geologists Bulletin, 83: 433-449.

Lander R H, Larese R E, Bonnell L M, 2008. Toward more accurate quartz-cement models: The importance of euhedral versus non-euhedral growth rates. American Association of Petroleum Geologists Bulletin, 92: 1537-1563, doi: 10. 1306 /07160808037.

Laubach S E, 1988. Subsurface fractures and their relationship to stress history in East Texas Basin sandstone. Tectonophysics, 156: 37-49, doi: 10. 1016 /0040-1951 (88) 90281-8.

Laubach S E, 1997. A method to detect natural fracture strike in sandstones. American Association of Petroleum Geologists Bulletin, 81, 4, 604-623.

Laubach S E, 2003. Practical approaches to identifying sealed and open fractures. American Association of Petroleum Geologists Bulletin, 87: 561-579, doi: 10. 1306 /11060201106.

Laubach S E, Diaz-Tushman K, 2009. Laurentian paleo-stress trajectories and ephemeral fracture permea bility, Cambrian Eriboll Formation sandstones west of the Moine thrust zone, northwest Scotland. Journal of the Geological Society of London, 166, 2, 349-362, doi: 10. 1144 /0016 -76492008 -061.

Laubach S E, Jackson M L W, 1990. Origin of arches in the northwestern Gulf of Mexico basin. Geology, 18, 7, 595-598, doi: 10. 1130 /0091 -7613 (1990) 018 <0595: OOAITN>2. 3. CO; 2.

Laubach S E, Ward M E, 2006. Diagenesis in porosity evolution of opening-mode fractures, Middle Triassic to Lower Jurassic La Boca Formation, NE Mexico. Tectonophysics, 419, 75-97, doi: 10. 1016/j. tecto. 2006. 03. 020.

Laubach S E, Lander R H, Bonnell L M, et al., 2004a. Opening histories of fractures in sandstone. In Cosgrove J W, Engelder T, eds., The Initiation, Propagation, and Arrest of Joints and Other Fractures. Geological Society of London Special Publication, 231: 1-9.

Laubach S E, Reed R M, Olson J E, et al., 2004b. Coevolution of crack-seal texture and fracture porosity in sedimentary rocks: Cathodo luminescence observations of regional fractures. Journal of Structural Geology, 26, 967-982, doi: 10. 1016/j. jsg. 2003. 08. 019.

Laubach S E, Eichhubl P, Hilgers C, et al., 2010. Structural diagenesis. Journal of Structural Geology, 32, 12, 1866-1872, doi: 10. 1016/j. jsg. 2010. 10. 001.

Lavenu A P, Lamarche J, Salardon R, et al., 2014. Relating background fractures to diagenesis and rock physical properties in a platform-slope transect. Example of the Maiella Mountain (central Italy). Marine and Petroleum Geology, 51: 2-19, doi: 10. 1016/

j. marpetgeo. 2013. 11. 012.

Lichtner P C, 1988. The quasi-stationary state approximation to coupled mass transport and fluid-rock inter action in a porous medium. Geochimica et Cosmo chimica Acta, 52: 143-165, doi: 10. 1016 /0016 -7037 (88) 90063 -4.

Livingstone D A, 1963. Data on Geochemistry: Chemical Composition of Rivers and Lakes. U. S. Geological Survey Professional Paper 440-G, 64.

Marrett R, Ortega O J, Kelsey C M, 1999. Extent of power-law scaling for natural fractures in rock. Geology, 27, 799-802, doi: 10. 1130 /0091-7613 (1999) 027 <0799: EOPLSF>2. 3. CO; 2.

McBride E F, 1989. Quartz cement in sandstones—a review. Earth-Science Reviews, 26, 69-112, doi: 10. 1016 /0012-8252 (89) 90019-6.

Merino E, Ortoleva P, Strickholm P, 1983. Generation of evenly spaced pressure-solution seams during (late) diagenesis: A kinetic theory. Contributions to Mineralogy and Petrology, 82, 360-370, doi: 10. 1007 /BF00399713.

National Academy of Sciences (NAS), 1996. Rock Fractures and Fluid Flow. Washington D C: National Academy Press, 551.

Nollet S, Urai J L, Bons P D, et al., 2005. Numerical simulations of polycrystal growth in veins. Journal of Structural Geology, 27, 217-230, doi: 10. 1016 /j. jsg. 2004. 10. 003.

Nüchter J A, Stöckhert B, 2007. Vein quartz microfabrics indicating progressive evolution of fractures into cavities during postseismic creep in the middle crust. Journal of Structural Geology, 29, 1445-1462, doi: 10. 1016 /j. jsg. 2007. 07. 011.

Okamoto A, Sekine K, 2011. Textures of syntaxial quartz veins synthesized by hydrothermal experiments. Journal of Structural Geology, 33, 1764-1775, doi: 10. 1016/j. jsg. 2011. 10. 004.

Olson J E, 1993. Joint pattern development: Effects of subcritical crack growth and mechanical crack interaction. Journal of Geophysical Research-Solid Earth, 98, B7, 12, 251-12, 265, doi: 10. 1029 /93JB00779.

Olson J E, Laubach S E, Lander R H, 2007. Combining diagenesis and mechanics to quantify fracture aperture distributions and fracture pattern permeability. In Lonergan L, Jolly R J H, Rawnsley K, et al., eds., Fractured Reservoirs. Geological Society of London Special Publication, 270, 101-116, doi: 10. 1144 /GSL. SP. 2007. 270. 01. 08.

Olson J E, Laubach S E, Lander R H, 2009. Natural fracture characterization in tight-gas sandstones: Integrating mechanics and diagenesis. American Asso ciation of Petroleum Geologists Bulletin, 93, 1535-1549, doi: 10. 1306/08110909100.

Ozkan A, 2010. Structural diagenetic attributes of Williams Fork sandstones with implications for petrophysical interpretation and fracture prediction, Piceance Basin, Colorado [Ph. D. thesis]: The University of Texas at Austin, 249.

Parris T M, Burruss R C, O' Sullivan P B, 2003. Deformation and the timing of gas generation and migration in the eastern Brooks Range foothills, Arctic National Wildlife Refuge, Alaska. American Association of Petroleum Geologists Bulletin, 87, 1823-1846, doi: 10. 1306 /07100301111.

Philip Z G, Jennings J W, Olson J E, et al., 2005. Modeling coupled fracture-matrix fluid flow in geomechanically simulated fracture networks. Society of Petroleum Engineers Reservoir Evaluation and Engineering, 8, 300-309, doi: 10. 2118 /77340 -PA.

Ramsay J G, 1980. The crack-seal mechanism of rock deformation. Nature, 284, 135-139, doi: 10. 1038/284135a0.

Renard F, Andréani M, Boullier A -M, et al., 2005. Crack-seal patterns: Records of uncorrelated stress release variations in crustal rocks. In Gapais D, Brun J P, Cobbold P R, eds., Deformation Mechanisms, Rheology and Tectonics: From Mineral to the Lithosphere. Geological Society of London Special Publication, 243, 81-95.

Renshaw C E, Harvey C F, 1994. Propagation velocity of a natural hydraulic fracture in a poroelastic medium. Journal of Geophysical Research, 99, 21, 667-677, doi: 10. 1029 /94JB01255.

Rossen W R, Gu Y, Lake L W, 2000. Connectivity and permeability in fracture networks obeying powerlaw statistics, in 2000 Society of Petroleum Engineers Permian Basin Oil and Gas Recovery Conference. Society of Petroleum Engineers, SPE 59720.

Sorby H C, 1880. On the structure and origin of noncalcareous stratifi ed rocks. Quarterly Journal of the Geological Society of London, 37, 49-92.

Taylor T R, Stancliffe R, Macaulay C, et al., 2004. High temperature quartz cementation and the timing of hydrocarbon accumulation in the Jurassic Norphlet Sandstone, offshore Gulf of Mexico, U. S. A. In Cubitt J M, England W A, Larter S R, eds., Understanding Petroleum Reservoirs; Toward an Inte grated Reservoir Engineering and Geochemical Approach. Geological Society of London Special Publication, 237: 257-278.

Taylor T R, Giles M R, Hathon L A, et al., 2010. Sandstone diagenesis and reservoir quality prediction: models, myths, and reality. American Association of Petroleum Geologists Bulletin, 94, 1093-1132, doi: 10. 1306/04211009123.

Taylor W L, Pollard D D, Aydin A, 1999. Fluid flow in discrete joint sets: field observations and numerical simulations. Journal of

Geophysical Research, 104 (B12): 28983-29006, doi: 10. 1029 /1999JB900179.

Tobin R C, McClain T, Lieber R B, et al., 2010. Reservoir quality modeling of tight gas sands in Wamsutter field: integration of diagenesis, petroleum systems and production data. American Association of Petroleum Geologists Bulletin, 94, 1229-1266, doi: 10. 1306/04211009140.

Walderhaug O, 1994. Precipitation rates for quartz cement in sandstones determined by fluid-inclusion microthermometry and temperature-history modeling. Journal of Sedimentary Research, 64, 324-333, doi: 10. 2110/jsr. 64. 324.

Walderhaug O, 1996. Kinetic modeling of quartz cementation and porosity loss in deeply buried sandstone reservoirs. American Association of Petroleum Geologists Bulletin, 80, 731-745.

Walderhaug O, 2000. Modeling quartz cementation and porosity loss in Middle Jurassic Brent Group sandstones of the Kvitebjørn field, northern North Sea. American Association of Petroleum Geologists Bulletin, 84, 1325-1339.

Walderhaug O, Lander R H, Bjørkum P A, et al., 2000. Modeling quartz cementation and porosity in reservoir sandstones-Examples from the Norwegian continental shelf. In Worden R H, Morad S, eds., Quartz Cementation in Sandstones. International Association of Sedimentologists Special Publication, 29, 39-49.

Wangen M, Munz I A, 2004. Formation of quartz veins by local dissolution and transport of silica. Chemical Geology, 209, 179-192, doi: 10. 1016/j. chemgeo. 2004. 02. 011.

White A F, Brantley S L, 2003. The effect of time on the weathering of silicate minerals: Why do weathering rates differ in the laboratory and field? Chemical Geology, 202, 479-506, doi: 10. 1016/j. chemgeo. 2003. 03. 001.

Worden R H, Morad S, 2000. Quartz cementation in oil fi eld sandstones: A review of the key controversies. In Worden R H, Morad S, eds., Quartz Cementation in Sandstones. International Association of Sedimentologists Special Publication, 29, 1-20.

Yang J, 2012. Reactive silica transport in fractured porous media: Analytical solution for a single fracture. Computers & Geosciences, 38, 80-86, doi: 10. 1016/j. cageo. 2011. 05. 008.

Zhang J, Adams J B, 2002. FACET: A novel model of simulation and visualization of polycrystalline thin film growth. Modelling and Simulation in Materials Science and Engineering, 10, 381-401, doi: 10. 1088/0965-0393/10/4/302.

本文由张荣虎教授编译

墨西哥东北部中三叠统—下侏罗统 La Boca 组张开型裂缝在孔隙演化过程中的成岩作用

Stephen E Laubach, Meghan E Ward

经济地质局，约翰 A. 和凯瑟琳 G. 杰克逊地球科学学院，得克萨斯大学奥斯汀分校，
奥斯汀，得克萨斯州，美国

摘要：墨西哥东北部中三叠统—下侏罗统 La Boca 组砂岩地层中的张开型裂缝（节理）具有各种类型的裂缝孔隙、矿物充填构造和尺寸分布特征，这些张开型裂缝的特征此前还未通过露头来进行描述。这些裂缝模式与许多盆地的岩心中所发现的裂缝模式相吻合。本文采用沿观测线（扫描线）的裂缝开度测量结果、裂缝轨迹图、岩石学特性、基于高分辨率扫描电镜（SEM）的阴极射线发光分析结果和流体包裹体特性来表征这些裂缝组。张开型裂缝由裂缝张开过程中所析出的石英包裹体所充填，而闭合裂缝中还含有裂缝闭合后所沉积的方解石。大型裂缝和同时期产生的大量微裂缝在大约 3 个数量级内均具有一致的幂律型裂缝开度拓展模式。研究结果表明，张开型裂缝的数量和裂缝尺寸与成岩状态有关。裂缝力学和成岩历史的相互作用决定了裂缝内部的有效孔隙度，从而决定了裂缝的开放性、连通性和流体的流动性。

关键词：阴极射线发光；裂缝闭合；流体包裹体；裂缝拓展；力学；微裂缝；孔隙度

1 概述

裂缝力学一直是解释岩石中张开型裂缝（关节）的主要手段（Atkinson，1984；Pollard et al.，1988）。正如 Pollard 等（1988）的文章中所指出的，这类裂缝的研究存在很多疑难问题，其主要原因是人们缺乏一个好的概念框架，而裂缝力学的出现在一定程度上弥补了这一缺陷。尽管如此，该概念框架是否足以帮助人们来弄清埋藏在深部的沉积岩中的裂缝孔隙？在此基础上，本文的研究结果表明，在研究发育在沉积盆地深部的裂缝的孔隙结构时，对成岩作用的计算是不可或缺的。如果在反应性流体和高温条件下所形成的裂缝不受沉淀作用和溶解作用的影响，那将是十分令人惊讶的，因为沉淀和溶解作用会对这些岩石中的其他孔隙造成影响。在这些成岩作用中，还包括对岩石表面积比较敏感的热力驱动过程（Lander et al.，1999）。然而，力学模型通常忽略了裂缝和岩体中的胶结作用，而是假设胶结速度比破裂速度更慢，并且裂缝形成过程和裂缝填充过程是解耦的。在本文中，我们认为这个假设是不合理的。因为它忽视了遍及整个沉积岩层的化学反应（成岩作用），这可能会导致研究人员丢失重要的力学和化学反馈，而正是这些反馈信息控制着裂缝的形成模式。这是一个在裂缝表征和预测工作中十分关键但很少被探索的主题。

墨西哥东北部中三叠统—下侏罗统 La Boca 组砂岩的露头中保存了裂缝发育过程中及裂缝发育完成后在地层岩石中沉积的胶结物。裂缝的大小和形状、裂缝内部的纹理以及裂缝的拓展规律与岩心观察结果相吻合（Laubach，2003；Gale，2004；Laubach et al.，2004c），因此，这些岩石为裂缝的观察工作提供了一个难得的机会，而这些裂缝明显代表了沉积盆地深部的变形情况。本文的研究结果表明，裂缝孔隙是通过裂缝拓展和裂缝闭合之间的相互作用而不断演化的。该过程不仅仅是一条裂缝（先前已经存在的）被充填的过程。一些裂缝的拓展和胶结过程很可能具有相似的速率。这种相互作用可能会对裂缝尺寸的分布产生重要影响，近似幂律型的小裂缝更倾向于被胶结物石化。

2 地质背景

位于墨西哥东北部 Galeana 州附近的中三叠统—下侏罗统 La Boca 组（Mixon et al.，1959）是 Huizachal 群红色岩层的一部分，该红色岩层是在与墨西哥湾港口区域相关的延伸盆地和扭张盆地中沉积的（Barboza-Gudino et al.，1999）（图 1）。La Boca 组上覆于上古生界花岗质岩石之上，并沿着角度不整合面被中侏罗统 La Joya 组砂岩或上侏罗统 Zuloaga 石灰岩所覆盖。这些地层均被侏罗系的 Minas Viejas（Louann 盐当量）蒸发岩和白垩系到第三系的碳酸盐岩所覆盖（Goldhammer，1999）。Galeana 州附近的

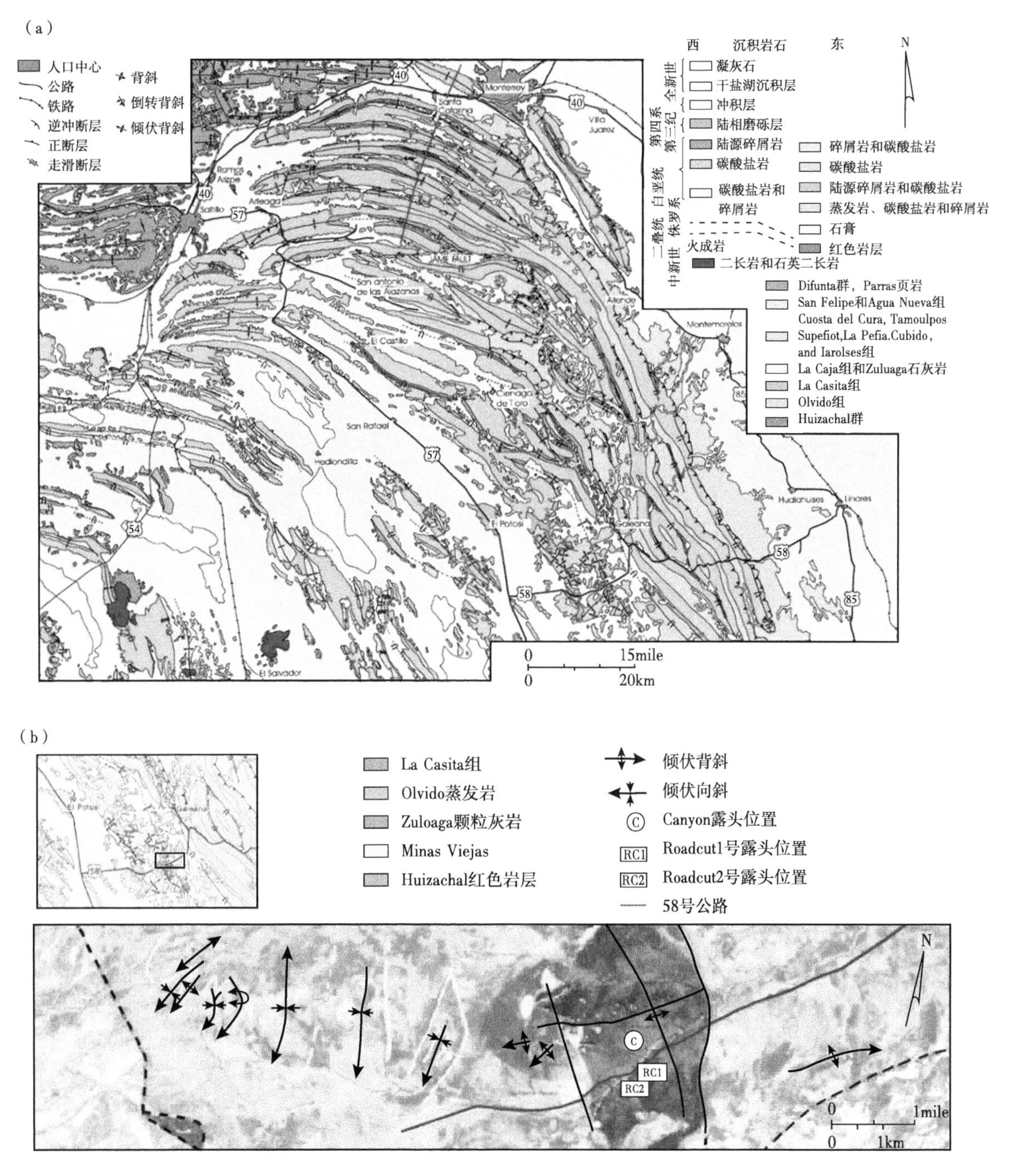

图 1 La Boca 组地质背景

（a）Monterrey 隆起（Marrett et al.，2001；Padillay Sanchez，1985）；（b）Huizachal 红色岩层（红色所示），它暴露在 Galeana 附近的背斜核心部位，蓝色表示蒸发岩沉积层（改自 Davis，2005），RC1 代表 Roadcut 1 号露头，RC2 代表 Roadcut 2 号露头，C 代表 Canyon 露头

La Boca 组地层主要由黏土岩、泥岩、粉砂岩、砂岩和砾岩组成，它们都是在冲积扇、河流和湖泊环境中沉积的（Davis，2005；Mixon et al.，1959）。根据裂谷盆地的侵蚀或构造保存过程的差异，该地层单元的局部厚度为 300~2000m。

墨西哥湾盆地深部的岩石与墨西哥东北部暴露的岩石相匹配（Goldhammer，1999）。La Boca 组在一定程度上相当于侏罗系的 Eagle Mills 组，这是墨西哥湾盆地中的一个油气生产单元（Dawson et al.，1992）。这两个地层都经历了深部埋藏过程，直到白垩纪晚期—第三纪早期的墨西哥构造运动，然后再进一步埋藏，最后将 La Boca 组抬升至目前的海拔高度（约为 200m）。墨西哥湾的地层岩石为了解墨西哥东北部中生界岩石的早期埋藏历史提供了一些线索。

如后文所述，在埋藏深度达到 6km 左右之后，研究区域内的岩石将被纳入东北向的第三系（Laramide）东马德雷山脉（SMO）褶皱冲断带的西北走向地层中（图 1）。在东马德雷山脉（SMO）的大部分地层中，褶皱厚度较薄，涉及中生界和第三系地层（Aranda-Garcia，1991；Padillay Sanchez，1985）。Minas Viejas 蒸发岩的基底脱离过程将上部的紧密褶皱地层与敞开褶皱分开，这些敞开褶皱的下部包含部分断层和基底卷入地层（Marrett et al.，2001）。在 Galeana 附近，La Boca 组就位于该剥离层之下，暴露在张开的双倾伏 Huizachal-Peregrina 背斜的脊部和翼部中。

虽然 La Boca 组在 Galeana 州附近的广阔区域内均存在露头，但本研究主要集中在 3 个具有代表性的露头上，这些露头中的裂缝组被充分暴露在外面，它们分别是 Canyon 露头、Roadcut 1 号露头和 Roadcut 2 号露头（图 1、图 2）。这些露头彼此相距不到 1km，且位于该背斜（西北走向）西南翼部的相同位置（图 1）。地层倾角比较一致，均为 4°~10°。因此，这些露头适合于探索不同岩石类型和古深度（而不是构造位置）对裂缝模式的影响。从地层上来看，Canyon 露头位于 Roadcut 1 号露头和 Roadcut 2 号露头以东 175m、下方 100m 的位置。后两个露头相距约 175m，在地层剖面上，Roadcut 2 号露头位于 Roadcut 1

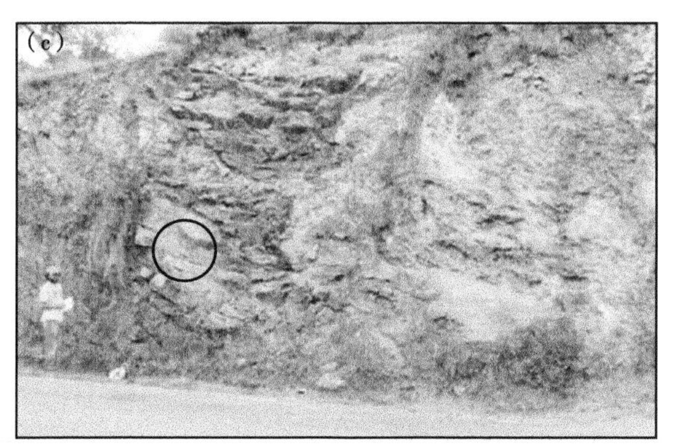

图 2　La Boca 组露头

(a) 显示数据扫描线的 Canyon 露头，地层向南倾斜 4°（向图里倾斜）。F 代表 C 组裂缝，插入标注显示了岩心网格。(b) Roadcut 1 号露头，视图为东南方向，注意受岩床限制的张开型裂缝。S 表示 A 组中 4.6m 长的扫描线，它位于砂岩层中，由两个 5cm 厚的页岩所包围。(c) Roadcut 2 号露头，视图向南，圆圈表示裂缝表面上的石英。Roadcut 2 号露头由 3 个薄的（0.5m）玄武岩岩脉和一个 1m 厚的基岩切割而成。类似的侵入作用发生在 Canyon 露头附近。侵入作用很有可能与沉积作用同时发生（Davis，2005），明显的加热作用可能被限制在侵入体边缘几厘米的范围内，与现场观察到的微小变色（烘烤）相一致，这些微小变色（烘烤）被限制在接触点 10cm 的范围内。有些裂缝不停地从砂岩层进入火成岩，这些岩石中长石的蚀变作用可能是碳酸盐的来源之一。露头西侧的砂岩（未在图中显示）通过断层与蒸发岩接触号露头上方约 5m 的位置。这些露头位于蒸发岩剥离层下方约 30m 处，该剥离层在北部 2km 的地方出露（Davis，2005）。

La Boca 组露头中包含许多张开型裂缝、小型正断层和走滑断层，以及侏罗系玄武岩基岩和岩脉（Davis，2005），但没有证据表明与剥离层相关的变形是我们所研究的露头中的 La Boca 裂缝的成因。在这些露头的几千米范围内，有许多几米宽的空腔，这些空腔与断层有关，并且含有可开采的重晶石矿床。这些主要是在地层学上处于较高位置的 La Joya 组。在 Canyon 1 号露头中，层状平行出露地层（路面）提供了一个 30m 长的断裂砂岩层的出露视图。Roadcut 1 号露头和 Roadcut 2 号露头主要为基岩正断层的剖面（图 2），Canyon 露头距主断层较远，Roadcut 1 号露头和 Roadcut 2 号露头包含了许多小断层，其偏移量可达 0.5m。

3 研究方法

我们通过测量观测线（扫描线）的方式来记录裂缝（Marrett et al.，1999）。记录各裂缝组的裂缝方向、裂缝形状、横切关系、充填体的组成和结构，以及岩层的厚度。扫描线所遇到的每条裂缝的开口位移量（或运动学开度）均使用毫米刻度尺来进行测量，对于裂缝开度小于 1mm 的裂缝，使用比较仪（Ortega et al.，2006）或显微镜来进行测量。对数刻度比较仪中宽度增加线的刻度从 0.05mm 开始，到 5mm 结束，该装置可以始终如一地精确测量低至 0.05mm 的裂缝开度。对于亚毫米级裂缝，我们使用钻头沿着扫描线来进行取样。

我们从获得大型裂缝数据的相同露头样品中收集了微裂缝数据。使用岩相显微镜和安装在飞利浦 XL30 扫描电镜（SEM）上的牛津仪器 MonCL2 系统，在 15kV 的电压下采集岩心图像。用于阴极发光（CL）显微镜的电子束激发光学光子，可以检测出细微的化学和结构差异（Pagel et al.，2000）。有了稳定的观测条件、较高的倍率、灵敏的光探测能力（Kearsley et al.，1988），基于扫描电镜的阴极发光（或扫描阴极发光（CL））成像技术便可以通过光或冷阴极 CL 显微镜来描述不容易观测到的石英纹理（Milliken et al.，2000）。探测并处理记录到的阴极发光（CL）信号（紫外范围），使其通过可见光到近红外范围（185~850nm）。本文中使用灰度强度值的图像或使用红色、绿色和蓝色过滤器捕获的多个叠加图像，将全色阴极发光（CL）信号源转换为合成的彩色图像。彩色阴极发光（CL）图像在解释和绘制胶结物沉淀和裂缝序列方面具有明显优势（Laubach et al.，2004b）。在本文的微裂缝数量测量过程中，我们使用了一种自动化的图像收集和分析方法（Gomez et al.，2006）。在 150 倍的条件下，镶嵌图的面积高达 17.5mm^2。

我们依靠基于横切关系和裂缝走向的时序来区分不同的裂缝组，裂缝交错原理意味着：切割另外一组裂缝的裂缝组在形成时间上一定晚于被切割的裂缝组。我们还通过对裂缝和岩体中胶结物的沉淀序列进行关联的方式来约束时间。裂缝胶结物中的裂缝密封结构使我们能够将裂缝的形成过程与成岩作用和埋藏历史联系起来。从裂缝中的石英和方解石中，我们使用了美国地质调查局（U.S. Geological Survey）改进版的流体公司（Fluid Inc.）标准，使用标准技术对加热—冻结阶段的流体包裹体进行了测量。利用流体包裹体分析结束后所采集到的阴极发光（CL）图像，将流体包裹体与裂缝张开历史联系起来。

4 砂岩结构与成岩作用

La Boca 组由红色砂岩、粉砂岩、泥岩和黏土岩组成，还包含一定量的石英卵石砾岩夹层。砾岩和粗砂岩呈灰色、黄褐色或褐色。砂岩体积较大，局部为交错层，分选性较差，并且主要由石英、长石、云母和岩屑组成。大多数晶粒的形状在半棱角状到次圆形之间。砾岩大多为半棱角状至次圆形的石英卵石，但下伏砂岩、变质岩和火成岩的岩石碎屑在某些地层中占较大比例。本文所研究的砂岩包括细砂岩、粗砂岩，以及长石砂岩（图 3）。其颗粒大小从小于 1mm 到 2mm 不等。

La Boca 组砂岩的边界是横向连续的隐性风化夹层，在极少数情况下以页岩为边界。混合砂岩是比较常见的，颗粒大小和隔夹层的内部微小变化界定了岩层的性能层次。此外，还存在层间页岩和砾石层，以

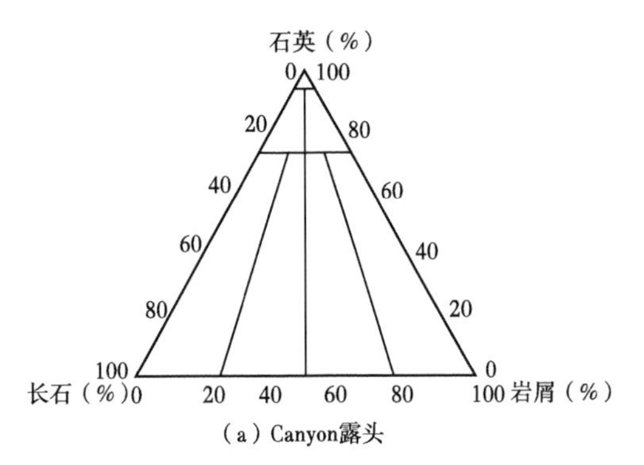

（a）Canyon露头

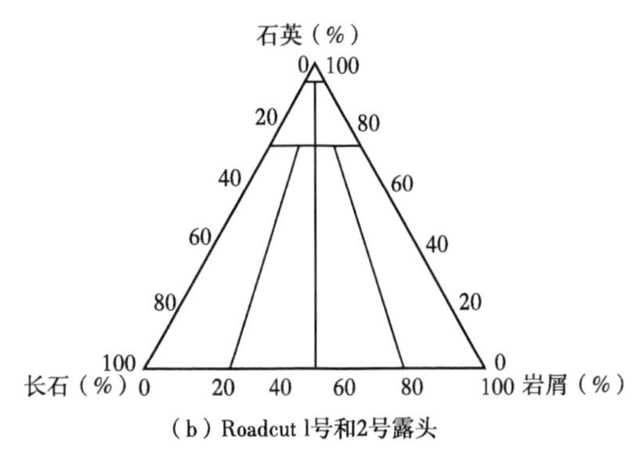

（b）Roadcut 1号和2号露头

图3　典型 La Boca 组岩石样品的粒度组成（QFL）示意图

Canyon 露头的岩石样品以长石碎屑砂岩为主，Roadcut 露头的岩石样品则以碎屑砂岩为主。
我们利用成像分析和点计数的方式来记录岩石的组成

及砾岩透镜体。板状交错层理普遍存在，顶部有明显的截断，底部存在明显的超覆。Canyon 露头岩层在东部的厚度为 2m，在穿过 Canyon 岩层的 6m 处逐渐变薄到 1m 左右。Roadcut 1 号露头岩层的厚度为 0. 5m，Roadcut 2 号露头中砂岩的厚度为 20cm～2m。

这 3 个露头在岩石组成、晶粒大小和胶结物含量方面略有不同。Canyon 1 号砂岩层是一种黄褐色、细粒、中等分选的岩屑砂岩层，含有粒度较小的圆形—次圆形石英颗粒和圆形—次圆形岩屑。固结程度为中等，其原因是压实作用和石英、方解石以及局部的氧化铁沉积（其颜色特征为砖红色）。Roadcut 1 号露头的颜色为黄褐色到棕色，粒度为细粒到非常细、块状、中等固结，碎屑砂岩的厚度为 1～3m，颗粒形状为次圆形到圆形，颗粒分选性为中等。同样地，Roadcut 1 号露头中也出现了页岩夹层（厚度为 5～10cm）和砾岩透镜体（厚度约为 10cm）。砂岩层在米和厘米尺度上都是交错分层的，我们将其解释为河流沉积层或冲积层。Roadcut 2 号露头的粒度从细到粗，固结程度为中等，包含中等分选的砂岩透镜体，其粒度比 Canyon 露头或 Roadcut 1 号露头中的砂岩更粗。单晶石英普遍存在波状消光现象。石英颗粒的粒径范围从颗粒状（2～4mm）到卵石状（4～13mm）不等。石英颗粒间局部存在缝合线接触（微缝合线）。

在所有的砂岩中，大多数长石部分或完全空泡化和绢云母化。局部长石中还含有次生孔隙。在其他地方，次生孔隙被方解石所充填。岩屑主要为粗粒、圆形的火成岩和变质岩碎屑。变质岩碎屑是粒度最粗的组分；有些碎屑的直径可达 0. 5cm。这些砂岩中还存在圆形燧石颗粒，燧石颗粒部分变成了黏土。

原始富黏土颗粒（页岩碎屑）由于刚性颗粒之间的极端变形而难以识别。大多数岩心样品都经历了大量的压实作用、颗粒互渗作用和岩屑的韧性变形。缝合线接触面表明，颗粒间的黏土矿物有助于压力溶解。广泛的压实作用使岩屑变形为假基质。包裹或覆盖在石英颗粒上面的岩屑颗粒减小了粒间孔隙体积，并倾向于通过包覆石英颗粒表面的方式来抑制后期的胶结作用。粒间孔隙体积（IGV）从 4%～12%不等，平均为 10. 5%。从典型的未压实砂粒孔隙度来看（Lander et al.，1999），这些粒间孔隙体积（IGV）值意味着压实作用所造成的孔隙度损失约为 32%。在岩石颗粒变形较大的地区，石英胶结物的体积较小。石英在这些边缘的断裂处逐渐成核，然后在它们周围不断发育。与变形岩屑相关的铁质黏土矿物掩盖了石英颗粒之间的局部缝合线接触面。

La Boca 组砂岩储层的孔隙度较低。在 Canyon 露头中，其原生孔隙度小于 1%，长石溶解所产生的次生孔隙度高达 4%。Roadcut 露头具有相同但较低的原生孔隙度和次生孔隙度。其原生孔隙度从微量到 1%左右，而次生孔隙度则非常低。

石英是一种占有大量体积的胶结物。石英胶结物以过度生长的形式出现，在所有露头中的平均体积分数相同，约为 4. 0%。该体积分数值比实际的石英胶结物含量低出了几个百分点，因为它没有考虑存在于裂缝中的石英颗粒。扫描阴极发光（CL）成像结果显示出蓝色或红色的荧光，这可能反映了岩石中的激活剂含量或缺陷构造（Pagel et al.，2000）。对于石英胶结物，其阴极发光图像中通常先出现一个比较薄的红层，然后是一个比较厚的蓝层。然而，红色或蓝色在后来的石英矿床中反复出现。通常晶体在自形生长面附近会出现蓝色和红色胶结物相间的区域（或浅红色区域）。颜色变化、纹理和横切关系表明，这些颜色不一定能够代表早期和晚期的石英颗粒，但它们可以反映石英胶结作用的漫长历史。

在成岩过程中，方解石替代了长石，并且充填了体积较小的原生孔隙，但各露头中方解石的含量并不相同。Canyon 露头中钙质胶结物的体积分数从1%~4.6%不等，平均为2.3%。它占据了大部分溶解颗粒，同时也取代了长石、云母或燧石颗粒。Roadcut 2 号露头样品中方解石的体积分数从 0~2.3%不等，平均为0.5%。相比之下，Roadcut 1 号露头样品中则不含方解石胶结物。

我们从岩体和裂缝的重叠关系和横切关系中确定了胶结物的沉淀序列（图4）。石英是最先发生沉淀的胶结物，它与压实作用同时发生，因为石英填充了从颗粒接触处向外辐射的微裂缝。目前，方解石是下一个体积显著相。方解石胶结物所形成的次生孔隙表明，在方解石沉积完成后，长石中形成了一些次生孔隙。这些结构与方解石沉积的多相历史相一致。

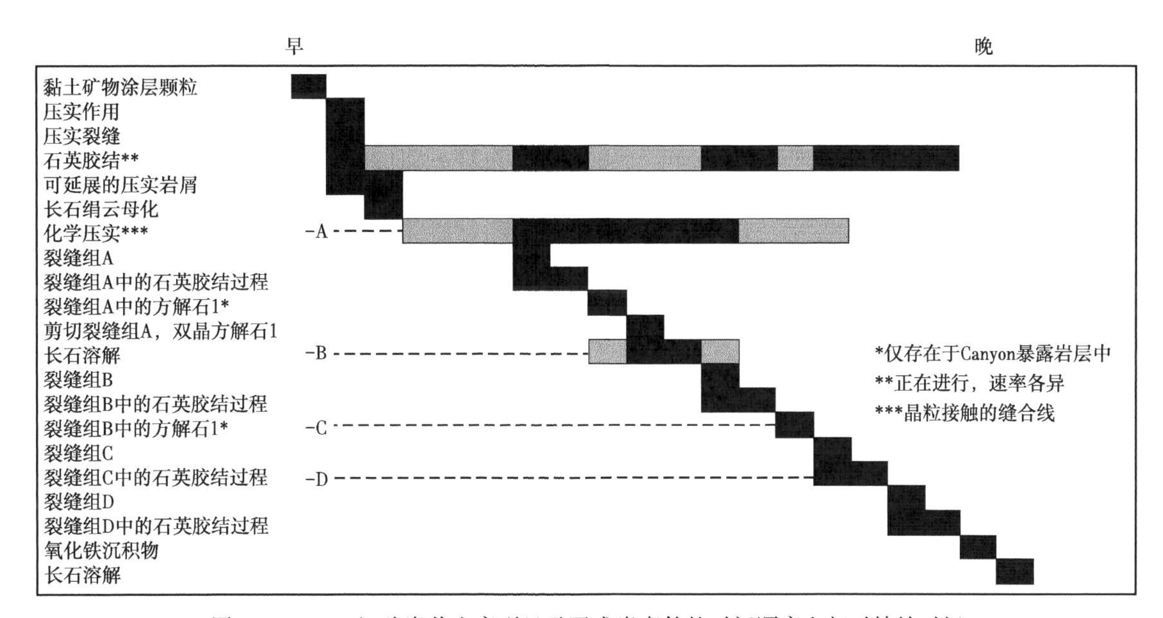

图4 La Boca 组砂岩共生序列显示了成岩事件的时间顺序和相对持续时间

虚线表示压裂事件；黑色条带表示胶结阶段。每组裂缝的形成仅在 Canyon 露头处以方解石的密封结束，基于重叠关系和横切关系来确定时序，氧化铁的形成时间是不确定的。在某些情况下，方解石胶结后会形成一层氧化铁边缘，反之亦然。这种关系可能主要反映了某些地层中隐伏的方解石析出事件，这些事件在交错裂缝中进行了很好的描述。虽然次生孔隙在时间序列上的位置难以确定，但我们推断次生孔隙形成于成岩序列的晚期

5 裂缝观测结果

目前研究区内存在3种天然裂缝体系：4组张开型裂缝、小断层和非系统的贫节理，但本文只关注系统的张开型裂缝体系。相对于节理或纹理，我们更倾向于使用张开型裂缝（以下简称为张开裂缝）这个术语，因为所有的4组裂缝都包括张开裂缝和矿物填充裂缝，这些裂缝的开度范围很广。这些属性不在这些术语所广泛使用的定义范围内（Pollard et al.，1988）。尽管在毫米尺度上，由于裂缝存在于颗粒周围和颗粒之间，因此裂缝壁具有颗粒级的弯曲度，而裂缝则具有清晰的、光滑的裂缝壁。在胶结物薄层下方不同尺度的裂缝表面，可以观察到标志裂缝开度的临近颗粒和羽状结构。裂缝与层理之间的倾角为正；单个裂缝为平面裂缝，裂缝在横截面和平面图上一般为一条直线。这些构造代表了在脆性上地壳条件下所形成的张开型裂缝的典型特征。

La Boca 组储层的裂缝中含有不同数量的胶结物，这些胶结物包括记录裂缝张开历史的胶结构造：石英桥接结构（Laubach，1988；Laubach et al.，2004c）。这些胶结构造是孤立的、宽度为毫米级的柱状胶结物，它们在裂缝壁之间不断延伸（图5—图8）。正如下文将要描述的，这些桥接结构通常含有裂缝密封纹理。

我们通过一致的走向和横切关系定义了几组张开型裂缝。这些裂缝组在矿物充填和孔隙类型方面有所不同。例如，在 Roadcut 1 号露头和 Roadcut 2 号露头中，形成时间最晚的裂缝是张开的，看起来比较空

洞，但是它们被一层不显眼的石英薄片所充填。相反地，在 Canyon 露头中，形成时间最晚的裂缝有着相同的石英衬里，但这些裂缝还被方解石所充填（图 5—图 7）。可以看出，这些差异反映了裂缝形成过程中以及裂缝形成后胶结物的沉淀情况。与裂缝张开同时期的胶结物被称为同构造期胶结物，而那些在裂缝没有张开时发生沉积的胶结物则被称为构造期后胶结物（Laubach，1988，2003）。人们将每条裂缝的残余孔隙厚度和矿物填充量的总和解释为裂缝的累积开口位移和运动学开度（Marrett et al.，1999）。运动学开度大多为 0.5mm 或以下，但其变化范围通常在小于 0.05~14mm 之间。裂缝组中还包括需要使用显微镜才能检测到的小型裂缝：微裂缝（图 9、图 10）。

图 5　桥接型张开裂缝

（a）Roadcut 2 号露头中的 C 组裂缝，注意：P 代表裂缝孔隙，B 代表桥接结构。（b）带有桥接结构（B）的裂缝表面，注意柱状桥接结构之间的孔隙空间。（c）Roadcut 2 号露头中的 C 组裂缝。B 代表桥接结构，Q 代表裂缝表面的石英，P 表示孔隙

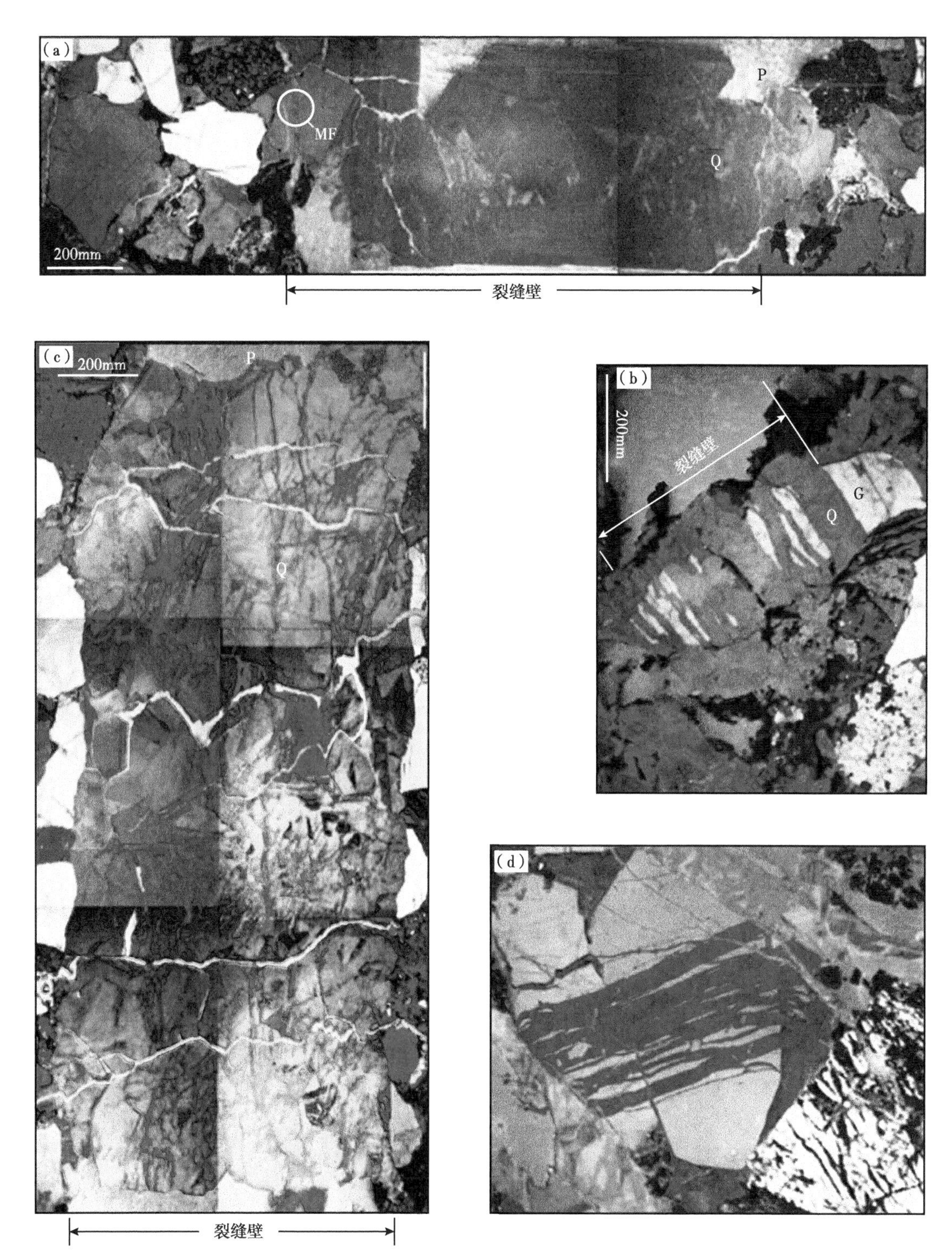

图6 张开型裂缝中的石英晶体和桥接结构。Roadcut 2号露头中B组裂缝的阴极发光（CL）图像

（a）桥接结构，在裂缝壁附近存在裂缝密封胶结物，裂缝中心存在多面的、条带状的构造期后石英。MF代表平行于大型裂缝的微裂缝；P代表裂缝孔隙。（b）桥接结构中的裂缝密封结构，G代表破碎的岩石颗粒；Q代表石英胶结物。（c）被断裂后的斑片状荧光所覆盖或遮挡的裂缝密封结构。检测结果表明，形成红色石英的部分原因是覆盖于蓝色胶结物上部的类似于蚀变作用的纹理。在其他以蓝色石英为主的裂缝中，局部也存在少量的红色荧光石英。而在其他区域，红色石英被蓝色石英切割。尽管部分区域会受到热蚀变作用的影响，颜色和结构上的差异仍可作为裂缝结构的标志。（d）Roadcut 1号露头中的裂缝，含有红色石英和密封结构的裂缝被含有蓝色石英的裂缝切割

图7　石英桥接结构，显示裂缝密封结构

Canyon 露头的阴极发光（CL）镶嵌图像。P 表示构造期后方解石形成之前的裂缝孔隙（荧光标记部分为石英桥接结构）。为了改善阴极发光（CL）成像质量，去掉了方解石。Q 代表石英。箭头表示裂缝形成后的石英薄片，这些石英位于包含裂缝密封结构的桥接结构中心部分的周围。我们使用石英桥接结构中的裂缝密封结构和流体包裹体来区分与裂缝开启相关的胶结物形成时间。这些结构周围的方解石推迟了裂缝开启时间。裂缝密封结构和流体包裹体没有延伸到方解石中，说明其发生沉淀的时间较晚（Laubach，1988）

5.1　裂缝组

我们在 La Boca 组储层的露头中定义了 4 个裂缝组：裂缝组 A 到裂缝组 D。Canyon 露头广泛暴露在地层表面，它非常适合用于确定横切关系。Canyon 露头中所有的裂缝组都由近似垂直的张开裂缝组成，这些裂缝与层理面垂直。它们具有一致的横切关系，并且每个裂缝组的走向范围都很窄（图 10）。利用采集到的 17 个岩心样品，从岩石学角度确定了裂缝的横切关系。裂缝与自生胶结物之间的横切关系为裂缝序列提供了进一步的证据（图 11）。各组裂缝中均含有少量的石英。形成时间较晚的裂缝中的石英含量逐渐降低，在形成时间最晚的一组裂缝中，石英的体积百分数较低。其他裂缝中的胶结物含量不随裂缝的形成时间而变化。如后文所述，裂缝密封结构和重叠关系标志着相对于胶结物的沉积时间（与裂缝的开启相关）。本文描述了 Canyon 露头处的胶结物类型。其他两个露头的胶结物类型也比较相似（除了方解石含量较低或不存在之外），正如后面讨论的那样，许多裂缝都是张开的。

裂缝组 A 的形成时间最早。其裂缝走向范围为 158°~172°，开度范围为 0.265~1.15mm。裂缝中存在广泛分布的石英胶结物和高度孪晶的亮晶方解石。裂缝组 A 中几乎不含任何孔隙。扫描阴极发光（CL）成像结果显示，部分裂缝具有与裂缝壁平行的轻微斜向位移，这可能与裂缝中孪晶方解石在裂缝开启后的变形有关。裂缝组 B 截断了裂缝组 A，其裂缝走向范围为 120°~152°，开度范围为 0.14~14mm。B 组裂

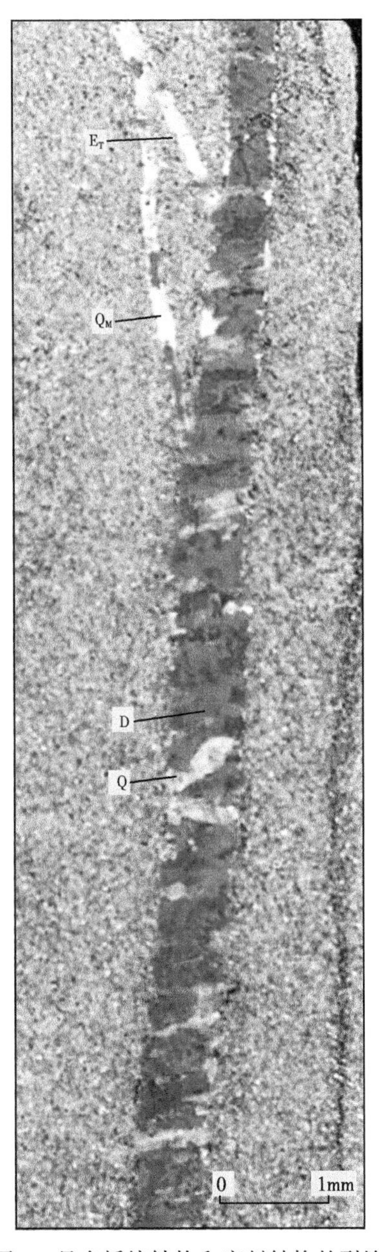

图 8　具有桥接结构和密封结构的裂缝

在 Canyon 露头附近采集到的无定向岩心样品说明了同构造期和构造期后的胶结模式。Q 代表同构造期石英桥接结构；Q_M 代表用石英进行密封的小开度裂缝；E_T 代表用同构造期石英进行密封的小开度裂缝；D 代表构造期后的含铁方解石。由于裂缝封闭顺序记录了逐步进行的裂缝张开过程，因此可以将流体包裹体的观测结果与桥接裂缝开启顺序对应起来

缝的开度在 2.15mm 及以下，自形石英内衬于之前所形成的孔隙空间和桥接结构中。当裂缝开度为 2.15mm 及以上时，裂缝中不存在桥接结构。此外，裂缝中还存在具有密集孪晶结构的亮晶方解石。

裂缝组 C 的走向为 75°~102°，局部与裂缝组 B 呈现出相互切割的关系，其形成时间可能与裂缝组 B 重叠。其裂缝开度范围从 0.062~7mm 不等，与裂缝组 B 的裂缝开度相似。石英以多面晶体和桥接结构的形式存在。在裂缝开度小于 1.4mm 的裂缝中，石英桥接结构的数量较多。在形成时间较早的裂缝中，被方解石充填的裂缝穿过方解石和石英矿床。裂缝开度在 2.65mm 及以上的裂缝中只含有多面晶体。此外，这些裂缝中还存在孪晶方解石。裂缝组 C 中的局部纹理与石英沉淀过程中的开口位移相一致，随后静态裂缝中的方解石发生沉淀，再往后，方解石内部发生局部剪切作用、重结晶作用和二次沉降作用(图 11)。裂缝组 B 和裂缝组 A 的剪切作用是右旋的，其最大位移量为 0.5mm。

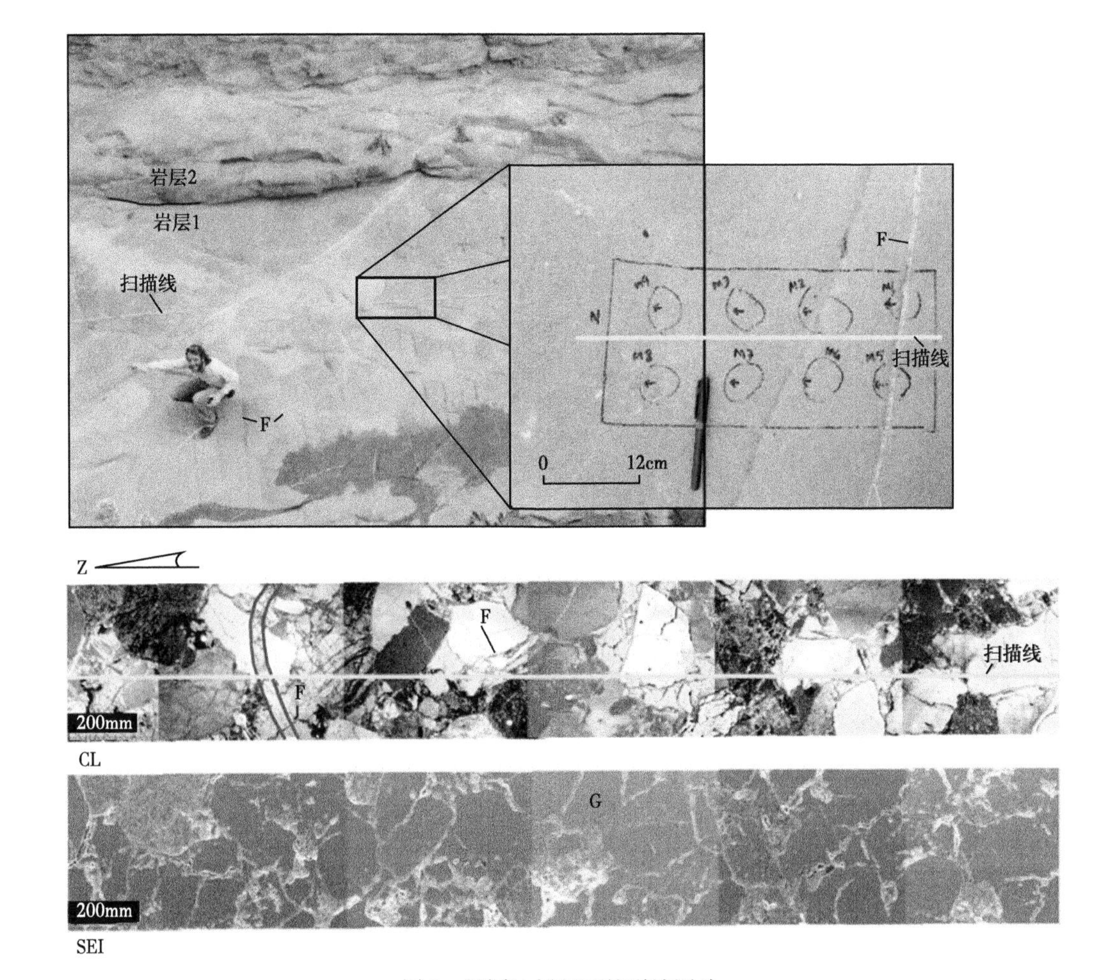

图 9　不同比例尺下的裂缝图片

1 号岩层中的露头扫描线（SL）。插图：沿扫描线进行露头取心的区域。部分基于扫描电镜（SEM）的阴极发光（CL）镶嵌图像（取自 La Boca 组砂岩储层的 Canyon 露头），以及配对的（SEI）图像。剖面平面与层理面相平行。穿晶和粒内裂缝组 C 中的微裂缝。F 代表微裂缝；G 代表岩石颗粒。镶嵌图像的覆盖范围大约为 50mm×46mm 薄切片的三分之一。150 倍数下的镶嵌图像的总长度为 13mm。通过扫描阴极发光（CL）成像的方式可以系统地测量图像区域（这些图像区域的放大倍数较大）上的微观结构，能够快速收集扫描图像，相比于传统的基于光学显微镜的阴极发光（CL）成像系统，该成像系统的分辨率更高

裂缝组 A 到裂缝组 C 被裂缝组 D（20°~360°）切割。其裂缝开度为 0.05~2.15mm，胶结物的存在形式为自形石英晶体，沿裂缝壁的晶粒大小最高为 0.4mm。石英被粒径较小的（最高为 0.1mm）亮晶方解石晶体所覆盖（图 11）。方解石的结构不同于在其他裂缝组的裂缝中所观察到的结构，它们具有精细的晶体结构，缺乏在形成时间较早的裂缝中广泛存在的孪晶结构。在单个岩心样品中，溶解孔隙中存在结构独特、多孔的细粒方解石沉积物（钙质层），裂缝组 D 中的一条裂缝表明，这些方解石沉积物是大气降水和二次沉降作用的结果。在风化作用和近地表钙质层形成之前，D 组裂缝中很有可能存在孔径更大的孔隙。

5.2　裂缝尺寸和连通模式

裂缝尺寸由裂缝高度、裂缝长度和裂缝开度共同决定。裂缝高度从几厘米到几米不等，有些裂缝在砂岩层中终止。在砂岩和页岩夹层中，一些裂缝被限制在砂岩层中，并止于砂岩与页岩的接触面。其他裂缝开度小于 4mm 的裂缝可能继续穿过岩层（穿过一层或两层），而裂缝开度为 4mm 及以上的裂缝可能垂直地穿过几个岩层。这种高度层级代表了岩心中所描述的张开型裂缝，并可能在具有不同厚度和强度范围的地层中出现（Cooke et al.，2001）。因此，利用裂缝高度来识别重要地层（从物理学的角度）的方法充满了不确定性，因为并不是所有的裂缝都会在同一层位上终止。

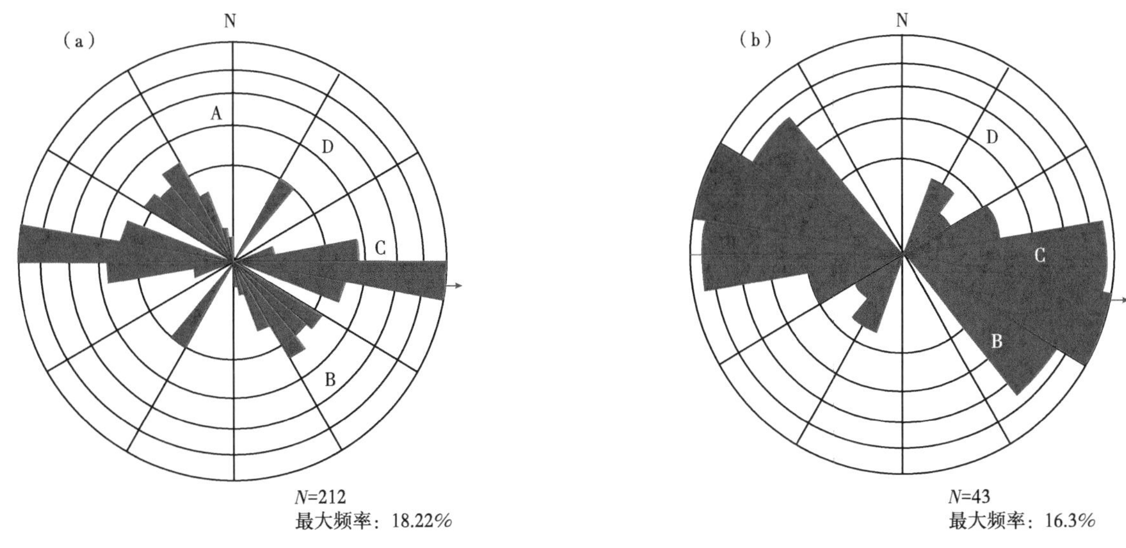

图 10　裂缝走向

（a）Canyon 露头中大型裂缝走向的玫瑰图，图中显示了裂缝组 A—D 的走向。（b）结合了一维扫描线（Canyon 露头中的横向连续样品）中穿晶微裂缝的玫瑰图。注意穿晶微裂缝和大型裂缝具有相同的走向，A 组裂缝：80°~102°；B 组裂缝：120°~152°；C 组裂缝：30°~40°；D 组裂缝：158°~172°。该玫瑰图为等面积图，D 组裂缝的采样数量不足，因为它与扫描线（004°）大致平行。我们在C 组裂缝和 B 组裂缝的交点处取得了 9 个岩心样品，在 C 组裂缝和 B 组裂缝的交点处取得了 9 个岩心样品，在 C 组裂缝和 D 组裂缝的交点处取得了 5 个岩心样品，在 C 组裂缝和 A 组裂缝的交点处取得了 3 个岩心样品，在 B 组裂缝和 D 组裂缝的交点处取得了 3 个岩心样品，在 B 组裂缝和 A 组裂缝的交点处取得了两个岩心样品，在 D 组裂缝和 A 组裂缝的交点处取得了两个岩心样品。F 表示裂缝

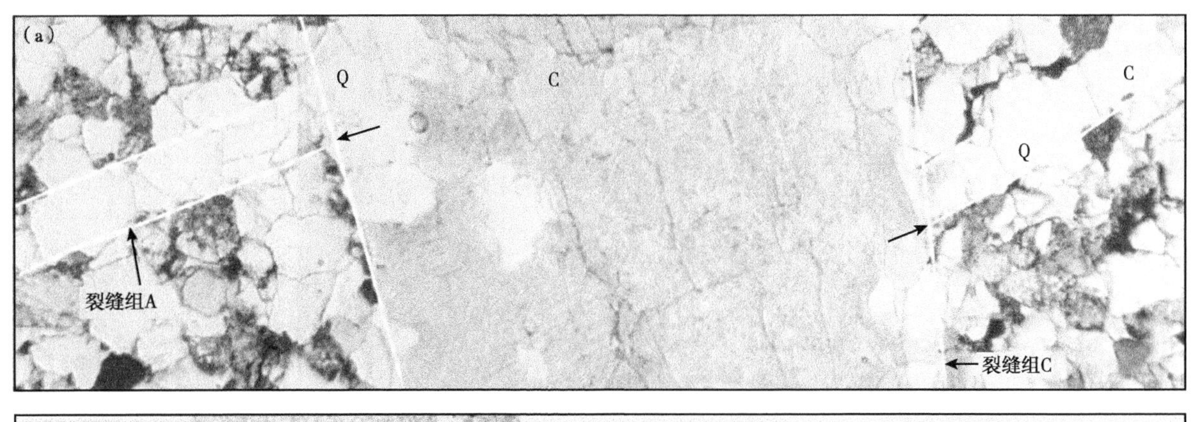

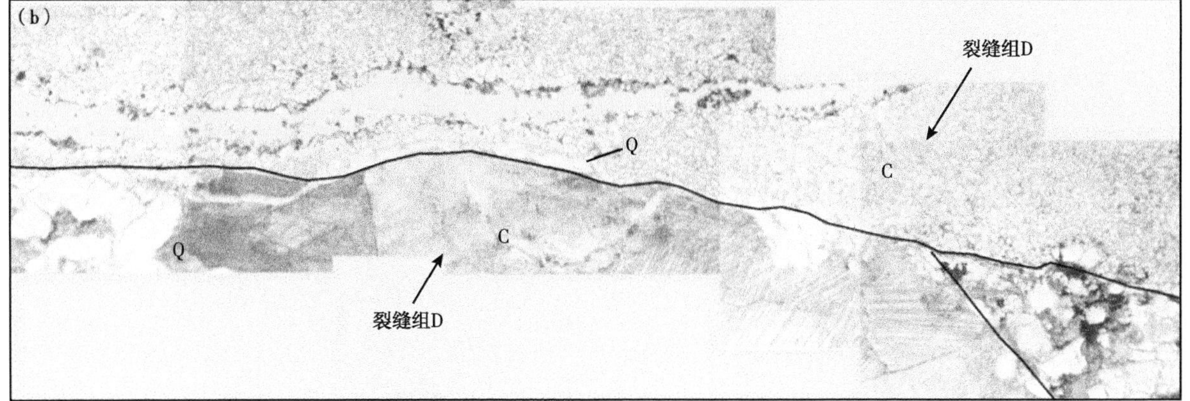

图 11　Canyon 露头中各组裂缝之间的横切关系（使用 2.5 倍的透射光）

（a）裂缝组 C 与裂缝组 A 的裂缝横切关系和偏移量（箭头标记了偏移量）。注意，在与 C 组裂缝相交的 A 组裂缝中，石英胶结物在断裂的石英桥接结构上成核。Q 代表石英桥接结构；C 代表方解石。（b）带有细晶方解石的 D 组裂缝横切了带有粗晶方解石的 C 组裂缝。注意由于人为操作所造成的地层破裂

大型裂缝由单个透镜状分段组成，在平面和剖面上具有较窄的纵横比范围和直线到微弯的延伸轨迹。在雁列式分段中，它们之间存在直接的重叠，这意味着较大的应力各向异性（与裂缝平行的方向上）抑制了裂缝延伸路径之间的连通（Olson et al.，1989）。许多裂缝段一起生长，这些裂缝段在裂缝壁上呈阶梯状。仔细观察通常可以发现，这些阶梯式裂缝段的标志是相对（分别位于两个裂缝壁上）的微小残余尖端彼此略微偏移。这些生长模式表明，在一定的尺度范围内，裂缝的生长是通过之前相互分离的裂缝段相互连接的方式来完成的。裂缝长度的界定和测量是存在问题的，因为在几种尺度上，大多数裂缝长度包括已经合并的裂缝段，并非所有的这些压裂段都比较容易识别（Ortega et al.，2000）。

我们在距离扫描线南端约 8m 的 $4m^2$ 区域内测量了 Canyon 露头处裂缝组 C 的裂缝段长度。这些裂缝段的长度从几厘米到超过 10m 不等。由于层状平行露头的宽度较窄，因此较长的裂缝段大多无法测量。从质量上讲，这个区域内只包含了 4 条延伸到露头的裂缝，所有的这 4 条裂缝都包含了合并的裂缝。段间距大于裂缝段长度的 10%，尖端重叠部分的长度约为裂缝段长度的 20%。由于裂缝段通常与相邻裂缝段重叠（重叠长度在几毫米到几厘米之间），从而形成雁列式结构，这些对齐的裂缝段类似于单个实体（除非用放大镜仔细观察）。这些裂缝段的开度为 0.095~6mm，平均裂缝开度为 1.54mm。裂缝段阵列（复合裂缝）中裂缝开度最大的裂缝段位于该阵列的中心位置附近。本文对 53 个裂缝段进行了测量，其长度为 40~1430mm。平均裂缝段长度为 279mm（图 12），但本文只测量了长度大于 40mm 的裂缝段。Lacazette 等（1992）以及 Savalli 等（2005）发现了类似的裂缝轨迹排列方式，并将其归因于流体催化型（临界点以下）裂缝拓展过程。

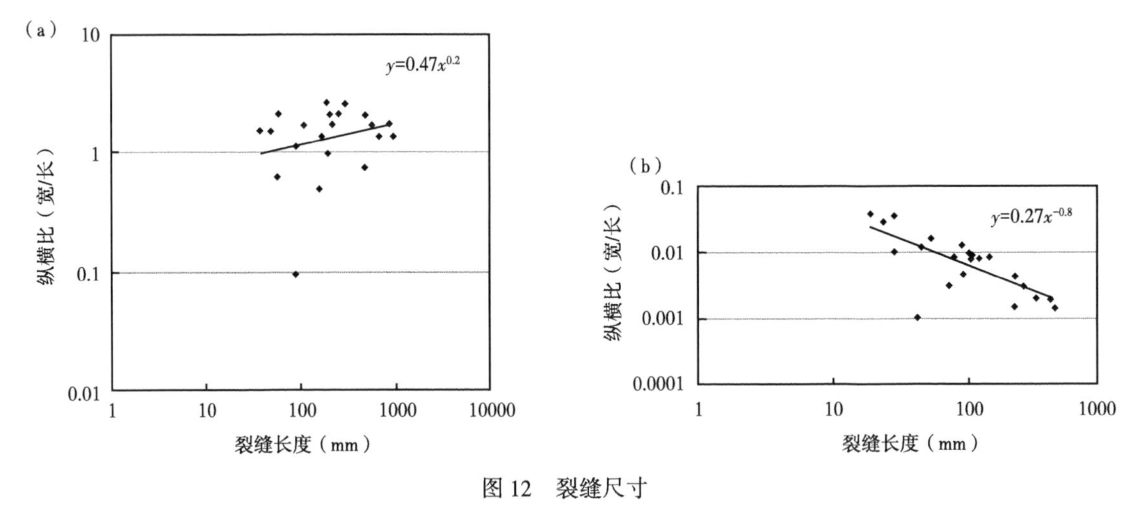

图 12　裂缝尺寸

（a）裂缝组 C 中各裂缝（分段式）的裂缝长度与裂缝开度之间的关系图。受露头宽度的限制，目前无法对长度超过 10m 的裂缝进行分析；（b）裂缝长度与纵横比（宽/长）之间的关系图

我们发现裂缝长度和裂缝开度之间没有简单的对应关系，但较长的单条裂缝和多段裂缝阵列的裂缝开度均比较小（相对于裂缝长度而言）。举个例子，一条裂缝的长度为 1.3m，裂缝开度为 2.15cm，而附近的另一条裂缝长度为 16cm，裂缝开度为 2.65mm。裂缝段的纵横比（宽/长）为 0.001~0.1，平均为 0.005（图 12）。同一裂缝中各个裂缝段的长度为 50cm，裂缝开度为 1.75~2.15mm。

根据 Marrett 等（1999）和 Ortega 等（2006）所描述的基本原理，我们测量了 3 个露头中所有的沿扫描线方向上的裂缝开度。沿 Canyon 露头扫描线的裂缝开度范围为 0.05~14mm（图 13）。两个岩层中的 490 多个裂缝开度组成了裂缝尺寸的数据库。在第 5.4 节中，我们研究了裂缝组 C 的裂缝尺寸拓展模式，该裂缝组与最佳暴露区域内的扫描线是垂直的。Roadcut 1 号露头中的裂缝开度范围为 0.175~10mm，部分裂缝开度因侵蚀作用而不断扩大。在 Roadcut 2 号露头中，细砂岩的最大裂缝开度为 0.5mm，粗砂岩的最大裂缝开度为 8mm。

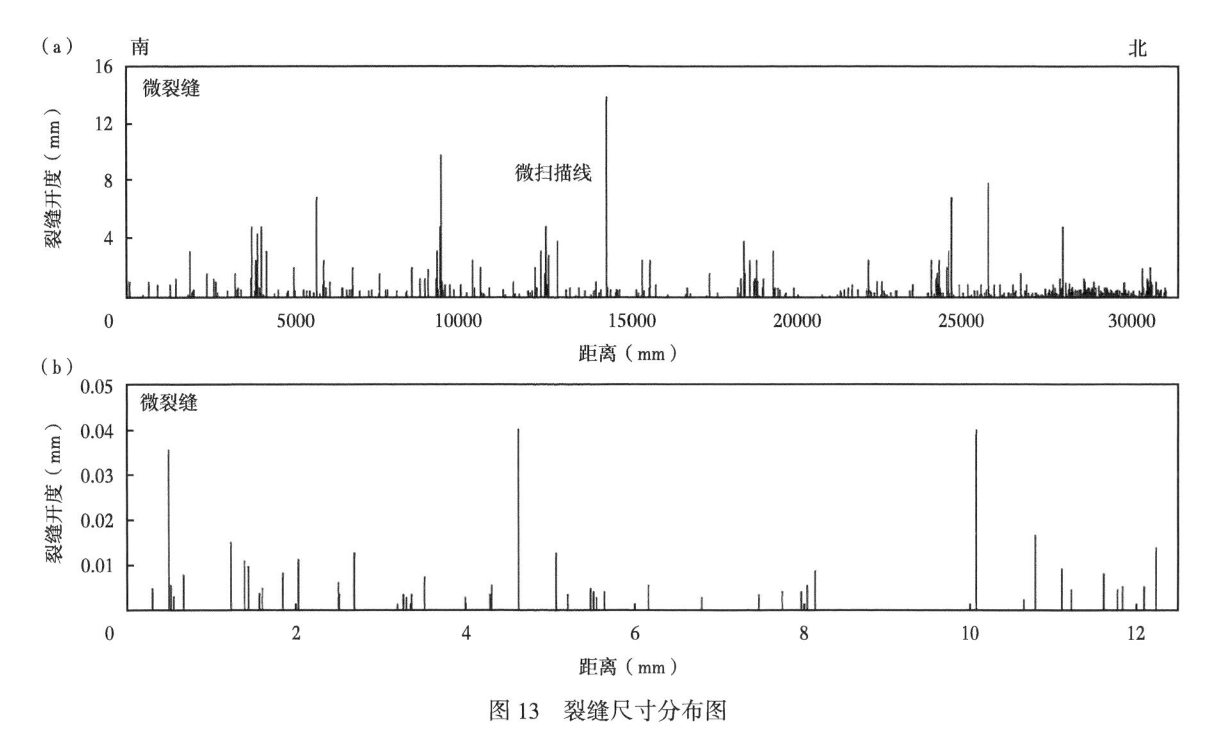

图 13　裂缝尺寸分布图

(a) Canyon 露头扫描线（31.26m）上大型裂缝的开度随距离的变化关系；(b) 样本 M1-10-04 中所选择微裂缝的开度随距离的变化关系，该岩心样品取自 Canyon 露头（微扫描线）。由于裂缝高度的层次性，这些露头中的裂缝层厚度并不明显，因此不能用推断的机械层厚度作为选择合适裂缝进行测量的参考框架

5.3　微裂缝

这些观测手段适用于那些肉眼可见的裂缝。显微镜观察结果显示，大型裂缝之间的无定形砂岩在薄切片尺度上存在大量的裂缝（微裂缝）（图 9）。微裂缝的数量比露头中观察到的大型裂缝要多得多。

在透射光学显微镜下，微裂缝几乎是不可见的，因为它们的尺寸很小，而且其中的石英主要与宿主颗粒和胶结物保持光学连续性。扫描阴极发光（CL）成像结果显示，被石英填充的微裂缝具有光滑、轮廓分明的裂缝壁和锐利的裂缝尖端。锐利的裂缝壁和晶体生长结构表明，微裂缝的闭合是通过胶结物的沉淀（密封）而不是通过裂缝壁材料的扩散再分布（愈合）来实现的。在 La Boca 组砂岩中，一些微裂缝以流体包裹体迹面的形式存在。流体包裹体通常比较均匀，其直径为 5~10μm，其中包含了一定量的液体和蒸汽，这些流体是在石英的沉淀过程中沿微裂缝的中心线被圈闭起来的。

微裂缝的尺寸、丰度和优势方向与在 1~6km 深的沉积盆地中所发现的一些胶结良好的低孔隙度砂岩相似（Laubach，1989，1997）。我们根据反映起源模式和形成模式的裂缝形状和形成模式对微裂缝进行了细分。例如，遗传型微裂缝终止于颗粒边缘。它们是从沉积物源区运移过来的，而没有在原地发生变形。其他裂缝主要是在颗粒接触所产生的压实作用下形成的，并且由于颗粒尺度下的应力集中，形成了三角形结构和弯曲的裂缝轨迹。

其他微裂缝具有不从颗粒接触处放射出来的直线轨迹，它们切割了由颗粒接触处放射出来的微裂缝。这些裂缝很窄，通常其纵横比为 0.03 或者更小。在粒间体积中，穿晶裂缝轨迹穿过颗粒间和颗粒周围，以及大多数的胶结物，与表现为连续体的低孔隙度岩石中的微裂缝相容，因此这些裂缝轨迹在很大程度上不受颗粒级力学非均质性的影响。这些微裂缝的走向与附近的大裂缝相同（图 10）。我们将这些微裂缝解释为裂缝组中的小尺寸部分。这一解释与后来所描述的微观和大型裂缝尺寸的拓展相一致。

本文的分析工作主要集中在微裂缝上，它定义了 4 组与大型裂缝在走向和横切关系上相匹配的微裂缝。虽然在本文所研究的岩心样品中，特定组的裂缝走向存在一定程度的差异，但随着微裂缝尺寸的减小，裂缝走向的离散度有所增加，这一点通过对同一样品中的穿晶裂缝和粒内裂缝进行比较就可以看出。粒内裂缝更有可能偏离总体趋势，这是颗粒尺度的非均质性所造成的，这也导致了尺寸稍大的裂缝在颗粒尺度上存在弯曲的裂缝轨迹。此外，在绘制最小微裂缝（尺寸更小的粒内裂缝）时，我们可能无意中在数据体中包含了一些与遗传和压实作用相关的裂缝。

5.4 裂缝强度和尺寸拓展

微裂缝也被包含在裂缝尺寸差异较大的裂缝组中。运动学裂缝开度范围从小于 0.001mm 到大于 1mm 不等，穿晶裂缝的长度范围从小于 0.01mm 到大于或等于 1mm 不等。大型裂缝的裂缝开度范围也很广。我们发现这些微裂缝和宏观可见裂缝的尺寸分布没有明显的不连续性。我们可以使用这些尺寸拓展模式来量化裂缝强度（Ortega et al.，2006）。

裂缝间距是垂直于裂缝走向的裂缝与裂缝之间的平均距离，它是描述裂缝张开程度的典型方法（Narr et al.，1991）。这一测量方式忽略了许多裂缝体系中存在的较大尺寸范围以及由此产生的裂缝张开程度对裂缝尺度的依赖性。以 Canyon 露头为例，在给定的裂缝组中，大型裂缝之间的距离约为 5m。但是所有宏观可见裂缝的开度与裂缝间距的关系图（图 13）却显示，对于裂缝开度约为 1mm 的裂缝，其平均裂缝间距要远小于仅观察大开度裂缝时的典型裂缝间距（<1m）。在考虑了尺寸较小的大型裂缝和微裂缝之后，平均裂缝间距将进一步降低。

本文所使用的裂缝强度测量方法是计量沿着扫描线方向上的裂缝组在单位长度内所包含的裂缝数量，该扫描线与给定裂缝组垂直（Marrett et al.，1999；Ortega et al.，2006）。举个例子，本文记录了沿着与 C 组裂缝走向垂直的扫描线（其长度为 31.26m）上的大型裂缝数量。本文还从扫描线内选取了两个尺寸较大的岩心样品来进行微裂缝扫描线分析。将裂缝数量与扫描线长度进行归一化处理，便可以对裂缝尺寸变化范围较大的裂缝数量分布规律进行对比。镶嵌图像的观察结果显示，这些裂缝组中包含许多微裂缝。举个例子，在 150mm×13.5mm 的镶嵌图像的中心部位，一共有 116 条裂缝，这些裂缝的开度为 0.0018~0.014mm（图 13）。穿晶微裂缝的丰度不均匀，但微裂缝存在于整个岩体中，形成了岩石中的背景微裂缝群。

裂缝开度大小的累积频率图显示了微观裂缝和大型裂缝群中具有一致的幂律型拓展模式的证据（图 14）。单是微裂缝的数量就能很好地符合一种幂律拓展规律，该幂律型拓展过程跨越了大约两个数量级。本文收集

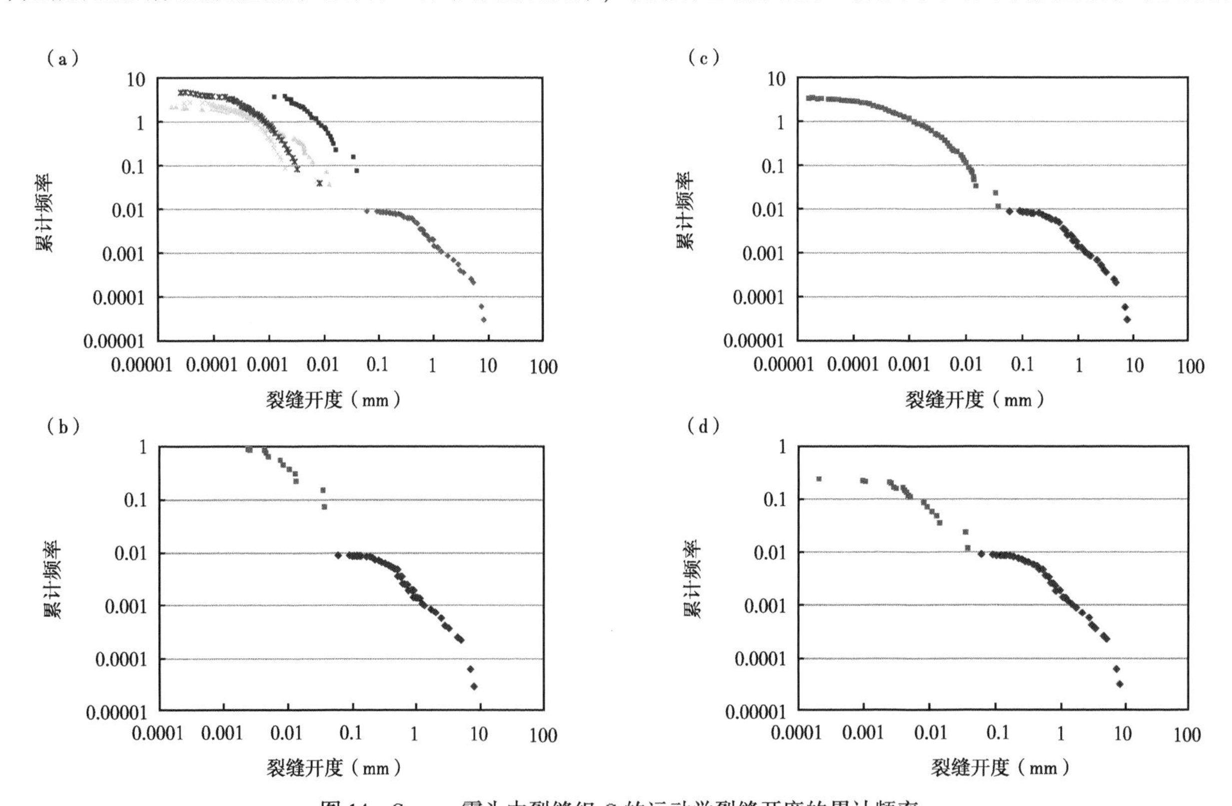

图 14 Canyon 露头中裂缝组 C 的运动学裂缝开度的累计频率

图中的各种颜色显示了穿晶微裂缝与大型裂缝的对比结果（通过裂缝方向进行分类）。大型裂缝与（a）几个微裂缝样品；（b）最可靠的微裂缝；（c）组合型微裂缝；（d）仅穿晶微裂缝的对比结果图

了每个薄片中所有微裂缝组的尺寸分布，定义了 $y=0.0034x-1.20$ 和 $y=0.0038x-1.12$ 这两种幂律形式（图 14）。沿着扫描线方向上的大型裂缝的尺寸分布也符合幂律拓展规律，其形式为 $y=0.0033x-1.40$。其截距较小，但由于缺乏对裂缝开度小于 0.3mm 的裂缝的采样，因此其截断偏差较大。

5.5 裂缝胶结物

所有裂缝组中均存在胶结物，有些裂缝是张开的，并且其内部衬有胶结物薄片，而其他裂缝则被胶结物所充填。Roadcut 1 号露头和 Roadcut 2 号露头中含有大量的张开型裂缝（图 5）。事实上，在这些裂缝中，有许多从表面上看起来就像是贫节理。然而，如果仔细观察就会发现这些裂缝壁上含有许多尺寸较小的多面石英晶体。然而，在 Canyon 露头处，所有的裂缝都被胶结物所充填（图 8、图 11）。

石英是各组裂缝壁上最先发生沉积的岩相。石英呈小尺寸（约为 1mm 或更小）、成型良好的晶体，它们从裂缝壁上延伸出来，形成桥接结构或充填体。在 Roadcut 1 号露头和 Roadcut 2 号露头中，仍可以见到面向张开型孔隙空间的多面石英晶体，而在 Canyon 露头的裂缝中，方解石则与石英重叠在一起。石英胶结物的质地通常是均匀的，尽管仍可观察到局部的自形石英、生长分区或裂缝密封结构。裂缝开度与石英胶结物的形成模式和质地之间存在着一致的关系。对于裂缝开度为 0.01mm 或更小的情况，石英胶结物的质地是均匀的，与增加裂缝开度（单条裂缝）后的密封结构是一致的。局部结构反映了晶体之间的竞争关系，这些晶体会填充裂缝开度约为 0.1mm 或更大的孔隙空间。在一些开度较大的裂缝中，裂缝密封结构记录了多次裂缝开启事件。局部还会存在残余的孔隙度。大部分裂缝壁上的石英薄层表明，大型裂缝在形成之后仍有一段时间处于张开状态。

从闭合的微裂缝到部分充填的石英内衬型大型裂缝的转变过程会将孔隙度保持在一个特定的临界值，这可以归因于胶结物的沉积（受表面积和热暴露控制）（Lander et al.，2002；Laubach，2003）。当胶结物生长速率不足以封堵大型裂缝时，由于微裂缝的表面积较大、体积较小，因此它们是最容易进行封堵的。

在一些裂缝中存在石英桥接结构，这是一种横跨裂缝的胶结物沉积结构。这些桥接结构可以是窄柱状的，也可以是杆状的，它们由孤立的晶体或混作一团的晶体组成（图 5—图 7）。桥接结构被孔隙或后期形成的胶结物所包围（Laubach，1988；Laubach et al.，2004c）。裂缝面上桥接结构的轨迹通常大致呈圆形，桥接裂缝的开度范围从 0.5~8mm 不等，平行于裂缝壁所测得的宽度通常为 1mm。在裂缝剖面上，桥接结构的延伸方向垂直于裂缝壁（纵横比为 1:1 到 1:6 之间）。在裂缝开度大于 2mm 的裂缝中，桥接结构的数量较少。桥接结构在裂缝尖端附近更为常见，那里的裂缝开度较小。石英胶结物倾向于与石英基质一起连续生长（在晶体学上保持较高的连续性）。在非石英基质中（如出现在裂缝壁上的云母岩屑、长石或黏土矿物中），石英胶结物的发育会受阻。晶粒尺寸可能会影响桥接结构的尺寸，这是因为石英快速生长的趋势会在大型、定向排列的晶粒上持续更长的时间（Lander et al.，2002）。由于非石英基质会对石英的生长产生抑制作用，因此我们在随机选取的 21 对 La Boca 桥接结构/晶粒对中没有发现晶粒大小对桥接结构的尺寸产生影响的证据。

桥接结构中包含平行于裂缝壁的原生流体包裹体带。扫描阴极发光（CL）图像显示，这些流体包裹体与裂缝密封结构有关，这些裂缝密封结构是通过壁面岩石碎片和破碎胶结物来进行界定的（图 6、图 7）。一些晶体中包含数十条乃至数百条微米级的闭合裂缝，这表明石英在裂缝逐渐开启时发生了沉淀。在一些裂缝中，我们可以绘制出桥接结构内部裂缝的横切关系（图 7）。这些裂缝是在每次开启程度增加后被石英所充填的石化缝隙。例如，在从 Roadcut 1 号露头中收集到的宽度为 205μm 的桥接结构中，一共发现了 30 条宽度为 2~28μm 的缝隙。超过一半的缝隙宽度小于 5μm。复原结果显示，尺寸最大的缝隙最先形成，随后形成宽度较小的缝隙，大部分位于裂缝壁附近。La Boca 桥接结构中的缝隙数量和大小与来自 5 个盆地的岩心裂缝中所发现的桥接结构中的缝隙在统计学上没有区别（Laubach et al.，2004a）。石英胶结物衬里和桥接裂缝的形态与其他地层深部（1~6km）岩心中的裂缝（石英衬里、具有桥接结构的张开型裂缝）形态相同（Laubach et al.，2004c）。笔者将 La Boca 桥接结构和白垩系 Cozzette 砂岩（位于美国科罗拉多州 Piceance 盆地）中的桥接结构的大小、形状、阴极发光（CL）颜色和开度增量进行了对比，发现它们非常相似。

在张开型裂缝中，未破裂的薄层带状石英沿桥接结构边缘与裂缝密封结构发生重叠，表明地层破裂结束后仍存在沉淀作用。缺乏裂缝密封结构的石英沉积物局部充填了一些较大的裂缝。这些沉积物存在于形成时间最早的裂缝组中，极有可能说明石英在裂缝停止张开后发生了沉淀。

石英存在于所有的 La Boca 裂缝组中，而其他岩相则只在某些岩层中比较常见（图 6—图 8）。这些岩相为方解石、含铁方解石、氧化铁和重晶石。在裂缝中，这些岩相的沉积模式与石英的沉积模式相反。在我们测试的岩心样品中，这些岩相填充了较大的裂缝，但没有出现在微裂缝中，也没有显示出任何桥接结构和裂缝密封结构（图 8）。方解石通常环绕在桥接结构的周围，并与石英中的裂缝密封结构重叠，对这种结构进行了解释，结果表明方解石在裂缝停止张开后发生了沉淀，使其成为构造期后的胶结物（Laubach，1988）。

Canyon 露头是构造期后方解石破坏裂缝孔隙的一个典型案例。岩心和生产数据将这种构造期后胶结物与降低的裂缝导流能力联系了起来（Laubach，2003）。然而，迄今为止，这种胶结裂缝的形成模式在露头的描述过程中还没有彻底弄清，这可能是由于许多地区的碳酸盐岩矿物（形成时间较晚）的优先侵蚀所造成的保存不良所导致的。目前，方解石既存在于裂缝中，也存在于岩体中。在 La Boca 组砂岩储层中，构造期后胶结物的分布特征是多种多样的，正如许多地下实例中所展现出来的一样（Laubach，2003）。它在 Canyon 露头中普遍存在，在 Roadcut 2 号露头中比较罕见，而在 Roadcut 1 号露头中则不存在。在 Canyon 露头处，横切关系表明发生了好几次方解石的沉积。然而，在岩体中，这些不同的方解石沉积物却很少能被区分出来。岩心观测结果显示，从一个砂岩层到下一个砂岩层的闭合裂缝和张开裂缝在堆叠层序上也存在类似的变化（Laubach，2003）。

对 La Boca 组露头中的充填裂缝和张开型裂缝的研究结果表明，尽管砂岩类型可能影响方解石的分布，但裂缝的尺寸、组合方式、古深度和构造位置并没有发生系统性的变化。富方解石的 La Boca 组砂岩中长石含量略高，岩屑含量则较少（图 3）。这些砂岩中含有同沉积、镁铁质、火成岩的基质和流体，这些基质和流体很可能在埋藏过程中发生风化或变化为钙长石。从这些岩石中提取的钙质斜长石可能是 La Boca 组砂岩储层中广泛存在的长石的主要来源之一。方解石含量较低的地方，长石的溶解量也最少。断层也可能是使方解石发生沉淀的流体和其他晚期胶结物的来源，尽管这一结论还无法从本文所研究的露头的研究结果中得出。在 Galeana 附近的断层带中的一些空腔中充满了构造期后的重晶石，但在 Roadcut 2 号露头中，其中一条断层中的方解石含量极低，尽管存在一条 10cm 宽的角砾岩条带（与 1.5m 的明显正错距有关）。

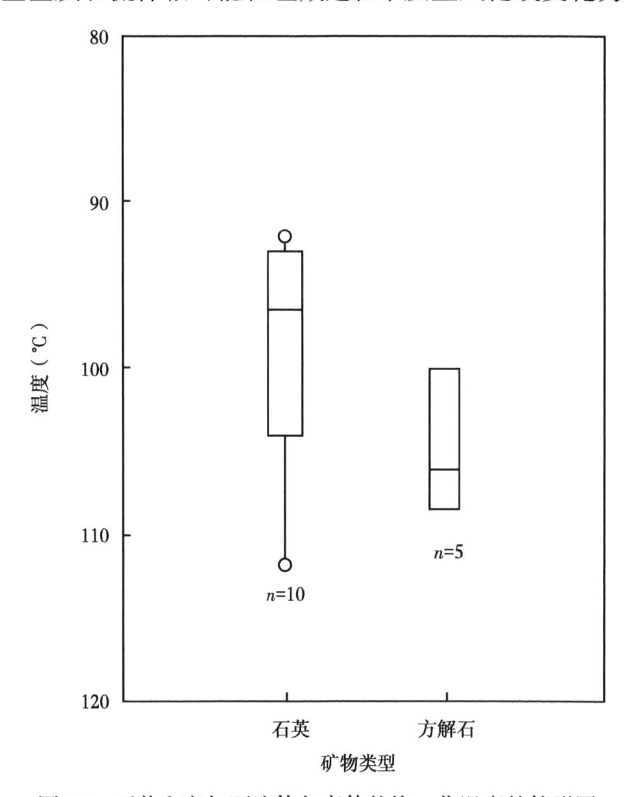

图 15　石英和方解石流体包裹体的均一化温度的箱形图

这些矿物均取自 Canyon 露头的裂缝组 B，箱形图显示了总体数据的三分之一（中间部分），所有数据均来自单条裂缝，重叠关系表明石英的形成时间早于方解石

5.6　流体包裹体数据

我们测量了石英和方解石样品中的流体包裹体的均一化温度和盐度，这些样品均取自 Canyon 露头扫描线上的 3 条裂缝（裂缝组 B 中）。这些流体包裹体的平均尺寸大约是 10μm，其尺寸变化范围从 1~10μm以上不等，并且大多数包裹体中含有液体和蒸汽泡沫。石英包裹体平均的均一化温度为 99℃，其温度变化范围为 92~112℃（图 15）。盐度（氯化钠含量）范围为 7%~14 %（质量百分数）。在裂缝壁附近发现的流体包裹体的温度在 92~102℃之间。从裂缝壁处 0.2mm 厚的石英中所获取的两个包裹体的温度较高（110℃和 112℃）。桥接结构的阴极发光

(CL) 观测结果表明，靠近裂缝壁的石英比内部石英的形成时间更早（在裂缝密封桥接结构中并不总是这样；Laubach et al.，2004c）。尽管受到限制，但石英的形成模式表明，B 组裂缝在生长过程中经历了更高的温度。其他裂缝的初步结果显示，从形成年代较晚的地层来看，裂缝温度较高，随后的裂缝温度较低，且比较均匀。

裂缝组 B 中构造期后铁方解石的数据提供了地层流体（B 组裂缝发育完成之后，D 组裂缝发育之前）的相关信息，因为这些裂缝切割了裂缝组 B 中的方解石。测量得到的温度范围从 95~110℃不等。在这些裂缝中，流体包裹体中的盐度较高（氯化钠的当量浓度为 19.5%~25.1%），表明存在与蒸发作用相互作用的地层盐水，考虑到蒸发岩矿床的致密性，这并不奇怪。

6 结果讨论

6.1 裂缝起源

张开型裂缝在垂直于最小压缩应力的平面上不断拓展（Lawn et al.，1975），当内部流体压力超过局部最小压缩应力或局部应力变为拉伸应力时，这些裂缝可能会不断拓展。在具有腐蚀性或被液体饱和的环境中的长期载荷作用下，这些裂缝会通过化学辅助（亚临界）过程缓慢拓展，裂缝拓展过程中的应力条件高于最小应力强度，但低于材料断裂韧性（Atkinson，1984）。盆地经历了不同的载荷条件和复杂的热流动和流体流动历史，其时间跨度长达数千万年。因此，许多加载路径都有可能导致地层破裂（Engelder，1985）。La Boca 组储层中的裂缝组可以反映出与构造、埋藏载荷、孔隙流体压力等因素组合相关的低应变事件。

众所周知，张开型裂缝组的起源很难确定。裂缝起源的证据往往取决于对运动学相容性的认识；也就是说，裂缝方向所暗示的载荷方向是否与某一大型构造运动的方向一致？例如，盆地沉降和拓展过程中所形成的张开型裂缝可能平行于后期所形成的褶皱脊部。由于盆地的层状平行延伸，张开型裂缝可能平行于褶皱的脊部（Hancock，1985），或者平行于附近造山带的构造运动方向（Engelder，1985）。在整个地质年代上，许多地质条件下的构造运动方向可能是一致的。因此，当我们仔细观察这些构造时，基于运动学相容性的解释结果往往不是唯一的。

下面本文将利用运动学兼容性的概念来帮助解释裂缝的起源，但是我们还需要借助成岩信息来约束裂缝的形成时间。裂缝密封结构将裂缝的开启过程与石英胶结物的沉淀过程联系起来，而石英胶结物的沉淀过程又对热历史非常敏感（Lander et al.，1999）。对于简单的埋藏历史而言，这些信息再加上流体包裹体的分析结果，将有助于缩小裂缝可能的形成时间（Laubach，1988）。即使对裂缝形成时间进行广泛的限制，也能显著提高裂缝起源的相容性。

墨西哥湾盆地 La Boca 组储层已发表的埋藏历史（Dawson，1995）和东马德雷山脉（SMO）其他地区的埋藏历史和温度历史（Grey et al.，2001）表明，La Boca 组砂岩储层所经历的最高埋藏温度超过 150℃，最大埋藏深度约为 6km。同构造期石英中的原生流体包裹体的均一化温度表明，随着与埋藏作用相关的温度不断升高，裂缝组 B 逐渐形成。这些裂缝可能在早白垩世至中白垩世时期就已经形成，其埋藏深度为 2~4km，也有可能是在达到与拉腊米造山运动开始相关的最大埋藏深度之前形成的（图 16）。

形成时间较早的裂缝组 A（南北走向）和南东南走向的裂缝组 B 与侏罗纪至早白垩世时期所形成的延伸盆地具有广泛的一致性。如果从埋藏历史和流体包裹体所推断出来的形成时间是正确的，并且在连续埋藏过程中形成了裂缝组 A—C，那么这些裂缝是在拉腊米造山运动之前和拉腊米造山运动早期的载荷下形成的。在拉酰胺变形过程中，东—东北东走向的裂缝组 C 与东—东北东方向上的压缩作用是相容的。Huizachal 背斜的作用（如果有的话）是不确定的。构造抬升或推测的盆地和范围的扩展过程可以用来解释裂缝组 D。在抬升和冷却过程中所造成的压裂作用与该裂缝组中较低的石英胶结物含量是一致的。

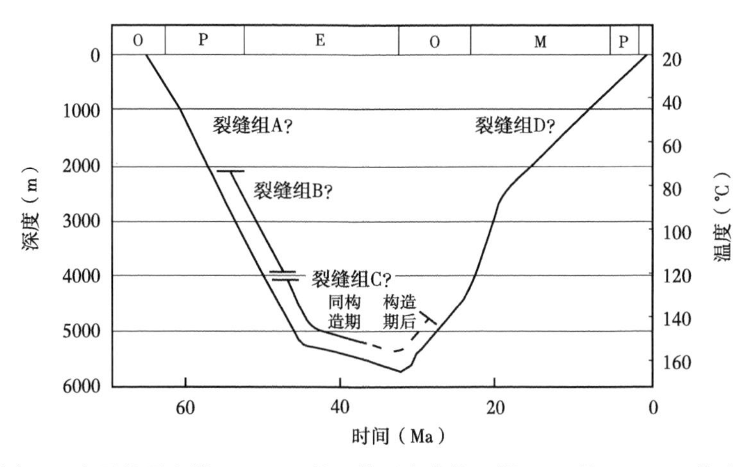

图 16　东马德雷山脉（SMO）的埋藏历史曲线（据 Grey 等，2001，修改）

上 Tamaulipas Superior 组埋藏过程受到地质年代为 K/Ar 的膨润土的制约。虽然是为东马德雷山脉（SMO）的另一个区域推导的，但是这次重构结果，连同区域构造和地层相似性，以及裂缝组 B 和 C 中流体包裹体的数据，与 Galeana 附近的 La Boca 的埋藏深度（高达 6km）和埋藏期间的最高温度（>150℃）是一致的。图中还给出了 La Boca 组储层中各裂缝组的推断埋藏深度和埋藏时间范围

6.2　裂缝孔隙度的衰减和增长

在 La Boca 组砂岩露头中，有两种明显的裂缝孔隙度衰减模式。各组裂缝均部分或全部被石英所充填，每组裂缝中均存在裂缝密封结构，说明石英的沉积过程和裂缝张开过程是同时进行的。裂缝充填程度（被这种胶结物）取决于裂缝的尺寸和形成时间。尺寸最小的裂缝优先闭合，形成时间较早的裂缝中的石英含量高于形成时间较晚的裂缝。裂缝尺寸是最重要的决定因素。在一个给定的裂缝组内，闭合的微裂缝可能会突变为不含石英的大型裂缝，但裂缝组间石英胶结物含量的差异非常小。这种胶结方式不能有效地密封大型裂缝，至少对于 La Boca 裂缝组的埋藏历史来说是这样。目前还不存在被石英密封的大型裂缝。由于石英对大型裂缝的封堵效果不明显，因此砂岩裂缝能够在较长的埋藏时间内保持原来的孔隙度，如图 Roadcut 1 号露头中的裂缝组 C 所示（图 5）。位于 Canyon 露头的裂缝组 C 中的裂缝被方解石所密封，而位于 Roadcut 1 号露头和 Roadcut 2 号露头的裂缝组 C 中的裂缝则保持开启状态。

这两种裂缝衰减模式控制着裂缝中孔隙空间的保存和破坏过程。各种结构的组合标志着这些胶结模式的运作方式，这些结构组合包括孤立的石英胶结物桥接结构，而在其他张开型裂缝中还含有裂缝密封结构（Laubach，1988；Laubach et al.，2004c），裂缝群中还包括许多微裂缝，这些微裂缝可能表现出幂律型尺寸变化（Marrett et al.，1999），以及晚期胶结物（在裂缝张开过程中所形成的水泥桥接结构周围缺乏裂缝密封结构）的重叠关系。这种结构组合在岩心样品中广泛存在，而这些岩心均取自现在或过去就已经埋藏在深部的砂岩地层（Laubach，2003）。这些胶结模式并不是 La Boca 组砂岩等地下滑脱构造环境所特有的。相反，它们反映了裂缝常见的形成条件，其中包括反应性热流体（水）的存在、由母岩组成占主导的地球化学条件以及对热历史敏感的胶结物的沉积（Laubach，2003）。

成岩作用如何导致砂岩裂缝中这种一致的构造组合？最近关于同构造期石英桥接结构的研究为该问题提供了线索。随着不断增加的裂缝开度打破原来的桥接结构和胶结物在由此产生的缝隙中的沉淀，桥接结构不断拓展。Lander 等人（2002）对成岩模拟过程和晶体生长实验进行了描述，实验结果表明，当裂缝开度的单次增加幅度较小时（例如只增加了几微米），在裂缝密封结构发生变形的过程中就会形成石英桥接结构，整个地质时间内的裂缝开度增加速度小于他形晶体表面的沉降速率，石英的破裂会定期形成他形成核表面。与裂缝同时形成的石英胶结物沉积层在裂缝中的范围和位置受温度、加热时间、基质对胶结物生长过程的影响的控制，还有可能受到裂缝开度的影响（Lander et al.，2002）。

基于这一概念的模型准确地预测了桥接结构的形状和大小。其关键前提是，石英沉淀时的岩石表面积和温度控制过程也是一种可以成功预测岩体内石英胶结物形成过程的解释方法（Lander et al.，1999；

Walderhaug，1996）。由于石英存在于所有的裂缝中，因此石英的沉淀过程可以与整个 La Boca 中的裂缝形成历史同步。石英胶结物在形成时间较晚的裂缝组中的含量逐渐减少，这种模式与持续的石英沉淀过程（被裂缝的拓展过程打断）相一致。

裂缝密封结构表明，在石英不断沉淀的过程中，各裂缝组中的裂缝不断发育。桥接结构中的裂缝密封结构记录了多个裂缝开启事件。相对于胶结物沉淀过程，单个裂缝开启事件必须是快速的，因为在桥接结构中所形成的每一个新的裂缝面上，都覆盖着大量的多面晶体，这些晶体的生长与孔隙空间的开启是一致的。然而，为了形成桥接结构，总的裂缝拓展速率（裂缝开度多次增加）必须与胶结物的沉淀速率相当。在 La Boca 和其他地方广泛存在的同构造期桥接结构（形成速率相当）表明，胶结作用与裂缝的拓展有关。裂缝拓展过程中的裂缝密封效果可能在裂缝尖端最有效，因为那里的裂缝开度最小，断裂力学结果表明，此处的亚临界裂缝拓展过程是非常活跃的（Atkinson，1984；Rijken，2005）。裂缝成岩作用的观察结果和亚临界裂缝拓展的概念很有可能会提高我们对地下裂缝拓展过程的理解。

La Boca 组露头中的裂缝与气体驱动的水力压裂所形成的常见节理一样（Lacazette et al.，1992），均通过重复的裂缝张开过程而不断发育。然而，它们之间也存在一些重要的区别。气体驱动的天然水力裂缝在其裂缝尖端的循环传播过程中，会沿着单个平面不断拓展。天然气孔隙流体不太可能会使填充矿物在每次循环后发生沉积。La Boca 组砂岩储层中的裂缝主要是通过胶结物桥接结构的重复破裂来进行拓展的，这些桥接结构是在裂缝不断张开的过程中形成的。在每一个循环中，裂缝的局部性质随着重复破裂和充填过程而逐渐发生变化。在裂缝拓展过程中，随着胶结物在岩体中的沉积，岩石的力学性质也有可能发生变化（Laubach，2003）。除了长度变化之外，气体驱动的天然水力裂缝在每一次增量拓展过程中的裂缝性质是相同的。在这种情况下，每一次增量拓展过程中都会存在相同的裂缝和岩石，而在与 La Boca 裂缝相类似的情况下，胶结作用改变了裂缝和岩石的性质。这两种增量拓展过程的结果将是几何形状、孔隙度和渗透率上的差异。

热暴露控制胶结物沉淀速率这一前提也可以用于解释广泛存在的微裂缝。微裂缝总是由相同的胶结物密封，这些胶结物通常呈线性排布，但对于较大的裂缝也会形成局部的桥接结构。由于微裂缝的体积较小（相对于表面积而言），因此其寿命较短（Lander et al.，2002）。这些裂缝在形成后不久可能就会被胶结物所封堵，这支持了所有 La Boca 微裂缝都被石英封堵这一观察结果。许多微裂缝会不断积聚，因为胶结物的沉淀（可能还有蠕变）使它们的机械寿命很短。这些裂缝形成模式表明，裂缝成核和拓展过程受胶结物沉淀所引起的裂缝收缩和破坏过程的调节。

微裂缝是成岩环境下所形成的裂缝组的重要组成部分。Marrett（1996）的研究结果表明，对于幂律型裂缝尺寸分布而言，分布在小尺寸部分的大量裂缝可能贡献了大部分的裂缝孔隙度和表面积。在成岩环境中，这部分裂缝体系所形成的孔隙是短暂的。载荷会产生许多微裂缝，而对温度敏感的胶结物沉淀作用会使这些微裂缝变成岩石。那么小型裂缝将如何存活并保持孔隙空间开启呢？Lander 等（2002）指出，如果这些裂缝张开的速度足够快，或者由于裂缝壁上存在非石英基质而阻碍胶结物的沉淀，这些小型裂缝便可以存活下来（La Boca 中的许多裂缝就是这种情况）。这些条件就保留了裂缝被重新激活和进一步拓展的潜力。

La Boca 裂缝的幂律型裂缝开度拓展规律与岩心中发现的部分胶结裂缝相似，但与贫节理有所不同（Gale，2004；Gillespie et al.，2001；Ortega et al.，2000；Peacock，2004）。基于断裂力学的数值模拟（综合考虑了胶结作用的裂缝拓展过程）结果也产生了类似于 La Boca 组露头和岩心中所发现的裂缝开度和裂缝长度分布特征，不考虑成岩作用的模型则无法得出类似的结果（Olson et al.，2004；Olson，正在发表）。

这种成岩模型不能解释那些密封了一些大裂缝，但没有密封其他裂缝的钙质胶结沉积物。在 Huizachal 背斜翼部相同的构造背景下，方解石充填裂缝的模式因地层而异，这些裂缝闭合模式单靠热暴露是无法解释得通的。裂缝中胶结物发生沉淀的时间与岩石中胶结物发生沉淀的时间相吻合，说明胶结物并非只存在于裂缝体系中。大型裂缝中孔隙空间的破坏模式在非常短的距离（在一组砂岩序列中的横向跨度和纵向跨度均小于 200m）内急剧变化，这比较类似于岩心中的破坏模式（Laubach，2003）。方解石胶结物的沉积可能是阶段性的，并且在空间上不断变化，这可以从微裂缝中缺少方解石，或者在与裂缝张开有关的裂缝密封结构中缺少方解石，以及裂缝与方解石之间的横切关系中看出。

由于方解石包裹着石英桥接结构，表明它是在未张开的裂缝中沉积的，这种裂缝成岩作用模式可能不会与裂缝的拓展发生相互作用，这符合传统的观点，即胶结物是在先前已经存在的裂缝中沉积的（Pollard et al.，1988）。这里和许多盆地中的晚期方解石胶结物的起源尚不确定。在 La Boca 组砂岩地层中，方解石可能源自长石砂岩或层间铁镁质岩床和岩脉中钙质斜长石的蚀变作用。

7 结论

露头研究能够提供有价值的认识，以帮助了解埋藏岩石中裂缝的形成模式，因为它们不受与地下裂缝相同的取样限制。中三叠统—下侏罗统 La Boca 组砂岩中的裂缝具有明显的区别性特征（在地下岩心样品中也能观察到），这些特征包括含有裂缝密封结构的胶结物桥接结构和裂缝尺寸的分布（其中包含大量分散的、闭合的微裂缝）。在 4 组 La Boca 砂岩裂缝中，举例说明了在张开型裂缝发育过程中及之后沉积的胶结物特征。胶结物的沉淀、裂缝的拓展和老化导致这些裂缝组中既包含张开型裂缝，也包含闭合裂缝。石英密封了所有裂缝组中的微裂缝，但在开度较大的裂缝中只是呈线性排列或形成桥接结构。相反，方解石只存在于局部裂缝中，但它能封堵开度较大的裂缝。因此，在垂直和水平距离只有几百米的情况下，同一裂缝组中的裂缝有可能是张开的，也有可能是闭合的。这些裂缝形成模式表明，地下裂缝孔隙度可能在短时间内发生剧烈变化。

本文的研究结果表明，裂缝的开启和裂缝中的流体流动依赖于成岩状态，成岩历史有助于确定裂缝内部的有效孔隙度，从而决定张开型裂缝的持久性和连通性。裂缝中的胶结物还可以增加裂缝的刚度，这会影响应力变化所引起的孔隙度变化，进而影响裂缝的地震响应结果。利用幂律型裂缝尺寸拓展模式，对 La Boca 中的裂缝（包含那些除了采用阴极发光成像就无法观察到的微裂缝）进行了很好的描述。裂缝尺寸分布和部分尺寸分布的密封程度都会影响裂缝内部和裂缝之间的连通孔隙度，从而控制流体的流动特性。

本文的研究结果表明，裂缝孔隙度和尺寸分布，以及其他通常归因于纯力学过程的裂缝属性，反而反映了力学特性和胶结物沉淀之间的相互作用。对这种相互作用的认识对于解释沉积盆地中深层裂缝的形成机理是必不可少的。

参 考 文 献

Aranda-Garcia M, 1991. El segmento San Felipe del cinturon cabalgado, Sierra Madre Oriental, Estado de Durango, México. Boletín de la Asociación Mexicana de Geólogos Petroleros, 41: 18-36.

Atkinson B K, 1984. Subcritical crack growth in geological materials. Journal of Geophysical Research, 89 (B6): 4077-4114.

Barboza-Gudino J R, Tristán-González M, Torres-Hernández T R, 1999. Tectonic setting of pre-Oxfordian units from central and northeastern Mexico: A review. In: Bartolini C, Wilson J L, Lawton T F (Eds.), GSA Special Paper. Mesozoic Sedimentary and Tectonic History of North-Central Mexico, 340, 197-210.

Cooke M L, Underwood C A, 2001. Fracture termination and stepover at bedding interfaces due to frictional slip and interface opening. Journal of Structural Geology, 23: 223-238.

Crampin S, 1987. Geological and industrial implications of extensive-dilatancy anisotropy. Nature, 328: 491-496.

Davis M, 2005. The tectonics of tranquitas: a field study of rift through passive margin development and Laramide deformation in Triassic and Jurassic strata of the Sierra Madre Oriental, NE Mexico. Unpublished Master's thesis, The University of Texas at Austin, 106.

Dawson W C, 1995. Diagenesis of deeply buried Eagle Mills Sandstones: implications for paleo-fluid migration and porosity development. Gulf Coast Association of Geological Societies Transactions, 45: 151-155.

Dawson W C, Callender C A, 1992. Diagenetic and sedimentologic aspects of Eagle Mills-Werner Conglomerate sandstones (Triassic-Jurassic), Northeast Texas. In: Schmitz D W, Swann C T, Walton K (Eds.), Gulf Coast Association of Geological Societies Transactions, 42, 449-457.

Engelder T, 1985. Loading paths to joint propagation during a tectonic cycle: an example from the Appalachian Plateau, U. S. A.

Journal of Structural Geology, 7 (3/4): 459-476.

Gale J F W, 2004. Self-organization of natural Mode-I fracture apertures into power-law distributions. North American Rock Mechanics Symposium, ARMA/NARMS 04-563.

Gillespie P A, Walsh J J, Watterson J, et al., 2001. Scaling relationships of joint and vein arrays from the Burren, Co. Clare, Ireland. Journal of Structural Geology, 23: 183-201.

Goldhammer R K, 1999. Mesozoic sequence stratigraphy and paleogeographic evolution of northeast Mexico. In: Bartolini C, Wilson J L, Lawton T F (Eds.), Mesozoic Sedimentary and Tectonic History of North-Central Mexico. GSA Special Paper, 340, 1-58.

Gomez L A, Laubach S E, 2006. Rapid digital quantification of microfracture populations. Journal of Structural Geology, 28: 408-420.

Grey G G, Pottorf R J, Yurewicz D A, et al., 2001. Thermal and chronological record of syn- and post-Laramide burial and exhumation, Sierra Madre Oriental, Mexico. In: Bartolini C, Buffler R T, Cantu-Chapa A (Eds.), The western Gulf of Mexico Basin: Tectonics, Sedimentary and Petroleum Systems. AAPG Memoir, 75, 159-181.

Hall S A, Kendall J -M, Barkved O I, 2002. Fractured reservoir characterization using P-wave AVOA analysis of 3D OBC data. The Leading Edge, 777-781.

Hancock P L, 1985. Brittle microtectonics: principles and practice. Journal of Structural Geology, 7 (3-4): 437-457.

Kearsley A, Wright P, 1988. Geological applications of scanning electron cathodoluminescence imagery. Microscopy and Analysis, 49-51 (September).

Lacazette A, Engelder T, 1992. Fluid-driven cyclic propagation of a joint in the Ithaca siltstone, Appalachian Basin, New York. In: Evans B, Wong T -F (Eds.), Fault Mechanics and Transport Properties of Rocks. Academic Press Ltd, London, 297-324.

Lander R H, Walderhaug O, 1999. Predicting porosity through simulating sandstone compaction and quartz cementation. American Association of Petroleum Geologists Bulletin, 83: 433-449.

Lander R H, Gale J F W, Laubach S E, et al., 2002. Interaction between quartz cementation and fracturing in sandstone. AAPG Annual Convention Program, 11 (A98).

Laubach S E, 1988. Subsurface fractures and their relationship to stress history in East Texas basin sandstone. Tectonophysics, 156: 37-49.

Laubach S E, 1989. Paleostress directions from the preferred orientation of closed microfractures (fluid-inclusion planes) in sandstone, East Texas basin, U. S. A. Journal of Structural Geology, 11: 603-611.

Laubach S E, 1997. A method to detect natural fracture strike in sandstones. American Association of Petroleum Geologists Bulletin, 81/4: 604-623.

Laubach S E, 2003. Practical approaches to identifying sealed and open fractures. American Association of Petroleum Geologists Bulletin, 87: 561-579.

Laubach S E, Lander R H, Bonnell L M, et al., 2004a. Opening histories of fractures in sandstone. In: Cosgrove J W, Engelder T (Eds.), The Initiation, Propagation, and Arrest of Joints and other Fractures. Geological Society of London Special Publication, 231, 1-9.

Laubach S E, Olson J E, Gale J F W, 2004b. Are open fractures necessarily aligned with maximum horizontal stress. Earth and Planetary Science Letters, 222: 191-195.

Laubach S E, Reed R M, Olson J E, et al., 2004c. Coevolution of crack-seal texture and fracture porosity in sedimentary rocks: cathodoluminescence observations of regional fractures. Journal of Structural Geology, 26: 967-982.

Lawn B R, Wilshaw T T, 1975. Fracture of Brittle Solids. Cambridge University Press, Cambridge, 204.

Long J C S, Witherspoon P A, 1985. The relationship of degree of interconnection to permeability in fracture networks. Journal of Geophysical Research, 90 (B4): 3087-3098.

Marrett R A, 1996. Aggregate properties of fracture populations. Journal of Structural Geology, 18: 169-178.

Marrett R A, Aranda M, 2001. Regional structure of the Sierra Madre Oriental fold-thrust belt, Mexico. In: Marrett R (Ed.), Field-trip Guidebook, 28. The University of Texas at Austin, Bureau of Economic Geology, 31-55.

Marrett R, Ortega O O, Kelsey C, 1999. Power-law scaling of natural fractures in rock. Geology, 27: 799-802.

Milliken K L, Laubach S E, 2000. Brittle deformation in sandstone diagenesis as revealed by scanned cathodoluminescence imaging with application to characterization of fractured reservoirs. Cathodoluminescence in Geosciences. Springer Verlag, New York, 225-243. Chapter 9.

Mixon R B, Murray G E, Diaz-Gonzales T E, 1959. Age and correlation of Huizachal Group (Mesozoic), State of Tamaulipas,

Mexico. American Association of Petroleum Geologists Bulletin, 43 (4): 757-771.

Narr W, Suppe J, 1991. Joint spacing in sedimentary rocks. Journal of Structural Geology, 13: 1037-1048.

Olson J E, in press. Predicting aperture, length and pattern geometry in natural fracture systems created by extensional loading. In: Couples G, Lewis H (Eds.), Geological Society of London Special Publication: Fracture-like Damage and Localisation.

Olson J E, Pollard D D, 1989. Inferring paleostresses from natural fracture patterns: a new method. Geology, 17 (4): 345-348.

Olson J E, Laubach S E, Lander R H, 2004. Improving fracture permeability prediction by combining geomechanics and diagenesis. North American Rock Mechanics Symposium, ARMA/NARMS 04-563. www. gulfrocks04. com.

Ortega O O, Marrett R, 2000. Prediction of macrofracture properties using microfracture information, Mesaverde Group sandstones, San Juan Basin, New Mexico. Journal of Structural Geology, 22: 571-588.

Ortega O, Marrett R, Laubach S E, 2006. A scale-independent approach to fracture intensity and average spacing measurement. American Association of Petroleum Geologists Bulletin, 90/2: 193-208.

Padilla y Sanchez R, 1985. Las estructuras de la curvatura de Monterrey, Estados de Coahuila, Nuevo León, Zacatecas y San Luis Potosí. Revista del Instituto de Geología de la Universidad Autónoma de México, 6: 1-20.

Pagel M, Barbin V, Blanc P, et al. (Eds.), 2000. Cathodoluminescence in Geosciences. Springer-Verlag, New York.

Peacock D C P, 2004. Difference between veins and joints using the example of the Jurassic limestones of Somerset. In: Cosgrove J W, Engelder T (Eds.), The Initiation, Propagation, and Arrest of Joints and other Fractures. Geological Society of London Special Publication, 231, 209-221.

Philip Z G, Jennings J W, Olson J E, et al., 2005. Modeling coupled fracture-matrix fluid flow in geomechanically simulated fracture networks. SPE Reservoir Evaluation & Engineering, 8: 300-309.

Pollard D D, Aydin A, 1988. Progress in understanding jointing over the past century. Geological Society of America Bulletin 100, 1181-1204.

Rijken P, 2005. Modeling naturally fractured reservoirs: from experimental rock mechanics to flow simulation. The University of Texas at Austin, Department of Petroleum and Geosystems Engineering, Unpublished PhD Dissertation: 275.

Savalli L, Engelder T, 2005. Mechanisms controlling rupture shape during subcritical crack growth of joints in layered rocks. Geological Society of America Bulletin, 117: 297-324.

Walderhaug O, 1996. Kinetic modeling of quartz cementation and porosity loss in deeply buried sandstone reservoirs. American Association of Petroleum Geologists Bulletin, 80: 731-745.

本文由张荣虎教授编译

加拿大阿尔伯达山麓红鹿河背斜褶皱 Cardium 组裂缝丰度与应变强度

Estibalitz Ukar, Canalp Ozkul, Peter Eichhubl

经济地质局，杰克逊地球科学学院，得克萨斯大学奥斯汀分校，
奥斯汀，得克萨斯州，美国

摘要：加拿大落基山脉山脚下中生代碎屑岩褶皱和逆冲断层序列构成了重要的油气储层，然而，裂缝的产生及其与褶皱挤压的时间关系还不是很清楚。明确天然裂缝的分布和演化，特别是相对于褶皱—逆冲系统演化的形成时间，可能会改善致密、低渗透储层的勘探和开发结果。我们通过结合野外构造观测和褶皱—冲断带演化的运动学模拟，研究了上白垩统 Cardium 组褶皱与裂缝形成之间的关系。通过分析背部裂缝密度和开度来评价主要开放模式中构造位置和应变强度的作用，红鹿河背斜作为成藏规模的背斜，后翼靠近转折端，前翼远离转折端。尽管在前翼靠近转折端的部位所测量到的裂缝应变稍低，但是褶皱 3 个结构区域确定的来自露头和显微扫描的裂缝应变强度几乎不变。这些断裂应变测量结果与运动学数值模型得到的构造演化运动方向的计算结果显示横向应变性质一致，该运动学数值模型模拟褶皱演化与 Burnt Timber 逆断层下盘滑动有关。运动学模型预测前后翼横向拉伸的幅度相似，在红鹿河背斜早期发育过程中，上部前翼拉伸范围较小。在褶皱形成过程中，预测早期裂缝形成与在褶皱作用后期剪切再作用形成的裂缝构造观察结果一致。这种运动学模拟和野外构造联合研究结果表明，变形褶皱—逆冲带可以在空间和时间上平行经历复杂的演化过程，导致在结构复杂的地下储层中形成多变的裂缝空间结构。

1 概述

加拿大落基山脉是研究最深入的前陆褶皱逆冲断裂带之一，由于其油气资源潜力巨大，山麓和山前部分受到了广泛的关注（Leckie et al.，1992；Price，1994；Boettcher et al.，2010）。从 20 世纪初开始，加拿大落基山脉的山麓地区一直在进行石油和天然气勘探。最初，勘探主要集中在现在被称为常规油气藏的地方，然而近年来低渗透油气藏逐渐成为人们关注的焦点。由于天然裂缝会影响储层渗透率，从而影响致密储层油气产量，因此，研究天然裂缝的空间分布、结构与成岩作用属性及它们的形成与褶皱逆冲断裂带演化的时空关系至关重要（Currie et al.，1974；Currie et al.，1976；Narr et al.，1982；Newson，2001；Salvini et al.，2001；Jager et al.，2008）。然而，基于油田构造分析的裂缝形成与褶皱逆冲断裂带演化过程之间的时空关系往往不是很清楚。例如，褶皱逆冲断裂带中的褶皱可能经历了复杂的演化，其最大曲率和褶皱诱导应变在区域上经历了空间和时间上迁移，导致与在露头或地震剖面中观察到的褶皱几何形状相关的裂缝形成条件难以重建（Salvini et al.，2004）。

Cardium 组油气生产率在区域上具有差异性，这可能与天然裂缝特征的区域差异有关，至少部分可能与此有关（Van et al.，2015）。此外，仅与岩石基质生产特征不吻合的生产井测试、产液比例以及生产流量测量结果，就已经使加拿大西部的油气生产商确信天然裂缝有助于提高产量（Cooper，1992；Jamison，1997；Newson，2001；Solano et al.，2011）。然而，由于裂缝形成与褶皱逆冲断裂带区域结构相关的不确定性，意味着无法准确预测裂缝发育位置的裂缝丰度与开度。这将会在勘探和开发决策中形成不可接受的风险（Nelson，1985；Newson，2001）。

与褶皱有关的裂缝概念在几十年前就已经存在（Price，1966；Stearns，1968；Friedman，1969；Stearns et al.，1972；Hancock，1985；Price et al.，1990），并且许多最近的研究表明，裂缝的形成与褶皱逆冲断裂带相关（Hennings et al.，2000；Hank et al.，2004；Florez-Niño et al.，2005；Bellahsen et al.，

2006；Tavani et al.，2006，2008；Ghosh et al.，2009；Smart et al.，2012）。尽管裂缝可以形成于褶皱之前，但是在开放模式或褶皱过程中，在剪切应力作用下也能再次形成裂缝（Dunne，1986；Laubach，1988；Bergbauer et al.，2004）。再激活也会导致新裂缝的形成（Davatzes et al.，2003）。此外，在褶皱和逆冲作用的同时或之后，隆起和剥离期间也可能会形成裂缝（Currie et al.，1976；Engelder，1985；Casini et al.，2011；English，2012；Reif et al.，2012；Fall et al.，2012，2015）。在剥蚀后期形成的裂缝对于深层石油储层意义可能并不大。

除非褶皱变形作用期（并且所有的改造阶段都被记录）与裂缝胶结同步，否则可能由于缺少在褶皱逆冲断裂序列演化期间随时间变化的裂缝模式的直接观察证据，使得裂缝解释变得困难。解决裂缝形成与褶皱逆冲断裂作用发展之间时空关系的先期研究包括（1）裂缝、褶皱和诸如缝合线等相关构造的横向关系进行野外观察（Muecke et al.，1966；Nickelsen，1979；Barton，1983；Graham et al.，2003）；（2）具有同期构造地层的数字模型褶皱与自然褶皱之间的对比（Verges et al.，1996；Ford et al.，1997；Poblet et al.，1997；Novoa et al.，2000；Salvini et al.，2002；Shackleton et al.，2011）；（3）算法构造重建（Rouby et al.，2000；Griffiths et al.，2002；Thibert et al.，2005；Maerten et al.，2006）；（4）前瞻性的几何和地质力学模型（Erslev，1991；Johnson et al.，2002；Poblet et al.，1996；Suppe，1983；Suppe et al.，1990；Smart et al.，2012）。我们将横向剪切关系的野外观测与正演运动学模型相结合，结果显示裂缝形成于褶皱作用之前，随后在逆冲和褶皱作用中不断演变。

在本研究中，我们记录了加拿大阿尔伯达省红鹿河背斜储层规模褶皱中裂缝的相对时间和空间分布（图1）。裂缝发育在白垩系 Cardium 地层中，砂岩储层孔隙度和渗透率较低，该地层为阿尔伯达山麓地区

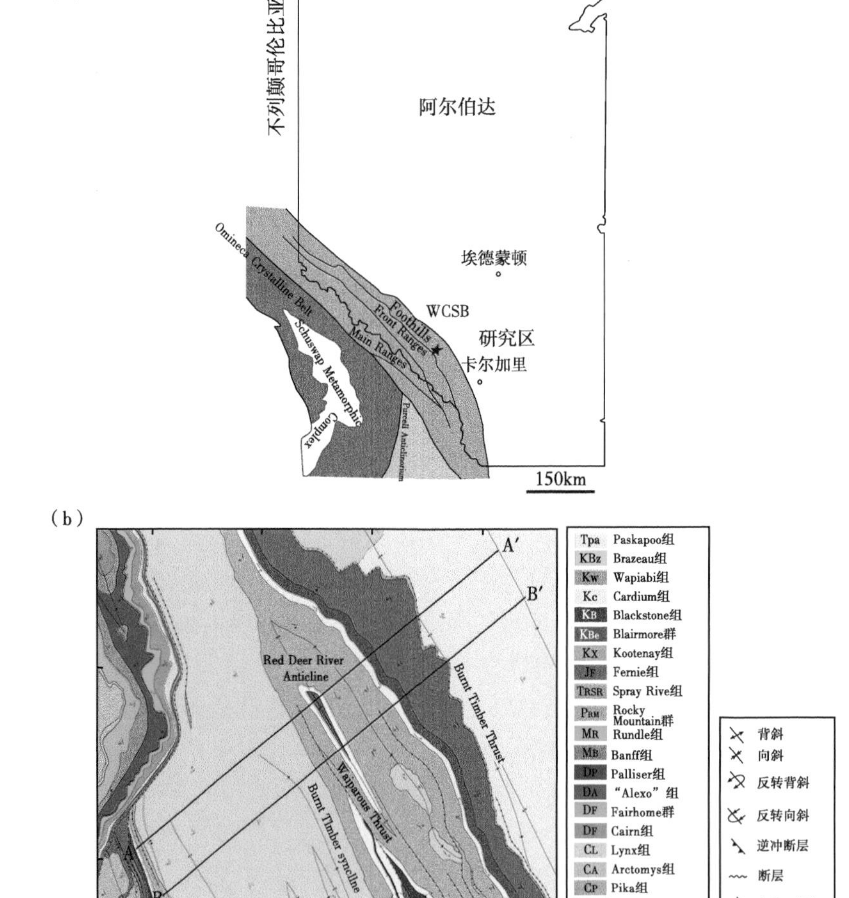

图1 （a）加拿大南部科迪勒拉地区构造分区（据 Hardebol et al.，2009，修改）；
（b）Ollerenshaw 地区地质图（1966）显示了剖面 A—A′和 B—B′的位置。WCSB—西加拿大沉积盆地

的一个重要储层。通过比较观察裂缝分布与该断层相关褶皱的模拟演化，我们测试裂缝是否与褶皱或褶皱前后褶皱运动相关。这项研究结合了（1）分析如孔隙和构造胶结充填的裂缝特征的野外调查；（2）宏观和微观扫描分析，以测量结构位置内的裂隙丰度和应变强度；（3）运动学模型，相对于该地区褶皱冲断带总体构造演化而言，山麓裂缝的时间，以及比较模型中的应变分布与使用现场扫描线测量的应变分布。如果裂缝与褶皱同时形成，预计裂缝丰度与褶皱相关的应变相关。或者，如果在褶皱之前或之后形成裂缝，则预计裂缝与褶皱应变之间不存在相关性。通过数值断层和褶皱运动学模型计算的野外裂缝应变数据和应变强度之间的比较表明：（1）红鹿河背斜的 Cardium 地层内的开放模式裂缝在褶皱早期开始形成；（2）横向褶皱，开放模式裂缝在剪切中被重新激活，并且在褶皱期间通过拉伸而被连接。

2 地质背景

红鹿河背斜位于阿尔伯达山麓的中部，阿尔伯达山麓位于落基山脉东部，为晚侏罗世—始新世前陆褶皱冲断带薄层（Monger，1989）（图 1）。阿尔伯达山麓的构造结构包括多个中生代前陆盆地陡倾的、东北倾的逆冲叠瓦断块和沉积在北美结晶基底上的东向收缩的楔状沉积体（Price，1994；Fermor，1999）。在古生代时期，海相碳酸盐岩、页岩和砂岩沉积在北美西部边缘。相反，下侏罗统—古近系岩性包括砂岩、粉砂岩、砾岩和页岩，这些砂岩在加拿大科迪勒拉山脉崛起期间沉积在前陆盆地中（Bally et al.，1966；Price，1973；Beaumont，1981；Stockmal et al.，1992）。尽管有证据表明落基山脉海沟东部的变形开始于晚侏罗世（Pana et al.，2015），但加拿大落基山脉的变形历史以坎帕尼亚时期到始新世时期 Laramide 造山过程中东北向缩短为特征（Price，1994；Eisbacher et al.，1974；van der Plujim et al.，2006）。古生代和中生代岩石之间的力学对比，对造山带的变形样式有很强的控制作用（Price，1981；Taerum，2011）。

中生界主要的连续沉积的碎屑岩为上白垩统阿尔伯达群。该群主要为海相和浅海相前陆盆地沉积物充填（Stott，1963）（图 2）。该群中一个主要的砂岩单元是 Cardium 组，它将上面的 Wapiabi 组的厚页岩和下方的 Blackstone 组分隔开来。有人提出，这些厚页岩将 Cardium 组与上覆和下伏致密单元机械地划分开来（Wall，1967；Taerum，2011）。Cardium 组在阿尔伯达山麓中部出露地层厚度约 150m，地层厚度变化范围较大，东部平原的地层厚度约为 50m（Krause et al.，1994）。Cardium 组在山麓东部含有大量的油气资源，在那里发育有最新的含油层系，同时它也是埃德蒙顿西南部 Pembina 油田的主要油气生产地（Krause et al.，1994；Newson，2001）。

我们调查了位于加拿大阿尔伯达省桑德雷以西穿过艾尔洛奇山的红鹿河河谷斜坡上出露的 Cardium 组内的裂缝分布（图 3）。Cardium 组沿着垂直于北北西倾斜的红鹿河背斜的轴线方向展布范围约 1km（Olleranshaw，1966；Dechesne et al.，2000）。地层倾角变化范围为背斜西翼大概 25°~30°W 到东翼 35°~40°E，在东翼最东端平均大概 50°E。形成背斜枢纽的地层并未出露。研究区内的 Cardium 组由极细—中等粒度的、灰色—深灰色—棕色砂岩层组成。砂岩中发育有不同类型的内部沉积构造，这些沉积构造包括丘状交错层理和不同数量的生物扰动构造。在红鹿河背斜中，Cardium 组可以进一步细分为 3 段，从底部到顶部分别为 Kakwa 段、Low Water 段和 Karr 段，每一段可以划分为细粒、斜坡沉积泥岩和粉砂岩 3 个单元（Dennis Meloche et al.，2012）。该地区地层段的分类是根据西北部 Musreau/Kakwa 地层位置相应的三角洲演化过程的相似性（Plint et al.，1988）。Cardium 组 3 个地层段出露在山坡上的红鹿河背斜西翼和东翼，以及与红鹿河相邻的艾尔洛奇山北岸和南岸的两个较小的露头(图 3)。我们把红鹿河背斜划分为 3 个构造区域，背斜西翼下文称为区域Ⅰ，而背斜东翼包括两个区域：区域Ⅱ为靠近剥蚀中心附近的东翼浅部，区域Ⅲ包括东翼更陡的倾斜部分（图 3a）。

Kakwa 段几乎完全出露在褶皱西翼（区域Ⅰ），包括开发程度较高的上部和下部地层单元。两个地层单元在褶皱东翼（区域Ⅱ）逐渐变薄（或者不完全暴露），以至于从远处看不到 Kakwa 段的下部。上覆的浅水沉积地层在 1km 宽度范围内具有稳定的地层厚度分布，并且相对于 Kakwa 段粒度更细，生物扰动构造更发育。最上面的 Karr 段地层差异性最大；背斜西翼地层发育厚度较薄、复合丘状交错层理，上部流动状态砂岩切入厚度相对较大的生物扰动构造、细粒泥质粉质浊积岩；在背斜东翼，岩性由极细—细砂岩

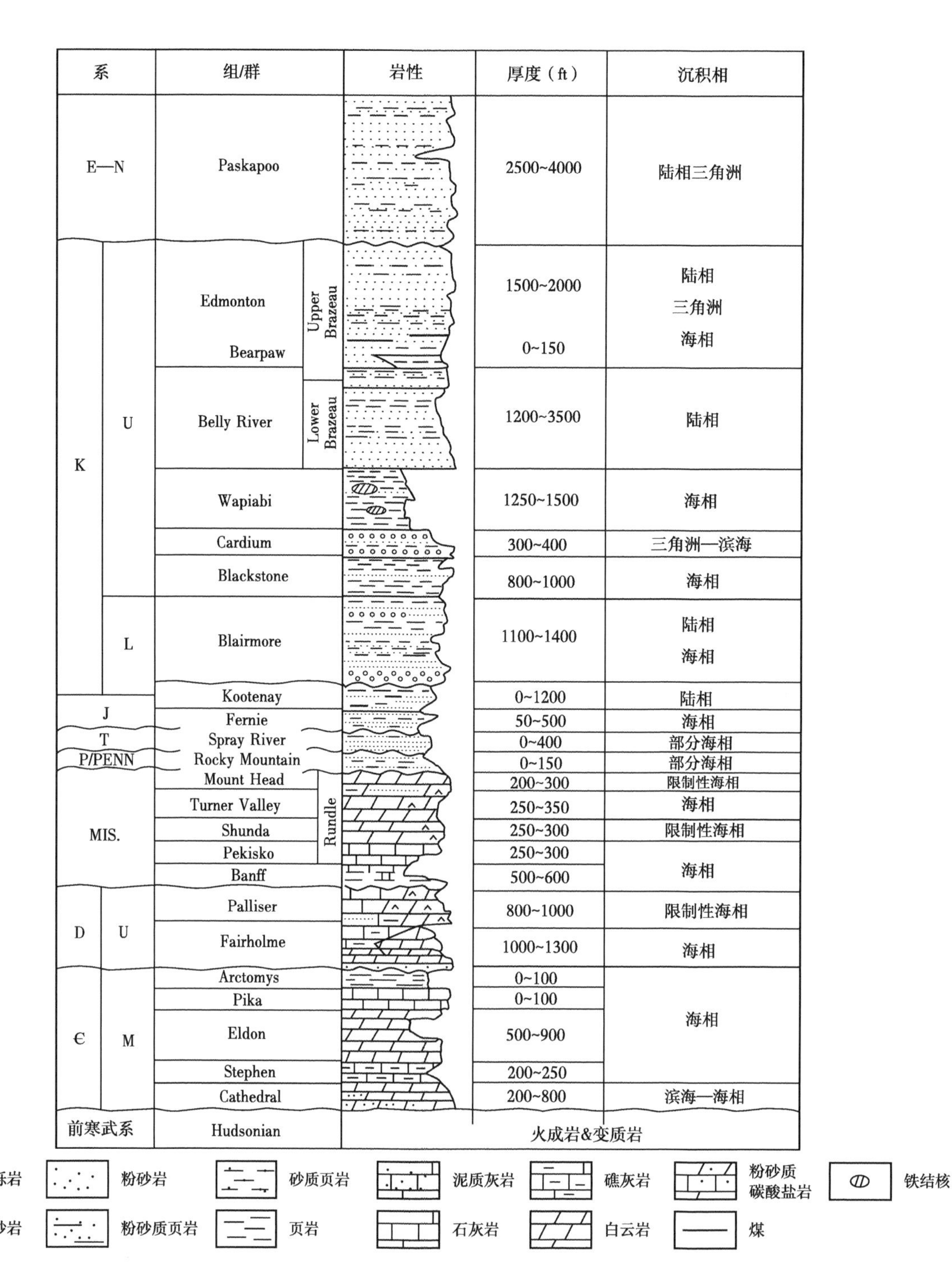

图2 阿尔伯达山麓和山前地层柱状图（据 Gordy et al.，1975）

组成，具有板状至丘状交错层理沉积基底。区域Ⅲ包括背斜东翼倾斜程度最大的部分，其露头主要沿红鹿河南侧山坡上较小的出露区域分布（图3f—g）。基于岩性特征和地层/构造位置分析，这一较小的出露区域推断为Kakwa段的一部分。

所有分析的样品都是细粒岩屑砂岩，含有平均15%~20%的燧石和10%~15%的泥质碎屑。Kakwa段的生物扰动构造岩屑砂岩泥质碎屑含量最高可达到30%。在发育板状层理和交错层理的Kakwa段和Karrs段砂岩中，相对于发育生物扰动构造的Kakwa段砂岩单晶石英颗粒多数被缝合。Karrs段岩屑砂岩在研究的样品中发育的粒间孔隙度可达5%，然而在Kakwa段砂岩中粒间孔隙度接近0。

图3 (a) 红鹿河背斜全景图。该背斜进一步划分为3个构造区域Ⅰ—Ⅲ。研究区 Cardium 组砂岩段为一套白色的砂岩。黄点（Sc-1 和 Sc-2）代表了油田测量的两条宏观测线的位置。红点和编号代表了采集来作为放大分析的手标本样品的位置。(b) 宏观测线 Sc-2。(c) 宏观测线 Sc-1。(d) 宏观测线 Sc-2 特写，黄线代表了扫描测线。(e) CO-14-2 样品特写，其上发育垂直裂缝。(f) 红鹿河背斜南侧区域Ⅲ内的 RD-2 号样品位置。(g) 在同一露头内，样品 RD-2 上方地层中的 CO-14-1、CO-14-2 和 CO-14-3 号样品位置

3 裂缝特征

3.1 研究方法

为了量化开放模式下裂缝在构造运动传播方向上的拉伸应变强度，我们分别在油田范围内和薄片中，测量了 Cardium 组内沿着一维扫描测线在垂直于红鹿河背斜倾向的方向上裂缝的开度和分布间距。由于本研究中仅模拟了裂缝拉伸方向平行于构造运动传播方向，一维描测线平行于构造运动传播方向，测量应变强度张量平行于一维扫描测线，这被认为能满足本研究。为了避免可能与褶皱作用无关的晚期剥蚀过程中形成的裂缝被计算在内，我们仅仅测量了完全胶结或含胶结物的裂缝的间距和开度。我们将在下面的研究中展示深埋条件下在裂缝形成过程中生成的含胶结物裂缝，它们并不像假定在晚期剥蚀过程中形成的未充填裂缝，在扫描测线上并不发育未充填裂缝。

对于每一条在野外露头上测量的裂缝，我们记录了裂缝动力学开度（从裂缝一侧到另一侧的垂直距离）、裂缝充填物的多少、剩余裂缝孔隙度、裂缝开度、裂缝间距以及充填裂缝胶结物类型。如 Ortega 等（2006）所描述的那样，裂缝开度的测量使用的是与开度对比器所对应的手持棱镜。我们把油田范围内的扫描测线称为宏观扫描测线，把裂缝开度大于 0.1mm 的裂缝称为宏观裂缝。

剥蚀过程中的应力释放能够增加最早形成于储层深处的裂缝开度（Engelder et al.，1984；Meglis et al.，1991）。基于后面所展示的流体包裹体数据分析，我们认为这个区域的裂缝形成于成藏条件下。如果裂缝再次活化，裂缝胶结物包括桥塞式裂缝胶结物将会破裂。因此，完整的裂缝胶结物，或者裂缝中所包含的相互连接的桥塞式裂缝胶结物表明裂缝开度并没有受到剥蚀过程中应力释放的影响。对于发育有胶结物的裂缝和胶结裂缝来说，我们将所测量胶结物的厚度作为裂缝动力学开度的最小估计值。我们记录了两条宏观扫描测线数据：一条来自背斜西翼（区域Ⅰ）的 Karr 段，另一条来自 Kakwa 段上部倾角较小的褶皱前（东）翼（区域Ⅱ）。宏观扫描测线是从野外露头采集的，露头具有较小的持续暴露完全胶结的表面风化面积，沿扫描测线的胶结裂缝或含胶结物裂缝开度大于 0.1mm，能够很可靠地识别出来。

为了量化裂缝开度小于 0.1mm 的裂缝（微裂缝）的应变强度，我们在两条宏观测线上采集了 3 块发育多条代表性裂缝的野外样品进行实验室微观裂缝分析，两块样品取自扫描测线 1 区域Ⅱ，一块样品取自扫描测线 2 区域Ⅰ。另外 8 块用于实验室微观裂缝分析的野外样品，取自贯穿整个背斜的野外露头质量不能满足宏观测线取样要求的其他 4 个位置。为了考虑整个 Cardium 组由于岩性的不同导致的差异性，在背斜前翼最陡的部分（区域Ⅲ）Kakwa 段内 3 个不同的岩性层内采集了 3 块其他野外样品，两块样品取自接近背斜转折端的后翼（区域Ⅰ）Kakwa 段的较低和较高的部分。裂缝强度计算使用的是下面介绍的宏观和微观数据。

总的来说，裂缝放大分析是在来自 11 块野外样品的两条宏观测线和 38 条微观测线中进行的。

对于微观测线来说，我们根据 Gomez 等（2006）描述方法从野外样品中制备了的连续抛光薄片。微观测线长度变化范围为 2.6~25.8cm。在得克萨斯大学奥斯汀分校的经济地质局的一台飞利浦 XL30 扫描电镜上连接了 Oxford MonoCL 阴极发光（CL）系统对薄片进行成像。使用蓝色滤光片的操作电压为 15kV，根据 Gomez 等（2006）和 Hooker 等（2015）所描述的方案将 CL 图像进行马赛克连续拼接。CL 图像提供了裸眼或者使用透射光岩石显微镜（Milliken et al.，2000）无法识别的裂缝信息。CL 图像将会被导入 Didger 3 数字软件系统，在这里将会对裂缝进行空间分析。Didger 3 数字软件系统生成的 $X—Y$ 坐标将会被导入 Excel 计算程序，通过它来进行裂缝开度、间距以及其他基于空间坐标的裂缝统计分析（Gomez et al.，2006）。根据裂缝方向和裂缝系统截切关系，仅选择穿层裂缝来进行进一步的细分。

3.2 裂缝方向

我们将裂缝划分为 4 类：垂直层面裂缝、基于裂缝方向的开放模式裂缝、斜交裂缝（类型 1—4），以及平行于层面的裂缝（类型 5）（表 1）。所有的垂直层面裂缝都贯穿层面，但是类型 4 以层面为边界，包括裂缝终止于层面或消失在层内（表 1）。在 Hooker 等（2013）的分类中，高度模式是裂缝顶界终止在单一的岩层内，但是在空间裂缝宽度更大的多级模式中，裂缝可以贯穿多个地层。1 类裂缝垂直于褶皱轴向（斜交背斜），2 类裂缝斜交褶皱轴向（斜交走向），3 类裂缝亚平行于褶皱轴向（走向平行）（图 4）。在区域Ⅰ内，1 类裂缝走向接近南北向，2 类裂缝走向北西—南东向，3 类裂缝走向东—西向（图 5a）。在区域Ⅱ和Ⅲ，裂缝保存了相对方向，但是所有的裂缝方向都沿顺时针方向旋转了 40°~60°，跟贯穿褶皱的地层变化相吻合。当地层旋转至水平时，褶皱不同构造区域的所有垂直于层面的裂缝类型都表现出了相似的方向（图 5b）。

4 类裂缝，纵向拉伸长度数米，从底部到顶部贯穿了 Kakwa 段的砂岩层（图 6a、c），在区域Ⅱ内发育最好。尽管其与 1 类裂缝具有相同的方向，这些贯穿的 4 类裂缝由于其间隔很近，集群分布，高数米并且不受控于具体的砂岩层，因此被认为是一个单独的裂缝类型。许多 4 类裂缝显示出了走向和倾向运动剪切再活化证据。对于两种类型的再活化 4 类裂缝来说，较宽的裂缝是剪切作用再活化的证据（图 6b）。偏离层面的裂缝表明，层面正常移动范围为 1~13cm。少量的 4 类裂缝层面近水平方向代表了沿走向方向的走滑运动。区域Ⅲ内沿平滑岩面出露的倾斜段连接模式与走滑剪切作用相吻合。因此，4 类裂缝似乎是由 1 类裂缝的连接和传播过程中形成的，随后在沿走向滑动和沿倾向滑动的过程中被重新激活。

表 1　基于来自区域Ⅱ测量数据的裂缝类型的一般属性

属性	Set 1	Set 2	Set 3	Set 4	Set 5
走向	NE—SW	N—S	WNW—ESE	NE—SW	E—W
褶皱前走向	NE—SW	N—S	WNW—ESE	NE—SW	E—W
倾角	Bedding-perpendicular	Bedding-perpendicular	Bedding-perpendicular	Bedding-perpendicular	Bedding-parallel
相对年龄	最老	比 Set 3 老，比 Set 1 新	比 Set 4 老，比 Set 1 和 Set 2 新	最新	未知
石英胶结	是	是	是	是	是
相关微裂缝	是	是	是	否	否

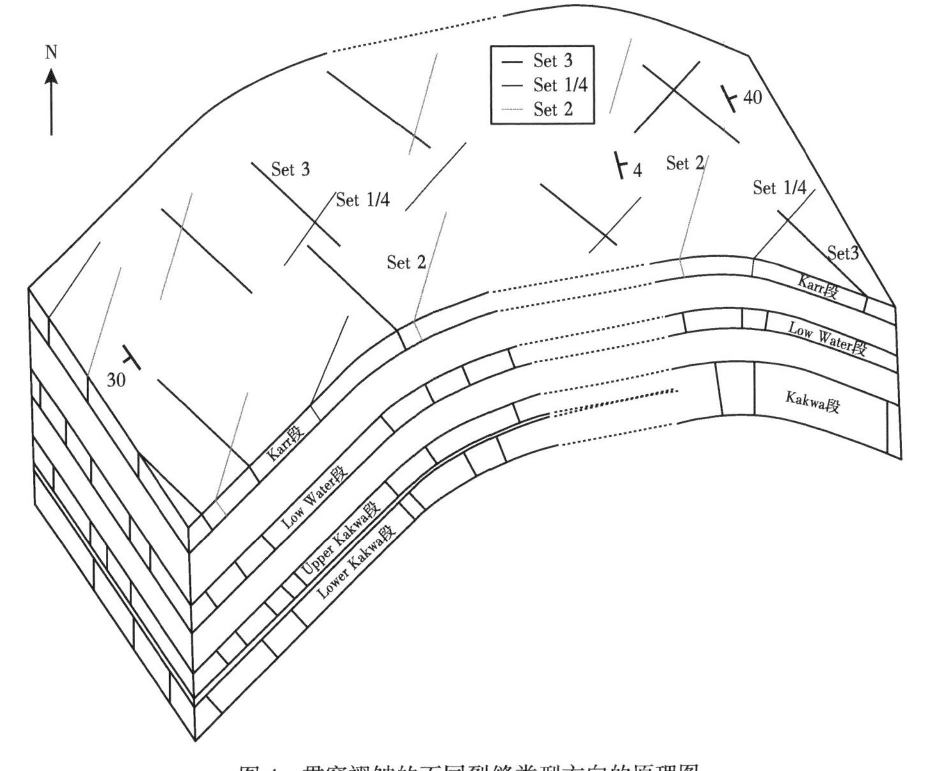

图 4　贯穿褶皱的不同裂缝类型方向的原理图

图中不包括裂缝规模

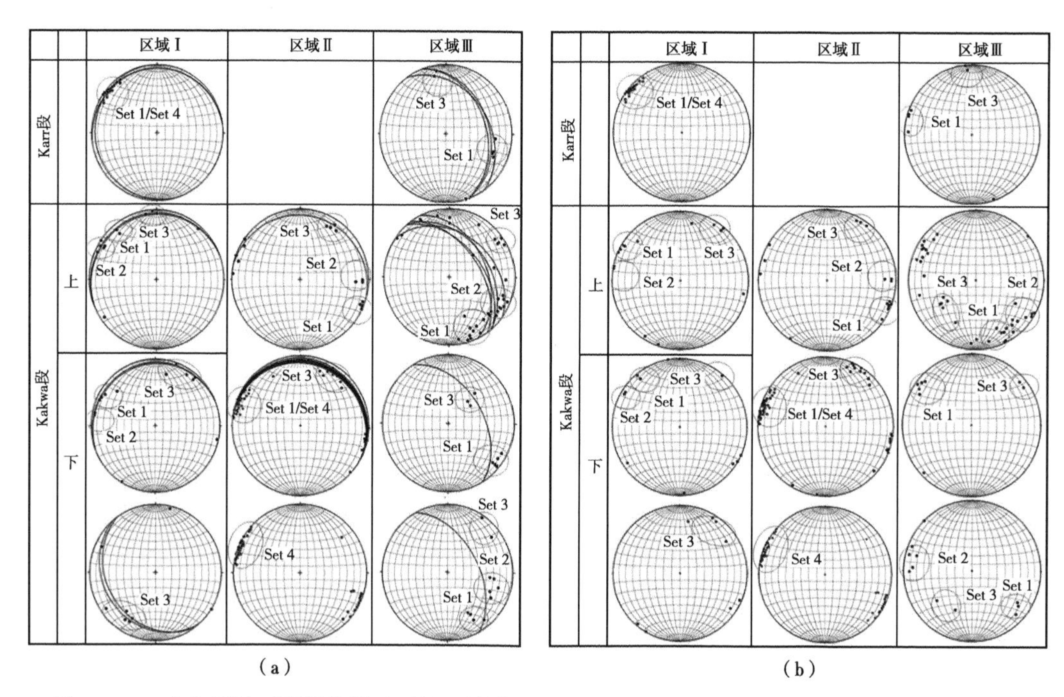

图5 (a)来自褶皱不同部位最重要的开放模式裂缝平面极点图。大圆代表层面方向，灰色数据来自宏观扫描测线测量结果，半球投影。(b)来自层面旋转至水平后褶皱不同部位最重要的开放模式裂缝平面极点图。灰色数据来自宏观扫描测线测量结果，半球投影

3.3 断层

尽管直立裂缝、开放模式裂缝是这些露头中最常见的裂缝类型，但发育波纹层面的断层在所有的区域中都有发育（图6c、d）。低角度的逆冲断层发育程度较高，其方向由于构造位置的不同而有所差异（图6d—f）。一些断层面较短的断层高角度切割层面，这一类高角度逆断层沿红鹿河南岸区域Ⅲ出露最好。垂直于褶皱轴向的逆冲断层作用沿SW—NE方向减弱，逆冲断层拉伸长度沿SW—NE方向缩短。在山麓的野外露头上断层顺层滑动非常常见，并且大多数为弯曲滑动，这类断层是由于褶皱作用形成的。

3.4 裂缝截切关系和相对时间关系

不同裂缝的截切关系研究表明，2类裂缝截切1类裂缝，3类裂缝截切1类裂缝和2类裂缝（图7）。因此，在这3种开放形式的裂缝类型中，1类裂缝形成时间最早，3类裂缝形成时间最晚。基于前面所提到的差异，推断4类裂缝比1类裂缝形成时间晚，因为4类裂缝在裂缝群中的位置以及普遍发育的滑动表面表明，其为1类裂缝再活化和相互连接形成的。走滑断层、逆冲挤压断层以及沿4类裂缝滑动的断层运动与推测的褶皱运动相吻合（图6d）。4类裂缝与低角度逆冲断层相切或相接，并且低角度断层并未穿过由4类裂缝截切形成的断块，表明4类裂缝的形成时间晚于低角度逆冲断层。因此，形成4类裂缝的裂缝传播和连接作用被认为是形成于褶皱形成过程中，并且沿4类裂缝的剪切激活作用是最晚期的裂缝活动事件。由于缺少裂缝截切关系的观察证据，无法判断5类裂缝的相对时间关系。

3.5 裂缝胶结物

尽管有些裂缝含有少量的方解石胶结物（低于10%），但是在所有的裂缝类型中，石英胶结物是最普遍、含量最多的裂缝胶结物。大多数微裂缝和狭窄的宏观裂缝完全被石英胶结物充填，然而一些宽裂缝保存的原生孔隙度可以达到裂缝体积的7%（图7a、c）。狭窄裂缝发育裂缝密封纹理，表明石英胶结物是在裂缝裂开的同时沉淀的（Ramsay，1980；Laubach，1988）。在宽裂缝（>15mm）中，裂缝密封纹理发育仅仅局限在裂缝边缘（图7a、c）。

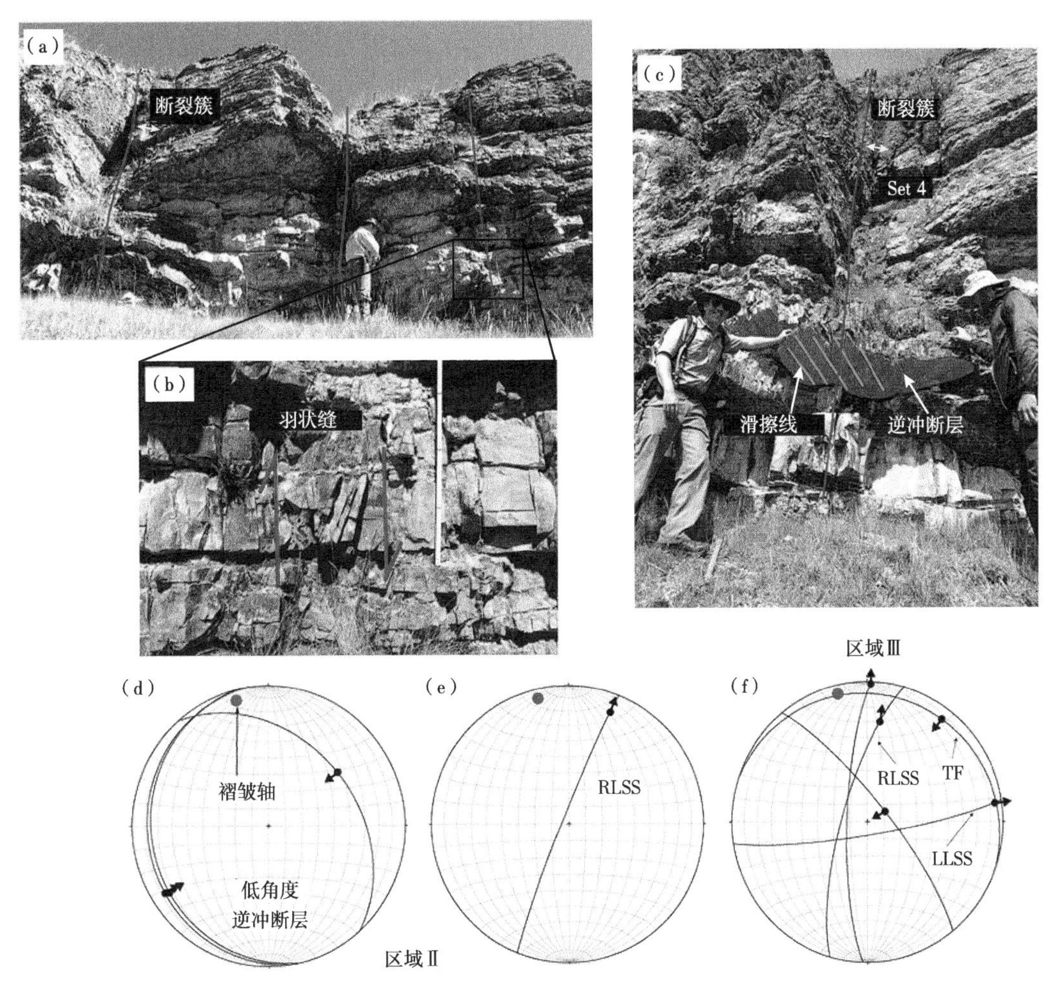

图6 (a) 区域Ⅱ Kakwa 段内贯穿缝(4类),4类裂缝可能是由1类裂缝(沿贯穿缝集中分布的位置标出的裂缝群)的传播和互相连接形成的;(b) 插图显示的羽状缝和偏移层指示了1cm的倾向滑动运动;(c) 4类裂缝截穿低角度逆冲断层;(d) 代表区域Ⅱ低角度逆冲断层的断层运动学;(e) 区域Ⅱ4类裂缝的右旋走滑活化运动;(f) 代表红鹿河南侧区域Ⅲ低角度逆冲、倾向剪切滑动再活化、陡倾的4类裂缝。断层运动学与褶皱相关的剪切作用相吻合。TF=逆冲断层;RLSS=右旋走滑断层;LLSS=左旋走滑断层。箭头指示的是上盘滑动方向

来自区域Ⅲ Kakwa 地层段上部一系列3类裂缝石英胶结物流体包裹体分析表明,早期的包裹体包括两种类型:一种含液态烃的包裹体和另一种含气态烃的包裹体。这些包裹体的均一化温度范围为69~124℃。这些温度是圈闭温度和裂缝胶结物沉淀温度的最小估计值;符合3类裂缝在深埋情况下的石英胶结物沉淀对温度的要求。这些温度估计值满足石英胶结物快速沉淀时所要求的超过80℃的温度(Walderhaug,1994,1996)。研究区裂缝中发育于裂缝同时期的石英胶结物说明这些裂缝是张开的,并且胶结作用发生在地下深层,并未发生在靠近地面的位置。

3.6 裂缝丰度

沿一维观测线(扫描测线),裂缝密度定义为单位长度内的裂缝数量。在累积频率对数图中,运动学开度累积频率代表了通过扫描测线长度划分的开度大小类型(例如,1代表最宽的裂缝,2代表开度相对小一点的裂缝),并且运动学开度也代表了裂缝的宽度(Marrett et al.,1999;Ortega et al.,2006)(图7)。累积频率代表了有多条裂缝的地层单元的平均单元裂缝长度,因此其倒数是裂缝平均间距。由于来自不同位置的数据经过了标准化(扫描测线长度也考虑在内),扫描测线长度和裂缝开度是直接可对比的(Ortega et al.,2006)。

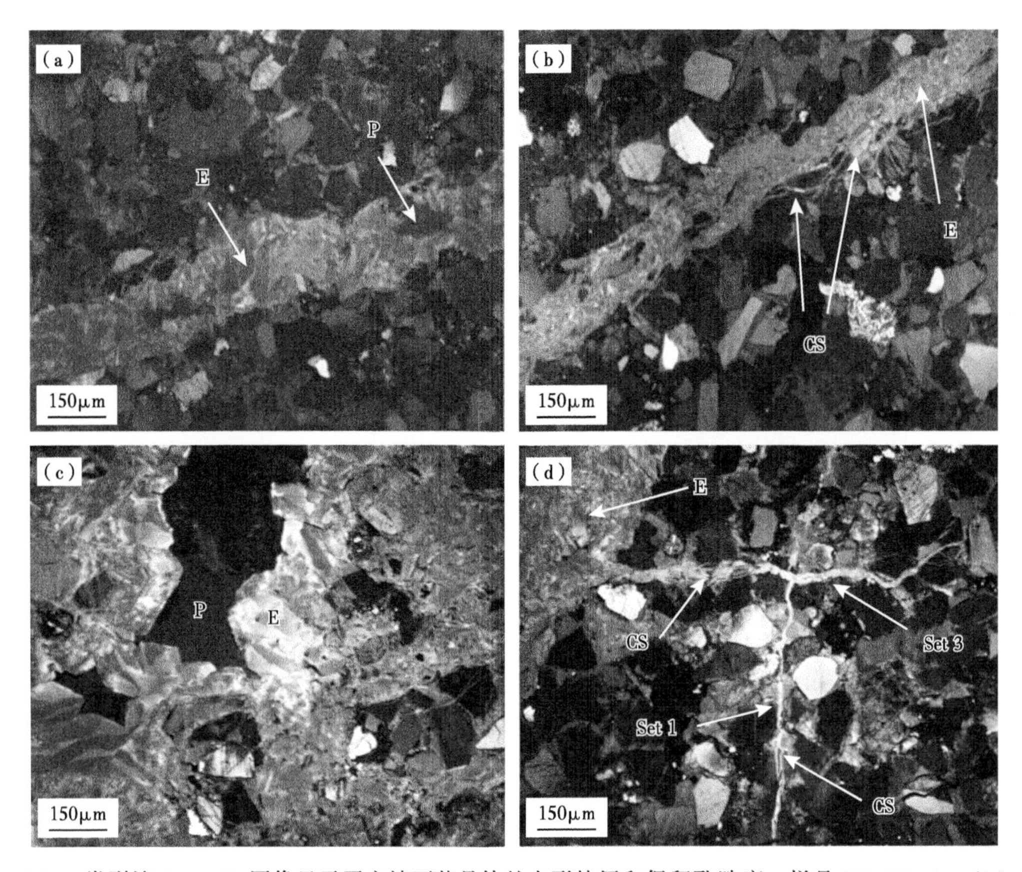

图 7 (a) 3 类裂缝 SEM-CL 图像显示了充填石英晶体的自形特征和保留孔隙度，样品 RD-2B-A；(b) 3 类裂缝显示了沿裂缝面的破裂密封纹理和远离裂缝面的自形胶结物充填，样品 RD-2B-D；(c) 1 类裂缝 SEM-CL 图像显示了充填石英晶体的自形特征和保留孔隙度，样品 CO-14-2A-D；(d) 截切裂缝和邻接裂缝实例的 SEM-CL 图像，标注了 1 类狭窄裂缝（垂向）和 3 类裂缝（横向），较宽的 1 类裂缝（左上方）大部分被自形石英胶结物充填，样品 CO-14-2A-D。CS=裂缝封闭纹理，E=自形石英，P=孔隙度

裂缝放大分析是在来自区域Ⅰ和Ⅱ的两条宏观扫描测线和来自贯穿整个褶皱 11 块野外样品的 38 条微观扫描测线上进行的（图 8，表 2）。通常，图 8 中的微裂缝数据显示了具有倒转特征的裂缝在较小开度情况下（截断）加权分布，以及最大规模的观察（终检）（Hooker et al.，2015，关于裂缝开度分布中截断和终检之间的讨论）。通常缺少代表裂缝开度在 0.01~0.1mm 之间的数据，这些测线数据也许反映了一个来自露头数据（宏观裂缝）与通过 SEM 图像观察（微观裂缝）之间的空白。在本研究的大多数数据中，相对于中等开度的裂缝来说，最狭窄的微观裂缝满足具有较大斜率的加权分布（图 8a）。最狭窄的微观裂缝斜率变化范围为-4.2~-0.5（大多数为-2.8~-0.9），然而中等开度的裂缝斜率变化范围为-0.8~-0.2（大多数为-0.5~-0.2）。最狭窄裂缝的强度图（y 轴）显示在相同区域内同类裂缝的变化范围可以达到 1 个数量级。相反，中等开度的裂缝密度相似，并且在每一个实例中都受到了很好的限制。例如，开度为 0.1mm 的裂缝密度为 0.02~0.04 条/mm，这与裂缝类型和构造位置无关（图 8a）。

由于野外露头方向的影响，在区域Ⅰ和区域Ⅱ实测的两条宏观测线主要发育的是 1 类裂缝。在这个区域中满足最狭窄 1 类微观裂缝数据外推加权函数，对于微观裂缝密度的预测效果并不是很好，这也许是由于最狭窄的微观裂缝陡坡并不包含开度超过 0.01mm 的裂缝（图 8）。基于大量的数据分析，Hooker 等（2015）发现在大多数情况下，满足斜率-0.8 的实测微观裂缝数据可以以最大的近似程度预测宏观裂缝丰度。沿测线 1 采集的两块野外样品表明，受截断偏差影响数据被排除在外的最狭窄裂缝的重叠密度。我们以斜率-0.8 从最狭窄的微观裂缝数据中外推宏观裂缝丰度，我们在褶皱的这一位置获得了宏观裂缝丰度比较合理的推测值（图 8a）。对于扫描测线 2，该方法对裂缝密度的估计值可以达到半个数量级。

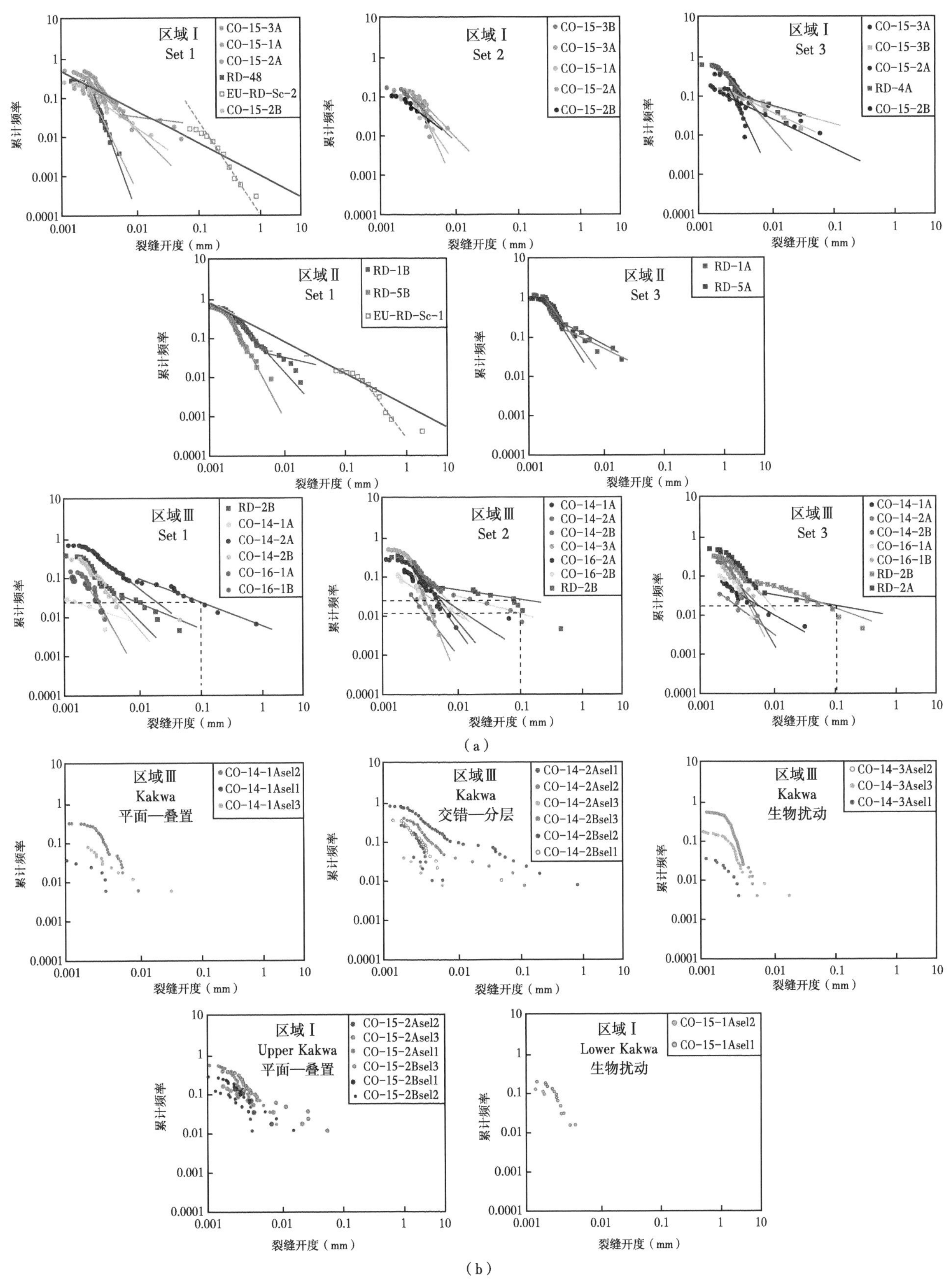

图 8 （a）三个构造区域内 1—3 类微观裂缝累计频率与裂缝开度图，开放模式宏观裂缝样品是在扫描测线 1 和 2 上测量的，红线斜率为-0.8.，微观裂缝数据使用固定的斜率-0.8 进行外推对宏观裂缝丰度预测具有良好的预测作用。灰色虚线表示的是开度为 0.1mm 的裂缝密度。（b）微观裂缝累计频率与裂缝开度图显示了岩性对裂缝丰度的作用

表 2　最佳拟合方程和 R^2 值最狭窄和中等开度（开度为 0.01~0.1mm）微观裂缝

样品	扫描线长度（mm）	微裂缝				区域
		最窄		中等		
CO-15-1A-1	64.73	$y=4\times10^{-7}x-2.139$	$R^2=0.9168$			Ⅰ
CO-15-2A-1	60.37	$y=1\times10^{-5}x-1.635$	$R^2=0.9371$			Ⅰ
CO-15-2B-1	87.15	$y=6\times10^{-5}x-1.208$	$R^2=0.969$			Ⅰ
CO-15-1A-2	64.73	$y=2\times10^{-9}x-3.099$	$R^2=0.9843$			Ⅰ
CO-15-2A-2	60.37	$y=3\times10^{-5}x-1.534$	$R^2=0.9638$			Ⅰ
RD-4B-AⅡ	244.13	$y=5\times10^{-12}x-4.211$	$R^2=0.9852$			Ⅰ
CO-15-2B-2	87.15	$y=0.0002x-1.093$	$R^2=0.9656$			Ⅰ
CO-15-2A-3	60.37	$y=0.0015x-0.724$	$R^2=0.9853$			Ⅰ
CO-15-2B-3	87.15	$y=1\times10^{-5}x-1.737$	$R^2=0.9672$	$y=0.0105x-0.399$	$R^2=0.9841$	Ⅰ
RD-4A-AⅡ	48.32	$y=2\times10^{-5}x-1.659$	$R^2=0.9213$	$y=0.0101x-0.435$	$R^2=0.9936$	Ⅰ
CO-15-3B-1	66.47	$y=1\times10^{-5}x-1.533$	$R^2=0.7489$			Ⅰ
CO-15-3A-1	104.14	$y=4\times10^{-10}x-3.454$	$R^2=0.8848$			Ⅰ
CO-15-3A-2	104.14	$y=1\times10^{-5}x-1.779$	$R^2=0.9656$	$y=0.0153x-0.204$	$R^2=1$	Ⅰ
CO-15-3A-3	104.14	$y=3\times10^{-9}x-3.113$	$R^2=0.9553$			Ⅰ
CO-15-3B-3	66.47	$y=0.0024x-0.698$	$R^2=0.9511$			Ⅰ
RD-1B-AⅡ	168.53	$y=1\times10^{-5}x-1.687$	$R^2=0.9876$	$y=0.0061x-0.379$	$R^2=1$	Ⅱ
RD-5B-AⅡ	136.01	$y=9\times10^{-9}x-2.817$	$R^2=0.9865$			Ⅱ
RD-1A-AⅡ	26.21	$y=1\times10^{-7}x-2.493$	$R^2=0.9721$	$y=0.0023x-0.813$	$R^2=0.9811$	Ⅱ
RD-5A-AⅡ	40.77	$y=2\times10^{-6}x-2.12$	$R^2=0.8903$	$y=0.0026x-0.729$	$R^2=0.951$	Ⅱ
CO-14-1A-1	178.88	$y=9\times10^{-7}x-2.157$	$R^2=0.9799$			Ⅲ
CO-14-2A-1	133.06	$y=4\times10^{-5}x-1.54$	$R^2=0.9871$	$y=0.0065x-0.425$	$R^2=0.9978$	Ⅲ
CO-14-2B-1	101.14	$y=3\times10^{-7}x-2.045$	$R^2=0.9661$			Ⅲ
CO-14-3A-1	258.35	$y=7\times10^{-11}x-3.816$	$R^2=0.9832$			Ⅲ
CO-16-1A-1	103.03	$y=0.0003x-1.016$	$R^2=0.9835$			Ⅲ
CO-16-1B-1	60.80	$y=0.0003x-0.944$	$R^2=0.9381$			Ⅲ
RD-2B-1	200.62	$y=5\times10^{-6}x-1.856$	$R^2=0.9639$	$y=0.0201x-0.225$	$R^2=0.9138$	Ⅲ
CO-14-1A-2	178.88	$y=0.0011x-0.505$	$R^2=0.9878$			Ⅲ
CO-14-2A-2	133.06	$y=0.0005x-1.208$	$R^2=0.9893$	$y=0.0379x-0.207$	$R^2=0.9693$	Ⅲ
CO-14-2B-2	101.14	$y=8\times10^{-9}x-2.686$	$R^2=0.9525$			Ⅲ

续表

样品	扫描线长度（mm）	微裂缝				区域
		最窄		中等		
CO-16-1A-2	103.03	$y=5\times10^{-9}x-2.826$	$R^2=0.9089$			Ⅲ
CO-16-1B-2	60.80	$y=5\times10^{-9}x-2.826$	$R^2=0.9089$			Ⅲ
RD-2B-2	200.62	$y=2\times10^{-5}x-1.567$	$R^2=0.9739$	$y=0.0019x-0.643$	$R^2=0.9014$	Ⅲ
CO-14-1A-3	178.88	$y=0.0003x-0.862$	$R^2=0.9299$			Ⅲ
CO-14-2A-3	133.06	$y=4\times10^{-5}x-1.108$	$R^2=0.9494$			Ⅲ
CO-14-2B-3	101.14	$y=9\times10^{-8}x-2.479$	$R^2=0.9602$			Ⅲ
CO-16-1A-3	103.03	$y=1\times10^{-8}x-2.837$	$R^2=0.8613$			Ⅲ
CO-16-1B-3	60.80	$y=1\times10^{-5}x-1.556$	$R^2=0.9303$			Ⅲ
RD-2B-3	200.62	$y=4\times10^{-5}x-1.511$	$R^2=0.9517$	$y=0.0067x-0.531$	$R^2=0.9411$	Ⅲ
RD-2A-3	73.92	$y=1\times10^{-5}x-1.772$	$R^2=0.974$	$y=0.0121x-0.266$	$R^2=0.9938$	Ⅲ
EU-RD-Sc-2	3180.60	$y=0.0006x-2.307$	$R^2=0.9683$			Ⅰ
EU-RD-Sc-1	2862.30	$y=0.0011x-2.027$	$R^2=0.9526$			Ⅱ

为了评价 Cardium 组岩性在裂缝形成过程中的作用，我们测量了区域Ⅲ Kawka 段内 3 块来自不同岩性单元的相邻样品的裂缝密度，这 3 块样品分别为：（1）生物扰动构造层样品 CO-14-3；（2）平面叠层石样品 CO-14-2；（3）丘状交错层理样品 CO-14-1，以及来自区域Ⅰ Kawka 段内上部平行层理砂岩的样品 CO-15-2 和底部生物扰动构造部分的样品 CO-15-1。这些样品在两个正交方向上可以划分为 3 个主要的裂缝类型。在不同的岩性中，同类裂缝密度差别在半个数量级之内。例如，在区域Ⅲ内 1 类裂缝密度在平行层理砂岩中比丘状交错层理砂岩高。相似的裂缝分布情况出现在区域Ⅰ Kakwa 段内上部和下部。

我们进行测量的大多数岩层具有相似的地层厚度。除了区域Ⅰ Kakwa 段的上部和下部，在该地层段内下部发育生物扰动构造的砂岩（考虑单一岩层）厚度与上部平行层理（几十个层）厚度相似。由于岩层厚度相似（区域Ⅲ，岩性，图 8b），我们的数据显示裂缝丰度与岩层厚度之间没有关系。因此我们认为在 Cardium 组中，在控制裂缝丰度方面生物扰动构造比岩层厚度更重要。我们发现裂缝密度与岩石类型的关系适用于不同方向的裂缝，但是裂缝丰度的高低取决于考虑的是哪一个裂缝方向。样品内部（厘米到米级别）狭窄微观裂缝丰度差异取决于岩石中泥质含量和分布位置的差异。

3.7 裂缝应变强度

3.7.1 应变强度分析方法

我们通过两种方法测量了开放模式裂缝在平行于横截面方向（大致垂直于褶皱轴向方向）的适应应变强度。在方法 1 中，应变强度 ε 定义为沿一维观察测线（扫描测线）的拉伸量：

$$\varepsilon=\frac{L-L_0}{L_0}=\frac{\sum 缝隙}{\sum 间隔}$$

式中，L 代表最终裂缝长度，mm；L_0 代表初始裂缝长度，mm。通过这种方法，裂缝应变强度等于所有裂缝开度之和除以裂缝空间距离之和。为了避免计数微观和宏观扫描数据集中包含的裂缝，在计数时裂缝群在微观扫描测线上的截止开度为 0.1mm，在宏观扫描测线上的截止裂缝开度小于或等于 0.1mm。每一个位置的裂缝强度是野外观察到的1—3类裂缝所记录的裂缝强度计算之和。

在方法2中，应变强度是作为骨架应变强度来计算的，其基于裂缝频率和开度散点图的估计（图8）根据的是Marrett等（1999）和Marrett（1996）方程：

$$\varepsilon=\zeta\left(\frac{1}{b}\right)f_{max}D_{max}$$

式中，ζ 为Rieman zeta函数，b 为加权分布函数斜率，D_{max} 为最大裂缝开度，mm，f_{max} 为 D_{max} 裂缝频率，根据Marrett（1996）ζ 近似为：

$$\zeta(x)\cong 1+2^{-x}+3^{-x}+\frac{x+7}{2(x-1)}4^{-x}$$

我们设定的斜率为-0.8，用于方法2的变形强度计算，并且使用适合狭窄微观裂缝分布的加权函数。使用设定的-0.8斜率，通过微观裂缝数据能实现对宏观裂缝很好的预测，并且能克服由于在扫描测线上宏观裂缝长度有限导致取样欠缺所造成的应变强度误差。

3.7.2 应变强度计算结果

通过方法1使用微观裂缝开度小于0.1mm的裂缝应变强度计算，结果为 $1.17\times10^{-3}\sim9.39\times10^{-3}$，然而对于两条宏观扫描测线来说，使用裂缝开度大于0.1mm的裂缝应变强度计算，结果为 6.7×10^{-3}。当裂缝最大开度为0.1mm时，通过方法2计算的裂缝应变强度结果为 $5.3\times10^{-3}\sim3.2\times10^{-3}$，当裂缝最大开度为1mm时（表3），计算的裂缝应变强度结果为 $8.4\times10^{-3}\sim5.2\times10^{-3}$。在褶皱中构造位置与裂缝应变强度的变化并不一致，例如，尽管由于计算方法不同所计算出裂缝应变强度不同，但在整个褶皱中不管构造位置如何，相对应变强度值是相似的。例如，在Kakwa段内平行层理砂岩裂缝应变强度相对于区域Ⅰ来说，在较陡的区域Ⅲ较大，然而在Karr段内裂缝应变强度相对于区域Ⅲ来说，区域Ⅰ应变强度更大。在区域Ⅱ内Kakwa段大范围裂缝强度变化表明，该区域的裂缝强度差异性相对于褶皱其他区域来说差异性更大。同一区域同一岩性段内不同岩性单元之间的差异性同样较大。

表3 通过方法1和方法2计算的裂缝应变强度值

扫描线	方法1应变强度	方法2应变强度	
		D_{max}=0.1mm	D_{max}=1mm
CO-14-1A	0.0026	0.0091	0.0144
CO-14-2A	0.0086	0.0329	0.0521
CO-14-3A	0.0029	0.0098	0.0155
CO-15-1A	0.0018	0.0058	0.0091
CO-15-2A	0.0067	0.0167	0.0265
CO-15-3A	0.0076	0.0211	0.0334
CO-16-1A	0.0023	0.0088	0.0139
RD-1A-Sc-AⅡ	0.0044	0.0173	0.0274
RD-1B-Sc-AⅡ	0.0026	0.0081	0.0128
RD-2A-Sc-AⅡ	0.0070	0.0098	0.0155
RD-2B-Sc-AⅡ	0.0094	0.0219	0.0347
RD-4A-Sc-AⅡ	0.0035	0.0115	0.0183

续表

扫描线	方法 1 应变强度	方法 2 应变强度	
		D_{max} = 0.1mm	D_{max} = 1mm
RD-4B-Sc-AⅡ	0.0012	0.0058	0.0091
RD-5A-Sc-AⅡ	0.0048	0.0150	0.0238
RD-5B-Sc-AⅡ	0.0017	0.0081	0.0128
EU-Sc-1（macro）	0.0068	0.0081	0.0128
EU-Sc-2（macro）	0.0060	0.0053	0.0084

4 裂缝运动学模型与应变强度分布

在红鹿河地区，裂缝之间的时间和空间关系非常复杂，地震规模的构造（褶皱和断层）并不是特别清楚。遵循地质原理的几何学骨架模型可以用来解释形变分量与它们在整个变形过程中的演化关系。例如，由于褶皱应变强度与裂缝应变强度开放模式的裂缝可能与平行层理砂岩共生，沿褶皱弯曲方向拉伸（Beekman et al.，2000；Tavani et al.，2014）。在研究中，我们重建裂缝运动学模型来加强区域构造的构造解释，探索形成现今构造有可能的构造变形样式，计算在褶皱和逆冲断层带形成过程中，沿构造运动传播方向平行层理裂缝拉伸程度。这些裂缝应变强度计算结果是预测与该变形相关的裂缝应变强度的数据基础。预测的裂缝应变强度分布于褶皱逆冲断层构造带形成过程中的相对时间，在随后的裂缝应变强度分布和野外露头观察获得的相对时间对比过程中得到检验。

4.1 模型构建

我们数字运动学模型的构建基础在于测量横穿背斜构造的两条横剖面而得到的测量数据，这两条剖面出露在红鹿河区域，两条剖面之间相差 3km（图 1b、图 9）。这些横剖面测量数据以 Kubli 等（2002）横剖面测量数据为基础，另外，还增加了 Ollerenshaw（1966）的测量数据。Kubli 等（2002）横剖面测量数据包括地面地质数据、地层数据、地震数据，以及来自 16 口井的地下数据。对于浅层和深度小于或接近 1500m 的构造，我们的横剖面数据使用的是来自 Ollerenshaw（1996）的地面地质数据、构造数据以及地层数据，Kubli 等（2002）横剖面测量数据主要针对深度在 1500~5000m 之间的构造。我们对横剖面数据进行再处理和线性长度平衡，然后下一步建模使用的是一套二维构造重建软件 Midland Valley Move 2014。这些横剖面的测量数据经过了多次构造重建和线性调整，并在线性长度平衡和运动学合理性方面得到了验证。横剖面的构造重建最终是平衡的，并且适用于使用 Move 的简单剪切算法在三维上进行调整运算（图 9）。

Ollerenshaw's（1966）地质图是通过数字高程模型绘制的，并且两条剖面都被放置在了一个三维空间上（图 1b）。通过使用 Move“线生成面”算法连接对应的水平线和断层线，在两个逆变形的横剖面上绘制三维平面（图 10）。新的横剖面上发育有 5 条主要的断层，按照恢复顺序编号，即按逆时间顺序排列（图 9）。表明尽管横剖面 B—B′发育 6 号断层（断层 4′），但是该断层并未发育在横剖面 A—A′，因此其有可能未被外推计算到。我们起初的三维构造恢复模型是一个三维伪模型。随后模拟了红鹿河背斜从最初的水平层到现今的构造几何形态的演化过程，该演化过程包括盆地从陆内盆地到前陆盆地的断层向前推进阶段（图 11、图 12）。

在 Move 3D 模型中，由于可用算法的局限性，我们不能使用弯曲滑动机制作为变形机制。此外，在裂缝应变强度计算中 Move 并没有考虑地层厚度。为了避免由于褶皱外表面高于内表面所导致的裂缝应变强度的差异，我们选择具有相似厚度的岩层，这使得用于应变强度分析的背斜两翼具有可对比的地层发育水

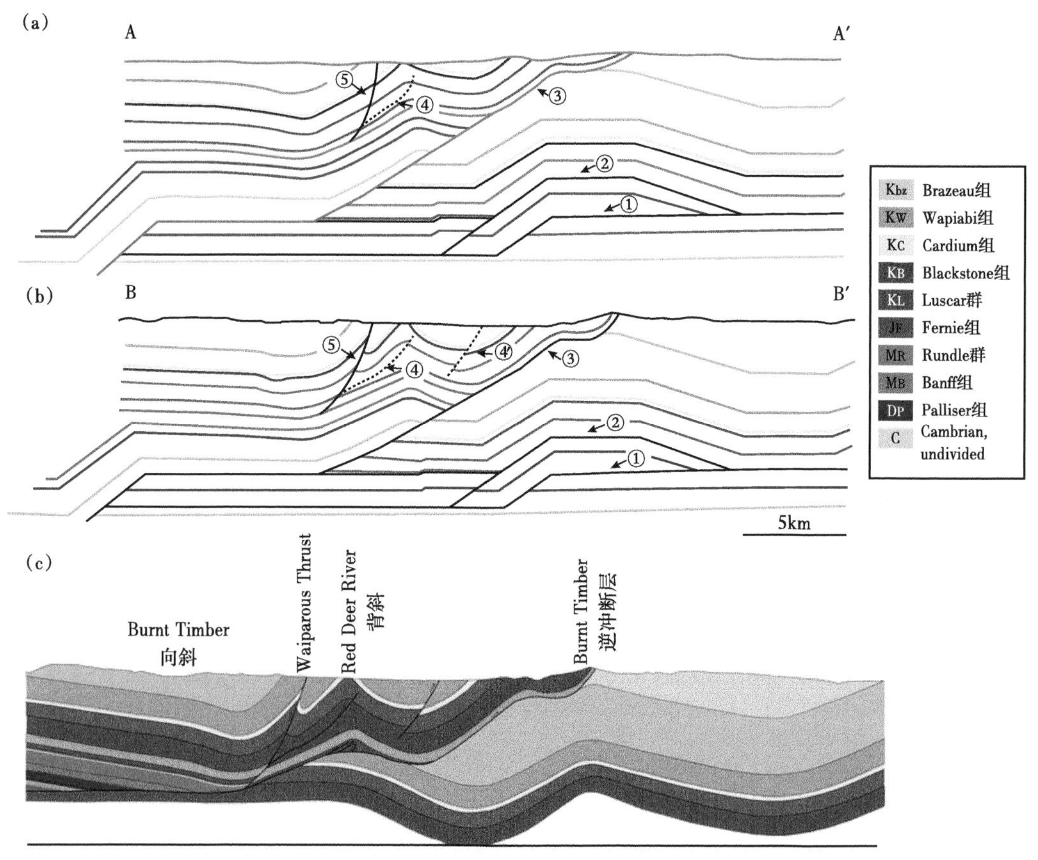

图 9 用于构建三维运动学模型的平衡简化横剖面 A—A′（a）和 B—B′（b），
带圆圈的数字代表文中提到的断层数量，图例中的颜色代表了每个组地层的顶，地层柱已经过简化。
（c）Ollerenshaw（1966）原始横剖面，对应于横剖面 B—B′，地层层序和颜色与图 1b 相同

平。在正向建模过程中，裂缝应变强度张量是通过 Move 张量工具在 Cardium 组顶部计算的。通过该工具的张量计算结果受到因下伏地层单元逆冲挤压和褶皱发展而对目的层段造成的位移限制，没有应变受控于模型的侧向边界。目前，Move 并未将与层面平行的拉伸的裂缝剥离，因此与裂缝方向垂直的方向平行于层面，但是裂缝应变强度考虑主要的裂缝应变方向。由于岩层面的倾角通常小于 45°，裂缝张开应变强度是通过水平强度参数 e_{xx} 测量的，并且裂缝应变强度通常是通过增加步骤和累积实例计算的（图 11、图 12）。

4.2 应变强度模式以及模型大小

4.2.1 最大水平拉伸应变强度参数 e_{xx} 分布

最大水平拉伸应变强度参数 e_{xx} 的大小是在多个变形阶段内通过单一断层相对于前一阶段变形量来计算的，即在每个变形阶段后将应变量重置为 0。因此图 11 中前一阶段的应变强度并未包括在随后的变形阶段中。岩层沿断层 5 的位移量相对较小，并未影响红鹿河背斜最终位置的裂缝应变强度分布（图 11a）。断层 4 为层内断层，并未切穿 Cardium 组。此外，断层上方地层被动运动，这种运动导致了这一阶段最高的 e_{xx} 应变强度集中到了红鹿河褶皱的位置（图 11b）。

岩层沿断层 3 的移动［Ollerenshaw's（1966）横剖面中的 Burnt Timber 逆冲断层］相对较大，被划分为多个阶段。该断层是一个大型的深层展开构造，蓝山逆冲断层古生界部分移动距离约 25km（Peter Fermor，私下交流）。在沿 Burnt Timber 逆冲断层的早期变形阶段，拉伸量较大的区域位于不断演化过程中的红鹿河背斜翼部，但是随着岩层移动的继续，高应变强度和低应变强度的位置不断变化。高应变强度（标为红色）在岩层滑过背斜形成前翼的过程中逐渐减弱（蓝色）（图 11c—e）。集中在背斜前翼的应变主要发生在红鹿河背斜形成的 c 阶段，但是后翼主要形成在 d 阶段。随着变形向前推进，最大拉伸应变量始终分布在变形作

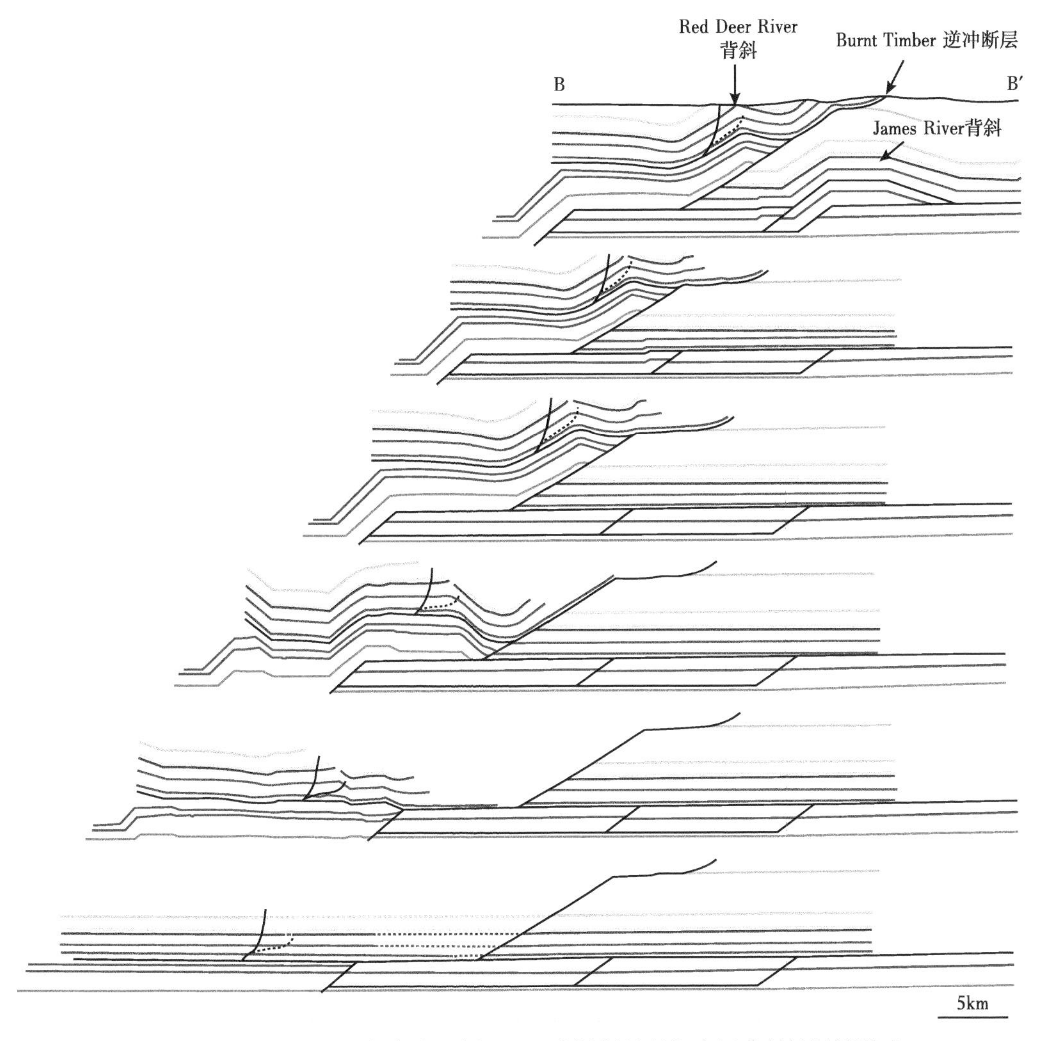

图 10　横剖面 B—B′复古变形剖面。现今被侵蚀的红鹿河背斜转折端附近
Burnt Timber 逆冲断层之上的地层用虚线表示

用的前缘附近，该位置的应变强度在整个红鹿河背斜的演化变形过程中差异巨大。岩层沿断层 2 和 1 的移动造成了红鹿河背斜东翼在 James 河背斜之上的岩层的拉伸，该地层现在已经大规模剥蚀，然而红鹿河背斜本身则保持相对稳定（图 11f—h）。这些模型显示结果表明红鹿河背斜 Cardium 组早期所经历的大多数水平拉伸变形运动是沿断层 3 进行的，在 d 阶段，红鹿河背斜后翼具有明显的拉伸作用（图 11d）。

4.2.2　水平拉伸应变强度参数 e_{xx} 累积分布

通过将相对于初始未变形状态的所有应变增量加起来计算图 12 中从阶段 a 到阶段 h 的累积最大水平拉伸应变强度。因此，每一阶段代表了岩石所经历的累积应变强度。与非累积应变强度相类似，岩层沿断层 3 的移动造成了红鹿河背斜两翼早期最大的水平拉伸量（图 12b），并且岩层沿该断层的进一步移动导致了红鹿河背斜后翼的拉伸（图 12c）。随着岩层沿断层移动的推进，高度拉伸的区域逐渐发展成为应变强度较低的区域，表明在变形推进过程中，原始拉伸的地层经历了缩短过程，并且褶皱层随着它们移动穿过褶皱枢纽而变平（图 12d、e）。岩层沿断层 2 相对较小的移动对 Cardium 组应变强度分布未产生明显影响，然而岩层沿断层 1 的移动导致了 James 河背斜上部的 Burnt Timber 逆冲断层东侧的 Cardium 组的拉伸。

因此，红鹿河背斜前翼在 c 阶段具有明显的累积拉伸量。从 d 阶段往后，相对于前翼（蓝色），红鹿河背斜地层较大的拉伸量出现在背斜后翼（绿色）。在背斜前翼，差异小于 0.1，向转折端方向裂缝应变强度逐渐变低，高应变强度的方向为朝向红鹿河背斜的方向，位置位于背斜东翼。最终累积应变强度分布表明，红鹿河背斜后翼相对于前翼有较大的拉伸量，但是累积强度数量级在背斜两翼是相似的。拉伸强度最大的区域位于红鹿河背斜东侧现今被剥蚀的 Cardium 组。

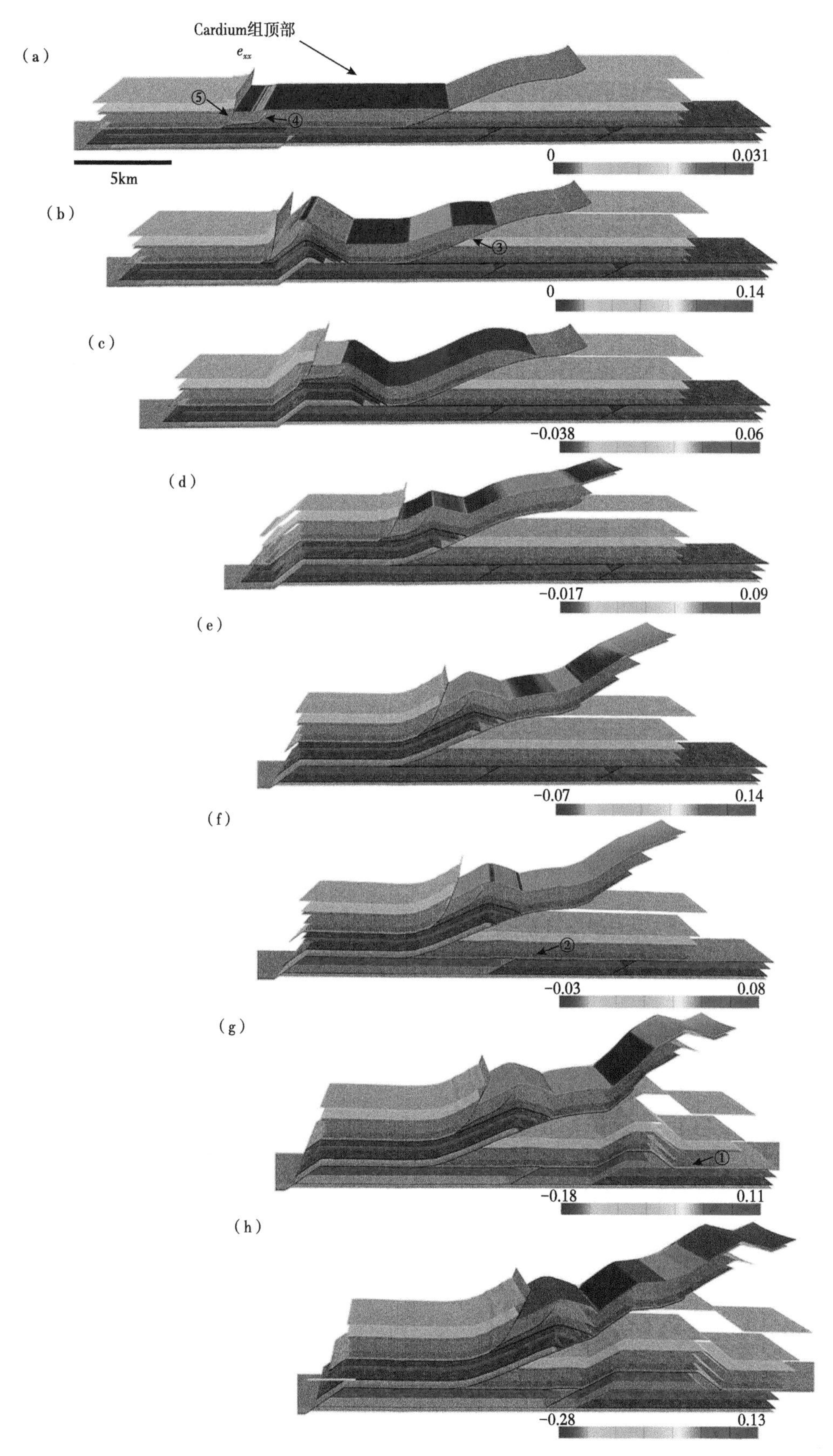

图 11　Cardium 组水平拉伸分量 e_{xx}（非累积的）增量演变

地层层位颜色与图 10 相同，颜色比例尺代表了在每种情况下，Cardium 组顶部变形量水平拉伸分量 e_{xx} 的大小

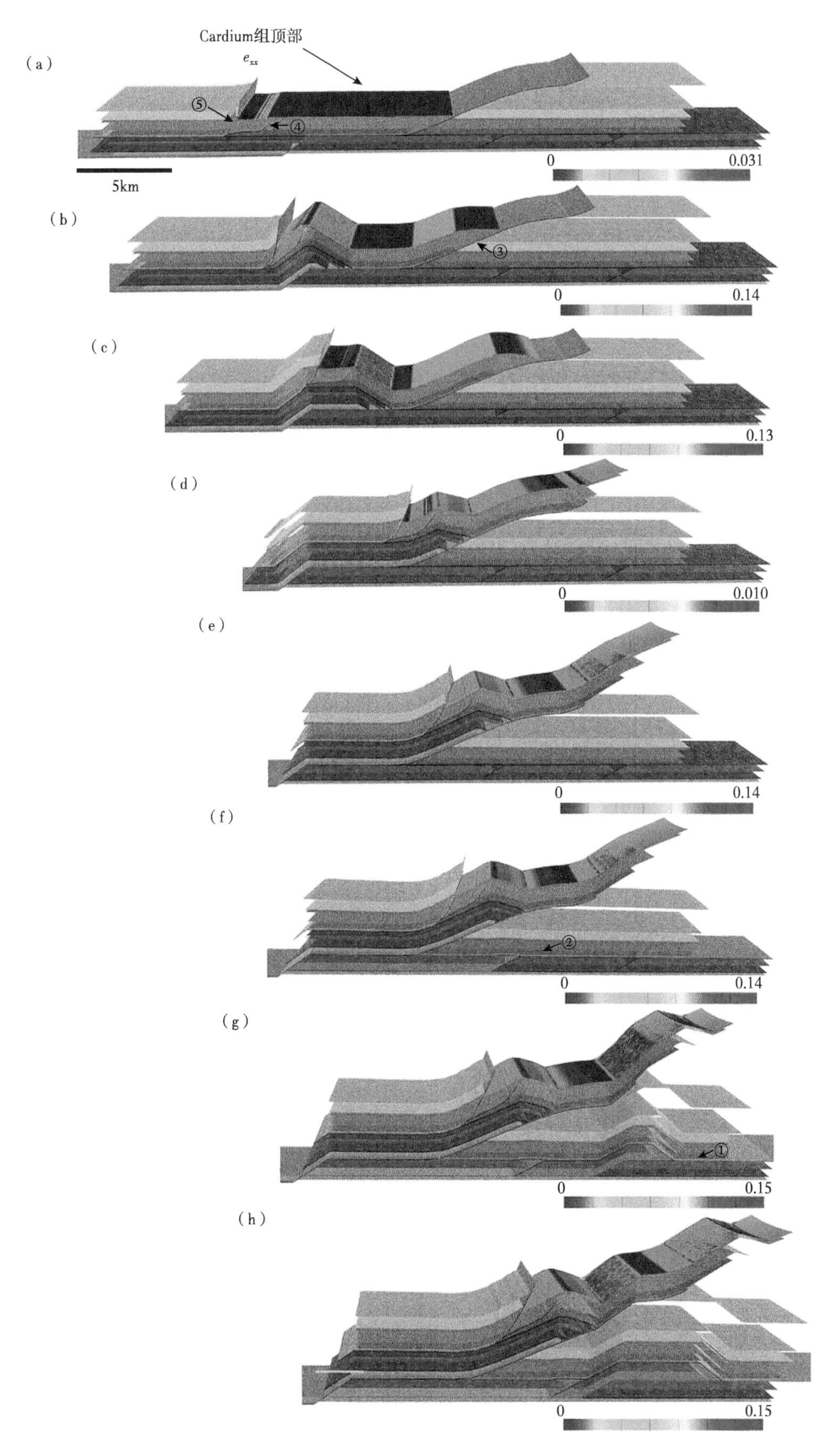

图 12　Cardium 组水平拉伸分量 e_{xx}（累积的）演变

地层层位颜色与图 10 相同，颜色比例尺代表了在每种情况下 Cardium 组顶部变形量水平拉伸分量 e_{xx} 的大小

5 讨论

Dechesne 等（2000）在红鹿河背斜露头上定义了 3 种主要类型的裂缝，横切褶皱缝（垂直于褶皱轴向）、平行走向裂缝（平行于褶皱轴向）以及斜交走向裂缝（与褶皱轴向斜交），裂缝方向在褶皱不同的构造位置有所不同。他们认为局部压力是区域裂缝方向的主要控制因素，尽管裂缝方向似乎已经被褶皱带东部平原地区存在的局部裂缝叠印在一起。这些作者并没有进行褶皱测试，也没有提供关于褶皱形成的平行于层面裂缝的时间估计。

在本研究中，我们鉴定了 4 类主要的垂直层面裂缝类型，其中两类裂缝具有相同的裂缝方向。裂缝并没有平行或垂直于褶皱轴向，但是与褶皱轴向轻微斜交（亚平行和亚垂直）。裂缝截切关系表明，至少有一部分裂缝是与褶皱作用相关的，但是有些裂缝可能形成于褶皱作用之前。平行层面断层、挤压逆断层以及沿 4 类裂缝滑动断层的断层运动学特征与预测的褶皱运动学特征相吻合（图 6d）。4 类裂缝与低角度逆冲断层相切或邻接，低角度逆冲断层并未穿过 4 类裂缝切割形成的断块，表明 4 类断层形成于低角度逆冲断层之后（图 6b）。裂缝的传播和相互连接形成了 4 类裂缝，表明 4 类裂缝形成于褶皱形成过程中，并且沿 4 类裂缝的剪切再活动是最晚的构造运动事件。当岩层旋转至水平时，裂缝也随着旋转（褶皱测试），裂缝方向比未旋转（测量的）裂缝方向更紧密，表明 1~3 类裂缝形成于岩层处于水平状态时期，早于红鹿河背斜形成时期，并在褶皱形成过程中发生了旋转。然而，可以推测的是，裂缝方向受岩层各向异性影响，无论岩层倾角如何，形成的裂缝都垂直于岩层面。因此，垂直于层面的裂缝可能形成于褶皱形成过程中或褶皱形成之前。

加拿大落基山经历了长时间的 SW—NE 方向的挤压（Bally et al.，1966；Eisbacher et al.，1974；Price，1994），该挤压作用一直持续到现在。本研究中的开放模式裂缝分析记录了相对较小的拉伸量（1%~10%）叠加在裂缝聚集区域之上，形成了千米级别的逆断层。由于这种应力场的长期作用，在西中部阿尔伯达盆地加拿大落基山模型 1 裂缝的主要方向推测为 SW—NE 向，该结果得到了露头、岩心以及井眼破裂数据的验证（Bell et al.，1979；Dechesne et al.，2000）。研究区域在地层展开之后，1 类裂缝，是形成时间最早的裂缝，4 类裂缝，是形成时间最晚的裂缝，裂缝方向平行于现今最大主水平应力方向，应力方向为 45°~60°（图 5b）。在褶皱逆冲断裂带东侧的一些井中观察到的另外一个类型的裂缝走向为 330°。我们研究区的 3 类裂缝走向接近 300°，跟这种区域性的裂缝之间相差 30°。2 类裂缝方向并未发育区域性的裂缝（0°~30°）。

我们观察到的贯穿红鹿河背斜的宏观裂缝和微观裂缝密度具有一致性，尤其是对于裂缝开度大于 0.1mm 的 1~3 类裂缝，其无论是形成于褶皱作用之前以及与褶皱作用同时形成都是互相一致的（图 8）。我们认为生物扰动构造比岩层厚度对 Cardium 组裂缝丰度控制作用更强。生物扰动构造通常代表了相对较深的砂岩沉积环境，其形成的岩石通常具有更高比例的包含物和细粒组分。这种细微的沉积物组分的改变以及伴随生物扰动作用的构造均一化，导致了纯净砂岩和生物扰动砂岩明显的机械特征差异，以及这种砂岩具有较低的裂缝丰度，这些观点得到了广泛认同（Nelson，1985；Laubach et al.，2009）。

褶皱作用之前形成的裂缝可以在褶皱过程中再次激活，导致其再次张开，剪切应变以及与已经存在裂缝的相互连接形成新的宏观裂缝和微观裂缝（Dunne，1986；Laubach，1988；Davatzes et al.，2003；Bergbauer et al.，2004）。这种裂缝再激活模式针对的是相似的褶皱和岩石类型（Iñigo et al.，2012）。这种裂缝的渐进式增加使得该模型与长期存在的部分张开的大型裂缝相吻合（Laubach et al.，2006）。如果这些裂缝胶结作用发生在裂缝裂开之前或裂缝裂开的同时，胶结物可能会记录下先前与褶皱相关的应变强度，即使它们位于褶皱一部分，也并未发育在高曲率的区域（如变平了的原先褶皱枢纽）。Cardium 组中的裂缝通常被与构造作用同时期的石英胶结物充填（图 7），在褶皱向前演化过程中，逆冲地层序列应力和应变变化的过程中，该石英胶结物将会阻止裂缝闭合。

两种运动学模型早已被提出来测量开放模式裂缝在褶皱上的分布：固定转折端模型（De Sitter，1964）和活动转折端模型（Suppe，1983）。固定转折端模型褶皱过程表明，尽管前翼沿着固定的轴向表面旋转，但是在整个轴向表面并不存在物质迁移（De Sitter，1964；McConnell，1994；Salvini et al.，2004；Gosh et al.，2005；Mercier et al.，2007）；活动转折端褶皱过程表明，穿过轴向平面的物质迁移相对的是一个稳定的斜坡位置（Suppe et al.，1992）。两种可以形成褶皱的机制具有相似的表现形态，但是其变形模式有所不同（Fischer et al.，1992；Salvini et al.，2001）。对于转折端固定的褶皱，挤压应变强度集中在褶皱内侧，而外侧的岩层处于拉伸状态。因此，最大的拉伸应变强度可能伴随着褶皱转折端开放模式裂缝的发育。所以，固定转折端模型可以用曲率作为函数来预测岩层变形的空间分布（Murray，1968；Decker et al.，1989；Schultz-Ela et al.，1992；Lemiszki et al.，1994；Lisle，1994；Hennings et al.，2000；Fischer et al.，2000）。相反，活动转折端模型模拟了褶皱过程中分布有高裂缝变形密度的转折端迁移，以及转折端迁移路径上的裂缝应变强度追踪（Suppe，1983；Fischer et al.，1992；Salvini et al.，2004）。

红鹿河背斜使用Move软件的应变强度计算预测结果表明，断层相关褶皱的形成过程，造成了与整个活动转折端褶皱相关的褶皱变形的复杂应变强度路径。尽管“应变强度增量”为褶皱逆冲断裂演化过程中特定阶段的裂缝开度预测提供了一个指标，“累积应变强度”可以考虑作为裂缝被胶结矿物充填的胶结裂缝应变强度指标，该胶结物的存在保存了裂缝开度。

来自扫描测线和运动学模型的裂缝应变强度计算在数量级上是可对比的。在红鹿河背斜附近用Move软件模拟的新增e_{xx}值高达0.1（图11）。但是在大多数情况下，裂缝应变强度值与来自野外的微观裂缝应变强度值在同一个数量级之内。当D_{max}为0.1mm时，使用方法1计算的来自野外样品的宏观裂缝和微观裂缝数据应变强度变化范围为0.001~0.009，用方法2计算的结果为0.005~0.3。相反，通过方法2基于裂缝开度为1mm的裂缝计算的应变强度通常在一个数量级以上，为0.008~0.03。这种差异强调了应变强度测量的规模依赖性（Marrett，1996）。我们推荐基于D_{max}=1mm的综合应变强度计算方法，该方法可能高估了真实的裂缝应变强度，表明这些样品中总体上缺少中等开度大小的裂缝。在来自Move计算的裂缝应变强度计算结果的对比中，Kakwa组上部水平层理砂岩裂缝应变强度观察结果在3个区域内表现出了较小的差异性（图8），在区域Ⅱ，背斜前翼的上部地层相对于后翼的下部地层（区域Ⅲ）以及后翼（区域Ⅰ）具有较低的应变强度。尽管在Kakwa组上部裂缝应变强度测量点的数量在3个区域内分布并不均匀（在区域Ⅲ内仅有1个测量点），但是我们发现，裂缝应变强度的分布与Move软件中的累积裂缝应变强度的计算结果是吻合的（图13）。在许多报道的地质例子中，无论构造环境如何都具有相似的拉伸强度，强度范围为1%~10%（Narahara et al.，1986；Jamison，1997；Gross et al.，1995；Iñigo et al.，2012）。在裂缝应变强度计算过程中，对于相同规模的样品使用方法1和方法2之间的相似性说明了该方法的稳定性。

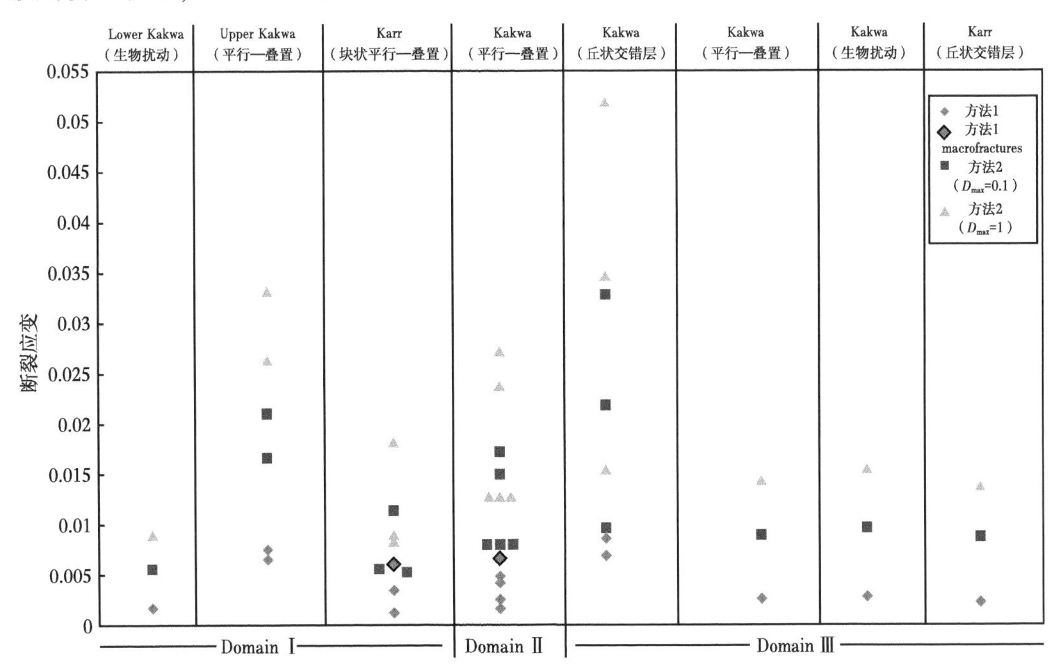

图13 构造位置和岩性的裂缝应变强度散点图

外框线为黑线的样品点是根据宏观测线上裂缝开度大于1mm的裂缝计算来的

运动学模型表明，最大的拉伸增加量可能出现在 Burnt Timber 逆冲断层形成早期红鹿河背斜的后翼（图 11，d 阶段），这一阶段前翼经历了一段压缩时期。如果裂缝形成与褶皱作用有关，大多数开放模式的裂缝都应该形成于这一阶段。背斜两翼的累积应变强度从 d 阶段开始大致相似，后翼拉伸强度较大，然而前翼靠近褶皱转折端的部分拉伸强度较小，所以这些模型预测的裂缝应变强度都是与褶皱相关的，水平层理砂岩中的开放模式裂缝应变强度在褶皱的两翼都应该是相似的。因此，Move 计算的累积应变强度与我们通过扫描测线进行的应变强度测量结果是吻合的，这表明在早期褶皱过程中裂缝经历了裂开和胶结过程。这种贯穿褶皱的应变强度的不一致性，表明裂缝的形成早于褶皱作用，并且在随后的褶皱过程中再次激活。在阿尔伯达，我们发现了早期形成的开放式裂缝断裂和剪切再活化的证据。裂缝再活化的证据是通过地质力学模型推测，再活化过程中的拉伸证据发现于野外露头（Guiton et al.，2003；Smart et al.，2009）。在 Wyoming 地区具有相同地质年龄的褶皱中，Bergbauer 等（2004）发现了先前存在的裂缝的方向控制了变形历史后期形成的裂缝内部结构和方向的证据。高大的穿层裂缝更容易再次激活运动（Becker et al.，1996）。我们观察到的贯穿整个 4 类裂缝的裂缝连接几何形态和剪切偏移证据表明，其是由水平层理砂岩中的 1 类裂缝激活和相互连接形成的。我们推测 1 类裂缝导致了岩层的机械性强度减弱，这可能影响了在随后多个脆性变形阶段岩层的破裂过程。

6 结论

在红鹿河背斜内 Cardium 组地层野外露头，开放式裂缝是主要发育的裂缝类型。主要发育 3 种类型的开放式裂缝，裂缝间距和开度测量数据主要来自宏观和微观扫描测线。这些数据表明各类裂缝在整个褶皱中包括后翼（区域Ⅰ）、前翼上部（区域Ⅱ）以及下部（区域Ⅲ）裂缝密度的差异性很小，尽管相对于背斜后翼和前翼下部来说，前翼上部裂缝密度相对较小，背斜后翼和前翼下部裂缝密度（相同）相对较高。

红鹿河背斜大规模的褶皱几何形态可以通过区域规模的横剖面和正演模拟的运动学重建来进行解释。这些运动学模型表明，该褶皱是由于下伏的 Burnt Timber 逆冲断裂滑动导致活动转折端迁移形成的。实测裂缝应变强度与使用运动学模型预测的裂缝应变强度表明，观察到的裂缝应变强度在 3 个构造区域与红鹿河背斜在早期形成过程中产生的裂缝相一致。然而，并不能排除先于褶皱形成的裂缝，因为在褶皱的 3 个构造区域裂缝应变强度测量结果之间的差异很小，并且在每个区域内褶皱应变强度在岩层与岩层之间差异很大。

早于褶皱或与褶皱同时形成的裂缝与层内裂缝、相对于岩层面的高角度裂缝以及开放模式裂缝之间的系统角度关系是一致的，这表明在褶皱过程中，裂缝逐渐旋转至与层面平行。通常观察到的形成于裂缝的连接和连接的贯穿裂缝与褶皱翼部裂缝相一致，并且表现出了沿走向和倾向剪切滑动与褶皱作用在运动学上的一致性。该结果表明在随后的褶皱形成阶段贯穿裂缝在剪切应力的作用下被再次激活。

由于预测了褶皱不同部位在演化过程中不同时间的不同应变强度分布，本研究中所进行的数字化模拟表明，在褶皱逆冲断裂带变形过程中的褶皱演化会导致平行层面延伸裂缝的复杂分布，从而导致了时间和空间上的开放模式裂缝的形成。

致谢

本研究由得克萨斯大学奥斯汀分校的化学科学、地球科学和生物科学部、基础能源科学办公室、科学办公室、美国能源部以及断裂研究和应用联盟资助的 DE-FG02-03ER15430 项目资助。同时感谢土耳其石油公司（TPAO）为学生提供奖学金支持。作者同样感谢 Peter Fermor，Dennis Meloche 和 Rob Day（Devon）在野外的帮助和卓有成效的讨论，以及 Nico Hardebol，Peter Fermor 和两位匿名审稿人对手稿富有帮助的建议和改进。

参考文献

Bally A W, Gordy P, Stewart G A, 1966. Structure, seismic data, and orogenic evolution of southern Canadian Rocky Mountains. Bull. Can. Pet. Geol., 14: 337-381.

Barton C C, 1983. Systematic Jointing in the Cardium Sandstone along the Bow River, Alberta, Canada. Phd dissertation Yale University, 301.

Beaumont C, 1981. Foreland basins. R. Astron. Soc. Geophys. J. Int, 65: 291-329.

Becker A, Gross M R, 1996. Mechanism for joint saturation in mechanically layered rocks: an example from southern Israel. Tectonophysics, 257: 223-237.

Beekman F, Badsi M, van Wees J -D, 2000. Faulting, fracturing and in situ stress prediction in the Ahnet Basin, Algeria—A finite element approach. Tectonophysics, 320: 311-329.

Bell J S, Gough D I, 1979. Northeast-southwest compressive stress in Alberta: evidence from oil wells. Earth Planet. Sci. Lett., 45: 475-482.

Bellahsen N, Fiore P, Pollard D D, 2006. The role of fractures in the structural interpretation of Sheep Mountain Anticline, Wyoming. J. Struct. Geol., 28: 850-867.

Bergbauer S, Pollard D D, 2004. A new conceptual fold-fracture model including prefolding joints, based on the Emigrant Gap anticline, Wyoming. Geol. Soc. Am. Bull., 116: 294-307.

Boettcher D, Thomas M, Hrudey M, et al., 2010. The western Canada Foreland Basin: a Basin-centred gas system: petroleum Geology: from mature basins to new frontiers. In: Proceedings of the 7th Petroleum Geology Conference: 1099-1123.

Casini G, Gillespie P A, 2011. Sub-seismic fractures in foreland fold and thrust belts: insight from the Lurestan Province, Zagros Mountains, Iran. Pet. Geosci, 17: 263-282.

Cooper M, 1992. The analysis of fracture systems in subsurface thrust structures from the foothills of the Canadian Rockies. Thrust tectonics Chapman and Hall, London, 391-405.

Currie J B, Nwachukwu S O, 1974. Evidence on incipient fracture porosity in reservoir rocks at depth. Bull. Can. Pet. Geol, 22: 42-58.

Currie J B, Reik G A, 1976. A method of distinguishing regional directions of jointing and of identifying joint sets associated with individual geologic structures. Can. J. Earth Sci., 14: 1211-1228.

Davatzes N C, Aydin A, 2003. The formation of conjugate normal fault systems in folded sandstone by sequential jointing and shearing, Waterpocket monocline, Utah. J. Geophys. Res. Solid Earth, 108: 2478.

Decker A D, Close J C, McBane R A, 1989. The use of remote sensing, curvature analysis, and coal petrology as indicators of higher coal reservoir permeability. In: Proceedings of the International Coalbed Methane Symposium. 16, 325-340.

Dechesne V, 2000. Fractured Cretaceous and Triassic Strata of the Central Alberta Foothills. Geo Canada 2000, Field Trip Guidebook, 22.

De Sitter L U, 1964. Structural Geology. McGraw-Hill Book Co., New York. 551.

Dunne W M, 1986. Mesostructural development in detached folds: an example from West Virginia. J. Geol, 94: 473-488.

Eisbacher G, Carrigy M A, Campbell R B, 1974. Paleodrainage pattern and lateorogenic basins of the Canadian Cordillera: tectonics and Sedimentation. Soc. Econ. Paleontol. Mineral. (SEPM), 22: 143-166.

Engelder T, 1985. Loading paths to joint propagation during a tectonic cycle: an example from the Appalachian Plateau, U. S. A. J. Struct. Geol., 7: 459-476.

Engelder T, Plumb R, 1984. Changes in in situ ultrasonic properties of rock on strain relaxation. Int. J. Rock Min. Sci., 21: 75-82.

English J, 2012. Thermomechanical origin of regional fracture systems. AAPG Bull., 96: 1597-1625.

Erslev E A, 1991. Trishear fault-propagation folding. Geology, 19: 617-620.

Fall A, Eichhubl P, Cumella S P, et al., 2012. Testing the basin-centered gas accumulation model using fluid-inclusion observations: southern Piceance Basin, Colorado. AAPG Bull., 96: 2297-2318.

Fall A, Eichhubl P, Bodnar R J, et al., 2015. Natural hydraulic fracturing of tight-gas sandstone reservoirs, Piceance Basin, Colorado. Geol. Soc. Am. Bull., 127: 61-75.

Fermor P, 1999. Aspects of the three-dimensional structure of the Alberta foothills and front ranges. Geol. Soc. Am. Bull., 111: 317-346.

Fischer M, Woodward N, Mitchell M, 1992. The kinematics of break-thrust folds. J. Struct. Geol., 14: 451-460.

Fischer M P, Wilkerson M S, 2000. Predicting the orientation of joints from fold shape: results of pseudo-three-dimensional modeling and curvature analysis. Geology, 28: 15-18.

Florez-Niño J -M, Aydin A, Mavko G, et al., 2005. Fault and fracture systems in a fold and thrust belt: an example from Bolivia. AAPG Bull., 89: 471-493.

Ford M E, Williams A, Artoni A, et al., 1997. Progressive evolution of a fault-related fold pair from growth strata geometries, Sant Llorenc de Morunys, SE Pyrenees. J. Struct. Geol., 19: 413-441.

Friedman M, 1969. Structural analysis of fractures in cores from the Saticoy field, ventura Co. Calif. AAPG Bull, 53: 367-389.

Ghosh G, Saha D, 2005. Kinematics of large scale asymmetric folds and associated smaller scale brittle—Ductile structures in the proterozoic somnur formation, pranhita—Godavari Valley, South India. J. Earth Syst. Sci, 114: 125-142.

Ghosh K, Mitra S, 2009. Structural controls of fracture orientations, intensity, and connectivity, Teton anticline, Sawtooth Range, Montana. AAPG Bull, 93: 995-1014.

Gomez L A, Laubach S E, 2006. Rapid digital quantification of microfracture populations. J. Struct. Geol., 28: 408-420.

Gordy P L, Frey F R, 1975. Structural cross sections through the Foothills west of Calgary. In: Evers H J, Thorpe J E (Eds.), Geology of the Foothills between Savanna Creek and Panther River, Southwestern Alberta, Canada, Guidebook: Calgary, Alberta, Canadian Society of Petroleum Geologists and Canadian Society of Exploration Geophysicists. 37-64.

Graham B, Antonellini M, Aydin A, 2003. Formation and growth of normal faults in carbonates within a compressive environment. Geology, 31: 11-14.

Griffiths P, Jones S, Slater N, et al., 2002. A new technique for 3-D flexural-slip restoration. J. Struct. Geol., 24: 773-782.

Gross M R, Engelder T, 1995. Strain accommodated by brittle failure in adjacent units of the Monterey Formation, U. S. A.: scale effects and evidence for uniform displacement boundary conditions. J. Struct. Geol., 17: 1303-1318.

Guiton M L E, Sassi W, Leroy Y M, et al., 2003. Mechanical constraints on the chronology of fracture activation in folded Devonian sandstone of the western Moroccan Anti-Atlas. J. Struct. Geol., 25 (8): 1317-1330. http: //dx. doi. org/10. 1016/S0191-8141 (02) 00155-4.

Hanks C L, Wallace W K, Atkinson P K, et al., 2004. Character, relative age and implications of fractures and other mesoscopic structures associated with detachment folds: an example from the Lisburne Group of the northeastern Brooks Range, Alaska. Bull. Can. Pet. Geol., 52: 121-138.

Hancock P, 1985. Brittle microtectonics: principles and practice. J. Struct. Geol, 7: 437-457.

Hardebol N J, Callot J P, Bertotti G, et al., 2009. Burial and temperature evolution in thrust belt systems: sedimentary and thrust sheet loading in the SE Canadian Cordillera. Tectonics, 28, TC3003. http: //dx. doi. org/10. 1029/2008TC002335.

Hennings P H, Olson J E, Thompson L B, 2000. Combining outcrop data and three-dimensional models to characterize fractured reservoirs: an example from Wyoming. AAPG Bull., 84: 830-849.

Hitchon B, 1985. Geothermal gradients, hydrodynamics, and hydrocarbon occurrences, Alberta, Canada. AAPG Bull., 68: 713-743.

Hooker J N, Laubach S E, Marrett R, 2015. A universal power-law scaling exponent for fracture apertures in sandstones. Geol. Soc. Am. Bull., 126: 1340-1362.

Hooker J N, Laubach S E, Marrett R, 2013. Fracture-aperture size-frequency, spatial distribution, and growth processes in strata-bounded and non-strata-bounded fractures, Cambrian Mesón Group, NW Argentina. J. Struct. Geol., 54: 54-71. http: //dx. doi. org/10. 1016/j. jsg. 2013. 06. 011.

Iñigo J F, Laubach S E, Hooker J N, 2012. Fracture abundance and patterns in the Subandean fold and thrust belt, Devonian Huamampampa Formation petroleum reservoirs and outcrops, Argentina and Bolivia. Mar. Pet. Geol., 35: 201-218. http: //dx. doi. org/10. 1016/j. marpetgeo. 2012. 01. 010.

Jäger P, Schmalholz S, Schmid D, et al., 2008. Brittle fracture during folding of rocks: a finite element study. Philos. Mag., 88: 3245-3263.

Jamison W R, 1997. Quantitative evaluation of fractures on Monkshood anticline, a detachment fold in the foothills of western Canada. AAPG Bull., 81: 1110-1132.

Johnson K M, Johnson A M, 2002. Mechanical models of trishear-like folds. J. Struct. Geol., 24: 277-287.

Krause F K, Deutsch K B, Joiner S D, et al., 1994. Chapter 23, Cretaceous Cardium Formation of the western Canada Sedimentary Basin. In: Mossop G D, Shetson I (Eds.), Atlas of the western Canada Sedimentary Basin. Geological Atlas of the western Canada Sedimentary Basin. 485-511. Alberta Research Council and Canadian Society of Petroleum Geologists.

Kubli T E, Langenberg C W, 2002. Cross section red Deer River area. In: Lnagenberg C W, Beaton A, Berhane H (Eds.), EUB/

AGS Earth Sciences Report 2002-05 Regional Evaluation of the Colabed Methane Potential of the Foothills/Mountains of Alberta, second ed. Alberta Geological Survey.

Laubach S E, 1988. Fractures generated during folding of the Palmerton sandstone, eastern Pensylvania. J. Geol., 96: 495-503.

Laubach S E, Ward M W, 2006. Diagenesis in porosity evolution of opening-mode fractures, Middle Triassic to lower Jurassic La Boca formation, NE Mexico. Tectonophysics, 419: 75-97.

Laubach S E, Olson J E, Gross M R, 2009. Mechanical and fracture stratigraphy. AAPG Bull., 93: 1413-1426.

Leckie D A, Smith D G, 1992. Regional setting, evolution and depositional cycles of the western Canadian foreland basin. In: foreland basins and fold belts. AAPG Mem., 55: 9-46.

Lemiszki P J, Landes J D, Hatcher R D, 1994. Controls on hinge-parallel extension fracturing in single-layer tangential-longitudinal strain folds. J. Geophys. Res. Solid Earth, 99: 22027-22041.

Lisle R J, 1994. Detection of zones of abnormal strains in structures using Gaussian curvature analysis. AAPG Bull., 78: 1811-1819.

Maerten F, Maerten L, 2006. Chronologic modeling of faulted and fractured reservoirs using a geomechanically based restoration: technique and industry applications. AAPG Bull., 90: 1201-1226.

Marrett R, 1996. Aggregate properties of fracture populations. J. Struct. Geol, 18: 169-178.

Marrett R, Laubach S E, 2001. Fracturing during burial diagenesis. In: Marrett R (Ed.), Genesis and Controls of Reservoir-scale Carbonate Deformation, Monterrey Salient, Mexico: the University of Texas at Austin, Bureau of Economic Geology, Guidebook. 28, 109-120.

Marrett R, Ortega O J, Kelsey C M, 1999. Extent of power-law scaling for natural fractures in rock. Geology, 27: 799-802.

McConnell D A, 1994. Fixed-hinge, basement-involved fault-propagation folds, Wyoming. Geol. Soc. Am. Bull., 106: 1583-1593.

Meglis I L, Engelder T, Graham E K, 1991. The effect of stress-relief on ambient microcrack porosity in core samples from the Kent Cliffs (New York) and Moodus (Connecticut) scientific research boreholes. Tectonophysics, 186: 163-173.

Mercier E, Rafi S, Ahmadi R, 2007. Folds Kinematics in "Fold-and-thrust Belts" the "Hinge Migration" Question, a Review, Thrust Belts and Foreland Basins, from Fold Kinematics to Hydrocarbon Systems (Chapter 7). Frontiers in Earth Sciences Springer Berlin, Heidelberg, 135-147.

Milliken K L, Laubach S E, 2000. Brittle deformation in sandstone diagenesis as revealed by cathodoluminescence imaging with application to characterization of fractured reservoirs. Cathodoluminescence in geosciences, (Chapter 9). Springer-Verlag, Heidelburg, 225-244.

Monger J W H, 1989. Chapter 2, Overview of Cordilleran Geology. In: Ricketts B D (Ed.), Western Canada Sedimentary Basin: a Case History. Canadian Society of Petroleum Geologists, Calgary, 9-32.

Muecke G, Charlesworth H, 1966. Jointing in folded cardium sandstones along the Bow river, Alberta. Can. J. Earth Sci., 3: 579-596.

Murray Jr G H, 1968. Quantitative fracture study-Sanish Pool, Mckenzie county, North Dakota. AAPG Bull., 52: 57-65.

Narahara D K, Wiltschko D V, 1986. Deformation in the hinge region of a chevron fold, Valley and Ridge Province, central Pennsylvania. J. Struct. Geol., 8: 157-168.

Narr W, Currie J B, 1982. Origin of fracture porosity-example from Altamont field, Utah. AAPG Bull, 66: 1231-1247.

Nelson R A, 1985. Geological Analysis of Naturally Fractured Reservoirs. Contributions in Petroleum Geology and Engineering. Gulf Publishing Co., Houston, TX. 320.

Newson A C, 2001. The future of natural gas exploration in the foothills of the western Canadian Rocky Mountains. Lead. Edge, 20, 74-79.

Nickelsen R P, 1979. Sequence of structural stages of the Alleghany orogeny a the bear valley strip mine, Shamokin, Pennsylvania. Am. J. Sci., 279: 225-271.

Novoa E, Suppe J, Shaw J H, 2000. Inclined-shear restoration of growth folds. AAPG Bull, 84: 787-804.

Ollerenshaw N C, 1966. Geology, Burnt Timber Creek, West of Fifth Meridian, Alberta. Geological Survey of Canada. Preliminary Map 11-1965 (1: 63 360).

Ortega O J, Marrett R A, Laubach S E, 2006. A scale-independent approach to fracture intensity and average spacing measurement. AAPG Bull., 90: 193-208.

Pana D I, Elgr R, 2013. Geology of the Alberta Rocky Mountains and Foothills. Energy Resources Conservation Board Map 560 (1: 500000).

Plint A G, Walker R G, Duke W L, 1988. An outcrop to subsurface correlation of the Cardium Formation in Alberta. Can. Soc. Pet.

Geol., 15: 167-184.

Poblet J, McClay K, 1996. Geometry and kinematics of single-layer detachment folds. AAPG Bull., 80: 1085-1109.

Poblet J, McClay K, Sotrti F, et al., 1997. Geometries of syntectonic sediments associated with single layer detachment folds. J. Struct. Geol., 19: 369-381.

Price N J, 1966. In: Fault and Joint Development in Brittle and Semi-brittle Rock. 1. Pergamon Press Oxford.

Price R A, 1973. Large-scale gravitational flow of supracrustal rocks, southern Canadian Rockies. In: De Jong K A, Scholten R (Eds.), Gravity and Tectonics. Wiley and Sons, New York, 491-502.

Price R, 1981. In: Coward M P, McClay K R (Eds.), The Cordilleran Foreland Thrust and Fold Belt in the Southern Canadian Rocky Mountains: Thrust and Nappe Tectonics. Geological Society of London Special Publication, 9: 427-428.

Price N J, Cosgrove J W, 1990. Analysis of Geological Structures. Cambridge University Press, Cambridge.

Price R, 1994, Cordilleran tectonics and the evolution of the western Canada Sedimentary Basin: geological Atlas of the western Canada Sedimentary Basin G. D. Mossop and I. Shetsen Compilers Canadian Society of Petroleum Geologists and Alberta Research Council, 4: 13-24.

Ramsay J G, 1980. The crack-seal mechanism of rock deformation. Nature, 284: 135-139.

Reif D, Decker K, Grasemann B, et al., 2012. Fracture patterns in the Zagros fold-and-thrust belt, Kurdistan region of Iraq. Tectonophysics, 576-577: 46-62.

Rottenfusser B, Langenberg W, Mandryk G, et al., 1991. Regional evaluation of the coal bed methane potential in the plains and foothills of alberta, stratigraphy and rank study. Alberta Research Council Special Report SPE-7, 126.

Rouby D, Xiao H, Suppe J, 2000. 3-D restoration of complexly folded and faulted surfaces using multiple unfolding mechanisms. AAPG Bull., 84: 805-829.

Salvini F, Storti F, 2001. The distribution of deformation in parallel fault-related folds with migrating axial surfaces: comparison between fault-propagation and fault-bend folding. J. Struct. Geol., 23: 25-32.

Salvini F, Storti F, 2002. Three-diemensional architecture of growth strata associated to fault-bend, fault-propagation, and décollement anticlines in non-erosional environments. Sediement. Geol., 146: 57-73.

Salvini F, Storti F, 2004. Active-hinge-folding-related deformation and its role in hydrocarbon exploration and Development Insights from HCA modeling: thrust tectonics and petroleum systems. AAPG Mem., 82: 453-472.

Schultz-Ela D D, Yeh J S, 1992. Predicting fracture permeability from bed curvature, Rock mechanics. In: Proceedings, 33rd U. S. Symposium, Rotterdam, Balkema. 579-589.

Shackleton J R, Cooke M L, Verges J, et al., 2011. Temporal constraints on fracturing associated with fault-related folding at Sant Corneli anticline, Spanish Pyrenees. J. Struct. Geol., 33: 5-19.

Smart K J, Ferrill D A, Morris A P, 2009. Impact of interlayer slip on fracture prediction from geomechanical models of fault-related folds. AAPG Bull., 93 (11): 1447-1458. http: //dx. doi. org/10. 1306/05110909034.

Smart K J, Ferrill D A, Morris A P, et al., 2012. Geomechanical modeling of stress and strain evolution during contractional fault-related folding. Tectonophysics, 576-577: 171-196.

Stearns D W, 1968. Certain Aspects of Fracture in Naturally Deformed Rocks.. N. S. F. advanced science seminar in rock mechanics, 97-118.

Stearns D W, Friedman M, 1972. Reservoirs in fractured rocks. AAPG Mem., 16: 82-100.

Stockmal G S, Cant D J, Bell J S, 1992. Relationship of the stratigraphy of the western Canada Foreland Basin to Cordilleran tectonics: insights from geodynamic models. In: Leckie D A (Ed.). In: McQueen R W (Ed.), Foreland Basins and Fold Belts. AAPG Memoir. 55, 107-124.

Stott D F, 1963. The Cretaceous Alberta group and equivalent rocks, Rocky mountain foothills, Alberta. Geol. Surv. Can. Mem., 317: 306.

Solano N, Zambrano L, Aguilera R, 2011. Cumulative-gas-production distribution on the Nikanassin tight gas formation, Alberta and british Columbia, Canada. SPE Reserv. Eval. Eng., 14: 357-376.

Suppe J, 1983. Geometry and kinematics of fault-bend folding. Am. J. Sci., 283: 684-721.

Suppe J, Medwedeff D A, 1990. Geometry and kinematics of fault-propagation folding. Ecol. Helv., 83: 409-454.

Suppe J, Chou G T, Hook S C, 1992. Rates of folding and faulting determined from growth strata. In: McClay K (Ed.), Thurst Tectonics. Chapman and Hall, London, 105-122.

Taerum R L, 2011. Effect of mechanical stratigraphy on structural style variations in the central alberta fold and thrust belt. PhD Dissertation University of Calgary, 228.

Tavani S, Storti F, Fernández O, et al., 2006. 3D deformation pattern analysis and evolution of the Añisclo anticline, southern Pyrenees. J. Struct. Geol., 28: 695-712.

Tavani S, Storti F, Salvini F, et al., 2008. Stratigraphic versus structural control on the deformation pattern associated with the evolution of the Mt. Catria anticline, Italy. J. Struct. Geol, 30: 664-681.

Tavani S, Storti F, Lacombe O, et al., 2014. Fracturing stages in foreland fold and thrust belts. In: European Geological Union General Assembly Conference Abstracts, 3030.

Thibert B, Gratier J P, Morvan J M, 2005. A direct method for modleing and unfolding developable surfaces and its application to the ventura basin, California. J. Struct. Geol., 27: 303-316.

Van R C, Pedersen P K, 2015. Factors influencing production rates in the Raven river member of the Cardium Formation in Garrington, Alberta. GeoConvention, 2015, Geoscience New Horizons.

Van der Plujim B A, Vrolijk P J, Pevear D R, et al., 2006. Fault dating in the Canadian Rocky Mountains: evidence for late Cretaceous and early Eocene orogenic pulses. Geology, 34 (10): 837-840. http: //dx. doi. org/10. 1130/G22610. 1.

Verges J, Burbank D W, Meigs A, 1996. Unfodling: an inverse approach to fold kinematics. Geology, 24: 175-178.

Walderhaug O, 1994. Precipitation rates for quartz cement in sandstones determined by fluid-inclusion microthermometry and temperature-history modeling. J. Sediment. Res., 64: 324-333.

Walderhaug O, 1996. Kinetic modeling of quartz cementation and porosity loss in deeply buried sandstone reservoirs. AAPG Bull., 80: 731-745.

Wall J H, 1967. Cretaceous foraminifera of the Rocky mountain foothills, Alberta. Res. Counc. Alta. Bull., 20, 119.

本文由张荣虎教授编译

库车坳陷北部构造带侏罗系阿合组构造成岩作用与储层预测

王　珂[1,2]，张荣虎[1,2]，唐　永[3]，余朝丰[1,2]，杨　钊[1,2]，唐雁刚[4]，周　露[4]

1. 中国石油杭州地质研究院，浙江，杭州，310023；

2. 中国石油勘探开发研究院塔里木盆地研究中心，新疆，库尔勒，841000；

3. 长江大学非常规油气湖北省协同创新中心，湖北，武汉，430100；

4. 中国石油塔里木油田公司，新疆，库尔勒，841000

摘要： 构造成岩作用是控制库车坳陷北部构造带侏罗系阿合组储层特征的重要因素，主要包括古构造应力控制储层压实减孔与构造裂缝特征两个方面。在储层特征及构造应力特征分析的基础上，定量分析了古构造应力对阿合组储层压实减孔及构造裂缝特征的控制作用，并对库车坳陷北部构造带侏罗系阿合组的古构造应力及储层物性进行了有限元数值模拟，预测了储层有利区。研究表明，古构造应力是控制阿合组储层物性和构造裂缝特征的重要因素。最大古构造应力与储层平均孔隙度呈线性负相关，与构造应力压实减孔量呈幂函数正相关；最大古构造应力的方位控制构造裂缝的优势走向，其大小控制构造裂缝的发育程度，最大古构造应力与裂缝面密度和裂缝面孔率均呈良好的指数正相关。根据最大古构造应力与储层物性之间的交会关系将阿合组储层划分为孔隙型、裂缝—孔隙型和裂缝型3种类型，其中裂缝—孔隙型又包含a、b、c、d 4种亚类。北部构造带巴什段中部黑英山—库车河一线发育裂缝—孔隙a型相对优质储层和b型中等储层，目前尚处于勘探空白区，是北部构造带油气勘探的潜在领域，但存在一定的勘探风险。

关键词： 致密砂岩储层；构造应力；构造成岩；压实减孔；构造裂缝；储层预测；北部构造带；库车坳陷

0　引言

对于含油气盆地沉积储层的形成演化，前人多侧重于从沉积和成岩角度开展研究，而构造作用对储层的影响较少提及（曾联波等，2016）。实际上，构造作用（尤其是在强构造应力区）对储层有着显著的控制作用，特别是对储层成岩作用及其演化有着重要影响。构造成岩作用（structural diagensis）的概念由Laubach等（2010）首次明确提出，并定义为变形作用或变形构造与沉积物化学变化之间的关系。国内学者曾联波等（2016）、李忠等（2009）、韩登林等（2015）、袁静等（2018）、Gong Lei等（2021）将构造成岩的概念进行了拓展，将其定义为沉积岩层从松散沉积物到固结成岩之后的过程中，所发生的构造应力和成岩作用之间的所有相互作用，构造应力造成的储层孔隙变化以及构造裂缝的形成等均属于构造成岩作用的范畴，张荣虎等（2020）又将其称为"构造动力成岩作用"（tectonic diagenesis），以与Laubach等（2010）提出的狭义构造成岩作用相区分。系统开展构造成岩作用研究，对强构造应力区沉积储层的成因机制、演化规律及分布预测具有重要意义（巩磊等，2015；曾联波等，2020）。虽然构造成岩作用这一概念是近10年刚刚提出，但不少学者在早前已开展了一些相关研究。例如寿建峰等（2001，2003，2004，2007）很早就注意到，构造应力对塔里木盆地库车坳陷东部下侏罗统和西南坳陷下白垩统砂岩储层物性具有重要的控制作用，并开展了一系列定性—半定量的研究工作；李忠等（2009）提出了储层构造非均质性的概念，将其定义为由于构造应变作用所形成的一系列构造不连续性以及相关构造—流体叠加改造而导致的储层物性非均质性，并初步建立了库车坳陷6类构造样式下构造应力（应变）对储层的改造模式。近些年来，随着前陆盆地等强构造应力区油气勘探进程的加快，构造成岩作用成为储层研究的一大热点，并从定性—半定量逐渐向定量化发展。目前的研究区主要集中在中国天山南北的前陆盆地，例如高志勇等

资助项目：国家重点研发计划（2019YFC0605501）；中国石油天然气股份有限公司科技重大专项（2019B-0303）。

（2010，2017，2018）采用镜质组反射率与颗粒填集密度两个定量参数，对准噶尔南缘前陆盆地白垩纪—新近纪构造挤压作用与储层的关系进行了表征，由此预测了有利储层的分布，并开展了埋藏压实—侧向构造挤压过程对库车坳陷深层白垩系储层物性改造机理的物理模拟实验，建立了储层孔隙演化与预测模型。史超群等（2020）提出了一种同时考虑岩石表观体积和杂基体积变化的压实减孔率计算模型，并以深时指数和地层伸缩率为变量，用回归分析方法对库车坳陷东部侏罗系阿合组侧向构造挤压减孔率和垂向压实减孔率进行了定量区分，并定量计算了裂缝增孔率。曾联波等（2020）通过恢复不同构造时期的古构造应力场或构造变形缩短量、恢复地层埋藏史以及地层深时指数计算，构建了构造成岩指数来定量表征构造成岩作用对库车坳陷深层白垩系储层演化及储层质量的影响，取得了较好的应用效果。

位于塔里木盆地北缘的库车坳陷天然气资源量丰富，目前在坳陷内的克拉苏构造带和秋里塔格构造带已发现了克拉2、大北—博孜、克深、迪那、中秋等多个千亿立方米级大型天然气田，为我国“西气东输”工程提供了坚实的资源基础（杜金虎等，2012；王招明等，2013；鲁雪松等，2018）。克拉苏构造带和秋里塔格构造带天然气勘探的突破揭示了库车坳陷巨大的资源潜力，促使人们将勘探领域逐渐向坳陷中部、向南北两侧拓展。北部构造带位于库车坳陷北缘，紧邻南天山造山带，前期勘探实践表明该区石油地质条件优越，具有巨大的勘探潜力。2016年中国石油第4次资源评价结果表明北部构造带的总油气储量为5.65×10^8t油当量，但目前仅发现依奇克里克油藏及迪北、吐孜洛克、吐东2等3个天然气藏，探明油气储量仅约0.3×10^8t油当量，资源落实程度仅约5.3%。北部构造带的主要含气目的层为下侏罗统阿合组的致密砂岩储层，具有平面非均质性强、控制因素复杂等特征，有利储层分布不明确，制约了油气勘探的进一步突破（张妮妮等，2015；刘卫红等，2017；李国欣等，2018；王华超等，2019）。前人研究表明，构造成岩作用对阿合组储层特征有明显的控制作用，是造成储层平面非均质性的重要原因。寿建峰等（2001，2003，2004，2007）、史超群等（2020）分别通过典型露头剖面和典型钻井的分析，明确了阿合组古构造应力与储层物性之间存在负相关的定性关系，并计算了构造应力造成的压实减孔量；易士威等（2014）、魏红兴等（2015）、芦慧等（2015）、姜振学等（2015）分析了迪北气藏阿合组构造裂缝的特征、影响因素、形成期次以及对成藏的控制作用。总体来看，前期的相关研究明确了古构造应力对阿合组储层具有重要的控制作用，但缺乏对这种控制作用定量机制的研究和构造成岩作用概念下的整体分析，难以起到预测有利储层的作用。因此，本文在储层特征和构造应力特征分析的基础上，系统开展库车坳陷北部构造带下侏罗统阿合组的构造成岩作用研究，明确构造成岩作用对储层压实减孔和造缝的定量作用机理，并尝试以此为基础开展有利储层的分布预测，以期对北部构造带的油气勘探提供一定的地质依据。

1 地质背景

库车坳陷位于塔里木盆地北部，南天山造山带与塔北隆起之间（图1），东西长约450km，南北宽20~60km，总面积约2.85×$10^4$$km^2$，是一个自海西晚期开始发育，经历多次构造运动叠加形成的叠合前陆盆地（余海波等，2016；王招明等，2016）。北部构造带位于库车坳陷最北端，包括北部单斜带的东部（又称巴什段）和依奇克里克构造带（包括迪北—吐孜段和吐格尔明段），总面积约6800km^2（图1）。其中巴什段构造变形强烈，以古近系库姆格列木群膏盐岩层为塑性滑脱层发生分层变形，盐下发育复杂的基底卷入冲断构造，盐上为与深部基底冲断相关联的浅层滑脱冲断体系；迪北—吐孜段以新近系吉迪克组膏盐岩为塑性滑脱层发生分层变形，盐下为简单的基底卷入冲断构造，发育一系列低幅度断鼻和断背斜，盐上主要为基底冲断形成的单斜构造；吐格尔明段发育基底卷入式背斜，新近系吉迪克组膏盐岩层的塑性滑脱效果不明显，背斜核部发育新元古代的变质结晶基底（何登发等，2011；王珂等，2020）。北部构造带发育5套主要的烃源岩，自下而上分别为上三叠统黄山街组、塔里奇克组，下侏罗统阳霞组，中侏罗统克孜勒努尔组、恰克马克组，其中黄山街组和恰克马克组为湖相泥岩，塔里奇克组、阳霞组和克孜勒努尔组为煤系地层（图2）（李峰等，2015；卢玉红等，2015）。北部构造带最重要的含气层系为下侏罗统阿合组，属于相对稳定沉积环境下的辫状河三角洲平原亚相沉积体系，横向上展布稳定，岩性主要为灰白色中—粗砂岩及薄层砂砾岩，埋深为950~5100m，厚度为260~300m（图2、图3；李国欣等，2018）。

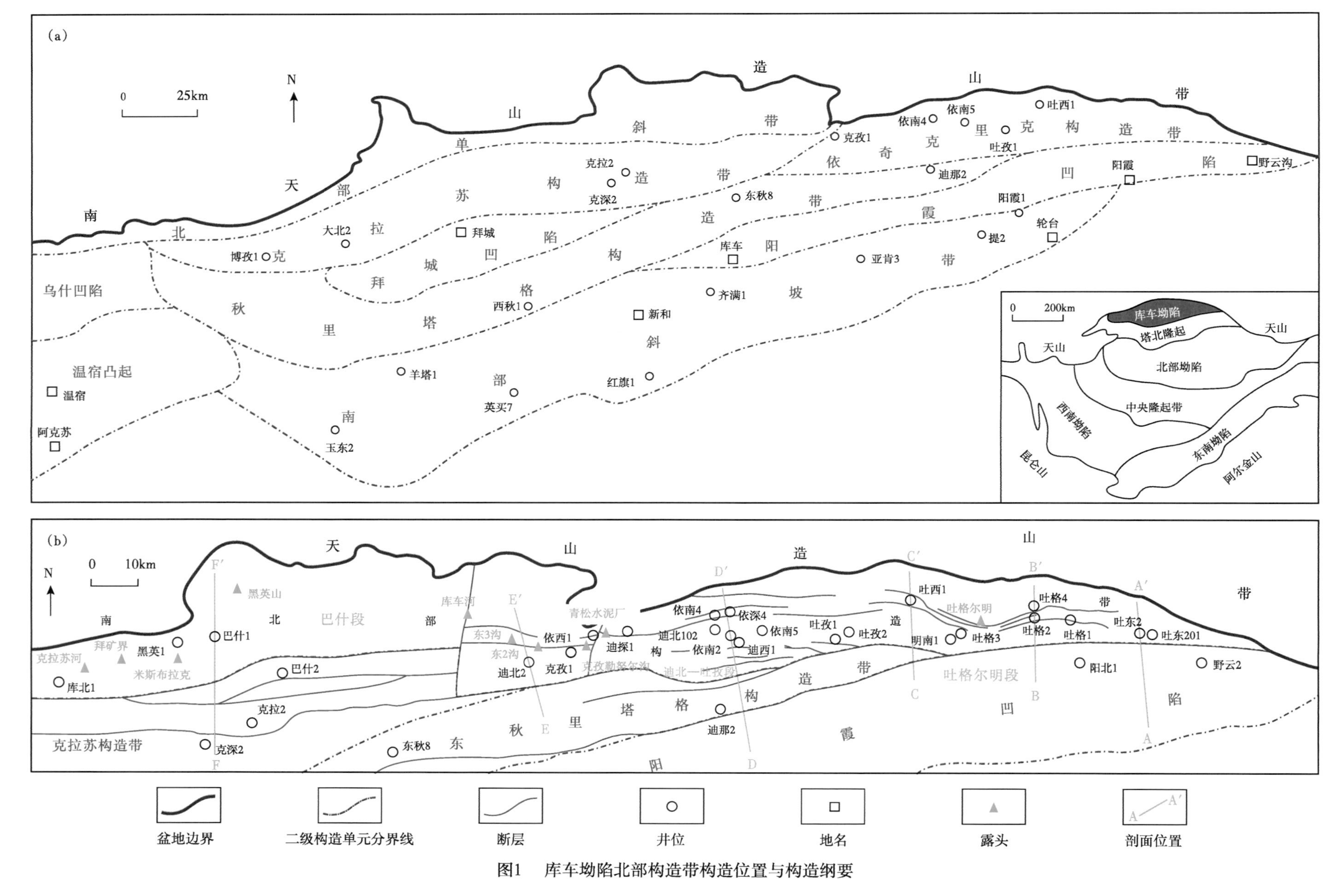

图1 库车坳陷北部构造带构造位置与构造纲要

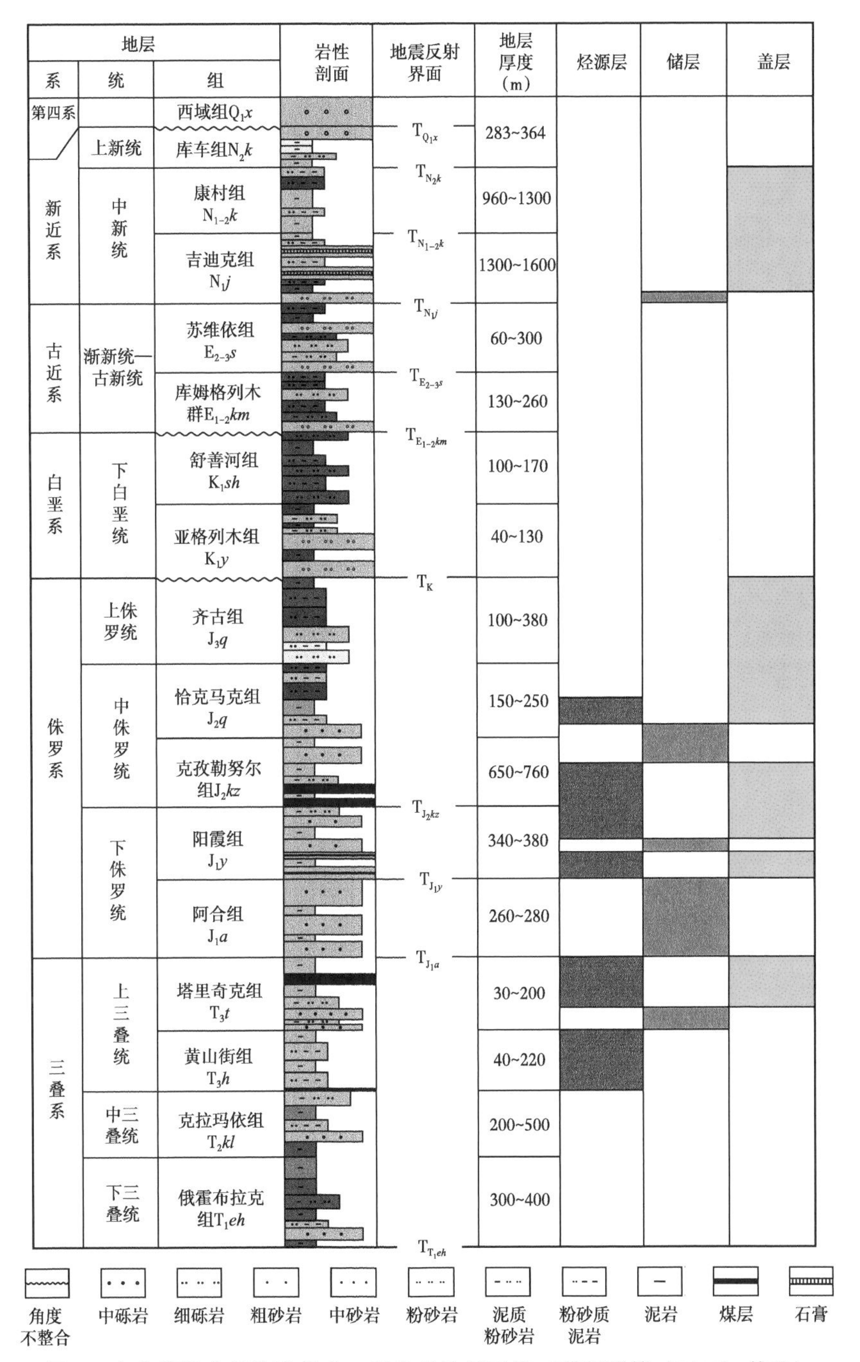

图 2　库车坳陷北部构造带中—新生界地层系统（据琚岩等（2014）修改）

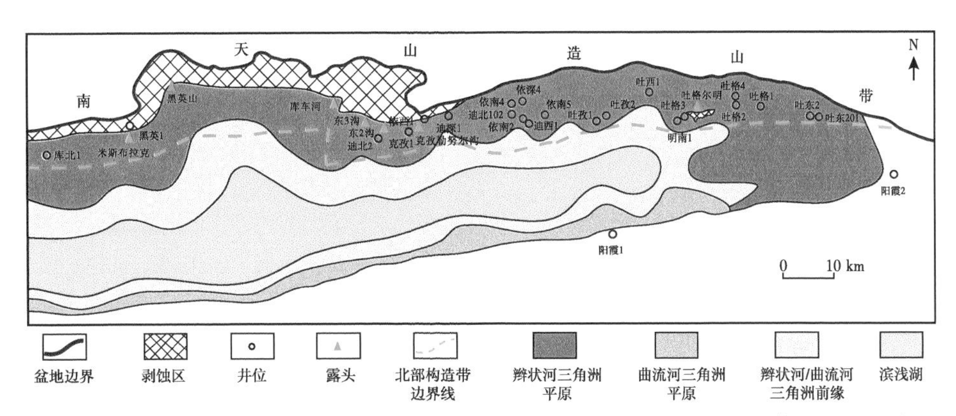

图 3　库车坳陷北部构造带侏罗系阿合组沉积相（据林畅松（2021）；王珂等（2021）修改）

2 储层基本特征

北部构造带下侏罗统阿合组以灰白色中—粗砂岩和薄层砂砾岩为主，其中砂岩以长石岩屑砂岩和岩屑砂岩为主，颗粒分选中等—好，磨圆以次棱角—次圆状为主，颗粒间主要为线接触、凹凸—线接触；储集空间包括原生粒间孔、粒间溶孔、粒内溶孔、微裂缝（包括构造缝、溶蚀缝、收缩缝）等类型（Zeng Lianbo，2010；Anders M H et al.，2014）（图4）。物性测试显示巴什段阿合组孔隙度为5.8%~10.1%，渗透率为0.9~29.5mD，迪北—吐孜段阿合组储层孔隙度为2.6%~9.5%，渗透率为0.02~2.0mD，吐格尔明段阿合组储层孔隙度为4.4%~18.4%，渗透率为0.29~120.75mD。阿合组的成岩作用包括压实作用（垂向压实和侧向构造压实）、溶蚀作用、胶结作用和裂缝作用等（张妮妮等，2015），溶蚀作用主要为长石、岩屑等颗粒的溶蚀，胶结作用以碳酸盐胶结为主。

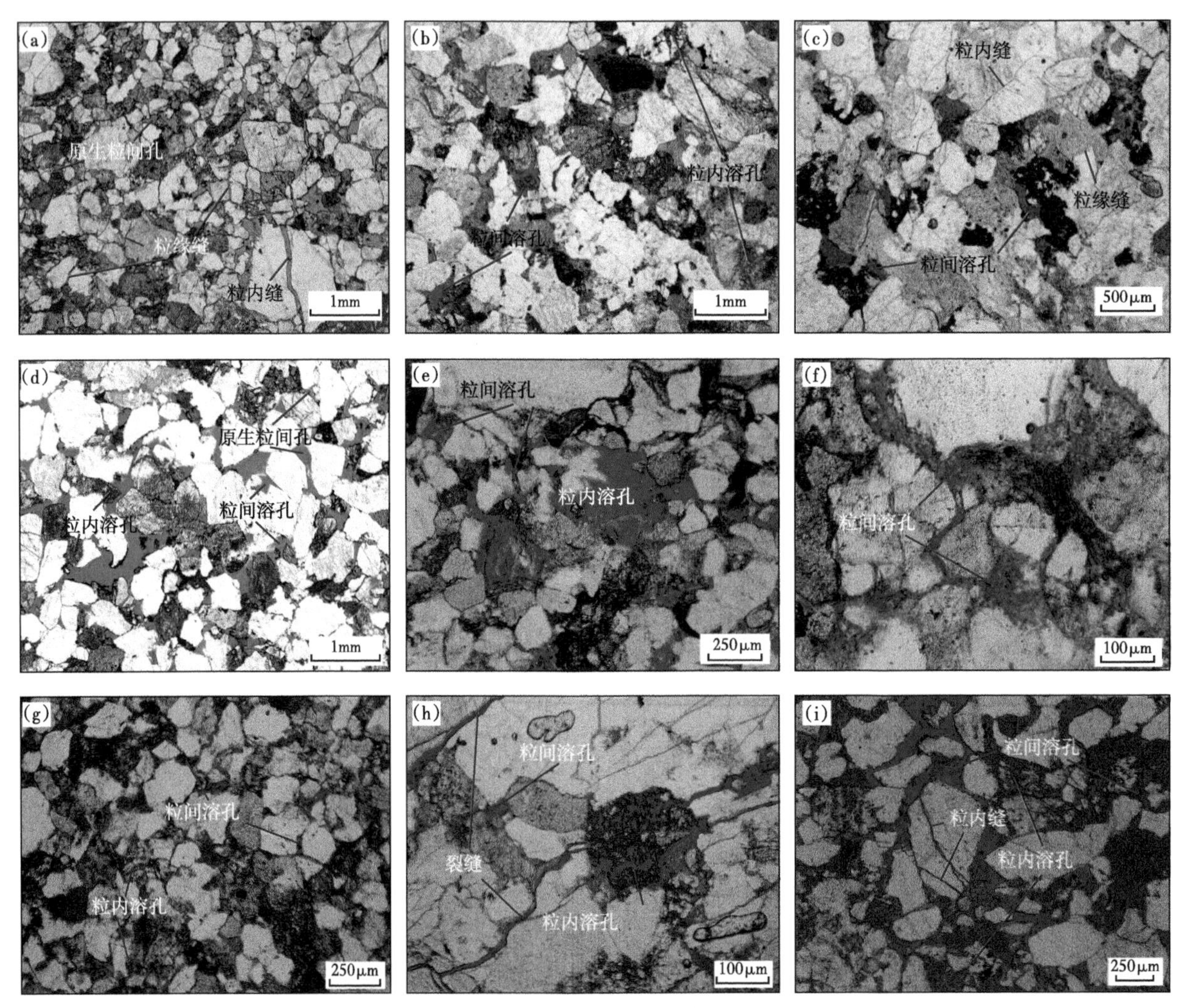

图4 库车坳陷北部构造带侏罗系阿合组储集空间类型

（a）米斯布拉克剖面，原生粒间孔、粒内缝及粒缘缝，面孔率6%；（b）库车河剖面，粒内溶孔及粒间溶孔，面孔率5%；（c）克孜勒努尔沟剖面，粒间溶孔、粒内缝及粒缘缝，面孔率4%；（d）吐格尔明剖面，原生粒间孔、粒间溶孔及粒内溶孔，面孔率14%；（e）克孜1井，3237.2m，粒内溶孔及粒间溶孔，面孔率8%；（f）依南2井，4843.0m，粒间溶孔，面孔率6%；（g）依南4井，4591.4m，粒间溶孔及粒内溶孔，面孔率4%；（h）依南5井，4935.9m，裂缝、粒间溶孔及粒内溶孔，面孔率5%；（i）明南1井，1025.1m，粒间溶孔、粒内溶孔及裂缝，面孔率14%

3 构造应力特征

前人研究表明，库车坳陷在侏罗纪以来主要经历了燕山晚期运动、喜马拉雅早期、中期和晚期运动，砂岩声发射实验也表明北部构造带阿合组记忆了 3～4 期构造应力作用（孙宝珊等，1996；曾联波等，2004；刘洪涛等，2004）。理论上，每一期构造应力均会对储层造成构造成岩作用（包括减孔和造缝），但由于储层减孔和造缝的不可逆性，对构造成岩起最终决定作用的往往是最强的那一期构造应力（实际上相当于多期构造应力下构造成岩作用的叠加），即地质历史时期的最大古构造应力，其特征是构造成岩作用分析的基础与关键（寿建峰等，2004）。构造演化分析表明，北部构造带的构造形态主要形成于喜马拉雅晚期（上新世库车组沉积期—第四纪西域组沉积期）南天山造山带的强烈挤压推覆，该时期的古构造应力达到了侏罗纪以来的峰值（魏红兴等，2016；张玮等，2019）。郑淳方等（2016）根据区域构造应力背景，结合大型褶皱长轴及断层走向、断面擦痕、压力影构造以及天然裂缝走向等，判断北部构造带露头区的最大古构造应力方位以近 NS 向为主（图 5）。

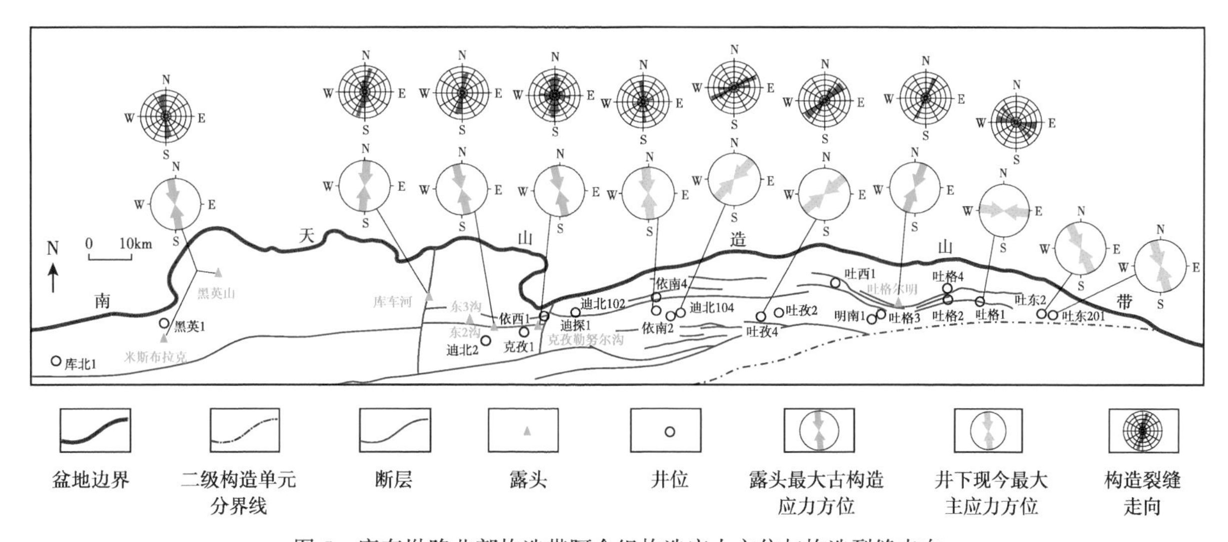

图 5 库车坳陷北部构造带阿合组构造应力方位与构造裂缝走向

露头最大古构造应力方位据郑淳方等（2016），吐格 1 井构造裂缝走向及吐东 2 井现今最大主应力方位为阳霞组数据

最大古构造应力的数值主要采用砂岩声发射实验（万天丰，1988；丁原辰，1996，2000）以及基于厚层泥岩（≥2m）应力敏感性的浅侧向电阻率或声波时差反演确定（李军等，2011；张惠良等，2012）（公式 1）。其中砂岩声发射实验由四川大学岩土工程省级重点实验室协助完成，所用实验仪器为 MTS815 Flex Test GT 程控伺服岩石力学试验系统和 PAC PCI-1 12 通道声发射测试工作站；公式（1）为李军等（2011）、张惠良等（2012）；王珂等（2017）在库车坳陷侏罗系—古近系建立的利用测井资料估算最大古构造应力的公式，在库车坳陷多个气藏均有较好的应用效果。声发射实验及测井资料反演结果表明北部构造带下侏罗统最大古构造应力值为 25.7～133.5MPa，在平面上具有显著的差异性（表 1）。

井下阿合组的最大古构造应力方位难以直接确定，但从利用钻井诱导缝和井壁崩落方位确定的现今水平最大主应力方位与裂缝走向的关系来看，二者具有较好的一致性，表明构造应力方位自喜马拉雅晚期运动以来具有良好的继承性发育特征，因此可将现今水平主应力方位近似为最大古构造应力方位（图 5）。

$$
\begin{cases} S_p = 11.87143\ln R_t + 42.76097 \text{（适合强挤压应力场）} \\ S_p = -64.4929\ln \Delta t + 330.5797 \text{（适合强挤压应力场）} \end{cases} \quad (1)
$$

式中，S_p 为最大古构造应力，MPa；R_t 为厚层泥岩段的浅侧向电阻率，Ω · m；Δt 为厚层泥岩段的声波时差，μs/m。

表 1　库车坳陷北部构造带下侏罗统最大古构造应力与构造成岩参数

剖面或井号	取样深度（m）	层位	岩性	测定方法	最大古构造应力（MPa）	实测孔隙度（%）	构造减孔量（%）	溶蚀增孔量（%）	胶结减孔量（%）	裂缝面密度（m/m^2）	薄片裂缝面孔率（%）
米斯布拉克	0	J_1a	灰色含砾粗砂岩	砂岩声发射	58.7	10.1	8.9	5.9	8.6		
米斯布拉克	0	T_3t	灰色含砾粗砂岩	砂岩声发射	116.9	6.8				8.8	0.50
黑英山	0	J_1a	灰色细砂岩	砂岩声发射	93.1	10.1	10.4	6.9	8.7		0.41
黑英山	0	J_1a	灰白色粗砂岩	砂岩声发射	32.6	11.2	8.4	7.1	8.5		
克拉苏河	0	J_1a	灰白色粗砂岩	砂岩声发射	25.7	11.6	6.5	7.0	10.4		
克拉苏河	0	J_1a	灰白色含砾中细砂岩	砂岩声发射	37.3	10.8	7.3	6.8	10.7		0.19
库车河	0	J_1a	灰色含砾粗砂岩	砂岩声发射	96.9	8.4	11.2	6.7	8.2	4.2	0.43
东 2 沟	0	J_1a	灰白色含砾粗砂岩	砂岩声发射	51.1	7.8	9.1	5.8	10.3		0.16
东 3 沟	0	J_1a	灰白色粗砂岩	砂岩声发射	107.1	7.6				3.3	0.32
克孜勒努尔沟	0	J_1a	灰白色粗砂岩	砂岩声发射	55.2	6.2	10.8	6.0	8.8		
克孜勒努尔沟	0	J_1a	灰色粗砂岩	砂岩声发射	133.5	4.6	13.6	5.8	9.1	7.6	0.60
青松水泥厂	0	J_1a	灰白色中细砂岩	砂岩声发射	66.4	5.3	12.4	5.7	8.9		0.22
吐格尔明北翼	0	J_1y	灰白色粗砂岩	砂岩声发射	95.7	7.0	13.6	9.5	10.3		
吐格尔明南翼	0	J_1a	灰色粗砂岩	砂岩声发射	67.2	13.5	11.7	13.5	10.1	0.7	
克孜 1 井	3380.2	J_1a	灰色中砂岩	砂岩声发射	102.8	2.6	14.5	4.7	7.2		
依南 2 井	4702.2	J_1y	灰色细砂岩	砂岩声发射	105.4	5.2	13.8	4.6	5.5	7.0	0.28
依深 4 井	4123.2	J_1a	灰色中砂岩	砂岩声发射	102.3	9.0	11.2	4.8	5.8	1.2	
明南 1 井	1151.6	J_1a	灰色粗砂岩	砂岩声发射	31.4	18.4	6.3	11.7	5.6	0.3	0.15
依南 4 井	4357.0~4650.0	J_1a	—	浅侧向电阻率反演	119.2	10.1					0.33
迪北 102 井*	4923.0~5207.0	J_1a	—	浅侧向电阻率反演	90.2	6.7	11.3	4.5	6.5		0.23
依南 5 井	4759.0~5015.0	J_1a	—	浅侧向电阻率反演	80.5	8.9				0.7	0.29
迪北 105X 井*	4753.0~5018.0	J_1a	—	浅侧向电阻率反演	99.2	9.7	13.8	4.6	3.7		
吐西 1 井*	1673.0~1737.6	J_1a	—	浅侧向电阻率反演	98.6	4.5	12.4	3.7	4.5	2.2	0.24
迪西 1 井*	4712.0~4991.0	J_1a	—	浅侧向电阻率反演	89.7	6.6	13.0	3.5	5.8		
吐孜 4 井	4102.0~4310.0	J_1a	—	浅侧向电阻率反演	79.5	9.5	10.4	5.9	5.2		0.20
迪探 1 井*	2111.5~2395.0	J_1a	—	浅侧向电阻率反演	79.6	6.5	12.4	4.4	3.4		
吐东 201 井*	4600.0~4749.6	J_1a	—	浅侧向电阻率反演	90.5	9.4	11.2	3.8	5.3		
吐格 1 井	3705.0~3850.0	J_1a	—	浅侧向电阻率反演	89.5	4.8	13.4	3.9	5.0		
吐格 2 井	1721.0~1890.0	J_1a	—	声波时差反演	48.3	12.0	8.3	4.4	4.5		0.19
吐格 3 井	788.0~1076.0	J_1a	—	声波时差反演	47.4						
吐格 4 井	3818.5~3920.0	J_1a	—	浅侧向电阻率反演	98.0	4.4	14.0	3.9	4.5		0.41

注：标*号的井为储层孔隙度预测的验证井，不参与下文图 7 关系式的建立。

4 构造成岩作用

4.1 构造减孔

在库车坳陷北部构造带这类构造应力较强的地区，储层不仅受到上覆岩层重力作用下的压实减孔作用，侧向构造挤压应力造成的压实减孔作用也不容忽视（毛亚昆等，2017）。相关数据统计显示，阿合组实测储层物性与最大古构造应力呈较好的线性负相关关系（图6），表明最大古构造应力是控制阿合组储层物性的一个重要因素。

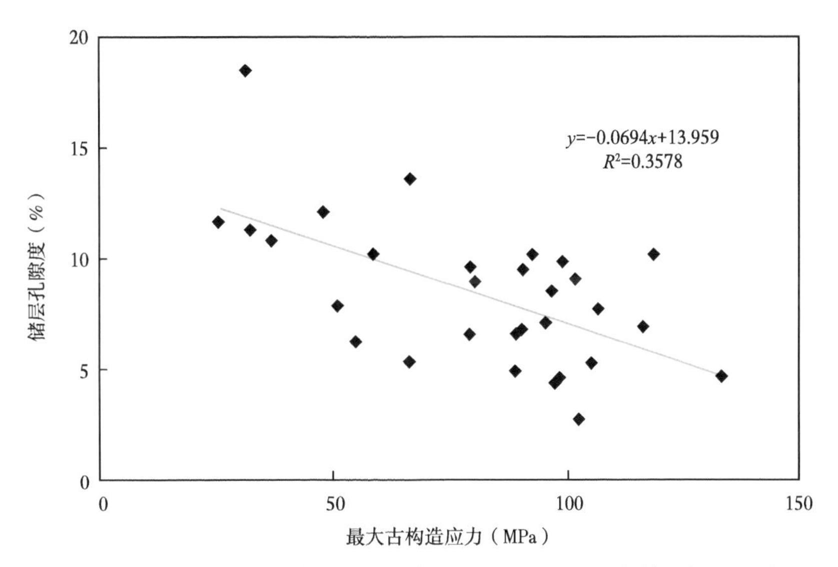

图6 库车坳陷北部构造带侏罗系阿合组最大古构造应力与储层物性的关系

为了进一步明确最大古构造应力与构造应力减孔量之间的定量关系，首先通过储层原始孔隙度恢复，并排除埋藏压实减孔、溶蚀作用增孔、胶结作用减孔和裂缝作用增孔等因素的影响，采用公式（2）至公式（5）对构造应力减孔量进行了计算。其中公式（3）为 Beard 和 Weyl 的经验拟合公式，普遍应用于砂岩原始孔隙度的恢复（王艳忠等，2013）；公式（4）为寿建峰等（2006）通过塔里木盆地库车坳陷、准噶尔盆地腹部等多个地区砂岩储层的相关数据，结合成岩物理模拟实验得到的拟合公式；公式（5）为研究区阿合组实测孔隙度和薄片面孔率之间的相关方程，用于薄片溶蚀作用增孔率/胶结作用减孔率和实际增孔量/减孔量之间的校正；裂缝增孔量 $\phi_{裂缝}$ 采用岩石柱塞样工业 CT 扫描获取或利用成像测井数据计算，其数值一般在0.5%以下（多数小于0.1%；昌伦杰等；2014），因此在实际计算中可忽略不计。

$$\phi_{构造}=\phi_{原始}-\phi_{现今}-\phi_{埋藏}+\phi_{溶蚀}-\phi_{胶结}+\phi_{裂缝} \tag{2}$$

$$\phi_{原始}=20.91+22.90/S_o \tag{3}$$

$$\phi_{埋藏}=\begin{cases}0.01D\times1.0578e^{-0.0103T} & (\Delta T=2.0\sim3.5℃/100m)\\0.01D\times1.6704e^{-0.0075T} & (\Delta T=3.5\sim4.5℃/100m)\end{cases} \tag{4}$$

$$\phi_{He}=\begin{cases}1.1178\phi_t+5.1084 & (露头区)\\0.8154\phi_t+3.386 & (井下)\end{cases} \tag{5}$$

式中，$\phi_{构造}$ 为构造应力减孔量，%；$\phi_{原始}$ 为储层原始孔隙度，%；$\phi_{现今}$ 为现今实测储层孔隙度，%；$\phi_{埋藏}$ 为埋藏压实作用减孔量，%；$\phi_{溶蚀}$ 为溶蚀作用增孔量，%；$\phi_{胶结}$ 为胶结作用减孔量，%；$\phi_{裂缝}$ 为裂缝增孔量，%；S_o 为 Trask 分选系数，无量纲；D 为埋藏深度，m；T 为地层温度，℃；ΔT 为地温梯度，℃/100m；ϕ_{He} 为实测氦孔隙度，%；ϕ_t 为薄片面孔率，%。

最大古构造应力及构造应力减孔量的交会图表明，二者呈较好的幂函数正相关（图 7）。利用图 7 中的关系式及公式（2）至公式（5），对库车坳陷北部构造带 6 口验证井的阿合组储层孔隙度进行了预测，预测结果与实测孔隙度对应较好（图 8），表明图 7 建立的关系式是比较可靠的。

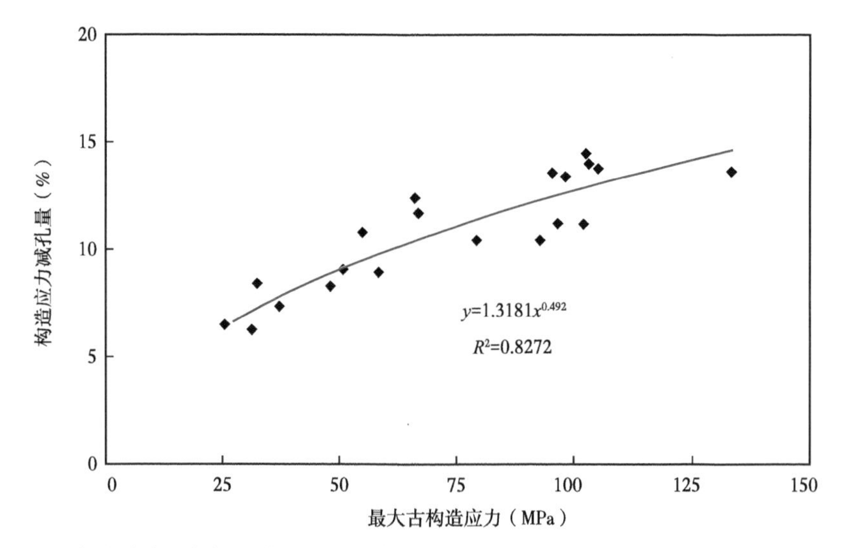

图 7　库车坳陷北部构造带侏罗系阿合组最大古构造应力与构造应力减孔量的关系

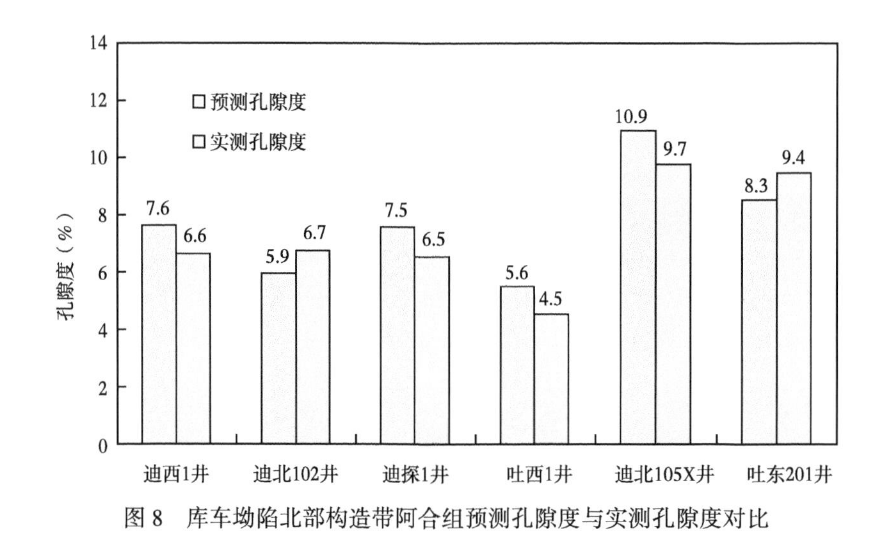

图 8　库车坳陷北部构造带阿合组预测孔隙度与实测孔隙度对比

4.2　构造裂缝

构造裂缝是提高北部构造带侏罗系阿合组致密砂岩储层渗透率的重要因素（魏红兴等，2015；芦慧等，2015）。露头及岩心观测表明，阿合组的构造裂缝以高角度、直立的剪切裂缝为主，裂缝面平直光滑，延伸距离较远，多成组系出现（图 9a—d），走向以近 NS 向为主，局部为 NE 向、近 EW 向（图 5；巩磊等，2017）。露头区阿合组的裂缝面密度平均约 5.7m/m^2，开度为 1～5mm，充填程度较低，平均充填率约 20%；井下阿合组的裂缝面密度平均约 2.9m/m^2，开度为 0.1～1mm，平均充填率约 15%。微观裂缝包括粒缘缝、粒内缝和粒间缝等类型，常见微裂缝相互交错形成的裂缝网络连通基质孔隙（图 9e—g）。在成像测井图像上，构造裂缝也以直立或高角度为主，发育平行、斜交、共轭等组合方式（图 9h）。

古构造应力是北部构造带侏罗系阿合组产生构造裂缝的主要动力来源（赵继龙等，2014；鞠玮等，2014；范存辉等，2017）。最大古构造应力的方位控制了构造裂缝的优势走向（图 5），其大小控制了构造裂缝的发育程度，统计表明最大古构造应力与阿合组构造裂缝面密度和微观裂缝面孔率均呈良好的指数正相关（图 10）。

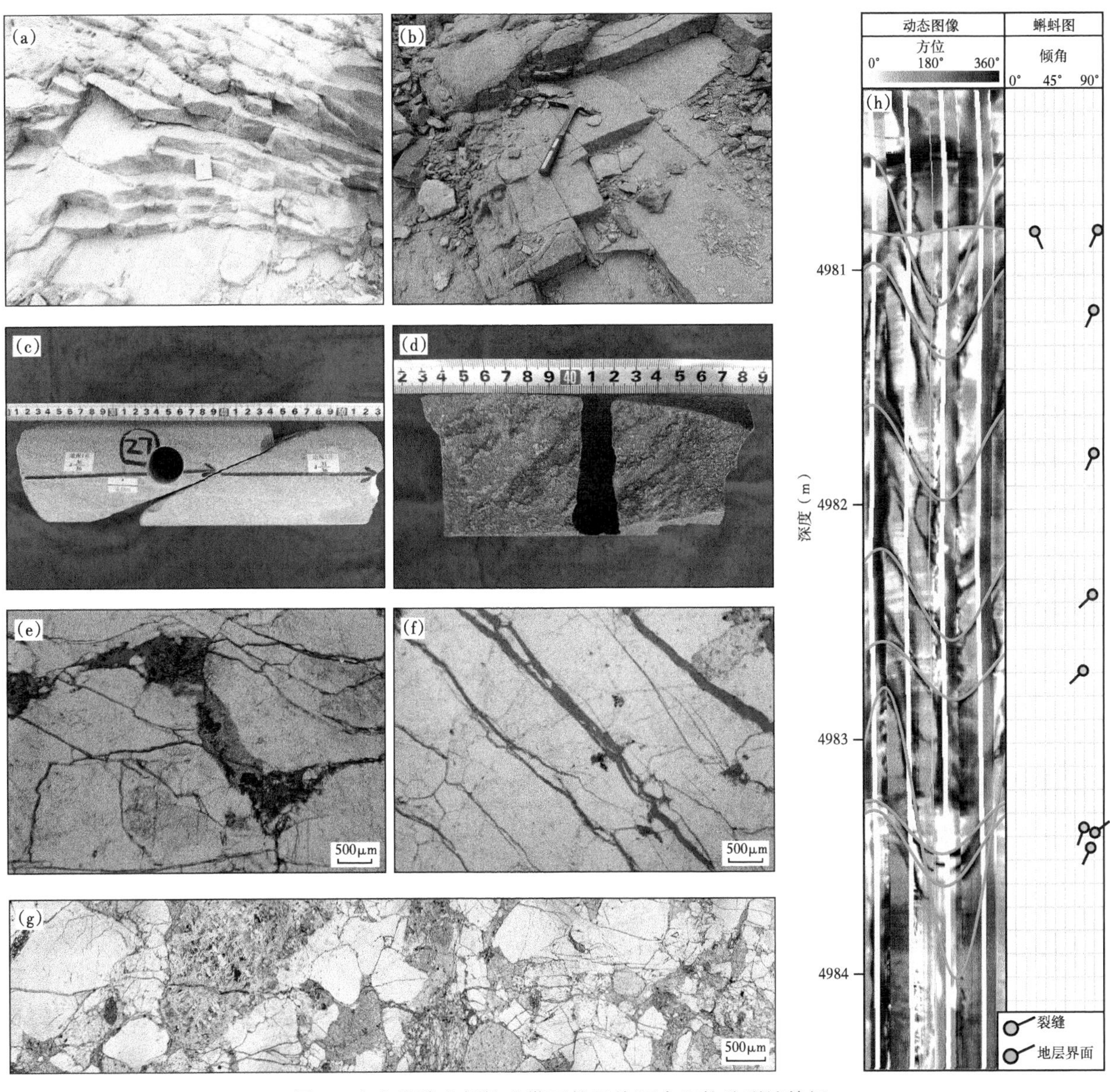

图 9　库车坳陷北部构造带下侏罗统阿合组构造裂缝特征

（a）米斯布拉克剖面，中—粗砂岩，两组正交裂缝；（b）克孜勒努尔沟剖面，细砂岩，两组正交裂缝；（c）迪探 1 井，2219.8m，阿合组，高角度剪切裂缝，无充填；（d）依南 2 井，4966.1m，近直立剪切裂缝，无充填；（e）依南 4 井，4638.7m，铸体薄片，粒内缝、粒缘缝沟通孔隙；（f）依南 5 井，4938.3m，一组平行的粒内缝；（g）迪北 102 井，5145.2m，铸体薄片，微裂缝相互连通成裂缝网络；（h）迪西 1 井，4980.2～4984.4m，成像测井上的一组高角度裂缝

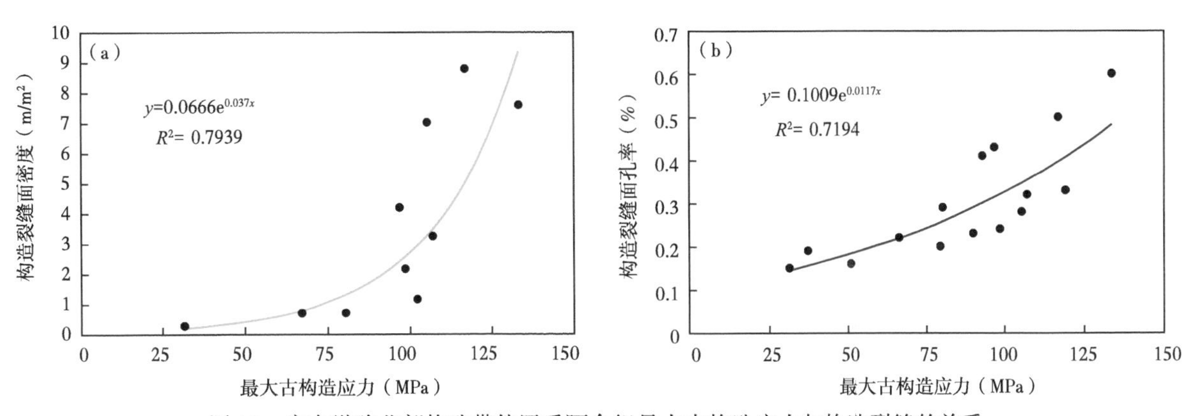

图 10　库车坳陷北部构造带侏罗系阿合组最大古构造应力与构造裂缝的关系

5 有利储层预测

5.1 剖面储层预测

在构造成岩作用分析的基础上，通过古构造应力场的数值模拟，结合公式（2）至公式(5）以及图 7 和图 10 建立的关系式，可对无井点控制区域的储层现今孔隙度和裂缝密度、面孔率等开展定量数值模拟，进而预测有利储层的分布。对于北部构造带，根据勘探程度和构造样式展布，选择了 6 条可控制研究区构造形态的近 NS 向主干剖面（图 1），采用 ABAQUS 有限元分析软件，并通过岩石力学实验和测井解释确定地层的岩石力学参数（表 2），以露头、钻井实测或测井解释的最大古构造应力为约束确定边界条件（表 3），

表 2　库车坳陷北部构造带数值模拟岩石力学参数表（据张凤奇等（2012）修改）

地层	密度（kg/m^3）	弹性模量（GPa）	泊松比
第四系（Q）	2500	12	0.28
库车组（N_2k）	2500	15	0.26
康村组（$N_{1-2}k$）	2500	20	0.25
吉迪克组（N_1j）	膏盐岩发育区：2400 膏盐岩不发育区：2600	膏盐岩发育区：5 膏盐岩不发育区：20	膏盐岩发育区：0.42 膏盐岩不发育区：0.30
苏维依组（$E_{2-3}s$）	2500	20	0.30
库姆格列木群（$E_{1-2}km$）	膏盐岩发育区：2400 膏盐岩不发育区：2600	膏盐岩发育区：6 膏盐岩不发育区：21	膏盐岩发育区：0.35 膏盐岩不发育区：0.28
白垩系（K）	2700	35	0.23
克孜勒努尔组（J_2kz）	2600	32	0.26
阳霞组（J_1y）	2600	30	0.31
阿合组（J_1a）	2700	34	0.24
三叠系及前三叠系（T—PreT）	2700	39	0.25
断层	2200	8	0.32

表 3　库车坳陷北部构造带数值模拟边界条件表

<table>
<tr><th rowspan="2">剖面号</th><th colspan="3">位移约束条件</th><th colspan="2">边界应力载荷</th></tr>
<tr><th>模型底界</th><th>模型南部边界</th><th>其他边界</th><th>模型北部边界（MPa）</th><th>岩层重力</th></tr>
<tr><td>AA′</td><td rowspan="6">垂向（Y 方向）约束</td><td rowspan="6">水平方向（X 方向）约束</td><td>—</td><td>96</td><td rowspan="6">通过设定重力加速度 $g=9.8m/s^2$，由软件自动加载</td></tr>
<tr><td>BB′</td><td>背斜核部元古宇基底施加水平方向（X 方向）约束</td><td>70</td></tr>
<tr><td>CC′</td><td>—</td><td>76</td></tr>
<tr><td>DD′</td><td>—</td><td>101</td></tr>
<tr><td>EE′</td><td>—</td><td>92</td></tr>
<tr><td>FF′</td><td>—</td><td>120</td></tr>
</table>

开展了6条主干剖面最大古构造应力、裂缝面密度、裂缝面孔率和储层孔隙度的数值模拟。以过吐格2井—吐格4井剖面（BB′剖面）为例（图11），该剖面穿过吐格尔明背斜中部，由于核部晚元古代花岗岩和绢云母石英片岩基底的应力遮挡效应，造成背斜北翼构造应力强，裂缝发育、储层孔隙度低，向南翼方向构造应力逐渐减小，裂缝欠发育、储层孔隙度高（图12）。数值模拟结果与实际地质规律有良好的一致性，北翼的吐格4井实测最大古构造应力约98.0MPa，薄片裂缝面孔率约0.41%，但实测储层平均孔隙度仅约4.4%；核部的吐格2井实测最大古构造应力约48.3MPa，薄片裂缝面孔率约0.19%，实测储层平均孔隙度约12.0%；南翼的明南1井实测最大古构造应力仅约31.4MPa，薄片裂缝面孔率仅约0.15%，但实测储层平均孔隙度可达18.4%（表1）。

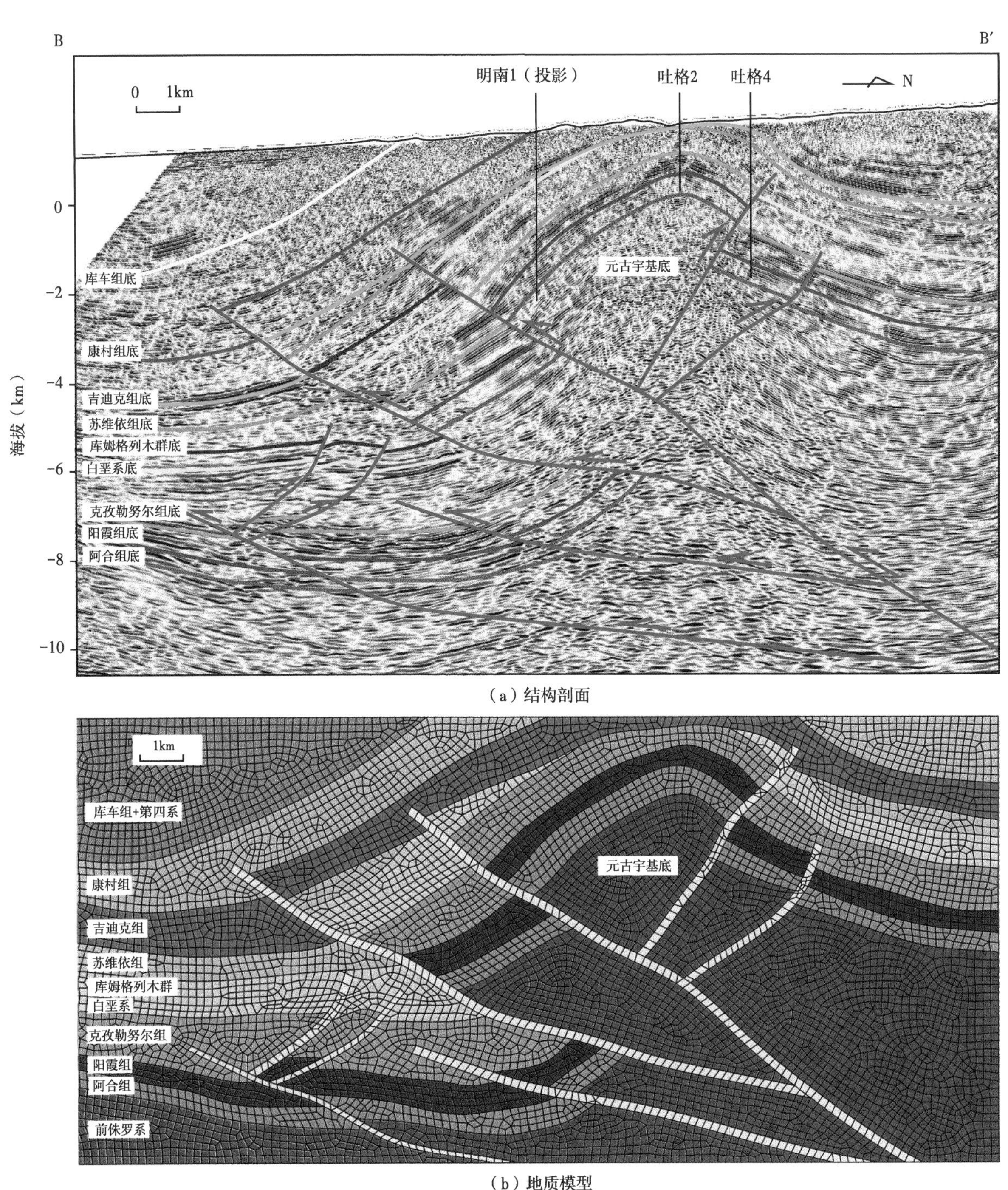

（a）结构剖面

（b）地质模型

图11　库车坳陷北部构造带过吐格2井—吐格4井（BB′）结构剖面与地质模型

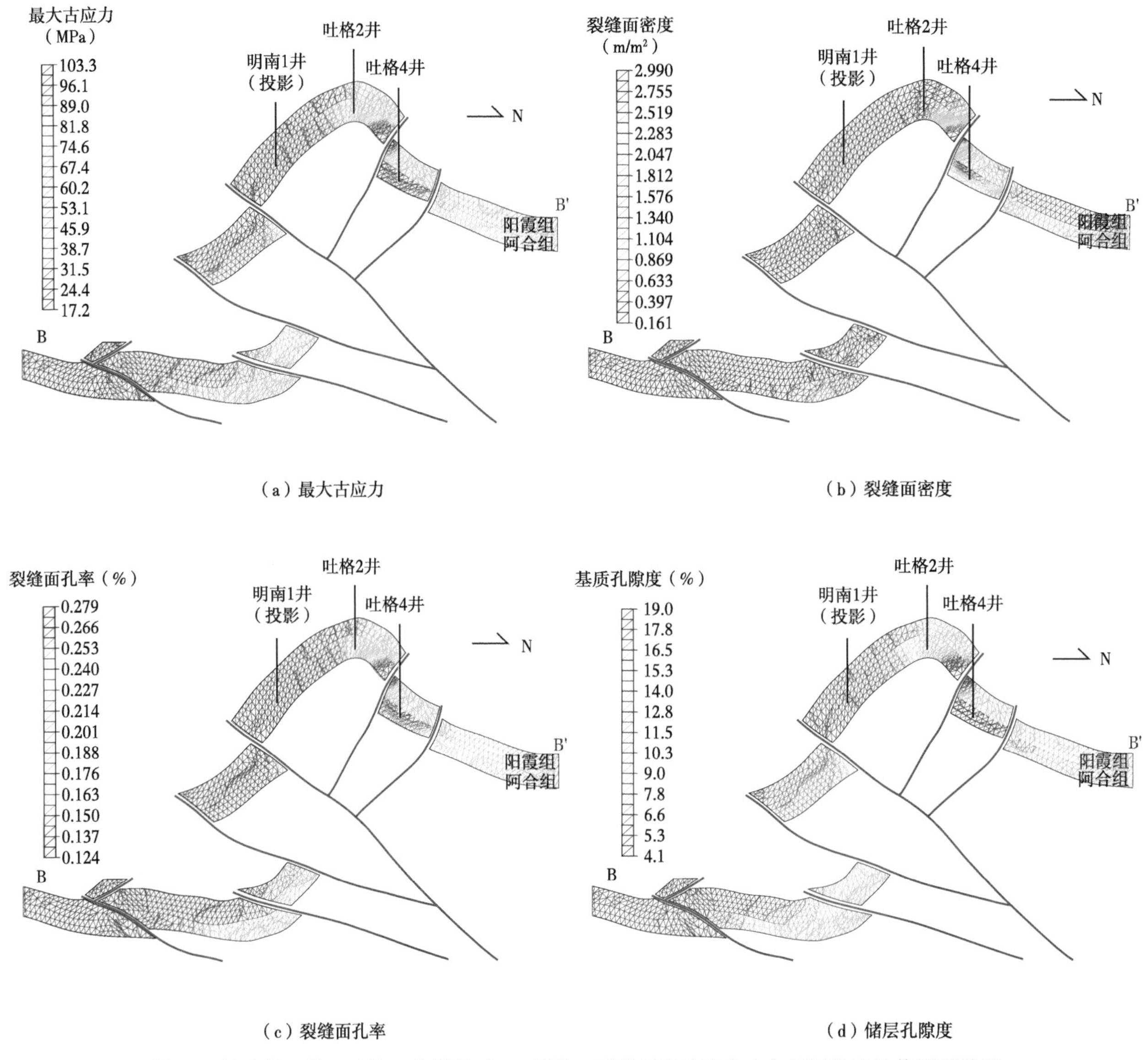

图 12　过吐格 2 井—吐格 4 井剖面（BB′剖面）下侏罗统构造应力与储层物性数值模拟结果

（剖面位置见图 1）

5.2　平面储层预测

将 6 条主干剖面最大古构造应力与储层物性的数值模拟数据以及野外露头和单井实测数据投影到井位图上，绘制了库车坳陷北部构造带侏罗系阿合组最大古构造应力、裂缝面密度、裂缝面孔率和储层孔隙度的平面等值线图（图 13）。总体上，以中部的依南 2 井—依深 4 井一线为界，界线以西具有较高的最大古构造应力、裂缝面密度、裂缝面孔率和较低的储层孔隙度；界线以东的最大古构造应力、裂缝面密度和裂缝面孔率均较低而储层孔隙度较高，在吐格尔明背斜西部和南翼表现得尤为明显。

根据最大古构造应力与储层物性之间的交会关系，将阿合组储层划分为 3 种类型，即孔隙型、裂缝—孔隙型和裂缝型，其中裂缝—孔隙型又细分为 4 种亚类（表 4）。其中孔隙型储层基质孔隙度较高，已经不属于严格意义上的致密储层，孔喉连通性好，裂缝相对欠发育，为优质储层；裂缝—孔隙 a 型储层的基质孔隙和裂缝均相对较发育，为相对优质储层；裂缝—孔隙 b 型储层和 c 型储层基质孔隙和裂缝发育中等，为中等储层；裂缝—孔隙 d 型储层基质孔隙和裂缝均较低，为一般储层；裂缝型储层基质孔隙度较低，孔喉连通性差，含气性低，尽管裂缝发育，也很难获得高产，为较差储层。

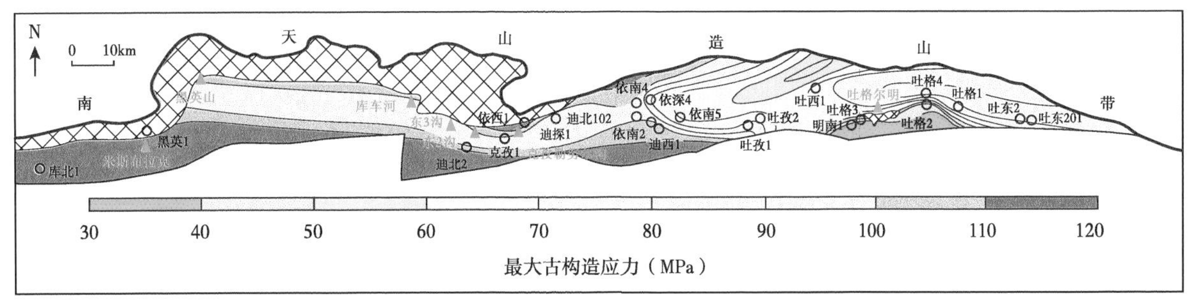

（a）最大古构造应力

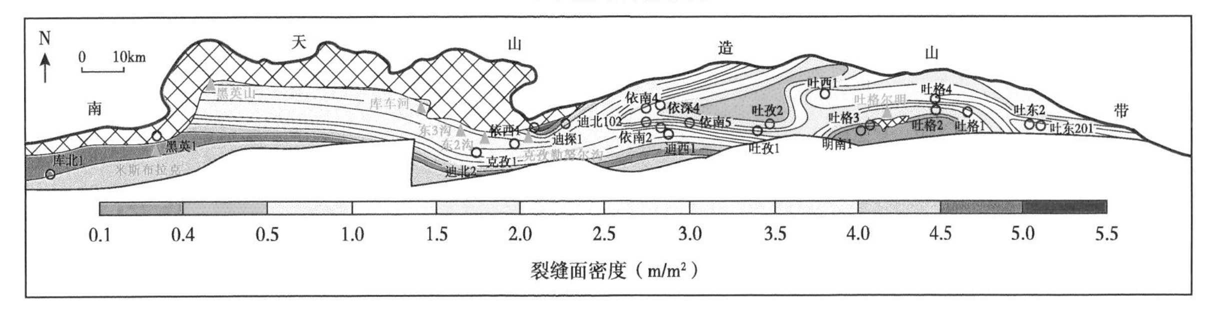

（b）裂缝面密度

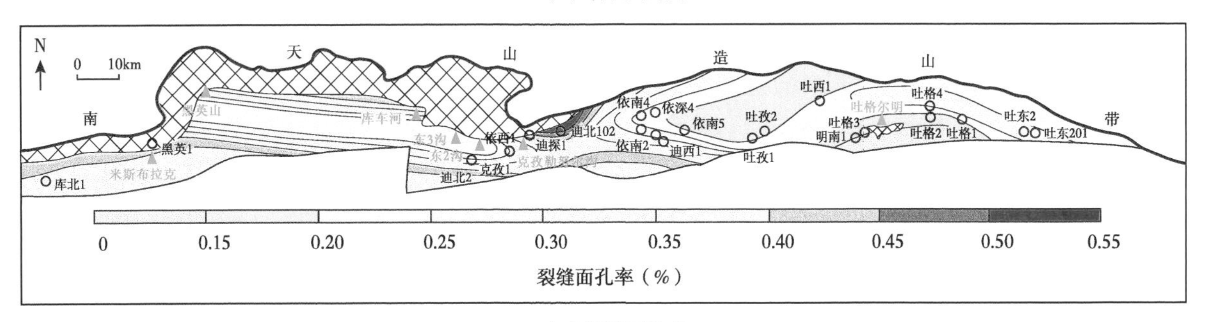

（c）裂缝面孔率

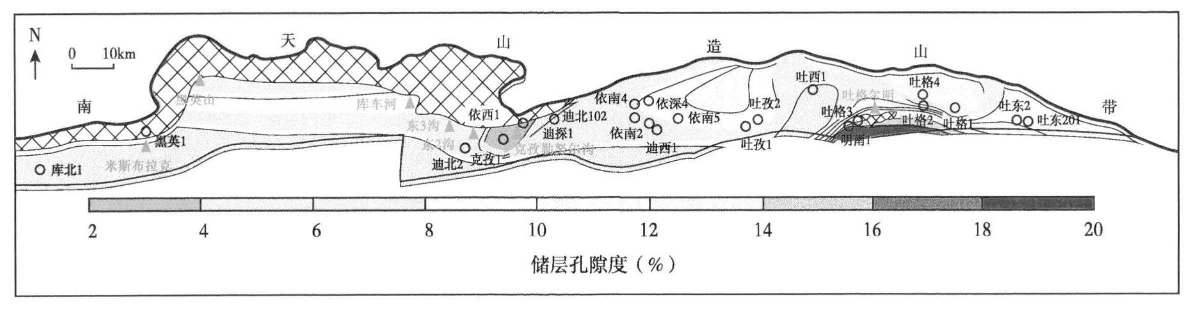

（d）储层孔隙度

盆地边界　剥蚀区　井位　露头

图13　库车坳陷北部构造带侏罗系阿合组最大古构造应力与储层物性参数平面分布

表4　库车坳陷北部构造带侏罗系阿合组储层分类标准表

储层类型	最大古应力（MPa）	裂缝面密度（m/m²）	裂缝面孔率（%）	储层孔隙度（%）
Ⅰ—孔隙型	≤50	≤0.5	≤0.17	≥12
Ⅱ—裂缝—孔隙 a 型	90~110	2.0~4.0	0.25~0.30	8~12
Ⅲ—裂缝—孔隙 b 型	90~110	2.0~4.0	0.25~0.30	4~8
Ⅳ—裂缝—孔隙 c 型	50~90	0.5~2.0	0.17~0.25	8~12
Ⅴ—裂缝—孔隙 d 型	50~90	0.5~2.0	0.17~0.25	4~8
Ⅵ—裂缝型	>110	>4.0	>0.30	<6

依据表 4 所示的储层分类标准，绘制出了库车坳陷北部构造带侏罗系阿合组储层类型的平面分区(图 14)。孔隙型储层主要分布在吐格尔明背斜南翼；裂缝—孔隙 a 型储层主要分布在巴什段中部黑英山—库车河一线和吐东 2 井区，b 型储层和 c 型储层主要分布在迪北—吐孜地区、巴什段和吐格尔明背斜的中北部及中南部，d 型储层主要分布在吐格尔明背斜北缘和西侧的局部地区；裂缝型储层主要分布在克孜 1 井区以及巴什段和迪北—吐孜段的南部。

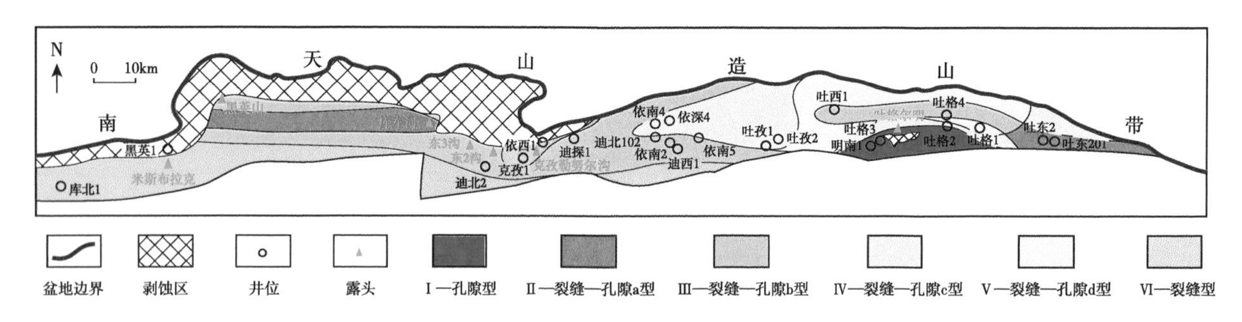

图 14 库车坳陷北部构造带侏罗系阿合组储层类型分区

需要指出的是，图 13 的储层物性数值模拟结果和图 14 的储层类型分区主要考虑了构造应力和成岩作用因素，而对沉积相和岩石特征造成的储层物性差异考虑有所欠缺。虽然从沉积相平面图（图 3）来看，北部构造带阿合组在横向上均以辫状河三角洲平原亚相为主，岩性也均主要为灰白色中—粗砂岩，但由于距物源远近、构造样式和构造变形时间以及成岩流体环境等方面的不同，阿合组在平面上仍然会有岩石粒度、分选、碎屑成分、流体特征等方面的细微差异，从而造成构造成岩作用的非均质性，也会对储层物性有一定的影响。另一方面，本文所建立的构造成岩作用模型本身也存在一定的误差，影响了储层物性预测精度。因此，将构造应力与沉积相、岩石特征、流体特征相结合，建立更加精确的构造成岩作用模型，对构造成岩作用进行更加系统地定量评价，是今后需进一步研究的重要科学问题。

同时，图 14 只是从储层质量的角度指出优质储层的分布，而北部构造带构造特征复杂，油气成藏受保存条件影响很大。因此优质储层的分布还需要与油气成藏条件相结合，才能更加准确地确定有利勘探区域。吐格尔明背斜南翼发育孔隙型优质储层、北翼发育裂缝—孔隙 b 型中等储层，但因靠近核部剥蚀区，早期形成的油气已经散失，在地表发现分散的油气苗以及明南 1 井、吐格 4 等井未获工业油气流即证实了这一点；吐东 2 井区发育裂缝—孔隙 a 型相对优质储层，且远离剥蚀区，油气保存条件好，已获工业气流，吐东 2 井日产气约 $12\times10^4m^3$，预测天然气地质储量约 $200\times10^8m^3$；迪北—吐孜地区发育裂缝—孔隙 b 型和 c 型中等储层，整体保存条件较好，已形成迪北—吐孜气田，探明天然气地质储量约 $550\times10^8m^3$；巴什段中部黑英山—库车河一线发育裂缝—孔隙 a 型相对优质储层和 b 型中等储层，目前尚处于勘探空白区，是北部构造带油气勘探的潜在领域。但同时该区构造应力强，造成构造变形强烈、油气保存条件复杂，因此存在一定的勘探风险。

6 结论

（1）库车坳陷北部构造带侏罗系阿合组的最大古构造应力为喜马拉雅晚期的古构造应力，方位以近 NS 向为主，局部为 NE 向、近 EW 向，大小为 25.7～133.5MPa。

（2）最大古构造应力是控制阿合组储层孔隙度的重要因素，二者呈良好的线性负相关；最大古构造应力方位控制构造裂缝优势走向，其大小控制构造裂缝的发育程度，最大古构造应力与构造裂缝面密度和微观构造裂缝面孔率均呈良好的指数正相关。

（3）阿合组储层可划分为孔隙型、裂缝—孔隙型和裂缝型 3 种类型，其中裂缝—孔隙型又细分为 a、b、c、d 4 种亚类；其中孔隙型储层为优质储层，裂缝—孔隙 a 型储层为相对优质储层，裂缝—孔隙 b 型储层和 c 型储层为中等储层，裂缝—孔隙 d 型储层为一般储层，裂缝型储层为较差储层。巴什段中部黑英山—库车河一线发育裂缝—孔隙 a 型相对优质储层和 b 型中等储层，目前尚处于勘探空白区，是北部构造带油气勘探的重点领域，但存在一定的勘探风险。

参考文献

昌伦杰，赵力彬，杨学君，等，2014. 应用 ICT 技术研究致密砂岩气藏储集层裂缝特征．新疆石油地质，35（4）：471-475.

丁原辰，孙宝珊，汪西海，等，1996. 塔里木盆地北部油田古应力的 AE 法测量．地质力学学报，2（2）：18-25.

丁原辰，2000. 声发射法古应力测量问题讨论．地质力学学报，6（2）：45-52.

杜金虎，王招明，胡素云，等，2012. 库车前陆冲断带深层大气区形成条件与地质特征．石油勘探与开发，39（4）：385-393.

范存辉，秦启荣，李虎，等，2017. 四川盆地元坝中部断褶带须家河组储层构造裂缝形成期次．石油学报，38（10）：1135-1143.

高志勇，崔京钢，冯佳睿，等，2017. 埋藏压实—侧向挤压过程对库车坳陷深层储层物理性质的改造机理．现代地质，31（2）：302-314.

高志勇，胡永军，张莉华，等，2010. 准噶尔南缘前陆盆地白垩纪—新近纪构造挤压作用与储层关系的新表征：镜质体反射率与颗粒填集密度．中国地质，37（5）：1336-1352.

高志勇，马建英，崔京钢，等，2018. 埋藏（机械）压实—侧向挤压地质过程下深层储层孔隙演化与预测模型．沉积学报，36（1）：176-187.

巩磊，高铭泽，曾联波，等，2017. 影响致密砂岩储层裂缝分布的主控因素分析——以库车前陆盆地侏罗系—新近系为例．天然气地球科学，28（2）：199-208.

巩磊，曾联波，杜宜静，等，2015. 构造成岩作用对裂缝有效性的影响——以库车前陆盆地白垩系致密砂岩储层为例．中国矿业大学学报，44（3）：514-519.

韩登林，赵睿哲，李忠，等，2015. 不同动力学机制共同制约下的储层压实效应特征——以塔里木盆地库车坳陷白垩系储层研究为例．地质科学，50（1）：241-248.

何登发，袁航，李涤，等，2011. 吐格尔明背斜核部花岗岩的年代学、地球化学与构造环境及其对塔里木地块北缘古生代伸展聚敛旋回的揭示．岩石学报，27（1）：133-146.

姜振学，李峰，杨海军，等，2015. 库车坳陷迪北地区侏罗系致密储层裂缝发育特征及控藏模式．石油学报，36（S2）：102-111.

琚岩，孙雄伟，刘立炜，等，2014. 库车坳陷迪北致密砂岩气藏特征．新疆石油地质，35（3）：264-267.

鞠玮，侯贵廷，冯胜斌，等，2014. 鄂尔多斯盆地庆城—合水地区延长组长 63 储层构造裂缝定量预测．地学前缘，21（6）：310-320.

李峰，姜振学，李卓，等，2015. 库车坳陷迪北地区下侏罗统天然气富集机制．地球科学，40（9）：1538-1548.

李国欣，易士威，林世国，等，2018. 塔里木盆地库车坳陷东部地区下侏罗统储层特征及其主控因素．天然气地球科学，29（10）：1506-1517.

李军，张超谟，李进福，等，2011. 库车前陆盆地构造压实作用及其对储集层的影响．石油勘探与开发，38（1）：47-51.

李忠，张丽娟，寿建峰，等，2009. 构造应变与砂岩成岩的构造非均质性——以塔里木盆地库车坳陷研究为例．岩石学报，25（10）：2320-2330.

林畅松，2021. 库车侏罗系湖盆沉积充填特征与潜在有利储集相带．中国石油塔里木油田公司．

刘洪涛，曾联波，2004. 喜马拉雅运动在塔里木盆地库车坳陷的表现——来自岩石声发射实验的证据．地质通报，32（7）：676-679.

刘卫红，高先志，林畅松，等，2017. 库车坳陷阳霞地区下侏罗统阿合组储层特征及储层发育的主控因素．地质科学，52（2）：390-406.

卢玉红，钱玲，鲁雪松，等，2015. 迪北地区致密气藏地质条件及资源潜力．大庆石油地质与开发，34（4）：8-14.

芦慧，鲁雪松，范俊佳，等，2015. 裂缝对致密砂岩气成藏富集与高产的控制作用——以库车前陆盆地东部侏罗系迪北气藏为例．天然气地球科学，26（6）：1047-1056.

鲁雪松，赵孟军，刘可禹，等，2018. 库车前陆盆地深层高效致密砂岩气藏形成条件与机理．石油学报，39（4）：365-378.

毛亚昆，钟大康，李勇，等，2017. 构造挤压背景下深层砂岩压实分异特征——以塔里木盆地库车前陆冲断带白垩系储层为例．石油与天然气地质，38（6）：1113-1122.

史超群，许安明，魏红兴，等，2020. 构造挤压对碎屑岩储层破坏程度的定量表征——以库车坳陷依奇克里克构造带侏罗系阿合组为例．石油学报，41（2）：205-215.
寿建峰，斯春松，张达，2004. 库车坳陷下侏罗统岩石古应力场与砂岩储层性质．地球学报，25（4）：447-452.
寿建峰，斯春松，朱国华，等，2001. 塔里木盆地库车坳陷下侏罗统砂岩储层性质的控制因素．地质论评，47（3）：272-277.
寿建峰，张惠良，沈扬，等，2006. 中国油气盆地砂岩储层的成岩压实机制分析．岩石学报，22（8）：2165-2170.
寿建峰，张惠良，沈扬，2007. 库车前陆地区吐格尔明背斜下侏罗统砂岩成岩作用及孔隙发育的控制因素分析．沉积学报，25（6）：869-875.
寿建峰，朱国华，张惠良，2003. 构造侧向挤压与砂岩成岩压实作用——以塔里木盆地为例．沉积学报，21（1）：90-95.
孙宝珊，丁原辰，邵兆刚，等，1996. 声发射法测量古今应力在油田的应用．地质力学学报，2（2）：11-17.
万天丰，1988. 古构造应力场．北京：地质出版社．
王华超，韩登林，欧阳传湘，等，2019. 库车坳陷北部阿合组致密砂岩储层特征及主控因素．岩性油气藏，31（2）：115-123.
王珂，杨海军，李勇，等，2021. 塔里木盆地库车坳陷北部构造带地质特征与勘探潜力．石油学报，42（7）：885-905.
王珂，张惠良，张荣虎，等，2017. 塔里木盆地大北气田构造应力场解析与数值模拟．地质学报，91（11）：2557-2572.
王珂，张荣虎，余朝丰，等，2020. 塔里木盆地库车坳陷北部构造带侏罗系阿合组储层特征及控制因素．天然气地球科学，31（5）：623-635.
王艳忠，操应长，葸克来，等，2013. 碎屑岩储层地质历史时期孔隙度演化恢复方法——以济阳坳陷东营凹陷沙河街组四段上亚段为例．石油学报，34（6）：1100-1111.
王招明，李勇，谢会文，等，2016. 库车前陆盆地超深层大油气田形成的地质认识．中国石油勘探，21（1）：37-43.
王招明，谢会文，李勇，等，2013. 库车前陆冲断带深层盐下大气田的勘探和发现．中国石油勘探，18（3）：1-11.
魏红兴，黄梧桓，罗海宁，等，2016. 库车坳陷东部断裂特征与构造演化．地球科学，41（6）：1074-1080.
魏红兴，谢亚妮，莫涛，等，2015. 迪北气藏致密砂岩储集层裂缝发育特征及其对成藏的控制作用．新疆石油地质，36（6）：702-707.
易士威，李德江，杨海军，等，2014. 裂缝对阳霞凹陷迪北阿合组致密砂岩气藏形成的作用．新疆石油地质，35（1）：49-51.
余海波，漆家福，杨宪彰，等，2016. 塔里木盆地库车坳陷中生代原型盆地分析．新疆石油地质，37（6）：644-653，666.
袁静，俞国鼎，钟剑辉，等，2018. 构造成岩作用研究现状及展望．沉积学报，36（6）：1177-1189.
曾联波，刘国平，朱如凯，等，2020. 库车前陆盆地深层致密砂岩储层构造成岩强度的定量评价方法．石油学报，41（12）：1601-1609.
曾联波，谭成轩，张明利，2004. 塔里木盆地库车坳陷中新生代构造应力场及其油气运聚效应．中国科学 D 辑：地球科学，34（S1）：98-106.
曾联波，朱如凯，高志勇，等，2016. 构造成岩作用及其油气地质意义．石油科学通报，1（2）：191-197.
张凤奇，王震亮，鲁雪松，等，2012. 库车坳陷现今构造应力场与天然气分布关系．新疆石油地质，33（4）：431-433.
张惠良，张荣虎，杨海军，等，2012. 构造裂缝发育型砂岩储层定量评价方法及应用——以库车前陆盆地白垩系为例．岩石学报，28（3）：827-835.
张妮妮，刘洛夫，苏天喜，等，2015. 库车坳陷东部下侏罗统致密砂岩储层特征及主控因素．沉积学报，33（1）：160-169.
张荣虎，曾庆鲁，王珂，等，2020. 储层构造动力成岩作用理论技术新进展与超深层油气勘探地质意义．石油学报，41（10）：1278-1292.
张玮，徐振平，赵凤全，等，2019. 库车坳陷东部构造变形样式及演化特征．新疆石油地质，40（1）：48-53.
赵继龙，王俊鹏，刘春，等，2014. 塔里木盆地克深 2 区块储层裂缝数值模拟研究．现代地质，28（6）：1275-1283.
郑淳方，侯贵廷，詹彦，等，2016. 库车坳陷新生代构造应力场恢复．地质通报，35（1）：130-139.
Anders M H, Laubach S E, Scholz C H, 2014. Microfractures: a review. Journal of Structural Geology, 69 (1): 377-394.
Gong Lei, Wang Jie, Gao Shuai, et al., 2021. Characterization, controlling factors and evolution of fracture effectiveness in shale oil reservoirs. Journal of Petroleum Science and Engineering, 203: 108655.
Laubach S E, Eichhubl P, Hilgers C, et al., 2010. Structural diagenesis. Journal of Structural Geology, 32 (12): 1866-1872.
Zeng Lianbo, 2010. Microfracturing in the Upper Triassic Sichuan Basin tight-gas sandstones: Tectonic, overpressure, and diagenetic origins. AAPG Bulletin, 94 (12): 1811-1825.

裂缝发育对超深层致密砂岩储层的改造作用
——以塔里木盆地库车坳陷克深气田为例

王俊鹏[1]，张惠良[1]，张荣虎[1]，杨学君[2]，曾庆鲁[1]，陈希光[1]，赵建权[3]

1. 中国石油杭州地质研究院，浙江，杭州，310023；

2. 中国石油塔里木油田公司，新疆，库尔勒，841003；

3. 中国石油大学（北京），北京，102249

摘要： 塔里木盆地库车坳陷是“西气东输”的主力气源地之一，克深气田白垩系巴什基奇克组是库车山前的主力产气层段，埋深超过6000m，储层基质渗透率低，普遍小于0.1mD。裂缝发育可以显著改善储层渗透率，分析、量化裂缝发育特征，预测裂缝渗透率空间分布规律是该区天然气开发的关键问题。本文利用钻井取心、FMI成像、碳氧同位素年代学分析、露头区全息激光扫描裂缝建模，结合CT扫描定量分析、扫描电镜、阴极发光、激光共聚焦显微镜、高压压汞、电子探针显微镜等实验分析方法，从静态定性到动态定量分析了裂缝发育对该区储层储集性的改造作用。克深气田构造裂缝以半充填剪切缝为主，有效开启度为0.2~1.5mm。主要发育3期构造裂缝，不同期次裂缝受控于构造应力，以不同的排列方式分布在不同构造位置。裂缝孔隙度整体小于0.1%，但可提升储层渗透率1~3个数量级，纵向上不整合面以下150m以内发育裂缝改造的高渗流储层。早期和中期裂缝成为致密储层成岩胶结的通道，不利于连通孔喉的保存，晚期裂缝发育伴随油气充注期，对储层基质孔喉有溶蚀扩大的改造作用，微裂缝对储层孔喉沟通具有一定的选择性及局限性，仅沟通其开度10~100倍范围内的孔喉。总之，晚期形成的裂缝网络为储层的高渗流区，为气田高产的关键。

关键词： 超深层；裂缝发育；致密砂岩；储层；塔里木盆地

1 概述

塔里木盆地库车坳陷克深气田属背斜型气田，构造上位于库车前陆冲断带中部（图1），为我国“西气东输”的重要气源地，截至目前，探明储量超千亿立方米区块两个。按照目前国内外对超深层储层的定义（牛嘉玉等，2004；李武广等，2011；姜辉等，2016；何志亮等，2017；贾承造等，2015），埋深超过6000m的储层为超深层储层，研究区储层（白垩系巴什基奇克组）埋深6000~8000m，属超深层储层。依据目前国内油气储层评价标准（SY/T 6285—2011），该区不含裂缝岩心实测孔隙度平均约为5.5%、不含裂缝岩心实测渗透率约为0.05mD，属于致密砂岩储层（刘春等，2017a）。同时该区高产天然气井普遍裂缝较发育，实测试井渗透率达20mD，对该区22口试采井产能分析表明，裂缝对气井产能贡献率大于95%，缝网发育的气井完井测试产量达$100\times10^4m^3/d$，无裂缝发育气井的自然产量约$(1\sim4)\times10^4m^3/d$。裂缝发育也加剧了储层的空间非均质性，进入开发阶段，裂缝成为储层有效性评价的关键参数之一，气田区内裂缝的沟通范围、裂缝与储层基质孔喉是如何配置的等问题亟待解决。

塔里木盆地库车坳陷白垩系沉积后，主要受燕山期弱伸展、喜马拉雅早期弱构造挤压及喜马拉雅晚期强构造挤压影响，白垩系巴什基奇克组构造裂缝普遍发育。关于致密储层中裂缝的评价方法，可大致分为露头裂缝建模分析法（刘春等，2017a）、岩心裂缝系统描述法（周林等，2017）、地质综合统计法（Laubach et al.，2009）、物理模拟实验法（Lander et al.，2014；杨建等，2010）、地震资料属性分析法（杨克明等，2008；卢颖忠等，1998；尹志军等，1999；周灿灿等，2003；Aguilera，1995）、岩石破裂性质分析法（Olson et al.，2009；戴俊生等，2007；曾联波，2008）、生产动态分析法及数值模拟法（Van

资助项目：国家科技重大专项（2016ZX05003-001），（2016ZX05015005-002）。

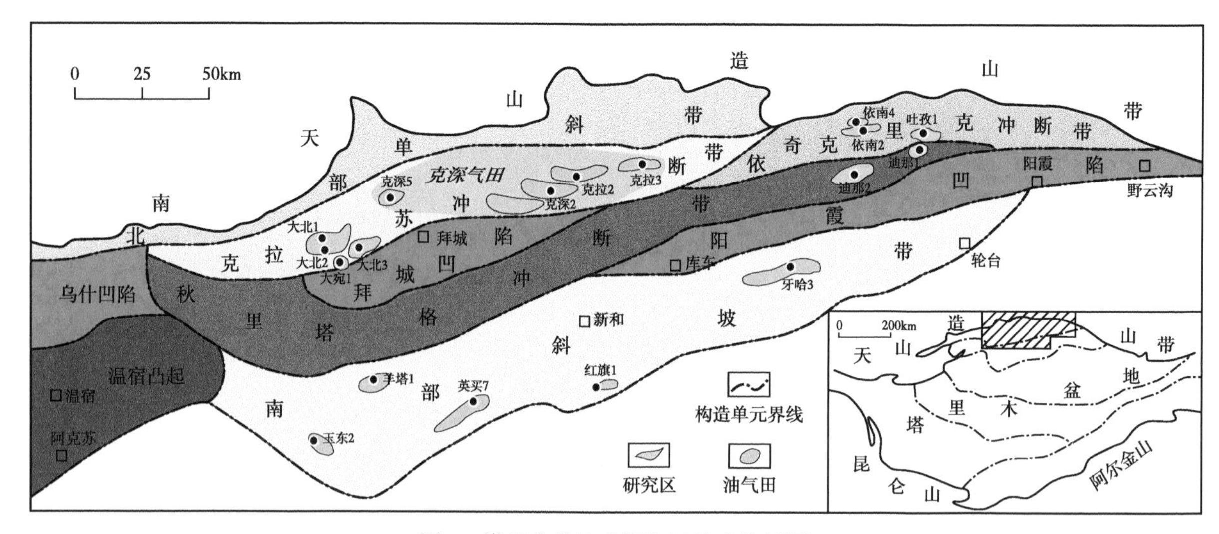

图1 塔里木盆地克深气田构造位置图

Golf-Racht, 1982; Jamison, 1997; 商琳等, 2013; 邹华耀等, 2013; 丁中一等, 1998) 等, 单一的裂缝评价方法具有一定的局限性。因此, 往往采取多方法综合分析 (袁静等, 2017; 刘春等, 2017b), 且研究由定性分析转向定量表征 (王俊鹏等, 2014; 丁文龙等, 2015), 但整体缺少裂缝对储层储集性能改造、储层孔喉结构改造方面的定量评价, 且未见针对超深层致密砂岩储层类型的裂缝改造作用分析研究。同时研究区地震反射差, 分辨率低, 构造变形复杂, 难以利用地震属性进行裂缝预测及分析其对储层改造的影响。本文利用碳氧同位素年代学分析、结合 CT 扫描定量分析、扫描电镜、阴极发光、激光共聚焦显微镜、高压压汞、电子探针显微镜等实验分析方法, 定量分析了裂缝的发育期次与充填差异性、表征了裂缝与微观孔喉的配置关系、预测了裂缝高渗流区的分布。对该类储层的精细勘探及开发具有一定启示意义, 同时对该类储层的裂缝改造作用评价方法及流程提供了重要参考。

2 裂缝发育特征

2.1 裂缝类型及有效开启度

按裂缝发育的力学成因, 通过岩心构造裂缝观察描述, 认为该区主要发育逆冲挤压背景下的剪切缝, 裂缝面平直、光滑 (表1), 该类裂缝以高角度缝 (45°<与地层夹角≤75°) 及直立缝 (与地层夹角>75°)

表1 克深气田裂缝类型及典型特征分布表

按力学成因	裂缝面特征	排列方式	倾角	裂缝线密度	有效开启度 (mm)	充填程度 (%)	裂缝主要走向	主要构造位置	主要发育期次	代表井
剪切缝	平直、光滑	平行、雁列	>75°	低	0.8~1.2	10~50	近 NS、NE、NW	高部位	中期、晚期	克深 506、克深 6、克深 206、克深 2-2-8、克深 2-2-4、克深 8、克深 8-1、克深 8-2、克深 801
		斜交	45°~75°	中	0.4~1	40~60	NE、NW	翼部		克深 505、克深 503、克深 601、克深 205、克深 203、克深 802、克深 8-11、克深 902、克深 904
		网状	45°~75° ≤45°	高	0.1~0.5	80~100	无	近断裂		克深 5、克深 207、克深 2-2-3、克深 2-2-5、克深 902
张裂缝	粗糙、分叉、间断	雁列	>75°	低	0.2~1.2	60~100	近 WE	高部位	早期	克深 501、克深 503、克深 602、克深 8003、克深 807
			>75°	低	0.2~2	10~20	近 WE	高部位	晚期	克深 201、克深 202、克深 8004、克深 8-8、克深 9

为主，以平行、雁列及斜交形式排列，多数低角度缝（与地层夹角≤45°）以斜交形式排列，可见裂缝交叉排列成网状的裂缝段，该类裂缝密度较高，以克深207、克深2-2-3等井最为典型；铸体薄片下可见到剪性微裂缝，裂缝面平直，且裂缝断穿骨架颗粒（图2）。其次为构造张裂缝，裂缝面粗糙，见分叉、间断（表1），主要以直立缝为主（与地层夹角>75°），该类裂缝整体密度较低，以克深501井、克深8003井、克深8-8井最为典型；铸体薄片下张性微裂缝，裂缝面粗糙，裂缝绕骨架颗粒而过，多见胶结充填物（图2）。

图2　铸体薄片下的剪裂缝与张裂缝

井下大尺度裂缝及密集裂缝网络带难以通过测井方法或完整取心来准确定量表征其裂缝开度，在此不做考虑。岩心裂缝开度存在减压膨胀的影响，但直接测量裂缝在井下的真实开度存在困难，因此岩心观察及CT扫描选取完整岩心上发育的裂缝，且筛除取心后应力释放产生的新裂缝。观察表明，克深气田岩心构造裂缝开启度一般小于1mm，为进一步定量分析岩心裂缝有效开启度，系统选取克深气田岩心112块，总长20.21m，利用微米CT扫描236条岩心构造裂缝。整体来看，岩心裂缝有效开启度主值区间为0.2~1mm，占所扫描裂缝的92.19%。以克深503井为例，分辨率为9μm精度下，扫描全直径岩心（约6.5cm），截面图显示裂缝有效开启部分为暗色条缝，裂缝充填物为亮色片状、条状物（图3a），在选区取样后（样品直径2.5cm），采取0.9μm扫描精度，CT定量分析及统计表明，裂缝张开空间被充填物分割，呈片状不均匀连通（图3b），裂缝内部空间沟通良好（图3c），有效开启度介于0.2~1.5mm之间，主值分布区间为0.2~0.6mm（图3d）。

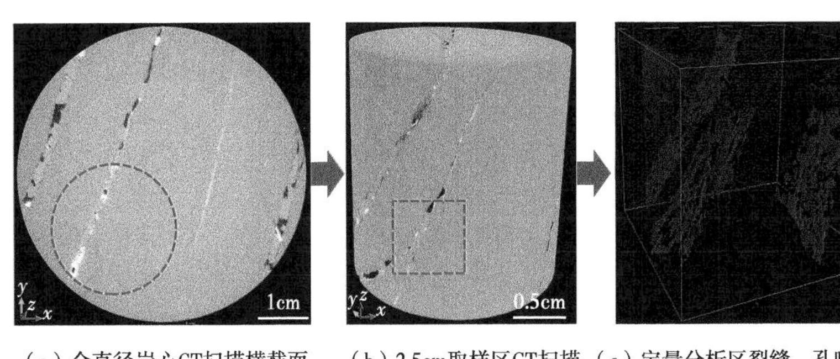

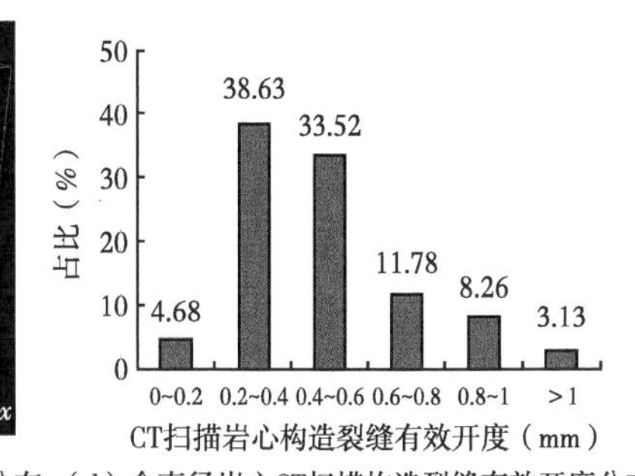

（a）全直径岩心CT扫描横截面　（b）2.5cm取样区CT扫描　（c）定量分析区裂缝、孔喉3D分布　（d）全直径岩心CT扫描构造裂缝有效开度分布

图3　岩心构造裂缝CT扫描与定量评价（克深503井，6901.21m）

分辨率为9μm，图a红圈部分为选定取样区；分辨率为0.9μm，图b为CT扫描下取样区裂缝特征，红色框部分为定量分析区；图c为定量分析区孔喉空间连通情况，红色为孔隙、白色为喉道

2.2　裂缝空间分布及充填特征

裂缝空间分布与构造位置具有较强相关性（表1）。结合FMI成像裂缝解释成果及岩心裂缝统计观察来看，平面上，直立、高角度裂缝以平行、雁列方式排列，多分布于背斜高部位，克深8区块、克深9区

块多数井位于构造长轴高部位，因此高倾角裂缝比例相对更大（图4）；背斜长轴高部位裂缝主要走向多与背斜长轴平行（图5），克深6区块、克深2区块、克深8区块及克深9区块背斜长轴高部位裂缝主要走向均以近SE向为主，克深5区块背斜长轴高部位裂缝主要走向以NE向为主，纵向上该类裂缝贯穿地层更厚，主要分布于巴什基奇克组上部地层，线密度低，开度相对较大（0.2~2mm），裂缝面粗糙，充填物不均匀，反映了典型张裂缝性质，主要受挤压环境下的张性应变控制，与气田区内各区块构造曲率具有较好的相关性（图4）；另外，该部位亦发育近NS、NE、NW向剪切缝，开度较大（0.8~1.2mm），反映了挤压环境下强剪切应变特征，且多与现今应力交角较小，裂缝有效性更高。该类裂缝发育与其顶部不整合面紧密相关，裂缝多呈雁列式排列，间断向下延伸、减少，沟通了不整合面以下约150m厚地层，利于天然气在储层层间渗流。

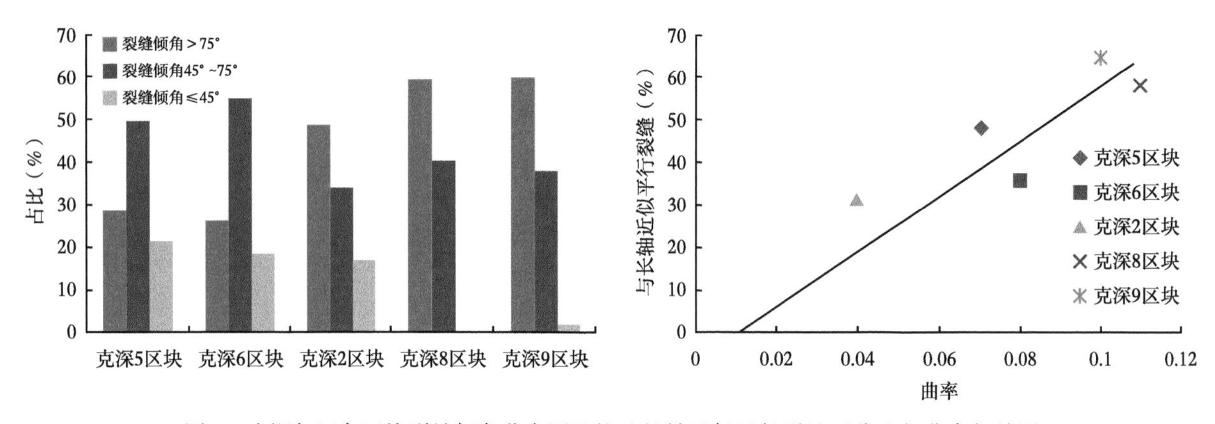

图4 克深气田各区块裂缝倾角分布图及构造长轴近似平行裂缝百分比与曲率相关图

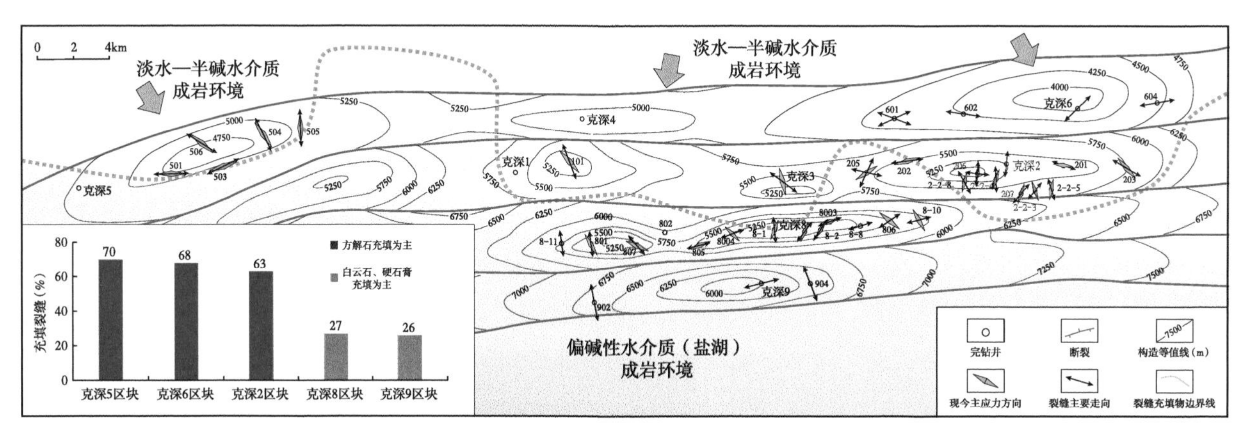

图5 克深气田裂缝主要走向、现今应力分布与充填特征平面图

斜交排列裂缝密度中等平面上多分布于背斜翼部，纵向上多分布于巴什基奇克组中下部地层，开度0.4~1mm，裂缝主要走向以NE、NW向为主，反映了挤压环境下多期剪切应变特征。网状排列裂缝平面上多分布于断裂附近，裂缝密度高，开度小，纵向上多分布于巴什基奇克组下部地层，亦反映了挤压变形过程中，地层剪应力的叠加释放及断裂发育的影响作用。

一般来说，裂缝走向与水平最大主应力平行，裂缝面正应力最小，利于其保持开启，成为流体渗流的通道，而裂缝走向与水平最大主应力垂直，裂缝面正应力最大，则裂缝易被关闭，不利于流体渗流。诱导裂缝为钻井完成后现今应力释放形成，因此依据FMI成像上诱导缝的分布位置及岩石破裂准则，可反推出克深气田区现今水平主应力方向（图5）。现今水平主应力与裂缝走向交角越大，裂缝面所受正应力越大，裂缝地下有效开启度将降低，反之，将有利于裂缝的有效开启。从平面来看，背斜高部位裂缝主要走向与现今主应力交角较小，一般为10°~30°，背斜翼部裂缝主要走向与现今主应力交角相对较大，一般大于45°。

裂缝充填方面，研究区构造裂缝以半充填为主，各区块间充填裂缝所占比例有所不同，北部区块整体裂缝充填程度相对较高，充填裂缝占比约65%，具体来说克深5区块70%、克深6区块68%、克深2区块63%，相比之下，克深8区块充填裂缝占比约27%，克深9区块充填裂缝占比约26%（图5）。充填物类型主要为方解石及白云石，平面上，北部克深5区块、克深6区块及克深2区块大部分井的岩心裂缝充填物主要为方解石，而南部克深8区块、克深9区块岩心裂缝充填物主要为白云石及硬石膏（图5）。克深气田巴什基奇克组为辫状河（扇）三角洲沉积环境，为山前物源，淡水搬运入宽浅湖的沉积背景，前人研究表明，克深气田北部以淡水—半碱水介质成岩环境，南部以偏碱性水介质（盐湖）成岩环境，综合克深气田各井岩心裂缝充填物类型统计结果及沉积微相平面分布，厘定该区裂缝充填物分布界限及成岩环境边界线（图5）。整体来看，克深5区块以南、克深1井区以南、克深8井区以南、克深2井区以南基本为偏碱性水介质（盐湖）成岩环境，裂缝充填物类型以白云石、硬石膏为主，其以北地区为淡水—半碱水介质成岩环境，裂缝充填物类型以方解石为主。

关于裂缝发育长度、间距及密度方面，利用全息激光扫描技术对索罕村露头区进行扫描，建立露头区裂缝数字化模型剖面（图6），具体分析各砂体内部、砂体间裂缝发育特征，建模区地层为巴什基奇克组

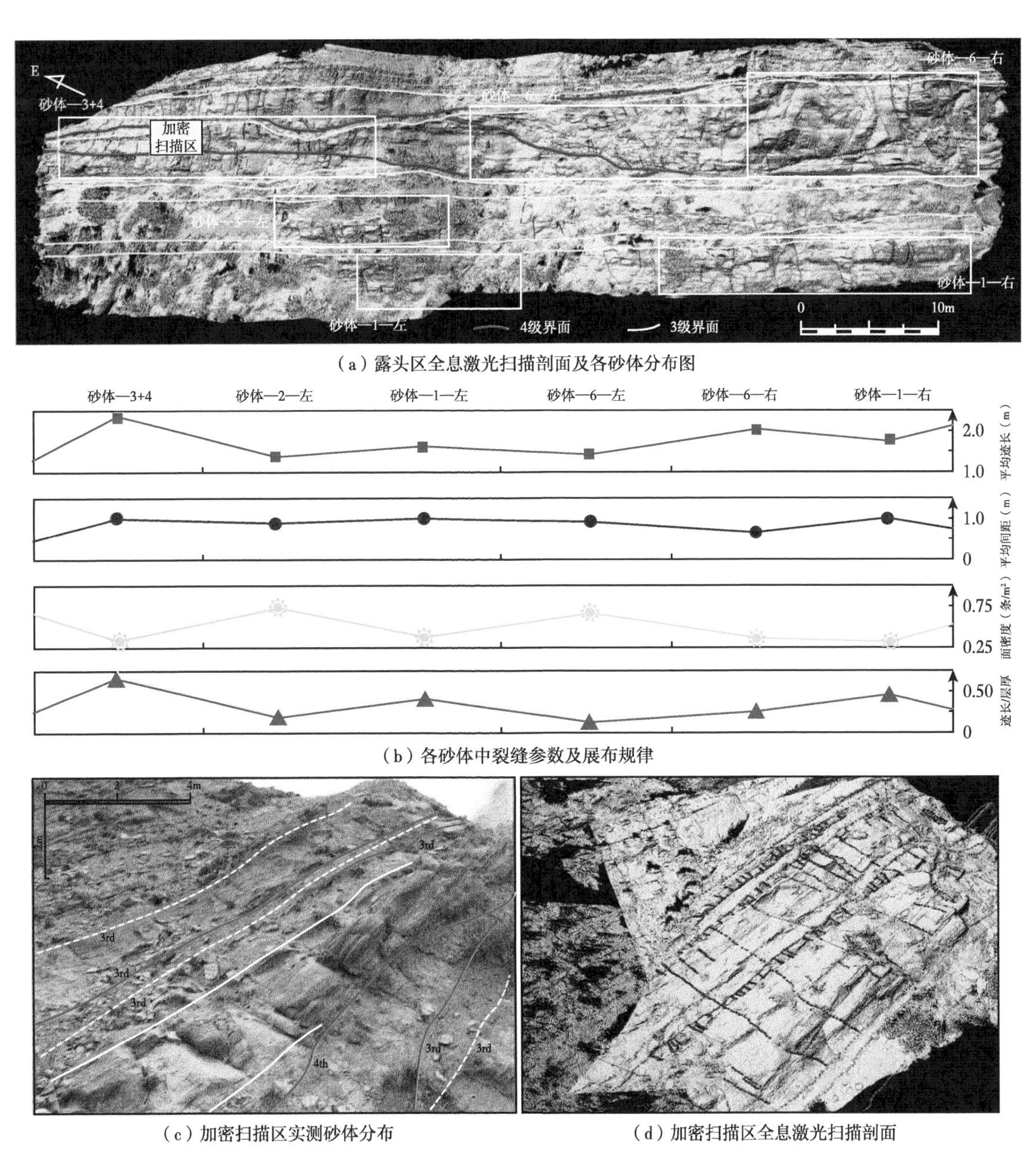

（a）露头区全息激光扫描剖面及各砂体分布图

（b）各砂体中裂缝参数及展布规律

（c）加密扫描区实测砂体分布

（d）加密扫描区全息激光扫描剖面

图6　索罕村露头区全息激光扫描裂缝建模实测剖面

第三段（K_1bs^3），为扇三角洲沉积。露头区单砂体厚度约1~4m，横向展布宽度大，主砂体宽/厚比大于27.7，一般为40~80，泥质夹层分布零散，层厚一般小于0.8m，横向展布不大。对比砂体分布，根据裂缝发育位置，露头区裂缝发育两种类型：层内裂缝、层间裂缝（图6a），均为挤压构造背景下的剪切裂缝性质。层内裂缝主要发育于薄层砂体层内，砂体厚度一般小于1m，该类裂缝线密度较高，约1.5~3条/m，裂缝间距为0.2~0.5m，主值长度为0.5~0.8m（图6），为层内渗流的主要通道。层间裂缝多贯穿3~4层单砂体，整体裂缝线密度较低，约1条/m，裂缝间距较大，约1~3m，主值长度1.5~5m（图6），有效沟通单砂体，为层间渗流的主要通道。

3 裂缝对致密储层储集物性的改造

3.1 裂缝孔隙度及渗透率的测定

裂缝孔隙度的测定主要利用FMI成像裂缝解释成果—裂缝视面积法、CT扫描定量分析及氦气实验实测3类方法测定。裂缝渗透率主要通过CT扫描定量计算裂缝渗透率、含裂缝岩心实测裂缝渗透率、完井实测井下裂缝发育段渗透率。研究区有两口井下实测裂缝渗透率数据，其余完井实测裂缝渗透率数据为井口实测折算。

3.2 对致密储层孔隙度的提升

超深层致密砂岩储层裂缝发育对储层基质孔隙度的提升非常有限。从FMI成像裂缝视孔隙度及CT扫描定量计算的裂缝孔隙度数据来看（图7），裂缝孔隙度整体小于0.1%。在整个气田区域内纵向上，上部地层受挤压弯曲拉张变形，拉张缝占比大，裂缝开度大，同时裂缝充填物受上部不整合面流体淋滤溶蚀改造，使不整合面以下150m以内裂缝孔隙度整体较高，主值区间为0.003%~0.04%；不整合面150m以下，流体淋滤溶蚀改造作用减弱，同时挤压弯曲变形中，多发育网状、斜交裂缝、且开度较小，因此不整合面150m以下裂缝孔隙度普遍小于0.02%。从岩心裂缝CT扫描数据来看，裂缝孔隙度对储层整体孔隙度的整体提升是有限的，裂缝孔隙度小于或等于0.1%，占比为60.87%。

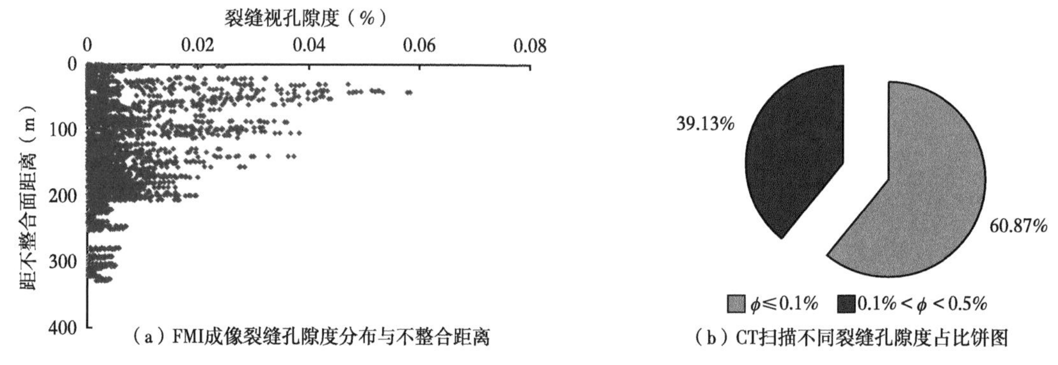

图7 克深气田井下裂缝孔隙度分布及占比图

3.3 对致密储层渗透率的改善

对于超深层致密砂岩储层而言，裂缝发育可显著改善其渗透率。通过实测对比含裂缝岩心及不含裂缝岩心渗透率、CT扫描全直径岩心构造裂缝渗透率计算、完井测试实测井下裂缝渗透率及试采资料分析，发现裂缝发育可有效提升储层渗透率1~3个数量级（图8），研究区储层基质渗透率主要为0.01~0.1mD，约占76.6%，实测储层裂缝渗透率普遍介于1~100mD，其中实测基质渗透率数据351个，裂缝渗透率数据29个。

以克深201井、克深202井及克深8井为例，无裂缝岩心实测渗透率平均为0.043mD，完井实测井下地层（发育裂缝网络）克深201井渗透率可达28mD，克深202井岩心构造裂缝实测渗透率可达8.26mD。

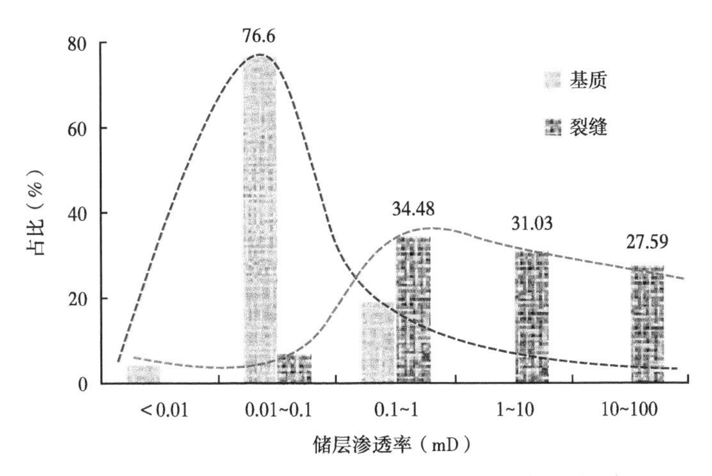

图 8　克深气田储层裂缝渗透率与基质渗透率百分比图

另外，目的层段泥岩及粉砂质泥岩多以夹层的形式出现，从钻井资料来看，泥岩及粉砂质泥岩单层厚度一般小于 2.5m，而井下裂缝发育段厚度为一般为 5~25m，可完全穿过此类泥质夹层，另外，从露头裂缝建模来看，层间裂缝大量发育亦可保证砂体间的有效沟通，同时大段测试资料及钻井液漏失情况也反映了裂缝显著提高了储层整体连通性。另外通过岩心样品的高压压汞实验对比分析表明，含裂缝样品平均渗透率是不含裂缝样品平均渗透率的 10~1000 倍，含裂缝样品排驱压力小、低分选、粗歪度，都反映裂缝对储层渗透率的提升明显。

4　裂缝发育期次及对储层孔喉结构的改造

研究区储层基质储集相对较小，孔隙主要为微米级，喉道为纳米级（张惠良等，2012），因此裂缝对致密储层孔喉结构的改造研究，主要基于铸体薄片显微镜观察、CT 扫描、阴极发光显微镜观察、扫描电镜、场发射扫描及激光共聚焦显微镜观察等微观实验资料的分析。

4.1　裂缝发育期次分析

前人通过对克深气田露头区裂缝发育特征研究，系统论述了该区应力场演化及与裂缝发育关系（曾联波等，2004；张仲培等，2004；张明利等，2004）。白垩系沉积期以来，克深地区主要经历了 3 期构造运动，通过古应力场分析及岩石破裂规律，系统分析了 FMI 成像裂缝主要走向（图 5）、岩心构造裂缝特征（裂缝面、开度、排列方式、充填程度），认为克深地区构造裂缝发育 3 期：早期拉张裂缝、中期剪切缝、晚期剪—张缝（图 9）。同时，开展了裂缝充填物“碳氧同位素年代学分析”（通过测定充填物中 C、O 同位素相对含量推算对应时期古地温），数据亦表明，早期构造裂缝充填物碳同位素 $\delta^{13}C$ 为 0.16‰，氧同位素 $\delta^{18}O$ 为 -9.01‰，对应裂缝发育期次中的早期张裂缝，中期构造裂缝充填物碳同位素 $\delta^{13}C$ 为 -3.4‰~-1.1‰，氧同位素 $\delta^{18}O$ 为 -16.8‰~-14.1‰，对应喜马拉雅早期的剪切缝，气藏区内的晚期构造裂缝未见充填物。另外，利用前人关于“碳氧同位素年代学分析”古地温的计算公式（采用氧同位素测温方程：$T=31.9-5.55(\delta^{18}O-\delta^{18}O_w)+0.7(\delta^{18}O-\delta^{18}O_w)^2$，式中 T 为裂缝充填物形成时的温度,℃；$\delta^{18}O_w$ 为形成充填矿物时水介质的氧同位素值,‰。由于巴什基奇克组属于陆相碎屑岩地层，为三角洲前缘沉积，测试结果氧同位素也为偏碱性水介质环境，计算中取巴什基奇克组对应地层的古湖水 $\delta^{18}O_w$ 值为 -8‰）开展了古地温的推算，进一步印证了裂缝的发育期次。

早期拉张裂缝：白垩系巴什基奇克组—古近系库姆格列木群沉积末，受板块构造运动影响，区域整体为拉张应力环境，克深气田区总体受近南北向伸展作用（曾联波等，2004；张仲培等，2004；张明利等，2004），在这种拉张应力环境下，发育了一定数量的近东西向张裂缝（图 9、图 10），该类裂缝不多，发育位置主要受岩石结构及应变量控制，但此类裂缝发育后将成为后期岩石变形的软弱面，一些规模较大的

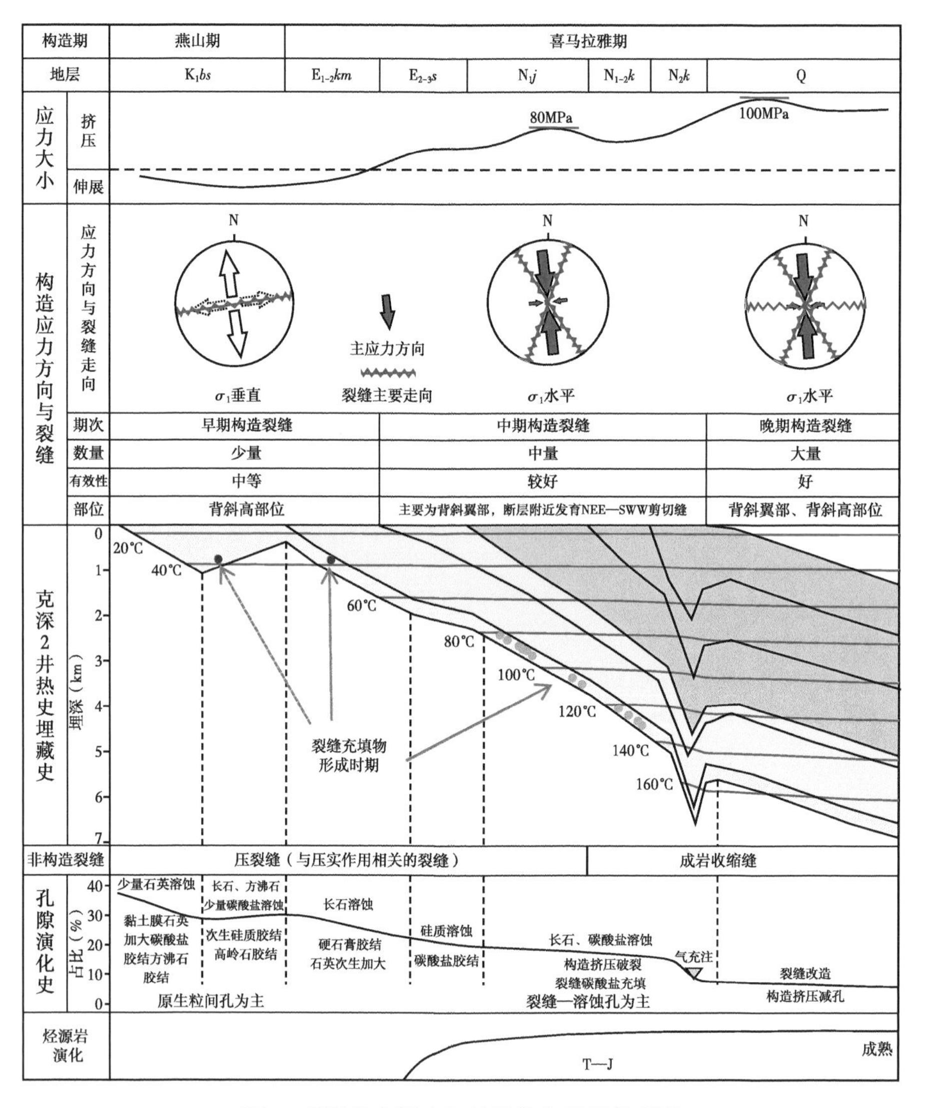

图 9　裂缝发育期次与储层演化配置关系图

裂缝在后期的挤压中，亦可能演化为各断块的边界断层。该期构造裂缝在克深气田整体数量不多，只在部分井区发育，但开度相对晚期裂缝较大。此时，碳氧同位素年代学分析数据计算对应古地温为 38.5℃（图 11），此时地层埋深约 1000m，反映了在巴什基奇克组沉积末期或深埋早期裂缝开始被充填（图 9）。另外，显微镜下微裂缝观察表明充填物的成分为石英颗粒、长石颗粒，且分选、磨圆度与同期沉积物相当（图 10），表明了裂缝于早期形成的成因特征，同时在后期的构造事件中，早期裂缝被多次改造，形成了局限于先期裂缝充填物范围内的后期改造裂缝（图 10），此类裂缝有效性中等。

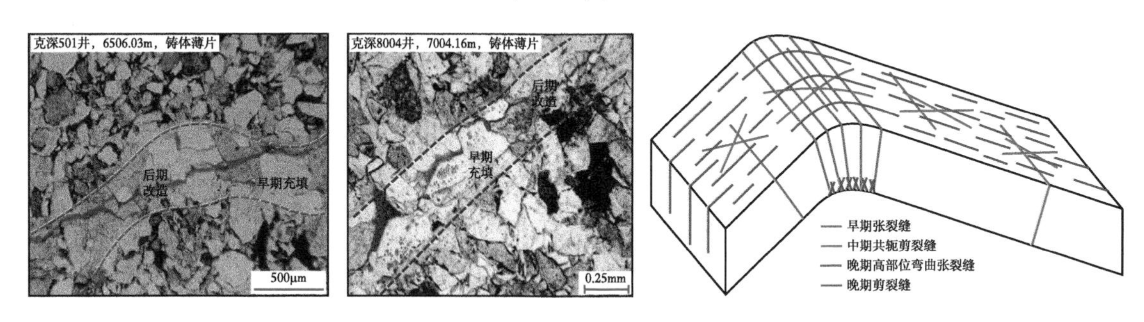

图 10　早期微裂缝及不同期次裂缝发育模式

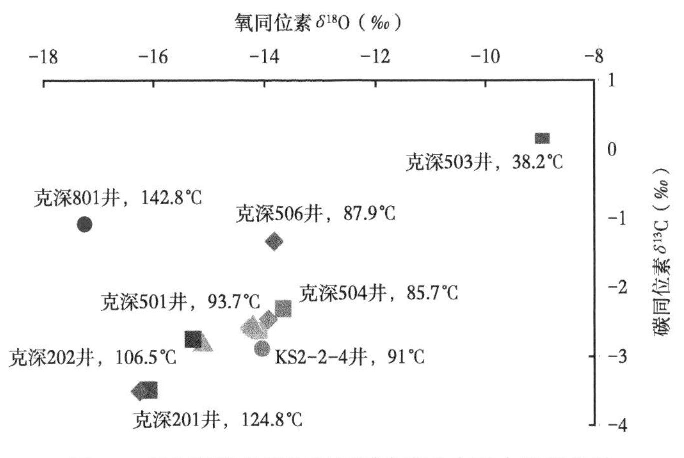

图 11　岩心裂缝充填物碳氧同位素分布及古地温指示

中期剪切缝：古近系苏维依组—新近系库车组沉积期末，受喜马拉雅早期构造运动影响，印度板块北向挤压效应传递，塔里木板块遭受来自南部挤压，克深气田区整体为近南北向挤压应力环境，最大有效主应力约为 80MPa 左右（曾联波等，2004；张仲培等，2004；张明利等，2004）。该时期水平最大主应力方向近南北向，由库伦—莫尔岩石破裂准则推测，由于该区岩石内摩擦角约为 28°，因此该时期应可形成一定量的近 NW—SE、NNE—SSW 向剪切缝，另外，岩心构造裂缝特征分析及 FMI 成像裂缝主要走向分析表明，该期裂缝主要发育于背斜翼部，背斜顶部亦有分布，同时挤压弯曲导致背斜顶部拉张破裂，形成 NEE—SWW 向张裂缝（图 10），早期裂缝在此时亦被拉张改造。在这一时期，由于地层埋深较浅，上覆重力可能会较小从而成为最小主应力，产生少量近东西走向的低角度剪切缝。此时，碳氧同位素年代学分析数据计算对应古地温为 85.7~124.8℃（图 11），反映了裂缝形成具有一定的时间跨度，地层从 2000m 深埋至 5000m（图 9），同时岩心裂缝观察表明，充填的碳酸盐矿物部分晶形完好，棱角突出，而部分充填矿物表面光滑、圆润，反映了碳酸盐类充填的同时，亦接受了地层流体的溶蚀改造。

晚期张—剪缝：第四系沉积时期，喜马拉雅运动晚期，印度板块俯冲挤压作用达到最大，整个库车坳陷遭受强烈挤压，最大主应力方向在克深气田区表现为近南北向，大量剪裂缝发育，区域最大主应力约为 100MPa（曾联波等，2004；张仲培等，2004；张明利等，2004）。由库伦—莫尔岩石破裂准则推测，由于该区岩石内摩擦角约为 28°，推测主要发育剪切缝，其主要走向为 NNW—SEE 向（图 9），发育在背斜翼部及背斜高部位，随挤压弯曲变形，背斜高部位拉张应变进一步加强，形成张裂缝，地层下部形成一定量剪裂缝（图 10），另外，断层附近发育 NEE—SWW 的剪切裂缝，相对数量大，有效性较好，地层下部地层挤压剪切作用进一步增强，亦形成了网状剪切裂缝。此时储层孔隙度约为 12%，伴随裂缝的大量产生，天然气沿缝网快速充注后（卓勤功等，2013）（图 9）储层内流体活动减弱，成岩胶结作用显著减弱，因此岩心观察中该期裂缝一般未见裂缝充填物或仅见零星点状碳酸盐充填物，为气田区内有效性最好的一期裂缝。值得一提的是，天然气充注在整个气藏区内有效保护了裂缝有效性，避免了大规模的充填影响，但气水界面以下及深大断裂附近，水体依然活跃，克深 5 区块、克深 6 区块、克深 2 区块气水界面的岩心裂缝观察表明，气水界面以下岩心裂缝充填程度明显高于其上部岩心裂缝。

4.2　早—中期裂缝成为致密储层成岩胶结的通道

不是所有裂缝都对储层渗透率的提升做出了贡献，早—中期裂缝成为致密储层成岩胶结的通道。结合克深地区热史、埋藏史、孔隙演化史及烃源岩演化史的恢复（图 9），早期拉张性构造裂缝形成时，白垩系巴什基奇克组整体处于浅埋成岩期，埋深不到 1km，储层孔隙度约为 30%（图 9），裂缝开度相对较大，可作为储层新储集空间接收上部沉积物，同时流体活动频繁，伴随碳酸盐胶结、高岭石胶结等成岩作用的影响，裂缝充填物形成（图 10），此时，裂缝充填物多为被碳酸盐类胶结的石英颗粒、岩屑颗粒形态。另外，此时表生溶蚀作用在一定程度上减弱了充填和胶结过程，裂缝整体对储层孔喉结构的改善有限，成岩胶结与溶蚀并存。

之后，在喜马拉雅期的强挤压环境下，先期已经胶结成岩的裂缝充填物由于与周边岩石成岩的结构差异，更易被再次改造，形成新的裂缝（图10）。中期构造裂缝的形成伴随储层快速深埋、地层中泥质层自由水不断释放、孔隙度持续降低，碳酸盐岩胶结成岩作用进一步加强，而此时裂缝网络更利于流体的成岩活动，成为碳酸盐类（主要为方解石、白云石及硬石膏）对孔喉胶结的通道，此时储层孔隙度相对较高，约20%（图9），显微镜下证据表明（图12），阴极发光显微镜下方解石胶结物为橘黄色，普通显微镜下方解石胶结物被染成红色，微裂缝本身及其沟通的周围大量孔隙、喉道一并被碳酸盐岩胶结。值得注意的是，开度较大且近不整合面的裂缝，流体活跃，碳酸盐不容易沉淀或在未全充填之前进行了溶蚀改造，如克深2区块及克深8区块的构造高部位井的岩心裂缝都说明了这一点，从而在较大尺度上保留了一定的连通空间。因此，早—中期形成的裂缝主要充当了成岩胶结通道的作用，对裂缝附近储层储集空间的保存及孔喉的连通都是不利的。

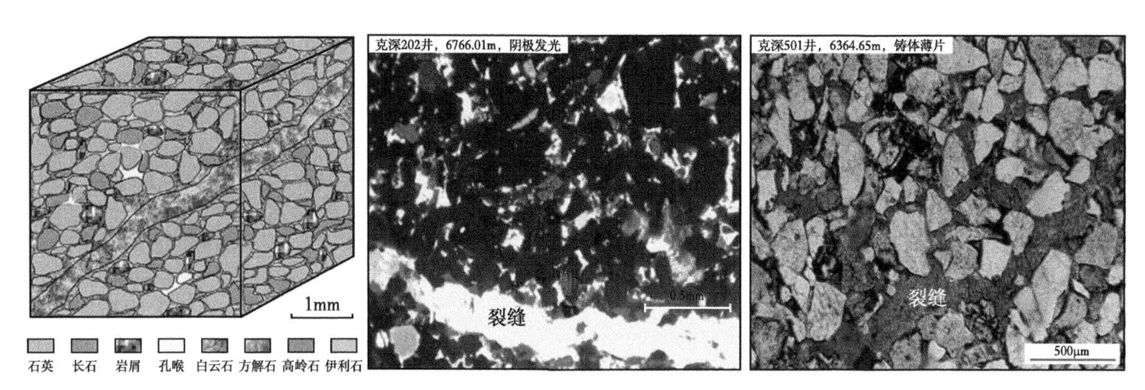

图12 早期裂缝与储层孔喉结构配置示意图及镜下早期微裂缝与基质孔喉沟通形态

4.3 晚期裂缝的溶蚀及再改造

库车组沉积末期，距今约3Ma，伴随更大规模的构造挤压运动，储层裂缝大量形成，同时先期形成的两期裂缝被再次改造，天然气开始逐步向白垩系储层充注（卓勤功等，2013），有机烃类沿断层、裂缝网络等优势通道运移，其携带的有机酸溶蚀了裂缝网络中的部分碳酸盐充填物，对储层基质孔喉的连通起到积极作用（图13），同时也为后期成岩溶蚀作用提供了一定通道。从镜下资料来看，晚期裂缝有两种存在形式，一为天然气充注后，挤压新形成的裂缝，该类裂缝未被充填，裂缝面干净，周边孔喉亦未被胶结充填，裂缝与孔喉沟通较好；二为早期裂缝改造后形成的新裂缝，该类裂缝裂缝面粗糙，见充填物溶蚀残余，同时微裂缝与周边孔喉沟通良好，可见粒缘微缝，随有机烃充注，沿微缝亦发生溶蚀（图13）。

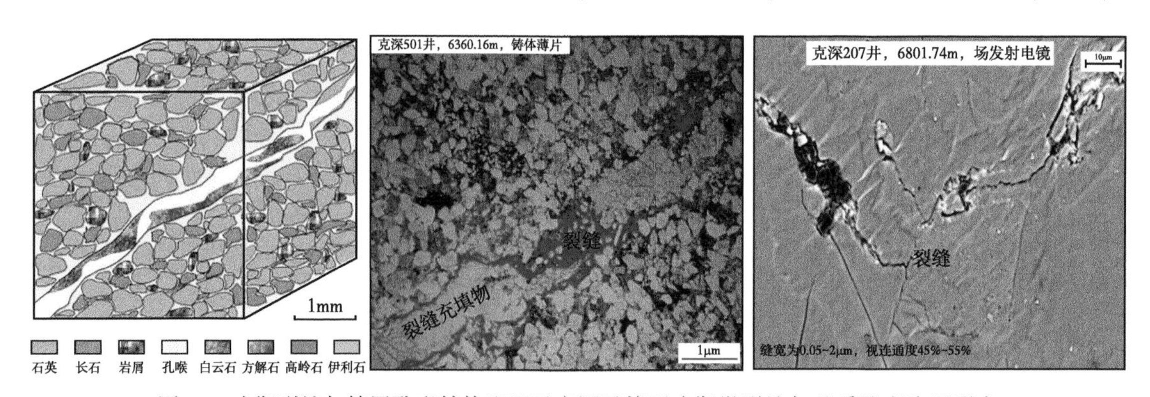

图13 晚期裂缝与储层孔喉结构配置示意图及镜下晚期微裂缝与基质孔喉沟通形态

4.4 微裂缝对孔喉沟通具有选择性及局限性

尽管中、晚期裂缝的发育有利于储层的溶蚀改造及孔喉连通，但这种沟通作用具有一定选择性及局限性。通过扫描电镜、CT扫描、激光共聚焦实验及铸体薄片显微镜镜下观察表明：微裂缝可有效连通裂缝周围孔喉，但有效沟通距离约为微裂缝开度的20~100倍范围内的孔喉，在微裂缝周围呈聚团聚带分布（图14），随着距离微裂缝的距离加大，显孔明显减少。同时，镜下微观观察表明，在微裂缝沟通的孔喉范围内，流体活动的溶蚀改造作用具有一定选择性，在岩石的差异矿物之间（一般为石英颗粒及长石颗粒）矿物更易被溶蚀，从而产生新的连通喉道。

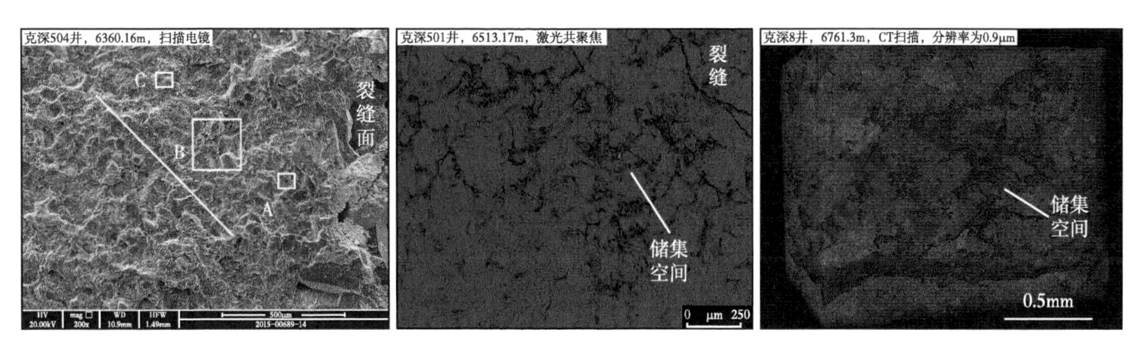

图14 克深气田储层微裂缝对基质孔喉沟通范围镜下观察

总之，克深气田目的层埋深大，成岩作用强，不同期次发育的裂缝对储层的影响及改造使不同的。早—中期裂缝发育密度不大，但成岩胶结沿小开度的裂缝网络发展，不利于储层孔喉的保存和连通；而晚期裂缝的发育及天然气的充注对储层孔隙空间保存、喉道的连通都起到了关键的改造作用，但对于气水界面附近裂缝而言，因沟通了底水，则不利于天然气的效益开采。因此，晚期裂缝的发育区将是滚动勘探的潜力区，同时也应看到，镜下观察到的微裂缝对储层孔喉的沟通具有一定的范围，因此这对于该类气藏的开发亦具有一定启示意义。

5 结论

（1）克深气田构造裂缝以半充填剪切缝为主，有效开启度为0.2~1.5mm；平行、雁列排列裂缝主要分布于构造高部位，整体开度较大，贯穿地层厚，有效性好，纵向上主要分布中上部地层；斜交排列裂缝主要分布于构造翼部，开度中等，纵向上主要分布于中下部地层；网状排列裂缝平面多分布于断裂附近，裂缝密度高，开度小，纵向上多分布于下部地层；平面上，受沉积、成岩环境控制，裂缝充填物呈现北部方解石为主，南部白云石、硬石膏为主特征。

（2）超深层致密砂岩储层裂缝能有效沟通单砂体，裂缝孔隙度整体小于0.1%，提升储层渗透率1~3个数量级，成为气井高产的关键因素；晚期发育的微裂缝可有效连通裂缝周围孔喉，有效沟通范围约为裂缝开度的10~100倍，但对储层孔喉沟通具有一定的选择性及局限性。

（3）克深气田主要发育3期构造裂缝：早期张裂缝、中期剪切缝、晚期张—剪缝；早—中期裂缝成为致密储层成岩胶结的通道，裂缝周围基质孔喉被胶结，不利于基质孔喉保存；晚期张—剪裂缝在气藏区内有效开启度好，未见明显充填，同时伴随油气充注期，对储层孔隙空间保存、喉道的连通都起到了关键的改造作用。

参考文献

戴俊生，汪必峰，马占荣，2007. 脆性低渗透砂岩破裂准则研究. 新疆石油地质，28（4）：393-395.

丁文龙，王兴华，胡秋嘉，等，2015. 致密砂岩储层裂缝研究进展. 地球科学进展，30（7）：737-750.

丁中一，钱祥麟，霍红，等，1998. 构造裂缝定量预测的一种新方法—二元法. 石油与天然气地质，19（1）：1-17.

何治亮，张军涛，丁茜，等，2017. 深层—超深层优质碳酸盐岩储层形成控制因素. 石油与天然气地质，38（4）：633-644，763.

贾承造，庞雄奇，2015. 深层油气地质理论研究进展与主要发展方向. 石油学报，36（12）：1457-1469.

姜辉，樊生利，赵应权，等，2016. 超深层致密砂岩储层致密初始期的厘定——以中东鲁卜哈里盆地为例. 石油实验地质，

38（2）：219-223.
李武广，杨胜来，孙晓旭，等，2011. 超深油气藏储层岩孔隙度垂向变化研究．特种油气藏，18（5）：83-85.
刘春，张荣虎，张惠良，等，2017b. 库车前陆冲断带多尺度裂缝成因及其储集意义．石油勘探与开发，44（3）：469-478.
刘春，张荣虎，张惠良，等，2017a. 塔里木盆地库车前陆冲断带不同构造样式裂缝发育规律：证据来自野外构造裂缝露头观测．天然气地球科学，28（1）：52-61.
卢颖忠，黄智辉，管志宁，等，1998. 储层裂缝特征测井解释方法综述．地质科技情报，17（1）：85-90.
牛嘉玉，王玉满，谯汉生，2004. 中国东部老油田区深层油气勘探潜力分析．中国石油勘探，9（1）：33-40.
商琳，戴俊生，贾开富，等，2013. 碳酸盐岩潜山不同级别构造裂缝分布规律数值模拟——以渤海湾盆地富台油田为例. 天然气地球科学，24（6）：1260-1267.
王俊鹏，张荣虎，赵继龙，等，2014. 超深层致密砂岩储层裂缝定量评价及预测研究——以塔里木盆地克深气田为例．天然气地球科学，25（11）：1735-1745.
杨建，康毅力，王业众，等，2010. 裂缝性致密砂岩储层气体传质实验．天然气工业，30（10）：39-41.
杨克明，张虹，2008. 地震三维三分量技术在致密砂岩裂缝预测中的应用——以川西新场气田为例．石油与天然气地质，29（5）：683-689.
尹志军，黄述旺，陈崇河，1999. 用三维地震资料预测裂缝．石油勘探与开发，26（1）：78-80.
袁静，曹宇，李际，等，2017. 库车坳陷迪那气田古近系裂缝发育的多样性与差异性．石油与天然气地质，38（5）：840-850.
曾联波，2008. 低渗透砂岩储层裂缝的形成与分布．北京：科学出版社．
曾联波，谭成轩，张明利，2004. 塔里木盆地库车坳陷中新生代构造应力场及其油气运聚效应．中国科学 D 辑：地球科学，34（增刊Ⅰ）：98-106.
张惠良，张荣虎，杨海军，等，2012. 构造裂缝发育型砂岩储层定量评价方法及应用——以库车前陆盆地白垩系为例．岩石学报，28（3）：827-835.
张明利，谭成轩，汤良杰，等，2004. 塔里木盆地库车坳陷中新生代构造应力场分析．地球学报，25（6）：615-619.
张仲培，王清晨，2004. 库车坳陷节理和剪切破裂发育特征及其对区域应力场转换的指示．中国科学 D 辑：地球科学，34（增刊Ⅰ）：63-73.
周灿灿，杨春顶，2003. 砂岩裂缝的成因及其常规测井资料综合识别技术研究．石油地球物理勘探，38（4）：425-430.
周林，陈波，凡睿，等，2017. 川北地区须四段致密砂岩储层特征及成岩演化．石油与天然气地质，38（3）：543-550，560.
卓勤功，李勇，宋岩，等，2013. 塔里木盆地库车坳陷克拉苏构造带古今系膏盐岩盖层演化与圈闭有效性．石油实验地质，35（1）：42-47.
邹华耀，赵春明，尹志军，等，2013. 渤海湾盆地新太古代结晶岩潜山裂缝发育的露头模型. 天然气地球科学，24（5）：879-885.
Aguilera R，1995. Naturally fractured reservoirs（2nd edition）. Tulsa，Oklahoma：Penn Well Publishing Company，211-268.
Jamison R W，1997. Quantitative evaluation of fractures on Monksbood anticline，a detachment fold in the footballs of western Canada. AAPG Bulletin，81（7）：1110-1132.
Lander R H，Laubach S E，2014. Insights into rates of fracture growth and sealing from a model for quartz cementation in fractured sandstones. AAPG Bulletin，doi：10. 1130/B31092. 1.
Laubach S E，Olson J E，Gross M R，2009. Mechanical and fracture stratigraphy. AAPG Bulletin，93（11）：1413-1426.
Olson J E，Laubach S E，Lander R H，2009. Natural fracture characterization in tight gas sandstones：integrating mechanics and diagenesis. AAPG Bulletin，93（11）：1535-1549.
Van Golf-Racht T D，1982. Fundamentals of fractured reservoir engineering：Amsterdam. Elsevier.

砂岩微裂缝开度分布特征及裂缝模式演化规律

Hooke J N[1,2,3]，Laubach S E[2]，Marrett R[2]

1. 地球科学系，牛津大学，南公园路，牛津，英国；

2. 经济地质局，杰克逊地球科学学院，得克萨斯大学奥斯汀分校，奥斯汀，得克萨斯州，美国；

3. 地球科学系，杰克逊地球科学学院，得克萨斯大学奥斯汀分校，奥斯汀，得克萨斯州，美国

摘要：利用基于扫描电子显微镜的阴极发光成像技术（SEM-CL）对砂岩中天然裂缝的发育模式进行了取样研究。所有裂缝初始状态下均是开启的，后被石英胶结物全部或部分充填，且大多数样品中的裂缝因长度太小而位于沉积界面以内。在应变非常低时（≤0.001），裂缝在空间中的分布是随机的；但在较高应变下，裂缝组系通常具有统计规律。与指数、幂律或正态分布相比，全部12个较大数据点（N>100）的裂缝间距均更符合对数正态分布特征，表明天然裂缝的分布不是随机的。为了揭示天然裂缝的分布规律，在区域热演化史约束下，利用同期胶结物中的流体包裹体重建了墨西哥东北部Huizachal群内部一组裂缝的开启历史。在101个观测样品中，该组唯一一条肉眼可见的最大裂缝开启时期相对较晚。这一结果表明，裂缝的成组增长是一个自组织过程，其中小规模的、初始孤立的裂缝不断增长并逐渐相互作用，优先增长的一部分裂缝以牺牲其余部分的增长为代价。组系内裂缝的封闭性与规模有关，表明同期的胶结作用可能有助于裂缝的成组发育。

关键词：微裂缝；裂缝开度；砂岩；电子显微镜—阴极发光联用仪

1 概述

天然裂缝的间距问题已取得较好的研究效果，部分原因是裂缝间距与隧道钻进或钻井过程中裂缝相交的概率密切相关（Narr，1996）。常用来描述裂缝间距有效性的统计参数，包括反映裂缝相交整体预期概率的均值以及描述裂缝空间规律性的标准偏差。也就是说，一组假想的裂缝可能完美地、规则地相间分布，或高度聚集，而统计学的随机间距一般位于空间规律谱图的中间位置（Gillespie et al.，1999）。

在此次研究中，我们重点关注被胶结物完全或部分充填的开启型裂缝的间距。在此过程中，我们将精力集中在井下形成的裂缝。同样，矿物胶结可以为某一地质背景下裂缝间的成因联系提供有力支撑（Smith et al.，2014），并且在某些情况下作为裂缝开启时间和流体环境的约束条件（Becker et al.，2010）。我们将讨论该研究结果也可能适用于其他类型裂缝的间距研究，如岩浆岩岩墙和无效裂缝。

根据Griffith（1921）的实验结果，以及化石或沉积构造中的大型裂缝往往由小型裂缝增长形成等野外证据，认为地质裂缝一般起源于裂隙（Helgeson et al.，1991；Savalli et al.，2005）。因此，大型裂缝的间距可以反映裂隙的间距。然而，通常认为裂隙在整个围岩中是随机分布的（Olson，1993；Tang et al.，2008），那么解释裂缝模式的挑战在于，如何从非定向裂隙分布研究开始，并产生一个非随机模式？

裂缝间距呈规则分布通常见于层状岩石（Ladeira et al.，1981；Narr et al.，1991）。在这种情况下，裂缝发育通常受到高度限制，裂缝间距与裂缝高度有关，进而形成周期性分布（Schöpfer et al.，2011）。然而，无论是在层状或非层状裂缝组中，已发现许多高度聚集，但具有明显的非随机分布裂缝模式（Hooker et al.，2015）。

前人已经提出了关于裂缝聚集分布的各种解释，裂缝可能集中在褶皱（Ogata et al.，2014）或断层附近（Putz et al.，2008），成岩过程可能产生脆性带而变得易于破裂（Giorgioni et al.，2016），沉积组构可能具有横向非均质性进而导致裂缝模式发生变化（Ogata et al.，2016）。最后一点，岩浆岩岩墙附近的裂缝密集分布与岩墙扩展产生的拉张应力有关（Delaney et al.，1986）。最后一个例子着重强调了应力传播

过程中，裂缝组系动态扩大的可能性，也是裂缝应变积累所固有特征。

此外，肉眼可见的裂缝（宏观裂缝）通常被微观裂缝（微裂缝）围绕，那么最大的裂缝被层理限制，而较小的裂缝则不同（Hooker et al.，2013）。因此，即使是均匀间隔的层控裂缝模式也可能出现在初始不受力学分层影响的裂缝生长阶段。

为了测试裂隙分布、沉积特征、构造和内在特性等条件对天然裂缝模式发展的相对重要性，此次研究使用了取自三大洲 8 个地层组的微裂缝间距测量数据。在相同的观察范围内统一使用相同的数据收集方法，以便可以在一系列条件设置中进行数据比较。我们使用 SEM-CL 来观察砂岩中的裂缝，这个尺度足够小，可以突破力学沉积分层边界对大多数裂缝高度的有效限制。我们对观察到的间距进行统计分析，以测试自然微裂缝是否多于或少于聚类，而与裂缝随机排列的预测结果不同。

为了进一步查明控制裂缝间距的作用过程，通过流体包裹体显微测温技术和热演化史模拟方法，我们研究了墨西哥东北部三叠系 El Alamar 组（Huizachal 群）内一组裂缝的开启时间，同时也是我们的抽样地点之一。这项研究为我们第一次发现一组平行、共同成因的裂缝提供了独立的时间证据。我们将研究结果与前人裂缝发育模型进行比较，并找到了支持前人理论模型的证据，即裂缝成组发育是传播过程中动态裂隙相互作用的结果。

2 方法

微裂缝间距数据由发育天然宏观裂缝的砂岩样品收集整理得到（表 1），而宏观裂缝发育模式可以从岩心或露头观察得到。裂缝间距的定义为沿着某一观察直线（扫描线）相邻裂缝之间的距离，需垂直裂缝测量。在每个砂岩样品中，宏观裂缝以次平行方式存在，除非具有多个一致的正交组系，否则通常在单个地点的走向夹角小于 20°。在后一种情况下，微裂缝方向和正交关系反映了宏观裂缝的情况，并且对不同组系分布进行了研究。如下所述，平行组系中的裂缝均观察到相同的矿物填充序列。

表 1 微裂缝间距数据统计表（据 Gomez et al.，2006）

样号	露头	地区	组或群	Folk 分类	沉积背景	构造背景	微裂缝平均应变	宏观裂缝是否层控	数据来源
1～6	East Texas Basin	Texas，USA	Travis Peak 组	石英闪长岩	边缘海	区域隆升	1.4×10^3	是	岩心
7～12	Piceance Basin	Colorado，USA	Mesaverde 群	次岩屑砂岩	边缘海	区域隆升	4.7×10^3		
13～40	Basin X	(Confidential)	X 组	次岩屑砂岩	三角洲—海洋	褶皱冲断带	1.4×10^2	否	
41～44	Mexican Sierra Madre Oriental	Nuevo Leon，Mexico	Huizachal 群	长石岩屑砂岩、岩屑砂岩	河流	次滑脱构造	1.6×10^2		野外
45～52	Scottish Highlands	Scotland，UK	Eriboll 组	石英闪长岩	上临滨	次逆冲带	2.6×10^2		
53～59	Andean Eastern Cordillera	Jujuy，Argentina	Meson 群	石英闪长岩	上临滨	被皱冲断带	4.8×10^2	稀少	

注：细分为野外/岩心来源。X 盆地和 X 组的样品地点是保密的，与其他样品地点不同。微裂缝应变由（开度之和）/（间距之和）计算得到，数值沿扫描线测量得到。

在露头或岩心中，使用 10 倍手持放大镜观察裂缝间距。对于单个发育宏观裂缝的砂岩样品，我们采集一个或多个样品用于微裂缝分析，微裂缝样品应尽可能靠近宏观裂缝扫描线，同时将其制成顺层薄片，以构建平行于宏观裂缝扫描线的微观裂缝扫描线。

在此次研究中，我们观察和解释沿着一维扫描线测量的裂缝间距和应变的变化。需要着重注意，我们很少能够观察到三维空间中的裂缝模式，因而没有做三维分析。我们的测量是横穿裂缝和图像视图中进行的，因此我们的方法更适用于诸如顺层钻进所产生的裂缝相交问题。如果横切地层钻进，我们的观察可以协助评估裂缝是否会在目的层相交。另一方面，垂直叠置的裂缝模式，如预想岩浆岩岩墙或砂岩侵入体中弹性驱动的裂缝，将难以使用我们的技术进行评价。

通过连接在 FEI XL30 扫描电子显微镜的牛津仪器 MonoCL2 阴极发光检测器对薄片进行镀碳处理并成像，检测距离为 10mm，这是与我们的 CL 显微镜兼容的最小工作距离。正如我们下面所解释的那样，粒内裂缝可作为在较低粒度范围内裂缝成图能力的反映。因此，通过使用 15kV 光束电压，150 倍放大（像素宽度 0.77mm）和大光点尺寸，与分辨率相反，针对信号和面积覆盖对成像质量进行了优化。

通过 Photoshop 软件将单个数字化 SEM-CL 图像拼接在一起，然后使用绘图程序 Didger 沿图像上绘制的扫描线对裂缝进行解释并测量间距。使用常规 Excel 自动提取测量结果（Gomez et al.，2006），并利用三角测量法校正间距以反映邻近裂缝之间的垂直距离。

使用 FLUID 公司自适应的 USGS 型气流加热/冷冻装置进行流体包裹体测量，温度计使用 H_2O—CO_2 合成流体包裹体的干冰熔融温度（T_m）为 56.6 ℃进行校正，冰的 T_m 为 0℃，纯 H_2O 合成的流体包裹体标准物质的临界均一温度（T_h）为 374.1℃（Sterner et al.，1984）。

3 样本系列和裂缝描述

研究中的砂岩来自多种沉积结构位置（表 1），每种地质背景均在 Hooker 等人（2014）的附录中有所涉及，其结果表明大多数数据体的开度分布符合幂指数定律。基于存在一组或多组裂缝，我们选择砂岩作为研究对象，通过定向排列的或填充裂缝的矿物胶结物的存在来确定是否为天然裂缝及其反映的地质过程。

大多数的扫描线都是通过大块砂岩的出露绘制得到，这些含有裂缝的砂岩并不严格以单个层面为界（表 1）。Piceance 和东得克萨斯盆地的大多数扫描线除外，这些盆地的应变非常低，且泥岩丰富，通常是裂缝扩张的障碍。总的来说，裂缝应变反映了区域构造变形的程度。区域背斜的应变较小，因而拱曲度较小，山脊应变较高（表 1）。需要注意，此处提及的所有应变测量值均为裂缝应变测量值，由扫描线数据计算得出，为开度总和除以间距之和。因此，这种测量值不包括与裂缝发生事件有关或无关的侵入应变或任何其他变形。

一组代表性样品的岩相图像表明，基本上所有样品都含有附着在裂缝壁上的石英胶结物，石英可能完全填充裂缝，或者可能搭接在孔隙、碳酸盐胶结物上或少量搭接碳氢化合物或黏土上。在某一给定的裂缝组中，较大的裂缝不太可能被石英胶结物完全充填（图 1d）。石英胶结物通常含有裂纹充填结构（图 1b），表明每个裂缝内开启和密封呈现相间重复增长，而碳酸盐胶结物很少含有裂缝充填结构。

在 SEM-CL 下观察到的微裂缝通常可以通过沿裂缝壁发生的颗粒偏移进行重建（图 1a、c），此处研究的微裂缝通常具有绝对的开度偏移。宏观裂缝垂直排列，没有发现任何角砾岩、擦痕或层位偏移，表明宏观裂缝以开启方式为主。在露头尺度上，裂缝壁呈离散分布，且通常是平滑的，在平面上可见（图 1e）。但是，裂缝局部呈不连续，裂缝轨迹通常分散呈雁列式多段（图 1a、e）并可能偏离颗粒边缘（图 1a）。

在此次研究中，大多数样品虽然没有测量裂缝长度，但是根据抽样地点子集的 SEM-CL 图像组合对裂缝长度进行了系统研究，结果表明开度与长度大致是开平方根关系（图 2）。微裂缝开度范围为 5~25μm，长度大约是 200~4000μm。采样的地层厚度通常至少为分米级别，因此我们推断，研究中观测到的大多数微裂缝不是同一层，尽管微裂缝延伸可能受交错层理尺度或低于如下所述的颗粒尺度的一些影响。

SEM-CL 成像展示了单个石英颗粒内部丰富的微裂缝（图 1a），这种微裂缝可能反映了石英颗粒沉积成岩之前的脆性变形，因此可能与砂岩沉积后形成的裂缝无关（Laubach，1997）。

相比之下，颗粒沉积之后岩石内发育较多穿粒微裂缝（图 1a、c、d）。在所有样品中，使用 SEM-CL 对穿粒微裂缝进行分析，除了来自较短扫描线的两个样品，该扫描线穿过了低应变岩石（表 1、表 2）。分析过程中，我们计算了穿粒裂缝的间距，不考虑粒内裂缝。理论上，一些粒内裂缝可能与穿粒裂缝有关，因此我们所测量的间距比微裂缝之间的真实间距要宽。然而，对于粒内微裂缝，没有阴极发光颜色或结构标准可用于确定平行于宏观裂缝的微裂缝亚群，其群体也不具有优势方位。相反，穿粒裂缝组系总是与宏观裂缝平行，因此，在分析中，没有包括粒内微裂缝。

图 1　砂岩中的天然裂缝

TM—穿粒微裂缝；IM—粒内微裂缝；E—环氧树脂；FW—裂缝壁；Cal—方解石；Qtz—石英。(a) SEM-CL 图像，样品 44，发光环氧树脂填充的裂缝为样品制备时人为造成，穿粒微裂缝为沉积成岩后形成，而粒内微裂缝可能是颗粒固有的。尽管如此，颗粒大小可能会影响裂缝增长。在箭头 1 处，穿粒微裂缝沿颗粒边缘发生偏转。裂缝通常是分段的（箭头 2），包括母岩内部间隔，其大小随着段之间的距离和连接程度而变化。(b) SEM-CL 图像，样品 44，石英和方解石充填的宏观裂缝。石英胶结物由于裂缝纹理的存在而认为是同期的，裂缝生长方向与裂缝壁延伸方向平行。方解石胶结物大部分没有裂缝充填纹理且叠置在石英之上，因此认为是构造运动后期形成的。(c) SEM-CL 图像，样品 2，石英充填的穿粒微裂缝易于展开形成多段，否则，相对于较大的裂缝，其大小和方位与 (b) 中的裂缝充填段较为相似。我们认为这种扩展是裂缝充填生长的不完美定位形成的，文中有此方面的讨论。(d) SEM-CL 图像，样品 53，微裂缝完全被石英充填，而较宽的宏观裂缝中包含一些孔隙，用虚线标记。(e) 墨西哥东北部 Huizachal 群的露头照片，存在两个石英充填的裂缝组，箭头 3 标记的为早期、横切的裂缝组内部多段之间的连接部分

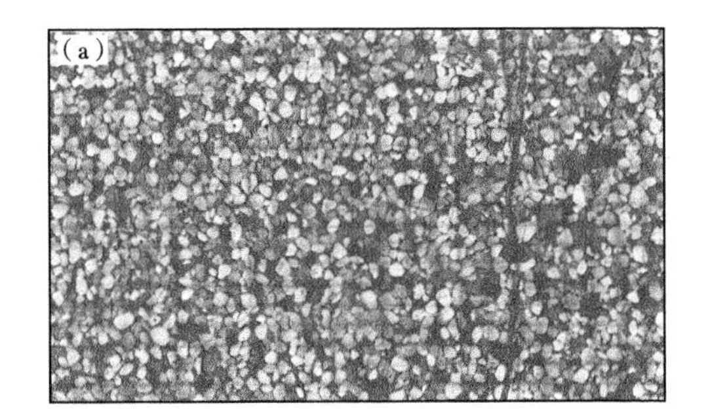

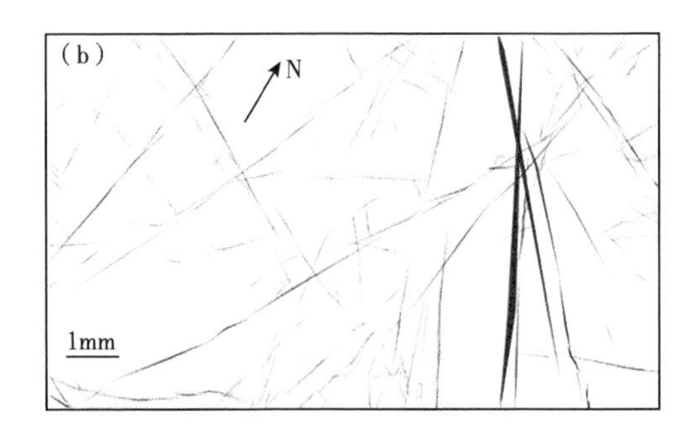

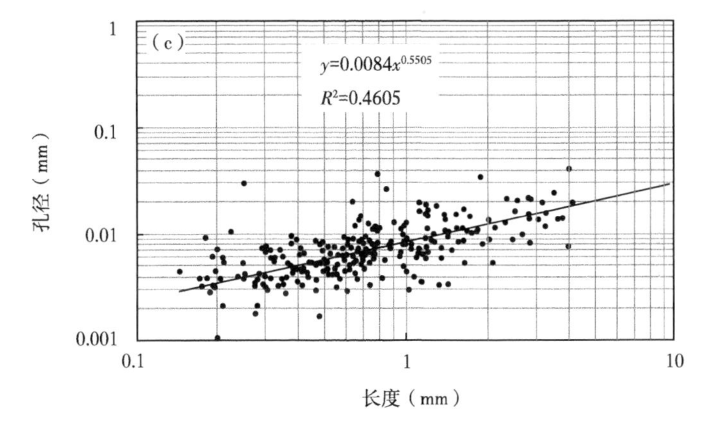

图 2　二维空间裂缝特征测量

（a）SEM-CL 裂缝图像，样品 53；（b）为（a）的解释图，四点的数字化多边形代表裂缝各端和最大开度位置；（c）开度与（b）中测量的裂缝长度的相关关系，坐标轴为对数，受图像所限，超过边界长度的裂缝测量结果未包括在内

表 2　微裂缝间距统计表

样品	微裂缝数量	扫描长度（mm）	应变	Chi² 误差				Reject LN	Reject EXP	V'	V' 95% sig	C_v	C_v 95% sig
				正态	对数正态	常律	指数						
1	153	125.3	0.0193	4.6×10^5	263.44	2157.14	509.20	X	X	0.41	1	1.53	1
2	38	29.8	0.0088	328.53	10.86	63.17	68.40		X	0.48	1	1.80	1
3	101	27.1	0.0726	2.1×10^4	56.36	1262.68	117.74			0.36	1	1.26	1
4	104	47.9	0.0155	343.92	82.47	4700.03	19.39			0.36	1	1.02	0
5	11	37.1	0.0014	3.84	3.63	6.02	1.11			0.33	0	0.96	0
6	11	16.3	0.0357	24.10	2.87	2.35	4.26			0.92	1	1.55	1
7	24	74.8	0.0010	23.30	14.59	22.17	8.47			0.18	0	1.20	0
8	4	90.9	0.0002	1.81	1.76	0.35	0.39			0.47	0	1.08	0
9	12	94.4	0.0009	84.66	4.78	11.31	9.22			0.34	0	1.78	1
10	6	89.7	0.0060	1.92	1.45	0.98	0.19			0.97	1	0.79	0
11	18	82.7	0.0005	164.50	4.55	10.00	14.96			0.34	0	1.82	1
12	3	88.8	0.0001	0.81	1.38	0.31	0.06			0.51	0	0.96	0
13	7	79	0.0039	2.05	4.90	3.54	0.64			0.55	0	0.88	0
14	8	61.1	0.0095	2.03	3.07	2.87	0.69			0.79	1	0.94	0
15	18	86	0.0047	11.55	11.03	14.86	3.15			0.35	0	1.20	0

续表

样品	微裂缝数量	扫描长度(mm)	应变	Chi[2]误差				Reject LN	Reject EXP	V'	V' 95% sig	C_v	C_v 95% sig
				正态	对数正态	常律	指数						
16	27	83.5	0.0038	88.00	7.88	23.66	27.95			0.57	1	1.70	1
17	10	91.7	0.0048	9.41	4.06	4.54	1.10			0.61	1	1.28	0
18	37	85.6	0.0102	2674.04	11.39	89.88	170.69		X	0.69	1	2.90	1
19	10	74.5	0.0172	4.38	5.19	6.26	1.07			0.46	0	1.03	0
20	5	93.7	0.0007	1.46	2.14	0.82	0.34			0.53	0	0.95	0
21	14	92.9	0.0132	16.27	1.87	9.63	3.25			0.89	1	1.24	0
22	12	78.4	0.0119	18.22	2.83	8.22	2.15			0.88	1	1.31	0
23	3	90.4	0.0008	1.13	1.00	0.20	0.03			0.47	0	1.27	0
24	0	87.3	0										
25	12	88	0.0030	32.31	3.64	5.88	3.30			0.23	0	1.46	1
26	36	89.2	0.0068	1.0×10^{4}	4.96	43.41	141.22		X	0.45	1	2.70	1
27	14	92.6	0.0033	7.50	3.84	12.80	2.01			0.74	1	1.08	0
28	3	90.6	0.0049	1.02	1.25	0.28	0.22			0.42*	0	0.60	0
29	14	108.1	0.0002	23.83	3.74	6.49	6.53			0.40	0	1.61	1
30	10	97.6	0.0004	11.91	2.15	5.60	2.35			0.31	0	1.39	0
31	7	92.7	0.0002	1.45	4.81	3.52	0.61			0.38	0	0.86	0
32	20	98.1	0.0007	92.51	4.16	47.23	9.41			0.38	1	1.38	1
33	6	22.4	0.0007	2.11	2.78	2.81	0.74			0.29*	0	0.90	0
34	14	38.3	0.0007	55.14	5.00	15.77	3.50			0.39	0	1.30	0
35	0	20.1	0										
36	18	38.8	0.0061	23.61	5.39	15.68	6.07			0.47	1	1.38	0
37	174	2067.3	0.0034	3.4×10^{11}	1065.15	8571.83	1215.77	X	X	0.64	1	1.63	1
38	32	111.8	0.0209	1063.34	11.34	22.97	75.04		X	0.90	1	2.14	1
39	12	43.2	0.0016	4.40	6.11	9.21	0.79			0.59	1	1.03	0
40	16	554	0.0028	4.39	12.50	28.83	4.07			0.75	1	0.80	0
41	20	1016.7	0.0001	13.11	4.40	29.24	0.91			0.22	0	1.01	0
42	131	229.5	0.0239	5333.42	86.34	754.86	680.44		X	0.23	1	1.77	1
43ew	14	194.7	0.0181	19.89	5.68	21.68	2.15			0.90	1	1.07	0
43ne	26	194.7	0.0015	32.19	15.38	34.17	9.80			0.35	1	1.27	0
44	101	222	0.0091	3.6×10^{7}	127.26	2626.66	6159.98	X	X	0.61	1	1.65	1
45	157	121.6	0.0360	2.2×10^{8}	178.32	1371.79	1105.79		X	0.31	1	1.87	1
46	160	67.5	0.0538	8.0×10^{8}	156.78	1086.42	1148.84		X	0.30	1	1.85	1
47	65	204.6	0.0128	4460.41	71.21	299.77	53.19			0.58	1	1.37	1
48	77	182.8	0.0067	1874.70	72.42	294.65	175.76		X	0.26	1	1.65	1
49	11	108.7	0.0003	7.07	2.42	7.23	1.19			0.30	0	1.20	0

续表

样品	微裂缝数量	扫描长度(mm)	应变	Chi² 误差				Reject LN	Reject EXP	V'	V' 95% sig	C_v	C_v 95% sig
				正态	对数正态	常律	指数						
50	12	94.2	0.0006	7.83	4.33	10.18	0.54			0.49	1	1.06	0
51	8	81.6	0.0005	13.58	2.04	0.67	2.29			0.48	0	1.39	0
52	19	89.6	0.0013	111.60	8.18	28.13	7.26			0.38	0	1.30	0
53	134	112.1	0.0359	4.4×10^7	55.25	1.2×10^4	1973.08		X	0.48	1	1.87	1
54	150	97.1	0.0225	1.4×10^4	40.92	1262.72	1013.24		X	0.40	1	1.79	1
55	97	61.4	0.0994	4826.34	45.04	550.73	187.05		X	0.52	1	1.47	1
56	416	131.1	0.1930	1.7×10^9	332.77	7288.57	9857.38		X	0.39	1	1.98	1
57	499	40.5	0.0299	4.0×10^7	510.28	1.0×10^5	1.6×10^5		X	0.38	1	3.69	1
58	38	93.7	0.0021	139.00	26.83	99.66	14.04			0.25	0	1.28	1
59	4	85.3	0.0002	2.02	1.96	0.36	0.39			0.21*	0	0.54	0

注：应变计算结果如表 1 和文中所示，Chi² 误差计算为所有裂缝间距的总和［$(P_{obs}-P_{mod})^2/|P_{mod}|$］，其中 P_{obs} 和 P_{mod} 分别是给定间距大小的观测和模型累计概率，表中粗体数值是建模的 4 个分布方程的最小 Chi² 误差（即最佳拟合），可以使用 Chi² 检验数据集的指数和对数正态分布，以 95%为置信度。基于 V' 的非随机聚类的权重取自 Stephens（1965）中的临界值表，标有星号（*）的 V' 值具有统计上的均匀应变分布，而基于 C_v 的非随机聚类权重取自裂缝间距数值随机模拟结果。

此外，裂缝封闭增加的厚度有限，可以放大 150 倍进行观察（Hooker et al.，2014），通常厚度为 5~10μm。封闭体系下，这种增长通常会交代多个颗粒。因此，我们认为砂岩的沉积粒度可能对天然裂缝的规模具有物理意义，其原因可能是裂缝从裂纹扩展至组系与弱的颗粒边界、黏土杂基或颗粒状孔隙有关。亚颗粒尺度上同样可能发生脆性变形（Anders et al.，2014），但是在这个尺度上，母岩的粒状结构导致其可以忽略不计，因为我们仅限于分析穿粒微裂缝。

我们收集了墨西哥东北部 Sierra Madre Oriental 地区三叠系 El Alamar 砂岩（Huizachal 群）样品用于流体包裹体分析。由于以下几个关键因素，该地区适合研究裂缝应变的空间和时间累积。首先，露头区在平面上出露 4 个特征明显的裂缝组系；其次，裂缝内同构造期石英胶结物保留了流体侵入信息，其均一温度能够可靠测得；最后，单独的埋藏史分析重建了研究区热演化历史，因此，可以根据流体包裹体温度推断裂缝开启的时间。利用这些裂缝，我们查明了平行裂缝的开启顺序，从而明确了裂缝组系空间分布演化。

4　开度数据

裂缝应变，等于（开度之和）/（间距之和），计算范围为 1×10^{-4}~2×10^{-1}（表 1、表 2）。如上所述，扫描线位于垂直岩心样品、斜交岩心样品和露头上，长度为 20~2067mm 不等。扫描线越长，样品统计数据越有效，对于分析较小应变以及大间距裂缝组系尤为重要。

我们使用变异系数 C_v（Gillespie et al.，1999）量化裂缝间距的不规则性，计算公式为 s/m，其中 s 是裂缝间距的标准偏差，m 是平均值。因而，完美的周期性裂缝间距产生的 C_v 值为 0，并且 C_v 将随着裂缝间距的不规则性加强而增加，将假设裂缝随机分布可产生接近 1 的 C_v（图 3a）。为了测试观察到的天然裂缝序列是随机分布的无效假设，我们对裂缝随机分布的 C_v 值导出了 95%置信区间。这些值是通过产生 1000 次 N（5~300）个随机分布裂缝获得的，使用第 5 和第 95 百分位的 C_v 值作为临界值，在其之外我们认为是无效假设。

我们使用 Kuiper（1960）提出的 V' 统计值来定量分析裂缝应变的非均匀性，Putz 等（2008）曾将其应用于裂缝研究。对于该数值，将每个裂缝的累积开度与一条均匀应变的线进行比较，即，如果应变均匀分布，那么累积开度将在那个点上（图 4a）。这种差异最佳是 D_{max}，最差是 D_{min}。V' 等于（$|D_{max}|$+

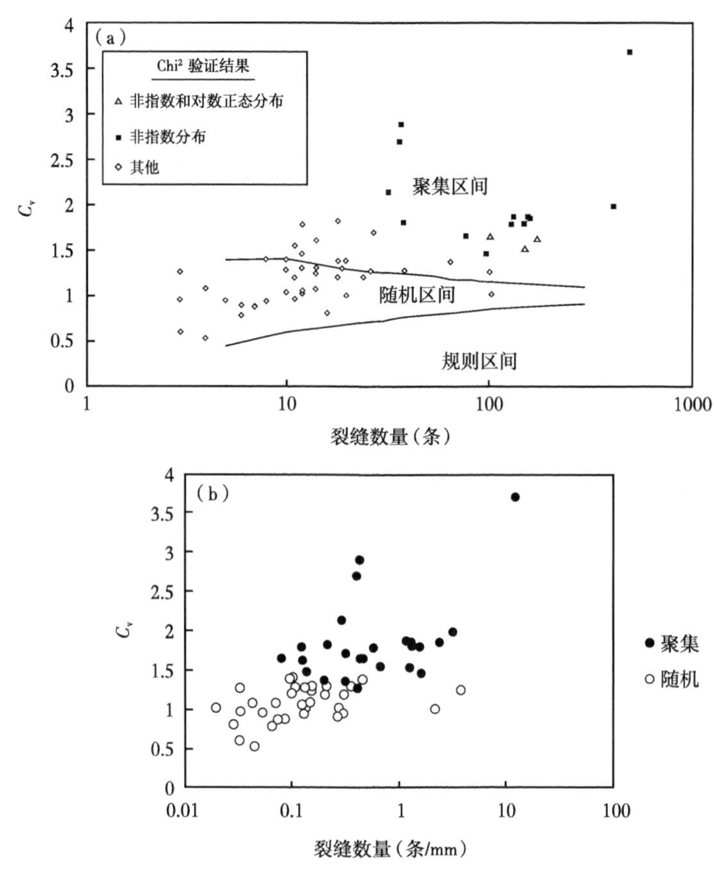

图 3　微裂缝间距不规则性特征

(a) C_v 与实测裂缝数目的相关关系，以重复随机间隔模拟数据测得的 C_v 值的 95%作为置信区间。对于更多的聚类数据集，Chi² 数值可能非指数分布，而随机裂缝间距可能存在这一情况。(b) C_v 与裂缝数量的相关关系，按照扫描线长度进行了标准化。“聚集”和“随机”是指每个数据集在图（a）区域中的相对位置。图（b）与图（a）中的相关性表明，随着裂缝间距减小，裂缝组变得更加聚集

$|D_{min}|)/A$，其中 A 为总累计开度。因此，V'是扫描线内应变非均质性的量度。当裂缝尺寸减小时，完全规则的裂缝间距将产生接近零的 V'。应变不均匀性可能存在的最大值，在单个裂缝内部都是明显的，假如裂缝位于扫描线的起始或终点处，V'值为 1。Stephens（1965）列出了 V'为零的上限和下限临界值，该假设测量来自某一假定分布，而我们的情况下是均匀分布，低于或高于 Stephens（1965）给出的临界值的裂缝应变模式可分别解释为比预期随机裂缝应变分布得更均匀或更聚集。

Chi² 统计量可以用来比较每个裂缝间距群组的最佳拟合方程（Hooker et al.，2014)，对于单个 Chi² 检验，其中观测间距的 Chi² 统计量依据相应方程与假设群体进行比较，允许在既定的置信水平推翻所提出的方程（McKillup et al.，2010）。

5　裂缝间距特征

没有数据显示 C_v 明显低于随机裂缝位置的预测值（图 3a)，因此我们不会将任何数据集解释为定期或周期性间距分布。此外，只有 3 个数据集，其中 $N=3$、4 和 6，V'低于均匀分布的下端临界值（表 2，图 4b)，我们将其解释为均匀分布的裂缝应变。在总共 60 个数据集中，39 个（18 个和 21 个）超过了常规裂缝间距测试（C_v 和 V'）的临界值（表 2）。根据这些结果，我们推断测量的裂缝间距与随机分布或系统聚类无法区分。

此外，我们注意到数量最大的裂缝样本与随机模式区分最为明显，这种关系可以反映裂缝模式的空间非均质性，即随着应变增加而增加。或者，该模式也可能是统计伪像，因为低应变样本可以是非随机分布的，但是低应变裂缝集的有限采样使得与随机模式进行区分更加困难。

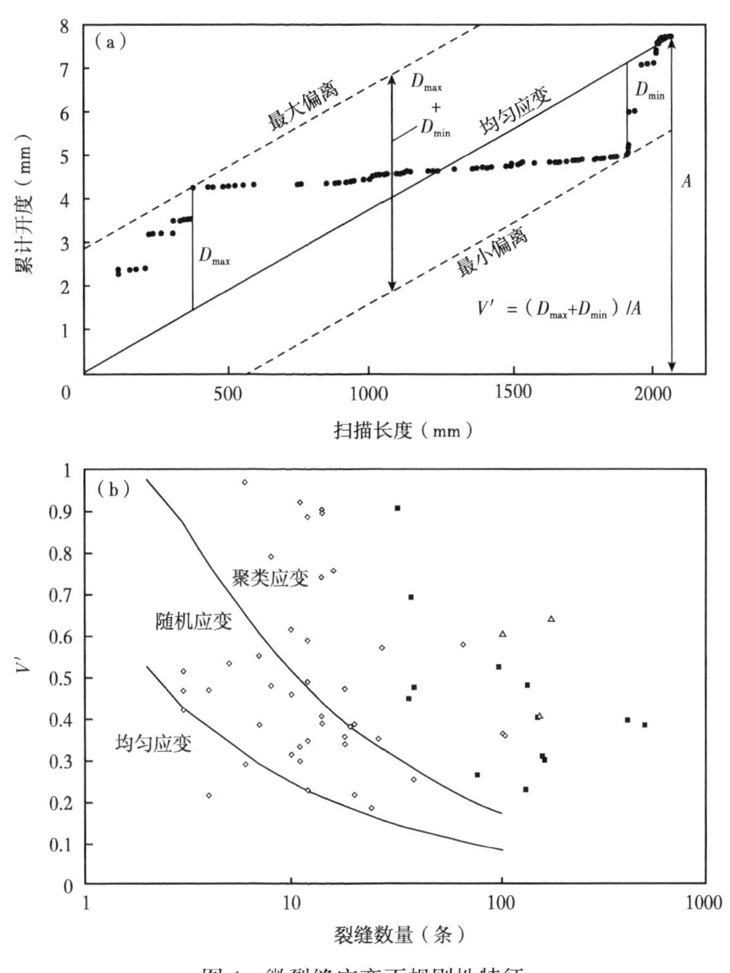

图 4　微裂缝应变不规则性特征

(a) 累计裂缝开度散点图，所示开度为沿扫描线与当前裂缝相交的所有裂缝开度之和，以表示出 V'，均匀应变线将裂缝原点与累计开度的末端相连。D_{max} 和 D_{min} 分别是累计开度和均匀应变线之间的最大和最小差异，如图所示，计算 V' 并量化应变分布的非均质性，从 0（完全均匀的应变）到 1（最大可能的异质性）。(b) V' 与裂缝数量的关系，所示符号如图 3a 所示。使用 Stephens（1965）的表格描绘了统计规律与随机分布的差异。整体相关性较差，V' 与总应变和扫描线长度之间也是如此。无论测量的应变如何，相关性极差可能反映了短扫描线样品中 V' 差异显著。尽管如此，具有统计聚类应变分布样本通常与指数间距分布不同

有一种方法可以将两种可能性进行区分，即通过低应变裂缝组对少数长扫描线进行检查。最好的例子是样品 41，扫描线长度超过一米并与 20 个微裂缝相交。仅使用 C_v 和 V'，采样裂缝与随机模式无法区分。在具有多个或更少裂缝的 37 个数据集中，17 个可以通过一个或两个测量值与随机区分。因此，样本 41 的实例证实低应变裂缝集沿扫描线的不同间距具有随机分布的特征。

另一种方法是集中分析低数目数据集。如果在裂缝集开始期间，某些非随机空间组织过程是活跃的，那么尽管每个低数目组取样代表性差，但我们仍然可以期望在一些低数目组内检测到非随机信号。相反，我们观察到 C_v 在低数目组中始终难以与随机模式区分，并且 C_v 随着裂缝丰度的增加而增加（每毫米的裂缝，图 3b）。这种相关性强于 C_v 和裂缝数量之间的相关性（图 3a），可能反映了裂缝聚集度与裂缝规模的增加，而不仅仅是数据集质量原因。

6　天然裂缝组系重建

在 Huizachal 群峡谷露头中存在 4 组裂缝（图 5），每组均包括平行、陡倾、石英和方解石胶结的裂缝。这 4 组形成的相对时间受到 Laubach 等（2006）提出的切割关系的限制，他们将其标记为 A 组（最老）到 D 组（最新），并在该处 C 组裂缝中取样 44 块进行了裂缝间距测量。Laubach 等（2006）对流体

包裹体温度进行了初步测量，Hooker 等（2015）结合 SEM-CL 成像对其进行了详细分析，这些数据均被用于恢复每个裂缝组在区域埋藏历史中的相对时间。该埋藏历史（图 5d）通过成岩伊利石的 K-Ar 定年、区域流体包裹体测温数据和裂变径迹分析，以及磷灰石 He 元素测年（Gray et al.，2001）建模获得。

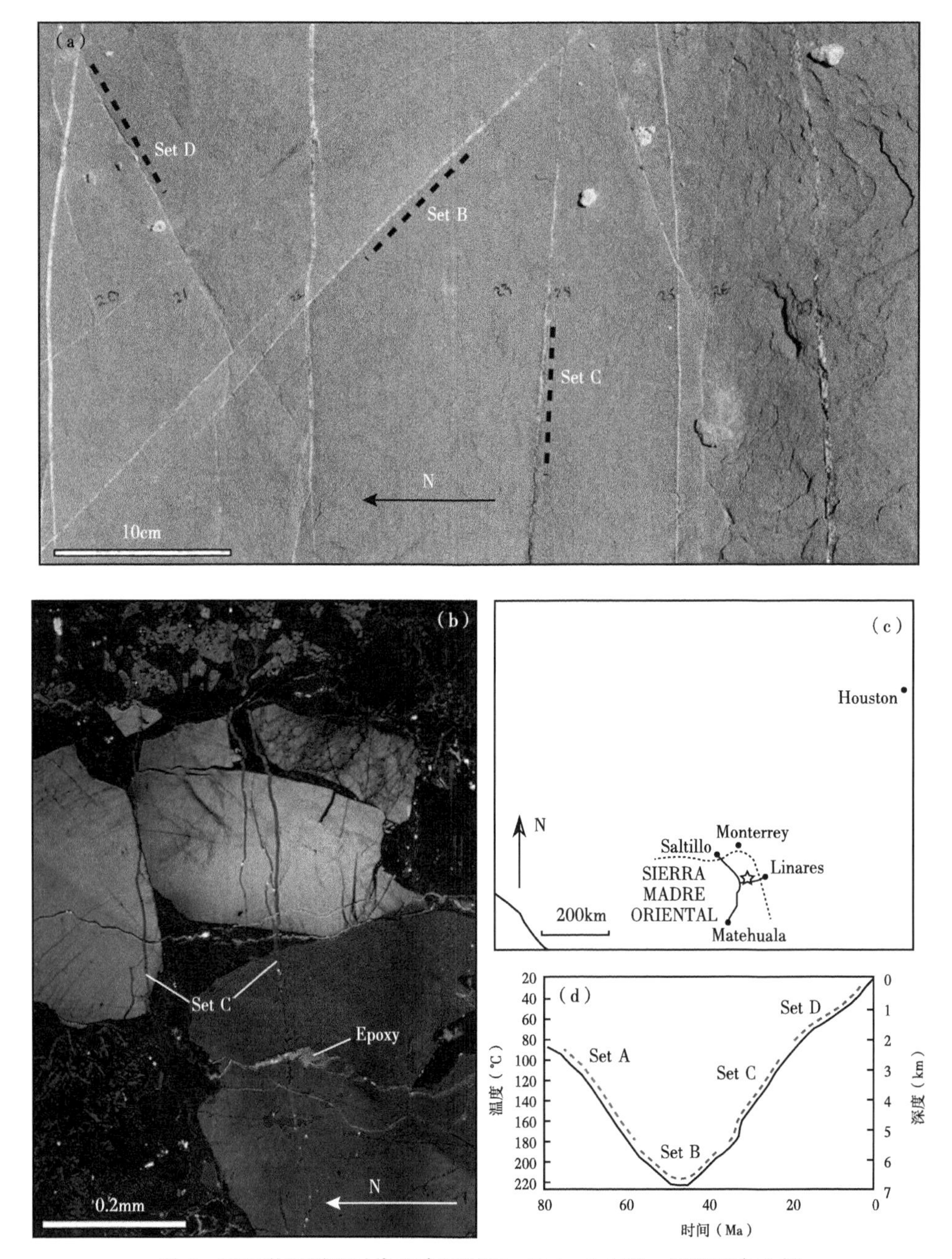

图 5　用于微观测温时代重建的裂缝，Huizachal 群，墨西哥东北部

（a）露头照片，虚线对应着 Laubach 等（2006）解释的裂缝组。A 组，图中未标出，北—南倾。（b）C 组微裂缝的 SEM-CL 图像。（c）露头位置，峡谷地表露头位于 24.70N，100.09W。（d）Huizachal 群的埋藏历史曲线，据 Gray 等（2001）和 Hooker 等（2015）修改。虚线用于强调每个裂缝组的真实时间是不确定的，因为测量时未考虑压力校正，但是认为 B 组形成时接近最大埋藏深度（Hooker et al.，2015），因而提供了对其余形成时间的相对约束。C 组和 D 组相互切割，A 组横切

胡克等人（2015）认为，B 组裂缝形成于最大埋藏时期，因为该组的同构造期胶结物中流体包裹体温度最高，而且前期碳酸盐岩胶结物中含有相对高应变的双晶，即早于 C 组。胡克等（2015）也认为，C 组在温度逐渐降低时形成，与下列特征相一致：（1）Gray 等（2001）的区域埋藏历史模型展示了一个简单的埋藏—折返趋势，在时间温度空间中没有发生严重干扰（图 5d）；（2）在 C 组宏观裂缝中晚期胶结物流体包裹体 T_h 较低（裂缝 C5，图 6）。

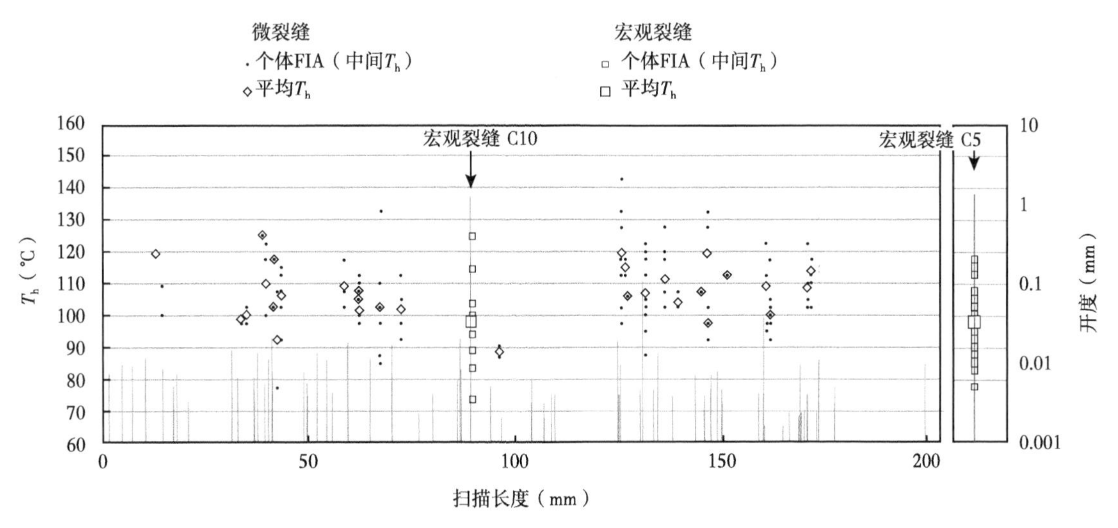

图6 开度，即裂缝壁之间的距离，以及样品44和来自相同裂缝组的附近宏观裂缝（C5）中的裂缝充填物包裹体温度。大裂缝比微裂缝具有更低的T_h，表明形成于相对更晚的时间，因为该组裂缝的生长发生在温度降低的情况下（图5d）

研究发现，时间序列和冷却T_h之间具有一定的相关关系，因而可以使用T_h表征C组内裂缝的开启时间。原则上，T_h代表包含物形成时真实温度的最小估计值，称为俘获温度T_t（Goldstein et al.，1994）。T_t和T_h之间的差异取决于俘获时的流体压力（Goldstein et al.，1994；Steele-MacInnis et al.，2012），而C组的最佳压力校正值是未知的（Hooker et al.，2015）。在此次研究中，有人认为，裂缝处于蒸发滑脱时，盐度逐渐增加，流体压力不可能发生显著增长。因而，在流体压力随时间没有显著变化的情况下，我们可以将T_h的差异归因于与折返相关的冷却过程中温度和时间的差异（图5d）。

在露头上沿扫描线，使用手持放大镜，选择样品用于单个宏观裂缝（C10）的流体包裹体分析和使用SEM检测微裂缝，共发现100个微裂缝，其中31个含有可分析的流体包裹体（图6）。

在宏观裂缝和微裂缝中，存在单相和两相（液体和气体）流体包裹体（图7）。对所有两相流体包裹体的T_h进行测量，大多数流体包裹体存在于混合物中，即与裂缝壁延伸方向平行的平面上，这种混合物与石英颗粒在显微镜下可见的裂缝充填物一致。我们认为混合物为同时期形成，因而理想状态下具有相同的T_h。然而，混合物内T_h的平均观测范围为21.9℃，Hooker等（2015）认为这种变化是由于同期胶结作用发生时温度、压力或盐度的短期波动造成的。所有观察到的微裂缝被石英完全充填，而两个宏观裂缝中含有同期石英和后期方解石胶结物。

为了查明宏观裂缝和微裂缝之间的温度变化以及与之有关的时间变化，我们用两种方式对两个裂缝尺度下T_h测量值进行比较。首先，我们编译所有数据，对每个T_h值进行平均加权。其次，我们仅使用各个流体包裹体组合的T_h中值。在此过程中，删除了单个流体包裹体的所有测量值。对于第二种比较，我们还从微裂缝集中去除了3个T_h值，并从宏观裂缝C10中去除了两个，因为其具有异常高的T_h中值、变化较大的气液比、单偏光下具有侵蚀现象，并且C10中实测露头面与裂缝壁夹角约30°（图7c）。对于微裂缝组合和单个宏观裂缝，未经校正和校正过的数据集与正态分布非常吻合（图8）。我们使用T_t对T_h分布进行了校验对比（McKillup et al.，2010），零假设时，微裂缝和单个宏观裂缝之间的平均值T_h没有差异。双翘尾t检验允许使用全部或仅中值分布代替宏观裂缝C10和相邻微裂缝的零假设，置信度大于98%。在所有情况下，尽管两个群体的范围重叠，但宏观裂缝的平均值T_h明显低于微裂缝的平均值。

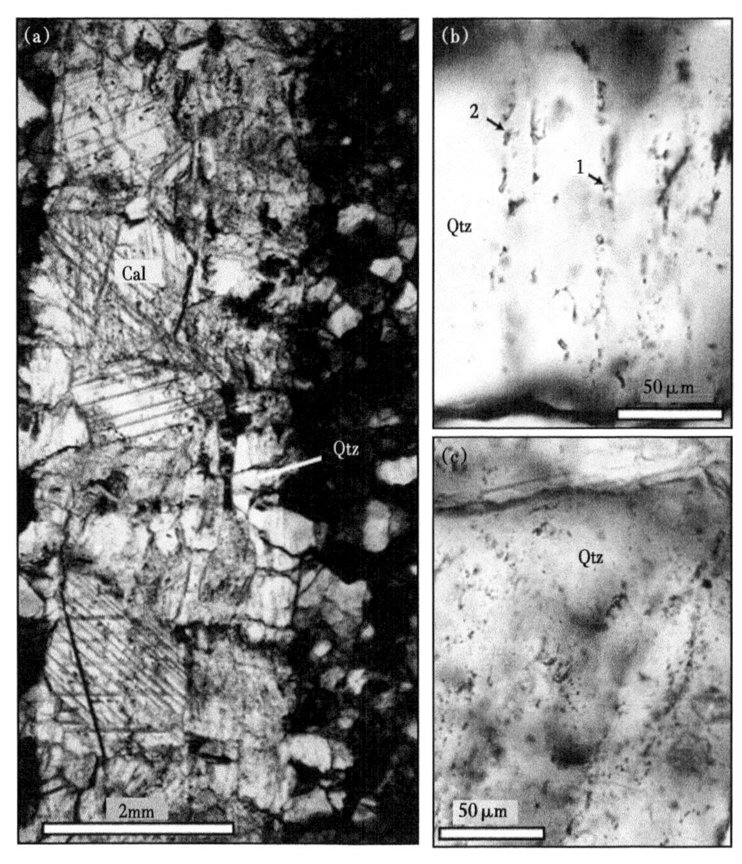

图 7　样品 44 中裂缝胶结物特征

Cal—方解石；Qtz—石英；单偏光。(a) 宏观裂缝 C10，富含双晶方解石胶结物，与同构造期石英胶结物叠置。(b) 宏观裂缝和微裂缝中的典型流体包裹体组合，其平行于裂缝壁且较大的包裹体，通常含有气泡。箭头 1 表示单相（液体）包裹体，箭头 2 表示双相（液体和气体）包裹体，图像来自宏观裂缝 C10。(c) 流体包裹体组合实例，来自宏观裂缝 C10，与裂缝壁斜交并且很少含有气泡，可能与它们的尺寸小有关。这种流体包裹体组合测量的 T_h 通常较高（>150℃）且变化很大，可能与俘获后的破坏有关，在图 6 中已省略

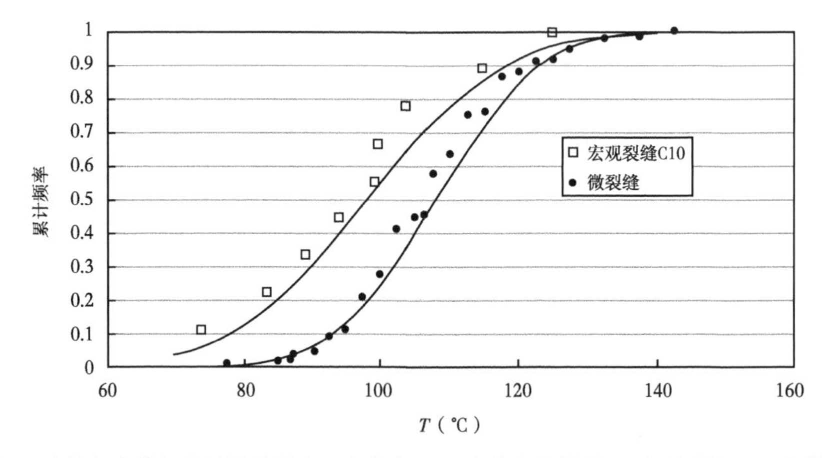

图 8　流体包裹体组合的最佳拟合正态分布，T_h 中值来自样品 44 宏观裂缝 C10 和微裂缝。

双翘尾 t 检验剔除两个群体的相等均值，置信度为 98%，这意味着图 6 中的冷却结果明显具有统计学意义

7　讨论

裂缝应变表现出逐渐累积效应，与砂岩中裂缝的形成有关并被天然裂缝的 SEM-CL 图像记录下来，通常包含裂缝—充填纹理（图 1；Hooker et al.，2014）。目前尚不清楚单个裂缝增量是否必然来自单个孤

立的开启增量的增长，即使后期被完全充填，因为每个保存下来的增量可能与后期充填的多个较小的开启事件有关，或者裂缝开口可能已经瞬时变宽，使得裂缝坍塌增大至胶结物沉淀保存下来的宽度。无论裂缝开启过程的细节如何，保存的记录都是裂缝阵列之一，每个裂缝都以不连续的步骤增长。

前人研究工作表明，单个裂缝的开启时间与同一组中其他裂缝相重叠，其热史模拟结果（Becker et al.，2010；Fall et al.，2015；Hooker et al.，2015）与个别裂缝的长期开启历史保持一致，排除了一组裂缝在某一时间仅单个开启的解释。此外，对墨西哥东北部一组裂缝中的同位素组成和流体包裹体分析表明，在相同的流体条件下形成了大量的方解石脉（Smith et al.，2014），这表明为同一时间形成而不是顺序形成。

基于这些前人工作，我们假设研究的裂缝组中裂缝通常是一同开启的。此外，根据获取的间距数据，我们认为，随着应变增加，裂缝空间排列从无法区分随机分布变为显著聚集。在强聚集模式中，与规则间隔的裂缝分布模式相比，现今裂缝附近的裂缝丰度具有统计上的高值，而后者恰恰相反。因此，现有数据表明，随着裂缝的增长，已有裂缝的存在增加了附近裂缝生长的趋势。

先前有人认为，裂缝有规律的间隔分布是由于现存的裂缝抑制了附近裂缝的增长。例如，Rives 等（1992）描述了层状、规则间隔的裂缝演化模式，最初是随机的，具有指数分布特征，后通过横向应力作用裂缝开始抑制彼此的增长，并且最终达到对数正态分布，即形成规则的裂缝间距。基于不同裂缝组平均间距的 Chi^2 测试结果，我们同样推断微裂缝组经历了由单井指数分布到单井对数正态分布的过渡（图 3b）。然而，在目前的情况下，最佳拟合对数正态分布具有高的标准偏差，用 C_v 值表示（图 3b），并指示裂缝聚集模式。

有些裂缝现象有待解释，即为什么一些生长的裂缝会引起附近的裂缝生长（此次研究），有些会抑制它（Rives et al.，1992）。这两者之间存在两个重要差异：一是本研究中的裂缝组通常不是层状结构（表 1，图 2），二是在胶结物沉淀时是开启的。在接下来的两个小节中，我们将讨论这种差异的潜在后果。

7.1 机械分层与均质岩石中裂缝的增长

高度限制岩层的存在允许对平行裂缝的间距进行简单的几何处理，因为裂缝在达到最大高度之前需要相对较小距离的传播。在这种情况下，母岩内应力场扰动以裂缝侧向应力释放为主（Rives et al.，1992；Schopfer et al.，2011）。

对于没有分层结构的裂缝，裂缝顶端附近应力相对集中，这对附近裂缝的发展相对重要。在此文和先前研究中已经观察到，裂缝顶端和延伸部分不是连续的，而是分段的（Segall et al.，1983；Gudmundsson，1987；Foxford et al.，2000；Philipp，2012；Arndt et al.，2014）。开启性裂缝分段传播的原因可能是受到远距离伸展应力的裂缝会在裂缝顶端附近产生张力增强区域（Pollard et al.，1987），对于地质时间尺度上可能传播的亚临界应力裂缝，这种增强的张力将促进附近微裂缝的生长（Olson，1993）。

因此，当传播裂缝的顶端接近定向性特别好的裂缝或微裂缝时，该微裂缝将在原始裂缝基础上进行传播，可能使其停止。Olson（1993）通过数值模型对其进行了研究，结果表明，这种机制可以产生高度聚集的裂缝模式，其取决于岩石力学性质和初始缺陷分布，甚至可以用层控几何性质来解释。在没有地层边界的情况下，亚临界传播裂缝在空间上成群聚集，与我们设想的一致。

7.2 矿物胶结过程中的裂缝增长

我们研究的裂缝在胶结物沉淀时是开启的，意味着裂缝生长时流体已充填在裂缝里。裂缝相互作用的动力学机制部分取决于裂缝的驱动特征，即裂缝是否因流体压力的增加或远距离应力的减小而被迫开启。上述与现有裂缝相邻的伸展应力的释放机制适用于远距离拉张作用驱动的裂缝（Engelder et al.，1996），并且可能源于恒定的约束应力下流体驱动的断裂作用（Fischer et al.，1995）。在这两种情况下，拉伸释放是断裂过程中母岩应变能最小化的结果。

然而，Engelder 等（1996）也指出，由于流体驱动的断裂作用，岩石内弹性应变能实际上会增加，这取决于流体压力、裂缝开启和约束应力之间的耦合。例如，裂缝组可能在横向受限的岩石体积中潜在生长，流体从某一点注入，例如储层—破裂断层（Mourgues et al.，2011）。如上所述，这样的几何形态可能造成裂缝跨层聚集，但在我们的数据中很难识别，因为我们是沿着层理方向对裂缝进行取样的。

裂缝在开启过程中的胶结作用也可能导致其聚集。例如，如果传播的裂缝顶端附近张力增强则会触发新的微裂纹开启，我们可能会期望原始裂缝的顶端继续传播而导致那些微裂缝关闭。在这种情况下，这些微裂缝将落入原始裂缝侧面的张力松弛区域。然而，与胶结作用相比，裂缝生长相对缓慢，因而微裂缝可能会被胶结住，从而抑制闭合（Cosgrove，2001；Laubach et al.，2004）。

此外，裂缝内裂缝充填结构的存在表明，被解释为单一的裂缝实际上是多次破裂的复合结果。基于均匀的胶结填充作用，这种破裂作用似乎是个例，通常延伸切穿多个颗粒（图 1a—d）。如果这些破裂顶端附近区域的张力增强有利于附近裂缝的开启，那么微裂缝群可能在较大裂缝附近区域内增长，否则代表张力发生释放。在此背景下，Hooker 等（2015）通过建立模拟层状岩石的数值模型，揭示了裂缝间距随着裂缝胶结增长速率的增加而减小。

7.3 Huizachal 群中的裂缝聚集特征

对于数据体中的大多数裂缝，我们对其开启的驱动机制几乎没有考虑。裂缝以平行组系的形式存在，其应变通常反映了构造变形的程度，同时揭示了远距离构造应力的重要性。然而，裂缝同时被胶结物充填。在一定流体压力下，无论是静压还是更大压力，均是在地下形成。因此，它们可能会受到流体压力增加和远距离挤压减少的复合驱动，当然其他驱动因素也可能存在。

然而，对于 Huizachal 群中的裂缝，有人认为破裂作用是在下降流体中进行的，因此远距离挤压的减少比流体压力的增加更为重要（Hooker et al.，2015）。该结论推翻了局部流体注入导致的裂缝聚集的可能性，并且这些裂缝分布通常与地层特征无关。

Huizachal 群中的宏观裂缝含有的流体包裹体在等于或低于微裂缝内的温度下会发生均质化，因此，我们认为宏观裂缝的开启时间与微裂缝的开启时间相吻合并且晚一些。像 Delaney 等人（1986）提出的关于岩浆岩墙附近裂缝较少的结果那样，微裂缝可能形成于生长的宏观裂缝顶端附近的应力增加区域。在目前的情况下，微裂缝和宏观裂缝均被胶结，可能反映了胶结物沉淀速率受到晶体生长动力学的限制（Lander et al.，2015），而不是由充填物质的注入造成的，如同岩浆岩墙的情况一样。

同样明显的是，由于后期方解石叠置在石英沉积物之上，宏观裂缝并未完全被石英充填；相反，较小的裂缝开启时通常完全被石英充填。在裂缝生长期间，由于完全充填的裂缝具有更大的附着力，新的裂缝增量可能优先发育在部分充填的宏观裂缝上，而不是完全充填的微裂缝。如果事实如此，最大、最多孔的裂缝进一步开启的敏感性更强，进而可以在裂缝大小、孔隙度和重新开启的敏感性之间产生正反应回路，使得未来的开启增量优先定位在最大的几个裂缝上（Hooker et al.，2012）。

在一些罕见的例子中，较低的 Th 测量值来自聚集在宏观裂缝 C10 周围的微裂缝中（图 6）。这些结果可能是统计异常，或者反映出后期应变增量在大的开启性裂缝上的不正确定位，导致如上所述的聚集特征。无论如何，大部分证据证实裂缝开度最初较分散，而后随着时间和应变逐渐集中。

最后，我们注意到，如果天然裂缝持续开启数百万年（Becker et al.，2010；Hooker et al.，2015；Lander et al.，2015），那么蠕变过程可以消除近裂缝应力场的扰动影响。在假设光谱的极端位置，由于蠕变过程比裂缝开度更为快速，这种近裂缝应力可以在下一个裂缝增量形成之前有效地消散，进而形成随机的裂缝模式。在蠕变效应较为温和的情况下，我们可以预料到应力场扰动基本停止，胶结附着力对裂缝间距的重要性相对增加。因此，Alzayer 等（2015）证实了裂缝的增长和加宽是缓慢的，并且可能涉及弹性和非弹性变形在时间上不同的过程。

8 结论

通过一系列地层和构造背景对砂岩微裂缝间距的调查研究表明，天然微裂缝的间距没有明显规律。相反，低应变裂缝组具有与随机无法区分的空间分布，而高应变裂缝组发生系统聚集。在墨西哥东北部 Huizachal 群的一个代表性例子中，流体包裹体温度与埋藏历史模拟拟合结果表明，大型裂缝与附近的微裂缝年龄相当或稍晚。我们认为，裂缝的系统聚类可能与动态裂缝在传播过程中的相互作用、裂缝的同步胶结作用以及裂缝生长蠕变过程中近裂缝应力的消散有关。

致谢

该研究的部分资金受裂缝研究和应用联盟，以及得克萨斯大学奥斯汀分校杰克逊地球科学学院地质基金会课题 DE-FG02-03ER15430 资助，课题来自化学科学、地球科学和生物科学部、基础能源科学办公室、科学办公室、美国能源部和 GDL 基金会（露头工作）。我们感谢 Hyein Ahn 和 Karen Black 的 SEM 成像研究，Peter Eichhubl、Andras Fall、Julia Gale 和 Leonel Gomez 等卓有成效的讨论，感谢 William Dunne、Kei Ogata 和 Hannah Watkins 的评审。

参考文献

Alzayer Y, Eichhubl P, Laubach S E, 2015. Non-linear growth kinematics of opening-mode fractures. J. Struct. Geol., 74: 31-44. http://dx.doi.org/10.1016/j.jsg.2015.02.003.

Anders M H, Laubach S E, Scholz C H, 2014. Microfractures: a review. J. Struct. Geol., 69 (B): 377-394. http://dx.doi.org/10.1016/j.jsg.2014.05.011.

Arndt M, Virgo S, Cox S F, et al., 2014. Changes in fluid pathways in a calcite vein mesh (Natih Formation, Oman Mountains): insights from stable isotopes. Geofluids, 14: 391-418.

Becker S P, Eichhubl P, Laubach S E, et al., 2010. A 48 m.y. history of fracture opening, temperature, and fluid pressure: cretaceous Travis Peak Formation. East Tex. basin. GSABull., 122 (7/8): 1081-1093.

Cosgrove J W, 2001. Hydraulic fracturing during the formation and deformation of a basin: a factor in the dewatering of low-permeability sediments. AAPG Bull., 85 (4): 737-748.

Delaney P T, Pollard D D, Ziony J I, et al., 1986. Field relations between dikes and joints: emplacement processes and paleostress analysis. J. Geophys. Res. Solid Earth, 91 (B5): 4920-4938.

Engelder T, Fischer M P, 1996. Loading configurations and driving mechanisms for joints based on the Griffith energy-balance concept. Tectonophysics, 256 (1-4): 253-277.

Fall A, Eichhubl P, Bodnar R J, et al., 2015. Natural hydraulic fracturing of tight-gas sandstone reservoirs, Piceance Basin, Colorado. GSA Bull., 127 (1/2): 61-75. http://dx.doi.org/10.1130/B31021.1.

Fischer M P, Gross M R, Engelder T, et al., 1995. Finite-element analysis of the stress distribution around a pressurized crack in a layered elastic medium: implications for the spacing of fluid-driven joints in bedded sedimentary rock. Tectonophysics, 247 (1): 49-64.

Foxford K A, Nicholson R, Polya D A, et al., 2000. Extensional failure and hydraulic valving at Minas da Panasqueira, Portugal: evidence from vein spatial distributions, displacements and geometries. J. Struct. Geol., 22: 1065-1086.

Gillespie P A, Johnston J D, Loriga M A, et al., 1999. Influence of layering on vein systematics in line samples. In: McCaffrey K J W, Walsh J J, Watterson J (Eds.), Fractures, Fluid Flow, and Mineralization. Geological Society Special Publication, 155: 35-56.

Giorgioni M, Iannace A, D'Amore M, et al., 2016. Impact of early dolomitization on multiscale petrophysical heterogeneities and fracture intensity of low-porosity platform carbonates (AlbianeCenomanian, southern Apennines, Italy). Mar. Petrol. Geol., 73: 462-478.

Goldstein R H, Reynolds T J, 1994. Systematics of Fluid Inclusions in Diagenetic Minerals. SEPM Short Course Notes 31, Tulsa, 199.

Gomez L A, Laubach S E, 2006. Rapid digital quantification of microfracture populations. J. Struct. Geol., 28: 408-420.

Gray G G, Pottorf R J, Yurewicz D A, et al., 2001. Thermal and chronological record of syn- to post-Laramide burial and exhumation. In: Bartolini C, Buffler R T, Cantú-Chapa A (Eds.), The western Gulf of Mexico Basin: Tectonics, Sedimentary Basins, and Petroleum Systems: AAPG Memoir, 75. Sierra Madre Oriental, Mexico: 159-181.

Griffith A A, 1921. The phenomena of rupture and flow in solids. Philos. Trans. R. Soc. Lond. Ser. A Contain. Pap. a Math. Phys. Char., 221: 163-198.

Gudmundsson A, 1987. Geometry, formation and development of tectonic fractures on the Reykjanes Peninsula, southwest Iceland. Tectonophysics, 139: 295-308.

Helgeson D E, Aydin A, 1991. Characteristics of joint propagation across layer interfaces in sedimentary rocks. J. Struct. Geol., 13 (8): 897-911.

Hooker J N, Gomez L A, Laubach S E, et al., 2012. Effects of diagenesis (cement precipitation) during fracture opening on fracture aperturesize scaling in carbonate rocks. In: Garland J, Neilson J E, Laubach S E, et al. (Eds.), Advances in Carbonate Exploration and Reservoir Analysis, 187-206. Geological Society Special Publication, 370.

Hooker J N, Katz R F, 2015. Vein spacing in extending, layered rock: the effect of synkinematic cementation. Am. J. Sci., 315: 557-588.

Hooker J N, Larson T E, Eakin A, et al., 2015. Fracturing and fluid flow in a sub-decollement sandstone; or, a leak in the basement. J. Geol. Soc., 172: 428-442.

Hooker J N, Laubach S E, Marrett R, 2013. Fracture-aperture sizedfrequency, spatial distribution, and growth processes in strata-bounded and non-stratabounded fractures, Cambrian Meson Group, NW Argentina. J. Struct. Geol., 54: 54-71.

Hooker J N, Laubach S E, Marrett R, 2014. A universal power-law scaling exponent for fracture apertures in sandstones. GSA Bull., 126 (9/10): 1340-1362.

Kuiper N H, 1960. Tests concerning random points on a circle. Proc. Koninklijke Nederl. Akademie van Wetenschappen (A), 63: 38-47.

Ladeira F L, Price N J, 1981. Relationship between fracture spacing and bed thickness. J. Struct. Geol., 3 (2): 179-183.

Lander R H, Laubach S E, 2015. Insights into rates of fracture growth and sealing from a model for quartz cementation in fractured sandstones. GSA Bull., 127 (3/ 4): 516-538.

Laubach S E, 1997. A method to detect natural fracture strike in sandstones. AAPG Bull., 81: 604-623.

Laubach S E, Olson J E, Gale J F W, 2004. Are open fractures necessarily aligned with maximum horizontal stress? Earth Planet. Sci. Lett., 222: 191-195.

Laubach S E, Ward M E, 2006. Diagenesis in porosity evolution of opening-mode fractures, middle triassic to lower jurassic La Boca formation, NE Mexico. Tectonophysics, 419: 75-97.

McKillup S, Dyar M D, 2010. Geostatistics explained: an introductory guide for earth scientists. Cambridge University Press, Cambridge: 396.

Mourgues R, Gressier J B, Bodet L, et al., 2011. "Basin scale" versus "localized" pore pressure/stress couplingeImplications for trap integrity evaluation. Mar. Petrol. Geol., 28 (5): 1111-1121.

Narr W, 1996. Estimating average fracture spacing in subsurface rock. AAPG Bull., 80 (10): 1565-1586.

Narr W, Suppe J, 1991. Joint spacing in sedimentary rocks. J. Struct. Geol., 13 (9): 1037-1048.

Ogata K, Senger K, Braathen A, et al., 2014. Fracture corridors as sealbypass systems in siliciclastic reservoir-cap rock successions: field-based insights from the Jurassic Entrada Formation (SE Utah, USA). J. Struct. Geol., 66: 162-187.

Ogata K, Storti F, Balsamo F, et al., 2016. Sedimentary facies control on mechanical and fracture stratigraphy in turbidites. GSA Bull., 129 (1/2): 76-92.

Olson J E, 1993. Joint pattern development: effects of subcritical crack growth and mechanical crack interaction. J. Geophys. Res., 98 (B7): 251-265.

Philipp S L, 2012. Fluid overpresure extimates from the aspect ratios of mineral veins. Tectonophysics, 581: 35-47.

Pollard D D, Segall P, 1987. Theoretical displacements and stresses near fractures in rock: with applications to faults, joints, veins, dikes, and solution surfaces. In: Atkinson B K (Ed.), Fracture Mechanics of Rock. Academic Press, London, 277-349.

Putz M W, Sanderson D J, 2008. The distribution of faults and fractures and their importance in accommodating extensional strain at Kimmeridge Bay, Dorset, UK. In: Wibberley C A J, Kurz W, Holdsworth R E, et al. (Eds.), The Internal Structure of Fault Zones: Implications for Mechanical and Fluid-flow Properties, 97-111. Geological Society Special Publication 299.

Rives T, Razack M, Petit J-P, et al., 1992. Joint spacing: analogue and numerical simulations. J. Struct. Geol., 14 (8/9): 925-937.

Savalli L, Engelder T, 2005. Mechanisms controlling rupture shape during subcritical growth of joints in layered rocks. Geol. Soc. Am. Bull., 117 (3-4): 436-449.

Schoεpfer M P J, Arslan A, Walsh J W, et al., 2011. Reconciliation of contrasting theories for fracture spacing in layered rocks. J. Struct. Geol., 33: 551-565.

Segall P, Pollard D D, 1983. Joint formation in granitic rock of the Sierra Nevada. GSA Bull., 94: 563-575.

Smith A P, Fischer M P, Evans M A, 2014. On the homogeneity of fluids forming bedding-parallel veins. Geofluids, 14: 45-57.

Steele-MacInnis M, Lecumberri-Sanchez P, Bodnar R J, 2012. HOKIEFLINCS_ H_2O NaCl: a Microsoft Excel spreadsheet for interpreting microthermometric data from fluid inclusions based on the PVTX properties of H_2O-NaCl. Comput. Geosci. , 49: 334-337.

Stephens M A, 1965. The goodness-of-fit statistic VN: distribution and significance points. Biometrika, 52 (3/4): 309-321.

Sterner S M, Bodnar R J, 1984. Synthetic fluid inclusions in natural quartz I. Compositional types synthesized and applications to experimental geochemistry. Geochim. Cosmochim. Acta, 48: 2659-2668.

Tang C A, Liang Z Z, Zhang Y B, et al. , 2008. Fracture spacing in layered materials: a new explanation based on two-dimensional failure process modeling. Am. J. Sci. , 308 (1): 49-72.

本文由曾庆鲁高工编译

成岩作用和地层对台地碳酸盐岩裂缝强度控制作用的定量分析

——以墨西哥东北部东马德雷山脉为例

Orlando J Ortega[1], Julia F W Gale[2], Randall Marrett[3]

1. 壳牌国际勘探与生产公司，休斯顿，得克萨斯州，美国；
2. 经济地质局，杰克逊地球科学学院，得克萨斯大学奥斯汀分校，奥斯汀，得克萨斯州，美国；
3. 地球科学系，杰克逊地球科学学院，得克萨斯大学奥斯汀分校，奥斯汀，得克萨斯州，美国

摘要：利用沿一维扫描线测量的归一化裂缝强度，比较墨西哥东北部 Cupido 组和 Tamaulipas 组碳酸盐岩层中不同沉积相、地层位置、岩层厚度和白云石化程度的裂缝强度。计算单裂缝组和合并裂缝组两种情况下的单层裂缝强度，用双变量加权回归和多变量方法分析它们之间关系的统计学意义。结果表明，白云石化程度与裂缝强度呈正相关关系，并且相关性最强，其次为岩层在地层旋回中的位置和泥质含量。白云石含量、准层序中的归一化位置、沉积环境和泥质含量之间具有明显相关性，为了便于统计，应将它们作为因变量。地质观察表明，这些岩石中同时发生白云岩沉淀和破裂，至少在部分地层是这样。针对 Cupido 组和 Tamaulipas 组，提出一个结合层序地层和成岩史的裂缝强度分布模型，可应用于类似的碳酸盐岩层序中。我们的分析不支持典型的岩层厚度—裂缝间距的关系。

1 概述

裂缝强度（丰度）是认识低渗岩石中流体流动所需关键参数之一，但由于取样的问题，在地下难以直接测量。预测模型（Mueller et al.，1991；Rives et al.，1992；Fischer et al.，1995；Bai et al.，2000；Philip et al.，2005）要求利用存在相同问题的数据集进行测试。Nelson（2001）确定了裂缝强度的主要地质控制因素，包括：（1）组成；（2）结构（包括颗粒大小和孔隙度）；（3）地层（岩层厚度）；（4）构造位置。构造位置在许多裂缝强度的研究中已经成为主要内容（Antonellini et al.，2000；Casey et al.，2004；Hennings，2009）。尽管在墨西哥东马德雷山脉（Sierra Madre Oriental）的褶皱台地碳酸盐岩中，构造影响在局部很重要，但我们的重点是成岩、岩层厚度和地层裂缝对裂缝强度的控制作用。我们选择千米级褶皱中翼部相同构造位置的露头，远离铰链区，并且层倾角固定。因此，由于构造位置导致露头之间的裂缝强度变化最小。我们使用 Ortega 等人（2006）描述的第五级地层周期归一化裂缝强度测量方法。归一化裂缝强度根据不同沉积相、白云石含量、岩层厚度和五级地层、层位在周期中的位置确定。我们尝试回答以下问题：哪些地层参数对裂缝强度具有控制作用？裂缝强度分布的模式是否可预测？

2 前期开展的裂缝强度研究

前人在实验室开展实验（Handin et al.，1963）以及利用露头和岩心（Das Gupta，1978；Sinclair，1980；Narr，1991；Gillespie et al.，1993，1999，2001；Mandal et al.，1994；Nelson et al.，1995；Nelson，2001）研究了岩石成分对裂缝强度的控制作用。Handin 等人（1963）发现，从石英岩到白云岩、砂岩再到石灰岩，裂缝强度减小，并且与其他沉积岩相比，石灰岩中韧性随埋藏加深而增加的幅度更大。Sinclair（1980）认为，细粒碳酸盐的裂缝强度比粗粒碳酸盐的更高。Das Gupta（1978）得出结论，白云石化程度越高，裂缝强度越高；尽管该研究中白云石化层比石灰岩层薄，但难以从白云石化对裂缝强度的影响中将

岩层厚度的影响分离出来。

Corbett 等（1987）、Ferrill 等（2008）、Laubach 等人（2009）解决了碳酸盐岩力学和裂缝地层学问题，在《构造地质学》（Journal of Structural Geology）的特刊“碳酸盐岩变形（Deformation in Carbonates）”发表了几篇论文（Agosta et al.，2009）。例如，Zahm 等（2010）综合层序地层学框架内的相、岩石强度和泥质含量作为预测石灰岩露头断裂和节理的手段。他们研究发现，海侵体系域（TST）中的“裂缝变形强度”高于高位体系域（HST）。该研究中的海侵体系域（TST）还具有泥质含量更高、更薄的旋回和抗压强度更低的岩石。但是，他们的实例中没有白云石化组分，正如我们指出的，白云石化掩盖了相和泥质含量对裂缝强度的控制作用。

3 研究区

研究区域位于墨西哥东北部的东马德雷山脉褶皱逆冲带的中北部（图 1）。上豪特里维阶—下阿普第阶台地—盆地的碳酸盐岩体系，包括 Cupido 组、Tamaulipas Superior 组和 Tamaulipas Inferior 组，在 Laramide 时期的千米尺度褶皱作用下产生变形（图 2）。研究区有两个褶皱位于 Monterrey 凸起（El Chorro 背斜和 San Blas 背斜），一个褶皱（Iturbide turbide 背斜）位于 Monterrey 东南 115km 处东马德雷山脉的北北西向范围内（图 1）。变形形式主要是薄皮形变，下部滑脱可能位于上侏罗统石膏—硬石膏蒸发岩层中（Marrett et al.，1999），除了 Iturbide 背斜缺失蒸发岩。

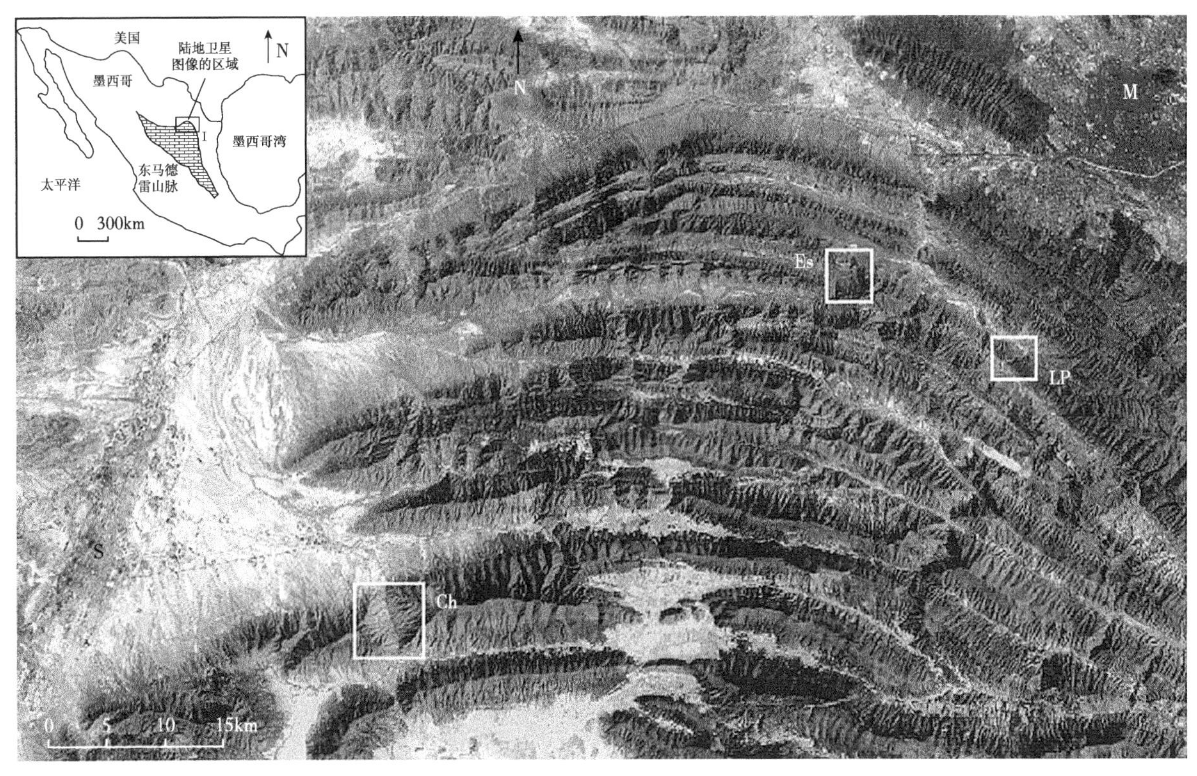

图 1 东马德雷山脉（SMO）Monterrey 凸起的陆地卫星图像

山脊以 Cupido 组和 Tamaulipas Superior 组的碳酸盐岩为主。研究地点位于横穿背斜的峡谷。

Ch—El Chorro；ES—La Escalera；LP—Las Palmas；M—Monterrey；S—Saltillo；I—Iturbide

3.1 东马德雷山脉的裂缝成因和时间

San Blas 背斜的裂缝强度与褶皱相关的层曲率之间存在中等到弱的相关性，高裂缝强度区域并不总与褶皱铰链相关（Camerlo，1998）。在 El Chorro 背斜中，褶皱几何形状对裂缝强度没有明显的控制作用。尽管不能排除褶皱翼部聚集的层或裂缝的力学性质的变化（Fischer et al.，1999；Olson et al.，2009），但

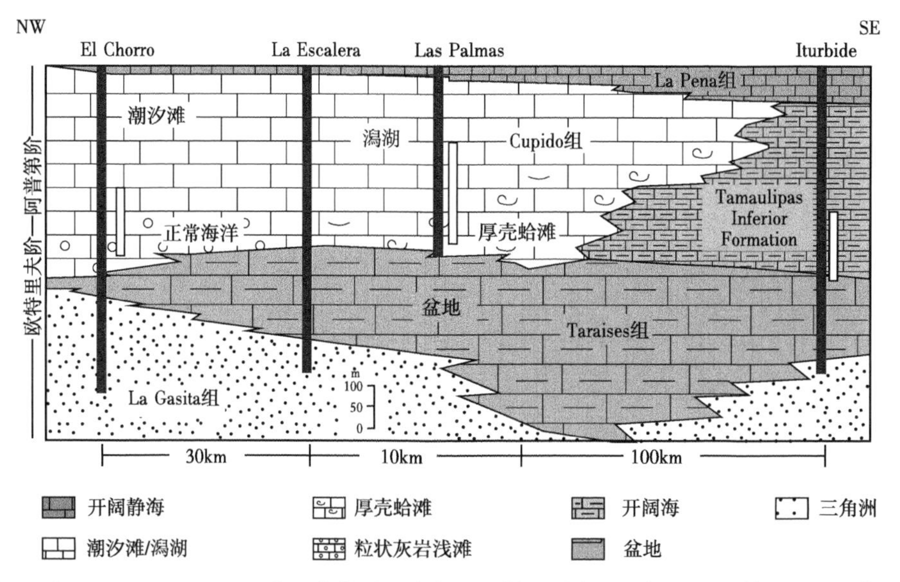

图 2　跨 Cupido—Tamaulipas 台地的北西—南东地层剖面示意图（据 Wilson 等，1984，修改）
黑色柱表示每个区域中出露的大概地层层段，白色柱表示每个位置的大概剖面，地点之间水平距离的比例尺不等分

对 San Blas 背斜和 El Chorro 背斜的研究表明，与地层平行断层承受了大多数与褶皱有关的应变，而褶皱造成进一步破裂仅在区域铰链几米范围内发生（Camerlo，1998）。

褶皱几何形状和裂缝强度之间无对应关系，这与 Marrett 等（2001）提出的推论一致，即 Cupido 组中许多裂缝早于 Laramide 褶皱形成。其中证据包括研究组合中的裂缝，这些裂缝在 Cupido 组塌积角砾岩的旋转断块中出现。因此，这些裂缝在角砾岩形成之前形成。Goldhammer 等（1991）将这些塌积角砾岩与沉积过程中海平面的波动联系起来。

3.2　地层学和旋回性沉积

研究的剖面显示，横向上相关的 Cupido 组和 Tamaulipas Inferior 组，包括多种相（Conklin et al.，1977；Wilson et al.，1984）。浅水碳酸盐沉积物在 Taraises 组的开阔海相碳酸盐岩上进积，在较深水条件下沉积，Coahuila 高地附近上覆于 La Casita 组和 Carbonera 组的碎屑岩（Lehmann et al.，1998）。El Chorro 和 La Escalera 剖面以潟湖和潮间碳酸盐相为主。Las Palmas 剖面包括台地外缘的丰富双壳类生物岩礁和粒状灰岩浅滩。Iturbide 的剖面主要包括 Tamaulipas Inferior 组和 Taraises 组的开阔海洋、较深水、细粒碳酸盐岩（Wilson et al.，1984；Goldhammer et al.，1991）。

Cupido 组的内台地相的沉积具有旋回性（Wilson et al.，1984；Goldhammer，1999；Lehmann et al.，1998），解释原因是气候和自生过程对米兰科维奇驱动的海平面升降波动的影响（Lehmann et al.，1998）。每个准层序包含硬底或沉积角砾岩上的向上变浅的潟湖洞穴石灰岩层序，然后是粒状灰岩浅滩或厚壳蛤生物岩礁，上覆隐藻/微生物纹理岩或蒸发岩覆盖。通过量化结构、成岩作用和岩石组成对张开裂缝强度的控制作用，我们还评估碳酸盐岩台地的下伏结构在多大程度上可用于预测裂缝地层和裂缝强度。

3.3　成岩作用

大多数白云石化层位于或靠近准层序的顶部，表明浅水环境中存在集中局部白云石化作用。Lehmann 等人（1998）描述 Monterrey 凸起附近相似年龄岩石的准层序内具有相似白云石化分布。其他白云石化事件也影响这些岩石。通过岩石结构、流体包裹体的分析，以及母岩和裂缝中同位素分析结果，也支持存在与埋藏有关的白云石化事件（Monroy-Santiago et al.，2001；Guzzy-Arredondo et al.，2007；Fischer et al.，2009）。

Monroy-Santiago 等人（2001）认识到所有位置发生的晚期成岩事件是重结晶、去硅藻土化和硅化作用。重结晶大大推迟白云石化作用，这点从被侵蚀白云石晶体失去其原始自形晶可以证实。硅质交代

（硅化作用）有两种形式：（1）裂缝中的晚期自形石英晶体，含方解石和白云石晶体包裹体；（2）稀疏的微晶石英和玉髓，选择性交代白云石化的化学沉积。Cupido 组去白云化作用的证据是方解石强力交代白云石。晚期成岩事件可能与潜水剥露和循环同一时期发生（Monroy-Santiago et al.，2001）。

4 方法

Ortega 等人（2006）对裂缝大小进行讨论，这一问题在前期研究裂缝强度或裂缝间距中未明确解释（Bogdonov，1947；Ladeira et al.，1981；Narr et al.，1991；Wu et al.，1995；Narr，1996）。Ortega 等人（2006）证明裂缝大小和强度存在协变关系，并提出一种与规模无关的方法量化裂缝强度和裂缝间距。我们采用他们的方法计算裂缝强度，他们将一维数据定义为沿着垂直裂缝组取样线每单位长度上观察到的裂缝数。我们使用缝隙开度比测仪，将开度（裂缝面之间的宽度）与校准宽度在 5～50mm 的刻度线进行比较，测量大约 50mm 的裂缝开度（Ortega et al.，2006）。然后，从最佳拟合的开度大小分布模型确定开度大于或等于 0.2mm 的裂缝强度，对每组进行测量。选择 0.2mm 大小进行比较，因为它处于每类裂缝的中间大小范围内（对数刻度）。42 个岩层的 14200 多个裂缝开度值构成裂缝大小数据库。

研究中记录每组裂缝的方位、形态和宽度（运动开度或张开位移）、横切关系、裂缝填充物的组成和结构、力学岩层厚度。力学岩层厚度从小于 10cm 至近 2m，根据垂直岩层裂缝范围（高度）确定。在每个位置识别了至少四组裂缝，从最老到最年轻分别标记为 A、B、C、D 和 M。处于不同位置标注相同的裂缝组，年龄不一定相同。

在本研究中，选择岩层来表示沉积相、岩层厚度变化和白云石化程度（图 3），分析两种沉积相的裂缝强度：泥质支撑和颗粒支撑。研究岩石中白云石含量为 0～100%。大多数岩层高度白云石化或未白云石化（图 3），尽管未量化不同白云石化事件中沉淀白云石的相对比例。Ortega（2002）描述了沉积相和成岩作用。

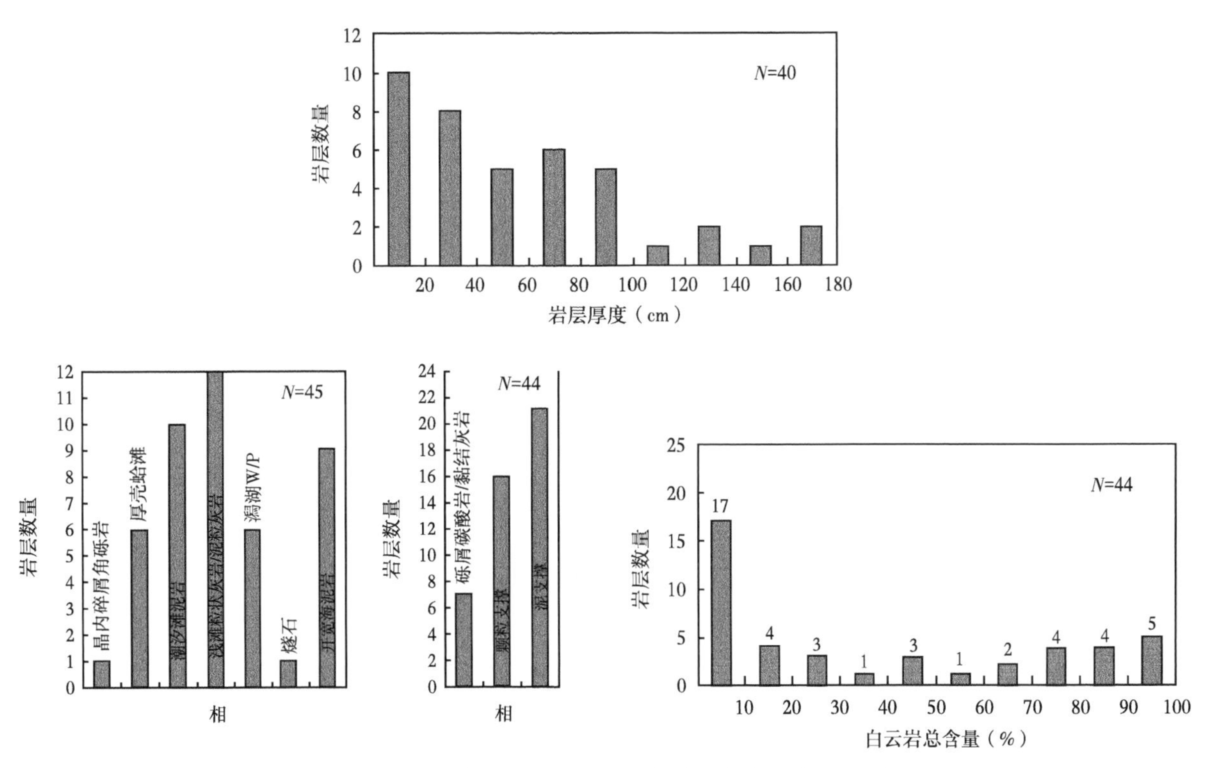

图 3 研究层系中相、岩层厚度和白云石含量的变化（据 Ortega 等，2006）

相含义包括结构组和沉积环境的解释，部分直方图不包括多相层或燧石层，白云石总含量根据薄片点计算

首先，研究每个变量与裂缝强度的单相关性，分析沉积和成岩因素对裂缝强度的影响。观察的数量以及加权回归分析的判定系数，为评价地层和成岩控制作用对裂缝强度的相对重要性提供了依据（Young，

1962)。这些回归分析考虑了 Jensen 等提出的（1997）确定裂缝强度方法的不确定性。多变量分析能够考虑每个因素的单一贡献及其相互关系（Swan et al.，1995）。

5 裂缝描述

表 1 汇总了所有位置的扫描线统计数据。

表 1 测得的裂缝数和扫描线长度汇总表

位置	岩层数量	测量的开度（mm）				扫描线长度（mm）			
		A 组	B 组	C 组	D 组	A 组	B 组	C 组	D 组
Escalera	1	202	148			705	1511		
	2	233	219			1024	1568		
	3	229	241			1689	959		
	4		206				1537		
	5B			62				8331	
	6A	8		9		2007		2667	
	6B	200	240			1422	2311		
	7	210	205			1918	1372		
	8	218	213			927	851		
	9	204	224			1664	1588		
	10		84				13183		
	11		202				12370		
	12	206	197			876	921		
Iturbide	1	215			61	3721			6223
	2	189		86		2400		5169	
	3			166	204			4267	7734
	4			163	194			6566	5283
	5	182				2261			
	6			210				2921	
	7			389				3810	
	8				411				2394
	9			220	200			4559	5207
	10	233		220	210	3683		7988	5639
Palmas	1	21	217			2276	2578		
	2	223	30			5639	5146		
	3		59	248			3602	3975	
	4	121		19		6807		1532	
	5	93		72		5194		2438	
	6	219		33		2032		1077	
	7	109		112		5458		9068	
	8	204		24		1702		2921	
	9	206		115		1727		2096	
	10	222		206		1715		3073	

续表

位置	岩层数量	测量的开度（mm）				扫描线长度（mm）			
		A 组	B 组	C 组	D 组	A 组	B 组	C 组	D 组
Chorro	1		213		23		4547		5004
	2			225	210		1219		2515
	3	219	207			3239	3315		
	4	65	215			1278	1524		
	5	212	57	70		2718	2616	2616	
	6	203	51	49		5499	6248	5258	
	7	213		48		1511		3302	
	8	200		43		5067		4389	

5.1 La Escalera 峡谷

La Escalera 峡谷存在四组张开型裂缝（图 4）。A 组和 B 组年龄最老且丰度最高，在白云岩层中优先发育。相互横切的关系表明 A 组和 B 组同时产生，它们可以通过倾向区分。A 组的裂缝与层理斜交，而 B 组与层理正交。C 组正交于层理且垂直于褶皱轴线，比与层理平行的埋藏缝合线更老。部分构造缝合线沿 C 组裂缝面形成核状，表明 C 组早于构造缝合线形成。D 组裂缝长而窄，与层理平行，在运动学上与构造缝合线一致，该地区丰度最低。

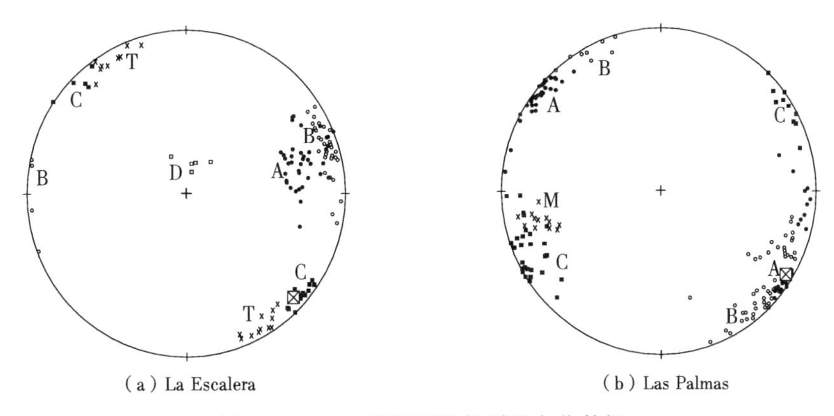

（a）La Escalera　　（b）Las Palmas

图 4　San Blas 背斜展开的裂缝方位数据

将极点简单旋转到绕褶皱轴的裂缝可将层理恢复至水平状态。褶皱轴由交叉的大方形表示。恢复结果显示裂缝方位主要有两个，相距约 60°~70°。A 组和 B 组之间相互横切，表明这些裂缝组同一时期形成。在两个位置 C 组都横穿 A 组和 B 组。D 组恢复到水平产状，表明它可能与构造缝合线和褶皱有关。T 是构造缝合线的极点，M 是后期填充泥质的极点

5.2 Las Palmas 峡谷

在 Las Palmas 峡谷发现了四组张开型裂缝（图 4）。A 组和 C 组丰度最高，C 组的走向与褶皱轴斜交，倾角微斜交于层理。C 组与 A 组和 B 组横切。A 组裂缝的走向比 B 组裂缝的走向更向北，并且 B 组裂缝的倾角略微斜交于地层，尽管根据相互横切的关系判断这些裂缝组可能同时期形成。A、B 和 C 组合相邻，或者被平行层理的缝合线横切。Las Palmas 中出现第 4 组裂缝（M 组）的特征是裂缝壁面被方解石填充，随后被方解石泥填充，有时含有保存完好的生物碎屑。M 组是该地区最年轻的裂缝组，可能在褶皱后形成。

5.3 El Chorro

在 El Chorro 分出五组裂缝（图 5）。A 组与层理之间的角度较大，与 B 组相比更垂直于层理。同样，这些裂缝组可能同时期产生。C 组横切 A 组和 B 组，与层理垂直，并且与褶皱轴近似平行。D1 组与 D2 组垂直，解释为共轭剪切矿脉组（D1）与褶皱轴斜交，与层理形成低角度，而 D2 组平行于层理，在形态和几何关系上类似于 La Escalera 峡谷的 D 组裂缝。

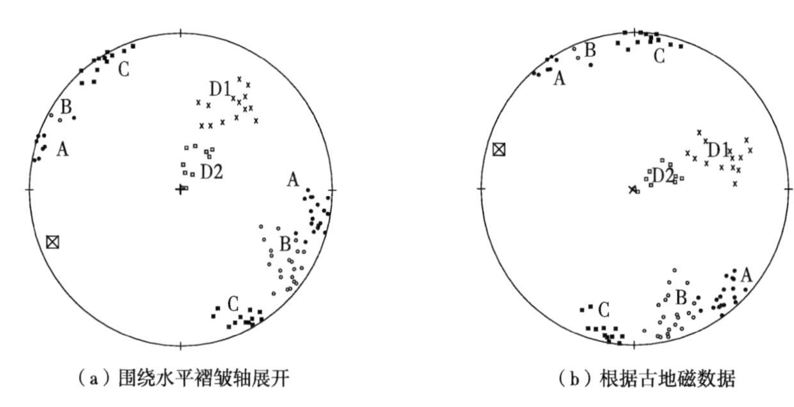

（a）围绕水平褶皱轴展开　　（b）根据古地磁数据

图 5　El Chorro 背斜展开的裂缝方位数据

D1 组和 D2 组裂缝最年轻，可能与褶皱有关。当层理处于水平状态时，可能会形成 A、B 和 C 组裂缝。C 组裂缝近似平行于褶皱轴，可能在形成褶皱的短期事件期间形成

5.4 Iturbide

Iturbide 有 4 组裂缝（图 6）。裂缝通常长且窄，但延伸到层边界的裂缝的开度朝边界局部增大并且突然终止。裂缝成群排列，通常呈雁列式。A 组和 B 组早于构造缝合线形成，并且相互横切，系统性小位移表明同期形成且具有共轭成因。剪切偏移小于裂缝开度，表明张开型的运动起主导作用。C 组与褶皱轴斜交，并且比埋藏缝合线的时间更老。D 组垂直于层理和褶皱轴，与构造缝合线形成大角度，因此在运动学上与它们一致。

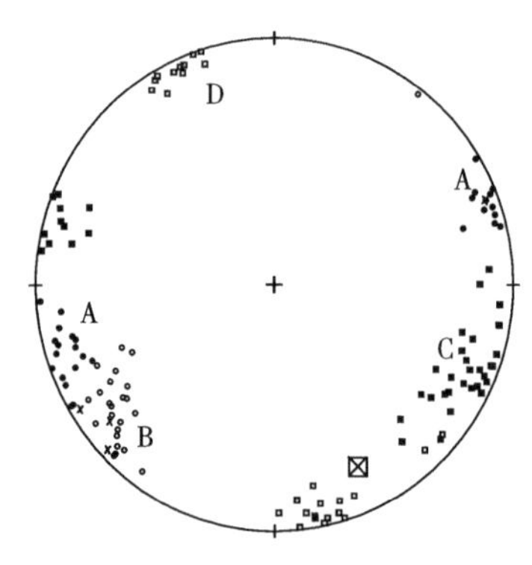

图 6　Iturbide 背斜展开的裂缝方位数据

沿褶皱轴向东南展开 20°。D 组裂缝最年轻，可能与构造缝合线（T）和褶皱有关。当层理处于水平状态，可能会形成 A 组、B 组和 C 组裂缝，在其他位置，它们的方位与相似标记的裂缝组相近

5.5 岩相学

对研究区 43 个碳酸盐岩层样品开展岩相分析，与 Monroy-Santiago 等人（2001）建立的共生层序进行比较（图 7）。依据 Ortega（2002）描述的岩石学特征，本文概括了与本研究相关的内容。裂缝被部分或完全封闭，胶结物为方解石、白云石和石英。白云岩中的裂缝填充自形白云石晶体，其裂缝壁面具有白云石桥接，表明白云石是填充这些裂缝的第一种矿物。彼此相邻的多个白云石桥接为裂缝填充物提供了纤维结构，纤维之间具有锯齿状接触。Ramsay（1980）描述了类似的纤维矿脉，解释胶结与裂缝张开同时期发生。白云石沉淀后发生方解石胶结物沉淀，填充裂缝中剩余孔隙。白云岩形成和构造运动同期发生，方解石生成是在构造运动后发生的（Laubach，2003；Gale et al.，2010），被白云石填充的裂缝很可能包含明显持续张开的孔隙空间，直到裂缝被后期方解石封闭，这一过程可能在 Cupido 组埋藏史晚期发生（Monroy-Santiago et al.，2001）。所有石灰岩层都没有发生重结晶，但是在通常发生重结晶的位置上，较老裂缝和基质中的矿物填充更模糊，掩盖了开度小于再结晶晶粒平均尺寸的裂缝。只有少量粒状灰岩和黏结灰岩重结晶生成方解石。在这些情况下，开度小于 0.1 mm 的裂缝可能无法与基体区分开来。去白云化和硅化作用影响裂缝和基质中的白云石和方解石胶结物。

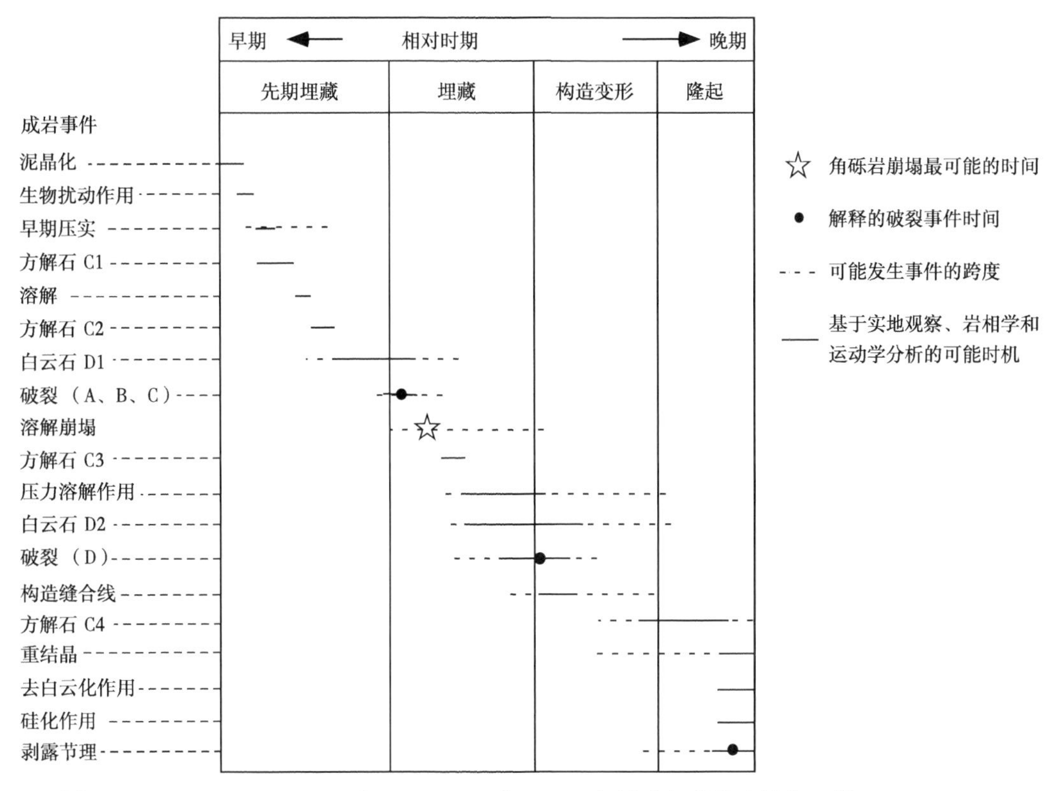

图 7　El Chorro、La Escalera 和 Las Palmas 中 Cupido 组浅水相的共生层序（据 Ortega，2002）
Cupido 组成岩史上的破裂事件（修改自 Monroy 等，2001）

6　归一化的裂缝强度结果和对裂缝强度控制作用的统计分析

将每条扫描线的开度尺寸数据绘制成累计频率图，并定义最佳拟合尺寸分布方程式。表 2 总结了这些方程式获得的幂律指数和系数。我们使用这些方程式获得归一化的裂缝强度数值，并绘制曲线。该图显示裂缝强度随一系列参数产生的变化：相类型、泥质含量、沉积环境、岩层厚度和白云石含量。

表 2　所有研究位置的幂律开度—裂缝尺寸分布参数表

位置	层数	一维幂率指数				一维幂率系数			
		A 组	B 组	C 组	D 组	A 组	B 组	C 组	D 组
La Escalera	1	-0.6440	-0.4550			0.0270	0.0270		
	2	-0.7290	-0.9490			0.0250	0.0070		
	3	-0.6850	-0.6100			0.0170	0.0400		
	4			-0.7560			0.0120		
	5B			-0.953[b]				0.0004[b]	
	6A	-0.334[b]		-1.277[b]		0.001[b]		0.00007[b]	
	6B	-0.7070	-0.7710			0.0110	0.0080		
	7	-0.9350	-0.8050			0.0040	0.0100		
	8	-0.8430	-1.0950			0.0150	0.0060		
	9	-0.9120	-0.8210			0.0080	0.0100		
	10		-0.293[b]				-0.003[b]		
	11	-0.9670	0.0040						
	12	-1.374[a]	-1.407[a]			0.003[a]	0.003[a]		

续表

位置	层数	一维幂率指数				一维幂率系数			
		A 组	B 组	C 组	D 组	A 组	B 组	C 组	D 组
Las Palmas	1	-0.279[c]	-0.6220			0.0043	0.0131		
	2	-1.2650	-1.600[c]			0.0009	0.0000		
	3		-0.1890	-0.5580			0.0096	0.0105	
	4	-0.9470		-0.391[c]		0.0010		0.0035	
	5	-0.7310		-0.9460		0.0017		0.0013	
	6	-1.8520		-2.450[c]		0.0004		0.0001	
	7	-0.5590		-0.4450		0.0036		0.0032	
	8	-0.7490		-0.836[c]		0.0097		0.0013	
	9	-0.4670		-0.5760		0.0181		0.0134	
	10	-0.6060		-0.8470		0.0067		0.0025	
El Chorro	1		-0.5290		-0.445[c]		0.0091		0.0024
	2			-1.9260	-1.2130			0.0005	0.0015
	3	-0.8520	-0.9250			0.0038	0.0034		
	4	-0.5480	-0.9910			0.0035	0.0026		
	5	-0.8630	-0.6650	-0.9920		0.0059	0.0032	0.0014	
	6	-0.8510	-1.3770	-0.563[c]		0.0015	0.0001	0.0012	
	7	-0.6360		-0.533[c]		0.0176		0.0038	
	8	-1.1160		-0.776[c]		0.0011		0.0010	
Iturbide	1	-0.677			-1.045[b]	0.0077			0.0004[b]
	2	-1.123		-1.889[b]		0.0026		0.00006[b]	
	3			-1.31	-0.781			0.0023	0.0023
	4			-0.771	-1.078			0.0031	0.0013
	5	-0.853				0.0049			
	6			-1.101				0.0019	
	7			-0.999				0.0022	
	8				-0.354[d]				0.0284[d]
	9			-1.481	-1.973			0.0005	0.0001
	10	-0.558		-1.845	-1.522	0.011		0.0001	0.0004

注：a 可疑数据（重结晶灰岩）；

b 测量到的裂缝数小于 100；

c 测量到的裂缝数小于 50；

d 二维到一维的转换（Marrett，1996；Moros，1999）。

6.1 沉积相对裂缝强度的控制作用

通过对岩石组分、结构、生物含量、沉积过程能量水平（Dunham，1962）以及岩层在地层旋回中的位置等因素的薄层分析来解释沉积相。比较不同位置的泥质支撑相和颗粒支撑相的强度（图 8），随后，针对 El Chorro、La Escalera 和 Las Palmas，通过分组来分析泥质含量与裂缝强度的关系（图 9—图 11）。

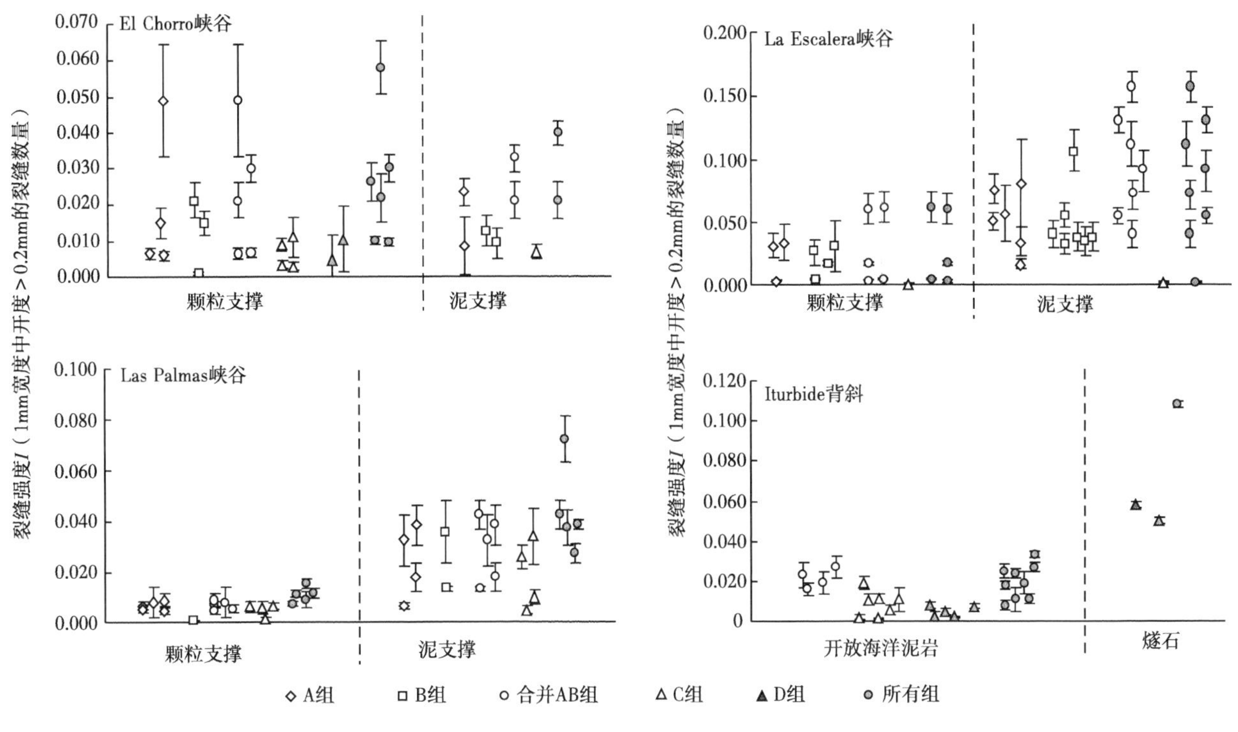

图 8　沉积相对裂缝强度的控制作用

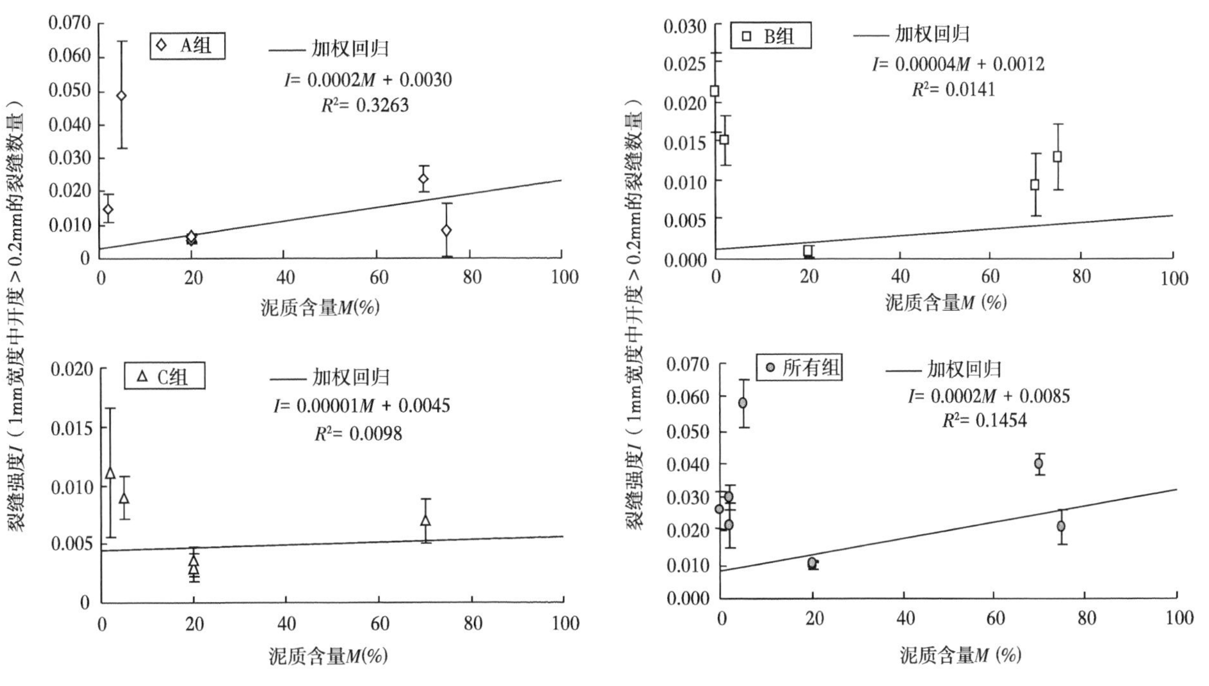

图 9　El Chorro 峡谷归一化的裂缝强度和泥质含量

两个不相关变量之间相似判定系数的可能性大于 10%

6.1.1　El Chorro

颗粒支撑层与泥质支撑层的裂缝强度发生很大程度的重叠（图 8）。加权回归表明每组裂缝的破裂强度随岩石中泥质含量增加而增加，但相关性差（图 9）。研究的大多数岩层是颗粒支撑。只有两层的泥质含量大于 50%。

6.1.2　La Escalera

A 组、B 组及合并 AB 组中的裂缝强度和泥质含量具有中等正相关关系（图 10）。仅在具有低裂缝强度的两层中测量 C 组裂缝的强度，即颗粒支撑层和泥质支撑的潮下相。如果所有组的曲线包含这些结果（图 10)，那么加权回归表明泥质含量和裂缝强度之间没有相关性。

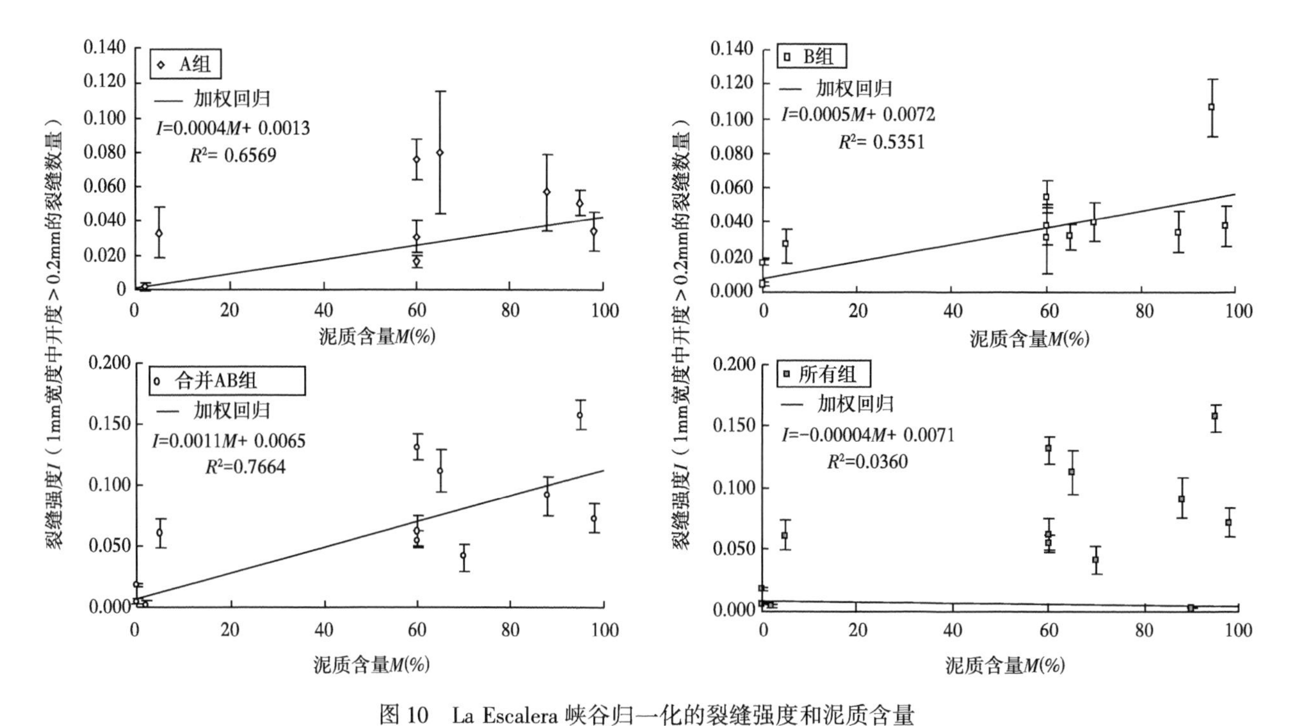

图 10 La Escalera 峡谷归一化的裂缝强度和泥质含量

回归的判定系数为 B 组 $R^2=0.5351$，合并的 A 组和 B 组 $R^2=0.7664$，表明这些变量不相关的可能性不到 2%。回归线的斜率表明，在开度大于 0.2 mm 的裂缝中，泥质含量可以使裂缝强度从 0.04~0.12/mm

6.1.3 Las Palmas

泥质支撑层的裂缝强度通常比颗粒支撑层更高（图 8)。裂缝强度与泥质含量的线性回归显示这两个参数之间呈正相关关系（图 11)，与 El Chorro 和 La Escalera 的结果一致。

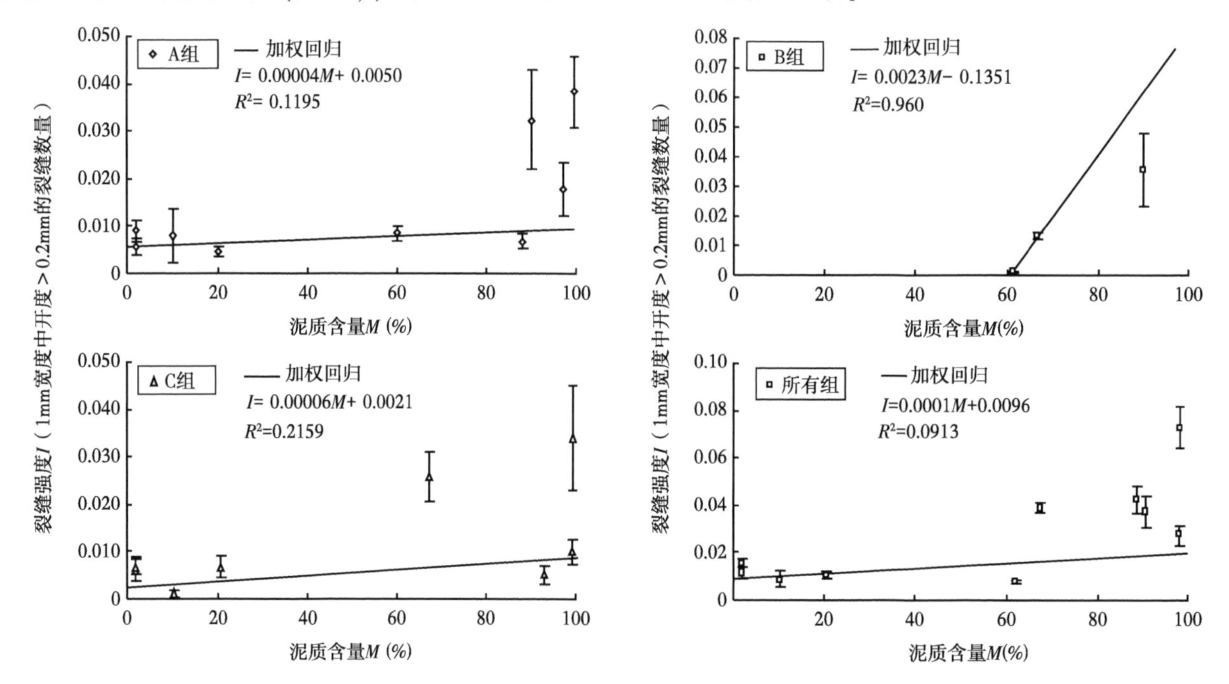

图 11 Las Palmas 峡谷归一化的裂缝强度和泥质含量

加权回归的判定系数变化范围很大：A 组为 $R^2=0.1195$，C 组为 $R^2=0.2159$，所有组为 $R^2=0.0913$。两个不相关变量之间相似判定系数的可能性>10%

6.1.4 Iturbide

燧石结核的裂缝强度是泥岩层的两倍（图 8）。平均而言，Iturbide 泥岩中各裂缝组的裂缝强度比 Cupido 组的浅水、泥质支撑岩石中观察到的裂缝强度更低。

6.2 沉积环境对裂缝强度的沉积控制作用

裂缝强度从最低到最高排序，最低强度从 1 开始分配层号。然后，绘制裂缝强度与岩层数交会图的回归线表示裂缝组相关性的上限（图 12）。每个数据点都标有解释的沉积环境，这样可以评估沉积环境对裂缝强度的控制作用。在 El Chorro，最高裂缝强度与高能层和一个潮下低能泥粒灰岩有关。同样，在 El Chorro，最低裂缝强度在潮间带低能沉积中出现。在 Las Palmas，较低裂缝强度与高能量的潮下环境有关，通常是含颗粒支撑基质的粒状灰岩、粒灰岩和厚壳蛤滩。但 La Escalera 峡谷也出现类似的结果，尽管有例外情形。例如，在高能潮下环境中，白云石化鲕粒状灰岩解释为浅滩沉积，比其他潮间或潮下低能沉积具有更高的裂缝强度。Iturbide 泥岩裂缝强度的变化范围很小，这表明所有泥岩层具有相似的抗脆性破坏能力。在 Iturbide 中，很少考虑沉积环境的因素，因为研究的所有岩层均在开阔海洋环境中沉积。

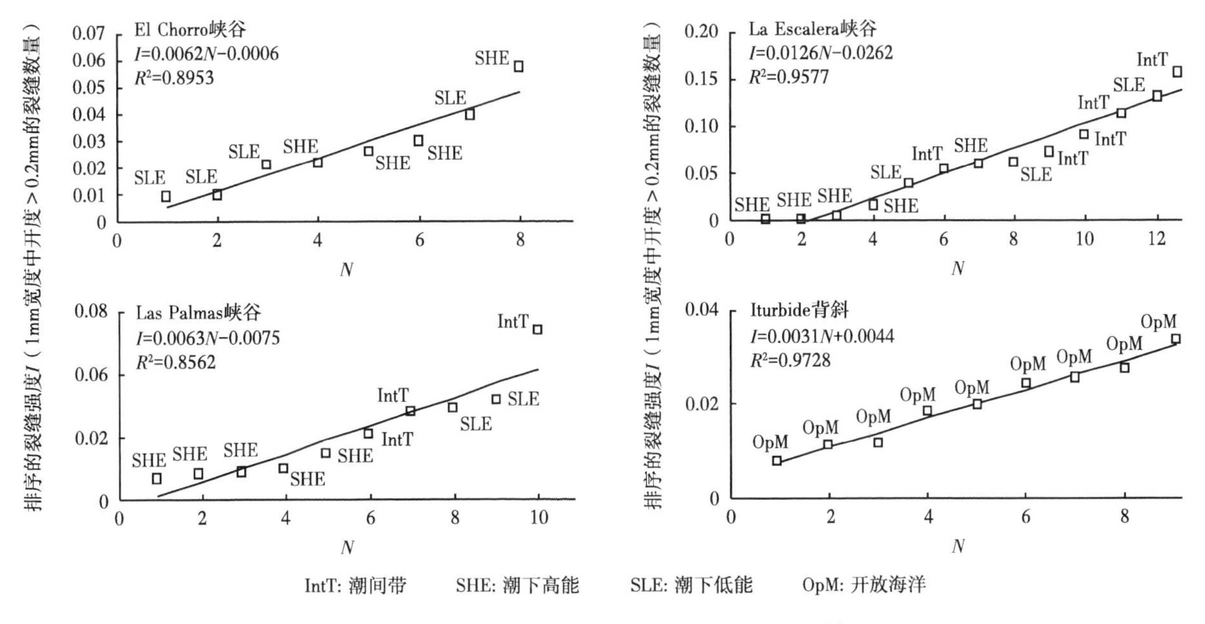

图 12 归一化的总裂缝强度和解释的沉积环境

裂缝强度排序从最低到最高，岩层按顺序编号

6.3 岩层厚度对裂缝强度的控制作用

理想条件下，当相同位置、破裂具有相似力学性质时，可以比较不同厚度层的裂缝强度。尽管我们需要研究 Cupido 组和 Tamaulipas Inferior 组的 40 多个岩层的裂缝强度，但要在 40 多个岩层中找到一个满足所有要求的代表性子裂缝组存在困难。由于沉积相对裂缝强度没有一级控制作用，因此我们将 Las Palmas 石灰岩层中作为一组，而其余三组白云岩则作为独立组，分析所有岩层厚度与裂缝强度的关系。同样，在 El Chorro，石灰岩和白云岩分为两个独立组。

6.3.1 La Escalera

白云岩的加权回归表明，La Escalera 峡谷的岩层厚度与裂缝强度之间几乎没有相关性（图 13）。总裂缝强度最小二乘回归的判定系数接近零。单裂缝组的加权回归线也产生较低的判定系数。C 组的结果未显示，因为该组仅在两个石灰岩层中充分发育，并且回归两个点微不足道。

6.3.2 Iturbide

Iturbide 的裂缝强度与岩层厚度的相关性不连续（图 14）。加权线性回归表明裂缝强度随岩层厚度增加而增加。6 个岩层中 C 组裂缝的判定系数接近零，表明岩层厚度与裂缝强度没有相关性。在 Iturbide，构造缝合线沿裂缝面局部发育，减小了 A 组、B 组和 C 组中某些裂缝的开度，不利于测量原始裂缝的开度。D 组的结果不受构造缝合线影响，裂缝强度和岩层厚度之间正相关关系最强。

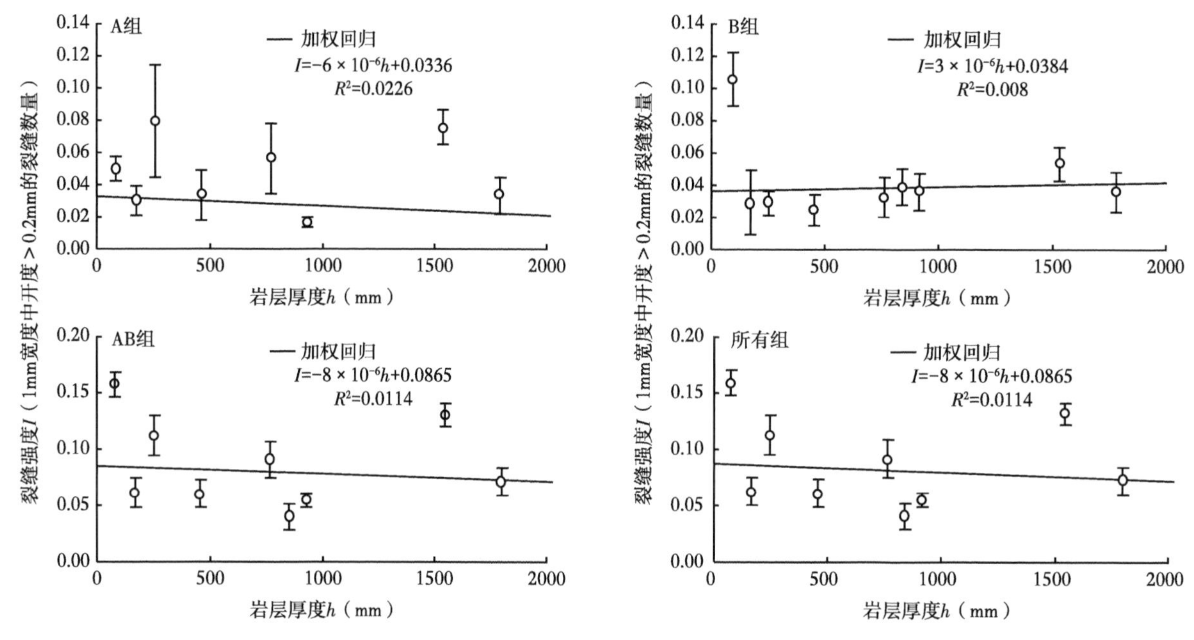

图 13 La Escalera 峡谷的白云岩层（白云岩含量大于 50%）中岩层厚度对裂缝强度的控制作用

8 个岩层数据中 A 组的判定系数为 $R^2=0.0226$，B 组的判定系数为 $R^2=0.0088$。对合并 A 组和 B 组的判定系数也非常接近零（$R^2=0.0114$）

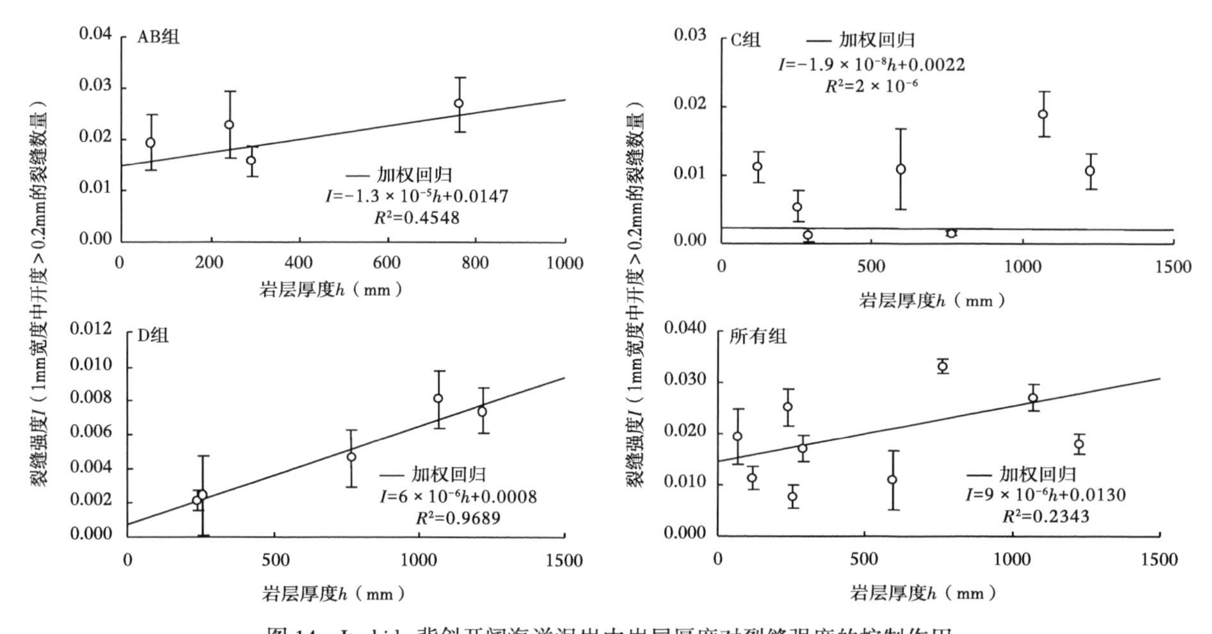

图 14 Iturbide 背斜开阔海洋泥岩中岩层厚度对裂缝强度的控制作用

对所有组的裂缝强度进行加权回归得出的测定系数较低（$R^2=0.2343$），表明裂缝强度随岩层厚度增加而增加，AB 组和 D 组裂缝获得类似关系。对于不相关变量之间相似数量的数据点，获得这种相关程度可能性超过 10%

6.3.3 Las Palmas

Las Palmas 数据集中的岩层厚度—裂缝强度的关系没有连续性（图 15）。单裂缝组和合并裂缝组加权回归的特征统计可靠性低，表明岩层厚度和裂缝强度之间没有相关性或相关性很差（正相关和负相关都是如此）（图 16）。

6.3.4 El Chorro

El Chorro 的岩层可以分为石灰岩（图 17）和白云岩（图 18）。大多数据表明岩层厚度与裂缝强度之间没有关系；其次，常见的关系是正相关；最不常见的关系是逆相关。

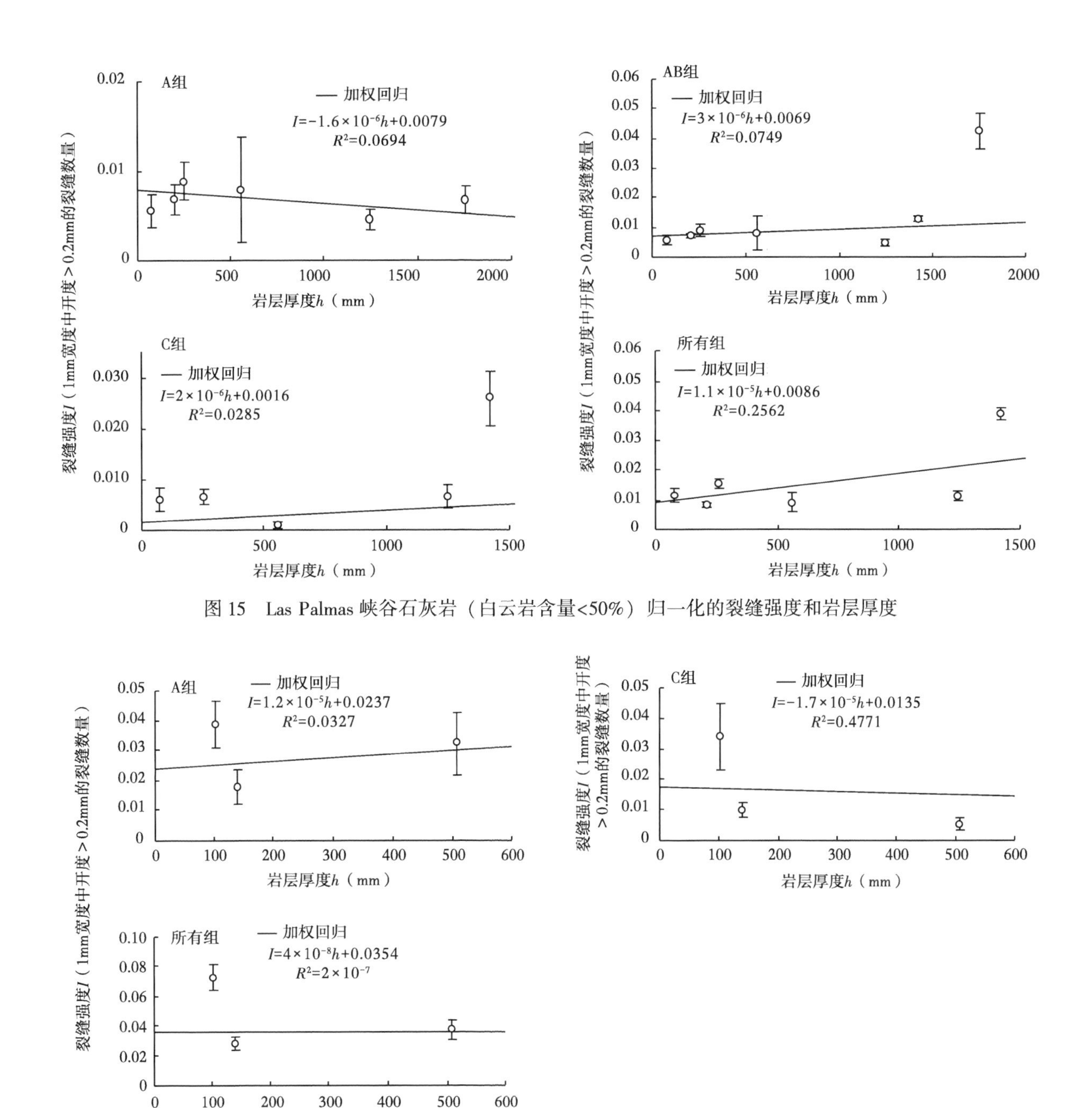

图 15　Las Palmas 峡谷石灰岩（白云岩含量<50%）归一化的裂缝强度和岩层厚度

图 16　Las Palmas 峡谷白云岩（白云岩含量大于 50%）归一化的裂缝强度和岩层厚度

6.4　白云石化对裂缝强度的控制作用

白云石含量与裂缝强度之间的关系具有连续性，判定系数中到高，表明白云石含量与裂缝强度具有系统相关性。这种关系以及裂缝中存在与造山运动同期形成的白云岩，表明破裂和白云石化是两种相互联系的过程。

6.4.1　Las Palmas

Las Palmas 归一化裂缝强度与白云石含量具有正相关关系（图 19）。Las Palmas 峡谷的单独 A 组、合并 AB 组和 C 组的线性回归也表明裂缝强度与白云石含量之间呈正相关。

6.4.2　La Escalera

La Escalera 数据也表明裂缝强度与白云石含量之间存在正相关关系（图 20）。La Escalera 数据的判定系数与 Las Palmas 的判定系数相似。Las Palmas 峡谷存在不同程度白云石化作用，尽管在 La Escalera，大

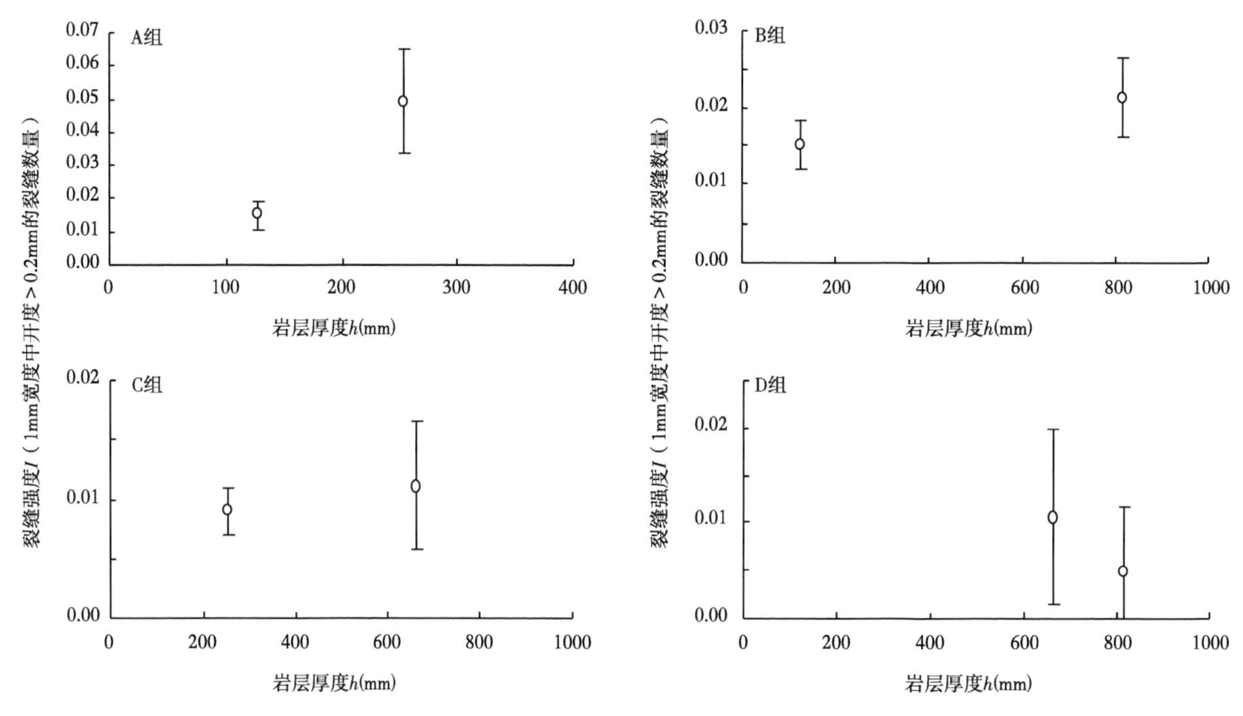

图 17 El Chorro 峡谷石灰岩归一化的裂缝强度和岩层厚度

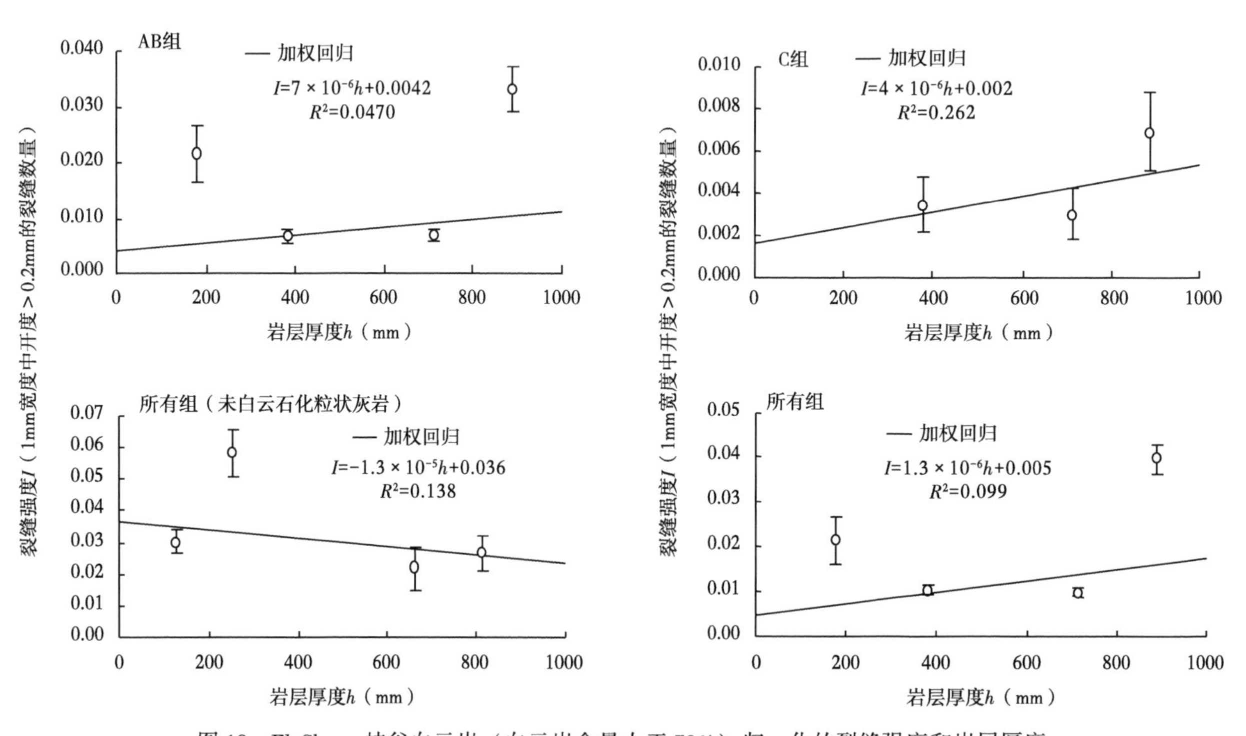

图 18 El Chorro 峡谷白云岩（白云岩含量大于 70%）归一化的裂缝强度和岩层厚度

多数岩层高度白云石化，对弱白云石化层的控制作用很小。在 La Escalera 和 Las Palmas 样品的岩相学研究表明，部分白云岩晚于裂缝产生。这可以解释两个位置数据分散的原因。

6.4.3 El Chorro

El Chorro 中白云石含量大于 30%，而其他四个岩层中的白云石含量非常低。白云石含量与裂缝强度的分析结果与在 Las Palmas 和 La Escalera 获得的结果一致，表明裂缝强度与白云石含量之间呈正相关关系（图 21）。

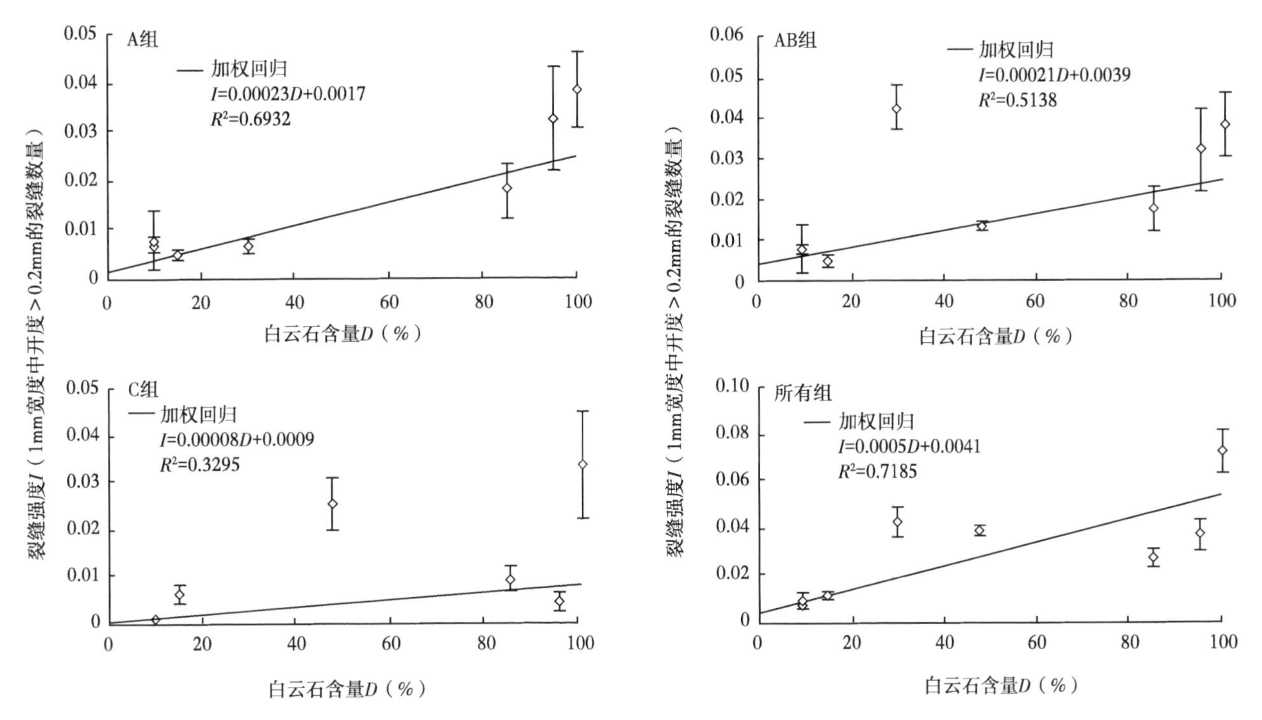

图 19　Las Palmas 峡谷归一化的裂缝强度和白云石含量。每层总裂缝强度的线性加权回归的判定系数高（$R^2=0.72$），表明从虚假数据中确定这种相关程度的可能性不到1%

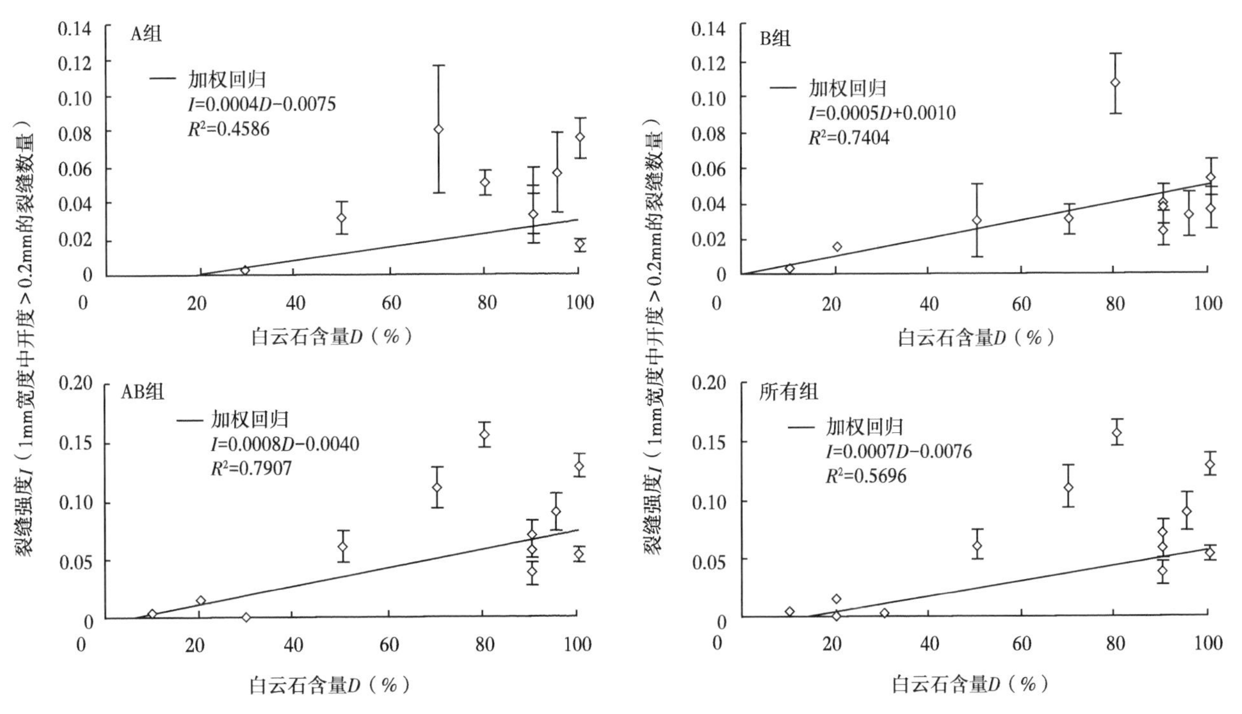

图 20　La Escalera 峡谷归一化的裂缝强度和白云石含量

La Escalera 峡谷单独 A 组（9 层）和 B 组（11 层）的判定系数分别为 $R^2=0.4586$ 和 $R^2=0.7404$。A 组中确定不相关变量的相关程度的概率不到 5%，而 B 组的概率则不到 1%

6.5　旋回地层对裂缝强度的控制作用

在潮缘带，岩层中的裂缝强度通常往准层序顶部增加（图 22、图 23）。由于白云石化旋回顶部在剖面中占主导作用，因此人们认为地层位置与裂缝强度之间具有相关性。然而，上覆粒状灰岩浅滩或

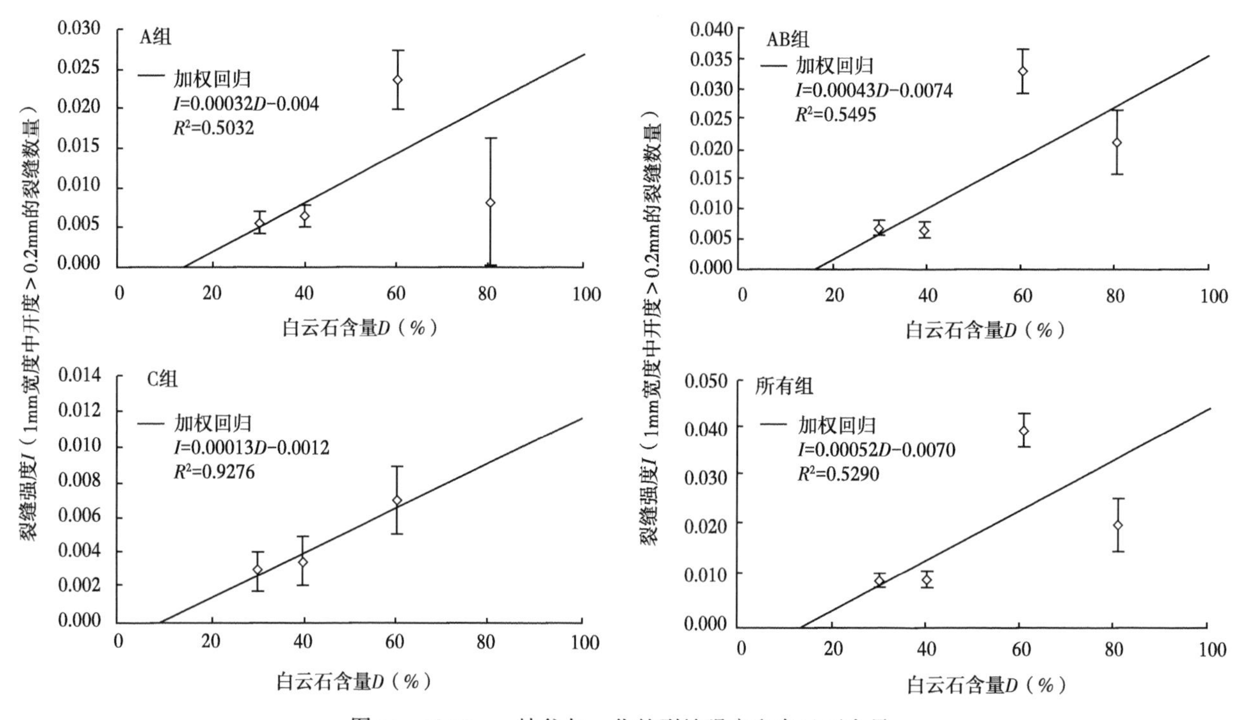

图 21　El Chorro 峡谷归一化的裂缝强度和白云石含量

判定系数中等且相似，A 组为 $R^2=0.5032$，合并 AB 组 $R^2=0.5495$，所有组的总强度 $R^2=0.5290$。从 C 组仅 3 个点加权回归获得判定系数非常高（$R^2=0.9276$），但是，该值不够高，无法表明偶然关联的可能性小于 10%

双壳类海滩的潮下旋回没有显示裂缝强度通常往准层序顶部增加的趋势。例如，在 Las Palmas 剖面的中部，潮下旋回层序上覆石灰岩粒岩浅滩和/或厚壳蛤生物礁，而它们中的裂缝大多稀疏分布。此外，潮下旋回没有裂缝层，无白云岩盖层。我们得出结论，白云石化程度起重要作用，而非旋回中白云石化的位置。

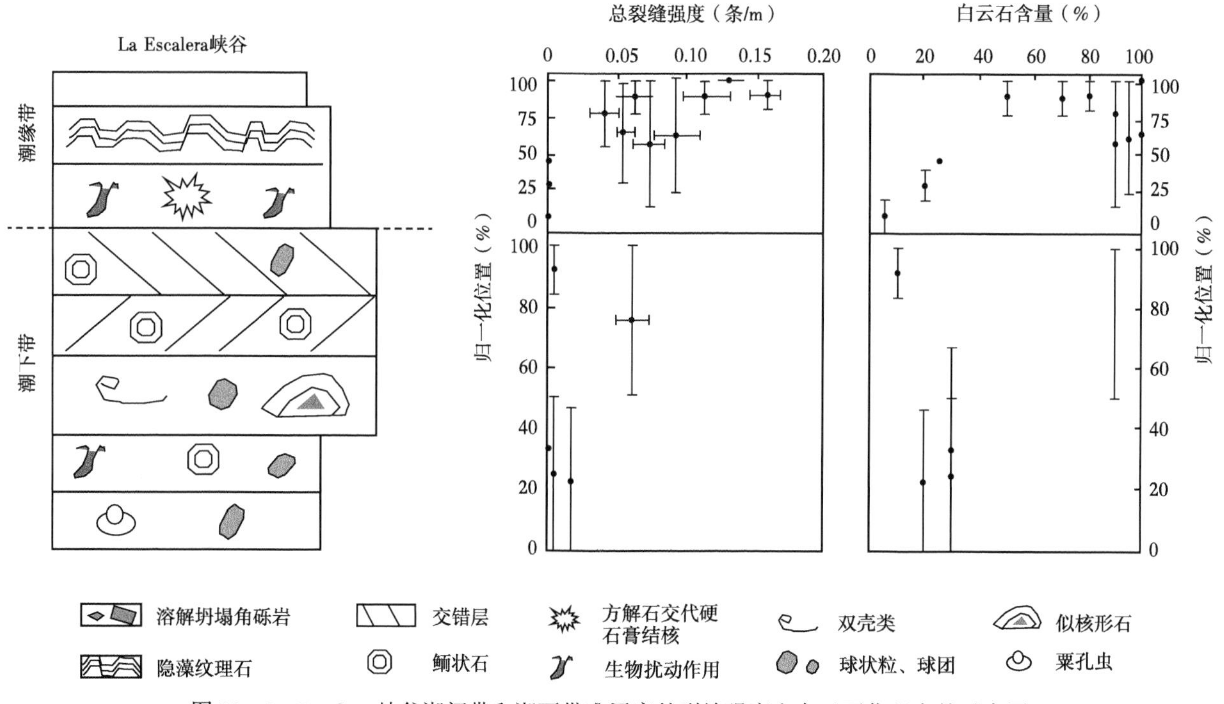

图 22　La Escalera 峡谷潮间带和潮下带准层序的裂缝强度和白云石化程度的示意图

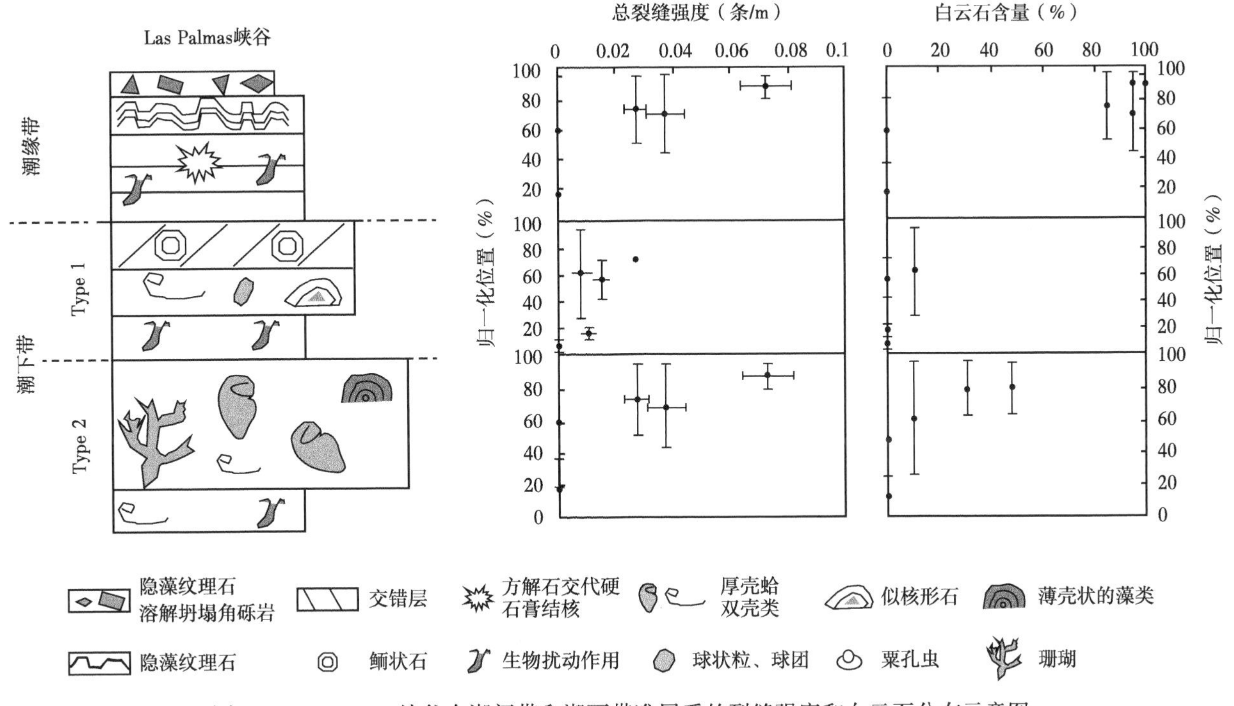

图 23　Las Palmas 峡谷在潮间带和潮下带准层系的裂缝强度和白云石分布示意图

7　地层变量之间的相关性

上一节中，裂缝强度是因变量，而白云石含量、沉积相、岩层在地层旋回中的位置以及岩层厚度是自变量。本节分析自变量之间相关程度。自变量之间相关性表明，需要多变量方法来研究数据（Swan et al.，1995）。在初步双变量分析中，白云石含量、准层序中的归一化位置、沉积环境和泥质含量显示中等相关性。岩层厚度与其他变量之间没有相关性。

对 40 多个岩层进行多变量回归分析得出的结果与双变量分析获得的结果相似。多变量分析考虑 4 个变量：白云石含量、泥质含量、岩层在地层旋回中的位置以及岩层厚度。在多变量线性回归分析中，应排除对裂缝强度影响不大的变量，例如岩层厚度。由于岩层厚度对裂缝强度的影响已成为重要实例，因此分析考虑了该变量。A 组、B 组和 C 组裂缝最有可能在褶皱前形成，因此，可以将它们作为一个整体进行研究。不考虑 D 组和 M 组裂缝，因为它们的形成机理与 A 组、B 组和 C 组不同。A 组、B 组和 C 组的多变量分析结果如表 3 所示。

多元线性回归的判定系数表明，考虑的变量与裂缝强度之间具有可靠相关性。F 检验表明判定系数具有很高置信度，相似相关程度偶然发生的可能性很小（<0. 1%）。白云石含量是影响裂缝强度最重要的因素，占对裂缝强度影响的近 60%。对白云石含量的 T 检验表明，该判定系数的可信度大于 9%。地层旋回中的归一化位置也是影响裂缝强度的重要参数，T 检验表明置信水平为 93%。F 值允许排除无效假设（无相关性），偶然获得这些判定系数的概率小于 1%。T 检验表明，裂缝强度、白云石含量和岩层在地层旋回的位置之间的相关性具有统计学意义，判定系数的可靠性高于 95%。泥质含量和岩层厚度 T 检验统计数据表明，各自与裂缝强度的相关性差可忽略。在 La Escalera，分别对合并 AB 组和 C 组，以及总裂缝强度进行多变量回归分析，得出的结果与表 3 中报道的结果相似，尽管相关程度低且系数不太可靠。

表3　合并裂缝组 A、B 和 C，裂缝强度和地层变量多重线性回归分析的概括

回归统计						
多相关系数 R						0.682644663
R^2						0.466003736
修正 R^2						0.404975591
标准误差						0.027759922
观察结果						40
	df	SS	MS	F	Significance F	
回归	4	0.02353725	0.005884	7.635882	0.000156164	
剩余值	35	0.026971465	0.000771			
总值	39	0.050508714				
	系数	标准差	t Stat	P 值	低 95%	高 95%
截距	−0.02881704	0.015525799	−1.85607	0.071878	−0.060336131	0.002702
白云石	0.000382674	0.000133816	2.859702	0.007102	0.000111013	0.000654
泥	0.000183544	0.000113896	1.611499	0.116054	-4.76784×10^{-5}	0.000415
位置	0.000653642	0.000235163	2.779525	0.008699	0.000176235	0.001131
厚度	-3.6505×10^{-6}	9.60945×10^{-6}	−0.37988	0.706328	-2.31587×10^{-5}	1.59×10^{-5}

8　讨论

研究区碳酸盐岩台地中裂缝强度的主要控制作用是白云石化程度，这与地层位置部分相关，因为潮缘带准层序的顶部优先发生白云石化。但是，这种联系不是普遍的，因为白云石化前缘可以扩展到潮下带（Morrow，1982），并且无潮缘带盖层的潮下准层序可能缺少白云石化层。

大多数情况下，裂缝强度与岩层厚度无明显相关性。在少数相关性较差的情况，裂缝强度通常随着岩层厚度增加而增加。这种增加与预期的特征相反（Huang et al.，1989；Ji et al.，1998；Nelson，2001），预期是随着岩层厚度增加，裂缝强度减小（裂缝间距增加）。我们的研究结果表明，控制裂缝强度或间距的主要因素是白云石含量而不是岩层厚度，以往研究显示，成岩作用和力学特征史在控制裂缝模式方面可能具有重要作用（Laubach et al.，2009）。早期白云石化作用使准层序顶部比周围泥质支撑潮下相（包括可能未胶结的粒状灰岩）的脆性更高。例如，相邻未白云石化层可能会因分散的晶体边界滑动而变形，而白云石化层胶结更好，发生脆性变形。随后，在含前期形成的白云石晶体的层中，较深埋藏增强了白云石化作用，白云石晶体可以形成结核发生沉淀。早期白云岩和晚期白云岩的体积、分布和形成时期具有差异，这可以解释白云岩内部观察到的不同裂缝强度分布范围。

9　结论

研究 Cupido 组和 Tamaulipas 组中归一化裂缝强度随沉积相、岩层厚度和白云石化程度发生变化，表明白云石化程度是裂缝丰度的最可靠预测指标。使用双变量加权回归和多变量方法，记录4个不同位置的单裂缝组和合并裂缝组的这些关系。裂缝结构分析表明，这些岩石中同时发生白云石沉淀和破裂，至少在局部位置同时发生。在浅埋条件下，早期白云石化作用可能控制裂缝起裂位置，在更深位置处裂缝继续张开，如裂缝封闭结构中所记录。在第五级层序地层旋回中，白云石化程度与岩层在地层旋回的位置部分相关。在类似碳酸盐岩层序中，裂缝强度的层序地层—成岩—破裂模型可预测裂缝系统。对于所研究露头，经典的岩层厚度—裂缝—间距关系，即结构地质学中长期存在的实例，并不适用。

参考文献

Agosta F, Tondi E (Eds.), 2009. Deformation in Carbonates. Journal of Structural Geology, 31 (special issue).

Antonellini M, Mollema P N, 2000. A natural analog for a fractured and faulted reservoir in dolomite: Triassic Sella Group, Northern Italy. AAPG Bulletin, 84: 314-344.

Bai T, Pollard D D, 2000. Fracture spacing in layered rocks: a new explanation based on the stress transition. Journal of Structural Geology, 22: 43-57.

Bogdonov A A, 1947. The intensity of cleavage as related to the thickness of beds. Soviet Geology, 16: 102-104.

Camerlo R H, 1998. Geometric and kinematic evolution of detachment folds, monterrey salient, sierra madre oriental, Mexico. The University of Texas at Austin, Master' s thesis, 399.

Casey M, Butler R W H, 2004. Modelling approaches to understanding fold development: implications for hydrocarbon reservoirs. Marine and Petroleum Geology, 21: 933-946.

Conklin J, Moore C, 1977. Environmental analysis of the Lower Cretaceous Cupido Formation, Northeast Mexico. Report of Investigations No. 89. In: Bebout D G, Loucks R G (Eds.), Cretaceous Carbonates of Texas and Mexico. The University of Texas at Austin, Bureau of Economic Geology, 302-323.

Corbett K, Friedman M, Spang J, 1987. Fracture development and mechanical stratigraphy of Austin Chalk. Texas. AAPG Bulletin, 71: 17-28.

Das Gupta U, 1978. A study of fractured reservoir rocks, with special reference to Mississippian Carbonate Rocks of southwest Alberta. University of Toronto, Ph. D. thesis, 261.

Dunham R J, 1962. Classification of carbonate rocks according to depositional texture. In: Ham W E (Ed.), Classification of Carbonate Rocks. American Association of Petroleum Geologists, 108-121. Memoir 1.

Ferrill D A, Morris A P, 2008. Fault zone deformation controlled by carbonate mechanical stratigraphy, Balcones fault system. Texas. AAPG Bulletin, 92: 359-380.

Fischer M P, Gross M R, Engelder T, et al., 1995. Finite element analysis of the stress distribution around a pressurized crack in a layer elastic medium: implications for the spacing of fluid-driven joints in bedded sedimentary rock. Tectonophysics, 247: 49-64.

Fischer M P, Higuera-Díaz I C, Evans M A, et al., 2009. Fracturecontrolled paleohydrology in a map-scale detachment fold: insights from the analysis of fluid inclusions in calcite and quartz veins. Journal of Structural Geology, 31: 1490-1510.

Fischer M P, Jackson P B, 1999. Stratigraphic controls on deformation patterns in fault-related folds: a detachment fold example from the Sierra Madre Oriental, Northeast Mexico. Journal of Structural Geology, 21: 613-633.

Gale J F W, Lander R H, Reed R M, et al., 2010. Modeling fracture porosity evolution in dolostone. Journal of Structural Geology, 32: 1201-1211.

Gillespie P A, Howard C B, Walsh J J, et al., 1993. Measurement and characterization of spatial distributions of fractures. Tectonophysics, 226: 113-141.

Gillespie P A, Johnston J D, Loriga M A, et al., 1999. Influence of layering on vein systematics in line samples. In: McCaffrey K J W, Lonergan L, Wilkinson J J (Eds.), Fractures, Fluid Flow, and Mineralization. Geological Society of London, 155: 35-56.

Gillespie P A, Walsh J J, Watterson J, et al., 2001. Scaling relationships of joint and vein arrays from The Burren, Co. Clare, Ireland. In: Dunne W M, Stewart I S, Turner J P (Eds.), Paul Hancock Memorial Issue. Journal of Structural Geology, 23: 183-201.

Goldhammer R K, Lehman P J, Todd R G, et al., 1991. Sequence stratigraphy and cyclostratigraphy of the mesozoic of the Sierra Oriental, Northeast Mexico. Society of Economic Paleontologists and Mineralogists, GulfCoast Section, 85.

Goldhammer R K, 1999. Mesozoic sequence stratigraphy and paleogeographic evolution of northeastern Mexico. In: Mesozoic Sedimentary and Tectonic History of North-Central, 340. Geological Society of America, Mexico, 1-59.

Guzzy-Arredondo G S, Murillo-Muñetón G, Morán-Zenteno D J, et al., 2007. High-temperature dolomite in the Lower Cretaceous Cupido Formation, Bustamante Canyon, northeast Mexico: petrologic, geochemical and microthermometric constraints. Revista Mexicana de Ciencias Geológicas, 24: 1-19.

Handin J, Hager Jr R V, Friedman M, et al., 1963. Experimental deformation of sedimentary rocks under confining pressure; pore pressure tests. Bulletin of the American Association of Petroleum Geologists, 47: 717-755.

Hennings P (Ed.), 2009. AAPG-SPE-Hedberg Research Conference on the geologic occurrence and hydraulic significance of fractures in reservoirs. Theme issue. AAPG Bulletin, 93: 1407-1412.

Huang Q, Angelier J, 1989. Fracture spacing and its relation to bed thickness. Geological Magazine, 126: 355-362.

Jensen J L, Lake L W, Corbett P W M, et al., 1997. Statistics for Petroleum Engineers and Geoscientists. Prentice Hall Petroleum Engineering Series, New Jersey, 390.

Ji S, Saruwatari K, 1998. A revised model for the relationship between joint spacing and layer thickness. Journal of Structural Geology, 20: 1495-1508.

Kleist R, Hall S A, Evans I, 1984. A paleomagnetic study of the Lower Cretaceous Cupido Limestone, northeast Mexico: evidence for local rotation within the Sierra Madre Oriental. Geological Society of America Bulletin, 95: 55-60.

Ladeira F L, Price N J, 1981. Relationship between fracture spacing and bed thickness. Journal of Structural Geology, 3: 179-183.

Laubach S E, 2003. Practical approaches to identifying sealed and open fractures. AAPG Bulletin, 87: 561-579.

Laubach S E, Olson J E, Gross M R, 2009. Mechanical and fracture stratigraphy. AAPG Bulletin, 93: 1413-1426.

Lehmann C, Osleger D A, Montañez I P, 1998. Controls on cyclostratigraphy of Lower Cretaceous carbonates and evaporites, Cupido and Coahuila platforms, northeastern Mexico. Journal of Sedimentary Research, Section B: Stratigraphy and Global Studies, 68: 1109-1130.

Mandal N, Deb S K, Khan D, 1994. Evidence for a non-linear relationship between fracture spacing and layer thickness. Journal of Structural Geology, 16: 1275-1281.

Marrett R, 1996. Aggregate properties of fracture populations. Journal of Structural Geology, 18: 169-631, 178.

Marrett R, Aranda-García M, 1999. Structure and kinematic development of the Sierra Madre Oriental fold-thrust belt, Mexico. In: Stratigraphy and Structure of the Jurassic and Cretaceous Platform and Basin Systems of the Sierra Madre Oriental, Monterrey and Saltillo Areas, Northeastern Mexico, a Field Book and Related Papers. South Texas Geological Society. Special Publication for the Annual Meeting of the American Association of Petroleum Geologists and the SEPM. Society for Sedimentary Geology, San Antonio, 69-98.

Marrett R, Laubach S E, 2001. Fracturing during diagenesis. In: Marrett R (Ed.), Monterrey Salient Genesis and Controls of Reservoir-Scale Carbonate Deformation. The University of Texas at Austin, Mexico, 109-123. Bureau of Economic Geology, Field Trip Guidebook 28.

Monroy-Santiago F, Laubach S E, Marrett R, 2001. Preliminary diagenetic and stable isotope analyses of fractures in the Cupido Formation, Sierra Madre Oriental. In: Marrett R (Ed.), Genesis and Controls of Reservoir-Scale Carbonate Deformation, Monterrey Salient. The University of Texas at Austin, Mexico, 83-107. Bureau of Economic Geology, Field Trip Guidebook 28.

Moros J G, 1999. Relationship between fracture aperture and length in sedimentary rocks. The University of Texas at Austin, Master's thesis, 120.

Morrow D W, 1982. Diagenesis 2. Dolomite, part 2: dolomitization models and ancient dolostones. Geoscience Canada, 9: 95-107.

Mueller M C, 1991. Prediction of lateral variability in fracture intensity using multicomponent shear-wave surface seismic as a precursor to horizontal drilling in the Austin Chalk. Geophysical Journal International, 107: 409-415.

Narr W, 1991. Fracture density in the deep subsurface; techniques with application to Point Arguello Oil Field. AAPG Bulletin, 75: 1300-1323.

Narr W, 1996. Estimating average fracture spacing in subsurface rock. AAPG Bulletin, 80: 1565-1586.

Narr W, Suppe J, 1991. Joint spacing in sedimentary rocks. Journal of Structural Geology, 13: 1037-1048.

Nelson R A, 2001. Geologic analysis of naturally fractured reservoirs, second ed. Houston: Gulf Publishing, 320.

Nelson R A, Serra S, 1995. Vertical and lateral variations in fracture spacing in folded carbonate sections and its relation to locating horizontal wells. The Journal of Canadian Petroleum Technology, 34: 51-56.

Olson J E, Laubach S E, Lander R H, 2009. Natural fracture characterization in tight gas sandstones: integrating mechanics and diagenesis. AAPG Bulletin, 93: 1535-1549.

Ortega O J, 2002. Fracture-size scaling and stratigraphic controls on fracture intensity. The University of Texas at Austin, PhD dissertation, 426.

Ortega O J, Marrett R, Laubach S E, 2006. A scale-independent approach to fracture intensity and average fracture spacing. AAPG Bulletin, 90: 193-208.

Philip Z G, Jennings Jr J W, Olson J E, et al., 2005. Modeling coupled fracture-matrix fluid flow in geomechanically simulated fracture networks. SPE Reservoir Evaluation and Engineering, 8: 300-309.

Ramsay J G, 1980. The crack-seal mechanism of rock deformation. Nature, 284: 135-139.

Rives T, Razack M, Petit J-P, et al., 1992. Joint spacing: analog and numerical simulations. Journal of Structural Geology, 14:

925–937.

Sinclair S W, 1980. Analysis of macroscopic fractures on teton anticline, northwestern Montana. Texas A&M University, Masters thesis, 102.

Swan A R H, Sandilands M, 1995. Introduction to geological data analysis. Blackwell Science, Oxford, 446.

Wilson J L, Ward W, Finneran J, 1984. A field guide to upper Jurassic and Lower Cretaceous Carbonate platform and basin systems, Monterrey–Saltillo area, Northeast Mexico. Society of Economic Paleontologists and Mineralogists, GulfCoast Section, 76.

Wu H, Pollard D D, 1995. An experimental study of the relationship between joint spacing and layer thickness. Journal of Structural Geology, 17：887–905.

Young D H, 1962. Statistical treatment of experimental data. McGraw–Hill Book Company Inc., New York, 172.

Zahm C K, Zahm L C, Bellian J A, 2010. Integrated fracture prediction using sequence stratigraphy within a carbonate fault damage zone, Texas, USA. Journal of Structural Geology, 32：1363–1374.

本文由张荣虎教授编译

西班牙北部阿尔布阶黑色复理石页岩菱铁矿层的构造成岩作用

Ábalos B[1]，Elorza J[2]

1. 地球动力学系，巴斯克地区大学，毕尔巴鄂，西班牙；
2. 矿物学和岩石学系，巴斯克地区大学，毕尔巴鄂，西班牙

摘要：本项研究描述了晚阿尔布阶黑色复理石（西班牙北部比利牛斯山脉西部）中，稀薄的浊积岩和深海泥屑岩沉积物的构造成岩作用。分析并解释了脆性和塑性软沉积物变形构造的组合。据了解，其中有些是第一次被研究，尽管在其他构造环境中已熟知。本文重建了成岩史：从硅质碎屑浊积岩沉积后，普遍发生的菱铁矿胶结物沉淀开始，菱铁矿取代了浊积岩最上部细粒、被稀薄的部分，菱铁矿沉淀后，浊积岩中的方解石胶结，之后软沉积物发生脆性（逆冲面、剪切脉和微岩脉）和塑性（断层弯转褶皱以及形成与逆冲斜坡应变有关的褶隆区）变形构造，最后经过脱水和压实作用，主泥屑岩发生岩化作用。

1 概况

研究与未固结沉积物的化学和力学变化同期发生的变形作用，是一门新学科，它对理解沉积盆地的构造和成岩现象非常关键。“构造成岩作用”，这一名称由 Laubach 等（2010）提出，它包含了“软沉积物变形作用”（Maltman，1984）、“准同生变形”（Ghosh，1993）和“非构造运动形成的构造”（Hatcher，1995）等术语的部分含义，而且与岩相观测识别的微构造联系起来（Passchier et al.，1996）。许多构造是沉积后并在完全固结前，由沉积物的变形作用形成的，包括翻转和卷曲叠层、各种规模的脱水构造（从铸模到麻点和砂岩墙）、滑塌褶皱、擦痕以及重力相关的构造（收缩和拉伸断层—褶皱系、滑坡，磨拉石、底辟）、成岩岩脉、变形带、火腿石（层理平行于岩脉）、圆锥体等。通常对它们的发育没有很好地理解，如 Ghosh（1993）指出，可能是因为这一过程涉及构造和沉积地质学领域的重叠。这些构造通常局限于单一地层，其顶部常常受到侵蚀，且边界层缺乏相同变形作用的证据。

沉积物脱水过程中的重力不稳定性和孔隙流体压力是制约上述软沉积物构造形成的主要因素。当流体孔隙压力较高时，未固结沉积物的下移滑动并不需要陡坡，坡度小于1°就足够了（Alsop et al.，2011）。异常高的孔隙压力有利于沉积物流动，或者是在不失去地层一致性的情况下呈塑性流动，或者是作为被液化的流体，直到孔隙压力正常化。快速沉积或低渗透层（不渗透盖层）的沉积可以阻止孔隙和渗透层中隙间流体的逸出，并导致密度梯度瞬态正常或反转。这一梯度导致流化的砂在下压力作用下，在砂充填的裂缝或砂注入的杂岩中形成负荷铸模以及泥底辟现象（Hurst et al.，2011；Waldron et al.，2011）。不同的沉积物粒度可能导致差异压实、流体运移、流体/气体隔离以及超压（如果存在隔层）；在软沉积物中发生变形或再活化作用；以及流体和沉积物之间的化学相互作用，这种情况主要发生在中等尺度的浊积岩层序。

本文描述了比利牛斯山脉西部黑色复理石（阿尔布阶）深海浊积硅质碎屑沉积物和富含有机质的泥屑岩中，同期成岩和变形作用形成的微—中尺度构造。用于描述这些层位的同沉积到沉积后的化学和变形事件的相对年代学以及地球化学，能够使人深入了解其荷载和力学性质历史，并讨论无机和有机过程的作用。以前很少对类似特征进行描述。据了解，Laubach 等（2009）在东得克萨斯盆地菱铁矿砂岩的岩心中发现了类似特征。其研究方法可用于描述复杂成岩和构造环境下的力学和裂缝地层，并应用于远离钻孔处的裂缝预测。

2 Armintza 海湾黑色复理石地质背景

巴斯克—坎塔布里安盆地（图 1）是一个由白垩系复杂沉积物充填的盆地，沉积相和厚度在跨越多条断层时发生变化，证明存在长期与构造同期的沉积作用（Ca′mara，1997；Martı′n Chivelet et al.，2002）。轴向的沉积海槽，位于伊比利亚板块和欧洲板块之间的边界区域，沿西—北西向延伸的北比利牛斯断裂带分布（Barnolas et al.，2004），其特征为沉积了厚层的阿尔布阶至早始新统硅质碎屑或钙质浊积岩和深海沉积物。这些沉积物还包括上阿尔布阶—桑托阶海底的火山岩夹层和岩浆侵入体（Mathey，1987；Rossy，1988）。古近纪盆地被反转（Verge′s et al.，2001；Go′mez et al.，2002），其中变形最严重的部分形成所谓的 Basque 弧（Feuille′e et al.，1971；图 1）。沿弧的古磁偏角变化表明（Calvo-Rathert et al.，2007），由于始新世后垂直轴的旋转与地壳缩短同期发生，因此它具有次生成因（Cuevas et al.，1999；A′ balos et al.，2008）。

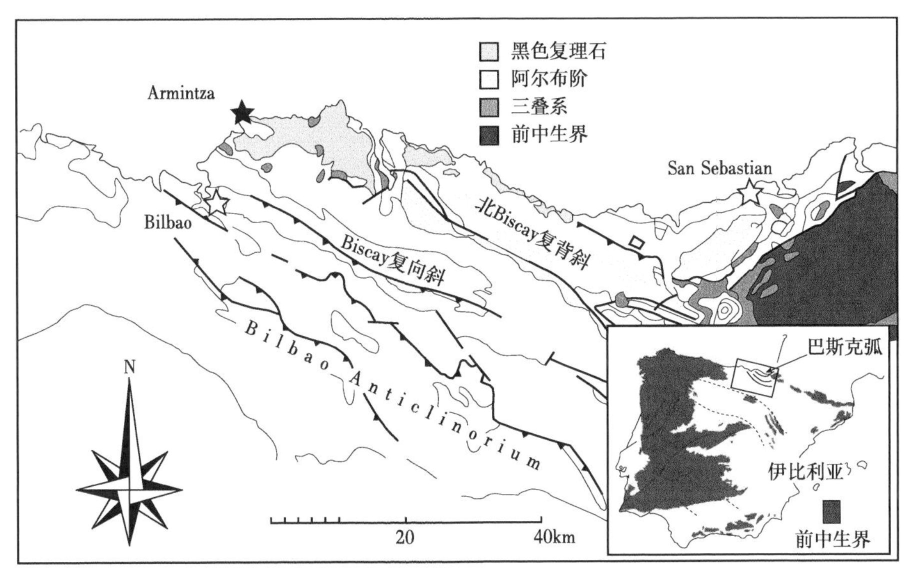

图 1 巴斯克—坎塔布里安盆地地质示意图

显示了北 Biscay 复理石和阿尔布阶层序的其他露头。图为伊比利亚半岛前中生界岩石露头的分布

晚阿尔布期—早塞诺曼期形成的黑色复理石为盆地中最古老的复理石沉积。厚度达 750m，露头从 Bilbao 北部到 Deva 镇（靠近圣塞巴斯蒂安；图 1）沿着海岸线的悬崖一直延伸，Voort（1964）将其命名为“Deva 复理石”。Puigdefa′bregas 等（1986）提出了比利牛斯山脉西部黑色复理石露头的分布范围，涵盖了 Basque 弧阿尔布阶的大部分地层。然而，由于复理石海槽与北部和南部的三角洲斜坡沉积体系相连通，该区域阿尔布阶的层序反映出双重成因（Vicente Bravo et al.，1991）。沉积海槽内部被纵向和横向的断层分成段，形成一系列具有复杂岩性地层、厚度和盆底地形变化的坳陷构型（Robles et al.，1988）。最具特征的是陆坡裙和浊积岩沉积体系（Amiot，1982；Garcı′aMonde′jar，1982；Floquet，2004）。沉积作用最先开始于西北部露头处（下阿尔布阶；Vicente Bravo et al.，1995），后来向东—南东方向发展（上阿尔布阶；Agirrezabala，1996）。枕状熔岩和火山碎屑沉积物夹于层序的中上部（Badillo et al.，1983；Garcı′aMonde′jar et al.，1985）。年龄属于晚阿尔布阶（约 102 Ma；Castañares et al.，2001；Castañares et al.，2004）。

Armintza 海湾（以前被称为 Arminza）的黑色复理石出露 600 m 厚的连续层序（Badillo et al.，1983）。Robles 等（1988）以沉积间断为界限，将该系列划分为 4 个沉积层序。第 3 个沉积层序（晚阿尔布阶—早塞诺曼阶）表现为进积的基底（区域性下超，向西地层较年轻），为低能斜坡沉积相，由泥质为主的浊积岩组成。它覆盖了一个局部暴露在海底的无沉积表面（被铁化）。在 Armintza 海湾地区，这一表面与一个厚达 5 m、长 400 m 的火山岩单元的顶部有关，该火山岩单元由各种被蚀变的玄武岩枕状熔岩、火山角砾岩和玄武碎屑岩组成（图 2）。

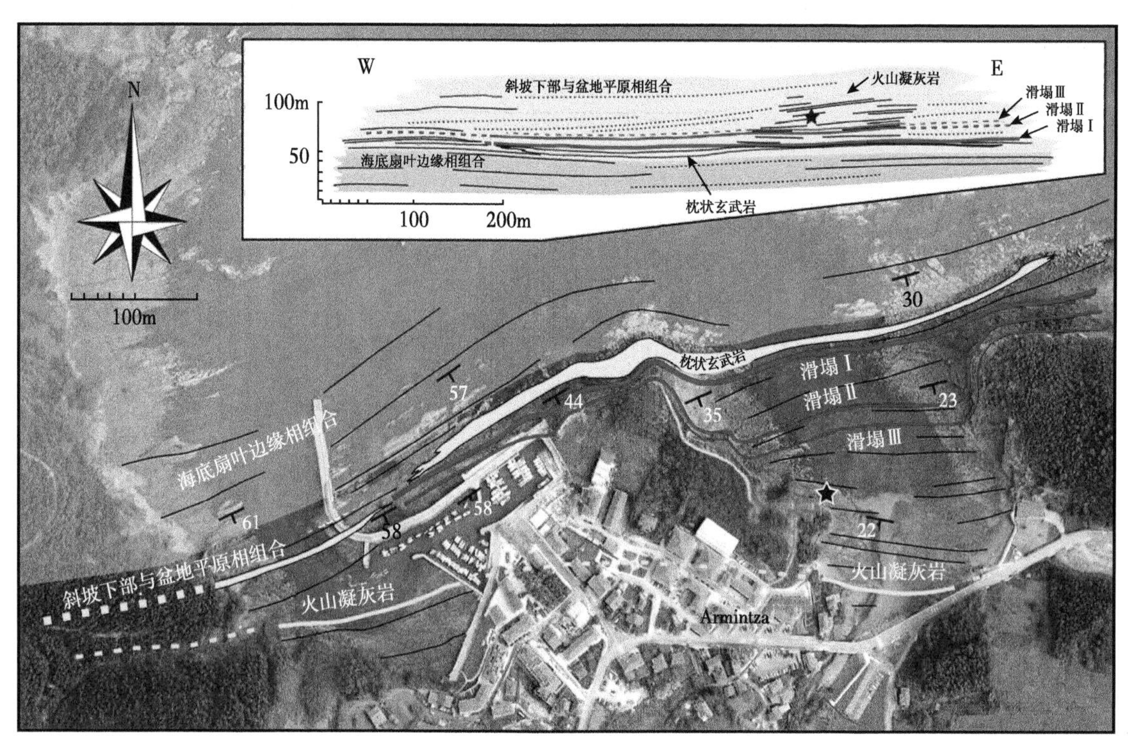

图2 在正射影像镶嵌图上绘制的 Armintza 海湾地区地质图

插图为绘制在照片上的岩性接触、层理轨迹和沉积相组合接触面的下倾投影。黑色星标为碳酸盐含量测定和同位素分析取样的岩心柱，以及图 7—图 10、图 14 和图 15 所示构造测量的位置

2.1 硅质碎屑浊积岩

Badillo 等（1983）描述了深海平原相沉积物，由富含有机质的黑色泥岩和薄层浊积岩夹层（1～15cm 厚，每米约 4 层）组成，具有良好的横向连续性。它们组成了黑色复理石最上部 25%的部分，且层序中含有更多的火山碎屑层，厚 0.01～1.5m，露头延伸长达 850m（图 2）。Robles 等（1988）将该浊积岩系与 Mutti's（1985）的 3 型沉积相关联，主要由 D2 相构成，或多或少还含有 3 型沉积相对比的薄层砂质浊积岩夹层。浊积岩层通常厚 2～15cm，沿露头可及的长度范围，显示出几乎恒定的厚度，为 Tbe 和 Tce 沉积相类型。底部（Tb）主要为平行的叠层，顶部（Tc）出现卷曲叠层。通常缺失鲍马序列（Ta）的底部。岩性上，浊积岩由碳酸盐胶结的中—细粒砂岩（杂砂岩）、粉砂岩和泥岩组成。以 1:4 的比例夹在被岩化的岩石中，含有富含有机质的黑色泥屑岩的原生沉积物。

2.2 菱铁矿结核体

菱铁矿结核、层及结核体经常出现在深海平原沉积相中（图 3a），通常取代鲍马序列的 D—E 单元（也可标记为 Td-e）。一些粗粒浊积岩可能含有菱铁矿卵石（图 3b），表明它们在沉积后很快形成。成岩碳酸盐层和结核体出现在黑色复理石分布区的西北部（Badillo et al.，1983；Robador et al.，1986—1987）至东—南东部（碳酸盐结核体，沥青填充；Chaler et al.，2005）的露头中。

菱铁矿质结核体主要出现在浊积砂岩层顶部，上升为厘米级厚的平行层理层，在较小范围内也会出现无定形结核，罕见一些生物扰动（海百合和未分类的笔石构造）和残余木材的置换。菱铁矿层（2～15cm 厚）通常被一层（1cm 或更薄）黏土或粉砂质黏土薄膜与下伏浊积砂岩分隔。层厚在 0 到 10～15cm 之间，最大间距为 1～2m。顶部和底部为尖锐接触面，通常各层内部不发育纹层。暴露的菱铁矿层很容易由陨石化过程中形成的红色赤铁矿蚀变成的绿泥石识别出来。对于未被置换的粉砂岩和泥岩，存在罕见的垂直和水平过渡分级（Gil et al.，1986）。穿过层理的置换很少能发展到影响整个浊积岩层的程度，大多出现在基底厘米至分米级厚度的方解石胶结的砂岩层以及上部厚度相当的菱铁矿层。

图3 （a）厘米级厚度的平行菱铁矿层（含红色赤铁矿—绿泥石）与黑色泥屑岩互层。（b）砾岩卵石，含厘米级大小的圆形菱铁矿砾石。该砾岩为组成分米至米级厚层的一部分，填充海底扇河道。（c）菱铁矿层上表面的正面视图（北向）。地层走向 N170E，倾角为 23°。（d）菱铁矿层的平面图，显示为斑块状结构。（e）菱铁矿层的上表面，显示垂直的潜穴和其他未被菱铁矿置换的生物扰动构造的圆形截面。（f）菱铁矿层的上表面，显示泥岩收缩构造。（g）、（h）侧视图，不连续菱铁矿结核体置换细粒浊积岩

水平方向不完全置换的几何特征表明，菱铁矿沉淀基本上是沿层理方向发展的，且发生在主体泥屑岩被压实之前。完整的菱铁矿层顶面（平滑岩面）为不同聚合程度或孤立（图 3c）的菱铁矿斑块，直径为 0.1~0.5m，位于连续的砂岩浊积岩层之上（图 3d）。孤立的斑块具有无定形的、圆形边界，而聚合斑块可能由近乎连续的菱铁矿层组成，少有未被置换的空隙。菱铁矿斑块或层通常表现出垂直的生物扰动（潜穴），由粗粒硅质碎屑物质填充（图 3e），并被方解石胶结。也会出现亚米级尺度的多边形构造，类似于收缩或干裂隙（图 3f）。这些亚均质性的构造很可能起源于海底，因为在早期成岩作用时，孔隙水流失的过程中，泥岩的收缩和粘结性与菱铁矿的逐步置换同时发生。裂隙中含有不同形成阶段的菱铁矿平行充填体，可以说明这两种特征之间有密切的关系，类似于幕式收缩和胶结作用。

在层状露头中观察到水平不完全置换，浊积岩纹层可从结核一直追踪到主浊积岩（图 3g、h）。结核体内保存的浊积岩叠层增生。叠层包裹在结核周围，可能是由于结核体形成后的压实作用造成的。通过测量被截断纹层和包裹纹层厚度的变化（图 3g、h 中的不连续线），可以计算出其分别为正常泥屑岩层压实度的 78%（图 3g）和 71%（图 3h），这可能是由于孔隙间流体排出所致。

Gil 等人（1986）研究了 Armintza 海湾菱铁矿结核体的岩石学、矿物学和地球化学。岩相学检查表明，结核可视为泥晶碳酸盐（铁染泥晶灰岩），泥屑石灰岩或泥岩，含小于 10%的粉粒碎屑颗粒（石英、云母、绿泥石、长石、电气石和锆石）；大于 90%的成岩菱铁矿（主相）、铁方解石和铁白云石；以及少量的成岩碎屑黄铁矿和羟基磷灰石。菱铁矿成分主要由 Fe 和 Ca 碳酸盐组成，但也发现了少量的碳酸镁（通常为 16%~22%）。

3　软沉积物的变形构造

3.1　滑塌和海底滑坡

在深海平原相沉积物露头中，确定出 3 个主要的重力滑塌层（图 2），厚度为 1dm 至几米。最底部的滑塌层（滑塌 1）最厚（高达 3m），也最复杂。可追踪长度大于 700m，与枕状玄武岩非常近或直接接触（图 2）。向东它还位于米级厚度的未受扰动的砂岩序列上，表明其底部切穿了先前存在的层理接触面。其内部，由未受扰动的砂岩层、拉长的砂岩序列（被没有传播到下伏和上覆泥屑岩层的倾斜的、多米诺式的正剪切带切割）、具有几米长连续枢纽的分米级厚度等斜褶皱砂岩层、具有弯曲的枢纽和闭合层理（眼状褶皱）的分米级厚度重褶砂岩层，以及含有小鱼钩状褶皱和碎裂砂岩碎片的泥屑岩层组成。多米诺式的正剪切带促进了砂岩层界面曲率的变化，但其内外砂岩颗粒的骨架构成相同，表明半固结砂中晶界滑动变形机制的作用。最大的等斜褶皱层通常类似于未受扰动的浊积岩层，因为它们显示出平行于一般层序层理的顶部和底部接触。仔细观察发现，这些地层实际上是由重复的浊积岩层组成的，且平行于悬崖的露头，是褶皱的枢纽。这一滑塌中砂岩/泥屑岩层的厚度比为 3:2 至 4:3，表明不同富含泥屑岩的地层使砂岩序列之间发生位移。这既可以解释为单独滑塌事件期间变形分区的结果，也可以解释为反复滑塌复活和加积作用的结果，从而增加了其内部的复杂性（Alsop et al.，2011）。

滑塌层 2 为滑塌层 1 向上方延伸约 20m，近平行于滑塌层 1。厚度为 1m，主要由黑色泥屑岩组成。砂岩浊积岩和菱铁矿的不连续嵌入层（厘米厚，几分米至几米长）以不同的方式重褶（不协调到等斜褶皱）或倾斜排列在滑塌层顶部和底部的接触面。这种倾斜度可以系统地解释为滑塌层平行旋转变形（剪切）的结果。主体泥屑岩表现出平行于滑塌层接触面的内部各向异性，与滑塌层的接触面斜交，或与封闭的、更稳定的层完全一致的重褶。这种各向异性还表现出与砂岩或菱铁矿层褶皱的轴向平面几何关系。所有这些都表明，在滑塌之前，泥屑岩已经被压实，从而已获得的沉积结构在滑塌期间局部得到了强化。这种构造也可以解释为单一的重力不稳定性，或是滑塌被重新改造的结果。

最上部的构造（滑塌层 3）在垂直和水平方向上的规模都小于下部两个滑塌层（图 2，A3，可在线或从《地质学杂志》办公室获得）。厚度为分米级，局限于泥屑岩层，并显示出几个证明沉积物相干变形的中等构造。后者包括分米级厚的塑性剪切带，表现为泥屑岩内部的各向异性（先前沉积结构系统的 S 状挠曲)、平行于剪切带边界的不连续方解石擦痕面，泥屑岩的内部冲断加大了正地形（水平面上的断层弯转上盘斜坡背斜）的发育。这些构造表明海底固态物质滑动，而不是部分流化沉积物的滑塌。

如果是海底地形梯度引起沉积物质量的不稳定性，那么这些不稳定性将随着沉积的进行而逐步得到解决、消除和补偿。通过绘制 Armintza 海湾海底浊积岩层出露的深海平原相组合进积的几何结构图(图 2)，可以清楚看到倾斜层的沉积，尽管明显的层倾角在海湾东部（30°）和西部（60°）占主导地位。图 2的插图为岩性接触面和内部层理的下倾投影。考虑到区域倾角的变化，将它绘制在正射影像镶嵌图上。出现低角度斜坡地形，向西呈下超沉积（Robles et al.，1988）。以火山凝灰岩层和枕状玄武岩为参照，这些层位之间的夹角仅为 1.5°。然而，斜坡地形和枕状玄武岩之间的最大角度为 5°。这些数字表明，深海平原沉积组合的内部结构是倾斜海底（枕状玄武岩和火山凝灰岩沉积时为 1.5°）和斜坡进积相互作用的结果。这两种特性都可能形成海底地形梯度，导致上述 3 期主要的阶段性质量不稳定。

3.2 砂岩墙、负荷标记和压实构造

上述梯度在沉积物成岩过程中也很活跃。为浊积岩，特别是菱铁矿层中额外的软沉积物变形效应提供了环境。后者经常受到褶皱、逆冲、擦痕面、剪切带、节理和微岩脉的扰动（图 4）。这些构造仅局限于菱铁矿层，或局部下伏的浊积岩层，它们不会传播到边界泥屑岩层。这就出现一个问题，即在流变性对比的结果下，它们能否在最坚硬的层中发育。擦痕面、逆冲断层和微岩脉等脆性构造似乎支持了这一假设。然而，菱铁矿层内出现褶皱，并与叠置的、不规则的菱铁矿斑块的逆冲痕迹平行，表明它们能够同时记录塑性应变。

伴生浊积岩层和主泥屑岩的构造为菱铁矿层的力学行为提供了更多的证据（图 5）。砂岩浊积岩层显示出负荷铸模；有时为卷曲的，有时为翻转的叠层（图 5a）；流体逸出（盘状）构造；以及表明重力不稳定性的地层截断面（图 5b）（McClelland et al.，2011）和基底半固结或未固结、嵌入流体的泥岩之上，浊积砂沉积后隙间的流体排出。有时，这种泥质基底能够支撑上覆地形高低起伏层引起的荷载梯度（波纹；图 5c）。有些时候，它无法支撑薄楔形层的荷载，无论是相对较重的菱铁矿（图 5c），还是较轻的流化砂（图 5d—h）。后一种情况下，流体嵌入泥岩后，因超负荷而发生变形（侵入）。这种未固结材料有时是滑塌成因，含有等斜褶皱的菱铁矿层，在这种环境中表现为塑性变形（图 5d）。基底淤泥的变形有时广泛分布（图 5a、c—e），有时是局部的，例如砂岩墙的出现（图 5e—h）。表明泥屑岩部分固结，它能够半脆性变形。然而，由于垂向缩短，砂岩墙有时看起来被紧密褶皱（图 5f—h）。这种肠状样式的褶皱表明，它们只比包裹的半脆性的泥屑岩稍硬。相对于砂岩墙褶皱，后者显示的沉积结构为平行于地层接触面的轴向平面。褶皱的枢纽紧密堆叠，且相对于侧翼有一定程度的增厚。这表明，垂直缩短超过 40%(最大缩短时成为同心褶皱加上额外压扁的成分；参考 Ramsay et al.，1987)，因此，泥屑岩在注入砂后发生显著的压实作用。

3.3 微岩脉

通常，菱铁矿层的表面暴露层表现为垂直穿透各层的不连续组（图 4f、h）。呈毫米级间距，平直(图 4f) 至平滑弯曲（图 4g)，延伸数十厘米，这是大多数菱铁矿斑块水平方向的尺度。事实上，这些普遍存在的构造包含在单个菱铁矿斑块中，与一些节理组相比（图 4c、d），它们没有切穿菱铁矿斑块堆积。有时它们表现出系统的走向分布和马尾排列，表明其与外部应力场的关系（图 4h）。有时候，它们从砂质潜穴管（生物扰动）向外辐射，也垂直于地层，或在平面图中表现为近垂直于菱铁矿/泥岩起伏的顶线边界（图 4f）。一方面，这些关系表明，它们形成于菱铁矿块聚合并堆积形成条带之前。另一方面，它们证明了菱铁矿结核体的半脆性力学性质。而且，堆积过程中伴随着菱铁矿的逆冲和褶皱。有时这些构造表现出与基底砂岩墙的几何关系（图 5g、h），表明它们早于沉积物的压实作用，因此也是软沉积物构造。肉眼看，它们没有被任何矿物填充，类似于变形带（Antonellini et al.，1994）。然而，在显微镜下，它们看起来像微岩脉（图 6），被非常细的方解石充填。上述菱铁矿层构造的实例非常罕见（如 Laubach et al.，2009 报告的早期埋藏脆性裂缝排列）。

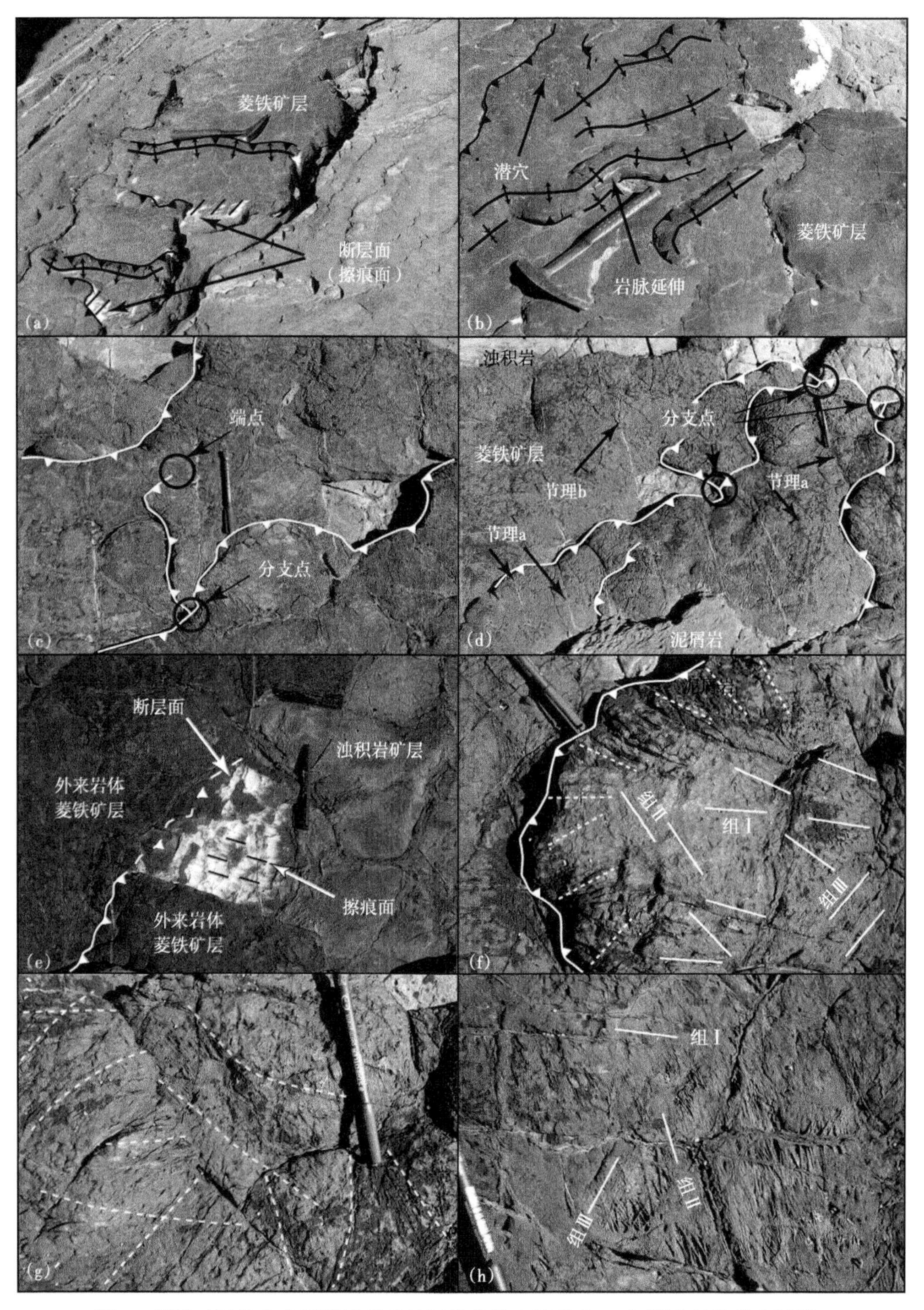

图 4　菱铁矿层的上表面描述相关软沉积物的变形构造（中等尺度的逆冲断层）

（a）次平行的上盘逆冲断层前缘、下盘斜坡（以方解石擦痕面为标志，饰有垂直于逆冲轨迹的擦痕线）以及斜坡上发育的断层弯转背斜的组合。（b）菱铁矿层，表现为一组逆冲断层和断层弯曲褶皱，轨迹稍有弯曲，有时转向相反。（c）由不完全聚合和不同逆冲程度的菱铁矿结核块组成的复合层。在逆冲传播（左侧环形标记的端点）和逆冲系统形成（环形标记的分支点）过程中，各个逆冲前缘表现为曲线轨迹和几何形状关系。（d）与（c）相同，分支的关系表明菱铁矿层下盘的逐步增生（类似于背式逆冲系统的传播方式）。菱铁矿层还显示出两种类型的宏观节理，标记为“a”（节理局限于单个菱铁矿块体）和“b”（节理横切多组冲断的岩块）。（e）近距离观察出露的逆冲斜坡，方解石擦痕面和擦痕线垂直于冲断痕迹。（f）异地菱铁矿斑块，显示多个方向的裂缝。裂缝可分为 3 组假系统的直线构造，以及一组垂直于冲断痕迹前缘的扇形构造。（g）菱铁矿斑体顶部的近距离视图，饰有一些弯曲和交错的裂缝。（h）与（g）相同，尽管这里的裂缝基本上是直的，并呈现出三组互相切割的毫米级裂缝。这些构造切割胶结裂隙，与图 3f 类似

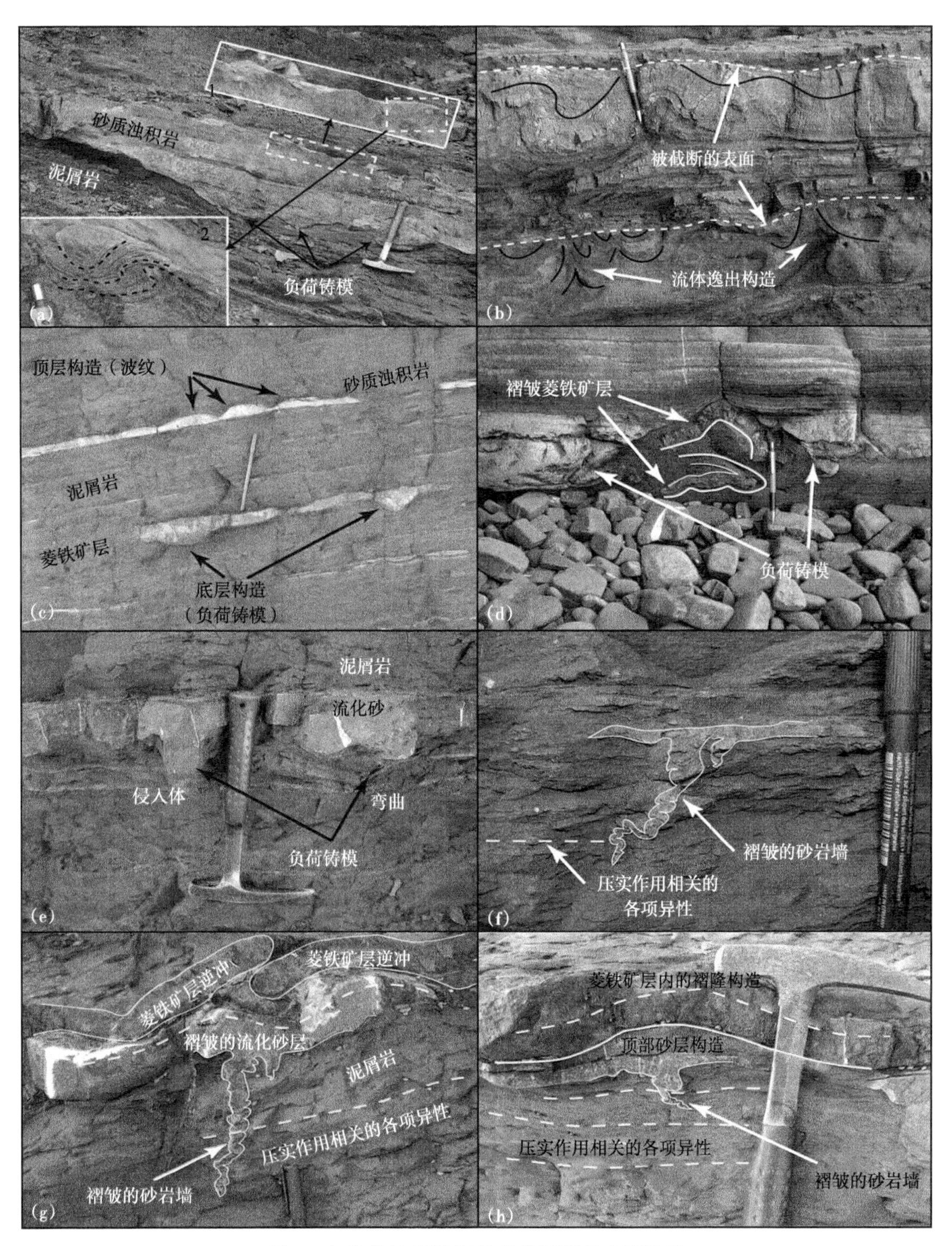

图5 与流化浊积岩相关的软沉积物变形构造

(a) 砂质浊积岩层，其底部有负荷印模，顶部有波纹起伏（插图1）。这些起伏和相关的交错纹层被轻微地重新改造成卷曲叠层，形成具有翻转侧翼的不对称褶皱（插图2）。(b) 内部有褶皱叠层（表明一定程度的滑塌和纹层卷曲）的胶结浊积岩层，顶部被沉积面截断。另一个截断面限定了层底部。它切穿了上凹的、与流体逸出有关的构造（碟状构造），这些构造发育在下伏的细粒、富含有机质的浊积岩层中。(c) 非平面的砂质浊积岩和菱铁矿界面的示例。在浊积岩层中，显示为一个平的底面（由泥屑岩支撑）和一个起伏状顶部。在菱铁矿层中，顶面是平坦的，而底面类似于负荷铸模构造（密度更大的菱铁矿沉入富流体的、固结不好的泥屑岩中）。(d) 砂质浊积岩层，其底部显示负载铸模。下伏黏土层含有等斜重褶的菱铁矿层（因此是一个滑塌层），尽管它们也被部分变形，但该层抑制了在其正上方形成负载铸模。(e) 在胶结的浊积岩底部，由负载铸模构造过渡到砂岩墙的发育。注意一些泥屑岩纹层向下弯曲，或另一些情况下，表现为切割关系。(f) 砂岩墙形成于不连续浊积岩层的底部，并在沉积物压实过程中形成褶皱（呈肠状褶皱样式）。(g) 与 (f) 相同，但表现出的构造为更复杂。胶结的浊积岩在与层理平行的方向上略有缩短。上覆菱铁矿结核体在同一方向上似乎表现出更大程度的缩短。(h) 胶结的砂质浊积岩，其顶面为正地形、底面平坦、基底为褶皱的砂岩墙。注意，在f—h中，细粒层表现出近平行于砂岩墙褶皱轴面和整体层理的内部各向异性对微岩脉进行薄片检查（图6）表明，它们切穿由粉砂大小的石英颗粒簇（图6a）构成的地层内部纹层，并穿过填砂潜穴（图6b）。因此，它们是在地层生物扰动以及随后菱铁矿胶结之后形成的。它们含有方解石填充物，厚度相当恒定，只有几微米。通常微岩脉组成密集的具有波纹状表面（图6c）的单元簇（相距100μm）。波纹的幅度和波长约为5~10微米至几十微米。菱铁矿层矿物包裹体的定向排列（图6d）表明对波纹几何形状的一些约束。近平行的和网状交织的裂缝簇（图6d）表明，它们的间距（10~20μm）与方解石填充层厚度的量级相当，方解石可以在整个裂缝簇内以单个晶体的方向生长。这种

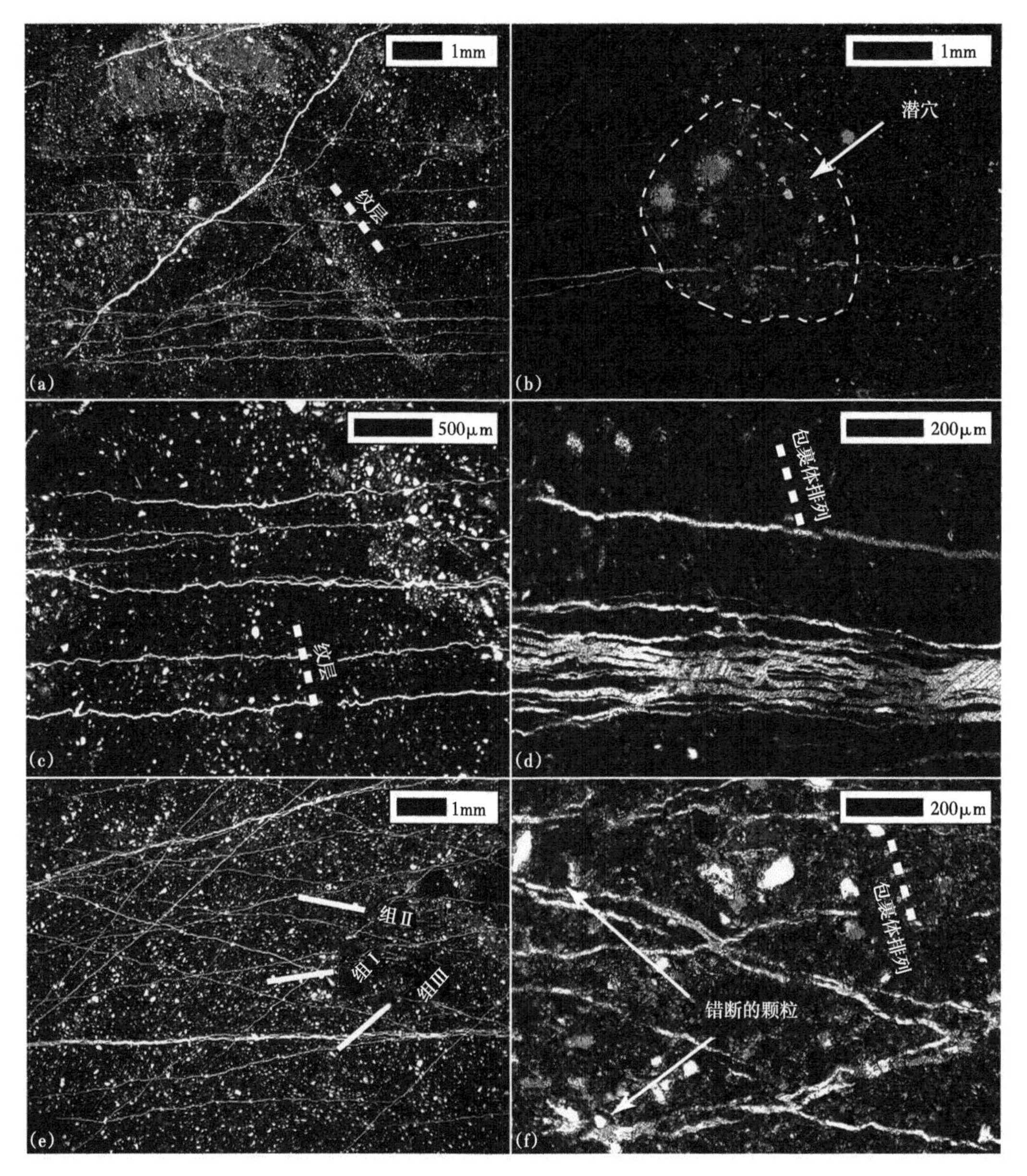

图6　与微岩脉特征相关的菱铁矿结核体的显微照片（a、c和e为平面偏振光；b、d和f为正交偏光）

（a）几组被方解石胶结的微岩脉。最突出的一组平行于显微照片的长轴，与幻影层理形成一个大角度（从左上角到右下角，由微小的白色石英颗粒表示）。微岩脉也切穿了砂岩充填的弯曲轮廓形生物扰动。（b）毫米间隔的微岩脉，横穿砂岩充填的潜穴。（c）对微岩脉的近距离观察显示，在细节上，它们有波纹状的轨迹。（d）密集的近平行的裂缝群（平均间距为20μm），被连续生长、穿过它们的结晶方解石胶结物填充。主体物质由块状菱铁矿胶结物、孤立的等维石英（亮颗粒）小颗粒和细长的黑色矿物组成。后者确定为一种大致垂直于微岩脉的渗透性结构。（e）相互切割的方解石胶结裂缝可分为3组。第1组显示较大的开度，方向与互补组2和3形成角的锐角等分线一致。（f）近距离观察两组互补的微岩脉（e中第2和第3组），显示为团簇状结构；其不规则的、非线性横截面几何形状；以及连续的方解石晶体填充。石英颗粒有时被微岩脉错断。形成角的锐角等分线与主体材料的主要各向异性（自上而下）呈次垂直关系

趋势表明“裂隙—封闭”的脆性变形机制（Ramsay，1980）。Holland 等（2010）描述了与本文研究相似的网状交织的裂隙—封闭岩脉网络（尽管为构造成因）。作者将这些构造解释为多次裂隙和再封闭事件的结果。Becker 等（2010）描述了在高于静水孔隙流体压力条件下形成岩脉中的非构造裂隙—封闭填充，并在地质历史中长期处于水力活动状态。

导致这些变形的应力可以分为局部应力和外部应力。前者受菱铁矿条带非均质性的制约，由斑块的弯曲边缘和砂充填的生物扰动造成。后者可以从平面图（图 4f、h）或层的横截面（图 6e、f）中具有不同系统走向的干扰微岩脉组的几何形状结构中推导出来。这些表明，垂直应力/应变分量可能与沉积物压实有关，表现为两组共轭微岩脉，夹角平分线为 60°（图 6e），与垂直于地层（及其内部压实结构）的第 3 组微岩脉平行。共轭微岩脉组显示了相互切割关系以及连续的方解石填充（图 6f），表明由裂隙—封闭机制同期形成。

3.4 褶皱筏

出现的各种褶皱类型可以证明菱铁矿带发生水平位移和缩短（图 4a、b）。通常它们近乎同心，几何形状与下伏砂岩浊积岩层密切相关。尽管如此，一些菱铁矿褶皱似乎仅宿主在泥屑岩中。常见一些几何形状的变化，如枢纽增厚、侧翼变薄、轴面和褶皱轴走向不稳定性效应。

菱铁矿—砂岩浊积岩对中的褶皱既可以发育在平坦的基底上，从而导致上覆岩层形成一些隆起（图 7a、b），也可以表现为几乎平坦的顶部和向下拱（下沉）的基底包络线（图 7c—e）。第一种情况下，褶皱堆积形成波幅为 0.1~0.2m、半波长为 0.5~1.0m 的褶隆区。内部几何形状的不连续性证明褶皱相对缩短的幅度，中心层的褶皱作用较大，而边界层的褶皱作用较小或不存在。第二种情况下，波长和波幅为厘米到分米级的向斜，导致下伏岩层的向下弯曲很快消失。基底变形层可由纹层的泥屑岩（图 7c）或砂质浊积岩（图 7d、e）组成。在这种情况下，浊积岩已经被胶结，表现为褶皱中的地层厚度保持恒定，以及保存在其底部的褶皱压刻痕（古水流）（图 7e）。然而，泥屑岩的力学形态必须足够软，才能使硬地层下沉。

被泥屑岩包裹的菱铁矿褶皱表现为一个突出的肠状构造，枢纽稍加厚，侧翼短（图 7f、g）。这些褶皱记录了强烈的层平行缩短，并表明菱铁矿层在力学上表现为一种相对坚硬的材料，在弱坚硬的基质中弯曲而褶皱（Waldron et al.，2011）。相对于主体序列的一般层理，褶皱层的包络线是伪平行(图 7f)或斜的(图 7g)。在第一种情况下，主体泥屑岩表现为内部压实结构，与褶皱轴向表面形成高角度。在第二种情况下，泥屑岩结构局部大角度切割菱铁矿/泥屑岩的接触面，类似于轴向平面叶理。这些结构出现在明显的滑塌层中。考虑到泥屑岩结构也与主体序列的一般层理平行，认为它是在压实过程中形成的。如果真是黏附泥屑岩的滑塌造成的，那么剪切牵引力和泥屑岩结构褶皱作用的一些几何形状证据应该保留在泥屑岩内。

菱铁矿的褶皱作用导致了连续的、中尺度的塑性变形（肉眼可见），但也包含了脆性应变的重要组分。显微镜下观察，薄片中褶皱菱铁矿层垂直切割褶皱的枢纽（图 8a、b）揭示了其双重力学行为。一方面，褶皱的砂岩透镜或包裹的纹层表现为拉姆齐（1967）的 3 级几何形状，两边都为尖头和舌状曲率（图 8a）。这意味着，与较硬的菱铁矿相比，砂岩表现为力学性质较软的材料。认为当已胶结的菱铁矿被褶皱时，砂岩还没有被方解石胶结。另一方面，纯净的菱铁矿褶皱层含有裂缝（现今为方解石充填脉），这些裂缝提供了位移空间，允许在不连续地点发生宏观尺度的连续褶皱作用。也可以观察到局部角砾岩以及孤立的菱铁矿棱角状碎片，被方解石胶结（图 8b）。一些裂缝的排列与褶皱的外弧垂直，保持了局部伸展。在褶皱内部，开口较大的不规则岩脉为挠性流动和弯曲提供了空间。也会出现规则间隔的裂缝组切割无弯曲的侧翼和枢纽区（图 8b）。它们的走向与褶皱轴面垂直，解释为晚期（相对于褶皱作用）层平行缩短组分形成的。所有这些不连续性反映了菱铁矿半脆性到脆性的力学行为。

图 7 褶皱相关构造的野外照片

（a，b）褶皱使沉积层向上拱起（隆起）。(a) 砂质浊积岩（浅棕色，底层）和菱铁矿层（浅红色上层）形成不同缩短程度的褶皱对。褶皱仅限于照片的中心部分，形成褶皱对的正地形（褶隆），经过泥屑岩的逐步沉积而向上消散。(b) 对 a 的近距离观察显示，底部浊积岩层中紧密的平行侧翼褶皱向右侧延伸，上覆菱铁矿层中发育平缓的直立褶皱。注意褶皱叠积的平底和隆顶。下部褶皱层记录的缩短比菱铁矿层记录的缩短更强烈。(c—e) 褶皱使沉积层向下拱（下垂）。(c) 在薄菱铁矿层中发育一列平顶的倾斜褶皱。(d) 部分固结砂质浊积岩和未固结的泥屑岩中，菱铁矿斑块堆积，且堆积体明显下沉，形成平顶构造。(e) 向下褶皱的砂质浊积岩的下方视图，显示与褶皱轴成大角度的变形压刻痕（剥裂线理和槽模）。(f，g) 肠状菱铁矿层褶皱，伴随压实的泥屑岩。(f) 褶皱的菱铁矿层，局部具近垂直或倒转的褶皱侧翼，但上下褶皱的包络线近平行于主体黑色泥屑岩的一般层理。泥屑岩为渗透性结构。(g) 褶皱的菱铁矿层，上下褶皱的包络线倾斜于主岩的层理。泥屑岩显示的压实结构相对于褶皱大致呈轴向平面

3.5 冲断的菱铁矿筏和楔形构造

这些是影响菱铁矿层的最特殊、最显著的构造（图 9）。菱铁矿层通常由不同冲断程度的菱铁矿斑块组成。它们的活动面有时以方解石剪切脉（擦痕面）和伴生的断层弯转褶皱为特征。最特殊的情况为冲断的菱铁矿斑块滑动在胶结砂质浊积岩层之上，该层遵从平面基底（图 9）。菱铁矿斑块显示大约一半长度的顶面和底面为平行，剩余长度为两个楔形对称的横向尖灭。后者在冲断过程中成为下盘或上盘斜坡，更易形成上盘断层弯转褶皱，而前者为冲断坪提供空间。这些构造（图 9a）对应于拉姆齐（1992）的主动上盘斜坡—坪逆冲系统，而具有水平顶部边界和变形底部的系统则代表了拉姆齐（1992；图 9b）的活

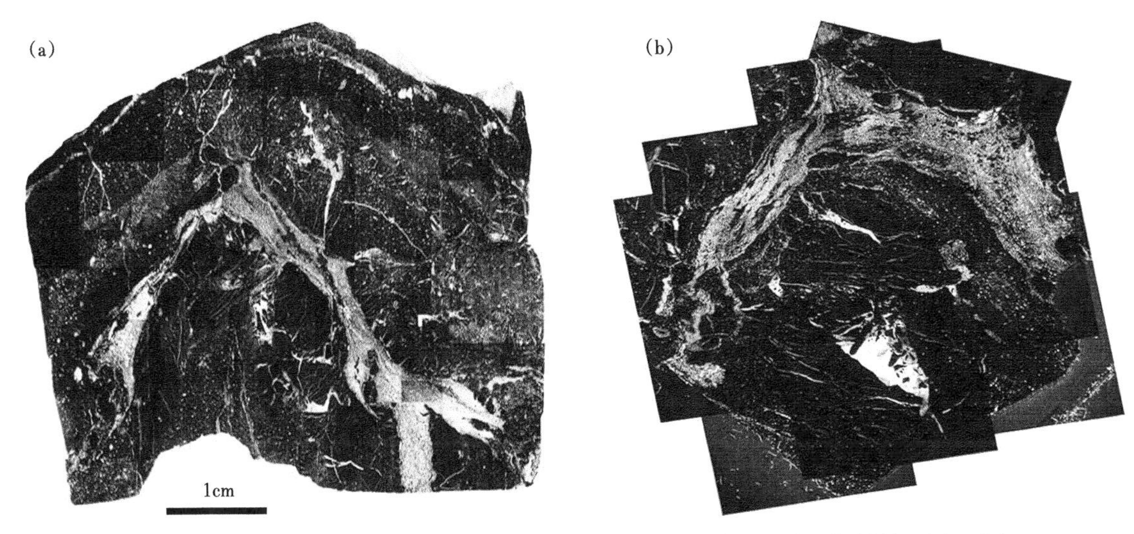

图 8 显微照片镶嵌图显示菱铁矿带褶皱的微观构造，观察沿垂直于褶皱轴的剖面进行
（a 为平面偏振光；b 为正交偏光）

动下盘。根据 Martl'nez-Torres 等（1994；图 9c）的研究，还观察到了具有犬牙交错的菱铁矿斑块的收缩构造，并将其归类为简单的构造楔形体。

无论是在平面图（图 7）中，还是在剖面图（图 9）中，都从未在逆冲断层前缘观察到小规模的泥屑岩增生构造，这表明已胶结的菱铁矿层在滑动和冲断时，还没有泥屑岩盖层。然而，出现了可以表明菱铁矿基底岩化程度和力学状态的特征构造。下伏砂质浊积岩（图 9b、c）中的平行褶皱（向斜）表明，尽管整个地面已足够软，能够容纳垂直变形的组分，但浊积岩的砂层已被胶结，并保持了其内部的黏结性。砂质浊积岩的方解石胶结作用从不完全（图 9d）到完全（图 9e）。不完全胶结使地层能够同时平行发生褶皱作用，并沿冲断面注入未固结的砂（图 9d、f）。完全胶结导致浊积岩发生平行褶皱作用，最终由逆断层引起脆性变形（图 9e）。后一种情况下，菱铁矿层表现出的水平缩短量大于下伏浊积岩。

一些冲断面上的剪切岩脉表明，菱铁矿斑块的冲断是半脆性的。剪切岩脉系统（Ramsay et al., 1983）在剖面图上表现为相互连接的方解石菱形（图 9f—h），而在平面图上表现为擦痕面（图 4a、e）。方解石填充物为纤维状，更易产生与运动方向平行的擦痕线。剪切脉的发育偶尔与沿冲断面流化砂的注入同时发生（图 9f），表明这些也是软沉积物的变形构造。

图 10 为沿平行于逆冲平面方解石擦痕面方向，测量菱铁矿斑块的长度和逆冲幅度后，计算的缩短量结果。单个菱铁矿斑块段的长度为 0.35~1.40m，平均值为 0.60m（标准偏差：0.24m）。它们的厚度几乎是恒定的（0.05m）。逆冲断距为 0.05~0.45m，平均值为 0.17m（标准差偏：0.06m）。根据沿单个菱铁矿层测量的 57 个斑块的长度和断距之和，计算出最小的层平行缩短为 27%。平均段长度和断距缩短幅度为 28%。

3.6 剪切脉的微观构造

在垂直于擦痕面和平行于宏观尺度的擦痕线切割的薄片上，对剪切脉系统进行了显微观察研究。剪切脉是填满细长纤维方解石颗粒的膨胀割阶，近平行于脉壁的方向（图 11a）。岩脉中可能含有主体菱铁矿的薄膜，沿平行于纤维方解石细长的方向拉伸（图 11a、b）。拉伸是通过渗透性微裂缝（亚毫米级裂缝间距）和裂隙—封闭方解石脉的生长进行的。通常方解石在几个裂缝中显示出晶体的连续性。这种拉伸与擦痕线纤维方解石记录的幅度大不相同，后者经历了进一步的拉伸。这里形成了新的裂缝组(图 11c)，并填充了比先前存在的纤维光性上更为纯净的二代方解石。雁列式的几何排列和贯穿的微裂缝表明，介入了旋转应变分量。

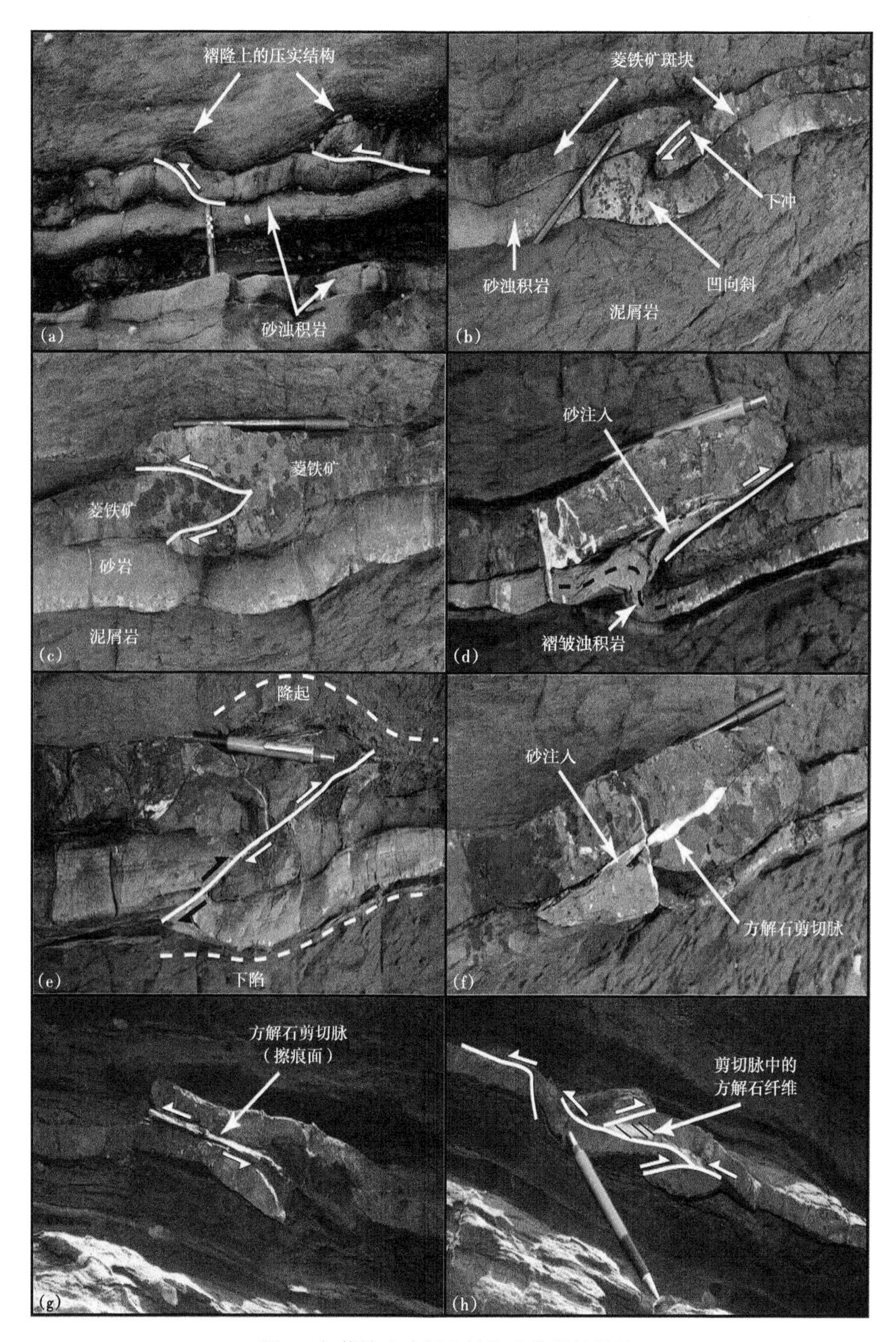

图9　与菱铁矿冲断有关构造的野外照片

(a) 菱铁矿层中的逆冲筏体在看似未变形的浊积岩地层上移位。值得注意的是，菱铁矿层背斜正上方的泥屑岩中，与压实有关的层状平行各向异性的加剧。(b) 在菱铁矿斑块的逆冲作用下，滑覆在原来水平的砂质浊积岩层上。注意，下冲作用促使下伏浊积岩下沉，从而形成不对称向斜。(c) 两个菱铁矿筏的凹槽，形成楔形构造，分别在层顶部和底部形成正地形和负地形。(d) 两个菱铁矿斑块的移位和逆冲作用，促使褶皱作用形成不对称的背斜—向斜对，沿逆冲面砂岩发生流化作用并注入。(e) 菱铁矿层和下伏浊积岩中的半脆性变形示例。注意，逆断层的断距（由黑色尾部和白色前示箭头表示）向上增大。(f) 逆冲的菱铁矿斑块，显示方解石剪切脉和流化砂岩沿逆冲面侵入的组合。(g) 方解石剪切脉（形成擦痕面或断层镜面）沿两个菱铁矿斑块之间逆冲面发育的实例。(h) 与复合的、双倒转菱铁矿斑块逆冲堆积伴生的方解石剪切脉。注意，除a外，所有的菱铁矿/浊积岩的变形作用都引发主体泥屑岩顶部和底部层理的弯曲

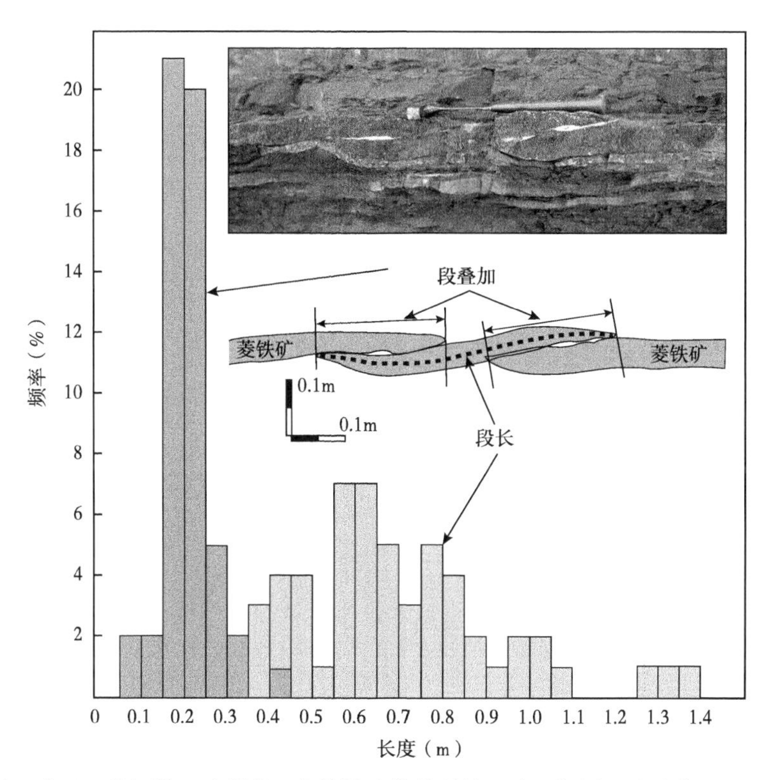

图10　沿含方解石运动面(剪切脉)冲断的3个菱铁矿带的野外照片(插图)和示意图，以及菱铁矿逆冲断距(示意图中的段叠加和深灰色条带)和菱铁矿逆冲斑块段长(浅灰色条带)的频率直方图

沿平行于菱铁矿筏运动的方向，记录30m长岩石露头面的测量值(m)(具体位置见图2中的黑星标)在地层平面图中观察到剪切脉方解石纤维(在露头剖面中也很明显)，标志着发生运动

从显微照片上也可以清楚地看到剪切脉的内部结构。在不同成分的物质带上拉伸作用有所不同(图11d、e)，包括纤维方解石、裂隙—封闭拉伸菱铁矿、砂—粉砂质浊积岩和菱铁矿元素。它们的边界近平行并轻微起伏(图11e)，尽管可以在局部观察到微波纹(图11b)。这些都表明沿一些富含方解石区域边界的溶蚀作用在同期进行。

剪切脉也显示出与"微岩脉"一节中所述的微岩脉有密切的成因关系(图11f、g)。与已报告结构和内部填充物相似的裂缝，其走向垂直于拉伸/运动的方向，并以一致的高角度切割剪切脉。虽然两者的显微构造不同，但微岩脉方解石填充和剪切脉拉长的晶粒在晶体中连续生长。方解石颗粒形态的变化可以追踪剪切脉中微岩脉的延长部分。这些微构造突出了脆性变形的渐进性特征：剪切带记录到菱铁矿斑块发生位移后，由后期拉伸组分形成了微岩脉。

3.7　古水流和古斜坡方向

盆地平原沉积相组合的结构(图2)，以及描述这一问题的沉积相和软沉积物变形构造证明，沉积物的顺坡物质重组解决了反复出现的重力不稳定性。图12展示了浊积古水流和未固结沉积物流动方向分析的结果。假设浊积岩的压刻痕定义了古水流的方向，菱铁矿层逆冲和断层弯转褶皱轴的轨迹与物质运移的方向垂直，而物质运移方向又与逆冲平面擦痕线平行。滑塌褶皱轴解释为定义沉积物质流动的方向，即使它们可能经历了阶段性的再活化或旋转作用(Alsop et al.，2007)。分析表明，浊积岩沉积物运移的方向(东—西向局限的深海洋流)和北西向软沉积物(顺坡)大量侵位之间的倾角保持恒定。由于测量误差(5°)以及此类斜度的野外实例，定向轴之间的角度差和系统差异远远高于数据的分布范围(图7e)。

研究的浊积岩作为海底水道口海底扇的沉降物，解离了大陆古斜坡(Garcı'aMonde'jar et al.，1985)并与其他斜坡控制的沉积物(滑塌)混合。现在众所周知，并非所有的浊积岩古水流都受坡度控制，有

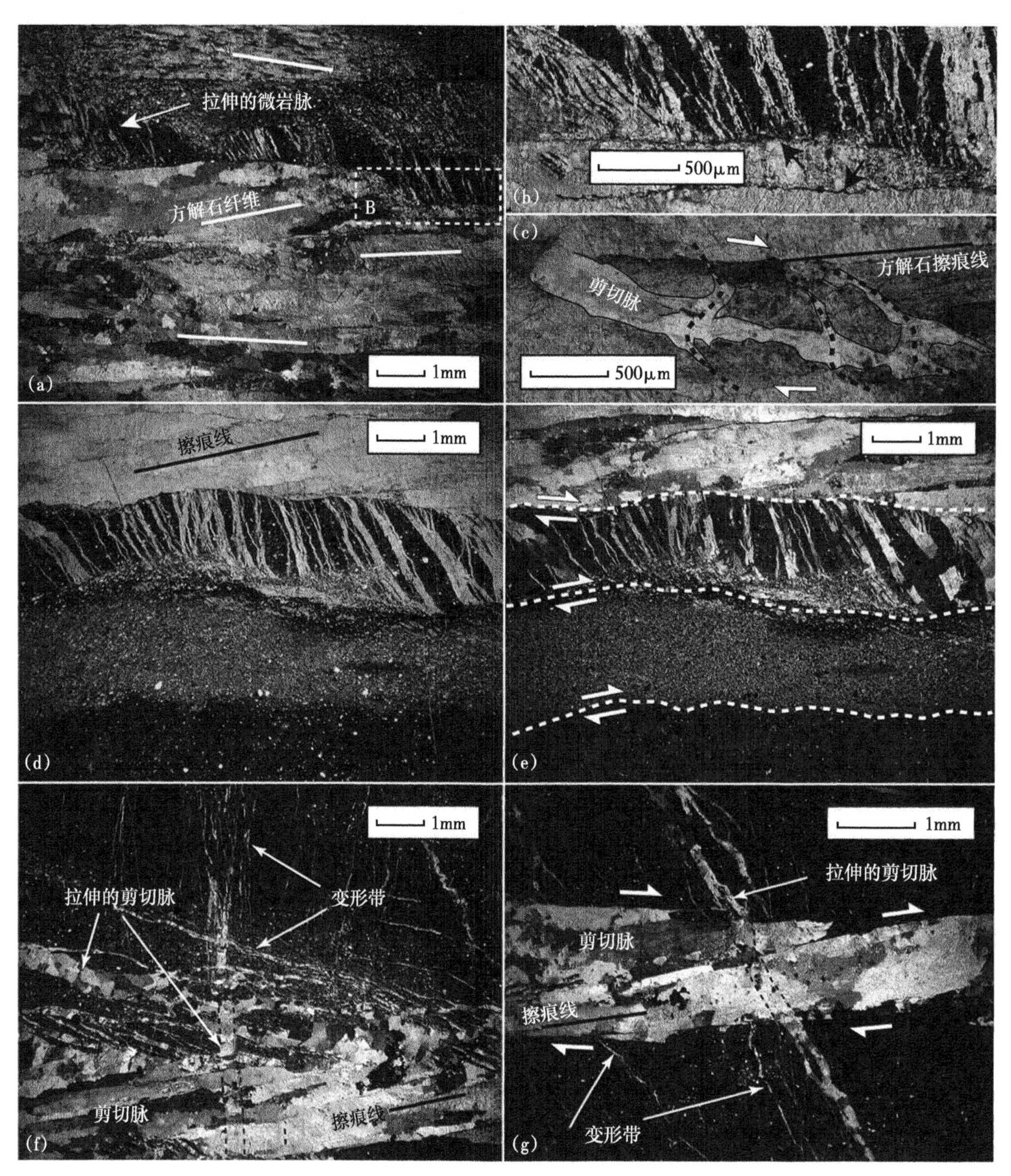

图 11　显微照片，显示沿垂直于岩脉和平行于擦痕线的剖面，观察到剪切脉的相关微构造

（a 和 e—g 为正交偏光；b—d 为平面偏振光）

（a）一组被方解石胶结的微岩脉，以及充满细长方解石晶体的剪切脉（拉长的方向以白线标记）。岩脉中有一条细菱铁矿带（1mm 厚的暗带，显微照片上部 1/3 处由东向西延伸），垂直于方解石纤维拉长的方向被方解石填充的微岩脉贯穿错断。（b）插图 a 的近距离视图，显示了菱铁矿带中微岩脉的排列，以及将显微构造岩脉区域分隔的溶缝状边界（波纹状平面特征）的产状。（c）含有细长方解石纤维岩脉区域的细节，被纯净的二代方解石填充的复合脉错断。该岩脉是由 3 个雁列式、肠状特征和一个贯穿特征的裂缝聚合而成。（d、e）剪切脉边界的视图，描述了脆性变形和剪切位移被划分为 4 个由波纹平面限定的微构造区域。（f、g）显微照片，显示了方解石填充的微岩脉在剪切脉之后形成

时它们与重力控制的沉积物质量流成斜角甚至直角流动（Scott，1966；Selley，1985）。它们的流动趋势也可以表现为平行于半深海轮廓线（Klein，1967）。黑色复理石可能就是这种情况，Vicente Bravo 等（1991）、Robador 等（1986—1987）和 Agirezabala（1996）已经描述了千米级尺度的古河道弯曲。此类沉积系统在现今的类比，如垂直和平行于伊比利亚大陆边缘北部海底斜坡的峡谷系统（图 4，Van Rooij et al.，2010）。

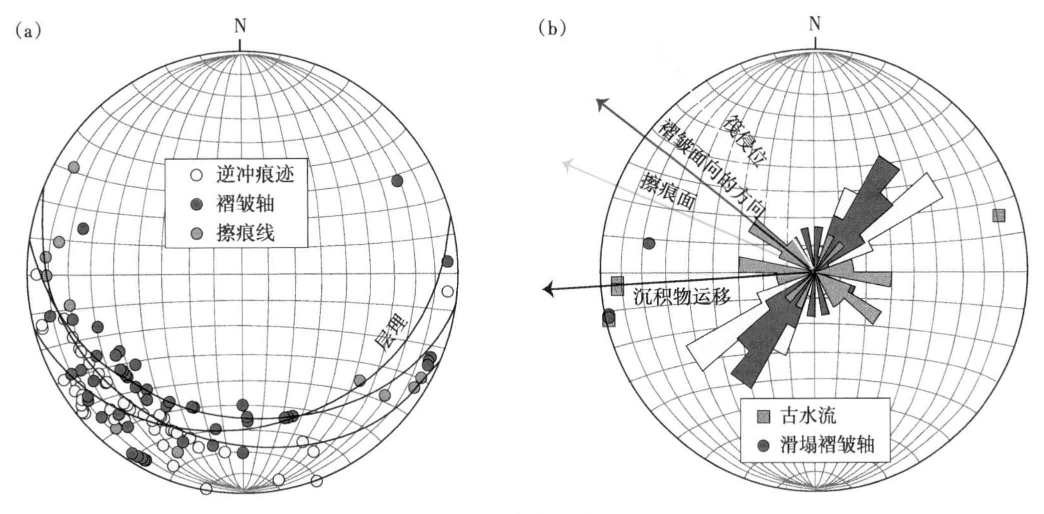

图 12　古水流分析

(a) 下半球，等面积立体图，显示菱铁矿层逆冲、断层弯转褶皱轴和伴生擦痕线的走向数据。黑色主体复理石的层理方向绘制为大圆。(b) 下半球，等面积立体图，显示浊积岩沉积构造（滑塌褶皱轴和压刻痕）的走向，用于推断沉积物运移方向（黑色箭头）。玫瑰图描绘了构造的方向（走向），用于推断相于软沉积物流动的方向（垂直于构造走向的彩色箭头）。立体图赤道圆代表了 10 个玫瑰数据测量点

4　碳酸盐成岩作用

从上一节可以清楚地看出，在浊积岩沉积后，菱铁矿胶结物很快沉淀下来，取代了更细粒、最上部稀薄的部分（D—E 单元）。一旦周围的 Fe 被耗尽，菱铁矿胶结，随后在浊积岩和软沉积物的脆性变形构造（冲断面、剪切脉和微岩脉）中发生方解石沉淀和胶结。这发生在主体泥屑岩脱水和压实的岩化作用之前。为了深入了解菱铁矿和方解石胶结物早期成岩的成因，进行了阴极发光和扫描电镜（SEM）研究，以及碳酸盐含量测定和稳定同位素分析。

在 de Salamanca 大学，用 VG-Isotech-SIRA-II 质谱仪测定了 CO_3 中的碳和氧同位素 $\delta^{13}C$ 及 $\delta^{18}O$。平均误差（$\pm1\sigma$）为±0.18‰。$\delta^{13}C$ 和 $\delta^{18}O$ 的结果是相对于 PDB 标准以千分比值给出的。

4.1　阴极发光显微镜和扫描电镜

菱铁矿层中的菱铁矿为非发光相，而交错岩脉中的方解石呈弱红色发光。较粗粒硅质碎屑浊积岩中的间隙方解石胶结物也呈弱发光（红色）。这种胶结物可从细粒浊积岩的黏土基质中清楚地辨别出来，可以将硅质碎屑浊积砂岩归类为杂砂岩。

扫描电镜观察表明，呈带状菱铁矿形成自形晶体的骨架，直径小于 10μm。这些晶体在基质云母（图 13a）和石英颗粒（图 13b）中生长，而没有置换它们。

4.2　碳酸盐含量测定分析和稳定同位素地球化学

对出现的主要岩性类型中的碳酸钙含量进行了 50 次测定。方解石重量分别占砂岩浊积岩层的 11.0%（±4.5%）、菱铁矿层的 10.9%（±2.4%）和非浊积泥屑岩的 7.0%（±2.2%）。在研究的剖面中，没有观察到任何明显的趋势（图 14）。

对 21 个菱铁矿中的碳酸盐、菱铁矿层（cs）（C_{org} s）、浊积砂岩层（ct）（C_{org} t）、非浊积岩（cl）（C_{org} l）中的方解石以及剪切脉（图 15 中的 csv）样品测定氧和碳同位素 $\delta^{18}O$ 和 $\delta^{13}C$，相对于标准 PDB 的千分比（可在线或从《地质学杂志》办公室获得；图 15）。图 15 还补充绘制了菱铁矿层（C_{org} s）、浊积砂岩（C_{org} t）和绿泥石（C_{org} l）有机质中的碳同位素。

$\delta^{18}O$ 的千分比值表明可能由单向过程（动力学分馏）导致的质量分馏趋势。在菱铁矿中发现较重同位素的浓度为 -2.5‰±0.6‰，假设其为碳酸盐的第一沉淀物，在菱铁矿带（-7.3‰±1.3‰）、砂岩

图 13　块状菱铁矿扫描电镜图像

(a) 自形菱铁矿晶体（菱形体）和碎屑云母颗粒（右侧）骨架。(b) 菱铁矿菱形体发育良好，先前细粒的沉积物残留（不规则颗粒）

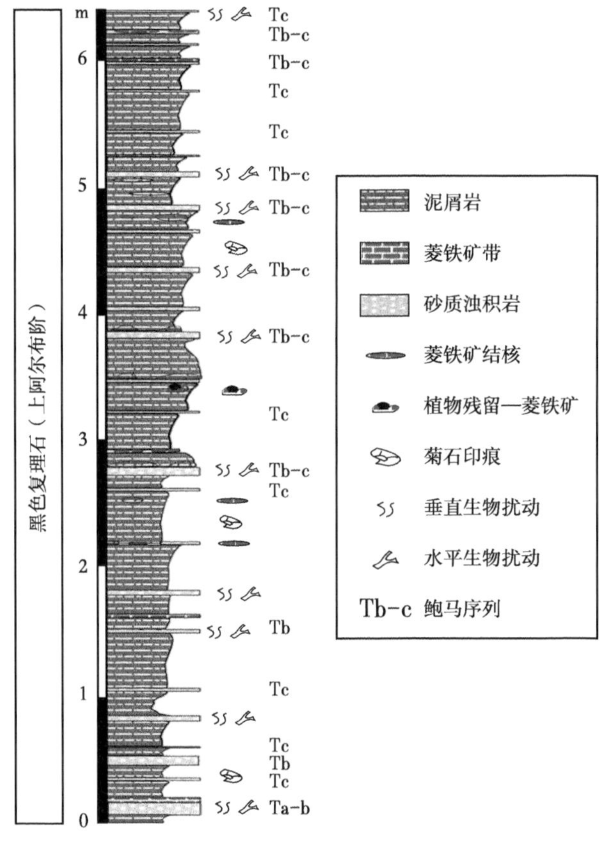

图 14　富含有机质的深海平原相组合的详细地层剖面

该剖面包含硅质碎屑浊积岩层和菱铁矿结核体（条带和结核）。注意，浊积岩层受到菱铁矿不同程度置换的影响。剖面位置见图 2 中的黑星标

(−12.5‰±0.1‰)、剪切脉（−12.7‰±0.5‰）和泥屑岩（−13.5‰±0.8‰）方解石含量中，发现氧同位素逐渐变轻。浊积岩和剪切脉的 δ^{18}O 千分比值绘制在同一区域（图 15），非常接近于泥屑岩。方解石剪切脉和方解石充填的微岩脉（最后的成岩沉淀物）中约 100%由方解石构成，而浊积岩中方解石沉淀的比例（大于 50%~60%）超过了泥屑岩中的方解石胶结。

在分析的样品中，测得的 δ^{13}C 千分比值具有可比性（−1‰~−6‰），且没有任何质量分馏趋势。菱铁矿中含量为−3.6‰±1.7‰，与菱铁矿带方解石的含量（−3.9‰±0.4‰）和菱铁矿的含量（−4.5‰±1.0‰）相似。在浊积岩（−1.7‰±1.3‰）和剪切脉（−1.0‰±0.6‰）中发现了较重的 δ^{13}C 成分，被认

为是贫化最严重的。这可能也指向成岩碳酸盐沉淀过程中的C动力分馏，但与O分馏的标志不同（较重的C同位素首先与碳酸盐沉淀物相结合）。

菱铁矿层（图15中的C_{org} s）有机质中的有机碳同位素为-26.2‰±0.2‰，浊积砂岩（C_{org} t）中为-25.6‰±0.6‰，泥屑岩中（C_{org} l）为-24.9‰±0.1‰。这些数字突出了有机碳对碳酸盐沉淀物和胶结物的显著贡献，而埋藏作用没有导致明显的变化。

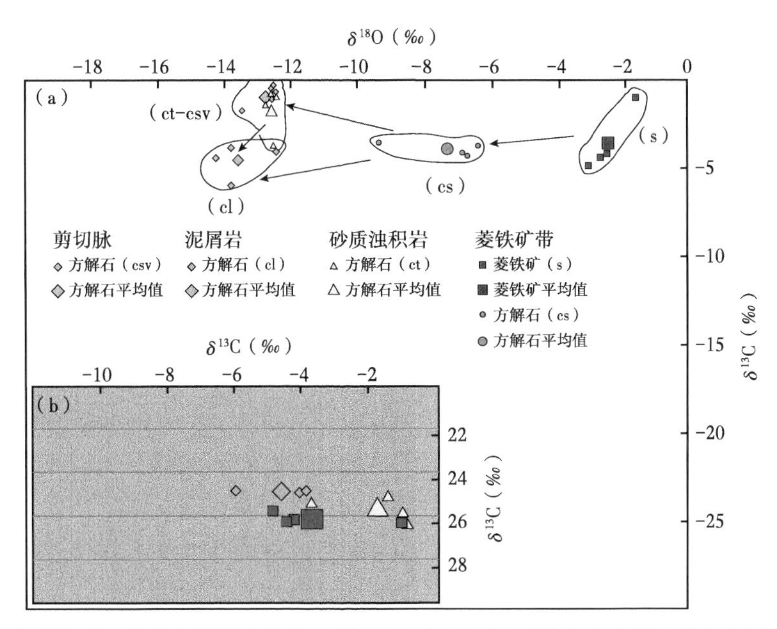

图15 （a）分析的不同岩性碳酸盐岩样品的稳定碳（C）氧（O）同位素交会图。箭头表示文中讨论的同位素分异趋势。（b）同一样品的稳定碳与有机碳同位素交会图。样品（21个）采集于图14所示地层柱的5~6.2m段

5 菱铁矿带的成因及成岩作用

5.1 菱铁矿带的早期成岩作用

在“软沉积物变形构造”和“碳酸盐岩成岩作用”一节中，为菱铁矿层早期成岩的成因提供了几种几何和地球化学证据，这些菱铁矿层甚至在主体沉积物岩化之前就已经发生滑动变形。Gil等人（1986）还将Armintza的菱铁矿结核体解释为压实之前在深海平原环境中的早期成岩阶段形成。这些作者认为，碳酸亚铁的沉淀表明，由于有机物细菌分解，环境的氧化能很低，硫活性很低，而二氧化碳活性很高。认为铁可能是从弱酸性隙间流体通过溶解（在还原条件下）从主体沉积物中重新活化而来的。

设想铁和碳酸盐形成菱铁矿的3种可能的来源：（1）浊积岩下伏的泥屑岩，（2）上覆的泥屑岩，以及（3）深海海水。第一种情况下，泥屑岩中浸出的阳离子会被间隙流体向上输送，穿过下部的砂质浊积岩部分，没有留下任何痕迹，而只加快上部细粒部分（Td—Te单元）的胶结作用。第二种情况原则上可以忽略不计，因为已经提出菱铁矿层在深海自生泥屑岩沉积复活之前变形的证据。如果真是这种情况发生，也没有留下任何痕迹。第三种可能性要求特定成分的海水（富含HCO_3^-和Fe^{2+}），以催化鲍马“Td”浊积岩单元中的菱铁矿沉淀。未受扰动层表明，菱铁矿沉淀必须迅速进行，在Td层内从均匀分布的中心（相距0.5~1.0m）水平生长，直到部分或完全聚合形成菱铁矿平滑岩面。在沉积层顶部、靠近水—沉积物界面处，还原性化学环境中进行必要的化学反应。Fe^{2+}的来源可能与火山（可能还有热液）源有关，Armintza海湾就有这方面的记录。细粒浊积岩沉积物中有机质的降解可能是另外一个来源。支持性的证据来自于层序中保存的残留碳，以及黑色复理石中富含有机物的黑色泥屑岩（含正构烷烃和碳氢化合物；Chaler et al.，2005）。

Gil等（1986）结合渗透率，解释了砂岩层顶部结核体出现的位置，即砂岩高渗透性提供了良好的间

隙流体循环，而上覆泥岩（富含有机质）作为渗透隔层，导致接触面的溶质沉淀。然而，这种解释与野外观察到的泥岩纹层被菱铁矿结核体取代的现象不一致。因此，泥岩并不是矿化流体循环的隔层，因为它们可以在细粒浊积层中循环（或作为间隙流体）。Gil 等（1986）强调，形成结核体的岩石需要较高的孔隙度。他们提出了一个基于碳酸盐沉淀体积的半定量估算，约为 70%~90%，这与之前我们在一个剖面实例中通过纹层厚度变化估算的压实度相当（70%~80%）。只有在靠近海底的流体嵌入、未压实的泥质沉积物中才可能出现这种高孔隙度（深度小于 10m；Gautier，1982）。根据本研究提供的证据，菱铁矿矿化作用实际发生在海底沉积物—水的界面。

5.2 菱铁矿的沉淀环境

稀薄浊积岩沉积后不久的菱铁矿沉淀，需要还原的化学环境。推断在地质时间尺度上这一过程非常迅速，可能在几个月或几年内发生，由于生物能够在菱铁矿沉淀之前形成明显的生物扰动构造。考虑到黑色复理石硅质碎屑浊积岩和泥屑岩中碳酸盐含量较低，必须在海洋环境中寻找其成因。

当沉积物沉积速率升高，导致水—沉积物边界以下硫酸盐枯竭时，海洋沉积物中可能发生菱铁矿沉淀（Gautier，1982）。亚氧环境下铁还原过程产生的 Fe^{2+} 和同期硫酸盐（SO_4^{2-}）还原产生的硫化氢（HS^-），导致黄铁矿（FeS）沉淀，在所有的 SO_4^{2-} 离子耗尽之前，不会形成任何菱铁矿（$FeCO_3$）。然而，如果相对于 HS^- 存在 Fe^{2+} 的过量，菱铁矿能够在硫酸盐还原的亚氧环境中沉淀（Leonowicz，2007）。这一过程还要求间隙水中具有较高的 Fe/Ca 比值，以便菱铁矿优先于方解石沉淀。事实上，菱铁矿沉淀去除 Fe^{2+} 会导致方解石或白云石沉淀（Konhauser，2007）。Mortimer 等（1997）实验表明，菱铁矿沉淀首先需要通过反应还原铁：

$$CH_3COO^- + 8Fe(OH)_3 \rightarrow 8Fe^{2+} + 2HCO_3^- + 15OH^- + 5H_2O \quad (1)$$

然后 Fe^{2+} 与过量的 HCO_3^- 反应。

5.3 氧同位素特征的解释

受到多种同位素分馏因素的影响，对菱铁矿胶结物 O 同位素特征的解释受到阻碍。导致较轻同位素碳酸盐形成的分馏作用可归因于（1）大气降水的介入，（2）O^{18} 贫化的溶质，（3）富含 O^{18} 矿物的沉淀，（4）作为半透膜的泥屑岩优先保留 O^{18}，或（5）天然气水合物的形成（Raiswell et al.，2000；Leonowicz，2007）。

菱铁矿中相对较重的 $\delta^{18}O$ 同位素特征表明，重碳酸盐来自海洋，而不是源于有机质蚀变。晚阿尔布阶海水中的 $\delta^{18}O$ 同位素为 $-2.3‰$（Wilson et al.，2001）。这一估算与 Agirezabala（2009）对黑色复理石的研究一致，也与菱铁矿沉淀于任何其他碳酸盐之前的观察结果非常一致。实际上，分析的方解石样品中的同位素特征比菱铁矿轻，不符合海底温度下海水同位素的假定值。尽管将这种分馏与大气成因和/或高温导致的低盐度盐水的影响联系起来（常规解释），Lawrence（1989）和 Sass 等（1991）提出了另一种解释，将其与富含有机质的碳酸盐岩中孔隙水或正常盐度下 O^{18} 的损耗相关联。这些作者提出的分馏机理涉及硫酸盐还原菌对有机物的氧化。大气成因和/或环境温度升高造成低盐度盐水不太可能与黑色复理石沉积的深海盆地环境有关，因此，在解释中没有采纳这些因素。

喜氧细菌的硫酸盐还原可能通过以下反应进行：

$$CH_2O + O_2 \rightarrow H^+ + HCO_3^- \quad (2)$$

其次是亚氧区的铁还原，根据：

$$2Fe_2O_3 + CH_2O + 3H_2O \rightarrow 4Fe^{2+} + HCO_3^- + 7OH^- \quad (3)$$

可能导致菱铁矿沉淀，然后根据甲烷的厌氧氧化反应：

$$CH_4 + SO_4^{2-} \rightarrow HCO_3^- + HS^- + H_2O \quad (4)$$

最后通过细菌的硫酸盐还原反应：

$$2CH_2O+SO_4^{2-}\rightarrow 2HCO_3^-+H_2S \tag{5}$$

这一系列的反应使晚期成岩方解石胶结物沉淀，其 $\delta^{18}O$ 同位素特征较轻，如“碳酸盐含量分析和稳定同位素地球化学”一节中所述。

5.4 碳同位素特征解释

Agirezabala（2009）报道黑色复理石中箭石的碳同位素特征 $\delta^{13}C$ 接近 0。这意味着这些生物分泌的碳酸盐与海水中重碳酸氢盐的碳同位素组分接近平衡。晚阿尔布阶深部海水的碳同位素特征 $\delta^{13}C$ 为 1.8‰（Wilson et al.，2001），而硫酸盐还原和有机物氧化产生的 CO_2 为-25‰（Irwin et al.，1977）。它反映了海水中的重碳酸盐对同位素较重碳酸盐的沉淀（及后期）影响更大，以及与细菌硫酸盐还原作用相关的重碳酸盐对同位素较轻碳酸盐的沉淀（通常为早期）影响更大，尤其是菱铁矿。

有机成因碳的同位素特征 $\delta^{13}C_{org}$ 范围为-10‰～-35‰，通常介于-20‰～-30‰（Emer et al.，1993）。本研究中所分析岩石类型确定的特征在该范围内吻合良好。进一步支持上述除有机质碳外，碳酸盐胶结物中存在碳成分的推断。

6 结论

本研究描述并分析了比利牛斯山脉西部（西班牙北部）晚阿尔布阶浊积的黑色复理石中形成的软沉积物变形构造。沉积后不久，最早形成的菱铁矿胶结物取代了最上部稀薄的硅质碎屑浊积岩层。浊积岩沉淀之后，方解石沉淀并发生胶结作用。黑色主体泥屑岩中的浊积岩在进一步胶结并岩化之前，菱铁矿层受到软沉积物脆性和塑性变形构造组合的扰动。软沉积物变形包括脆性（逆冲面、剪切脉和微岩脉）和塑性（断层弯转褶皱和与活动上盘或下盘逆冲斜坡应变有关的褶隆区）构造。铁结核层中的同期成岩（化学）和微—中尺度的变形构造表明，重力不稳定性和沉积物脱水前及脱水时的间隙流体活动是制约其形成的主要因素。关于第一种观点，碳酸盐胶结物的地球化学和同位素特征显示的一系列事件，表明稳定同位素的分馏，并突出了无机和有机作用对其沉淀过程的影响。关于第二种观点，对主体序列内部结构的几何重建表明，本文描述的同沉积变形可能是由阶段性的质量不稳定性引起的。可能由海底地形的梯度造成，而这种梯度是由地面倾斜约 1.5°以及高达 5°的斜坡进积作用引起的。

参考文献

Ábalos B，Alkorta A，Irìbar V，2008. Geological and isotopic constraints on the structure of the Bilbao anticlinorium (Basque-Cantabrian Basin，north Spain). J. Struct. Geol.，30：1354-1136.

Agirrezabala L M，1996. El Aptiense-Albiense del anticlinorio nor-vizcaíno entre Gernika y Azpeitia. TesisDoctoral，Universidad del País Vasco. 2009. Mid-Cretaceous hydrothermal vents and authigenic carbonates in a transform margin，Basque-Cantabrian Basin (western Pyrenees)：a multidisciplinary study. Sedimentology，56：969-996.

Alsop G I，Holdsworth R E，McCaffrey K J W，2007. Scale invariant sheath folds in salt，sediments and shear zones. J. Struct. Geol，29：1585-1604.

Alsop G I，Marco，S，2011. Soft-sediment deformation within seismogenic slumps of the Death Sea Basin. J. Struct. Geol，33：433-457.

Amiot M，1982. El Cretácico Superior de la región Navarro-Cántabra. In García A，ed. El Cretá cico de Españ a. Editorial de la Universidad Complutense de Madrid，Madrid，88-111.

Antonellini M A，Aydin A，Pollard D D，1994. Microstructure of deformation bands in porous sandstones at Arches National Park，Utah. J. Struct. Geol.，16：941-959.

Badillo J M，García-Mondéjar J，Pujalte V，1983. Análisis del Flysch Negro (Albiense Sup. -Cenomaniense Inf.) en la Bahía de Arminza. In Obrador A，ed. Comunicaciones del X Congreso Nacional de Sedimentología，Grupo Españ ol de Sedimentología，4.6-4.9.

Barnolas A, Pujalte V, 2004. La Cordillera Pirenaica: difinición, límites y división. In Vera J A, ed. Geología de Españ a. Sociedad Geoló gica de Españ a-Instituto Geoló gico y Minero de Españ a, Madrid, 233-241.

Becker S P, Eichhurl P, Laubach S E, et al., 2010. A 48m. y. history of fracture opening, temperature and fluid pressure: Cretaceous Travis Peak Formation, East Texas Basin. Geol. Soc. Am. Bull., 122: 1081-1093.

Calvo-Rathert M, Cuevas J, Tubía J M, et al., 2007. A paleomagnetic study of the Basque Arc (Basque-Cantabrian Basin, western Pyrenees). Int. J. Earth Sci., 96: 1163-1178.

Cámara P, 1997. The Basque-Cantabrian Basin's Mesozoic tectono-sedimentary evolution. Mem. Soc. Geol. Fr., 171: 167-176.

Castañ ares L M, Robles S, 2004. El vulcanismo del Albiense-Santoniense en la Cuenca Vasco-Cantá-brica. In Vera J A, ed. Geología de Españ a. Sociedad Geoló gica de Españ a-Instituto Geoló gico y Minero de Españ a, Madrid, 306-308.

Castañ ares L M, Robles S, Gimeno D, et al., 2001. The submarine volcanic system of the Errigoiti Formation (Albian-Santonian of the Basque-Cantabrian Basin, northern Spain): stratigraphic framework, facies and sequences. J. Sediment. Res., 71: 318-333.

Chaler R, Dorronsoro C, Grimalt J O, et al., 2005. Distributions of C22-C30 even-carbon-number n-alkanes in Ocean Anoxic Event 1 samples from the Basque-Cantabrian Basin. Naturwissenschaften, 92: 221-225.

Cuevas J, Aranguren A, Badillo J M, et al., 1999. Estudio estructural del sector central del Arco Vasco (Cuenca Vasco-Cantá brica). Bol. Geol. Min., 110: 3-18.

Emery D, Robinson A, 1993. Inorganic geochemistry: applications to petroleum geology. Oxford, Blackwell, 254.

Feuillée P, Rat P, 1971. Structures et paléogé ographies pyrénéo-cantabriques. In Debyser J, Le Pichon X, Montadert L, eds. Histoire Structurale du Golfe de Gascogne: París, Ed. Technip, Publications de l' Institut Franç aise du Pé trole, Collection Colloques et Séminaires, 22: 1-48.

Floquet M, 2004. El Cretácico Superior de la Cuenca Vasco-Cantá brica y áreas adyacentes. In Vera J A, ed. Geología de Españ a. Sociedad Geoló gica de Españ a-Instituto Geoló gico y Minero de Españ a, Madrid, 299-306.

García-Mondé jar J, 1982. Aptiense y Albiense. In García A, ed. El Cretácico de Españ a. Madrid, Editorial de la Universidad Complutense de Madrid, 63-84.

García-Mondé jar J, Hines F M, Pujalte V, et al., 1985. Sedimentation and tectonics in the western Basque-Cantabrian Basin (northern Spain) during Cretaceous and Tertiary times. Excursion 9. In Milá M D, Rosell J, eds. 6th European Regional Meeting Excursion guidebook, I. A. S., Ed. Univ. Autónoma Barcelona, Lé rida, 309-392.

Gautier D L, 1982. Siderite concretions: indicators of early diagenesis in the Gammon Shale (Cretaceous). J. Sediment. Petrol, 52: 859-871.

Ghosh S K, 1993. Structural geology: fundamentals and recent developments. Oxford, Pergamon, 598.

Gil P P, Yusta I, Herrero J M, et al., 1986. Mineralogía y geoquímica de las concreciones carbonatadas del Flysch Negro (Albiense Sup. -Cenomaniense Inf.) de Arminza (Vizcaya). Bol. Soc. Esp. Mineral., 9: 347-356.

Gómez M, Vergé s J, Riaza C, 2002. Inversion tectonics of the northern margin of the Basque Cantabrian Basin. Bull. Soc. Geol. Fr., 173: 449-459.

Hatcher R D Jr, 1995. Structural geology: principles concepts and problems (2nd ed.). Englewood Cliffs, NJ, Prentice Hall, 528.

Holland M, Urai J L, 2010. Evolution of anastomosing crack-seal vein networks in limestones: insight from an exhumed high-pressure cell, Jabal Shams, Oman Mountains. J. Struct. Geol., 32: 1279-1290.

Hurst A, Scott A, Vigorito M, 2011. Physical characteristics of sand injectites. Earth Sci. Rev., 106: 215-246.

Irwin H, Curtis C, Coleman M L, 1977. Isotopic evidence for source of diagenetic carbonates formed during burial of organic-rich sediments. Nature, 269: 209-213.

Klein G V, 1967. Paleocurrent analysis in relation to modern sediment dispersal patterns. AAPG Bull., 51: 366-382.

Konhauser K, 2007. Introduction to geomicrobiology. Oxford, Blackwell, 425.

Laubach S E, Eichhubl P, Hilgers C, et al., 2010. Structural diagenesis. J. Struct. Geol. 32: 1866-1872.

Laubach S E, Olson J E, Gross M R, 2009. Mechanical and fracture stratigraphy. AAPG Bull., 93: 1413-1426.

Lawrence J R, 1989. The stable isotope geochemistry of deep-sea pore water. In Fritz P, Fontes J Ch, eds. Handbook of environmental isotope geochemistry, vol. 3, the marine environment. Amsterdam, Elsevier, 317-356.

Leonowicz P, 2007. Origin of siderites from the Lower Jurassic Ciechocinek Formation from SW Poland. Geol. Q., 51: 67-78.

Maltman A, 1984. On the term "soft-sediment deformation." J. Struct. Geol., 6: 589-592.

Martín Chivelet J, Berástegui X, Rosales I, et al., 2002. 12 Cretaceous. In Gibbons W, Moreno M T, eds. The geology of Spain. London, Geological Society, 255-292.

Martínez-Torres L M, Ramó n-Lluch R, Eguíluz L, 1994. Tectonic wedges: geometry and kinematic interpretation. J. Struct. Geol., 16: 1491-1494.

Mathey B, 1987. Les flysch Crétacé supé rieur des Pyrénées Basques. Université de Dijon, Mém. Gé ol., 12: 1-399.

McClelland H L D, Woodcock N H, Gladstone C, 2011. Eye and sheath folds in turbidite convolute lamination: Aberysthwyth Grits Group, Wales. J. Struct. Geol., 33: 1140-1147.

Mortimer R J G, Coleman M L, Rae J E, 1997. Effect of bacteria on the elemental composition of early diagenetic siderite: implications for palaeoenvironmental interpretations. Sedimentology, 44: 759-765.

Mutti E, 1985. Turbidite systems and their relations to depositional sequences. In Zuffa G G, ed. Provenance of arenites. Dordrecht, Reidel, 65-93.

Passchier C W, Trouw R A J, 1996. Microtectonics. Berlin, Springer, 289.

Puigdefá bregas C, Souquet P, 1986. Tecto-sedimentary cycles and depositional sequences of the Mesozoic and Tertiary from the Pyrenees. Tectonophysics, 129: 173-203.

Raiswell R, Fisher Q J, 2000. Mudrock-hosted carbonate concretions: a review of growth mechanisms and their influence on chemical and isotopic composition. J. Geol. Soc. Lond., 157: 239-251.

Ramsay J G, 1967. Folding and fracturing of rocks. New York, McGraw-Hill, 568.

Ramsay J G, 1980. The crack-seal mechanism of rock deformation. Nature, 284: 135-139.

Ramsay J G, 1992. Some geometric problems of ramp-flat thrust models. In McClay K R, ed. Thrust tectonics. London, Chapman & Hall, 191-200.

Ramsay J G, Huber M I, 1983. The techniques of modern structural geology, vol. 1, strain analysis. London, Academic Press, 1-308.

Ramsay J G, 1987. The techniques of modern structural geology, vol. 2, folds and fractures. London, Academic Press, 309-700.

Robador A, García-Mondé jar J, 1986-1987. Caracteres sedimentoló gicos generales del "Flysch Negro" entre Baquio y Guernica (Albiense superior-Cenomaniense inferior, provincia de Vizcaya). Acta Geol. Hisp., 21-22: 275-282.

Robles S, Pujalte V, García-Mondé jar J, 1988. Evolución de los sistemas sedimentarios del margen continental cantábrico durante el Albiense y Cenomaniense, en la transversal del litoral vizcaíno. Rev. Soc. Geol. Esp., 1: 409-441.

Rossy M, 1988. Contribution a l' étude du magmatisme mésozołque du Domaine Pyréné en: I—le Trias dans l' ensemble du domaine, II—le Crétacé dans les provinces basques d' Espagne. PhD thesis, Besançon, Université de Besançon.

Sass E, Bein A, Almogi-Labin A, 1991. Oxygenisotope composition of diagenetic calcite in organicrich rocks: evidence for 18O depletion in marine anaerobic pore water. Geology, 19: 839-842.

Scott K M, 1966. Sedimentology and dispersal pattern of a Cretaceous flysch sequence, Patagonian Andes, southern Chile. AAPG Bull., 50: 72-107.

Selley R C, 1985. Ancient sedimentary environments and their sub-surface diagnosis (3rd ed.). London, Chapman & Hall, 317.

Van Rooij D, Iglesias J, Hernández-Molina F J, et al., 2010. The Le Danois contourite depositional system: interactions between the Mediterranean outflow water and the upper Cantabrian slope (North Iberian margin). Mar. Geol., 274: 1-20.

Vergé s J, García Senz J, 2001. Mesozoic evolution and Cainozoic inversion of the Pyrenean rift. In Ziegler P A, Cavazza W, Robertson A H F, et al., eds. Peri-Tethys memoir 6: Peri-Tethyan rift/wrench basins and passive margins. Mem. Mus. N. Hist. Nat., 186: 187-212.

Vicente Bravo J C, Robles S, 1991. Geometría y modelo deposicional de la secuencia Sollube del Flysch Negro (Albiense medio, norte de Bizkaia). Geogaceta, 10: 69-72.

Vicente Bravo J C, Robles S, 1995. Large-scale mesotopographic bedforms from the Albian Black Flysch, northern Spain: characterization, setting and comparison with recent analogues. In Pickering K T, Hiscott R N, Kenyon N H, et al., eds. Atlas of deep water environments: architecture style in turbidite systems. London, Chapman & Hall, 216-226.

Voort H B, 1964. Zum Flyschproblem in den Westpyrenäen. Geol. Rundsch., 53: 220-233.

Waldron J F W, Gagnon J F, 2011. Recognizing soft-sediment structures in deformed rocks of orogens. J. Struct. Geol., 33: 271-279.

Wilson P A, Norris R D, 2001. Warm tropical ocean surface and global anoxia during the mid Cretaceous period. Nature, 412: 425-429.

本文由张荣虎教授编译

库车前陆冲断带超深层构造裂缝有效性及油气地质意义

——以克深气田下白垩统巴什基奇克组为例

张荣虎[1,2]，王　珂[2]，唐雁刚[3]，余朝丰[2]，王俊鹏[2]，李娴静[2]

1. 中国石油勘探开发研究院，北京，100086；
2. 中国石油杭州地质研究院，浙江，杭州，310023；
3. 中国石油塔里木油田公司，新疆，库尔勒，841000

摘要：塔里木盆地库车前陆冲断带产气层埋深超过6000m，基质孔隙度平均为5.5%，基质渗透率平均为0.128mD，网状—垂向构造缝发育，密度为3~12条/m，构造裂缝对改善超深层储层物性、提高油气产量具有重要作用。为揭示超深层裂缝特征、有效性，及其对储层性质、天然气高产稳产的影响，综合露头、岩心、薄片、成像测井及试采资料，对库车前陆冲断带超深层储层构造裂缝的有效性进行了研究，指出了对油气勘探开发的地质意义。冲断带的构造裂缝包括近EW向、高角度为主的张性裂缝和近NS向、直立为主的剪切裂缝两组，前者充填率相对较高，后者多数未被充填；微观构造裂缝多为穿粒缝，缝宽10~100 μm；构造裂缝在FMI成像测井图像上以平行式组合为主。平面上有效裂缝集中于背斜长轴方向的高部位和翼部，纵向上主要发育在中和面之上的张性裂缝带；调节裂缝带裂缝纵伸能力强、有效性高，近东西向纵张裂缝带次之，多倾角的网状裂缝带最差。裂缝有效性主要受控于裂缝开度及充填度；有效裂缝可提高储层渗透率1~2个数量级；背斜高部位是构造裂缝渗透率的高值区，控制了天然气的富集高产；网状及垂向开启缝与储层基质孔喉高效沟通，形成视均质—中等非均质体，可使天然气产量高产且长期稳产。

关键词：裂缝有效性；超深层；前陆冲断带；地质意义；库车坳陷

0　引言

致密砂岩气是一种重要的非常规油气资源（贾承造等，2012；郭迎春等，2013；戴金星等，2012；张荣虎等，2014；杨海军等，2018；李义军等，2012；Zeng Lianbo，2009；赵向原等，2017；曾联波等，2012）。强烈的压实作用（包括正常埋藏压实和异常构造挤压）造成致密砂岩储层的基质孔隙度低（<6%），渗透率差（<1mD），仅靠岩石基质无法形成工业规模性的天然气藏。构造裂缝的存在是改善致密砂岩储层物性、提高天然气产能的十分重要因素（丁文龙等，2015；曾联波等，2010），因此系统研究致密砂岩储层构造裂缝的有效性，对发现致密砂岩甜点、提高气藏产能具有重要意义。

克深气田位于塔里木盆地库车坳陷克拉苏构造带深层区带，其目的层下白垩统巴什基奇克组为典型的超深裂缝性致密砂岩储层（王招明，2014；曾联波等，2008）。针对库车坳陷前陆冲断带及克深气田的构造裂缝，前人已从多个方面开展了一些研究，包括裂缝的定量描述和预测（曾联波等，2004a；赵继龙等，2014；王珂等，2016）、裂缝对区域应力场转换的指示作用（张仲培等，2004；曾联波等，2004b）、裂缝的形成机理及影响因素等（刘春等，2017；昌伦杰等，2014；巩磊等，2015），指出裂缝对超深层致密砂岩的改造作用明显（王俊鹏等，2018）。克深气田白垩系巴什基奇克组储层构造裂缝发育，控制了克深气田天然气的高产。本文综合岩心、薄片、成像测井等资料，在构造裂缝类型与特征分析的基础上，探讨构造裂缝的有效性，以期为克深气田的高效开发提供一定的地质依据。

1 区域地质概况

研究区克深气田位于塔里木盆地库车坳陷克拉苏构造带上，天然气资源丰富，探明天然气地质储量超过 $10000\times10^8m^3$（王招明，2014），包括 KeS5、KeS6、KeS2、KeS8、KeS9、KeS13 等多个断背斜气藏（图 1）。克深气田的含气目的层为下白垩统巴什基奇克组，以红褐色细砂岩、粉砂岩、中砂岩和薄层泥岩为主，埋深 5500～8500m，平均厚度约 300m，基质孔隙度为 1.5%～5.5%，基质渗透率为 0.01～0.1mD（张荣虎等，2014）。岩心及成像测井等资料表明，巴什基奇克组发育大量的构造裂缝，含裂缝岩心的物性实验表明，裂缝可提供的渗透率为 0.1～10.0mD，属于典型的低孔裂缝性致密砂岩储层。

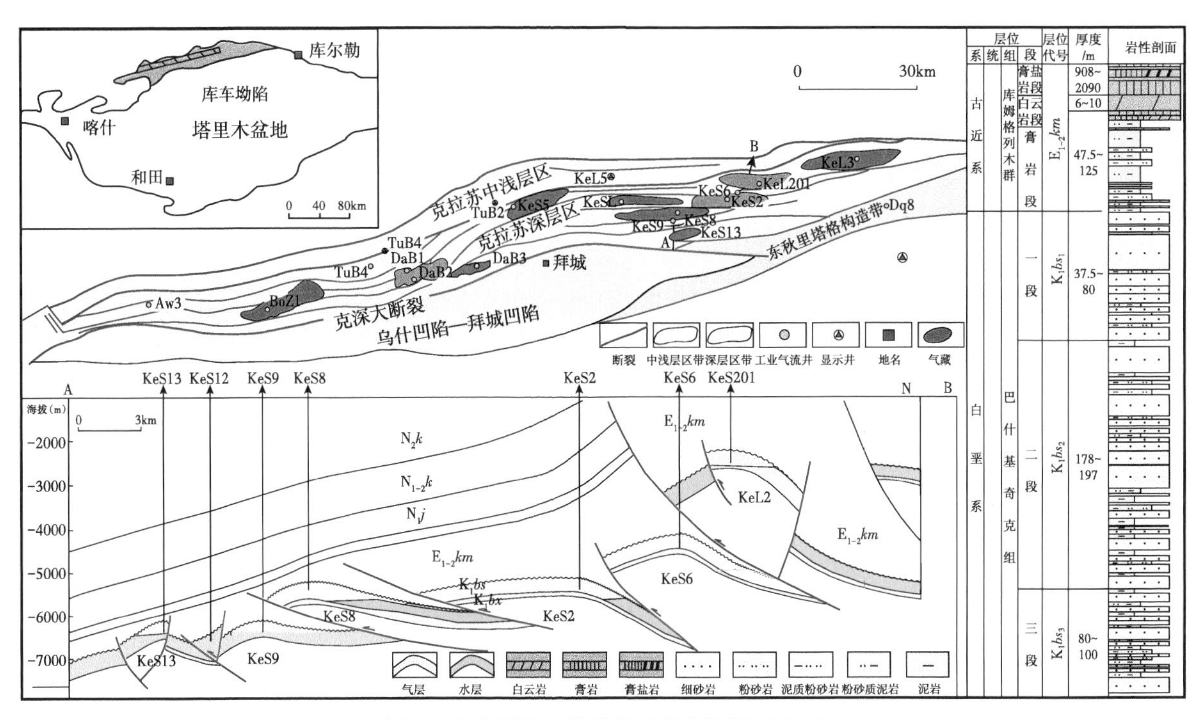

图 1 库车坳陷克拉苏构造带深层构造位置

2 构造裂缝特征

岩心观察及 FMI 成像测井解释表明，克深气田的构造裂缝既有张性裂缝，又有剪切裂缝。张性裂缝缝面弯曲不平，开度为 0.5～1mm，多为高角度缝，且被方解石、白云石或硬石膏等充填，少数充填裂缝在后期构造应力作用下重新裂开成为有效裂缝。剪切裂缝的缝面平直，延伸较远，常切穿岩心，多为直立缝，开度较小（<0.5mm），且多数未被充填。微观构造裂缝以穿粒缝为主，缝宽 10～100μm，常见沿早期充填裂缝重新裂开。在 FMI 成像测井图像上，构造裂缝主要有平行式、雁列状、扫帚状、调节状 4 种组合形式（图 2），其中以平行式为主，表现为多条形态一致或相近的正弦曲线组合。利用成像测井解释出的构造裂缝线密度一般在 0.2～2.3 条/m，平均约 0.6 条/m。

成像测井解释结果表明，克深气田构造裂缝走向整体上可分为近 EW 向的张性裂缝和近 NS 向的剪切裂缝两组。结合构造演化史、储层沉积埋藏史以及构造裂缝充填物碳氧同位素测温结果（丁文龙等，2015；曾联波等，2010；王招明，2014）认为，近 EW 走向的构造裂缝可能与白垩纪和古近纪的区域伸展作用、背斜的弯曲拱张作用以及新近纪的地层异常高压有关，形成时间较早，因此充填率相对较高，近 NS 向的构造裂缝主要受喜马拉雅运动中晚期近 NS 向的挤压构造应力控制，形成时间较晚，因此多数未被充填。

编号	裂缝组合模式	模式图	特征描述	成因机制	岩心特征	成像测井特征
a	平行状模式		一组近平行的优势裂缝	在垂直于裂缝面的张应力作用下拉开形成		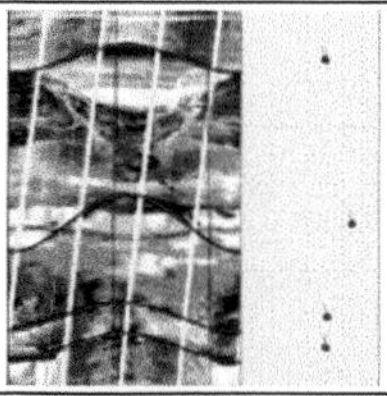
b	雁列状模式		一组雁行式斜列的裂缝，首尾不相接，单缝规模相对优势裂缝小	在张应力作用下拉开形成，或张应力环境下剪切滑移调节形成	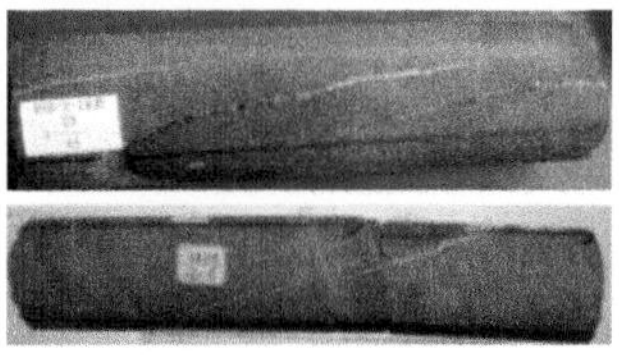	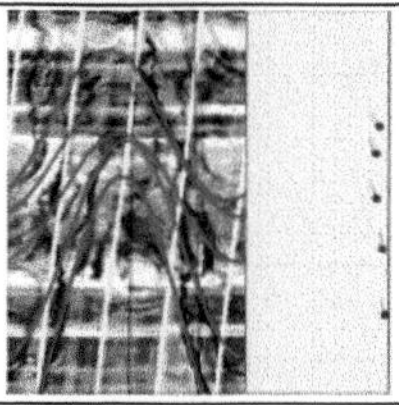
c	扫帚状模式		一条优势裂缝和一簇次级伴生缝，伴生缝呈扫帚状截止于优势裂缝	早期为剪性应力，后期在张应力作用下被拉开形成	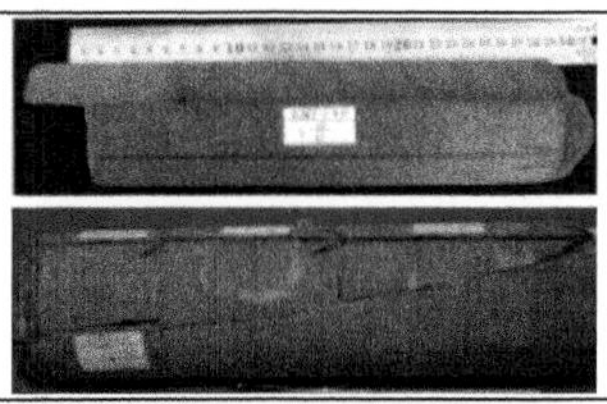	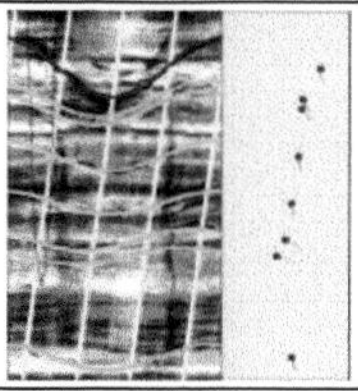
d	调节状模式		两条优势裂缝和一组伴生缝，伴生缝近平行截止于优势裂缝之间	早期为张性应力，后期发生剪切滑移调节形成	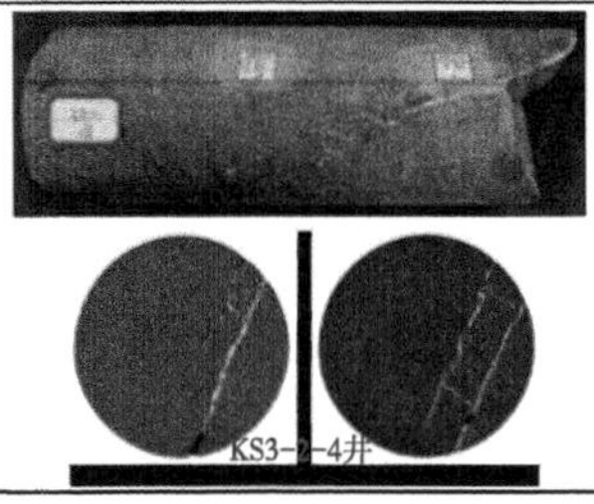	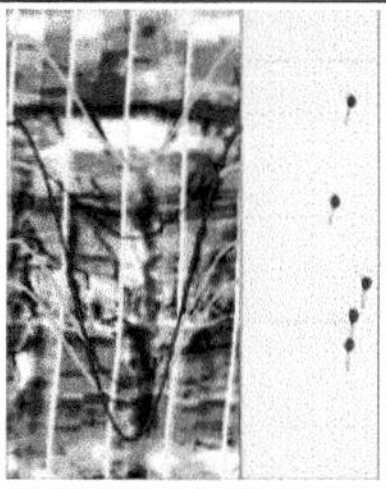

图 2　库车坳陷克深气田白垩系巴什基奇克组储层构造裂缝特征

3　有效裂缝分布规律

3.1　逆冲背斜有效裂缝差异化特征

通过野外相似露头观测（图 3）与井下实测数据分析发现，背斜长轴的裂缝多以穿层的大型直立裂缝为主，裂缝走向总体与长轴平行，开度较大，充填程度较低，有效性好。向两翼方向，裂缝密度略有增大，但开度逐渐减小，并且充填程度提高。至靠近逆冲断层的部位，裂缝多以密集的网状裂缝为主，常常被后期石膏（露头）或方解石、白云石（井下）等矿物充填，裂缝有效性差，并且随着距断裂距离的增大，裂缝密度降低。在背斜北翼反冲断裂带往往形成层间缝、斜交缝，充填性低，有效性好。如 KeS8 背斜长轴高部位的 KeS8 井，岩心裂缝充填率仅 26%，裂缝开度为 0.275mm，密度为 0.43 条/m，有效性好，而位于翼部的 KeS801 井岩心裂缝充填率为 35%，开度为 0.21 mm，密度为 0.33 条/m，有效性较好（图 4）。

通过弯曲背斜曲度与应力变化的数值模拟表明（图 5），纵向上，岩层在弯曲变形为背斜形态时，由于中和面效应的存在，使得岩层在中和面之上的部位表现为张性应变，形成的构造裂缝以张性裂缝为主，开度较大，同时由于这些部位在气藏顶部，受地层水影响较小，裂缝充填程度低，有效性好，但密度较小；中和面之下的部位主要表现为挤压应变，形成的裂缝主要为网状裂缝，开度较小，地层水的影响又造成充填程度较高，裂缝有效性较差，但密度较大（表 1）。背斜枢纽上和转折端高点的张性带较厚，向两翼变薄减小；靠近断层或陡的南翼张性带厚度较大，缓翼远离断层厚度相对减小（图 6）。

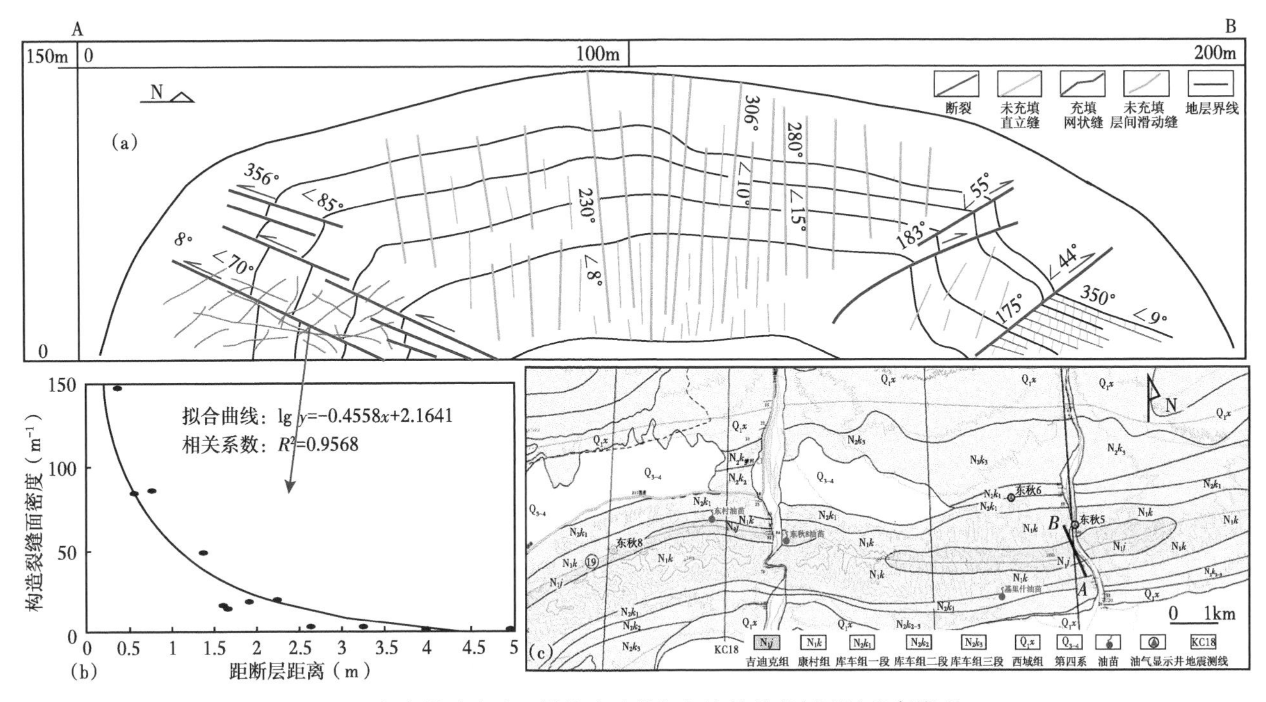

图 3　库车坳陷东秋里塔格克孜勒努尔沟箱状背斜裂缝发育模型

（a）裂缝模型；（b）裂缝面密度与距断层距离相关性；（c）背斜平面地质图

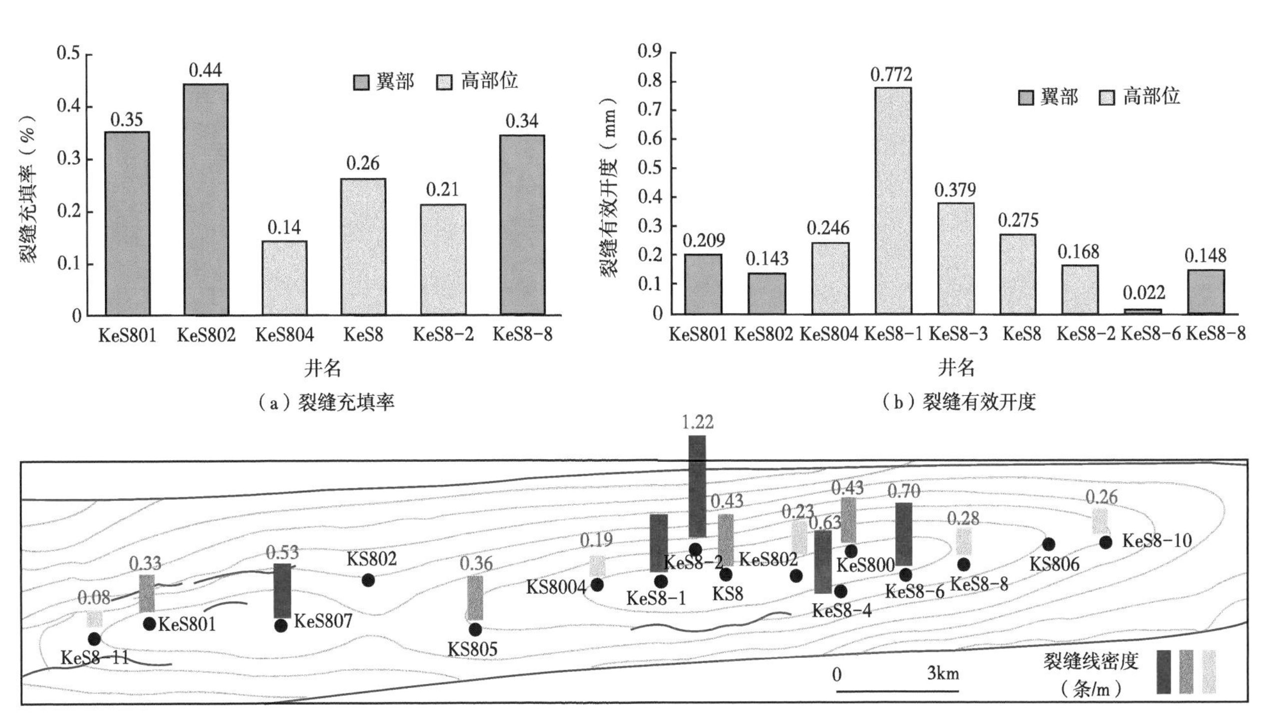

（c）成像测井FMI裂缝线密度

图 4　库车坳陷 KeS8 区块不同构造位置裂缝特征差异性直方图

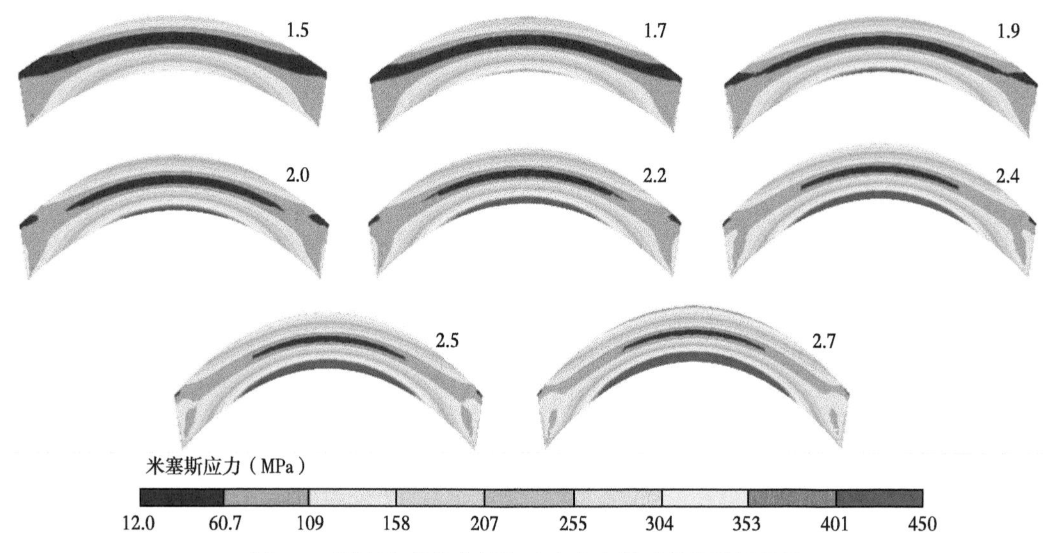

图 5　不同弯曲度的背斜构造应力有限元数值模拟结果

表 1　逆冲断背斜裂缝分带性特征表

应力段	电阻率（Ω·m）	声波时差（μs·ft⁻¹）	最大主应力（MPa）	水平应力差（MPa）	裂缝组合特征	裂缝发育程度	储层微观特征	工程常见复杂现象
张性段	13~40	56~69	137~185	20~35	形状单一，以高角度雁列缝为主，局部伴生裂缝	低，有效性好	面孔率高，储集空间以粒间溶蚀孔、粒内溶孔为主，溶蚀现象较常见	钻井液漏失
过渡段	22~60	55~60	155~190	25~42	以高倾角裂缝为主，低角度伴生缝逐渐增多	低—中，有效性中等	介于张性段与压扭段之间	钻井液漏失、卡钻、憋钻、落鱼、测井电缆挂卡
压扭段	38~105	50~57	160~190	34~45	以低角度伴生缝为主，局部见少量高角度缝	中—高，有效性差	面孔率低（<1%），场发射扫描电镜及铸体薄片中颗粒的定向排列现象普遍	落鱼、测井电缆挂卡

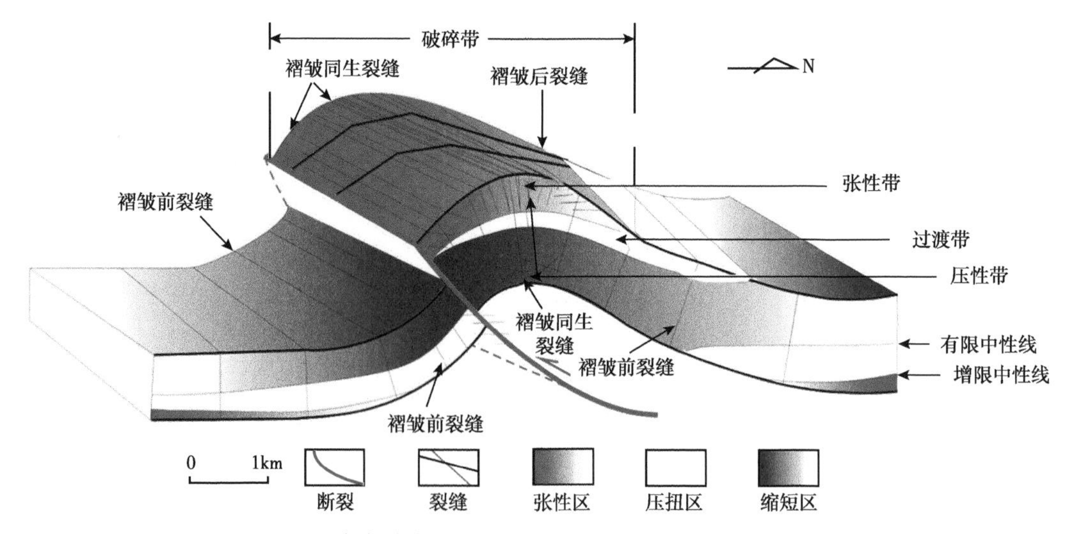

图 6　库车坳陷克深气田断背斜裂缝分带性发育模式

3.2 有效裂缝发育模式

基于构造力学机制成因，克深气田裂缝的纵张裂缝带、调节裂缝带、网状裂缝带空间展布与气井高产与否有着密切关系。实钻及测试资料表明，3 种裂缝带中以近南北方向的调节裂缝带裂缝纵伸能力强、有效性高，近东西向纵张裂缝带次之，多倾角的网状裂缝带最差。井点部署过程中，评价井及开发井的井位部署及完钻原则建议平面上首选南北向调节裂缝带沟通东西向纵张裂缝带的区域（图 7-A 区），裂缝有效性较高，无须改造或仅酸化处理即可获得高产工业气流，如 KS2-2-8 井；当井点后经证实钻遇到相对独立的近东西向纵张裂缝带（图 7-B 区），裂缝充填程度相对较高，需经酸压改造或加砂压裂等大规模改造方式。

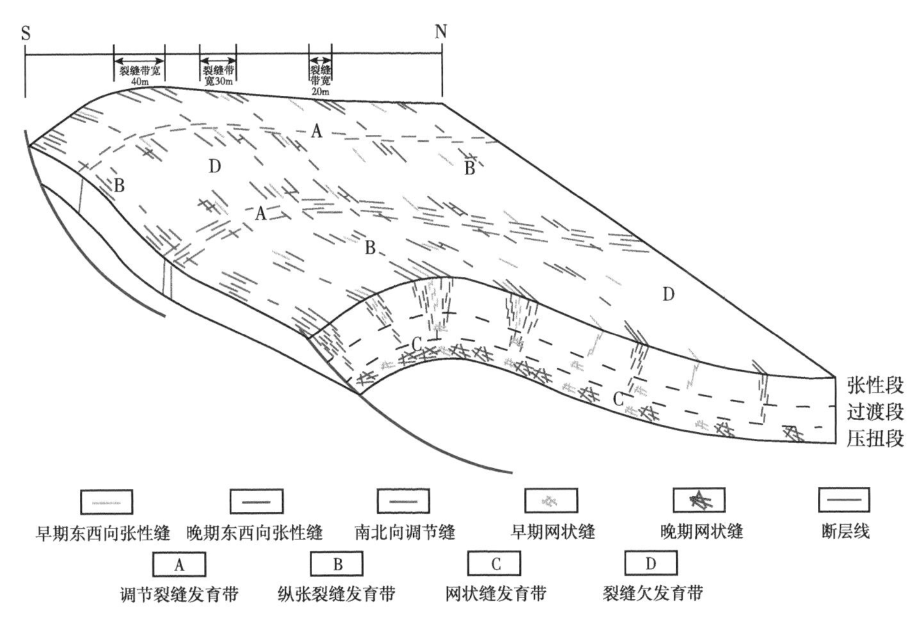

图 7　库车坳陷前陆冲断带克深气田巴什基奇克组裂缝带及有效性发育模式

4　裂缝有效性主控因素

裂缝有效性指裂缝对流体的渗流能力，主要包括裂缝的张开程度和充填程度两个方面，开启裂缝有效性较好，而充填裂缝和闭合缝有效性较差。裂缝有效性的综合参数主要体现在裂缝对储层渗透率的影响程度，即裂缝渗透率。在构造应力场模拟的基础上，以露头裂缝模型和单井岩心描述、裂缝 ICT 扫描、FMI 成像测井识别的裂缝参数为约束，结合随钻漏失、试井解释等研究成果，根据前人建立的构造裂缝与构造应力的关系模型（王珂等，2016），引入裂缝充填度，由克深气田区裂缝的密度、开度和充填度确定裂缝有效性参数，即裂缝渗透率在三维空间中的分布规律。总体而言，裂缝渗透率与裂缝的线密度、开启度的立方成正比，与充填度成反比，其中最敏感的控制因素是裂缝开启度，主要受构造样式和裂缝张性带控制，断背斜的张性带厚度随着逆冲缩短率的增加、两翼角的减小而逐渐增大，且转折端偏南的过渡带、张性带厚度偏大，南翼的厚度比北翼大；张性带—过渡带随着逆冲缩短率增大而逐渐从转折端向两翼扩展（图 8）。

$$\begin{bmatrix} K_{fX} \\ K_{fY} \\ K_{fZ} \end{bmatrix} = \sum_{i}^{n} \begin{bmatrix} K_{fXi} \\ K_{fYi} \\ K_{fZi} \end{bmatrix} = (1-C)^3 \sum_{i}^{n} \frac{b_{mj}^3 D_{lfi}}{12} \begin{bmatrix} 1-n_{f1i}^2 \\ 1-n_{f2i}^2 \\ 1-n_{f3i}^2 \end{bmatrix}$$

式中，K 为裂缝渗透率，K_{fX}、K_{fY}、K_{fZ}代表 3 个方向的裂缝渗透率，K_{fXi}、K_{fYi}、K_{fZi}代表 3 个方向的裂缝渗透率分量，mD；D_{lf}为裂缝线密度，条/m；C 为裂缝充填系数（由岩心观察及 ICT 扫描定量测得），当裂缝未充填时，$C=0$，当裂缝完全充填时，$C=1$；b 为裂缝开度，mm；n 为渗透率张量（由岩心或 FMI 测井的裂缝产状得到）。

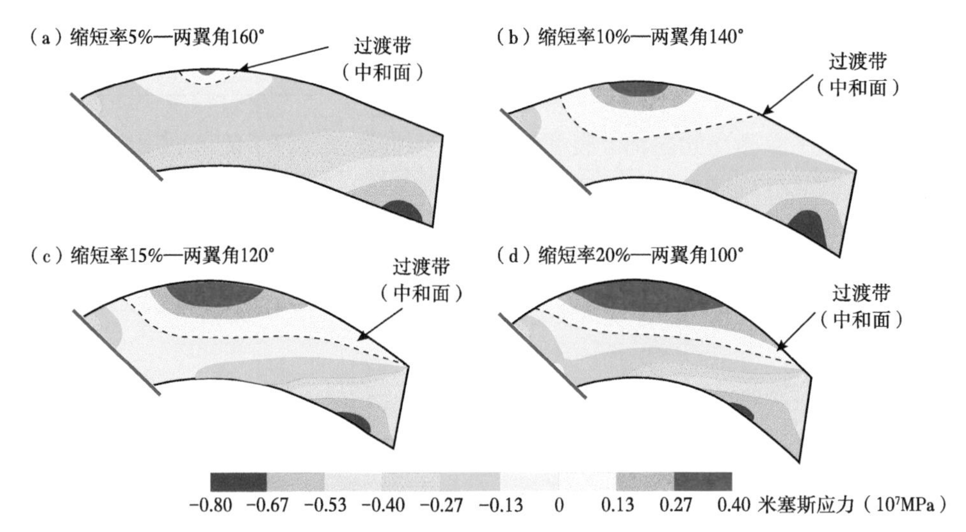

图 8　库车坳陷前陆冲断带克深气田背斜应力场张性带—过渡带动态演化模拟

5　有效裂缝的油气地质意义

5.1　裂缝对储层储集空间和渗透性的贡献及影响

根据对含裂缝岩心柱塞 ICT 实验研究表明，对于低渗透砂岩储层，有效裂缝可提供的孔隙度一般小于 0.5%（图 9），因此构造裂缝通常不作为主要的储集空间类型，而是作为高效的渗流通道存在，极大地提高储层渗透率。克深气田的岩心柱塞实测表明，不含裂缝的基质渗透率一般在 0.01～0.1mD，而含裂缝的渗透率一般在 1～10mD（图 10），比基质渗透率高出 1～2 个数量级，单井试井渗透率最高可达 116.5mD，表明有效裂缝显著提高了致密砂岩储层的渗透率。

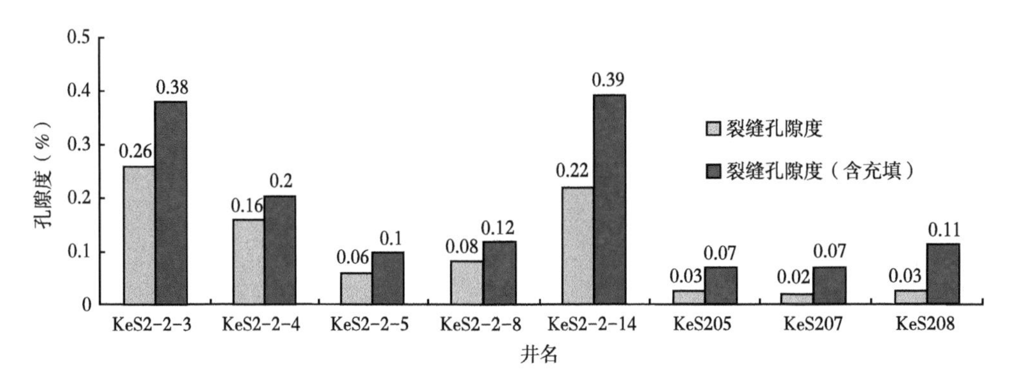

图 9　库车坳陷前陆冲断带克深气田储层裂缝孔隙度直方图

5.2　裂缝—孔隙—喉道均质网络对天然气产能的影响

库车前陆冲断带的气藏构造均为断背斜型，由于背斜高部位构造应变集中，因此构造裂缝的发育程度相对较高，背斜高部位的构造裂缝开度较大，充填率也相对低于其他构造部位，网状构造裂缝与储层基质孔隙及喉道沟通良好，形成优越的渗流通道，是高产稳产的重要保障。构造高部位网状开启缝及垂向开启缝密集发育时，与储层基质孔隙、喉道（一般为细中孔微细喉，基于 SYT 6285—1997 油气储层评价标准）高效沟通，形成缝—孔—喉渗流网络体系，地层流体压力由基质岩块向裂缝补给与裂缝向井筒的供给相匹配，形成视均质—中等非均质型渗流储集体（图 11），可使单井天然气产量达到高产的同时，保持长

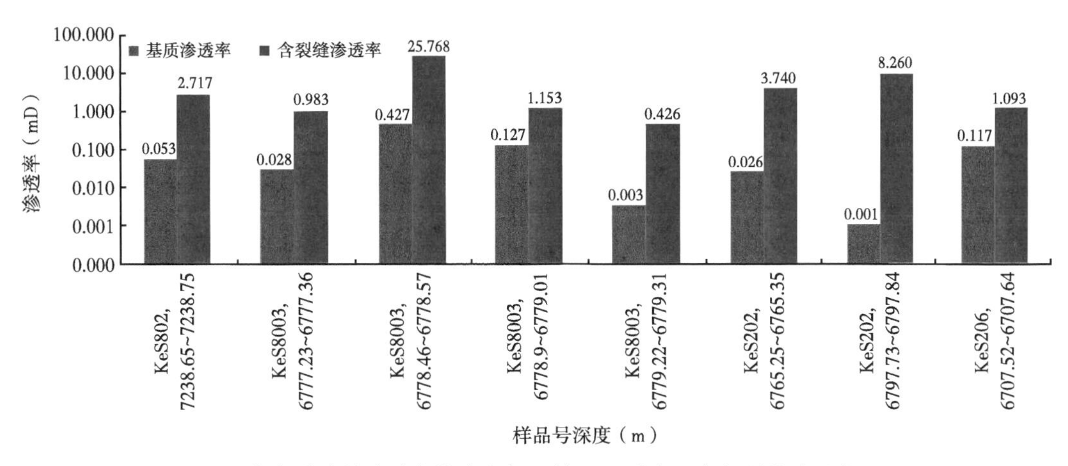

图 10　库车坳陷前陆冲断带克深气田储层基质渗透率与裂缝渗透率对比

期稳产，如 KeS8、KeS801、KeS802、KeS8－1、KeS8－2、KeS8003、KeS8004 等井均是该类型。KeS8003 井 6746~6897m 完井酸压，10 mm 油嘴，日产量 113.604×10^4m^3，2013 年 11 月 12 日进入试采期，日产气量 88×10^4m^3，生产 54 天油压由 88.2MPa 下降至 85.09MPa，月压降速度 1.73MPa/mon，基本趋于稳定（图 12）。

储层试采特征			测试无阻流量（10^4m^3/d）	储层结构静态特征					储层性质		代表井	储层主控因素
动态类型	双孔介质均质性	典型试采曲线		裂缝特征	基质孔隙	基质喉道	缝孔喉配置类型	结构模型（线性裂缝、星片状孔隙）	孔隙度（%）	渗透率（mD）		
高产稳定油压型（Ⅰa类）	裂缝十分发育，基质岩块向裂缝补给与裂缝向井筒的供给相匹配	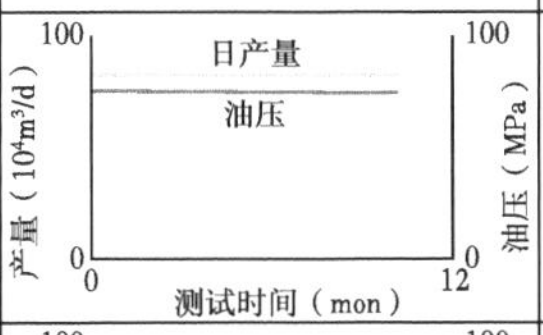 日产量；油压；产量（10^4m^3/d）0~100；油压（MPa）0~100；测试时间（mon）0~12	＞200	网状开启缝密集	以中孔为主	以微细喉为度	高效视均质型，网状缝中孔微细喉		测井：6.0~10.0	测井：0.06~0.08 测试：＞100	克深2-1-6、2-1-14、8003、801、8004、802等井	裂缝、溶蚀、岩相
高产缓慢降低型（Ⅰb类）	裂缝发育，基质岩块向裂缝补给能力小于裂缝向井筒的供给	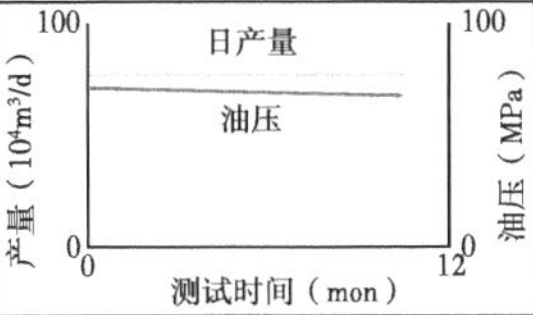 日产量；油压；产量（10^4m^3/d）0~100；油压（MPa）0~100；测试时间（mon）0~12	150~200	网状+垂向开启缝密集	以细一中孔为主	以细微喉为主	中等非均质型，直立缝细中孔细微喉		测井：6.0~8.0	测井：0.05~0.08 测试：10~100	克深2-2-4、2-2-8、3、201、203、206、8、8-1 8-2等井	裂缝、溶蚀、岩相

图 11　库车坳陷前陆冲断带克深地区储层裂缝—孔—喉网络系统对储层产量贡献

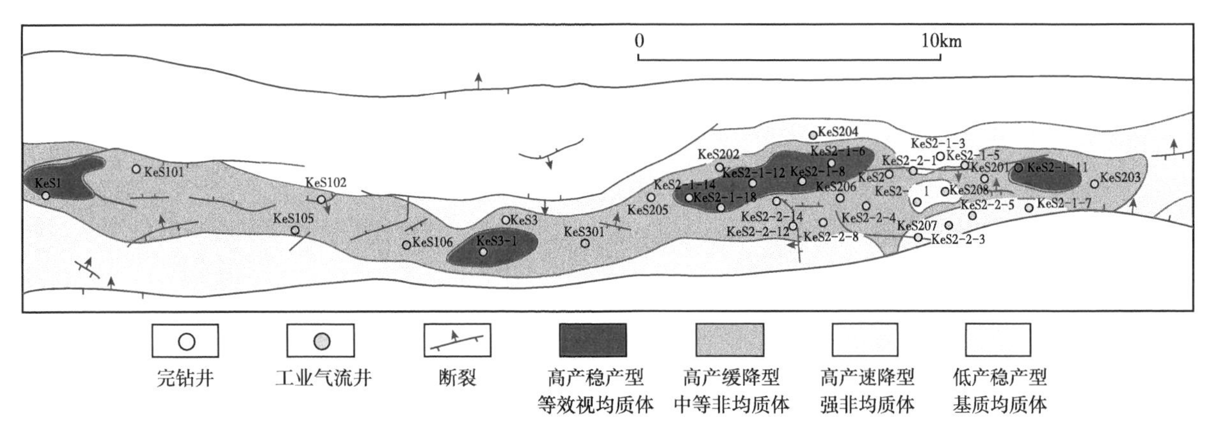

图 12　库车坳陷前陆冲断带克深地区 KeS2 区块储层高产稳产分布区

6　结论

（1）库车前陆冲断带的构造裂缝包括近 EW 向、高角度为主的张性裂缝和近 NS 向、直立为主的剪切裂缝两组，前者与白垩纪和古近纪的近 EW 向区域伸展作用、背斜的弯曲拱张作用有关，充填率相对较高，后者与喜马拉雅运动中晚期近 NS 向的构造挤压相关，多数未被充填；微观裂缝多为穿粒缝，缝宽 10~100μm；裂缝在 FMI 成像测井图像上以平行式组合为主。

（2）平面上有效裂缝集中分布于背斜、断背斜的长轴高部位及翼部，纵向上主要发育在中和面之上的张性带；张性裂缝带裂缝纵伸能力强、有效性高，近东西向纵张裂缝带次之，多倾角的网状裂缝带较差。

（3）裂缝有效性主要受控于裂缝密度、开度及充填度，其中开度是最关键和最敏感的因素，开度高值区主要位于裂缝张性带内；构造裂缝可直接提高储层基质渗透率 1~2 个数量级，对孔隙度的提高不足 0.5%；逆冲背斜高部位构造张性应变集中，构造裂缝密度较高，并且开度值大，充填率低，具有良好的有效性，是构造裂缝渗透率的高值区，控制了天然气的富集高产。

（4）网状开启缝及垂向开启缝密集发育时，与储层基质孔喉高效沟通，形成缝孔喉渗流网络体系，地层流体压力由基质岩块向裂缝补给与裂缝向井筒的供给相匹配，形成视均质—中等非均质型渗流储集体，可使单井天然气产量达到高产稳产。

参考文献

昌伦杰，赵力彬，杨学君，等，2014. 应用 ICT 技术研究致密砂岩气藏储集层裂缝特征．新疆石油地质，35（4）：471-475.

戴金星，倪云燕，吴小奇，2012. 中国致密砂岩气及在勘探开发上的重要意义．石油勘探与开发，39（3）：257-264.

丁文龙，尹帅，王兴华，等，2015. 致密砂岩气储层裂缝评价方法与表征．地学前缘，22（4）：173-187.

巩磊，曾联波，杜宜静，等，2015. 构造成岩作用对裂缝有效性的影响——以库车前陆盆地白垩系致密砂岩储层为例．中国矿业大学学报，44（3）：514-519.

郭迎春，庞雄奇，陈冬霞，等，2013. 致密砂岩气成藏研究进展及值得关注的几个问题．石油与天然气地质，34（6）：717-724.

贾承造，郑民，张永峰，2012. 中国非常规油气资源与勘探开发前景．石油勘探与开发，39（2）：129-136.

李义军，李进步，杨仁超，等，2012. 苏里格气田东二区致密砂岩储层裂缝与含气性的关系．天然气工业，32（6）：28-30.

刘春，张荣虎，张惠良，等，2017. 库车前陆冲断带多尺度裂缝成因及其储集意义．石油勘探与开发，44（3）：469-478.

王俊鹏，张惠良，张荣虎，等，2018. 裂缝发育对超深层致密砂岩储层的改造作用——以塔里木盆地库车坳陷克深气田为例．石油与天然气地质，39（1）：77-88.

王珂，张惠良，张荣虎，等，2016. 超深层致密砂岩储层构造裂缝特征及影响因素——以塔里木盆地克深 2 气田为例．石油学报，37（6）：715-727，742.

王招明，2014. 塔里木盆地库车坳陷克拉苏盐下深层大气田形成机制与富集规律．天然气地球科学，25（2）：153-166.

杨海军，张荣虎，杨宪彰，等，2018. 超深层致密砂岩构造裂缝特征及其对储层的改造作用——以塔里木盆地库车坳陷克深气田白垩系为例．天然气地球科学，29（7），942-950.

曾联波，巩磊，祖克威，等，2012. 柴达木盆地西部古近系储层裂缝有效性的影响因素．地质学报，86（11）：1809-1814.

曾联波，柯式镇，刘洋，2010. 低渗透油气储层裂缝研究方法．北京：石油工业出版社：1-187.

曾联波，漆家福，王成刚，等，2008. 构造应力对裂缝形成与流体流动的影响．地学前缘，15（3）：292-298.

曾联波，谭成轩，张明利，2004b. 塔里木盆地库车坳陷中新生代构造应力场及其油气运聚效应．中国科学 D 辑：地球科学，34（增刊 1）：98-106.

曾联波，周天伟，2004a. 塔里木盆地库车坳陷储层裂缝分布规律．天然气工业，24（9）：23-25.

张荣虎，杨海军，王俊鹏，等，2014. 库车坳陷超深层低孔致密砂岩储层形成机制与油气勘探意义．石油学报，35（6）：1057-1069.

张仲培，王清晨，2004. 库车坳陷节理和剪切破裂发育特征及其对区域应力场转换的指示．中国科学 D 辑：地球科学，34（增刊 1）：63-73.

赵继龙，王俊鹏，刘春，等，2014. 塔里木盆地克深 2 区块储层裂缝数值模拟研究．现代地质，28（6）：1275-1283.

赵向原，胡向阳，曾联波，等，2017. 四川盆地元坝地区长兴组礁滩相储层天然裂缝有效性评价．天然气工业，37（2）：52-61.

Zeng Lianbo，2009. Fractures in sandstone reservoirs with ultra-low permeability：A case study of the Upper Triassic Yanchang Formation in the Ordos Basin，China. AAPG Bulletin，93（4）：461-477.

基于三维激光扫描技术的裂缝发育规律和控制因素研究

——以塔里木盆地库车前陆区索罕村露头剖面为例

曾庆鲁[1]，张荣虎[1]，卢文忠[1]，王 波[1]，王春阳[2]

1. 中国石油杭州地质研究院，浙江，杭州，310023；

2. 中国石油东方地球物理公司研究院库尔勒分院，新疆，库尔勒，841001

摘要：裂缝是影响致密砂岩储层天然气产能的主要因素，但井下裂缝的产状、规模和面孔率很难直接测量。通过选取与目的层地质情况相似的典型露头剖面，在人工测量、取样和室内分析化验的基础上，利用激光扫描技术对其进行多次覆盖以获取三维点云数据，配合高分辨率数码照片和人工实测裂缝信息，在数据体剖面上对裂缝进行精细解释，借助计算机模拟技术建立数字化裂缝模型和储层地质模型，更为准确的展示了研究区裂缝发育规律和控制因素，为井下储层预测提供更真实的地质信息。结果表明，研究区主要发育3组优势倾向剪切裂缝，倾角大，延伸长度短，裂缝间距呈略正态分布。裂缝开度与产状密切相关，具有双峰特征，分别是0.2~0.4mm和0.8~1mm。横向上单组和双组优势裂缝疏密相间分布，可划分为贯穿缝带和层间缝带，其中贯穿缝带裂缝具有较大的延伸长度和间距，较小的面密度且大部分贯穿邻近泥岩，后者正好相反。定量计算了剖面上11个单砂体的裂缝面孔率，范围为0.026%~0.081%，平均为0.05%，水下分流河道砂体要好于河口坝和远沙坝。裂缝发育规模受岩性、层厚、最大古主应力和岩矿成分等多个因素控制，之间存在较好的幂指数相关关系。

关键词：三维激光扫描技术；裂缝；分布规律；控制因素；野外露头；库车前陆区

0 引言

近年来，埋深超过4500m的深层成为油气勘探的热点领域，由于较强的成岩作用其储层物性普遍较差，裂缝对储层品质的改善起到关键性作用（贾承造等，2015）。前人利用野外露头人工观测、岩心分析、测井解释和岩石力学模拟等方法建立了一系列裂缝分布和预测模型（邹华耀等，2013；张敬轩等，2003；高霞等，2007；Hencher，2013；Watkins et al.，2015）；其中，野外露头是全面观测裂缝平面展布以及不同组系裂缝之间相互关系的最直观场所，因可以提供更整体性和直观性的地质体而日益受到重视（丁文龙等，2015）。近几年来，国外学者尝试利用三维激光扫描技术获取露头裂缝信息以重建井下离散裂缝网络模型，弥补了传统人工测量误差较大的不足，能够提供更加真实的地质信息，并成功应用到井下流体模拟研究中（Olariu et al.，2008；Wilson et al.，2011）。

塔里木盆地库车前陆区克拉苏构造带发育埋深超过5500m的裂缝性致密砂岩储层，通过研究露头裂缝的发育规律和控制因素对井下储层建模具有重要意义。前人对库车前陆区裂缝表征方法和发育规律进行了大量研究，探讨了储层裂缝发育规律、成因机理、有效性及对产能的影响，讨论了构造位置和区域应力场、岩性、层厚和成岩作用等因素对储层发育的控制作用，并利用数值模拟的方法对储层裂缝发育规律进行了预测（张惠良等，2012，2014；曾联波等，2004；张仲培等，2004；王振宇等，2014；王珂等，2013；巩磊等，2015）。以往的裂缝研究尺度相对较大，较好的展示了不同构造位置或不同层位裂缝的展布规律和控制因素，带有较强的统计规律，已经无法满足油气田精细储层建模的需要。而针对同一构造位

资助项目：国家重大专项（2016ZX05003-001-002；2016ZX05001-002-003）；国家重点基础研究发展计划“973”项目（2011CB201104）。

置复合砂体剖面尺度下裂缝的分布规律及控制因素尚缺乏深入研究，利用露头资料计算砂岩剖面裂缝面孔率尚未见诸报道。因此，本文选取与库车前陆区大北气田目的层相似的索罕村露头剖面为研究对象，利用三维激光扫描技术对其进行多层次全覆盖扫描以获取三维点云数据，配合高分辨率数码照片、人工实测裂缝信息和样品分析化验结果，在数据体剖面上对裂缝进行精细解释，明确某一沉积体系复合砂体尺度下裂缝的发育规律和控制因素，借助计算机模拟技术建立数字化裂缝模型和储层地质模型，同时结合取样岩心的裂缝开度信息对砂岩剖面上裂缝面孔率进行了求取，进而为井下储层裂缝预测提供可靠依据。

1　研究区概况

研究区地理上位于新疆维吾尔自治区拜城县索罕村，距拜城县城西北方向约 40km。地表沟壑纵横，是天山山脉与盆地相连的低山地貌区。构造上属于塔里木盆地库车坳陷前陆冲断带的北部单斜带，整体表现为向南倾的高角度单斜区。地表出露条件相对较好，地层层序相对较完整，与库车坳陷腹部保持一致，自下而上依次是上侏罗统的喀拉扎组（J_3k）、下白垩统亚格列木组（K_1y）、舒善河组（K_1sh）、巴西改组（K_1b）、和巴什基奇克组（K_1bs）以及古近系库姆格列木群（$E_{1-2}km$）。其中，下白垩统巴什基奇克组是此次研究的目的层系，出露厚度约 200~250m，从下到上可划分为第三段、第二段和第一段 3 个岩性段。此次研究区域位于巴什基奇克组第三段中部，规模为 70m×20m，出露条件较好、岩性特征典型、层次界面清晰、裂缝特征明显（图 1），其与大北气田井下储层沉积相带和裂缝特征基本一致。

区域沉积相研究表明，建模剖面处于扇三角洲前缘的侧翼或连接位置，岩性组合主要为红褐色细砂岩、粉砂岩、粉细砂岩夹薄层泥岩，见平行层理和少量槽状交错层理，砂体剖面上可见 3 组产状和规模不同的裂缝。砂体结构类型表现为垂向叠加的多期水下分流河道，同时伴有少量河口坝和远沙坝（胡涛等，2003）。其中，水下分流河道是剖面骨架砂体微相类型，呈透镜体状或平板状，延伸长度一般为 18~68m，厚度为 1~6.6m，宽厚比为 5.6~11.8；河口坝和远沙坝规模相对较小，呈豆荚状分布，延伸长度为 26~48m，厚度为 0.5~2m，宽厚比可达 24~52；砂体间分布有稳定的条带状分流间湾泥岩，厚约 0.5~1.5m，延伸距离达 70m 以上。储层岩石类型以岩屑长石砂岩为主，少量长石岩屑砂岩，长石风化程度强，成分成熟度较低。泥杂基普遍发育，含量一般小于 3%。胶结物平均含量为 7%，类型以方解石为主，局部发育白云石。孔隙类型以剩余原生粒间孔和粒间溶孔为主，连通性好。储层平均孔隙度为 13.24%，平均渗透率为 12.41mD，整体属于中孔—中渗储层。

图 1　研究区构造位置及地表全貌

2　三维激光扫描技术流程和方法讨论

2.1　技术流程

三维激光扫描技术是利用激光扫描仪对地质露头进行连续扫描，获取数字化点云数据，在裂缝解释和地质信息输入的基础上，借助计算机建立可视化的三维露头地质模型。其流程主要包括下列 4 个部分：露头选择和前期地质研究、数据采集和处理、数据解释和裂缝提取、模型建立和参数统计（图 2）。

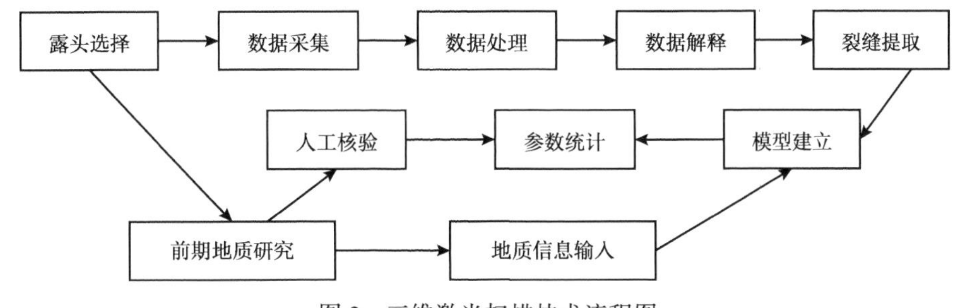

图 2　三维激光扫描技术流程图

2.1.1　露头选择和前期地质研究

露头条件的好坏直接影响激光扫描仪获取的点云强度和露头地质模型的质量，而其对地下储集层的代表性则决定了最终应用效果。好的露头一般选择垂直的峭壁、河谷或公路两侧的陡壁，表面无碎石、植被或其他物体覆盖，具有连续的多个方位的剖面有利于建立更真实的三维模型。剖面长度不宜过大，大尺度露头用于研究不同构造位置裂缝差异，小尺度露头认识储层内部结构及裂缝分布规律。经过前期的地质踏勘，选取上述剖面作为扫描区域，其规模相对较小，出露条件较好，附近无明显断裂，能够近距离、多方位采集数据，很好的满足了小尺度下砂岩储集层裂缝发育规律及与空间结构关系研究的需要。

在数据采集前，根据研究需要，首先要对剖面进行详细的地质解剖，分 7 个略等间距测线进行地层精细测量、岩性界面识别、样品采集和后期实验分析等工作，详细记录岩性组合变化、沉积相类型、样品位置、储层岩矿和物性特征等信息（图 1），以在后期露头储集层建模中以虚拟井形式进行输入，从而使模型包含更丰富、更准确的地质内容，为进一步探讨裂缝空间发育规律和控制因素提供定量参数。同时，选取 4 个规模为 5m×5m 的区域进行裂缝人工实测，详细记录裂缝的数目、产状、规模、组系、表面开度和充填特征等信息，用于后期解释结果的核验。

2.1.2　数据采集和处理

三维激光扫描技术的扫描原理是利用激光束激发和接收的双程旅行时间进行测距和计算高程，同时结合激发仪坐标，对激光点进行空间定位，获取每个点三维空间信息（X，Y，Z），经过逐点逐层扫描最终形成三维数字露头。激光点移动步长取决于研究所需精度和仪器与剖面间的距离，扫描时应尽量避免遮挡物，以免造成数据缺失，合理的选择扫描方向、范围和次数。本次研究采用的仪器是加拿大 Optech 公司生产的 ILRIS-3D 三维激光扫描仪，扫描精度选用 3mm，测量距离为 12~20m，剖面面积约 1400m^2，扫描次数为 5 站。在数据采集过程中，采用了多方位、多角度的全覆盖扫描，同时保证了 2 次连续扫描有足够的重叠区域（10%~30%）进行拼接，从而获得全面完整的露头面。在相邻扫描重叠区一般选取 3~5 个明显的特征点进行人工 GPS 数据采集，用于激光点云数据与大地坐标的转换、校正以及后期数据的拼接，使露头拼接数据体在三维空间的相对位置更接近真实。激光点云数据是空间上分布的一系列点，不能准确反映岩性变化和裂缝分布，仍需要在仪器附近采集相同视角的高分辨率数码照片，以便在后期解释过程中进行参照，这一过程可以通过仪器内部配置的数码相机和 LCD 监视器实现。

数据采集完成后，首先利用 Parser 软件对原始数据进行解析，然后将其导入 PolyWorks 软件中，进行三维可视化浏览。根据研究需要，对多站数据进行拼接、平滑和编辑处理，删除一些无用的激光点，如低矮杂草、落石等。单站扫描的激光点云均位于各自独立的相对坐标系统内，即每一次扫描，仪器会自动的在三维空间内重置一个新的坐标起点。在两站数据拼接前，需要将重叠区域特征点内置的坐标值转换为大地坐标和高程，再利用软件中自带的 IMALign 模块实现半自动拼接，同时进行最优化处理，使拼接误差达到最小，最终形成位于大地坐标系统内的完整的三维数字露头面，与实际露头剖面保持一致。

2.1.3　数据解释和裂缝提取

数字露头面上分布的仅为一系列数字化点，需要将其与地质信息相结合，包括储集层信息解释和裂缝解释两个部分。首先通过对比高分辨率数码照片，将测线位置和取样点在数据体上进行连线标定，其精度决定了三维空间内地质信息输入的准确性；然后利用软件进行加密内插，生成三维虚拟井。依据虚拟井岩性界面和露头剖面上的地层标记、岩层风化和延伸特征等信息进行层系界面追踪和解释，形成三维层系界面。同时将人工测量的岩层产状、岩性组合、厚度变化和物性数据等地质信息加载到虚拟井轨迹上，进而形成层系界面和虚拟井信息相结合的露头数据体，即完成对数字露头面较为详尽的储集层信息解释。

同样，对照高分辨率数码照片和结合人工实测裂缝信息，在数据体剖面上通过人机交互方式最大程度的解释出可见裂缝。其识别精度取决于激光扫描步长和裂缝规模，同时解释过程中尽可能降低人工解释的遗漏误差及剔除层间缝等非天然构造裂缝影响。单个裂缝是由多个连续解释的点组成，其对应着裂缝在砂体剖面上的实际轨迹（图 3a）。局部区域因植被覆盖和风化严重，裂缝较难识别。

图 3　研究区露头剖面上裂缝轨迹和裂缝面转换

2.1.4　模型建立和参数统计

露头地质模型的建立包括地层格架搭建、岩相模拟和裂缝转换 3 个步骤。将数字露头体输入到 Go-CAD 软件中进行二次解释，以实测地层倾角（35°）和倾向（135°）建立的趋势线为控制面，利用离散平滑内插法将三维层系界面转换为连续曲面，进而建立逼近真实露头剖面的三维地层格架，并在格架间搭建恰当的网络。在格架内，以虚拟井岩相信息为控制点，采用序贯高斯模拟算法实现多种约束条件下的空间属性反演。同样，利用离散平滑内插方法可以将裂缝点轨迹转换为裂缝面（图 3b），更为准确的还原了裂缝在砂体中存在的产状和规模，进而建立了岩相与裂缝相结合的储集层地质模型。模型质量的控制应充分结合露头地质认识，对内插方法、参数选取和属性控制等进行调整，尽可能真实反映储集层空间结构特征。

模型建立后，可以进行直观的裂缝空间位置浏览、不同倾向裂缝颜色分割、分区或分组系裂缝规模定量统计、单砂体裂缝面孔率计算等操作，同时获得裂缝产状和组系、裂缝间距、裂缝面密度、裂缝延伸长度等规模参数，极大地提高了裂缝识别的精度，为探讨裂缝发育规律和控制因素提供便利。获得的裂缝参数还需与人工实测数据进行核验，利用 4 个区域人工实测裂缝信息与模型定量计算结果进行对比。结果表明，获取的 47 条裂缝产状分布特征保持一致，倾向误差约为±10°，倾角误差约为±5°，间距误差小于 0.5m，计算结果真实可靠。

2.2 方法讨论

2.2.1 应用条件

近几年来，三维激光扫描技术广泛的应用于航空、航天和测绘领域，扫描精度也从米级提高至毫米级（戴升山等，2009）。随着油气田精细勘探开发和定量化地质建模的需要，地质学家利用其在露头岩性体识别、沉积格架展布、储层地质建模、断层带形态和裂缝发育模型方面取得了较好的应用效果（Bellian et al.，2005；Janson et al.，2007；Zahm et al.，2010；Burton et al.，2011；Jacquemyn et al.，2013）。尽管如此，我们在利用三维激光扫描技术进行露头裂缝研究时还需考虑以下应用条件。一是要存在与我们需要解决的地下地质问题特征相似的露头点，其出露特征要相对较好，表面覆盖和风化较弱，岩性变化明显，天然裂缝较发育，岩层面与仪器操作位置垂直或有较大角度；二是能够获取额外的地质信息进行激光数据解释的校准，如地层格架、岩相纵向组合、少量裂缝实测方位、露头岩石样品及分析化验数据等；三是露头点扫描范围和精度应依据实际研究需要进行取舍，要充分考虑仪器电力供应、天气变化、软件和计算机运行能力等因素。

2.2.2 裂缝解释精度

裂缝解释精度既取决于仪器扫描精度的设置，又在很大程度上受人工在软件中进行解释的影响。在此次研究中，激光扫描仪器精度设置为3mm，即两个激光点云之间的步长为3mm，理论上裂缝开度超过这个值，在数据体上便能够出现明显的数据缺失或者方位的快速变化。而在实际的软件解释中，首先要确定高分辨率数码照片中裂缝的位置及数量，其次才在数据体剖面上进行裂缝轨迹的提取，毕竟激光点云的灰度变化并不十分明显。通过人工实测与解释结果进行比对，岩层面上迹长超过0.2m和表面开度超过0.01m的裂缝均得到很好识别。而在对白垩系亚格列木组砾岩裂缝研究中，仪器精度为20mm情况下，表面开度超过0.04m的裂缝识别效果较好。除构造裂缝外，岩层面上往往还存在少量风化裂缝，应不予解释。风化裂缝在研究区一般与岩层面平行，产状与岩层产状保持一致，为层理组界面或岩性变化面；而天然构造裂缝往往垂直于岩层面，纵向上呈共轭的几组，其产状特征可以通过人工实测进行定量区分。

2.2.3 技术优点

相较于传统人工在岩层上进行裂缝测量和解释，三维激光扫描技术具有下列显而易见的优点（Slob, et al.，2005；Kurz et al.，2008；Buckley et al.，2008；Gischig et al.，2011；Hodgetts，2013）。一是在一定露头环境下，工作时间短（数小时）、操作距离长（几米到几百米）、获取的三维数据量大和实用性强；二是激光点云数据包含数字化三维空间信息，能够有效建立可视化数字露头模型进行裂缝解释和其他地质信息的输入，进而获取定量建模参数和协助建立井下储层模型，极大地提高解释精度和准确性；三是对于相邻构造，可以在长达几公里范围内，进行不连续扫描获取多个数字化地质露头，利于直观的进行裂缝特征差异性对比和规律性统计分析；四是能够获得人工无法作业或不可接近露头点数据，借助高分辨率数码照片和相邻露头点进行人工室内解释，可以弥补勘测不连续造成的地质信息缺失和有效地减少人身风险。

2.2.4 技术不足

利用三维激光扫描技术进行裂缝研究，在现今技术条件下尚存在一些不足。一是对露头出露情况要求较高，其面积一般应小于$1km^2$，仪器能够架设且仪器与剖面点呈一定角度及中间无遮挡，避免产生数据缺失和空洞；二是裂缝解释精度受人为影响较大，人为遗漏或添加均会导致数据准确性变差，在软件裂缝过程中应对照数码照片尽量细致；三是数据量较大，多站数据拼接及处理过程中难免造成精度损失，同时，仪器和软件前期投入费用较高，操作人员和解释人员有专业技能要求。

3 裂缝空间发育规律

3.1 裂缝基本特征

研究区位于库车坳陷北部单斜带，在挤压构造背景下受局部构造作用形成了大量的构造裂缝，其性质与剪切伸展构造和张性构造有关（刘志宏等，2000）。露头剖面上裂缝发育具有分布广泛、相对集中的特点，剖面东、西两侧多于中部，上部多于下部。裂缝产状以垂直于岩层面的纵向裂缝为主，少见“X”形相交裂缝，在相邻岩层面上则表现为两组共轭或正交剪切节理系统（图4a、b）。裂缝面光滑平直，未充填。对剖面上274条裂缝产状进行统计分析表明，裂缝主要表现为北东向（40°~60°）、南西向（230°~250°）和北西向（300°~320°）等3组优势倾向；倾角大，以高角度缝和直立缝为主（图5a、b）。裂缝多发育在砂岩层内，少见于泥岩层内。

（a）砂岩层面　（b）砂岩剖面

图4　研究区砂岩层面和剖面裂缝照片

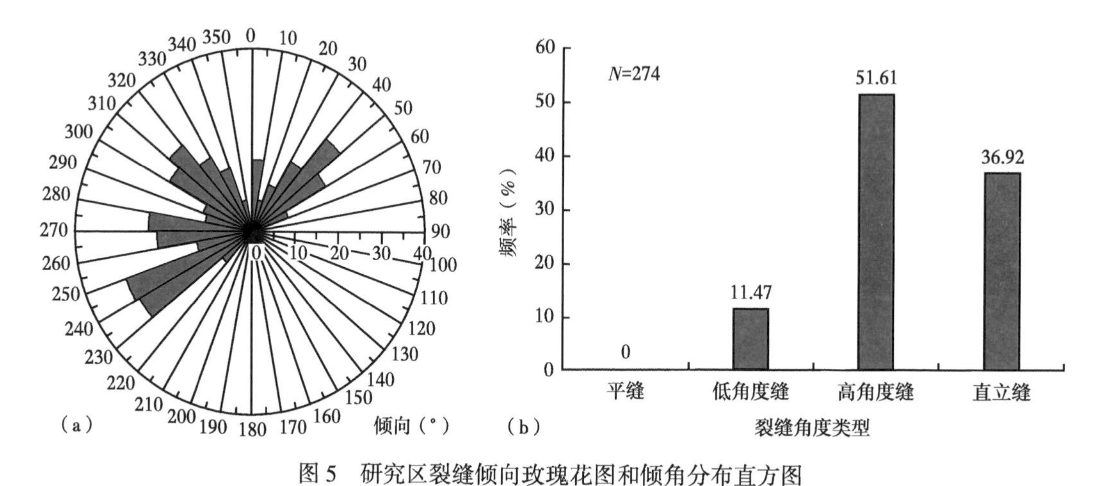

图5　研究区裂缝倾向玫瑰花图和倾角分布直方图

（a）裂缝倾向玫瑰花图；（b）裂缝倾角分布直方图，直立缝：倾角75°~90°，高角度缝：倾角60°~75°，低角度缝：倾角30°~60°，平缝：倾角0°~30°

裂缝延伸长度（迹长）一般为0.2~9.1m，平均为1.34m，具有单峰状分布特征，多小于2m（图6a）。裂缝延伸长度与砂岩层厚度密切相关，岩层厚度越大，延伸长度越大；裂缝多局限发育在砂岩内部，仅有少量规模较大的裂缝将多个砂泥岩层贯穿；砂岩层厚度小于0.5m时，裂缝易于贯穿整个岩层并尖灭在相邻泥岩层内。

裂缝间距范围为0.2~1.5m，平均为0.73m，呈略正态分布（图6b）。通过野外露头裂缝调查、室内岩石断裂力学实验和随机数值模拟研究，Rives等（1992）提出裂缝在达到一定数目的情况下，裂缝间距分布呈现“早期负指数分布，中期对数正态分布，晚期标准正态分布”的动态变化规律。依据岩石受力破裂准则，研究区裂缝已经处于岩石受力破坏的后期，规模进一步增大的难度较大。

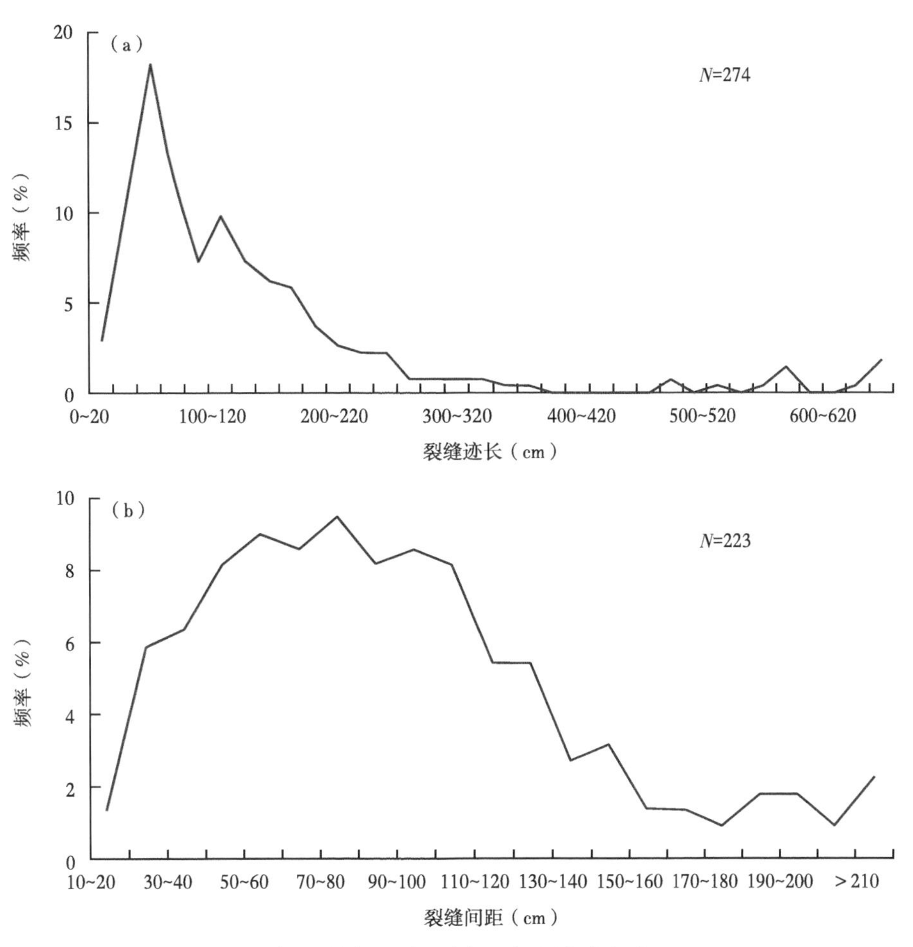

图6　研究区裂缝迹长和间距分布频率

3.2　裂缝分带性横向变化特征

通过对剖面上不同位置的裂缝进行细致研究发现，横向上，裂缝呈现单组和双组优势倾向相间分布的特点。因此，在剖面上划分出A1、B1-1、B1-2、A2、B2-1和B2-2等6个略等面积区域进行裂缝多参数定量统计分析（图7）。下面以A1区和B2-1区为例对裂缝发育特征进行对比分析。

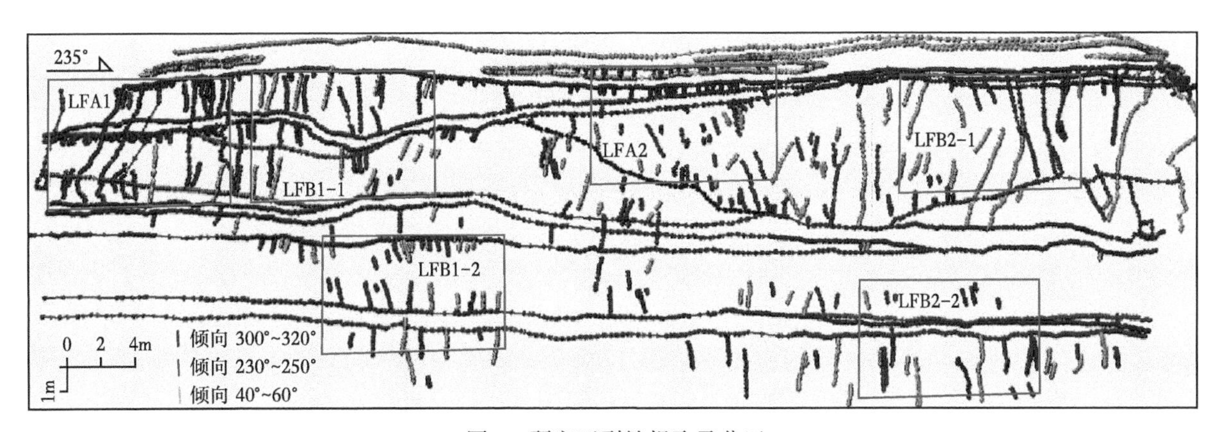

图7　研究区裂缝提取及分区

A1区，裂缝产状以单组优势为主，优势倾向为300°~320°；裂缝倾角较小，分布范围为30°~45°，以低角度缝为主；裂缝间距较大，分布范围为0.2~1.9m，平均为0.99m；裂缝面密度较小，仅为0.45m/m^2；裂缝延伸长度较大，分布范围为0.4~4.3m，平均为2.19m；裂缝大部分贯穿单一砂岩层面，少量裂缝可贯穿多个砂泥岩互层。将可贯穿所处砂岩层面的裂缝称之为贯穿缝，占整个 A1 区裂缝总数量的 31%（图 8）。B2-1 区，裂缝产状以双组优势为主，优势倾向为 40°～60°和 230°～250°；裂缝倾角较大，分布范围为 60°～90°，以高角度缝和直立缝为主；裂缝间距较小，分布范围为 0.1～1.5m，平均为 0.59m；裂缝延伸长度较小，分布范围为 0.2～5.4m，平均为 1.71m；裂缝面密度较大，为 0.8m/m²；裂缝大部分发育在砂岩层内部，仅少量可贯穿所处砂岩层面，占 B2-1 区裂缝总数量的 10.8%（图 9）。

图 8　建模区 A1 带裂缝照片和裂缝解释

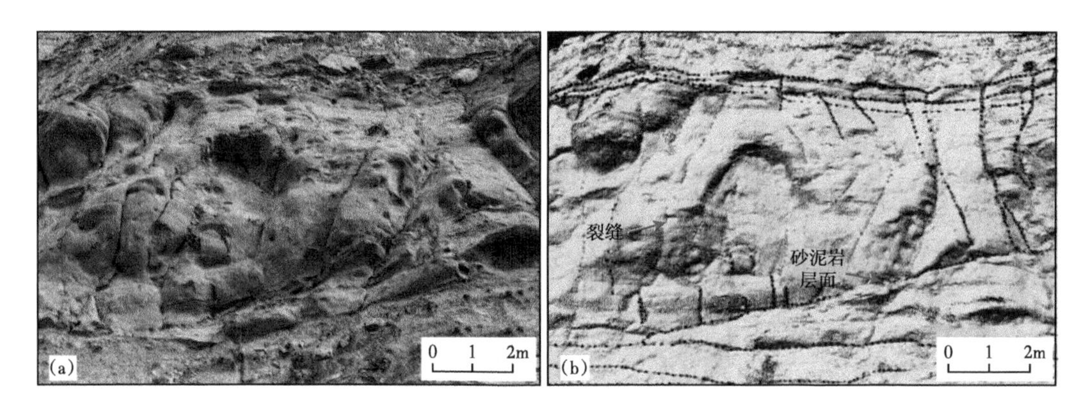

图 9　建模区 B2-1 区裂缝照片和裂缝解释

横向上，A1 区和 A2 区裂缝发育特征相似，以单组优势倾向（300°～320°）裂缝为主，裂缝延伸长度和裂缝间距较大，裂缝面密度较小，贯穿缝比率较高，将其称为贯穿缝带。B1-1 区、B1-2 区、B2-1 区和 B2-2 区裂缝发育特征相似，发育两组优势倾向（40°～60°和 230°～250°）裂缝，裂缝延伸长度和裂缝间距较小，裂缝面密度较大，贯穿缝比率较低，将其称为层间缝带。其中，B1-1 和 B1-2 分别属于一个层间缝带的上、下两个区域，B2-1 和 B2-2 构成另一个层间缝带。贯穿缝带和层间缝带相间分布，延伸长度分别为 13m、23m、13m 和 22m（图 10）。剖面上裂缝呈疏密相间排列，可能与区域应力在最大值和最小值之间传递有关（Laubach，1991）。其成因机制尚不是很清楚，需要进一步研究。

3.3　单砂体内裂缝面孔率计算

裂缝面孔率是低渗透储层地质建模的关键参数，其计算的准确性直接关系到裂缝有效性的评价质量，前人利用应力模拟、测井标定、多元统计分析和神经网络综合预测等多种方法对储层裂缝面孔率进行了计算（冯建伟等，2011；王晓畅等，2011；刘晓梅等，2009）。在此次研究中，我们尝试在野外地质剖面上求取裂缝面孔率，其中的关键问题是裂缝开度的准确测定和裂缝迹长的累加。

裂缝开度的准确测定一直是裂缝研究的难点问题，也是决定裂缝渗透性能的关键参数。为了准确求取研究区裂缝开度，通过在野外砂岩剖面上钻取直径 10cm 的岩心样品，利用 0.1mm 游标卡尺对其可见裂缝开度进行人工测量（图 11a、b）。对开度变化较大的裂缝一般取其顶端、中部和尾部 3 个测量数据的平均

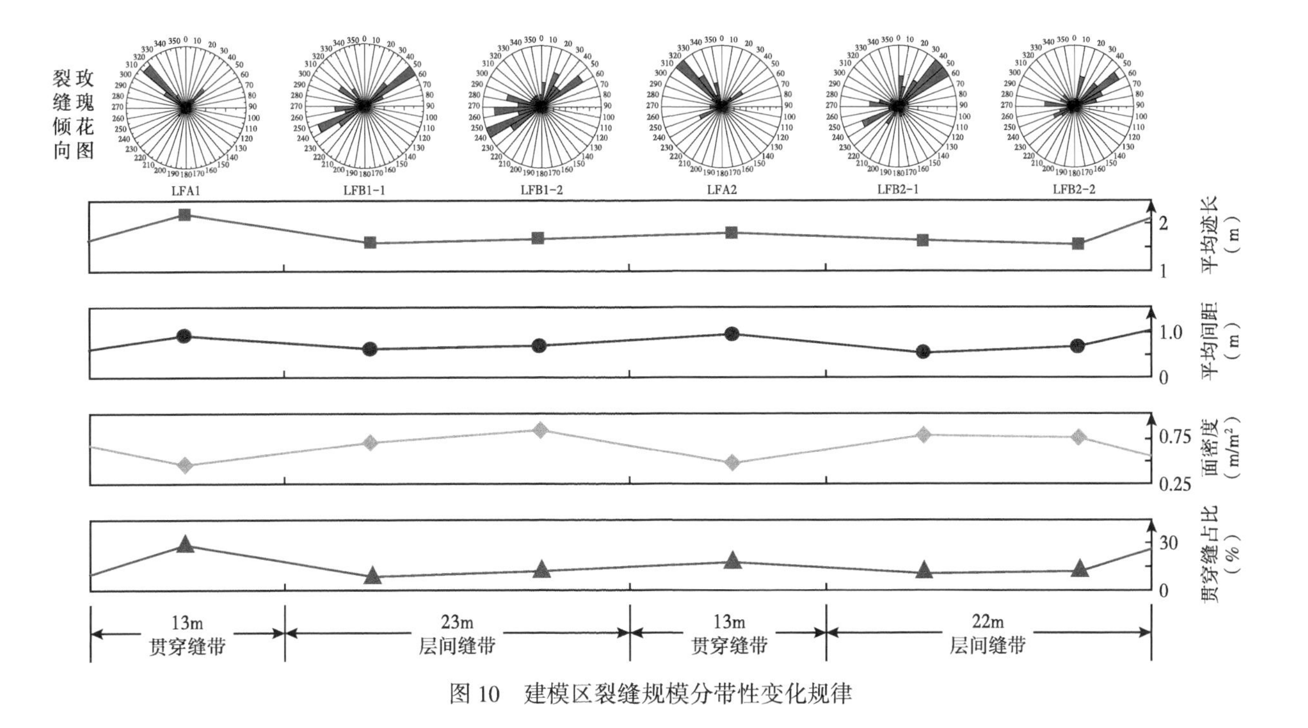

图 10　建模区裂缝规模分带性变化规律

值，共测得开度数据 113 个。统计结果表明，研究区裂缝开度具有双峰分布特征，主峰范围为 0.2～0.4mm 和 0.8～1.0mm，且以高开度为主（图 10c）。为厘清研究区构造古应力与裂缝规模和产状的关系，钻取了 8 块全直径样品进行声发射古应力测试，结合前人对库车坳陷古应力场研究结果表明，研究区不同区域最大古主应力方向分别为 N5°E 和 N340°W，分布范围为 8.88～60.13MPa。裂缝主要形成时期的古主应力方向与现今地应力方向基本一致，呈近南北向（张明利等，2004）。将声发射实验结果和实测裂缝产状特征进行分析表明，研究区裂缝大致为两期高角度 X 型剪切节理性质，一期裂缝倾向为 300°～330°和 30°～60°，一期为 230°～250°和 310°～330°，分别受两期区域构造应力场控制，同时其开度还受现今地应力的影响，垂直最大古主应力方向即裂缝优势倾向为 300°～320°的裂缝开度较小，略平行最大古主应力方向即裂缝优势倾向为 30°～60°和 230°～250°的裂缝开度较大。

图 11　研究区取样岩心裂缝开度及统计直方图

为了准确计算剖面裂缝面孔率和探讨不同类型单砂体裂缝发育规模，在剖面上选取了 11 个单砂体进行裂缝面孔率和规模参数的计算（图 12）。这些单砂体岩性组合简单，厚度稳定，裂缝相对发育和容易测量。结果表明，裂缝面密度分布范围为 0.37～1.56m/m²，平均间距为 0.64～1.09m，平均迹长为 0.26～2.68m。结合裂缝开度和产状关系，进一步求得单砂体范围内裂缝面孔率为 0.026%～0.081%，平均为 0.05%（表 1）。同时研究发现，水下分流河道微相砂体岩石粒度较粗，裂缝线密度和面密度较小，但裂缝总条数和延伸长度大，剖面上裂缝面孔率较大；而河口坝和远沙坝岩石粒度较细，裂缝线密度和面密度较大，但裂缝总条数和延伸长度小，剖面上裂缝面孔率较小。

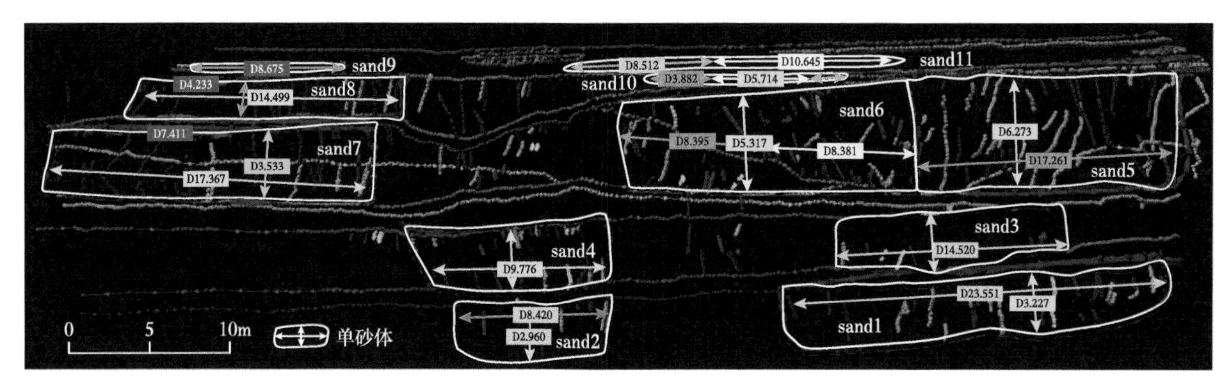

图 12　研究区单砂体范围内裂缝分布特征

表 1　研究区单个砂体裂缝发育规模统计表

单砂体编号	厚度（m）	长度（m）	条数（条）	线密度（条/m）	面密度（m/m²）	平均间距（m）	裂缝平均迹长（m）	砂体表面积（m²）	裂缝面积（m²）	裂缝空间（%）	岩性组合	砂体类型
sand1	3.2	23.6	26	0.97	0.53	1.03	1.6	78.90	0.0335	0.042	粉砂岩夹薄层细砂岩	水下分流河道上部
sand2	2.87	8.42	9	0.95	0.43	1.05	1.23	26.00	0.0096	0.037	粉砂岩夹薄层细砂岩	水下分流河道上部
sand3	3.11	14.52	16	0.96	0.37	1.04	0.94	40.16	0.0105	0.026	细砂岩和粉砂岩	河口坝
sand4	3.23	9.78	25	1.12	0.53	0.89	0.71	33.23	0.0190	0.057	细砂岩和薄层粉砂岩	水下分流河道中下部
sand5	6.9	17.26	53	0.93	0.77	1.08	2.06	142.12	0.0856	0.060	细砂岩	水下分流河道中下部
sand6	5.32	16.78	67	1.07	0.60	0.93	0.86	96.64	0.0452	0.047	细砂岩和粉砂岩	水下分流河道中下部
sand7	3.53	17.37	20	0.92	0.83	1.09	2.68	64.21	0.0518	0.081	细砂岩和含泥砾中砂岩	水下分流河道中下部
sand8	2.05	14.5	18	1.10	1.08	0.91	1.9	31.64	0.0184	0.058	细砂岩夹薄层粉砂岩	水下分流河道中下部
sand9	0.26	8.68	13	1.50	1.56	0.67	0.25	2.09	0.0010	0.047	薄层粉砂岩	远沙坝
sand10	0.53	9.6	15	1.56	1.21	0.64	0.39	4.82	0.0022	0.045	薄层细砂岩	远沙坝
sand11	0.34	19.16	30	1.57	1.56	0.64	0.32	6.14	0.0029	0.047	薄层细砂岩	远沙坝

4　裂缝发育控制因素分析

前陆盆地多期构造挤压应力是构造裂缝形成的核心因素，裂缝的形成与分布受到储层岩石性质和构造应力场双重因素的控制，分别是影响裂缝发育程度的物质基础和外部动力（张惠良等，2014，曾联波等，2004）。国内外学者利用露头观察、钻井地质、测井识别和地震属性反演等资料对裂缝发育机制和控制因素做了大量研究，提出在局部地区裂缝发育主要受断裂活动控制，越靠近断层，裂缝越发育（邹华耀等，2013；Aguilera，1988；Flore2-Nino et al.，2005；Hennings et al.，2000）。Handin 等（1963）通过野外露头剖面详细阐述了岩石组分对裂缝密度的影响，Nelson 等（1985）和 Wu 等（1995）进一步总结认为影响致密砂岩储层发育程度的地质因素包括矿物成分、结构、构造位置和厚度等 4 个方面。研究区剖面断层相对不发育，因而我们从构造应力、岩性、层厚和岩石组分等4个方面对裂缝发育的控制因素进行定量分析。

为了更好的表征裂缝规模与岩性的关系，根据剖面上7条略等间距控砂测线实测岩性信息建立了岩相反演模型，并将岩相模型和裂缝解释成果进行了叠合（图13）。结果表明，岩石粒度越粗，致密程度和强度越大，裂缝相对较发育；细砂岩和粉砂岩中裂缝比重较大，占整个剖面裂缝总量的85%以上，而粉砂质泥岩和泥岩塑性较强，裂缝发育程度明显较弱，不足10%；位于水下分流河道砂体底部的含泥砾中砂岩由于泥砾的存在，裂缝相对不太发育（表2）。

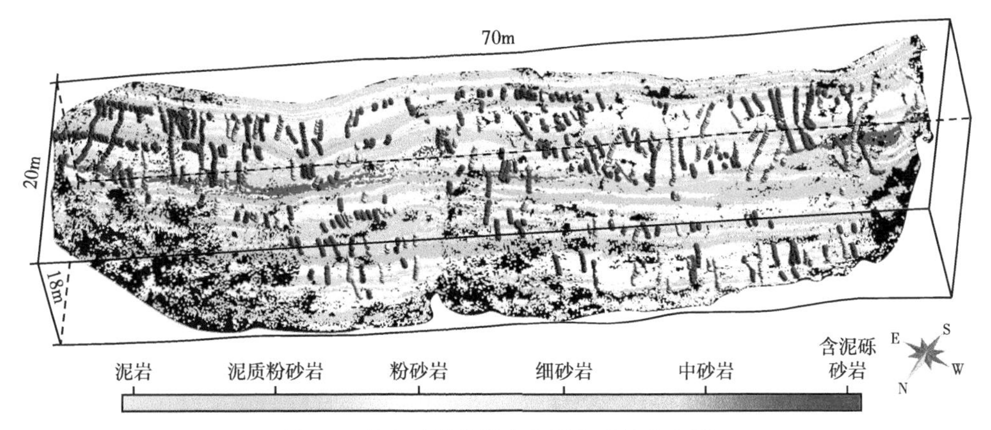

图13 研究区裂缝发育规模与岩性叠合图

表2 研究区裂缝条数分布频率与岩性统计表

岩性	含泥砾中砂岩	细砂岩	粉砂岩	泥质粉砂岩	泥岩
裂缝条数	25	197	162	23	13
分布频率（%）	5.95	46.9	38.57	5.48	3.1

在同一构造位置、具有相似岩性组合的情况下，裂缝受岩层厚度控制作用明显。依据上述11个单砂体内部裂缝发育特征统计结果，裂缝间距和岩层厚度具有很好的幂指数关系。随着砂岩层厚度减小，裂缝数目增多，裂缝平均间距减小，裂缝相对更发育（表1、图14a）。

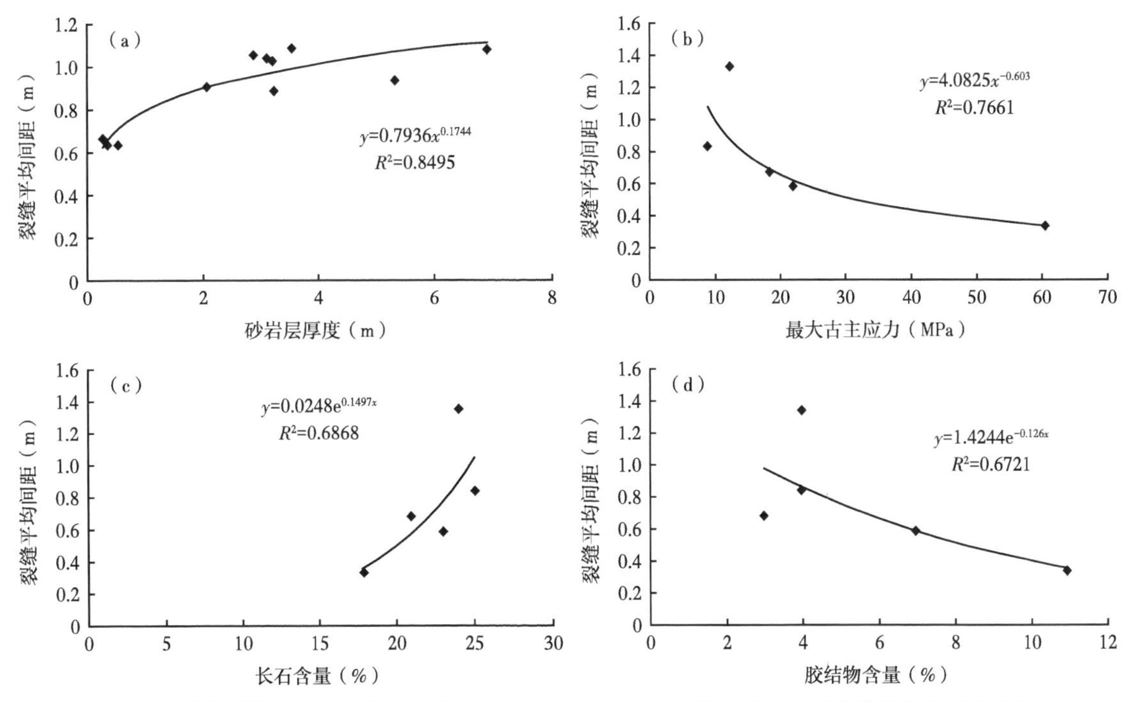

图14 研究区裂缝平均间距与砂岩层厚度、最大古应力、岩石长石含量和胶结物含量相关图

为进一步探讨裂缝发育与古主应力、岩矿成分的对应关系，在距离建模区 1.5km 范围内选取了 4 个裂缝相对较发育的砂岩剖面进行了裂缝精细描述和系统取样，利用岩石声发射实验测定了不同剖面位置砂岩样品在历史时期内承受的最大古主应力。研究区最大古主应力期次为喜山晚期，近南北向，与区内裂缝大规模形成时期保持一致。同时，通过岩石薄片镜下鉴定获取了不同剖面位置砂岩样品的长石和胶结物含量，胶结物类型以方解石为主，局部发育白云石；其中长石表现为弱脆性组分，胶结物为强脆性组分。为更好的反映不同剖面裂缝发育的控制因素，将相邻 5 个剖面的 402 个裂缝间距数据、143 个岩矿鉴定数据和 10 个声发射古应力数据分别进行了算数平均和相关关系拟合。结果表明，研究区裂缝平均间距同最大古主应力、岩石胶结物和长石含量具有较好的幂指数相关关系。最大古主应力越大、岩石胶结物含量越高、长石含量越低，裂缝平均间距越小，裂缝越发育（表 3、图 14b—d）。

表 3　研究区实测古主应力、岩矿成分和裂缝规模统计表

取样区域	岩性	最大古主应力（MPa）	长石含量（%）	胶结物含量（%）	裂缝平均间距（m）	裂缝线密度（条/m）	距建模剖面横向距离（m）
DⅠ区	红褐色细砂岩	8.88	25	4	0.84	2.72	850
DⅡ区	红褐色细砂岩	18.27	21	3	0.68	6.71	800
DⅢ区	红褐色细砂岩	12.26	24	4	1.34	0.9	800
DⅣ区	灰色细砂岩	60.13	18	11	0.34	7.6	1300
建模区	红褐色细砂岩	21.86	23	7	0.59	1.68	0

5　结论

（1）利用三维激光扫描技术研究露头区裂缝发育规律和探讨其主控因素，为认识裂缝宏观分布提供了新手段，耗时短，数据量大，可操作性强，能够有效建立数字化露头模型和定量获取建模参数，极大的提高了解释精度和准确性。这一技术流程包括露头选择和前期地质研究、数据采集和处理、数据解释和裂缝提取、模型建立和参数统计 4 个部分。

（2）研究区主要发育 3 组优势倾向裂缝，倾角大，以垂直于岩层面的纵向裂缝为主，平面上见两组共轭剪切节理系统。剖面上裂缝表现为单组和双组优势倾向疏密相间分布特征，可划分为 2 个贯穿缝带和 2 个层间缝带，延伸长度分别为 13m、23m、13m 和 22m。其中，贯穿缝带裂缝延伸长度和间距较大，面密度较小，贯穿缝比率较高，而层间缝带正好相反。

（3）研究区裂缝开度具有双峰分布特征，分别是 0.2～0.4mm 和 0.8～1.0mm，且以高开度为主。结合裂缝开度和产状关系，定量计算了剖面上 11 个单砂体的裂缝面孔率，范围为 0.026%～0.081%，平均为 0.05%。其中，水下分流河道砂体裂缝发育程度要高于河口坝和远沙坝。

（4）裂缝发育规模受岩性、岩层厚度、最大古主应力和岩矿成分等多个因素控制，之间存在较好的幂指数相关关系。岩石粒度越粗，岩层厚度越小，最大古主应力越大，长石含量越低，胶结物含量越高，裂缝间距越小，裂缝相对越发育。

参 考 文 献

戴升山，李田凤，2009. 地面三维激光扫描技术的发展与应用前景．现代测绘，32（4）：11-12.

丁文龙，王兴华，胡秋嘉，等，2015. 致密砂岩储层裂缝研究进展．地球科学进展，30（7）：737-750.

冯建伟，戴俊生，刘美利，2011. 低渗透砂岩裂缝孔隙度、渗透率与应力场理论模型研究．地质力学学报，17（4）：303-311.

高霞，谢庆宾，2007. 储层裂缝识别与评价方法新进展．地球物理学进展，22（5）：1460-1465.

巩磊，曾联波，杜宜静，等，2015. 构造成岩作用对裂缝有效性的影响—以库车前陆盆地白垩系致密砂岩储层为例．中国矿业大学学报，44（3）：514-519.

胡涛，张柏桥，舒志国，2003. 库车坳陷白垩系一个扇三角洲准层序的结构特征．矿物岩石，23（2）：87-89.

贾承造，庞雄奇，2015. 深层油气地质理论研究进展与主要发展方向 . 石油学报，36（12）：1457-1469.
刘晓梅，孙勤华，刘建新，等，2009. 利用地震属性、多元统计分析理论和 ANFIS 预测碳酸盐岩储层裂缝孔隙度 . 测井技术，33（3）：257-260.
刘志宏，卢华复，李西建，等，2000. 库车再生前陆盆地的构造演化 . 地质科学，35（4）：482-492.
王珂，戴俊生，贾开富，等，2013. 库车坳陷 A 气田砂泥岩互层构造裂缝发育规律 . 西南石油大学学报（自然科学版），35（2）：63-70.
王晓畅，李军，张松扬，等，2011. 基于测井资料的裂缝面孔率标定裂缝孔隙度的数值模拟及应用 . 中国石油大学学报（自然科学版），35（2）：51-56.
王振宇，陶夏妍，范鹏，等，2014. 库车坳陷大北气田砂岩气层裂缝分布规律及其对产能的影响 . 油气地质与采收率，21（2）：51-56.
曾联波，周天伟，2004. 塔里木盆地库车坳陷储层裂缝分布规律 . 天然气工业，24（9）：23-25.
张惠良，张荣虎，杨海军，等，2012. 构造裂缝发育型砂岩储层定量评价方法及应用—以库车前陆盆地白垩系为例 . 岩石学报，28（3）：827-835.
张惠良，张荣虎，杨海军，等，2014. 超深层裂缝—孔隙型致密砂岩储集层表征与评价——以库存前陆盆地克拉苏构造带白垩系巴什基奇克组为例 . 石油勘探与开发，41（2）：158-167.
张敬轩，金强，2003. 山东莱芜地区太古界露头裂缝特征及其油气储层意义 . 石油实验地质，25（4）：371-374.
张明利，谭成轩，汤良杰，等，2004. 塔里木盆地库车坳陷中新生代构造应力场分析 . 地球学报，25（6）：615-619.
张仲培，王清晨，2004. 库车坳陷节理和剪切破裂发育特征及其对区域应力场转换的指示 . 中国科学 D 辑：地球科学，34（增刊 I）：63-73.
邹华耀，赵春明，尹志军，等，2013. 渤海湾盆地新太古代结晶岩潜山裂缝发育的露头模型 . 天然气地球科学，24（5）：879-885.
Aguilera R，1988. Determination of subsurface distance between vertical parallel natural fractures based on core data. AAPG Bulletin，72（7）：845-851.
Bellian J A，Kerans C，Jennette D C，2005. Digital outcrop models：Applications of terrestrial scanning LIDAR technology in stratigraphic modeling. Journal of Sedimentary Research，75（2）：166-176.
Buckley S J，Howell J A，Enge H D，et al.，2008，Terrestrial laser scanning in geology：data acquisition，processing and accuracy considerations. Journal of the Geological Society，165（3）：625-638.
Burton D，Dunlap D B，Wood L J，et al.，2011. Lidar intensity as a remote sensor of rock properties. Journal of Sedimentary Research，81（5）：339-347.
Florez-Niño JM，Aydin A，Mavko G，et al.，2005，Fault and fracture systems in a fold and belt：An example from Bolivia. AAPG Bulletin，89（4）：471-493.
Gischig V，Amann F，Moore J R，et al.，2011. Composite rock slope kinematics at the current randa instability，switzerland，based on remote sensing and numerical modeling. Engineering Geology，118（1-2）：37-53.
Handin J，Hager Jr R V，Friedman F，et al.，1963. Experimental deformation of sedimentary rocks under confining pressure：Pore pressure tests. AAPG Bulletin，47（5）：717-755.
Hencher S R，2013. Characterizing discontinuities in naturally fractured outcrop analogues and rock core：the need to consider fracture development over geological time. Geological Society London Special Publications，374（1）：113-123.
Hennings PH，Olson J E，Thompson LB，2000. Combining outcrop data and three-dimensional structural models to characterize fractured reservoirs：An example from Wyoming. AAPG Bulletin，84（6）：830-849.
Hodgetts D，2013. Laser scanning and digital outcrop geology in the petroleum industry：A review. Marine & Petroleum Geology，46（46）：335-354.
Jacquemyn C，2013. Diagenesis and application of LiDAR in reservoir analogue studies：Karstification in the Cretaceous Apulia carbonate platform dolomitization in the Triassic Latemar carbonate buildup. Leuven：KU Leuven：1-192.
Janson X，Kerans C，Bellian J A，et al.，2007. Three-dimensional geological and synthetic model of Early Permian redeposited basinal carbonate deposits，Victorio Canyon，West Texas. AAPG Bulletin，91（10）：1405-1436.
Kurz T H，Buckley S J，Howell J A，et al.，2008. Geological outcrop modelling and interpretation using ground based hyperspectral and laser scanning data fusion The International Archives of the Photogrammetry：Remote Sensing and Spatial Information Sciences，Beijing，China，37（88）：1229-1234.
Laubach S E，1991. Fracture Patterns in Low-permeability-sandstone Gas Reservoir Rocks in the Rocky Mountain Region. SPE Rocky

Mountain Regional// Low Permeability Reservoirs Symposium and Exhibition. Denver, CO, USA, 15-17 April: 501-510.

Nelson R A, 1985. Geologic Analysis of Naturally Fractured Reservoir: Huston. Huston: Gulf Publishing: 320-321.

Olariu M I, Ferguson J F, Aiken C L V, et al., 2008. Outcrop fracture characterization using terrestrial laser scanners: Deep-water Jackfork sandstone at Big Rock Quarry, Arkansas. Geosphere, 4 (1): 247-259.

Rives T, Razack M, Petit J-P, et al., 1992. Joint spacing: analogue and numerical simulations. Journal of Structural Geology, 14 (8/9): 925-937.

Slob S, Knapen B V, Hack R, et al., 2005. Method for automated discontinuity analysis of rock slopes with three-dimensional laser scanning//Proceedings of Transportation Research Board84 Annual Meeting, January 9-13, Washington DC, (1913): 187-194.

Watkins H, Bond C E, Healy D, et al. , 2015. Appraisal of fracture sampling methods and a new workflow to characterise heterogeneous fracture networks at outcrop. Journal of Structural Geology, 72: 67-82.

Wilson C E, Aydin A, Karimi-Fard M, et al., 2011. From outcrop to flow simulation: Constructing discrete frature models from a LIDAR survey. AAPG Bulletin, 95 (11): 1883-1905.

Wu Haiqing, Pollard D D, 1995. An experimental-study of the relationship between joint spacing and layer thickness. Journal of Structural Geology, 17 (6): 887-905.

Zahm C K, Zahm L C, Bellian J A, 2010. Integrated fracture prediction using sequence stratigraphy within a carbonate fault damage zone, Texas, USA. Journal of Structural Geology, 32 (9): 1363-1374.